典型机械零部件表达方法350例

樊 宁　何培英　编著

化学工业出版社
· 北京 ·

图书在版编目（CIP）数据

典型机械零部件表达方法350例/樊宁，何培英编著.—北京：化学工业出版社，2015.1（2024.5重印）

ISBN 978-7-122-22224-4

Ⅰ.①典… Ⅱ.①樊…②何… Ⅲ.①机械元件-绘画技法 Ⅳ.①TH126

中国版本图书馆CIP数据核字（2014）第252816号

责任编辑：贾 娜　　文字编辑：张燕文

责任校对：李 爽　　装帧设计：王晓宇

出版发行：化学工业出版社（北京市东城区青年湖南街13号 邮政编码100011）

印 装：北京盛通数码印刷有限公司

787mm×1092mm 1/16 印张20½ 插页3 字数545千字 2024年5月北京第1版第14次印刷

购书咨询：010-64518888　　售后服务：010-64518899

网 址：http://www.cip.com.cn

凡购买本书，如有缺损质量问题，本社销售中心负责调换。

定 价：89.00元

前言

Foreword

工程图样具有“一图胜千言”“世界工程界语言”的功能。进入21世纪，在第40个“国际扫盲日”，联合国教科文组织把不会读图和不会使用计算机定义为“功能型文盲”!

随着经济全球化的发展，加快铁路、核电等中国装备“走出去”，推进国际产能合作、提升合作层次已成为必然趋势。为了实现中国由制造向创造、由跟踪向创新、由大国向强国发展的中国梦，为了提高人才国际影响力和竞争力，培养复合创新性人才，研究先进成图技术的手段、创新成图载体的方法尤为重要，为此特编著本书。

鉴于机械类、工业设计类学生的学习及机械工程、工业设计人员的工作需要，从设计、加工工艺的角度出发，描述了各种机械零部件、工业产品的表达方法，绘制了大量机械零部件实用图例，供读者在设计中参考。本书具有以下特点。

(1) 实用性强

机械产品的工程图样是设计者把设计思想转变成产品过程中的一个重要环节，因此本书所列图样全部为工程实例，可以直接加工生产；其内容涉及常用机械产品的各个方面，可供读者设计绘图时参考。在零件设计过程中，充分考虑零件使用的材料、加工工艺、成型工艺等要素，确定零件的结构形状和表达方法。

(2) 可读性强

应用计算机3D建模技术，将机械产品图样采用二、三维同时表达的方法，使得难于阅读的工程图样变得易读易懂。

(3) 涉及的产品种类多

书中零件图样包括轴套类零件、轮盘类零件、叉架类零件、箱体类零件，还列举了焊接图的表达及标注、塑性成形零件以及塑料零件的使用图例。常用部件图样有联轴器、千斤顶、夹紧钳类、气动元件、阀门类、油泵、减速器、可调顶尖座以及其他常见的工业产品。

(4) 适用范围广

本书不但能满足机械工程人员设计绘图的需要，还可以为机械类各专业学生的学习和相关设计提供帮助，在书的前三章分别介绍了图样的基本知识，标准件、齿链轮、弹簧和零件常见工艺结构画法，简单形体的三视图及其表达方法等内容，后两章重点介绍零件图和装配图的各种表达方法和图样实例。

(5) 具有创新性

创新性具有两点：

① 书中提出三步法标注尺寸的方法，能够满足机械图样中从尺寸基准出发，进行快速、正确标注尺寸，使其符合设计和加工工艺要求；

② 首次在书中使用二、三维图形同时表达产品图样的方法。

(6) 内容新

本书全部采用我国最新颁布的《技术制图》与《机械制图》国家标准及与制图有关的其他标准。

在工程图样的表达中，结合当前计算机绘图的技术发展，更多的是考虑到看图人的方便，强调易看易懂。按传统的图样表达方法，有些视图可能看似“多余”，但用计算机绘图而言，由三维模型生成各种视图很容易，故以看图者方便为原则。

本书由郑州工业应用技术学院教授樊宁（原郑州轻工业学院教授）和郑州轻工业学院教授何培英编著，本书在编写出版过程中，卓庆庆、郭鑫鑫、梁晓同学协助测绘了部分零部件，做了大量工作，在此一并表示衷心的感谢！由于编者水平及经验所限，书中涉及产品广泛，领域众多，难免在设计过程中，图形表达、结构工艺、技术要求、尺寸标注有不妥之处，恳请广大读者提出宝贵意见。

编著者

目录
CONTENTS

第 1 章 图样的基本知识

工程界常按一定的投影方法及国家标准将工程对象表达在图纸上，称之为工程图样。在机械工程上常用的图样有装配图和零件图。图 1-1 所示为组成十字滑块联轴器的零件之一，图 1-2 所示则为十字滑块联轴器的装配图。从这两个机械图样中可以看到，一幅标准的工程图样由下述内容组成：用规定图线绘制的一组完整表达工程对象形状、结构的图形，确定工程对象大小的尺寸，加工制造要达到的技术要求和标题栏，装配图还包括零件的序号和明细栏。图样作为“工程界的语言”，其图纸幅面的大小、线型及画法、绘图比例、字体的样式、尺寸标注、图样的形成、表达方法等内容必须遵循一定的规定。

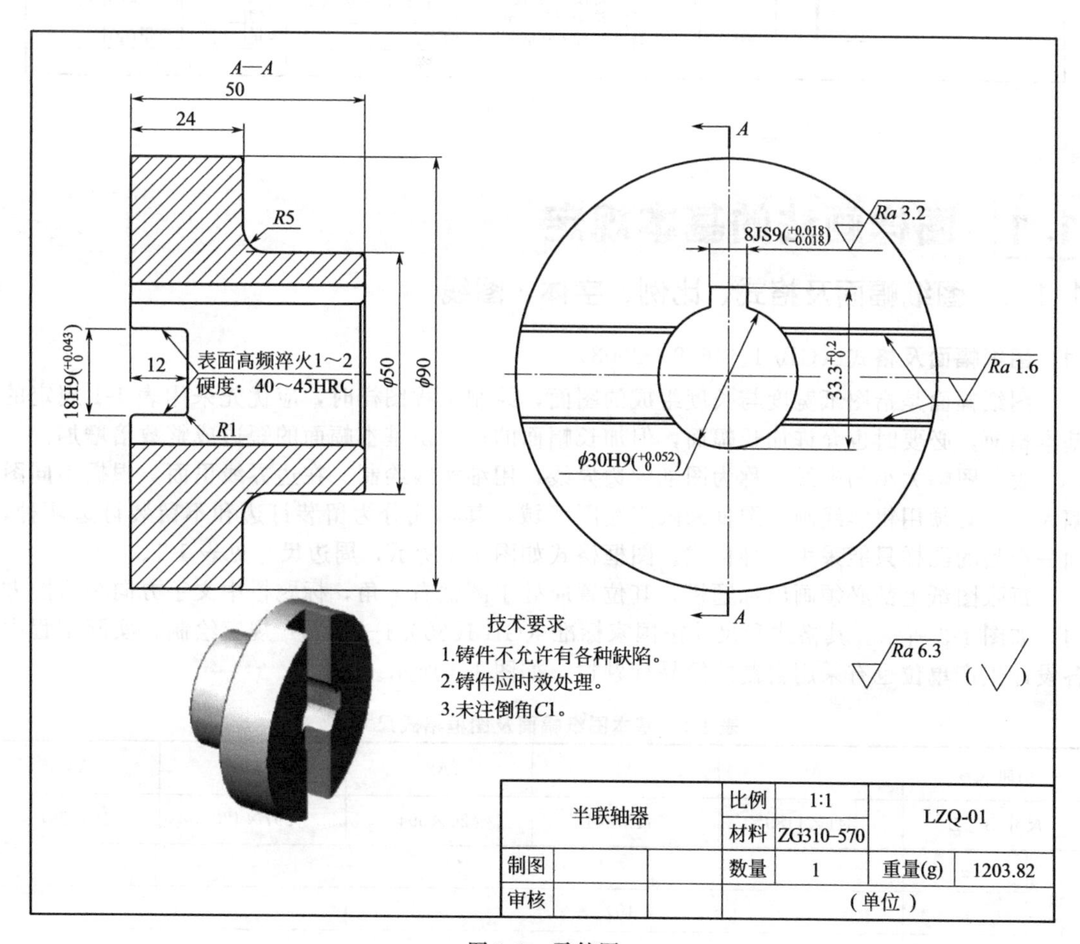

图 1-1　零件图

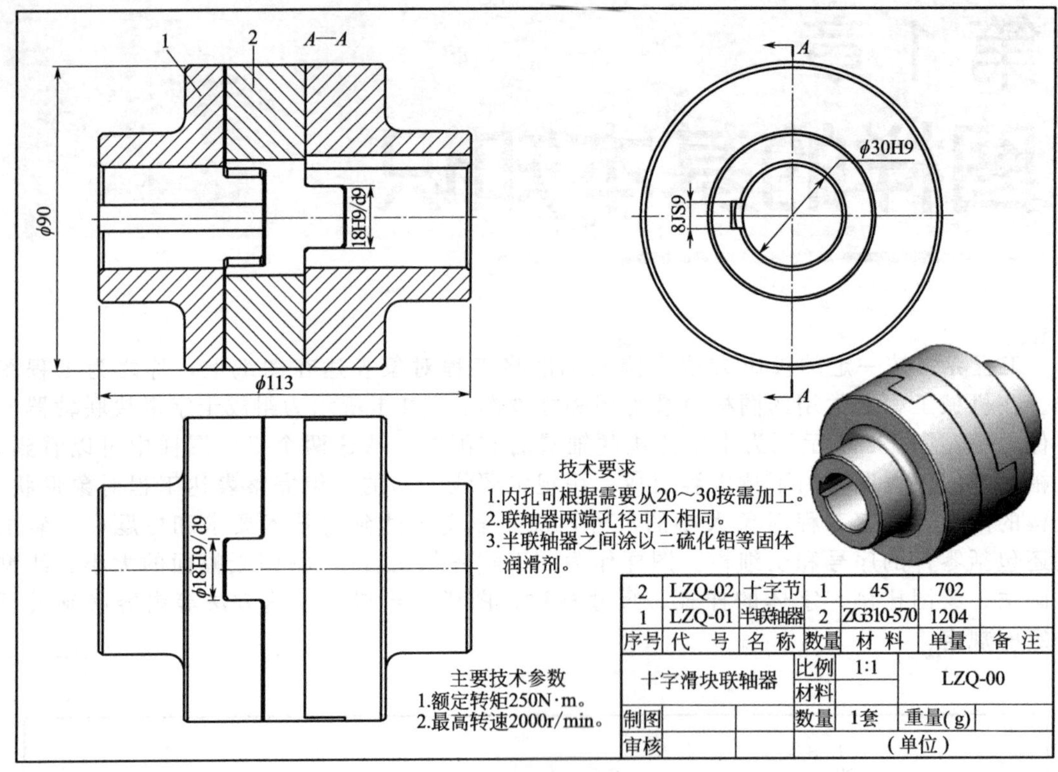

图 1-2　装配图

1.1　图样画法的基本规定

1.1.1　图纸幅面及格式、比例、字体、图线

(1) 图纸幅面及格式（GB/T 14689—2008）

图纸幅面是指图纸宽度与长度组成的图面，绘制工程图样时，应优先采用表 1-1 规定的基本幅面，必要时也允许加长幅面，但加长幅面的尺寸由基本幅面的短边成整数倍增加。

表示图幅大小的框线，称为图纸的边界线，用细实线绘制。在边界线里面，根据不同图幅大小，必须用粗实线画出图框来限定绘图区域，其格式分为留装订边和不留装订边两种，同一产品的图样只能采用一种格式。图框格式如图 1-3 所示，周边尺寸见表 1-1。

每张图纸上都必须画出标题栏，其位置应处于图框右下角，标题栏中文字方向为看图方向，如图 1-3 所示。其格式和尺寸按国家标准（GB 10609.1—2008）规定绘制，实际工程中各设计生产单位也有采用自制的简易标题栏，如图 1-4 所示。

表 1-1　基本图纸幅面及图框格式尺寸　　mm

幅面代号		A0	A1	A2	A3	A4
尺寸 $B\times L$		841×1189	594×841	420×594	297×420	210×297
边框	a	25				
	c	10			5	
	e	20		10		

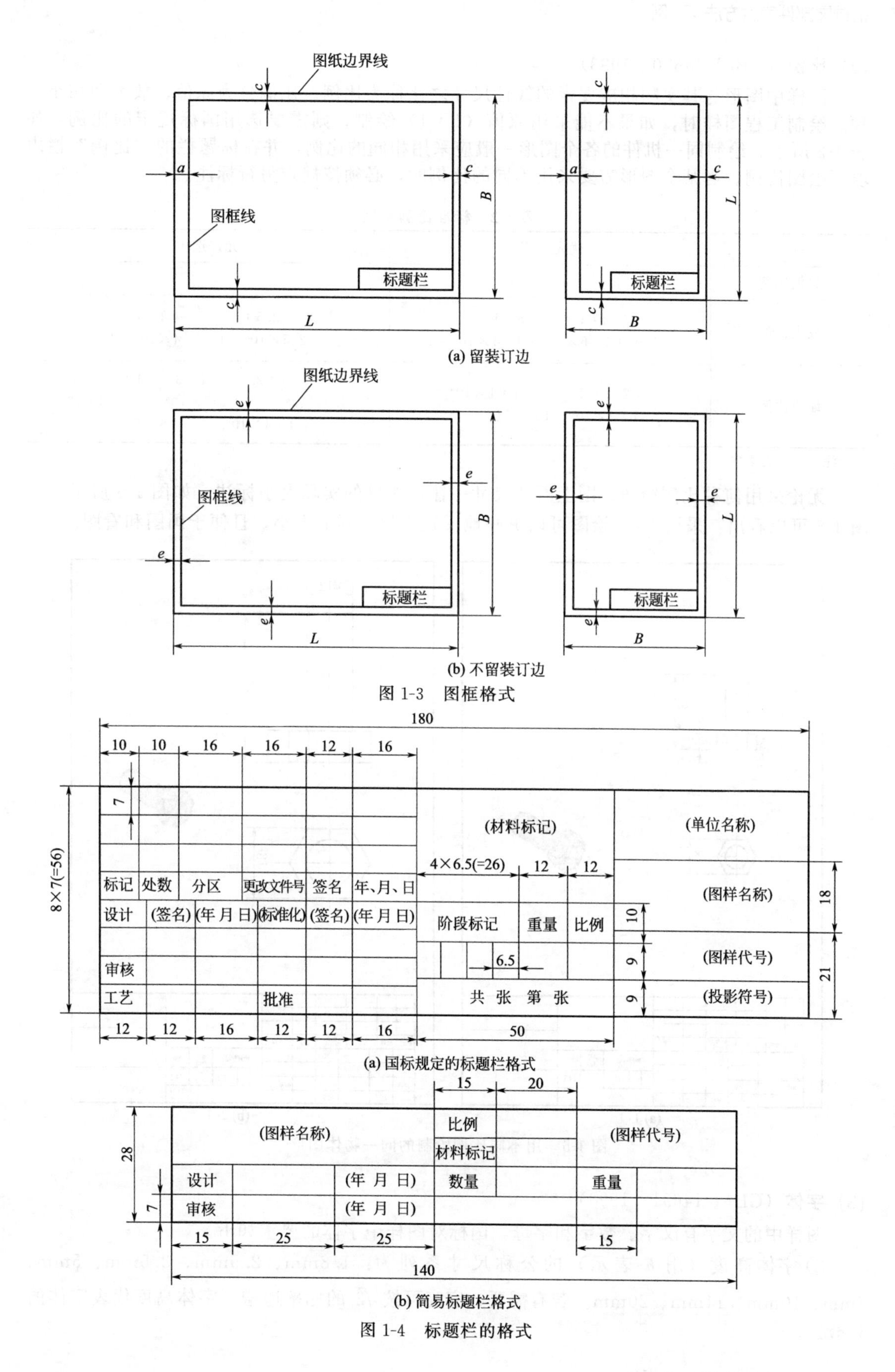

图 1-3　图框格式

图 1-4　标题栏的格式

(2) 比例（GB/T 14690—1993）

图样中图形与其实物相应要素的线性尺寸之比称为比例。比例分为原值、放大和缩小三种。绘制工程图样时，如果不能采用原值（1∶1）绘制，则需要选用国标规定的比例，如表1-2所示。绘制同一机件的各个图形一般应采用相同的比例，并在标题栏的“比例”栏内填写绘图比例。当某个图形需要采用不同的比例时，必须按规定另行标注。

表1-2 标准比例系列

种类	优先选用	允许选用
原值比例	1∶1	
放大比例	2∶1　5∶1 2×10^n∶1　5×10^n∶1　1×10^n∶1	2.5∶1　4∶1 2.5×10^n∶1　4×10^n∶1
缩小比例	1∶2　1∶5　1∶1×10^n 1∶2×10^n　1∶5×10^n	1∶1.5　1∶2.5　1∶3　1∶4　1∶6 1∶1.5×10^n　1∶2.5×10^n　1∶3×10^n 1∶4×10^n　1∶6×10^n

注：n为正整数。

无论采用何种比例绘图，图上所注尺寸一律按机件的实际大小标注，如图1-5所示。由图1-5可以看出：采用1∶1绘图可以更好地反映机件实际的大小，且便于画图和看图。

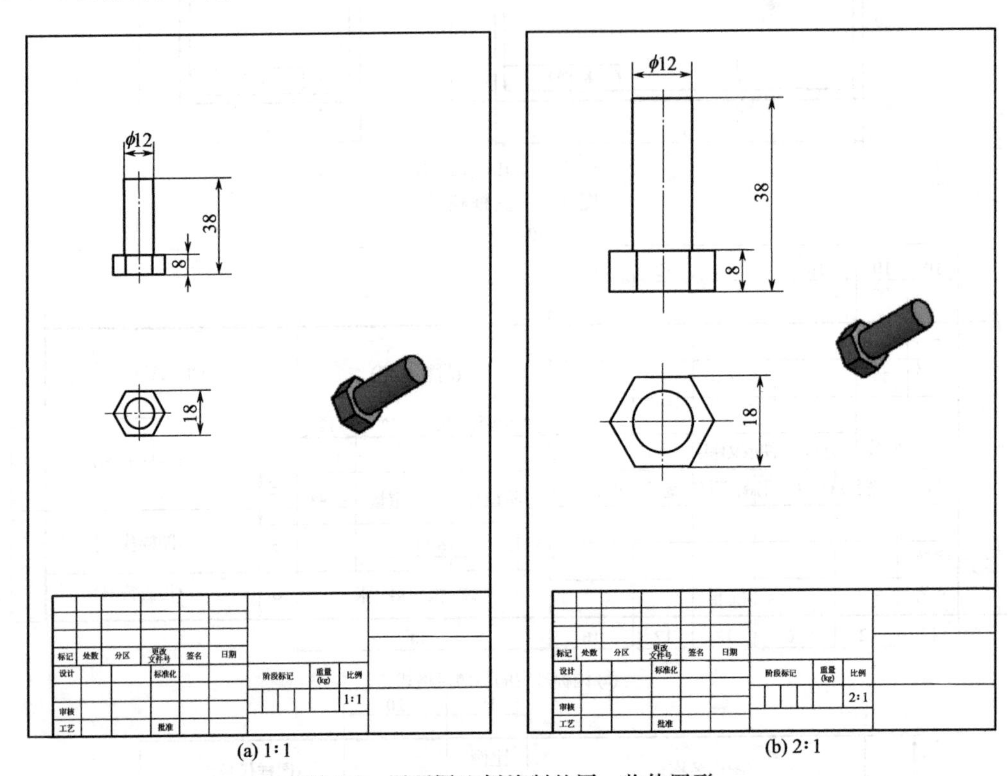

图1-5 用不同比例绘制的同一物体图形

(3) 字体（GB/T 14691—1993）

图样中的文字有汉字、数字和字母，国标对图样中字体的要求如下。

① 字体高度（用h表示）的公称尺寸系列为：1.8mm、2.5mm、3.5mm、5mm、7mm、10mm、14mm、20mm。若有需要，字高可按$\sqrt{2}$的比率递增，字体高度代表字体的号数。

② 汉字应写成长仿宋体，其高度 h 不小于 3.5mm，字宽一般为 $h/\sqrt{2}$ ，并应采用国家正式公布推行的简化汉字。

③ 字母和数字分 A 型和 B 型，A 型字体的笔划宽度（d）为字高（h）的 1/14，B 型字体笔画宽度为字高的 1/10，在同一图样上，只允许选用一种型式的字体。

字母和数字可写成斜体和直体。斜体字字头向右倾斜，与水平线成 75°。

④ 汉字、拉丁字母、数字等组合书写时，其排列格式和间距都应符合标准规定，如图 1-6 所示，其中 h、a、e、b_3 数值可参阅相应国标。

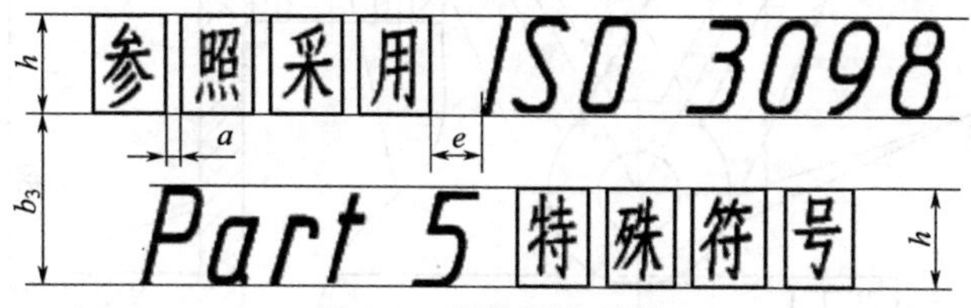

图 1-6　字体组合示例

⑤ 分数、指数和注脚等数字及字母，应采用小一号的字体，如图 1-7 所示。

$$10^3 \quad S^{-1} \quad D_1 \quad T_d \quad \Phi 20^{+0.010}_{-0.023} \quad 7^{\circ}{}^{+1^{\circ}}_{-2^{\circ}} \quad \frac{3}{5}$$

图 1-7　分数、指数和注脚等的书写

(4) 图线（GB/T 17450—1998、GB/T 4457.4—2002）

机械图样中常用的图线名称、型式及画法，以及在图样上的应用如表 1-3 所示。机械图样一般采用粗、细两种宽度，宽度比例为 2∶1。所有线型的宽度 d 应按图样的类型和尺寸大小在数系 0.25mm、0.35mm、0.5mm、0.7mm、1mm、1.4mm、2mm 中选择。图线在图样上的应用示例如图 1-8 所示。

表 1-3　机械图样中常用图线

图线名称	图线型式	图线宽度	应用举例
粗实线		粗(d)	可见轮廓线、棱边线
细实线 (d/2)		细(d/2)	尺寸线,尺寸界线,剖面线,重合断面的轮廓线,指引线,过渡线,辅助线,投影线,零件成形前的弯折线
波浪线		细(d/2)	断裂处的边界线,视图与剖视图的分界线
双折线		细(d/2)	断裂处的边界线,视图与剖视图的分界线
细虚线	12d　3d	细(d/2)	不可见轮廓线,不可见棱边线
细点画线	24d　3d　≤0.5d	细(d/2)	轴线,对称线,中心线,孔系分布的中心线
粗点画线		粗(d)	限定范围表示线
细双点画线		细(d/2)	相邻辅助零件的轮廓线,运动零件的极限位置的轮廓线,剖切面前的结构轮廓线,轨迹线,中断线

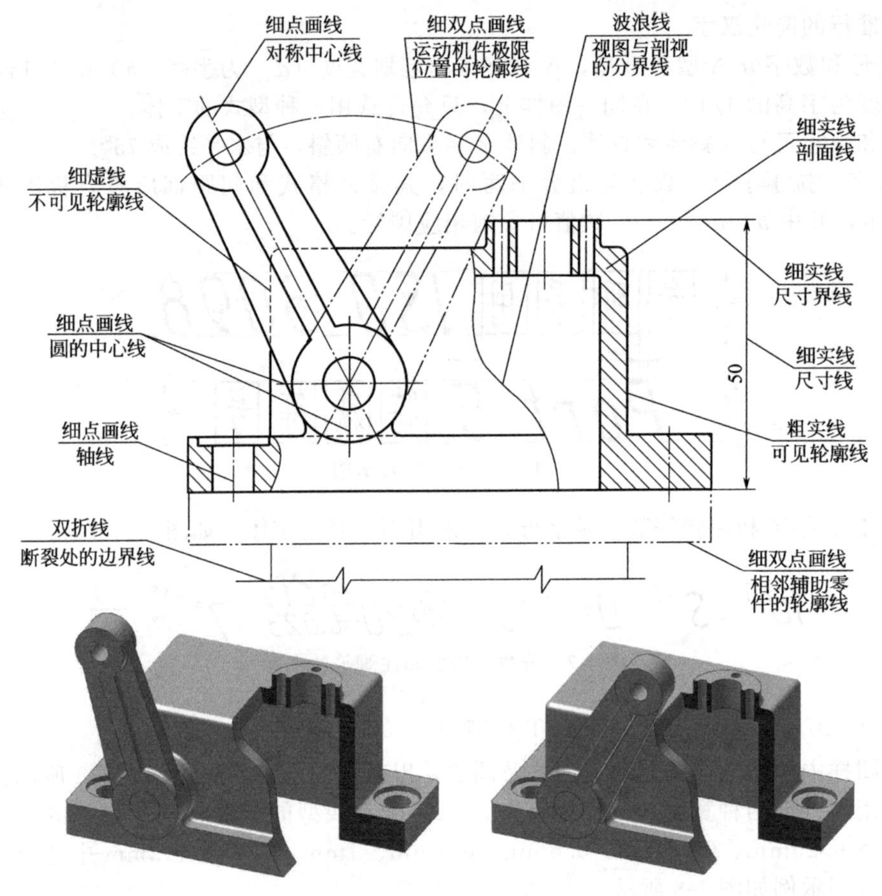

图 1-8　图线的应用举例

绘制机械图样时，同一图样中同类图线的宽度应基本一致。同一条虚线、点画线和双点画线中的点、画和间隔的长度应各自大致相等。绘图时的注意事项如图 1-9 所示。

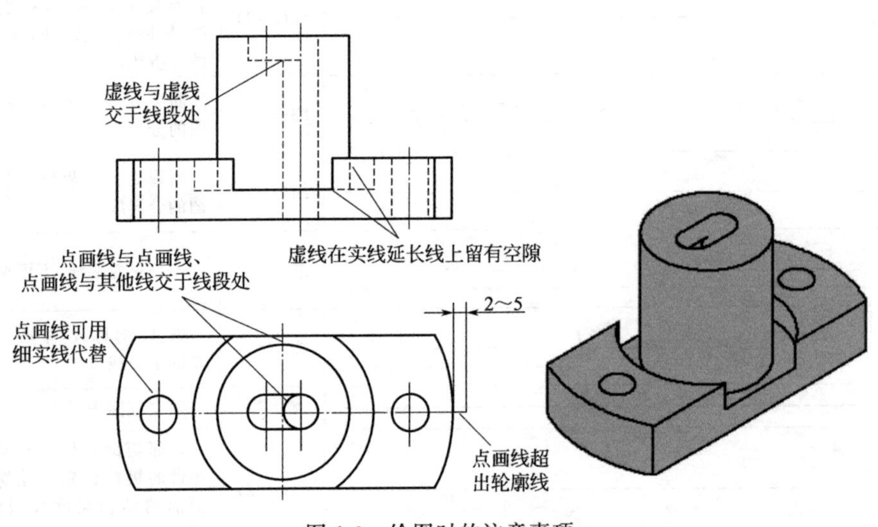

图 1-9　绘图时的注意事项

1.1.2 尺寸标注的基本知识（GB/T 4458.4—2003、GB/T 16675.2—1996）

(1) 尺寸标注的基本规则

① 机件的真实大小应以图样上所注的尺寸数值为依据，与图形的大小及绘图的准确度无关。

② 图样中（包括技术要求和其他说明）的尺寸，以毫米为单位时，不需标注计量单位的符号或名称，若采用其他单位，则应注明相应的单位符号。

③ 图样中所标注的尺寸，为该图样所示机件的最后完工尺寸，否则应另加说明。

④ 机件的每一尺寸，一般只标注一次，并应标注在反映该结构最清晰的图形上。

(2) 尺寸的组成

一个完整的尺寸应由尺寸界线、尺寸线和尺寸数字组成，其相互间的关系如图 1-10 所示。

① 尺寸界线 表示尺寸的度量范围，用细实线绘制。一般由图形的轮廓线、轴线、对称中心线引出，也可利用轮廓线、轴线、对称中心线作为尺寸界线。尺寸界线应超出尺寸线 3～5mm，如图 1-10 所示。尺寸界线一般与尺寸线垂直，在光滑过渡处标注尺寸时，必须用细实线将轮廓线延长，从它们的交点处引出尺寸界线，如图 1-11 所示。

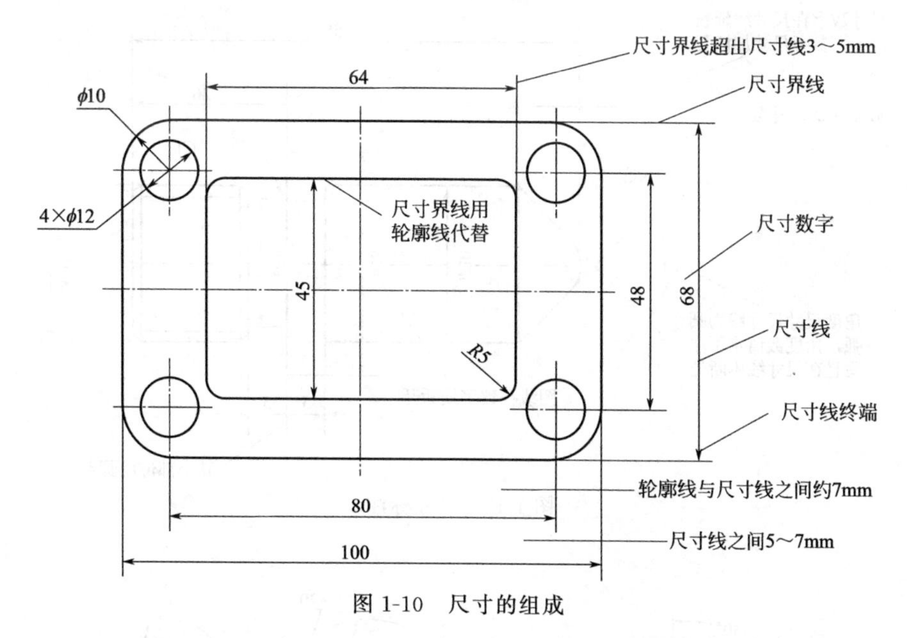

图 1-10 尺寸的组成

② 尺寸线 表示尺寸的度量方向，用细实线绘制，终端可以有两种形式——箭头或斜线，如图 1-12 所示，机械图样中一般采用箭头。同一张图纸中，只采用一种终端形式，狭小部位允许用圆点或斜线代替，如图 1-13 所示。

尺寸线必须单独画出，不允许与其他任何图线重合或画在其延长线上，也不能用任何图线代替，尽量避免尺寸线与尺寸界线相交。标注角度尺寸时，尺寸线为圆弧，圆心为角顶点，如图 1-13 所示。

③ 尺寸数字

a. 位置 一般写在尺寸线上方或中断处（同一张图纸中用一种形式），特殊情况下可标注在尺寸线延长线上或引出标注。尺寸数字不能被任何图线通过，否则应将该图线断开，如图 1-13 所示。

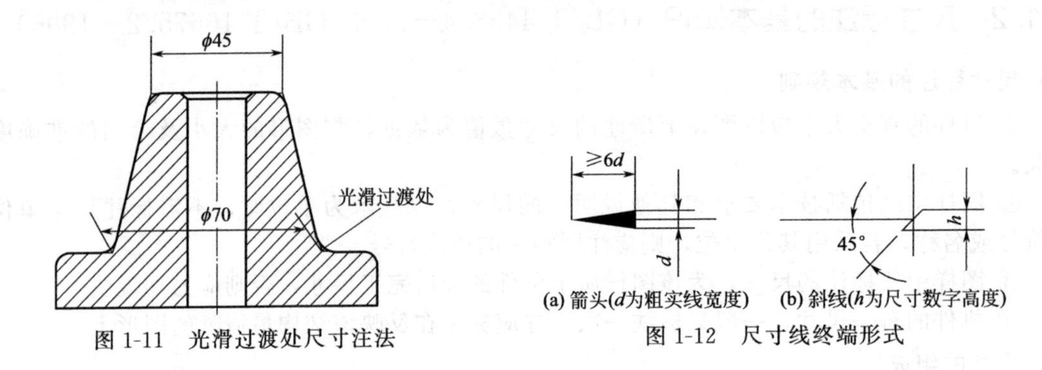

图 1-11　光滑过渡处尺寸注法　　图 1-12　尺寸线终端形式

b. 字头方向　水平尺寸数字朝上，垂直尺寸数字朝左，如图 1-13 所示。倾斜时尺寸数字垂直于尺寸线且字头趋于向上，如图 1-13 中的 *SR*5。避免在 30°内注写尺寸数值，如图 1-14(a)所示，若不可避免，则引出标注，如图 1-14(b) 所示。角度数值一律水平注写，且尽量写在尺寸线中断处，如图 1-13 所示。

标注参考尺寸时，应将尺寸数字加上圆括弧，如图 1-13 所示。

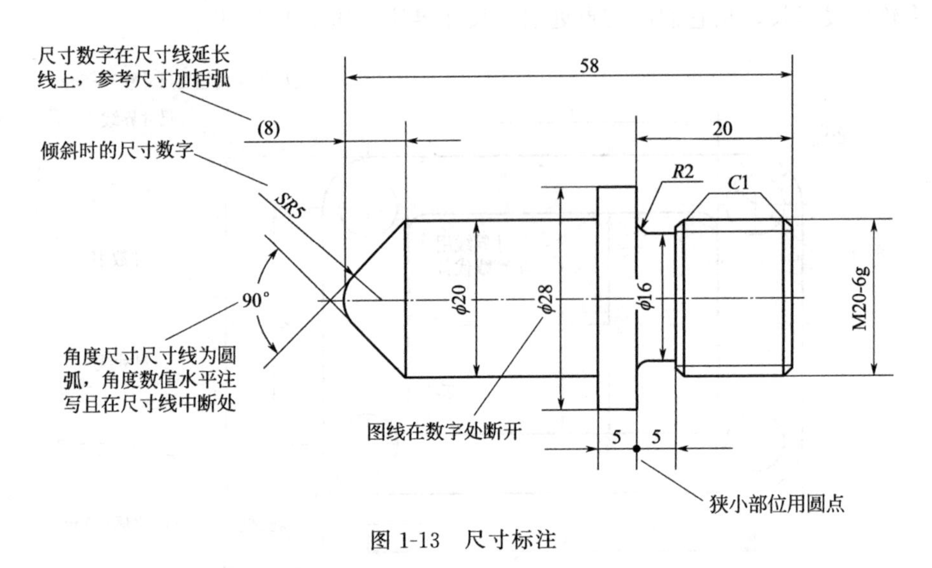

图 1-13　尺寸标注

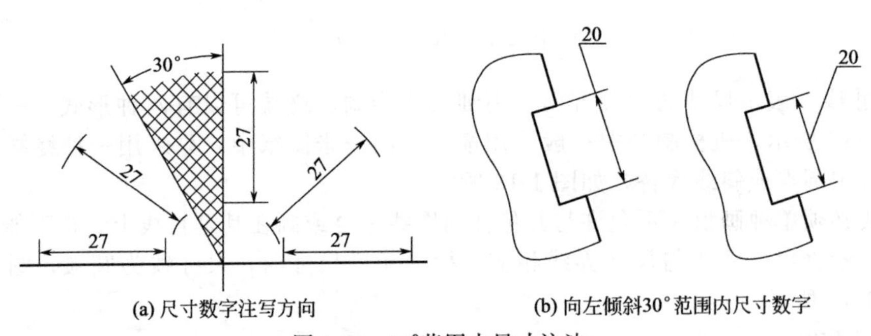

图 1-14　30°范围内尺寸注法

(3) 尺寸符号及缩写词

表 1-4 列出了标注尺寸时的尺寸符号及缩写词。

表 1-4　尺寸符号及缩写词

符号或缩写词	含义	符号或缩写词	含义
ϕ	直径	t	厚度
R	半径	⌵	埋头孔
S	球面	⌴	沉孔或锪平
EQS	均布	↧	深度
C	45°倒角	□	正方形
∠	斜度	▷	锥度

1.1.3　定形尺寸和定位尺寸

物体一般由不同的几何形体组成，故工程图样中的尺寸按用途分为定形尺寸和定位尺寸。定形尺寸是用来确定物体中各组成部分形状大小的尺寸，如图 1-15 中的 100、76、38、21、4×ϕ14、R6 等。定位尺寸是用来确定组成物体各部分之间相互位置的尺寸，如图 1-15 中的 70、46，用来确定 4 个圆孔的左右、上下位置。

为了标注定位尺寸必须确定尺寸基准，尺寸基准是标注定位尺寸的起始点。标注平面图形尺寸时有长和高两个方向的尺寸基准，标注立体图形尺寸时有长、宽、高三个方向的尺寸基准。尺寸基准一般选择物体的对称面、轴线或较大的平面，如图 1-15 所示。

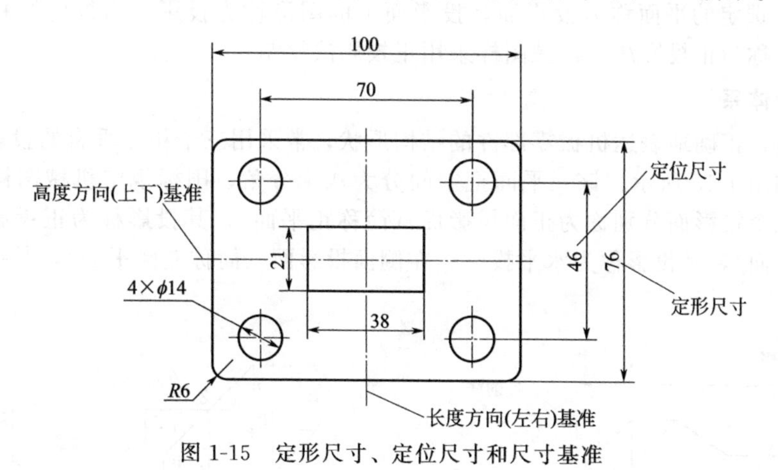

图 1-15　定形尺寸、定位尺寸和尺寸基准

1.1.4　三步法标注尺寸

三步法标注尺寸是指在机械图样中从尺寸基准出发，按尺寸的功用和注写位置来进行快速、正确标注，使其符合设计和加工工艺要求。如图 1-16 所示轴的尺寸标注，以轴肩右端面为长度方向主要尺寸基准，轴的右端面为辅助尺寸基准。第一步标注零件的外形尺寸，如总长 58，最大直径 ϕ28，即最外一行标注总体尺寸；第二步标注特征的定形和定位尺寸，如 20 和 M20、5 和 ϕ28、(8) 和 SR5 等，即在第二行标注定位和形体特征的定形尺寸；第三步标注工艺结构尺寸，如倒角、圆角、圆孔、退刀槽、砂轮越程槽等，如 R2、C1、5 和 ϕ16，即第三行标注小的结构尺寸。

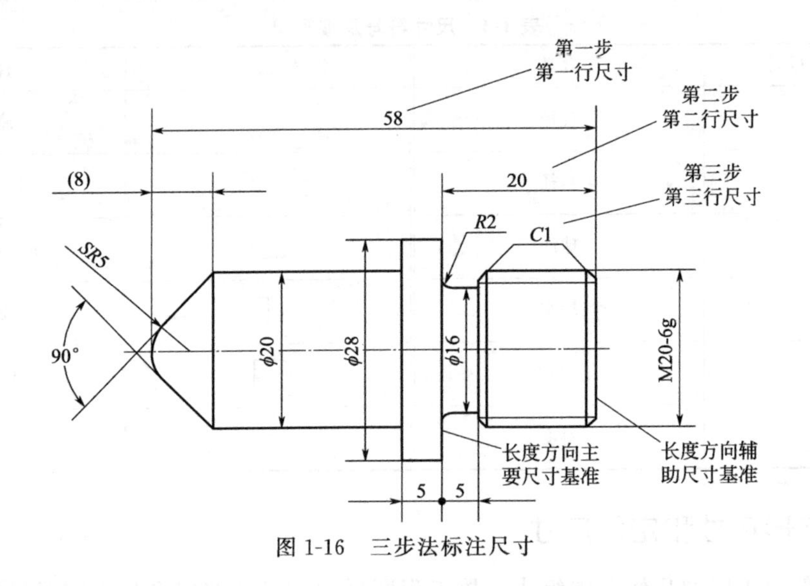

图 1-16　三步法标注尺寸

1.2 图样的形成

1.2.1 三视图的形成

(1) 投影法

投射线通过物体，向选定的面投射，并在该面上得到图形的方法称为投影法，如图 1-17所示，选定的平面称为投影面，投影面上的图形称为投影。当投射线相互平行且与投影面垂直时称为正投影法，机械图样采用正投影法绘制。

(2) 三面投影体系

为了完整、正确地表达机械零部件的结构形状，常采用三个相互垂直的投影面组成三面投影体系，如图 1-18 所示。该三平面把空间分为八个分角，国标规定机械图样中采用第一角投影法。三个投影面分别称为正面投影面（简称正平面），其投影称为正投影；水平投影面（简称水平面），其投影称为水平投影；左侧面投影面（简称左侧平面），其投影称为左侧投影。

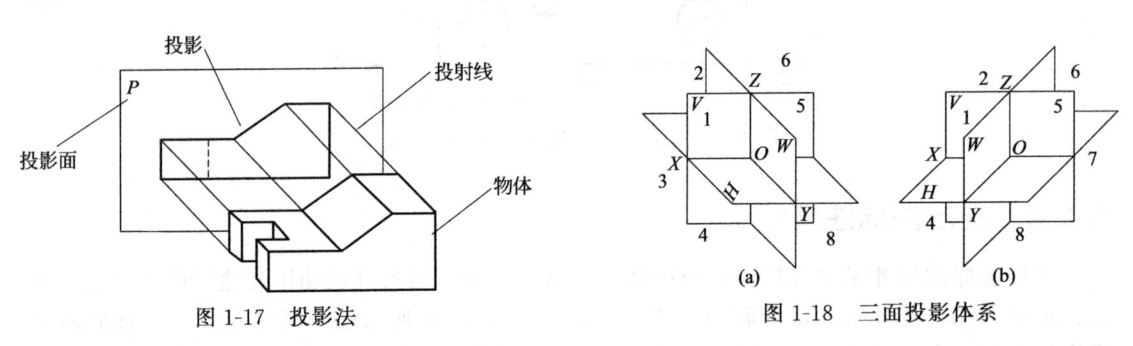

图 1-17　投影法

图 1-18　三面投影体系

(3) 三视图的形成

在机械制图中，常把投射线当作人的视线，把物体的投影称为视图。将物体放在三面投影体系中分别向三个投影面投射，得到物体的三个视图，如图 1-19(a) 所示。将物体从前向后投射，在正平面上得到的视图称为主视图；将物体从上向下投射，在水平面上得到的视图称为俯视图；将物体从左向右投射，在左侧平面上得到的视图称为左视图。

为了便于看图，将正平面不动，水平面向下转 90°，左侧平面向后转 90°。这样，俯视图就在主视图的正下方，左视图就在主视图的正右方，三个视图就在同一平面上了，如图 1-19(b)、(c) 所示。

(4) 三视图的投影规律

将物体的上下尺寸称为高，左右尺寸称为长，前后尺寸称为宽，那么主视图反映物体的高度和长度尺寸，俯视图反映物体的宽度和长度尺寸，左视图反映物体的宽度和高度尺寸。

三个视图既然是同一物体的三个投影，那么三个视图之间必然存在一定的联系，如图 1-19(d) 所示，即作图时：主、俯视图长对正——长相等，因为它们同时反映了物体的长度方向的尺寸；主、左视图高平齐——高相等，因为它们同时反映了物体的高度方向的尺寸；俯、左视图宽相等——宽相等，因为它们同时反映了物体的宽度方向的尺寸。

上述三个视图之间的联系即为三视图的投影规律，常称为“三等”规律。

物体各部分在空间分上下、前后、左右六个方位，三视图能清楚地反映物体各部分的相对位置。在主、左视图上反映物体的上下，在主、俯视图上反映物体的左右，在俯、左视图上反映物体的前后。即在三视图中远离主视图的一侧是物体的前方，如图 1-19(d) 所示。

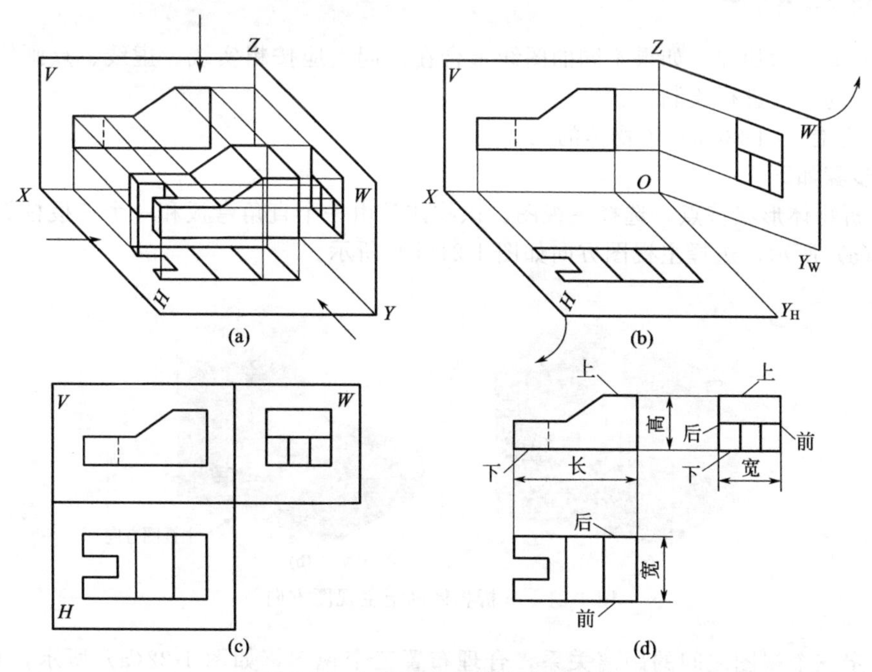

图 1-19　三视图的形成和投影规律

1.2.2 三视图的画法

任何复杂的机器零件，从形体角度来看，都是由一些简单的棱柱、棱锥、圆柱、圆锥、球、圆环等基本几何体通过一定的构形方式形成的。常见的构形方式有叠加、挖切、综合，如图 1-20 所示。这种将物体进行组合和分解的方法称为形体分析法。

在画物体的三视图时，物体上可见部分的轮廓线用粗实线绘制，不可见部分的轮廓线用细虚线绘制，圆的中心线、图形的对称线、回转体的轴线用细点画线绘制。绘制物体三视图的方法与步骤如下。

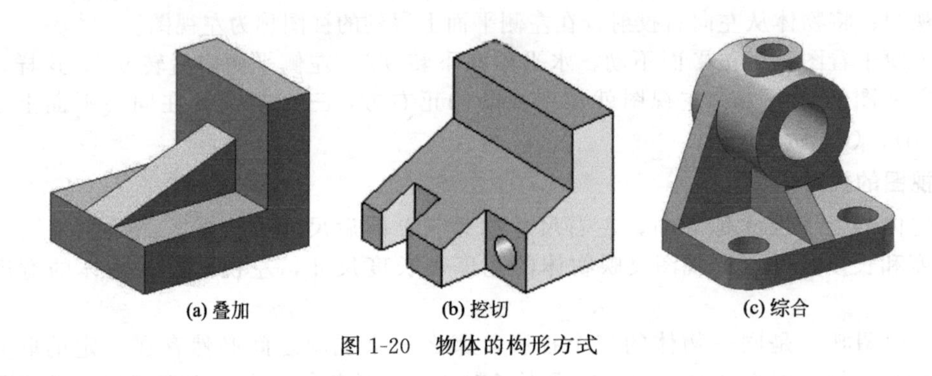

图 1-20 物体的构形方式

(1) 分析物体形状特点并选择主视图

平稳放置物体，使主视图能较多地反映物体各部分的形状和相对位置，俯视图和左视图中的虚线尽可能少。

(2) 合理布置三个视图

根据物体大小确定绘图比例，选择合适的图纸幅面及格式，一般优先采用 1∶1 绘图。然后绘制出各视图的中心线、对称线或大的轮廓线，实现各视图定位。

(3) 绘图

先画底稿，后加深。如果不同的图线重合在一起，应按粗实线、虚线、点画线的顺序，用前者优先的方法进行绘制。

例 1 绘制图 1-20(a) 中物体的三视图。

绘图步骤如下。

① 分析物体形状特点，选择主视图。该物体是由一个直角弯板和一个三棱柱叠加而成，如图 1-21(a) 所示，选择主视图方向如图 1-21(b) 所示。

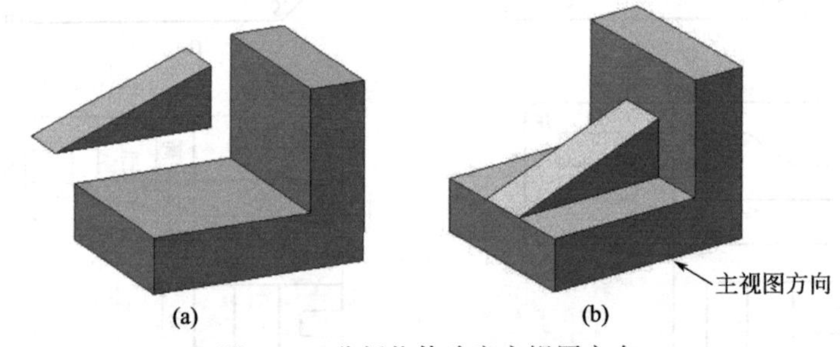

图 1-21 分析物体确定主视图方向

② 确定三个视图之间的距离关系，合理布置三个视图，如图 1-22(a) 所示，分别绘制出主视图、俯视图、左视图的定位线。

③ 绘图。按照物体的构形特点绘制三视图，步骤如图 1-22(b)～(d) 所示。

例 2 绘制图 1-20(b) 中物体的三视图。

绘图步骤如下。

① 分析物体形状特点，选择主视图。该物体是由一个四棱柱挖切而成，如图 1-23(a) 所示，选择主视图方向如图 1-23(b) 所示。

② 合理布置三个视图。如图 1-24(a) 所示，分别绘制出主视图、俯视图、左视图的定位线。

③ 绘图。按照物体的构形特点绘制三视图，步骤如图 1-24(b)～(d) 所示。

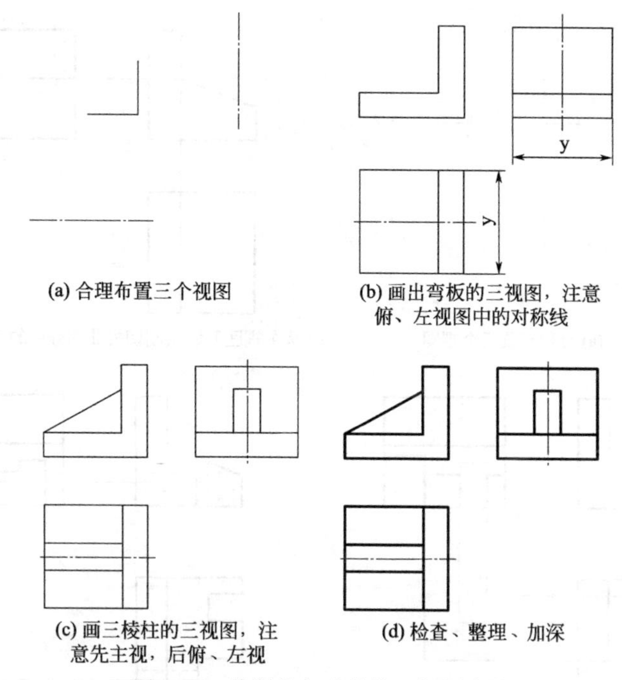

(a) 合理布置三个视图　(b) 画出弯板的三视图，注意俯、左视图中的对称线

(c) 画三棱柱的三视图，注意先主视，后俯、左视　(d) 检查、整理、加深

图 1-22　绘制叠加式物体三视图步骤

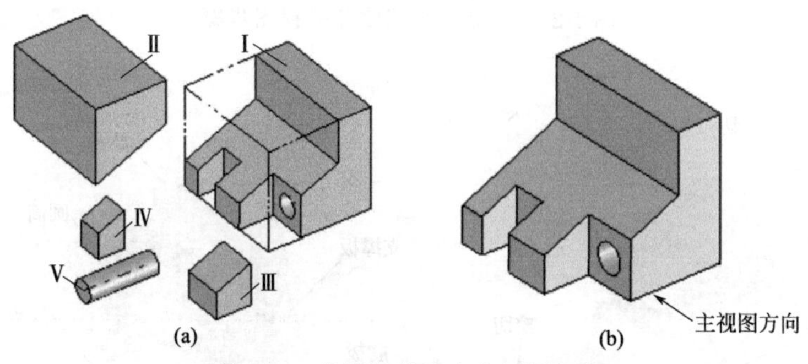

(a)　(b)

图 1-23　分析物体确定主视图方向

例 3　绘制图 1-20(c) 中物体的三视图。

绘图步骤如下。

① 分析物体形状特点，选择主视图。从构形上来说，此物体是综合式，主要是叠加，挖切为次要，如图 1-25(a) 所示。选择主视图方向如图 1-25(b) 所示。

② 合理布置三个视图，如图 1-26(a) 所示。

③ 绘图。按照物体的构形特点绘制三视图，步骤如图 1-26(b)～(h) 所示。

1.2.3 第三角投影

(1) 第三角画法的概念

将物体放在图 1-18 所示的第三分角中，则投影面处于观察者和物体之间，就好像隔着玻璃看物一样，保持人—投影面—物的关系，称为第三角画法。

(2) 第三角画法的特点

第三角画法也是采用正投影法作图，并假想投影面是透明的，观察者在透明板前观察形

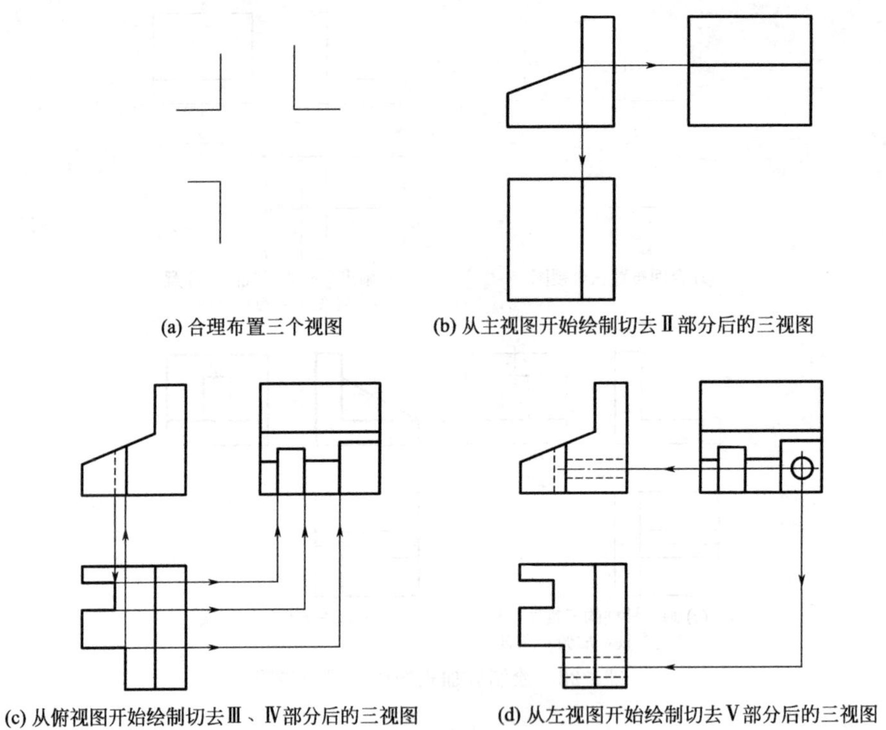

(a) 合理布置三个视图　　(b) 从主视图开始绘制切去Ⅱ部分后的三视图

(c) 从俯视图开始绘制切去Ⅲ、Ⅳ部分后的三视图　　(d) 从左视图开始绘制切去Ⅴ部分后的三视图

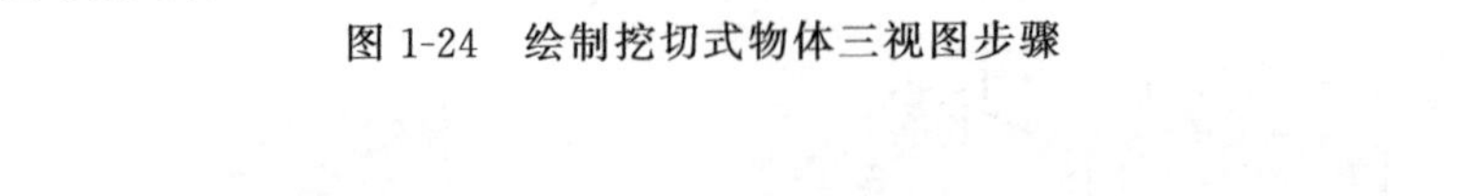

图 1-24　绘制挖切式物体三视图步骤

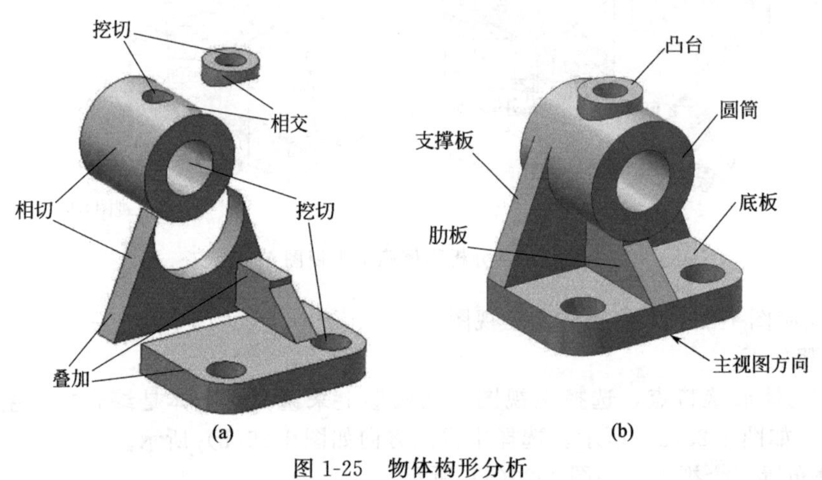

图 1-25　物体构形分析

体所得到的视图，如图 1-27(a) 所示。物体在 V、H、W 面上的投影分别称为前视图、顶视图、右视图。

与第一角画法一样，正平面保持不动，分别将水平面和侧平面绕相应的轴旋转至与正平面共面，如图 1-27(a) 所示，展开后三视图配置如图 1-27(b) 所示。

(3) 第三角画法的三视图之间关系

第三角画法三视图间同样存在着“长对正、高平齐、宽相等”的投影关系。值得注意的是在方位关系上，顶视图、右视图中靠近前视图的为形体前部，远离前视图的为形体后部。

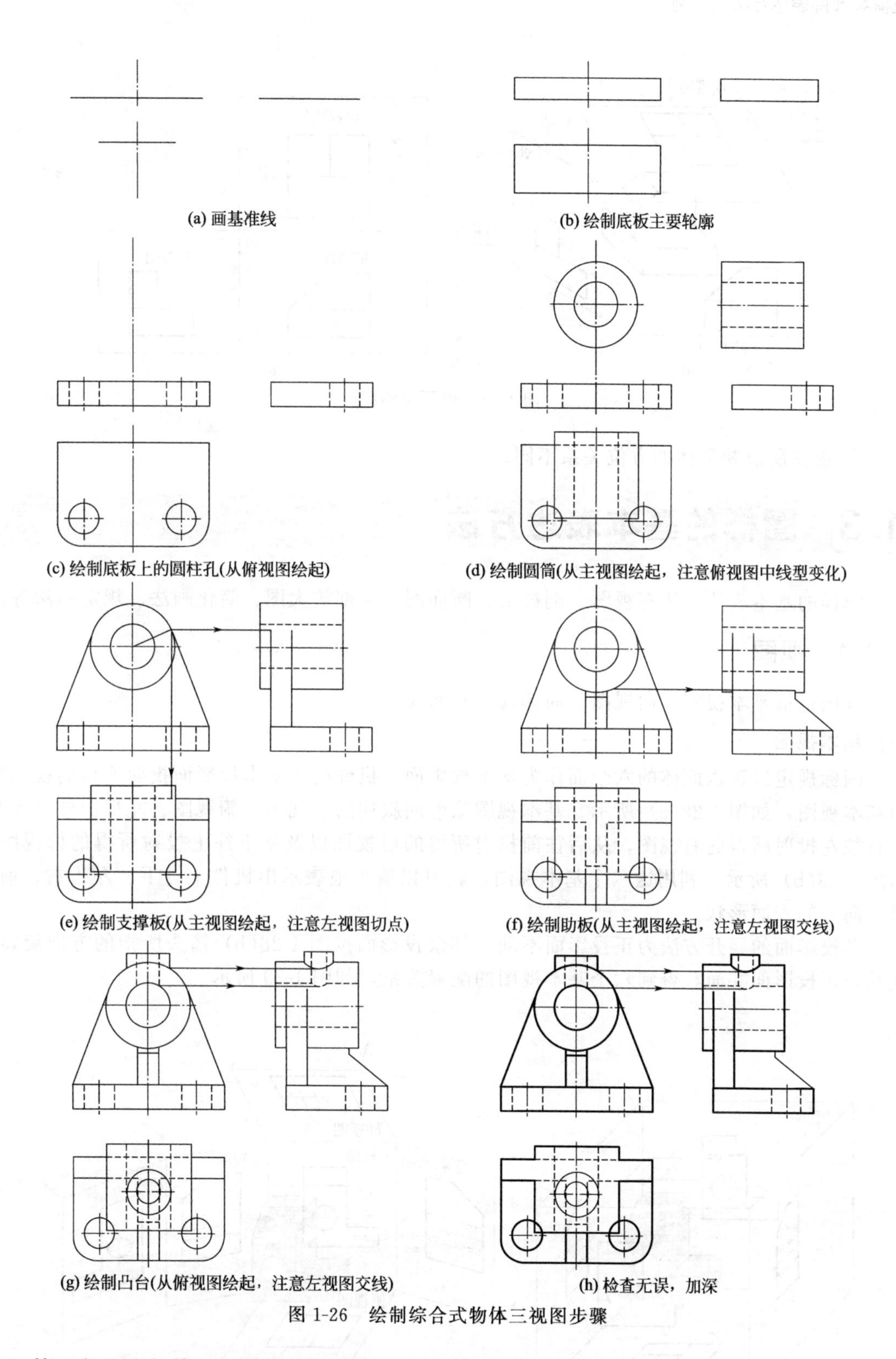

(a) 画基准线　(b) 绘制底板主要轮廓

(c) 绘制底板上的圆柱孔(从俯视图绘起)　(d) 绘制圆筒(从主视图绘起，注意俯视图中线型变化)

(e) 绘制支撑板(从主视图绘起，注意左视图切点)　(f) 绘制肋板(从主视图绘起，注意左视图交线)

(g) 绘制凸台(从俯视图绘起，注意左视图交线)　(h) 检查无误，加深

图 1-26　绘制综合式物体三视图步骤

(4) 第三角画法与第一角画法的异同点

① 都是采用正投影法绘制，“三等”对应关系两者都有。

② 视图间位置关系和名称有所不同。

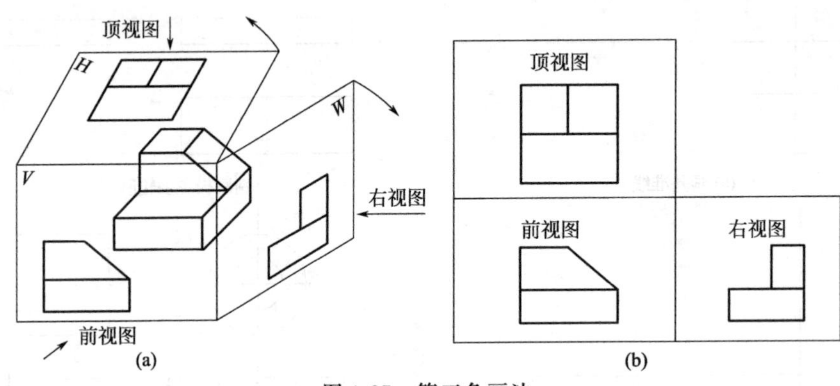

图 1-27　第三角画法

③ 视图所反映形体的方位关系不同。

1.3 图样的基本表达方法

图样的基本表达方法有视图、剖视图、断面图、局部放大图、简化画法、规定画法等。

1.3.1 视图

视图包括基本视图、向视图、局部视图和斜视图。

(1) 基本视图

国标规定以正六面体的六个面作为基本投影面。机件向各基本投影面投射所得的视图称为基本视图，如图 1-28(a) 所示。基本视图除前面叙述的主视图、俯视图、左视图外，还有从右往左投射所得的右视图，从后往前投射所得的后视图以及从下往上投射所得的仰视图，如图 1-28(b) 所示。利用这六个基本视图，就可以清晰地表示出机件上、下、左、右、前、后方向上的表面形状。

各投影面的展开方法为正投影面不动，其余投影面按图 1-28(b) 箭头所指的方向旋转，使其与正投影面共面，得到六个基本视图的配置关系，如图 1-29 所示。

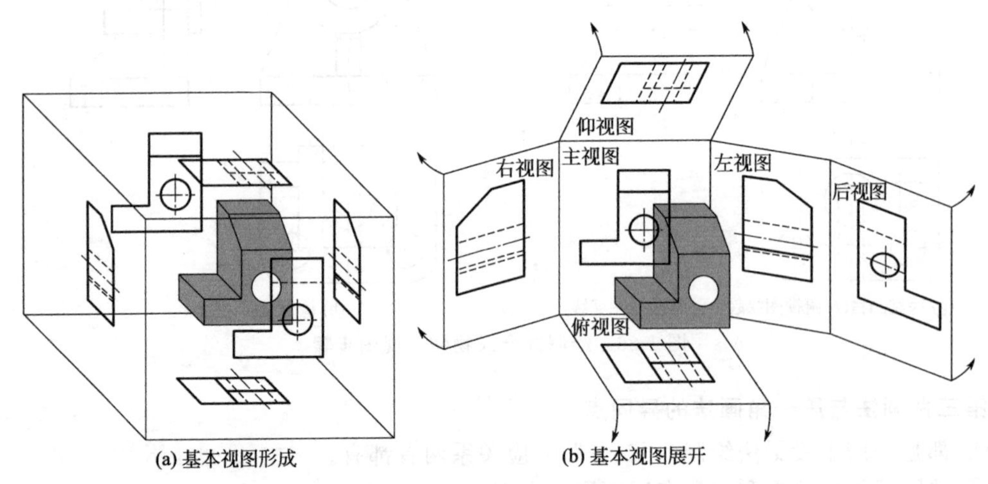

图 1-28　基本视图及展开

六个基本视图仍保持着“长对正、高平齐、宽相等”的投影关系；在方位对应关系上，除后视图外，其视图在“远离主视图”的一侧均表示物体的前面部分。在同一张图纸内按图 1-29 配置视图时，一律不标注视图名称。

实际应用时，可根据机件的结构特点和复杂程度选用必要的基本视图。图 1-30 所示的机件采用了主视图、左视图、右视图三个基本视图来表达它的形状。画图时应注意将表示机件信息量最多的那个视图作为主视图，通常是物体的工作位置或加工位置或安装位置。应根据机件的结构特点，在明确表达机件形状结构的前提下使视图的数量最少。尽量避免使用虚线表达物体的轮廓及棱线，避免不必要的细节重复。

国标规定，绘制机械图样时，视图一般只画机件的可见部分，必要时才画出其不可见部分。如图 1-30 所示，左视图中表示机件右面的不可见轮廓，以及右视图中表示机件左面的不可见轮廓均不画虚线。

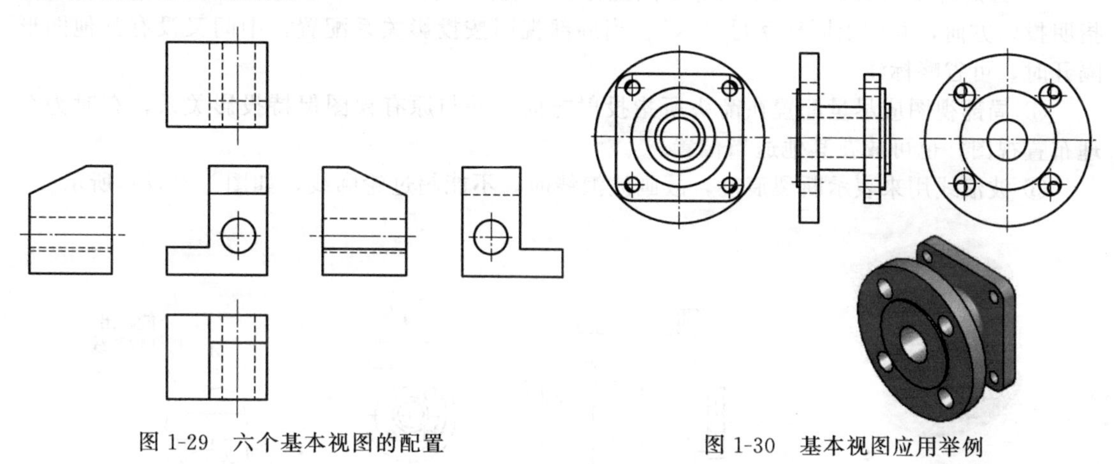

图 1-29　六个基本视图的配置　　图 1-30　基本视图应用举例

(2) 向视图

向视图是可以自由配置的基本视图。在同一张图纸内如果不能按图 1-29 配置时，则应在视图上方标出视图名称“×”（×用大写拉丁字母表示），并在相应视图的附近用箭头指明投射方向，并标注相同的字母，如图 1-31 所示。

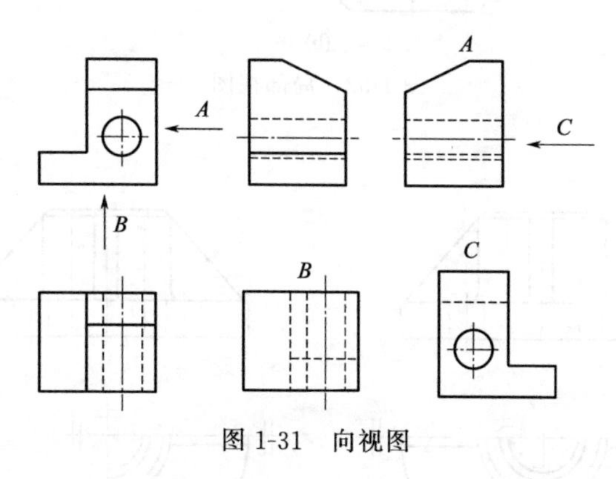

图 1-31　向视图

(3) 局部视图

将机件的某一部分向基本投影面投射所得的视图称为局部视图。如图 1-32(b) 中的 *A*、*B* 视图。

局部视图用于机件在某投射方向有部分结构形状需要表达，但又没有必要画出整个基本视图的情况，此时可只将需要表达的部分画出，从而使机件的表达更为简练。

如图 1-32(a)、(b) 所示，由主、俯两个视图已将机件的主要结构形状表达出来，为表达左右两侧凸台的形状及右侧肋板的厚度，只画出了表达这些部分的局部视图。

画局部视图时应注意以下事项。

① 局部视图的画法与基本视图相同，不同之处是局部视图的范围用波浪线，如图 1-32(b) 中的 A 视图，局部视图的范围也可以用双折线绘制。如果表示的局部结构是完整的，且外形轮廓又成封闭时，波浪线可省略不画，如图 1-32(b) 中的 B 视图。

② 当局部视图是为了节省绘图时间和图幅时，可将对称机件的视图只画一半或四分之一，此时应在对称中心线的两端画出两条与其垂直的平行细实线，如图 1-33 所示。

③ 画局部视图时，一般在局部视图上方标出视图名称“×”，在相应的视图附近用箭头指明投射方向，并注上同样字母“×”。当局部视图按投影关系配置，中间又没有其他图形隔开时，可省略标注。

④ 局部视图应尽量配置在箭头所指投射方向，并与原有视图保持投影关系，有时为合理布置视图，也可放在其他适当位置。

⑤ 波浪线用来表示断裂痕迹，故画波浪线时，不能超过轮廓线，如图 1-32(c) 所示。

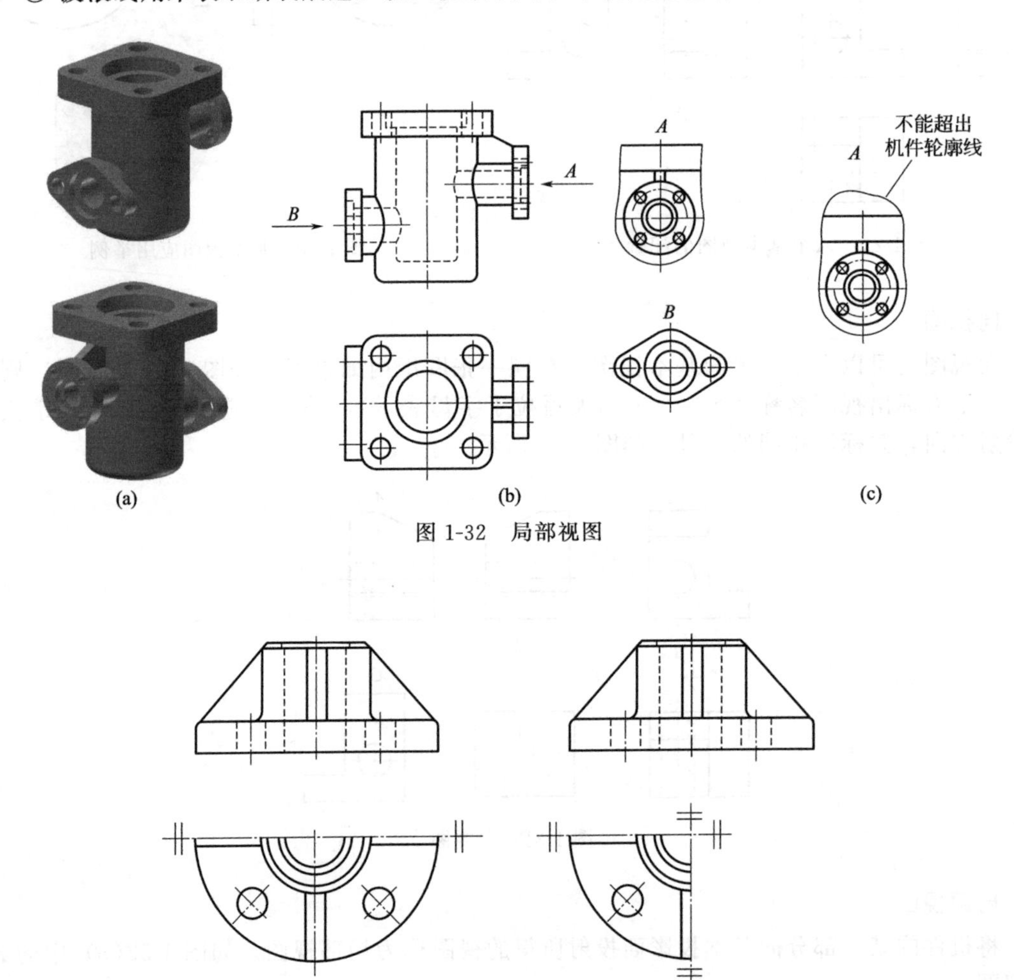

图 1-32　局部视图

图 1-33　对称机件局部视图画法

(4) 斜视图

当机件上某一部分的结构与基本投影面成倾斜位置时，无法在基本投影面上反映它的实形和标注真实尺寸，这时，可增加一个与倾斜部分平行且垂直于某一基本投影面的辅助投影面，然后将倾斜结构向此投影面投射，就得到反映倾斜结构实形的视图，如图 1-34(a)、(b) 所示。这种将机件向不平行于任何基本投影面的平面投射所得的视图称为斜视图。

画斜视图应注意以下几点。

① 斜视图只画机件倾斜部分的实形，其余部分不必画出，而用波浪线断开，如图 1-34(b) 中的 *A* 视图，这样的斜视图常称为局部斜视图。当所表示的倾斜结构是完整的且外形轮廓又呈封闭状时，波浪线可省略不画。画图时要注意斜视图与其他视图间的尺寸关系。

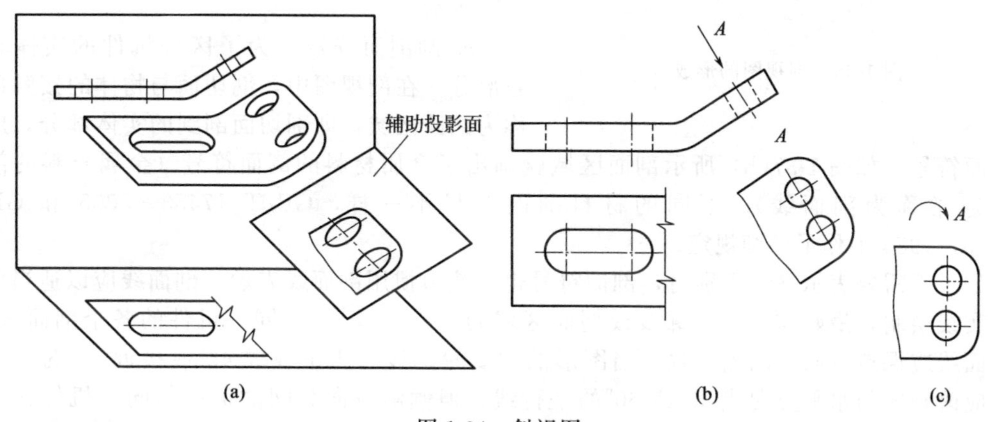

图 1-34　斜视图

② 画斜视图时，必须在视图上方标出视图的名称“×”，在相应的视图附近用箭头指明投射方向并注上同样的字母，如图 1-34(b) 所示。注意箭头必须与倾斜部分垂直，字母要水平书写。

③ 斜视图一般按投影关系配置，必要时也可配置在其他适当的位置，在不致引起误解时，允许将图形旋转，但必须在视图上方进行标注，如图 1-34(c) 所示。字母靠近箭头端，符号方向为视图的旋转方向，旋转符号画法如图 1-35 所示。

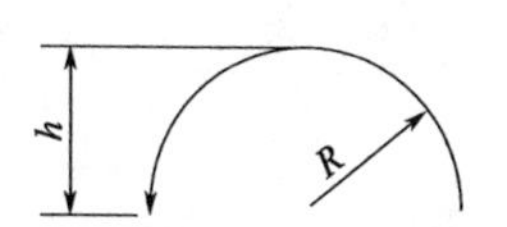

图 1-35　旋转符号

对于图 1-34(a) 所示的机件，用一个主视图，加上一个斜视图和一个局部视图就能够完整清晰地把其结构形状表达清楚，同时作图简单。

1.3.2　剖视图

(1) 剖视图的概念

假想用剖切面剖开机件，将处在观察者和剖切面之间的部分移去而将其余部分向投影面投射所得的图形称为剖视图，简称剖视，如图 1-36 所示。剖切面一般为平面，也可以采用曲面。图 1-36 中的主视图，是用一个与正平面平行的剖切平面剖开机件而得到的。

剖视图主要用于清晰表达机件的内部结构形状，从而避免用视图表达时产生过多的虚线，且便于标注尺寸。

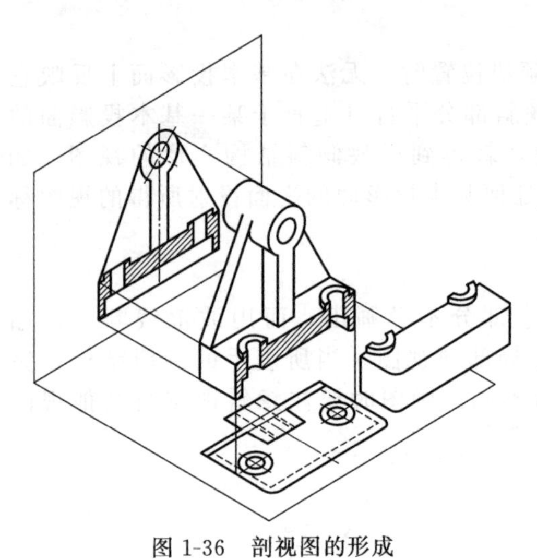

图 1-36 剖视图的形成

(2) 剖视图的一般画法及标注

① 剖视图的一般画法

a. 确定剖切面及剖切位置 剖切面一般为平面（与基本投影面平行或垂直）或柱面，平面用得较多，用平面剖切时，平面的数量可依据机件的形状特点，选用一个或多个。为了表达机件内部的实形，剖切位置一般通过机件内部结构（孔、槽）的对称面或回转轴线，如图 1-36 所示，剖切面通过孔的轴线，且平行于正平面。

b. 画图 用粗实线画出机件被剖切后的断面轮廓线和剖切面后面的可见轮廓线，如图 1-37 (a) 所示。

c. 画剖面符号 为了区分机件的实体和空心部分，在剖视图中，剖切面与物体的接触部分称为剖面区域，即剖切面剖到的实体部分，应画上剖面符号，如图 1-37(b) 所示剖面区域就画出了金属材料的剖面符号（金属材料的剖面符号通常称为剖面线）。不同的材料剖面符号不一样，GB/T 17453—2005 和 GB/T 4457.5—1984 中作了详细规定。

如果不需要表示材料类别时，剖面符号也可按习惯用剖面线表示。剖面线应以适当角度的细实线绘制，最好与主要轮廓线或剖面区域的对称线成 45°，同一机件的各个剖面区域，其剖面线应保持方向、间隔一致。当图形的主要轮廓线与水平线成 45°或接近 45°时，则剖面线应改画成与水平方向成 30°或 60°的平行线，但倾斜方向和间隙仍应与同一机件其他图形的剖面线一致。

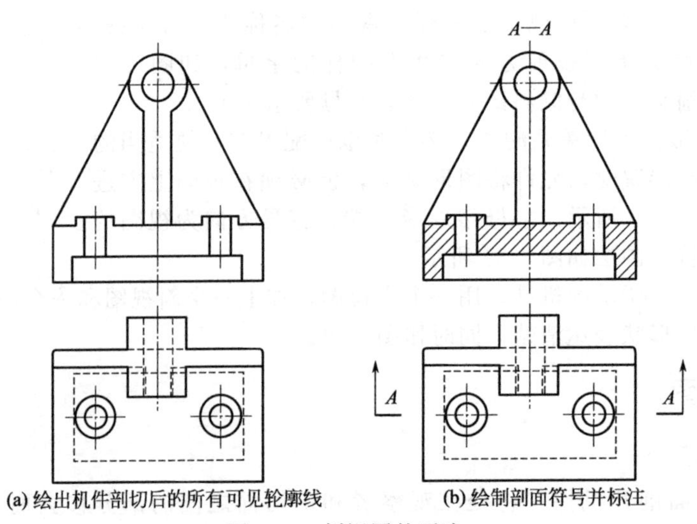

(a) 绘出机件剖切后的所有可见轮廓线 (b) 绘制剖面符号并标注

图 1-37 剖视图的画法

② 剖视图的配置及标注 剖视图一般按投射方向配置，但也可以配置在图纸的其他位置。标注的目的是帮助看图的人判断剖切位置和剖切后的投射方向，便于找出各视图间的对应关系，以便尽快看懂视图。

剖视图的标注内容如下［如图 1-37(b)所示］。

a. 剖视图名称　在剖视图上方用大写拉丁字母或阿拉伯数字标出剖视图的名称“×—×”。如果在同一张图上同时有几个剖视图，则其名称应按字母或数字顺序排列，不得重复。

b. 剖切面位置　在与剖视图相对应的视图上用剖切线和剖切符号表示。剖切线是表示剖切面位置的细点画线，一般省略不画。剖切符号（粗短画线）用来表示剖切面的起、迄和转折位置，剖切符号尽可能不与图形的轮廓线相交，并在它的起、迄和转折处标上相应的字母“×”，但当转折处位置有限又不致引起误解时允许省略标注。

c. 投射方向　在剖切符号两端用箭头表示投射方向，箭头与剖切符号垂直。

标注可省略或简化情况：当剖视图按投影关系配置，中间又无其他图形隔开时，可省略箭头；当单一剖切平面通过机件的对称面，且剖视图按投影关系配置，中间又无其他图形隔开时，可省略标注。图 1-37(b) 中的剖视图名称和箭头均可以省略，但剖切符号不能省略。

(3) 剖切面的种类

根据机件的结构特点可选择以下剖切面剖开机件：单一剖切面、几个平行的剖切平面和几个相交的剖切面（交线垂直于某一基本投影面）。

① 单一剖切面

a. 单一剖切平面　图 1-37 所示的剖视图即由单一剖切平面剖得，此图中的剖切平面平行于正平面（基本投影面）。

b. 单一斜剖切平面　当机件上有倾斜部分的内部结构形状需要表达时，用一个平行于倾斜结构而不平行于任何基本投影面的剖切平面剖开机件，向与剖切平面平行的辅助投影面投影，如图 1-38 所示。用这种剖切方法得到的剖视图是斜置的，标注的字母必须水平书写，为看图方便，这种剖视图一般按投影关系配置，也可平移到其他位置，在不致引起误解的情况下，允许将剖视图旋转，如图 1-38(b) 所示，此时，必须标注旋转符号，旋转符号的画法如图 1-35 所示。这种剖切方法习惯上称为斜剖。

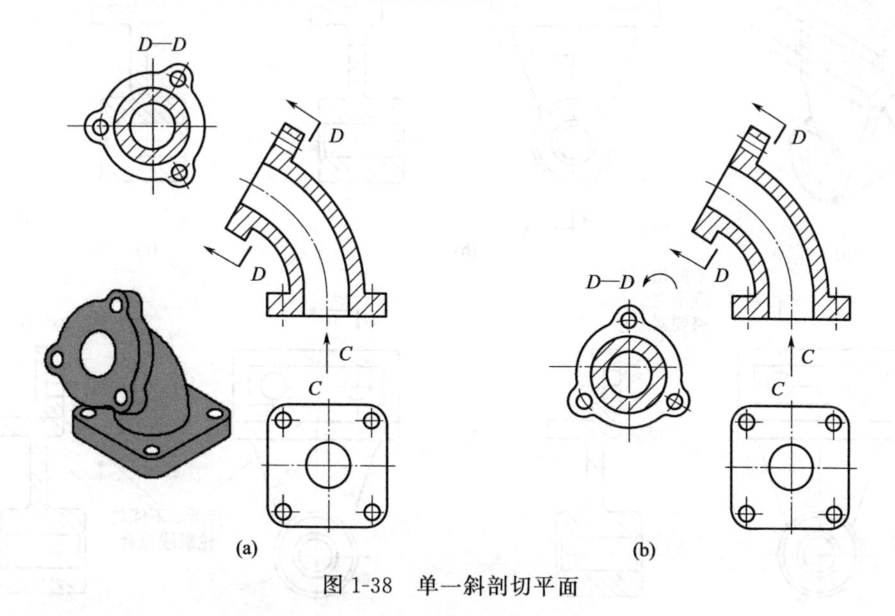

图 1-38　单一斜剖切平面

c. 单一剖切柱面　一般用单一剖切平面剖切机件，也可用单一柱面剖切机件，但所画的剖视图一般按展开绘制，其画法和标注如图 1-39 所示。

② 几个平行的剖切平面　当机件内部结构的对称中心线或轴线互相平行而又不在同一平面时，可采用几个平行的剖切平面剖切机件。为了表达图 1-40(a) 所示机件上处于不同位置的孔和槽，采用两个互相平行的剖切平面进行剖切，然后画出 $A—A$ 剖视图，如图 1-40

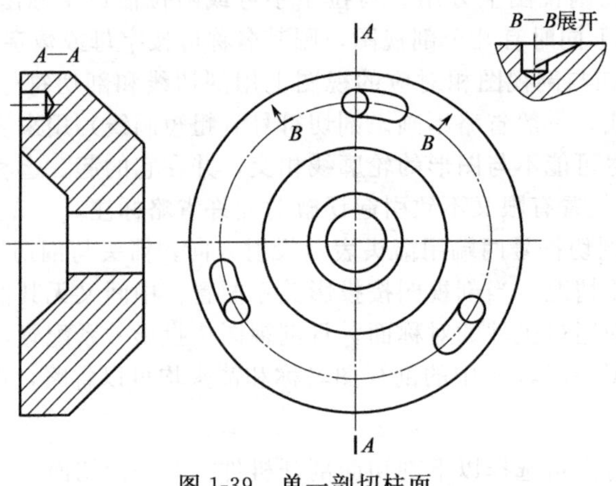

图 1-39　单一剖切柱面

(b) 所示。这种剖切方法习惯上称为阶梯剖。

用这种剖切方法画剖视图时不画剖切平面转折处交线的投影，如图 1-40(c) 所示。剖视图内不应出现不完整要素，如图 1-40(d) 所示。同时剖切平面转折处也不能与轮廓线重合，如图 1-40(e) 所示。仅当两个要素在图形上具有公共对称中心线或轴线时，可以各画一半，此时应以对称中心线或轴线为界，如图 1-41 所示。

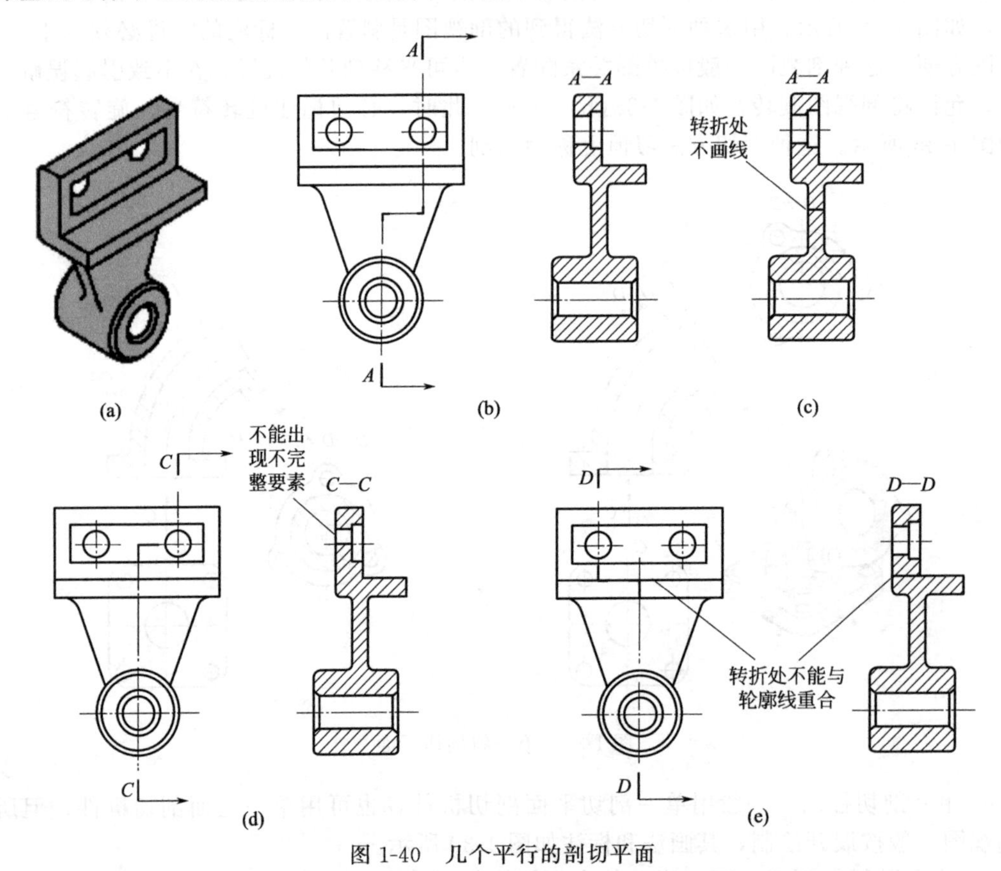

图 1-40　几个平行的剖切平面

当用几个平行的剖切平面剖切机件时必须进行标注。即在起、迄、转折处画出剖切符号，并注上字母“×”，用箭头指明投射方向，在相应剖视图上方标注相同字母“×—×”，如图 1-40(b) 所示。当转折处位置有限时允许省略字母。

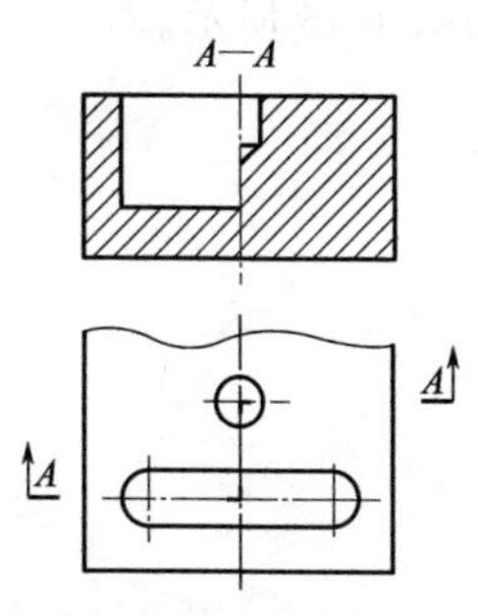

图 1-41 两要素有公共对称中心线

③ 几个相交的剖切面（交线垂直于某一基本投影面） 用几个相交的剖切面（交线垂直于某一基本投影面）剖切机件，如图 1-42 所示。采用这种方法画视图时，先假想按剖切位置剖开机件，然后将剖面区域及有关结构绕剖切面的交线旋转到与选定的投影面平行后再进行投射。这种剖切方法习惯上称为旋转剖。

用几个相交的剖切面剖开机件在画图时应注意以下事项。

a. 在剖切面后的其他结构一般仍按原来位置投影，如图 1-43 中油孔的投影。

另外，在 A—A 剖视图中有 4 块肋板，由于剖切平面纵向剖切肋板（剖切平面平行于肋板的特征面）时，国标规定在剖面区域内不画剖面符号，而用粗实线把肋板与其邻接部分分开，因此俯视图中有 2 块肋板剖面没有画剖面符号。

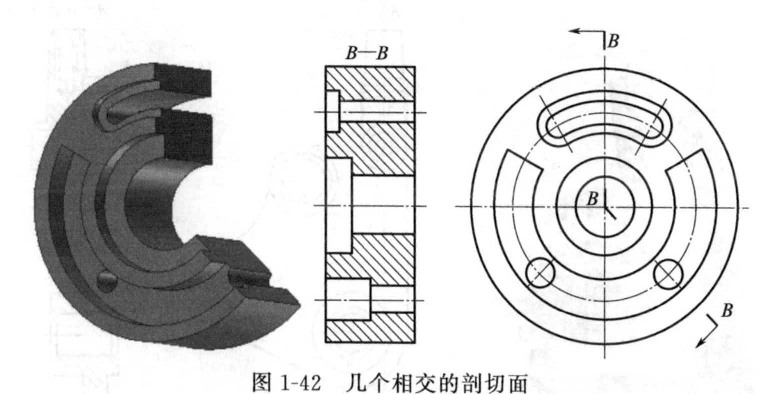

图 1-42 几个相交的剖切面

b. 当剖切后产生不完整要素时，应将此部分按不剖绘制，如图 1-44 所示。

此种剖切方法必须按规定进行标注，即在起、迄、转折处画出剖切符号，并注上字母“×”，用箭头指明投射方向，在相应剖视图上方标注相同字母“×—×”，如图 1-44 所示。当转折处位置有限时允许省略字母。

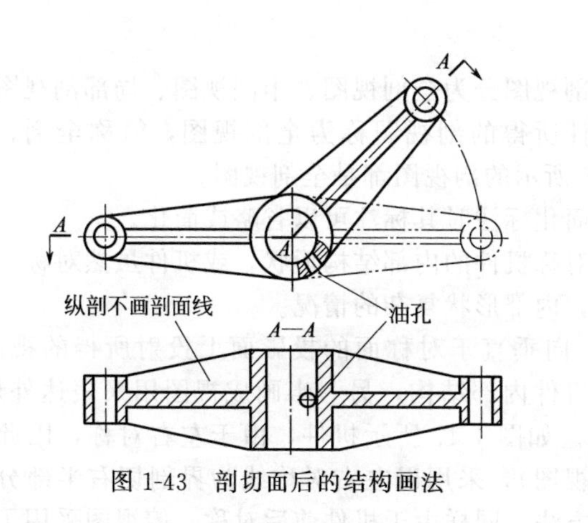

图 1-43 剖切面后的结构画法

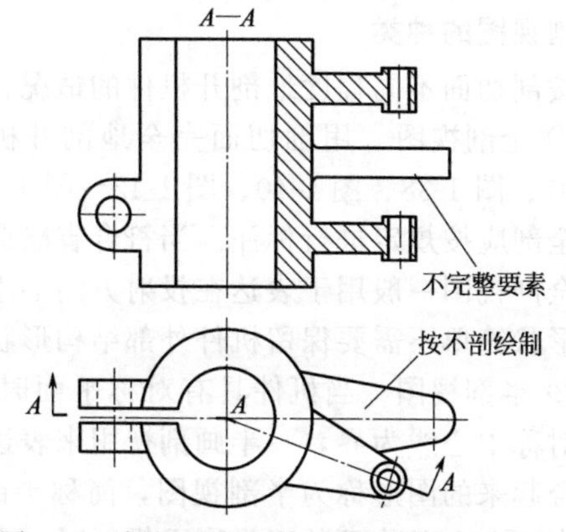

图 1-44 剖切后产生的不完整要素结构画法

用几个相交的剖切面剖切机件时，这几个相交的剖切面可以是平面，也可以是柱面，如图 1-45 所示。

用几个相交的剖切面剖切机件时，还可以采用展开画法，此时应标注“×—×”展开，如图 1-46 所示。

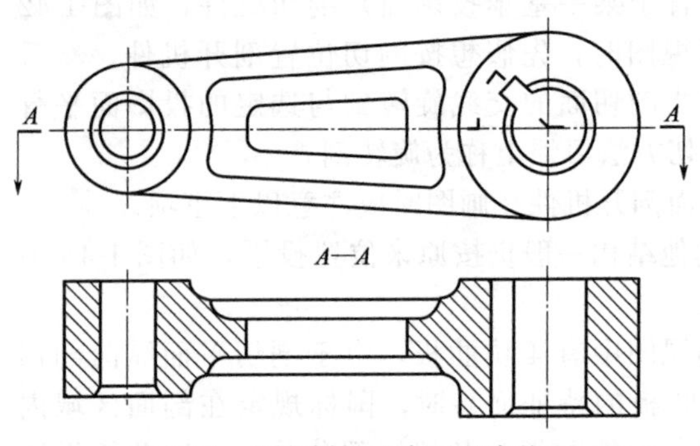

图 1-45　相交剖切面中可以有柱面

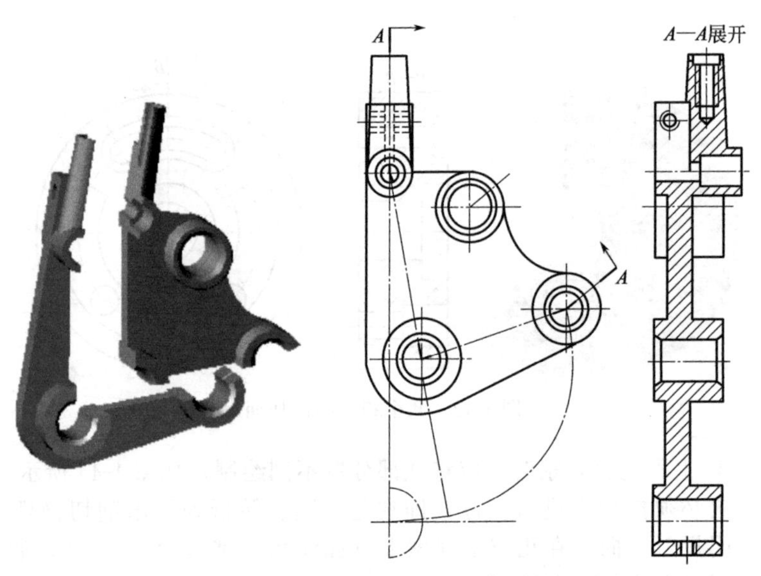

图 1-46　用几个相交的剖切面剖切机件时的展开画法

(4) 剖视图的种类

按剖切面不同程度地剖开机件的情况，剖视图分为全剖视图、半剖视图、局部剖视图。

① 全剖视图　用剖切面完全地剖开机件所得的剖视图称为全剖视图，简称全剖。如图 1-37、图 1-38、图 1-40、图 1-42～图 1-46 所示的剖视图都是全剖视图。

全剖应按规定进行标注。当符合省略或简化标注时其标注可以省略或简化。

全剖视图一般用于表达在投射方向上不对称机件的内部结构形状，或机件虽然对称，但外部形状简单不需要保留机件外部结构形状，内部形状复杂的情况。

② 半剖视图　当机件具有对称平面时，向垂直于对称面的投影面上投射所得的视图，可以对称中心线为界，一半画剖视用来表达机件内部结构，另一半画成视图用来表达外形，这种合起来的图形称为半剖视图，简称半剖。如图 1-47 所示机件，由于左右对称，因此在向垂直于左右对称面的正投影面投射时（主视图），采用以左右对称线为界剖切右半部分画成剖视图，而左半部分不剖画成视图的表达方法。同样由于机件前后对称，俯视图采用了剖切前半部分表达。这样的表达方法既可以表达机件的内部结构形状，又可以兼顾表达机件的外部结构形状。

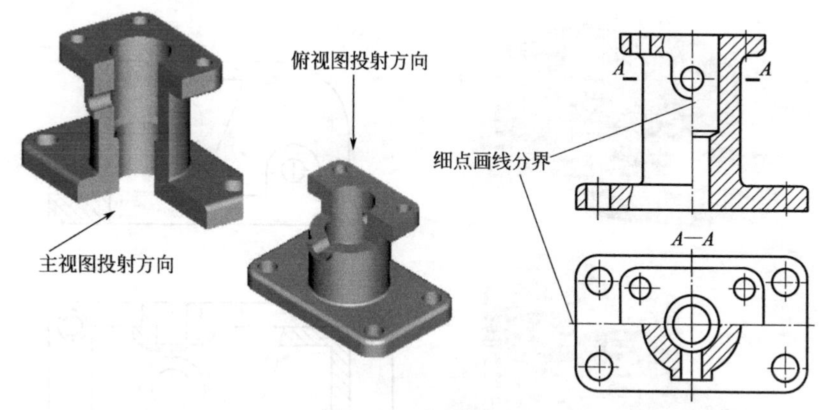

图 1-47　半剖视图

画半剖时应注意以下事项。

a. 半剖视图中剖与不剖两部分用细点画线分界。

b. 由于未剖部分的内形已由剖开部分表达清楚，因此表达未剖开部分内形的虚线省略不画。但没有表达清楚的则不能省。

c. 如果机件的轮廓线与分界线重合，则不能用半剖。

半剖的标注方法和省略原则与全剖完全相同，如图 1-47 所示，主视图省略标注，$A-A$ 剖面省略投射方向（箭头）。

对于对称机件内、外形都需要表达；或机件的形状接近于对称，且不对称部分已有图形表达清楚的情况下，可以画成半剖视图，如图 1-48 所示。图 1-48 中机件结构形状接近于对称，其不对称部分的形状特征已由俯视图表达清楚，故用两个互相平行的平面剖切机件得到半剖视图。

图 1-49 所示为用两个相交的平面剖切机件得到的半剖视图。

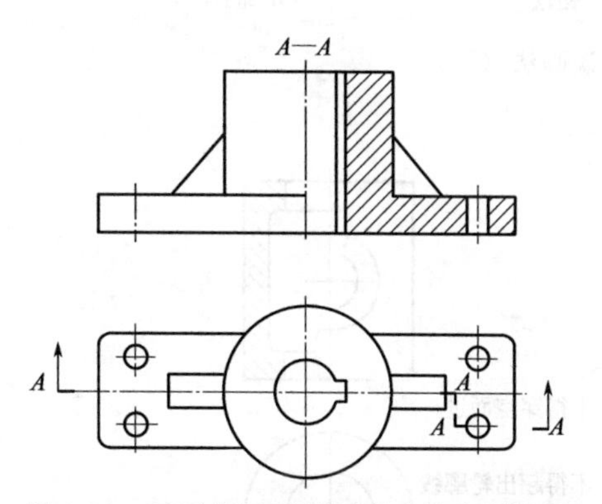

图 1-48　两平行平面剖切形成的半剖视图

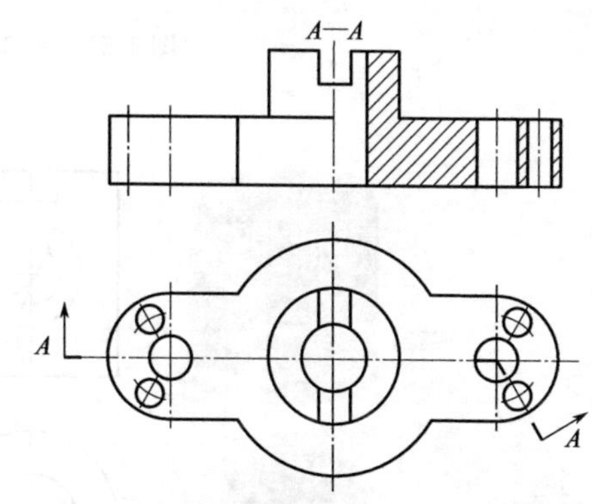

图 1-49　两相交平面剖切形成的半剖视图

③ 局部剖视图　用剖切面局部地剖开机件所得的剖视图称为局部剖视图，简称局部剖，如图 1-50 所示。

画局部剖时应注意以下事项。

a. 局部剖视图由剖视与视图组合而成，剖切部分和未剖切部分之间用波浪线分界，也可以用双折线。剖切范围的大小，以能够完整反映形体内部形状为准。

b. 波浪线不应和其他图线重合或在其延长线上，如图 1-51 所示。波浪线不得超出轮廓线，不得穿空而过，如图 1-52 所示。

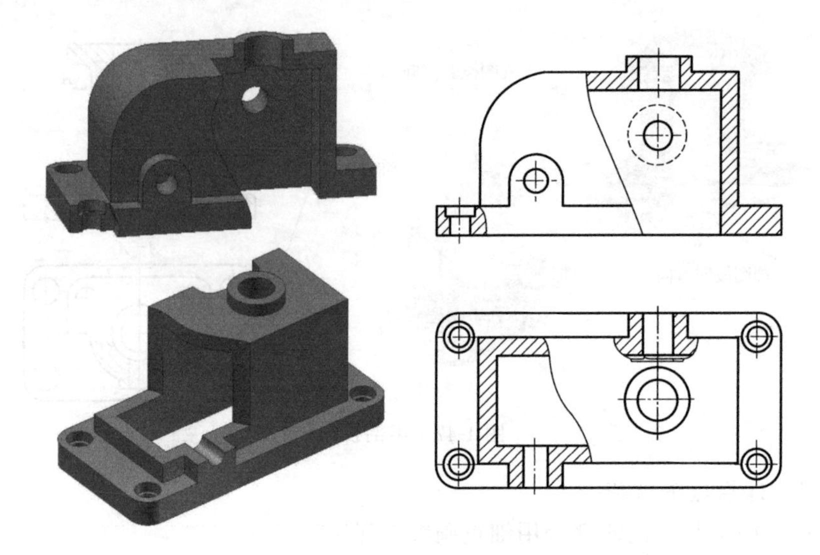

图 1-50　局部剖视图

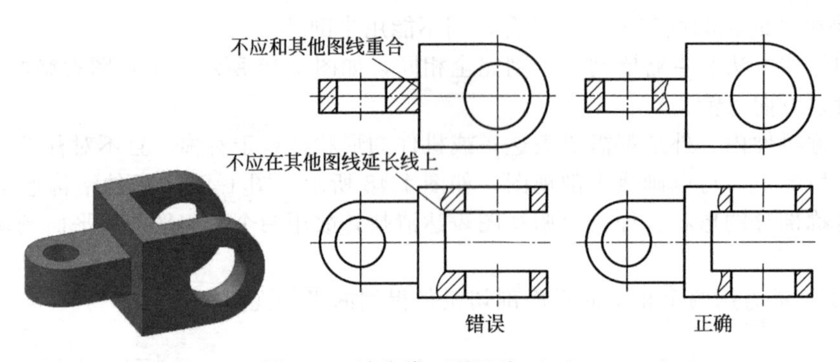

图 1-51　波浪线正误画法（一）

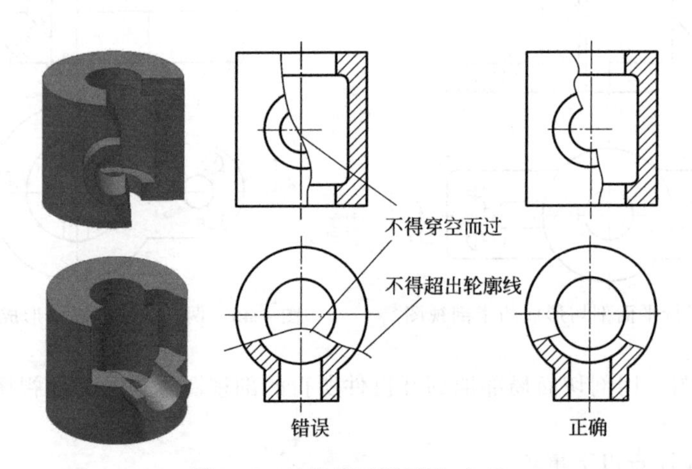

图 1-52　波浪线正误画法（二）

c. 当被剖结构为回转体时，允许将该结构的中心线作为局部剖视与视图的分界线，如图 1-53 所示。

局部剖视图一般按规定标注，但当用一个平面剖切且剖切位置明显时，局部剖视图的标注可省略。

局部剖不受形体是否对称的限制，剖在什么位置和剖切范围可根据需要确定，既能表达形体内形又能表达形体外形，是一种比较灵活的表达方法，如图 1-50～图 1-52 所示。机件底板上、凸缘上的小孔及轴类零件上的孔、凹槽等结构也常用局部剖表达，如图 1-47、图 1-50 所示主视图中左边的小孔。

用几个平行的或相交的剖切面剖切机件也可以画成局部剖，如图 1-54所示局部剖 $A—A$ 为采用两个相交平面剖切机件得到的，图 1-55 所示局部剖 $B—B$ 为采用两个平行平面剖切机件得到的。

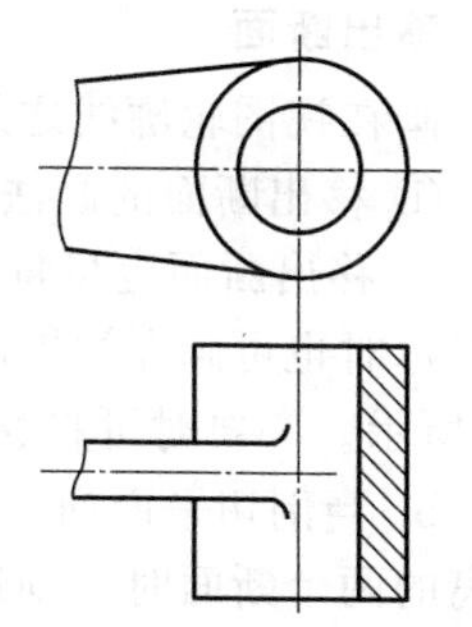

图 1-53　中心线作分界线

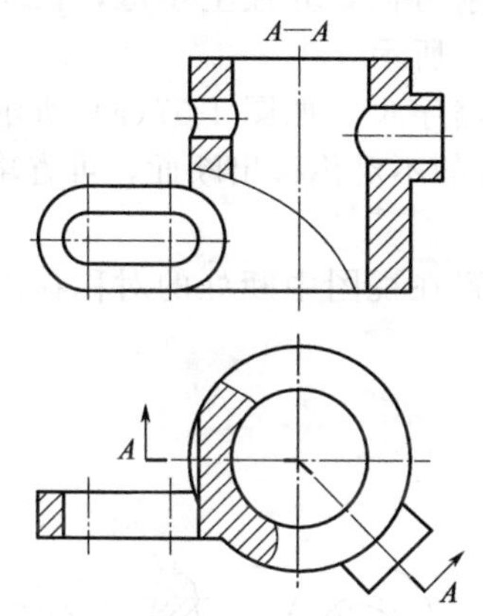

图 1-54　两相交平面剖切形成的局部剖视图

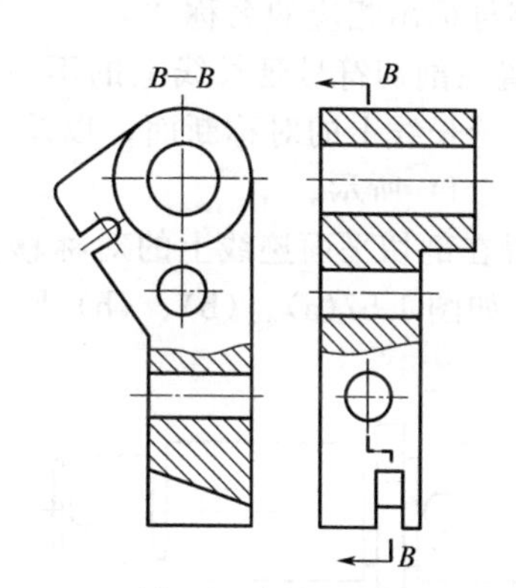

图 1-55　两平行平面剖切形成的局部剖视图

1.3.3　断面图

(1) 断面图的概念

假想用剖切平面将机件的某处切断［图 1-56(a)］，仅画出断面的图形称为断面图，如图 1-56(b) 所示。

断面图与剖视图的区别是：断面图只画机件剖切处断面形状，而剖视图除了画出断面形状外，还要画出剖切平面后其余可见部分的投影，如图 1-56(c) 所示。

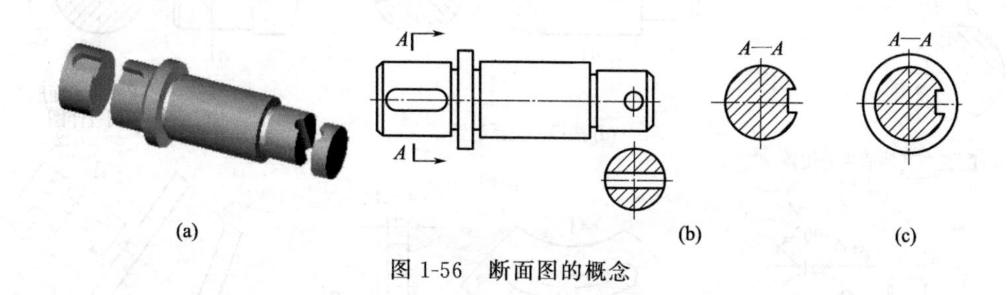

图 1-56　断面图的概念

断面图常用于表达机件上个别部位的断面形状，如轴类零件上的孔、键槽等局部结构形状，机件上的肋板、轮辐及杆件、型材的断面形状，同时也方便断面尺寸标注。

断面图按其在图样上的放置位置不同分为移出断面和重合断面。

(2) 移出断面

画在视图轮廓线之外的断面称为移出断面。

① 移出断面的画法及配置　移出断面的轮廓线用粗实线绘制，断面上画剖面符号。

a. 移出断面应尽量配置在剖切符号或剖切线的延长线上，如图 1-57(a) 所示。断面图形对称时也可画在视图的中断处，如图 1-57(b) 所示。也可以按投影关系配置，如图 1-57(d)所示。必要时可将移出断面配置在其他适当的位置，如图 1-57(c) 所示。

b. 当剖切平面通过回转面形成的孔或凹坑的轴线时，或者通过非圆孔会导致出现完全分离的两个断面时，则这些结构应按剖视绘制，如图 1-57(e)～(g) 所示。

c. 由两个或多个相交的剖切平面剖切得出的移出断面，中间一般应断开，如图 1-57(h) 所示。

② 剖切位置与断面图的标注

a. 移出断面一般应用剖切符号表示剖切位置和投射方向，并注上字母，在断面图上方用同样的字母标出相应的名称“×—×”。如图 1-57(c) 所示。

b. 配置在剖切符号延长线上的不对称断面，可省略字母，如图 1-57(a) 所示。不配置在剖切符号延长线上的对称断面，以及按投影关系配置的不对称移出断面，可省略箭头，如图 1-57(d)～(f) 所示。

c. 配置在剖切平面迹线上的对称移出断面以及配置在视图中断处的对称移出断面，均不必标注，如图 1-57(a)、(b)、(h) 所示。

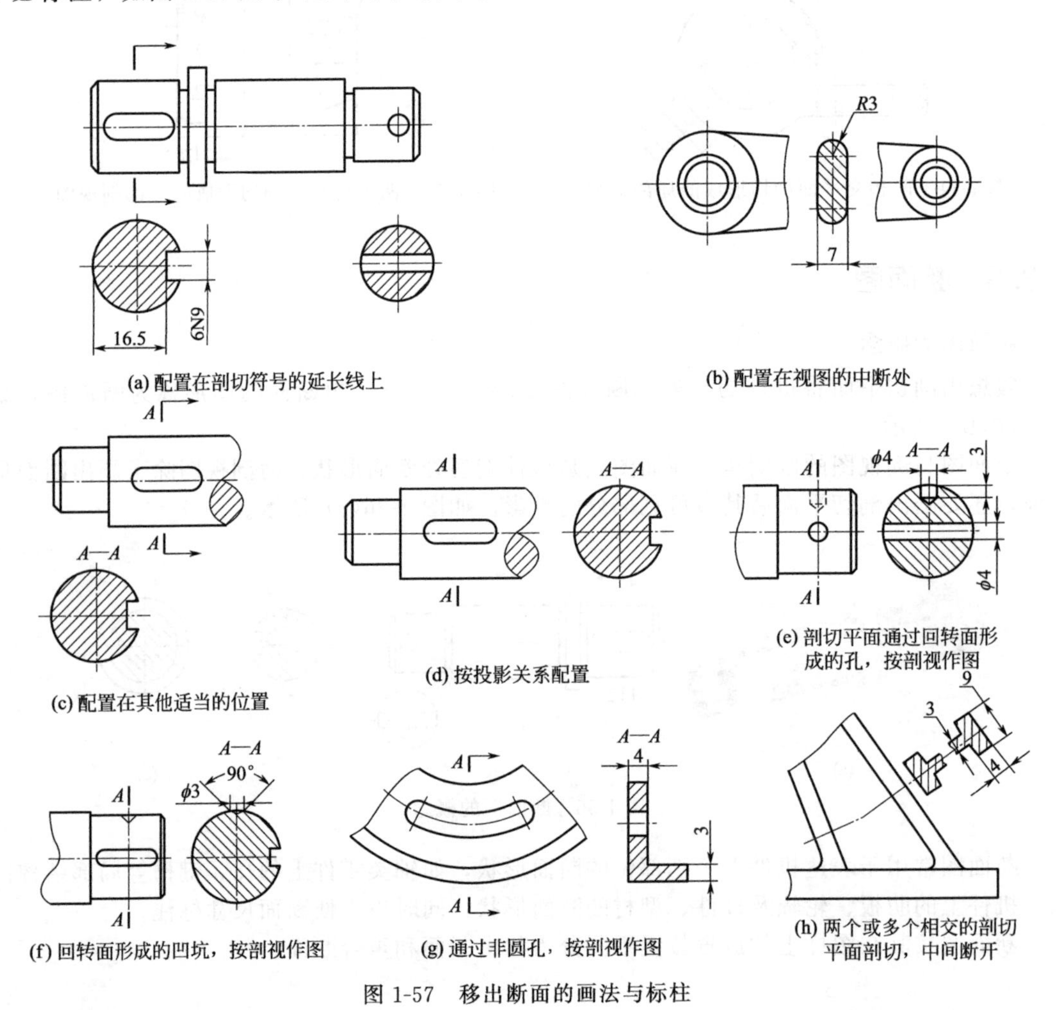

(a) 配置在剖切符号的延长线上

(b) 配置在视图的中断处

(c) 配置在其他适当的位置

(d) 按投影关系配置

(e) 剖切平面通过回转面形成的孔，按剖视作图

(f) 回转面形成的凹坑，按剖视作图

(g) 通过非圆孔，按剖视作图

(h) 两个或多个相交的剖切平面剖切，中间断开

图 1-57　移出断面的画法与标柱

(3) 重合断面

画在视图轮廓线之内的断面称为重合断面。

① 重合断面的画法　重合断面的轮廓线用细实线绘制，当视图中的轮廓线与重合断面的图形重叠时，视图中的轮廓线仍连续画出，不可间断，如图 1-58(b) 所示。

② 重合断面的标注　对称的重合断面省略标注，如图 1-58(a) 所示。不对称重合断面，应标注剖切符号和投射方向，图 1-58(b) 所示。

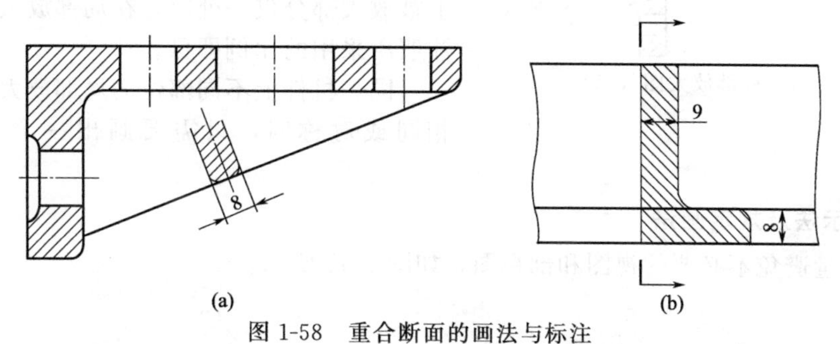

图 1-58　重合断面的画法与标注

重合断面适用于机件断面形状简单、不影响视图清晰的情况下。

具体作图时，可根据图纸布局和表达的方便程度，选择合适的断面图，如图 1-59 所示。

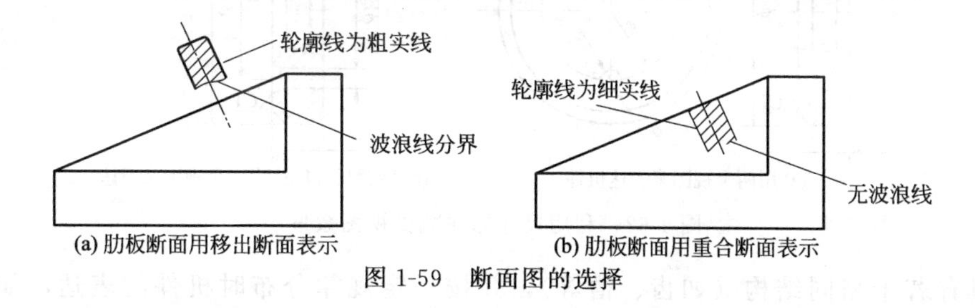

图 1-59　断面图的选择

1.3.4　其他表达方法

(1) 局部放大图画法

将机件的部分结构，用大于原图所采用的比例画出的图形称为局部放大图，如图 1-60 所示Ⅰ、Ⅱ两处。局部放大图常用来表达机件上某些细小结构。

局部放大图可画成视图、剖视图、断面图，它与被放大部分的表达方法无关，如

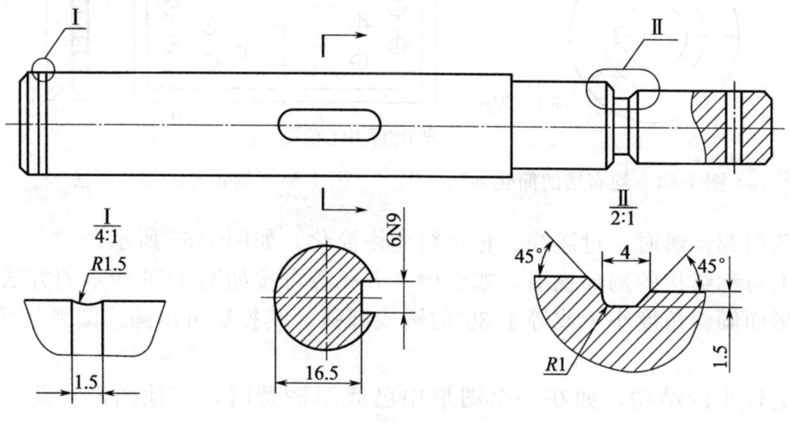

图 1-60　局部放大图（一）

图 1-60中的Ⅱ，局部放大图用剖视表达。局部放大图应尽量配置在被放大部位的附近。

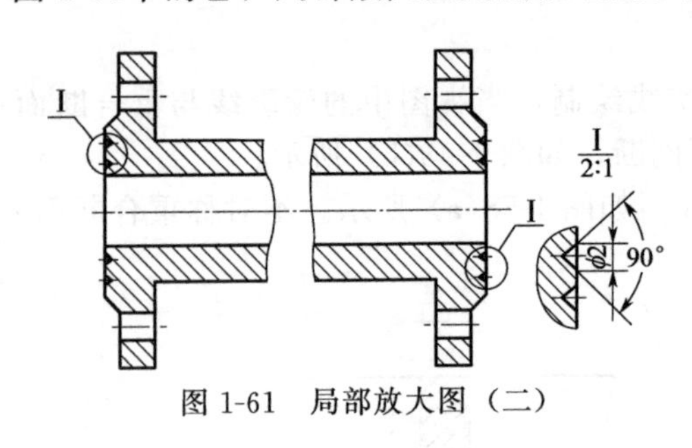

图 1-61　局部放大图（二）

绘制局部放大图时，应用细实线圆或长椭圆圈出机件上被放大的部位。当同一机件上有几处被放大的部分时，必须用罗马数字依次标明被放大的部位，并在相应的局部放大图上标出相应罗马数字和采用的比例，如图 1-60 所示。当机件上被放大部分仅一处时，在局部放大图上方只需注明所采用的比例即可。

同一机件上不同部位的局部放大图，当图形相同或对称时，只需要画出一个，如图 1-61 所示。

(2) 简化表示法及规定画法

① 应尽量避免不必要的视图和剖视图，如图 1-62 所示。

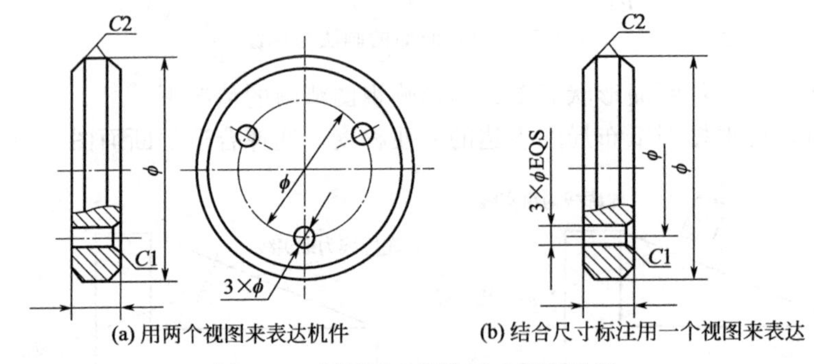

图 1-62　利用尺寸标注减少视图数量

② 具有若干相同结构（如齿、槽等），并按一定规律分布时机件的表达，如图 1-63 所示。

③ 具有若干个直径相同且成规律分布的孔（圆孔、螺孔、沉孔等）的机件，可采用如图 1-64 所示的表达方法。

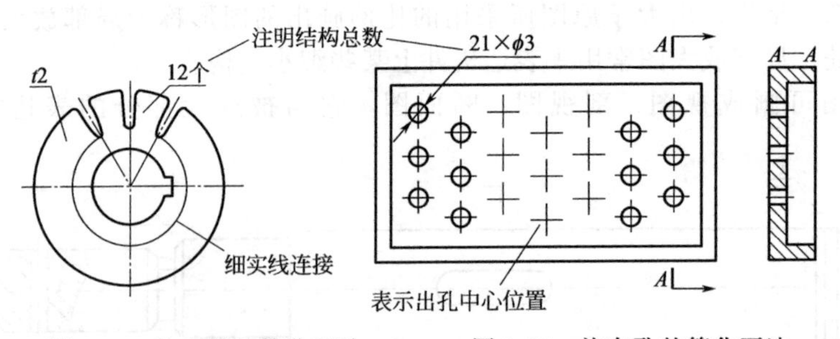

图 1-63　均布槽的简化画法　　图 1-64　均布孔的简化画法

④ 在不致引起误解时，过渡线、相贯线允许简化，如图 1-65 所示。

⑤ 机件上对称结构的局部视图，如键槽、方孔等可按如图 1-66 所示的方法表示。

⑥ 与投影面倾斜角度小于或等于 30°的圆或圆弧，其投影可用圆或圆弧代替，如图 1-67 所示。

⑦ 机件上较小的结构，如在一个图形中已表示清楚时，其他图形可简化或省略，如图 1-68所示。

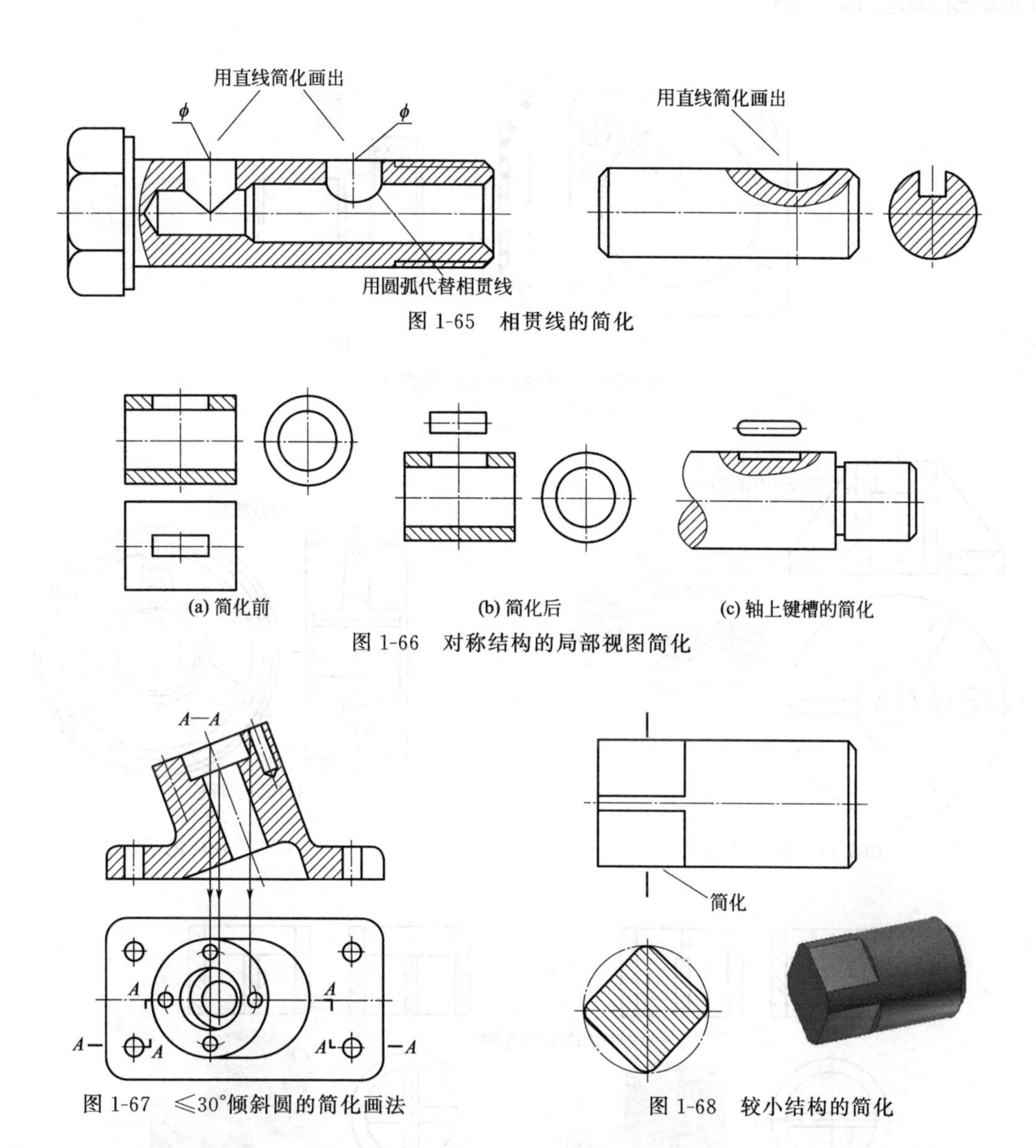

图 1-65　相贯线的简化

图 1-66　对称结构的局部视图简化

图 1-67　≤30°倾斜圆的简化画法

图 1-68　较小结构的简化

⑧ 在不致引起误解时，零件图中的小圆角、锐边的小倒圆或 45°小倒角允许省略不画，但必须注明尺寸或在技术要求中加以说明，如图 1-69 所示。

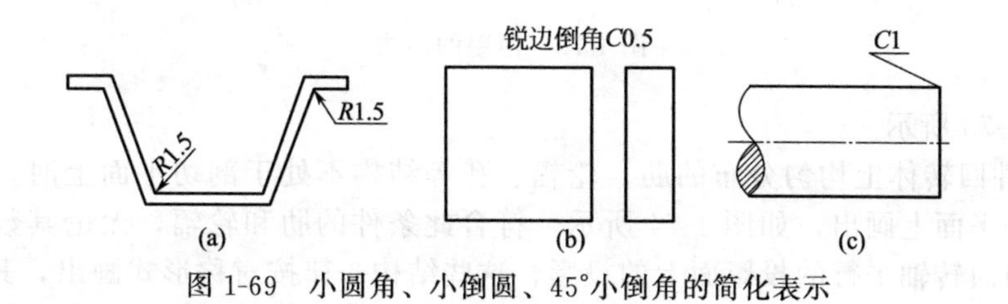

图 1-69　小圆角、小倒圆、45°小倒角的简化表示

⑨ 网状物或机件上的滚花部分，可用细实线示意画出，并在图上或技术要求中注明这些结构的具体要求，如图 1-70 所示。

⑩ 对于机件上的肋、轮辐及薄壁等，如按纵向剖切，这些结构都不画剖面符号，而用粗实线将它与其邻接部分分开；如按横向剖切，则这些结构仍应画出剖面符号，如

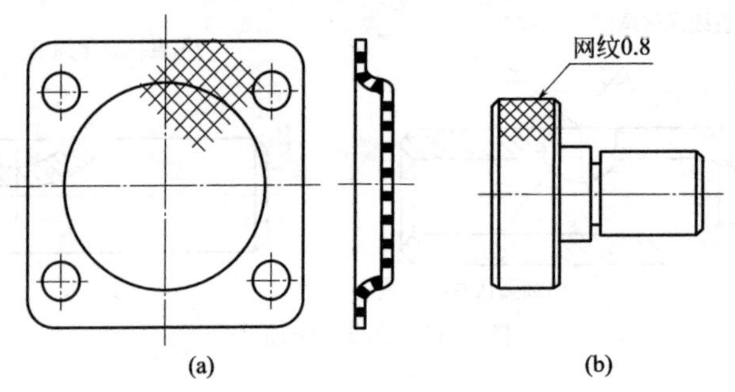

图 1-70　网状物及滚花的画法

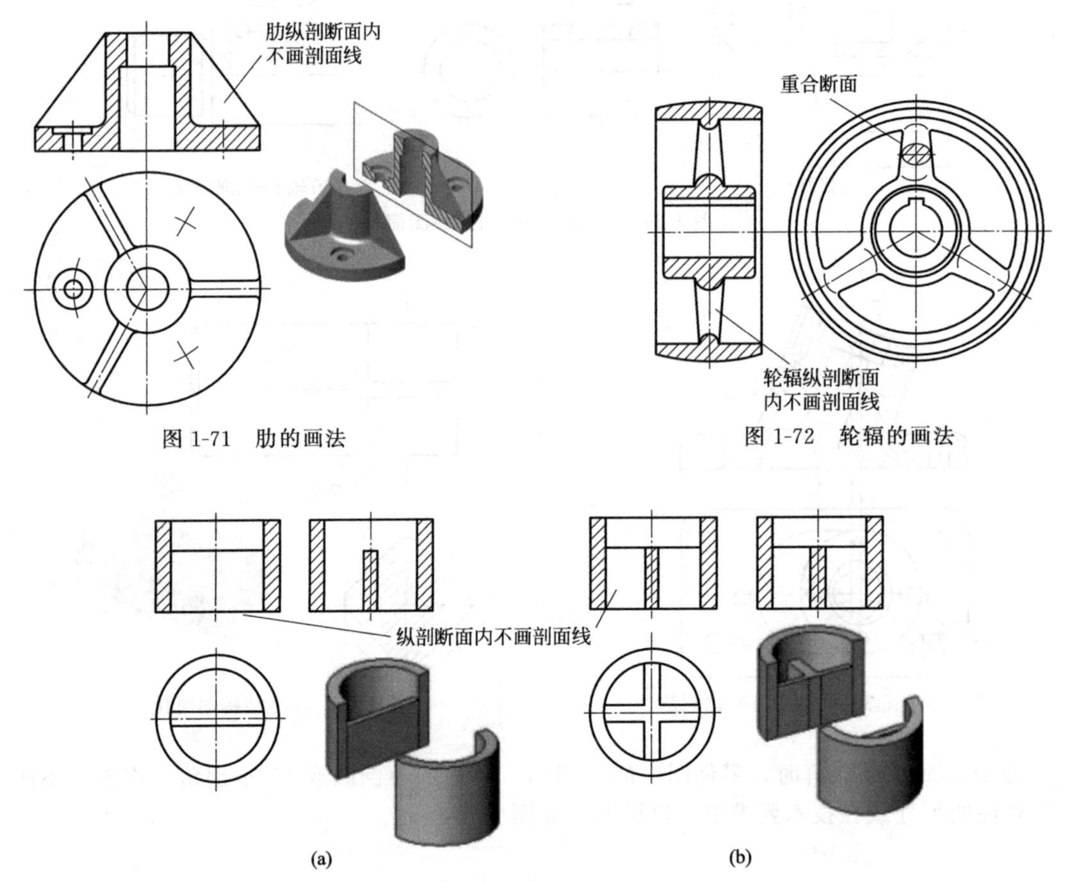

图 1-71　肋的画法

图 1-72　轮辐的画法

图 1-73　薄壁的画法

图 1-71～图 1-73 所示。

⑪ 当零件回转体上均匀分布的肋、轮辐、孔等结构不处于剖切平面上时，可将这些结构旋转到剖切平面上画出，如图 1-74 所示。符合此条件的肋和轮辐，无论其数量为奇数还是偶数，在与回转轴平行的投影面上的投影，这些结构一律按对称形式画出，其分布情况由垂直于回转轴的视图表明。

⑫ 当不能充分表达回转体零件表面上的平面时，可用平面符号“×”表示，如图 1-75 所示。

⑬ 圆柱形法兰和类似零件，对于其端面上均匀分布的孔，如只需表示数量和分布情况时，可按如图 1-76 所示的方式画出。

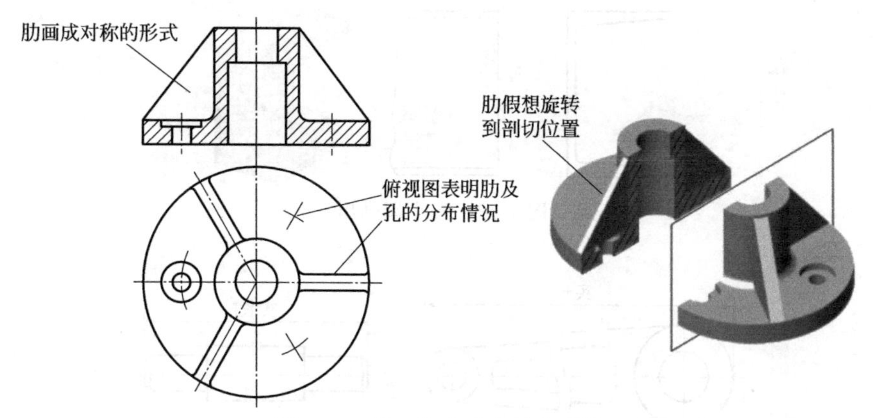

图 1-74　肋、均布孔的简化画法

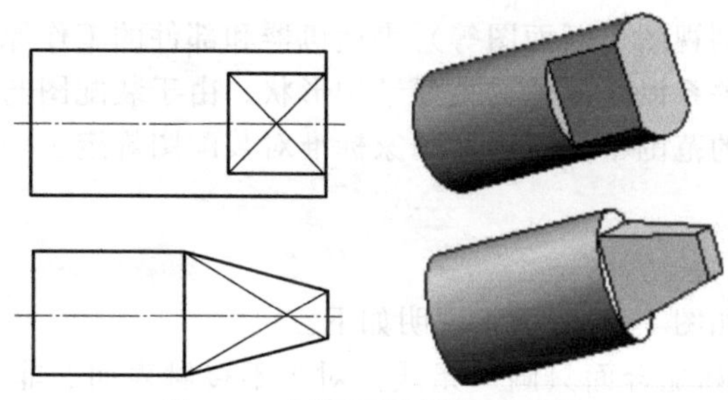

图 1-75　用平面符号表示平面

⑭ 在剖视图的剖面区域内可再作一次局部剖，采用这种表达方法时，两个剖面区域的剖面线应同方向、同间隔，但要互相错开，并用引出线标注其名称，如图 1-77 所示。

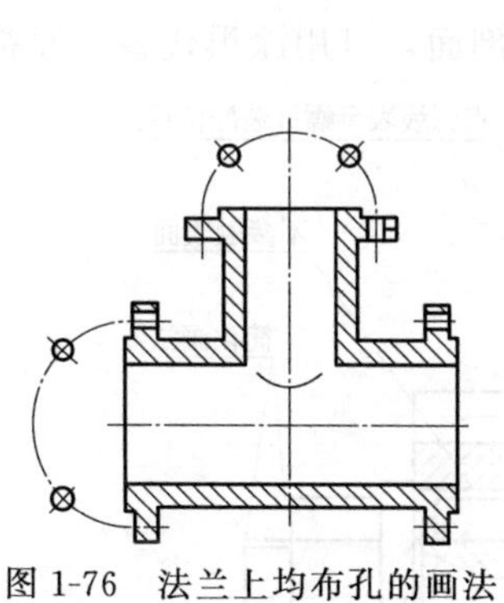

图 1-76　法兰上均布孔的画法

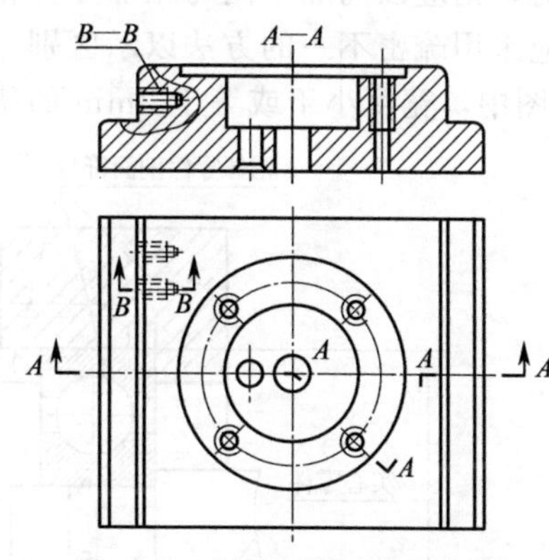

图 1-77　剖面区域内作局部剖

⑮ 斜度不大的结构，如在一个图形中已经表示清楚，其他图形可以只按小端画出，如图 1-78 所示。

⑯ 对较长的机件沿长度方向的形状一致或按一定规律变化时，如轴、杆、型材、连杆等，可以断开后缩短表示，但要标注实际尺寸，如图 1-79 所示。

1.3.5　装配图的常用表达方法

装配图和零件图一样也是按正投影的原理和方法，以及有关的国家标准规定绘制的，即

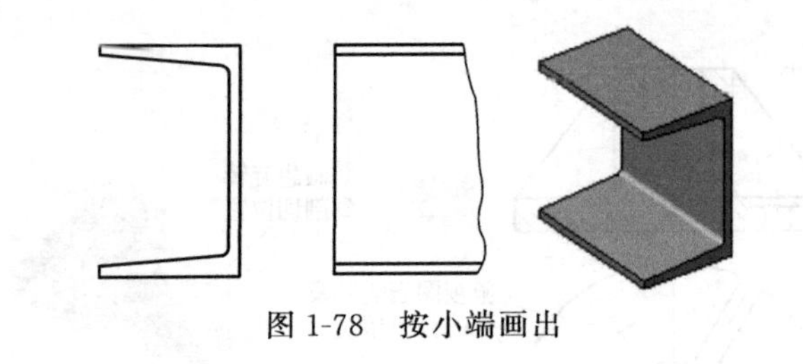

图 1-78　按小端画出

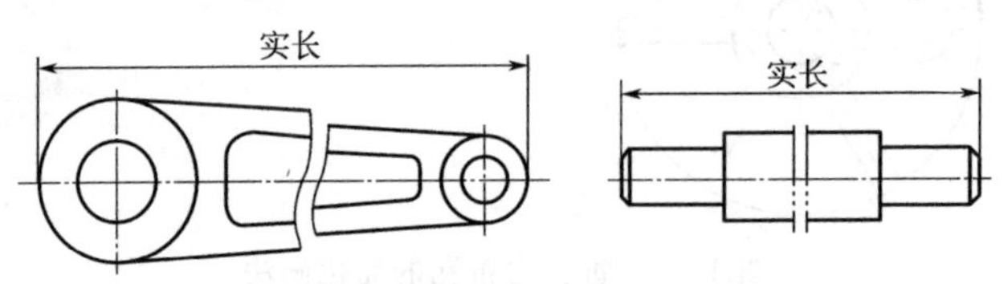

图 1-79　较长机件断开后的简化画法

采用一组视图（视图、剖视图、断面图等）表达机器和部件的工作原理、形状结构、各零件之间的相对位置和装配关系以及零件的主要结构形状。由于装配图与零件图各自表达对象的重点及在生产中所使用的范围不同，因而国家标准对装配图规定了一些规定画法和特殊的表达方法。

(1) 装配图的规定画法

装配图的规定画法如图 1-80 所示，说明如下。

① 两零件的接触面和配合面只画一条线。对于不接触表面、非配合表面，即使其间隙很小，也必须画两条线。

② 在剖视图或断面图中，相互邻接的金属零件的剖面线，其倾斜方向应相反，或方向一致而间隔不等。但在同一装配图中的同一零件的剖面线应方向相同、间隔相等。若相邻零件多于两个时，则应以间隔不同与相邻零件相区别。除金属零件外，当各邻接零件的剖面符号相同时，应采用疏密不一的方法以示区别。

③ 装配图中，宽度小于或等于 2mm 的狭小面积的剖面，可用涂黑代替剖面符号。

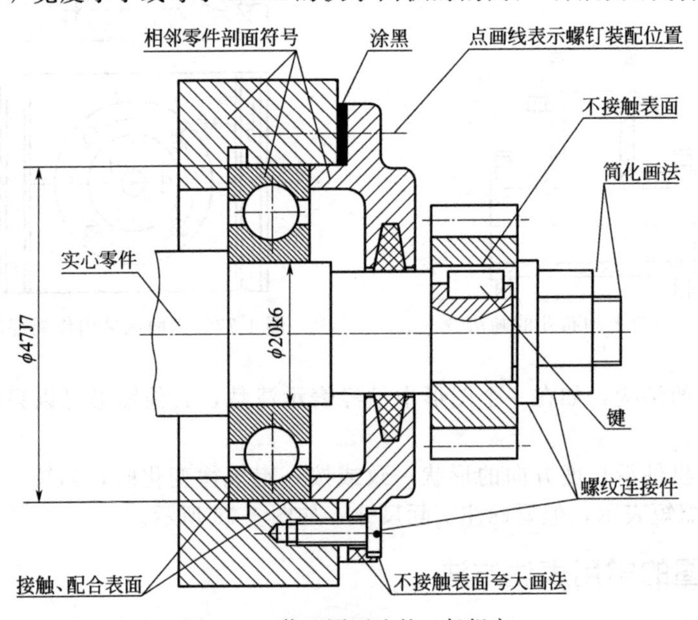

图 1-80　装配图画法的一般规定

(2) 装配图的特殊画法

① 假想拆去某些零件的画法　装配体上零件间往往有重叠现象，当某些零件遮住了需要表达的结构与装配关系时，假想将一些零件拆去后再画出剩下部分的视图，如图 1-81 所

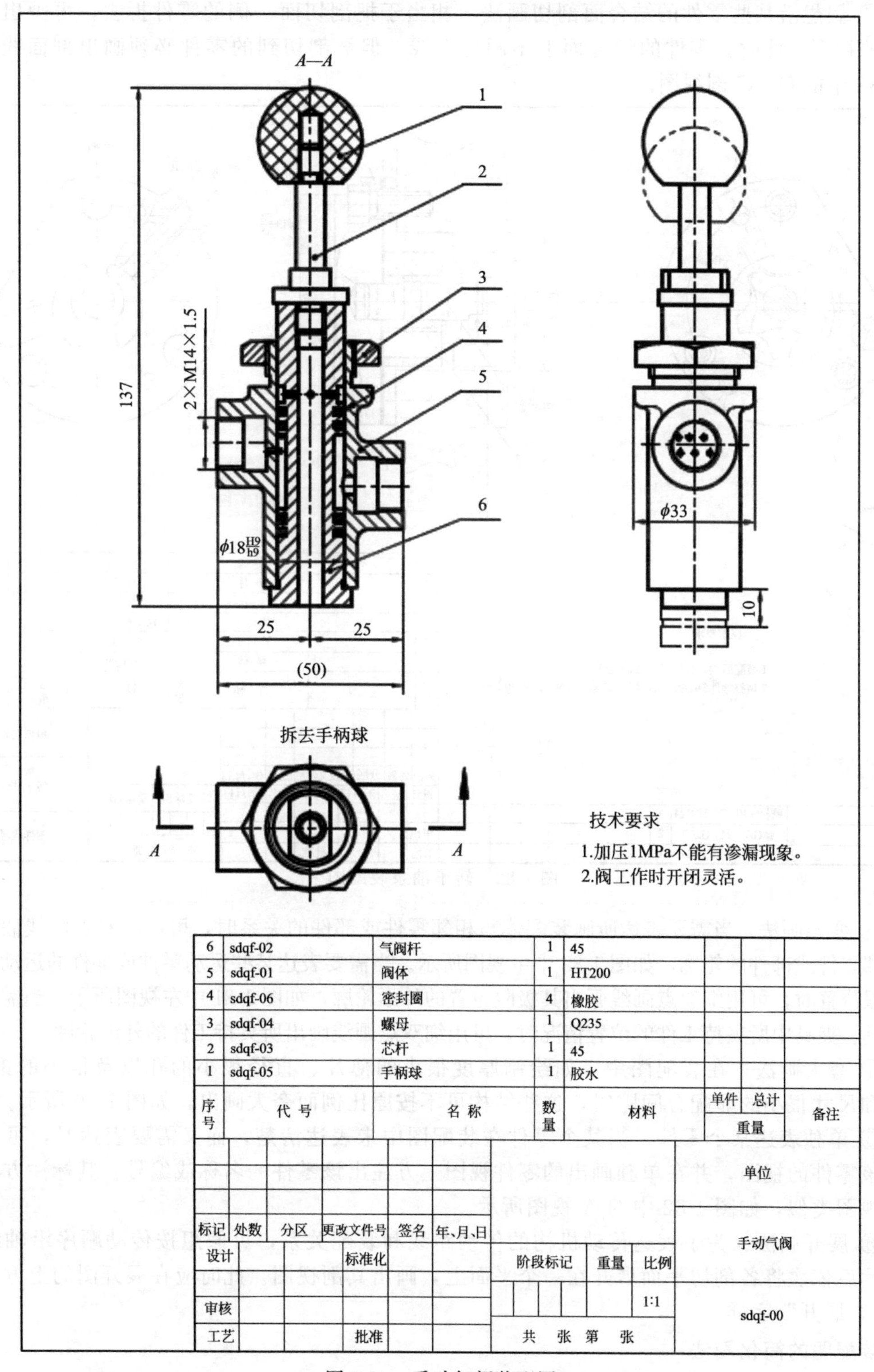

图 1-81　手动气阀装配图

示。拆卸画法中的拆卸范围比较灵活，可以将某些零件全拆；也可以将某些零件半拆，此时以对称线为界，类似于半剖；还可以将某些零件局部拆卸，此时，以波浪线分界，类似于局部剖。采用拆卸画法的视图需加以说明时，可标注“拆去××等”字样。

② 假想沿某些零件的结合面剖切画法　相当于把剖切面一侧的零件拆去，再画出剩下部分的视图。此时，零件的结合面上不画剖面线，但被剖切到的零件必须画出剖面线，如图 1-82 中的 C—C 剖视图。

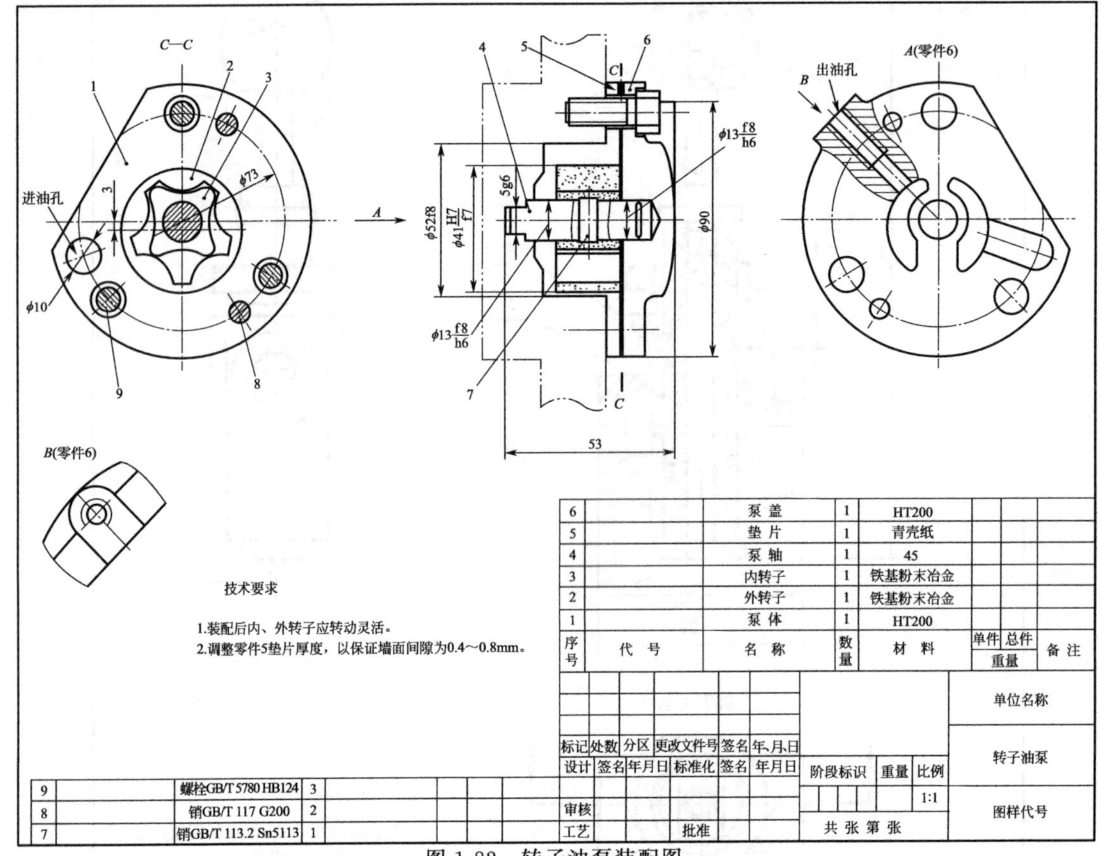

图 1-82　转子油泵装配图

③ 假想画法　当需要表达所画装配体与相邻零件或部件的关系时，可用细双点画线假想画出相邻零件或部件的轮廓，如图 1-82 中主视图所示。当需要表达某些运动零件或部件的运动范围及极限位置时，可用细双点画线画出其极限位置的外形轮廓，如图 1-81 中左视图所示。当需要表达钻具、夹具中所夹持工件的位置情况时，可用细双点画线画出所夹持工件的外形轮廓。

④ 夸大画法　在装配图中，如绘制厚度很小的薄片、直径很小的孔以及很小的锥度、斜度和尺寸很小的非配合间隙时，这些结构可不按原比例而夸大画出，如图 1-80 所示。

⑤ 单独表达某个零件　当某个零件在装配图中未表达清楚，而又需要表达时，可单独画出该零件的视图，并在单独画出的零件视图上方注出该零件的名称或编号，其标注方法与局部视图类似，如图 1-82 中的 A 视图所示。

⑥ 展开画法　为了表达传动机构的传动路线和装配关系，可假想按传动顺序沿轴线剖切，然后依次将各剖切平面展开在一个平面上，画出其剖视图。此时应在展开图的上方注明“×—×展开”字样。

(3) 装配图的简化画法

① 在装配图中，对于紧固件以及轴、连杆、球、钩子、键、销等实心零件，若按纵向

剖切，且剖切平面通过其对称平面或轴线时，则这些零件均按不剖绘制。如需要特别表明零件的构造，如凹槽、键槽、销孔等则可用局部剖视来表达，如图 1-80 所示。

② 在装配图中，零件的工艺结构，如小圆角、倒角、退刀槽等可不画出，如图 1-80 所示。

③ 在装配图中，螺栓、螺母等可按简化画法画出，如图 1-80 所示。

④ 对于装配图中若干相同的零件组，如螺栓、螺母、垫圈等，可只详细地画出一组或几组，其余只用点画线表示出装配位置即可，如图 1-80、图 1-82 所示。

⑤ 装配图中的滚动轴承，可只画出一半，另一半按通用画法画出。

⑥ 在装配图中，当剖切平面通过的某些组件为标准产品，或该组件已由其他图形表达清楚时，则该组件可按不剖绘制。

⑦ 在装配图中，在不致引起误解、不影响看图的情况下，剖切平面后不需表达的部分可省略不画。

如图 1-81 所示手动气阀装配图采用的一组视图为：主视图采用全剖表达各零件之间的相对位置和装配关系，同时把进、出气口之间的关系也清晰地表达了出来，使其工作原理一目了然；左视图采用视图，主要表达接工作气缸的出气口形状，并用细双点画线表达气阀的另一个工作状态；俯视图采用拆去零件的表达方法，主要用来表达芯杆的形状以及气阀的外形。

(4) 装配图中零件序号和明细栏

为了便于图样管理、生产准备，以及看图和装配工作，必须对装配图中的所有零、部件编注序号，同时要编制并填写相应的明细栏。

① 基本要求

a. 装配图中所有的零、部件均应编号。

b. 装配图中一个部件可以只编写一个序号；同一装配图中相同的零、部件用一个序号，一般只标注一次；多处出现的相同的零、部件，必要时也可重复标注。

c. 装配图中零、部件的序号，应与明细栏中的一致。

② 序号的编排方法

a. 装配图中编写零、部件序号的表示方法有以下三种：在水平的基准线（细实线）或圆（细实线）内注写序号，如图 1-83(a)、(b) 所示；或在指引线的非零件端的附近注写序号，如图 1-83(c) 所示；序号字号比该装配图中所注尺寸数字大一号或两号。

b. 同一装配图中编排序号的形式应一致。

c. 指引线应自所指部分的可见轮廓线内引出，并在末端画一圆点，如图 1-83 所示。若所指部分（很薄的零件或涂黑的剖面）内不便画圆点时，可在指引线的末端画出箭头，并指向该部分的轮廓，如图 1-82 所示的零件序号 5。

指引线不能相交，当指引线通过有剖面线的区域时，它不应与剖面线平行，如图 1-83 (b) 所示。

指引线可以画成折线，但只可弯折一次，如图 1-83(d) 所示。

一组紧固件以及装配关系清楚的零件组，可以采用公共指引线，形式如图 1-84 所示。

d. 装配图中序号应按水平或竖直方向排列整齐。并按顺时针或逆时针方向顺次排列，在整个图上无法连续时，可只在每个水平或竖直方向顺次排列，如图 1-81、图 1-82 所示。

③ 装配图中明细栏的编写　装配图中一般应有明细栏，明细栏是机器或部件中全部零、部件的详细目录，国家标准规定的明细栏基本组成和尺寸如图 1-85 所示，其下边线与标题栏上边线重合，长度相同。实际工程中也有用非标准的明细栏。

a. 明细栏的配置。明细栏一般配置在装配图中标题栏的上方，按由下而上的顺序填写。

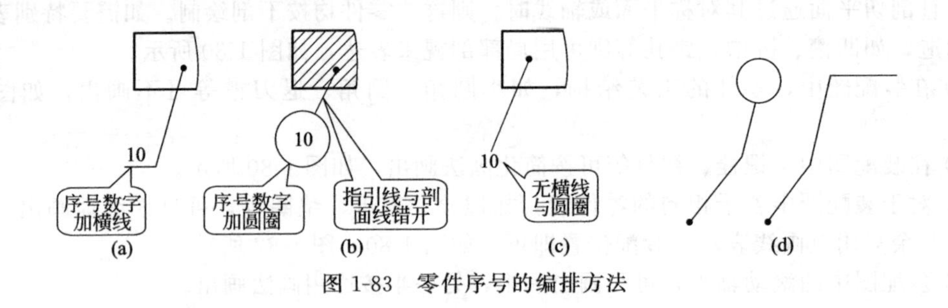

图 1-83 零件序号的编排方法

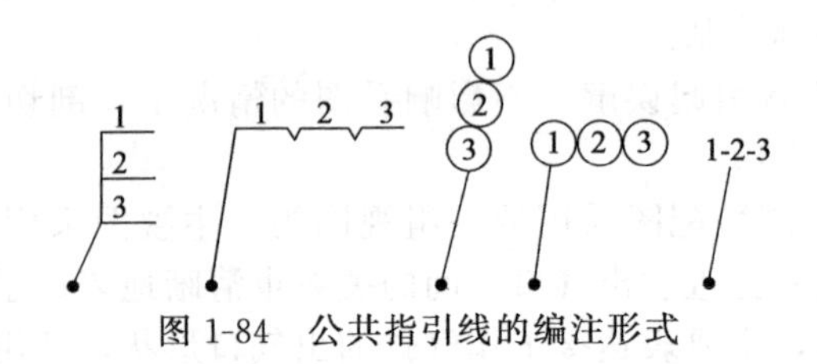

图 1-84 公共指引线的编注形式

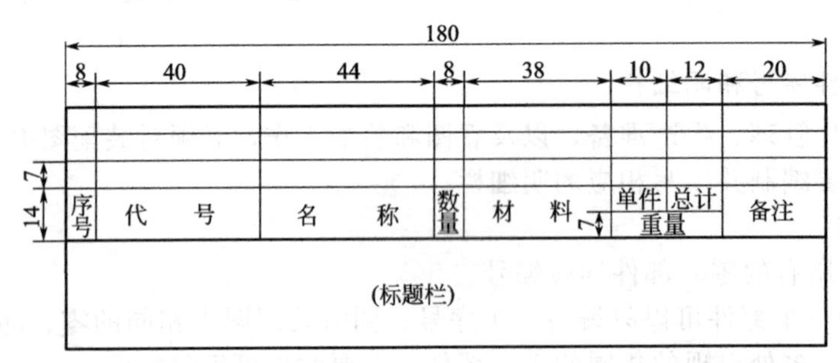

图 1-85 明细栏

其格数应根据需要而定。当由下而上延伸位置不够时，可紧靠在标题栏的左边自下而上延续。当装配图中不能在标题栏的上方配置明细栏时，可作为装配图的续页按 A4 幅面单独给出，其顺序应是由上而下延伸，但应在明细栏的下方配置标题栏，并在标题栏中填写与装配图相一致的名称和代号。

b. 明细栏的填写。明细栏中各项内容的填写如下所述。

序号：填写图样中相应组成部分的零件序号。

代号：填写图样中相应组成部分的代号（一般为零件图标题栏中的图样代号）或标准号。

名称：填写图样中相应组成部分的名称。必要时，也可写出其型式与尺寸。

数量：填写图样中相应组成部分在装配图中所需的数量。

材料：填写图样中相应组成部分的材料标记。

重量：填写图样中相应组成部分单件和总计的重量。

备注：填写该项的附加说明或其他有关的内容。

1.3.6 轴测图

轴测图具有形象、逼真、富有立体感等优点，但轴测图不能反映出物体各表面的实形，因而具有度量性差，且作图较复杂等缺点。因此，在工程上常把轴测图作为辅助图样，用于帮助构思，想象物体空间的形状。

(1) 轴测图的基本概念

① 轴测图的形成　如图 1-86 所示，将物体连同其参考直角坐标系，沿不平行于任一坐标面的方向，用平行投影法将其投射在单一投影面上所得到的图形称为轴测投影图（简称轴测图）。

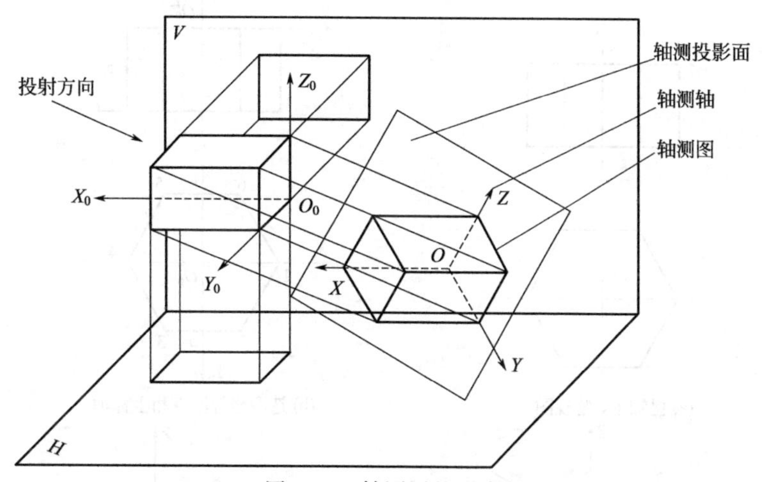

图 1-86　轴测图的形成

② 轴测图的轴间角和轴向伸缩系数　如图 1-86 所示，确定立体位置的空间直角坐标轴 O_0X_0、O_0Y_0、O_0Z_0在轴测投影面上的投影 OX、OY、OZ 称为轴测轴，轴测轴之间的夹角$\angle XOY$、$\angle YOZ$、$\angle XOZ$ 称为轴间角。轴向伸缩系数是指轴测轴上的线段与空间坐标轴上相应线段长度之比。沿 X、Y、Z 轴三个方向的轴向伸缩系数分别用 p、q、r 表示，则：OX 轴的轴向伸缩系数$OX/O_0X_0=p$；OY 轴的轴向伸缩系数 $OY/O_0Y_0=q$；OZ 轴的轴向伸缩系数 $OZ/O_0Z_0=r$。

由于轴测图是采用平行投影法绘制的，因此在画轴测图时，如果知道了轴间角和轴向伸缩系数，只需将与坐标轴平行的线段乘以相应的轴向伸缩系数，再沿相应的轴测轴方向量画即可。

工程上用的最多的轴测图是正等轴测图和斜二轴测图，下面分别介绍这两种轴测图。

(2) 正等轴测图的画法

正等轴测图简称正等测。当空间直角坐标轴 O_0X_0、O_0Y_0和 O_0Z_0与轴测投影面倾斜的角度相同时，用正投影法得到的投影图称为正等轴测图。

① 正等轴测图的轴间角和轴向伸缩系数　由于三根坐标轴与轴测投影面倾斜的角度相同，因此，三个轴间角$\angle XOY$、$\angle YOZ$ 和$\angle ZOX$ 相等，都是 120°，一般将 OZ 轴画成竖直方向，如图 1-87 所示。三根坐标轴的轴向伸缩系数相等，根据计算，$p=q=r\approx0.82$，为了作图简便起见，取轴向伸缩系数为 1，这样画出的正等轴测图就比采用轴向伸缩系数为 0.82 的轴测图在线性尺寸上放大了 $1/0.82\approx1.22$ 倍，但不影响物体的形状和立体感，而且作图简便，作图时只需将物体沿各坐标轴的长度直接度量到相应轴测轴方向上即可。

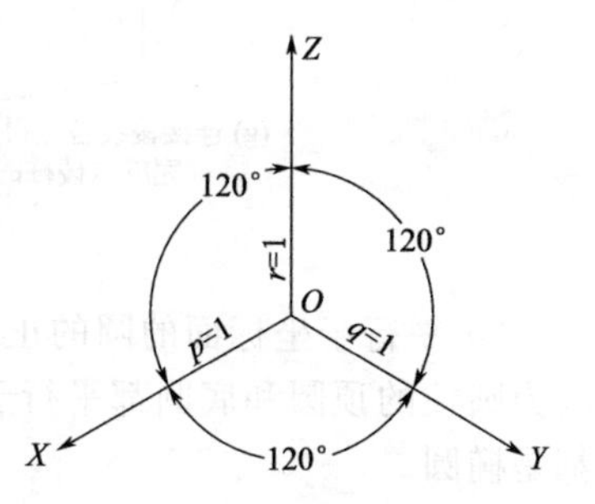

图 1-87　正等轴测图的轴间角和轴向伸缩系数

② 正等轴测图的基本作图方法　坐标法是画轴测图最基本的方法，它是根据立体的形状特点，选定合适的直角坐

标系；然后画出轴测轴，按物体上各点的坐标关系画出其轴测投影，并连接各顶点形成立体的轴测图。轴测投影的可见性比较直观，对不可见的轮廓省略不画。下面以画正六棱柱的正等轴测图为例来说明画轴测图的基本方法和步骤（图 1-88）。

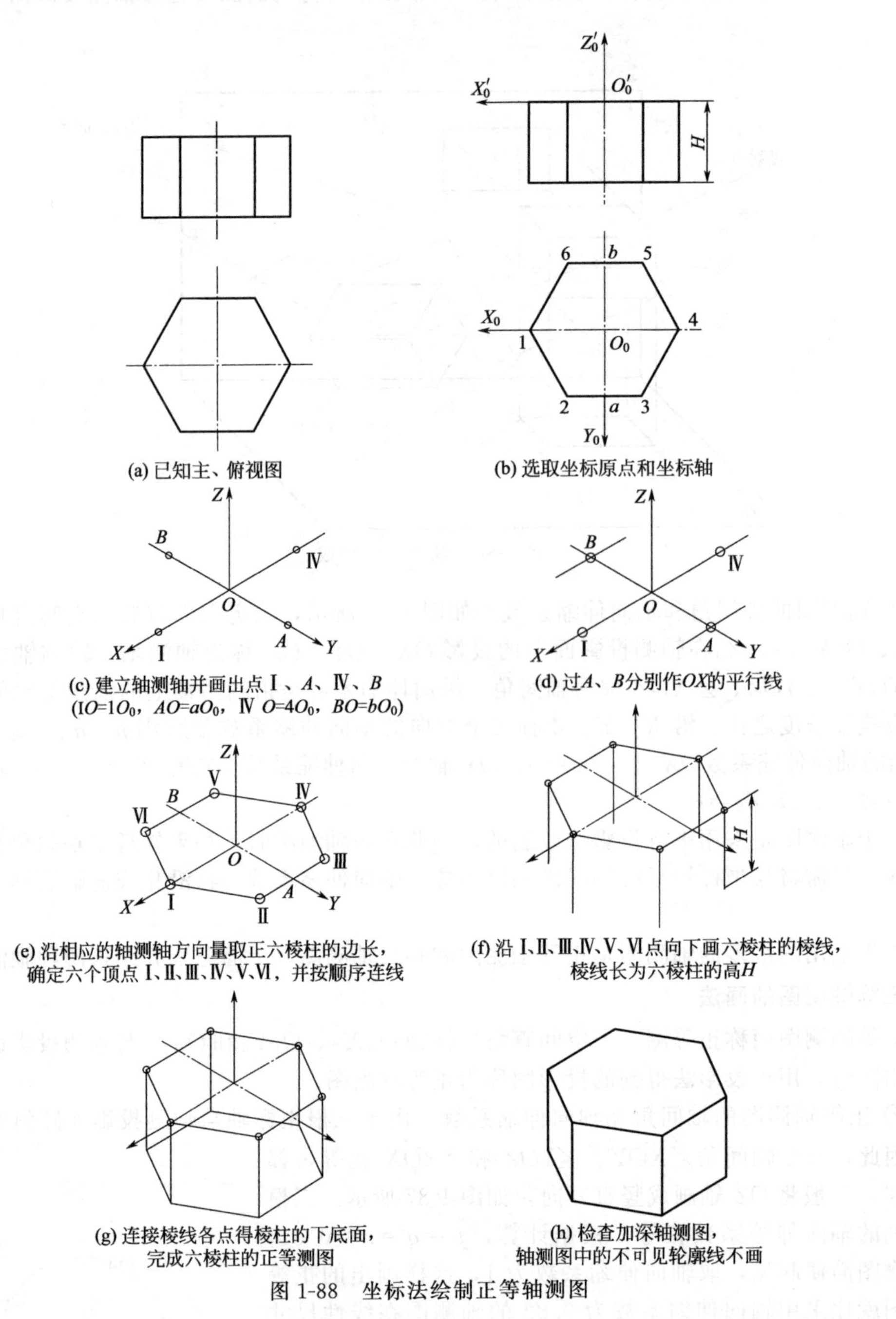

图 1-88　坐标法绘制正等轴测图

③ 平行于坐标面的圆的正等轴测图画法　图 1-89 所示为圆柱的两视图和正等轴测图。因为圆柱的顶圆和底圆都平行于水平面，与轴测投影面不平行，所以这两个圆的正等轴测图都是椭圆。

图 1-90 所示是立方体上平行于坐标面的各表面内切圆的正等轴测图，从图中可以看出它们是大小相同的椭圆，但长短轴方向各不相同，这些椭圆可以用四段圆弧连接成的近似椭圆画出。

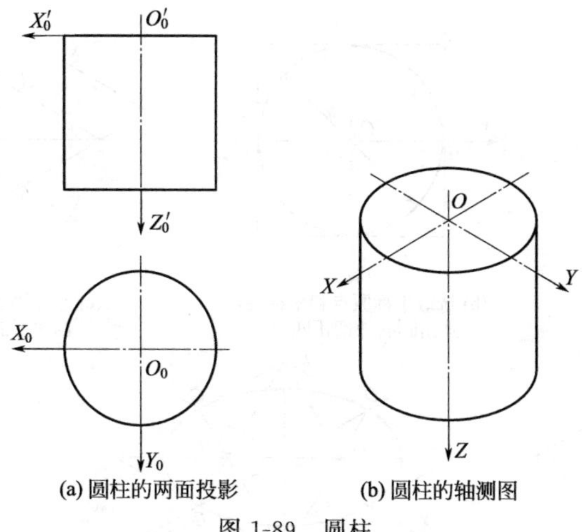

图 1-89　圆柱

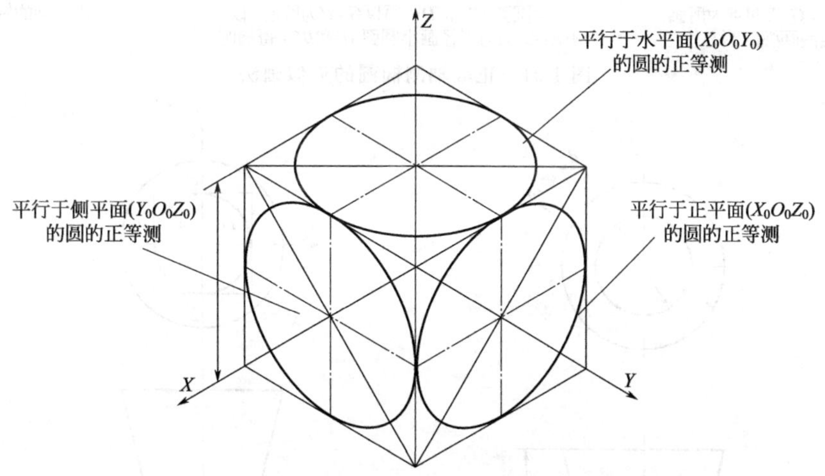

图 1-90　平行于三个坐标面的圆的正等轴测图

现以图 1-91(a) 所示的水平圆为例说明平行于坐标面的圆的轴测图（椭圆）画法，如图 1-91(b)～(f) 所示。

上述椭圆是由四段圆弧近似连成的，由于这四段圆弧的四个圆心是根据椭圆的外切菱形求得的，因而这种方法称为菱形法。

图 1-92 所示为轴线垂直于正平面圆台的正等轴测图画法。

④ 平行于坐标面的圆角的正等轴测图画法　平行于坐标面的圆角，实质上是平行于坐标面的圆的一部分，因此，可以用菱形四心法画圆的方法来画圆角，其所要画的椭圆弧就是上述菱形四心法中四段圆弧中的一段。图 1-93(a) 以带圆角底板的正等轴测图来说明平行于坐标面的圆角的正等轴测图画法，如图 1-93(b)～(f) 所示。

⑤ 正轴轴测图画图举例　根据图 1-94 所示物体三视图，画出其正等轴测图。

要想快速正确地画出物体的正等轴测图，必须对物体的构形进行分析，然后按照构形情况（组成部分和相对位置）画出其正等轴测图。图 1-94 所示物体由底板、圆筒、支撑板和肋板组成，其正等轴测图的画图步骤如图 1-95 所示。

(3) 斜二轴测图的画法

① 斜二轴测图的形成、轴间角和轴向伸缩系数　斜二轴测图是用斜投影方法获得的，

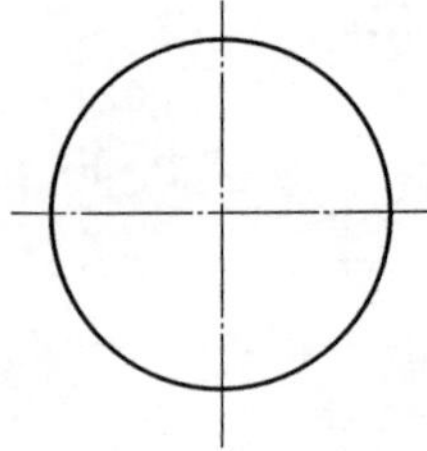

(a) 已知水平圆

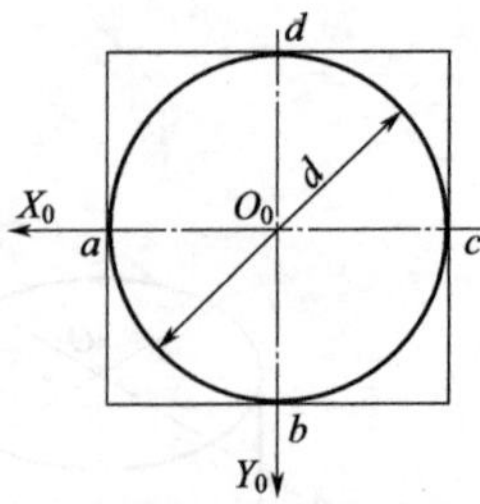

(b) 选取坐标原点和坐标轴，画出圆的外切正四边形

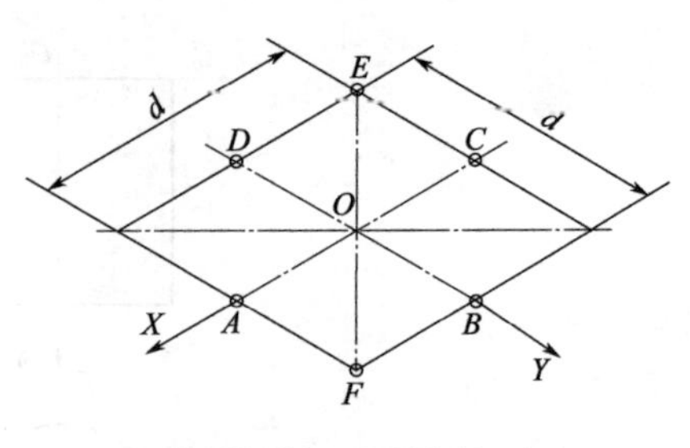

(c) 建立轴测轴，画出圆外切正四边形的轴测图——菱形

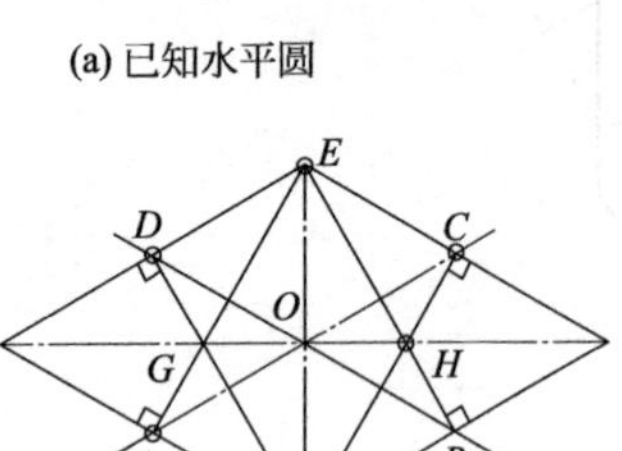

(d) 连接EA、EB(或FD、FC)得点G、H，则E、F、G、H四点为所画椭圆的四段圆弧的圆心

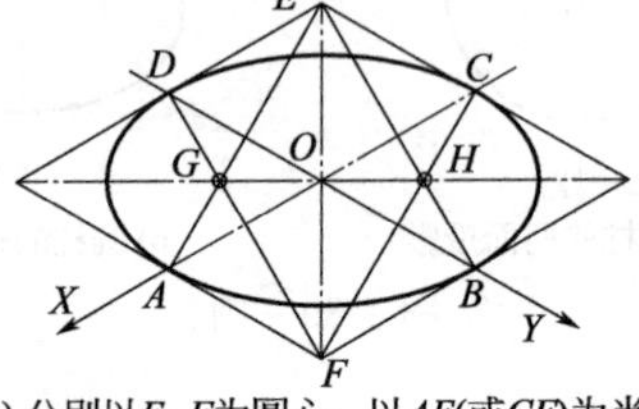

(e) 分别以E、F为圆心，以AE(或CF)为半径画大圆弧AB和CD；再以G、H为圆心，以AG(或BH)为半径画小圆弧AD和BC，得椭圆

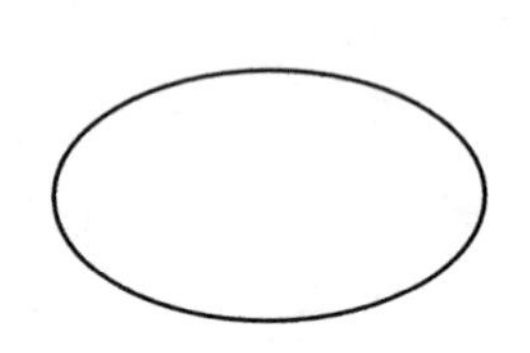

(f) 检查、加深，完成水平圆的轴测图

图 1-91　正等轴测椭圆的近似画法

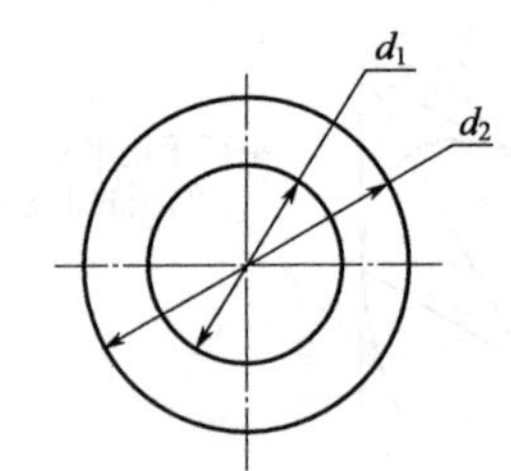

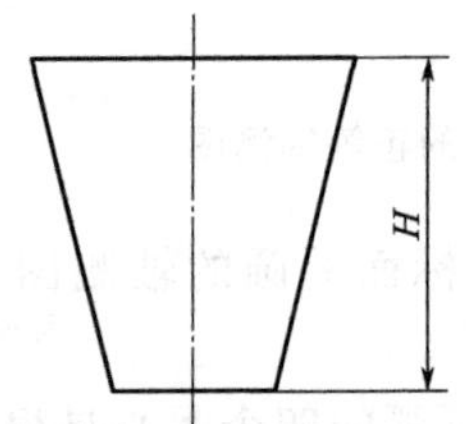

(a) 已知圆台的主、俯视图

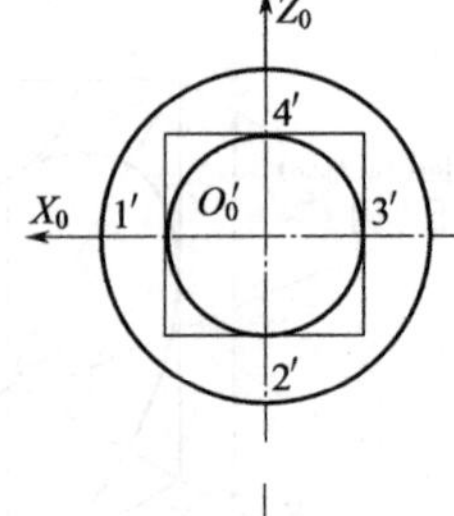

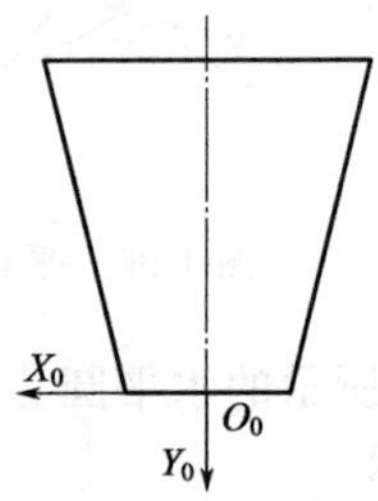

(b) 选取坐标原点和坐标轴，画出圆台前端面圆的外切正四边形

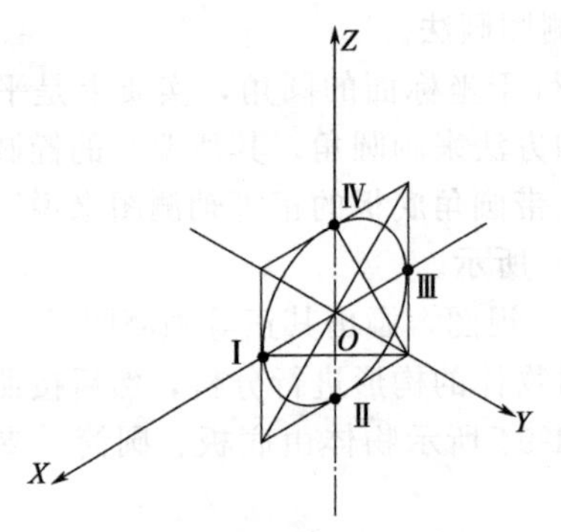

(c) 建立轴测轴，菱形法画出圆台前端面圆的轴测图

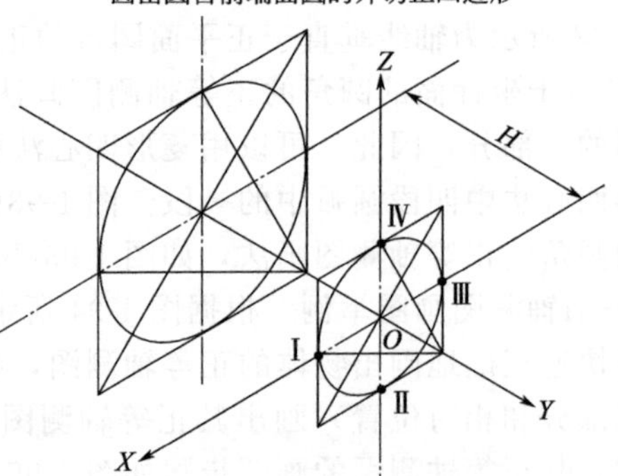

(d) 沿Y向平移轴测轴X、Z，画出圆台后端面圆的轴测图

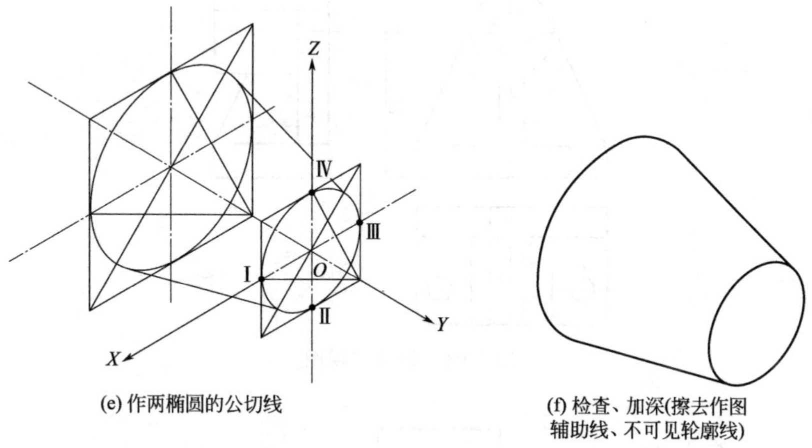

(e) 作两椭圆的公切线

(f) 检查、加深(擦去作图辅助线、不可见轮廓线)

图 1-92　轴线垂直于正平面圆台的正等轴测图画法

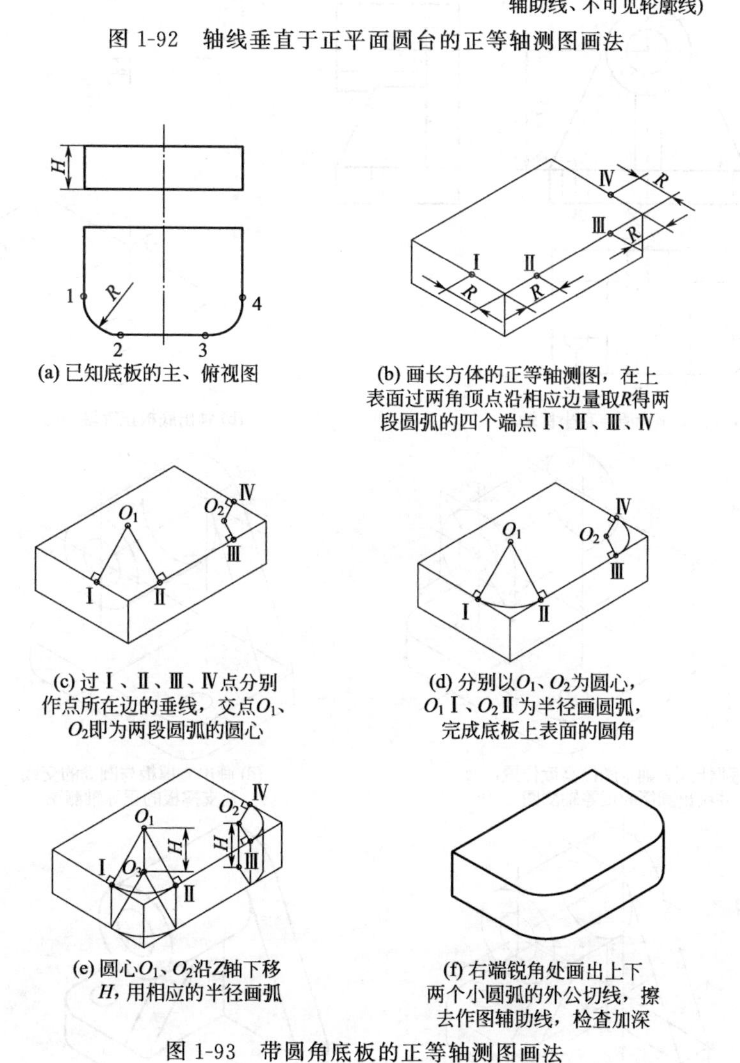

(a) 已知底板的主、俯视图

(b) 画长方体的正等轴测图，在上表面过两角顶点沿相应边量取R得两段圆弧的四个端点 Ⅰ、Ⅱ、Ⅲ、Ⅳ

(c) 过Ⅰ、Ⅱ、Ⅲ、Ⅳ点分别作点所在边的垂线，交点O_1、O_2即为两段圆弧的圆心

(d) 分别以O_1、O_2为圆心，O_1Ⅰ、O_2Ⅱ为半径画圆弧，完成底板上表面的圆角

(e) 圆心O_1、O_2沿Z轴下移H，用相应的半径画弧

(f) 右端锐角处画出上下两个小圆弧的外公切线，擦去作图辅助线，检查加深

图 1-93　带圆角底板的正等轴测图画法

简称斜二测。当物体参考坐标系的 $X_0O_0Z_0$ 面平行于轴测投影面，并选择投射方向使轴测轴 Y 与水平方向夹角为 45°，轴向伸缩系数为 0.5，则得到斜二轴测图。

斜二轴测图的轴间角如图 1-96 所示，$\angle XOZ=90°$，$\angle XOY=135°$，$\angle YOZ=135°$。由

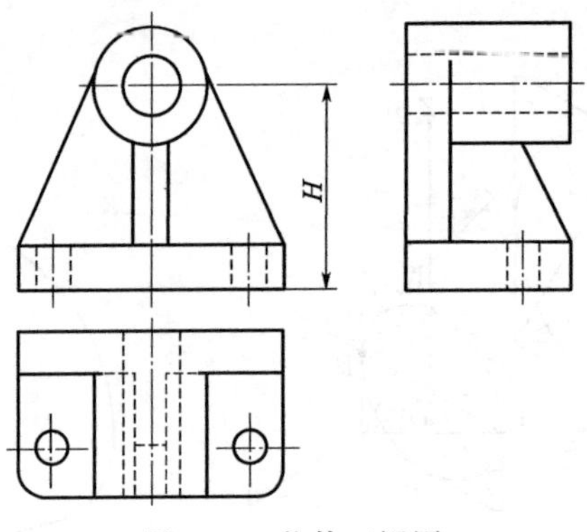

图 1-94　物体三视图

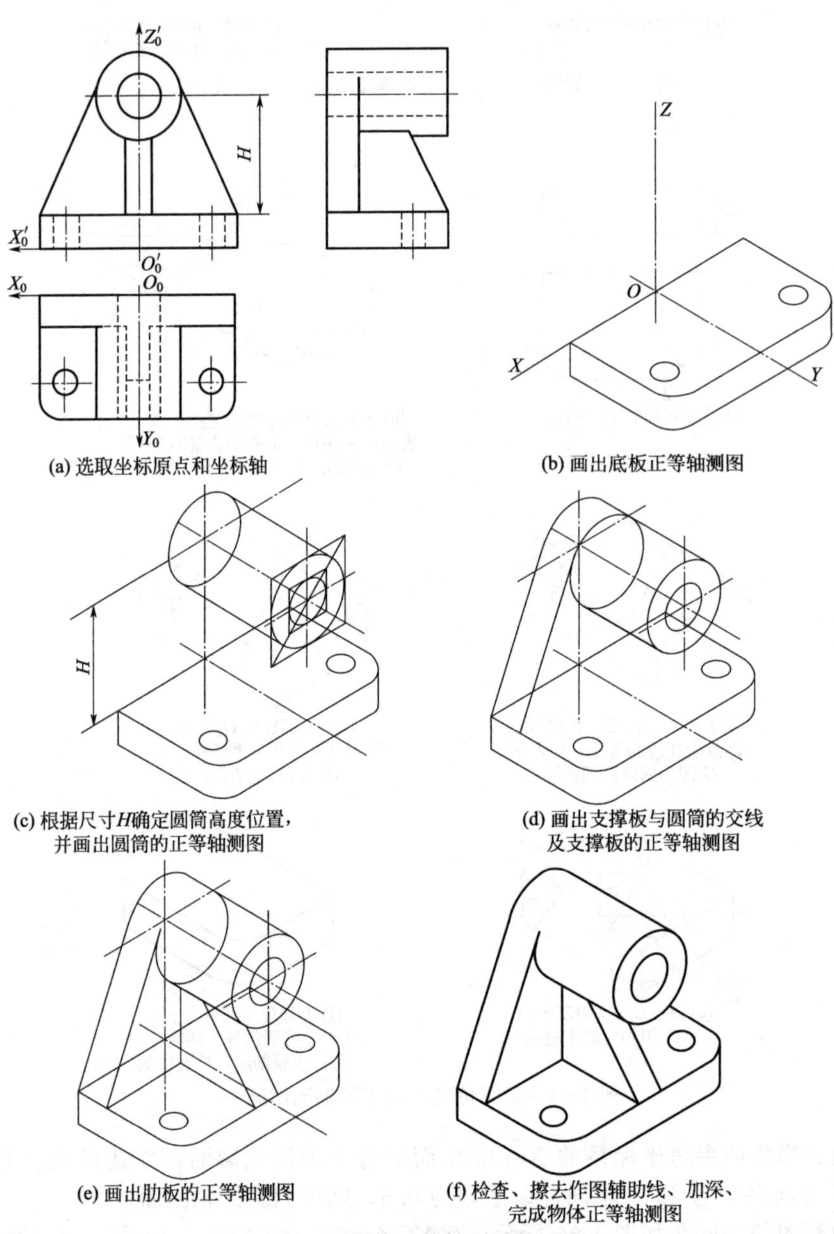

(a) 选取坐标原点和坐标轴

(b) 画出底板正等轴测图

(c) 根据尺寸H确定圆筒高度位置，并画出圆筒的正等轴测图

(d) 画出支撑板与圆筒的交线及支撑板的正等轴测图

(e) 画出肋板的正等轴测图

(f) 检查、擦去作图辅助线、加深、完成物体正等轴测图

图 1-95　物体正等轴测图的画法

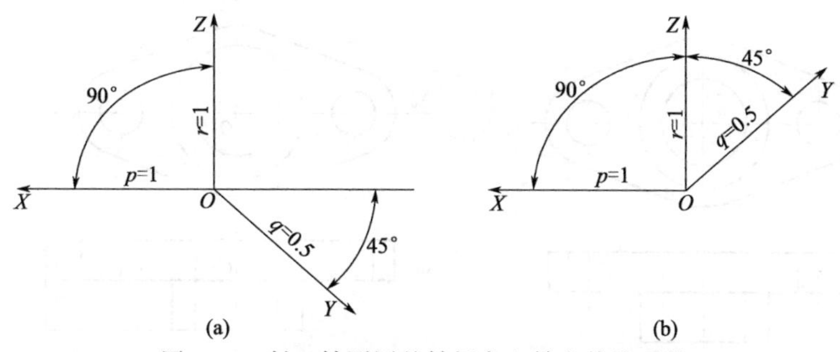

图 1-96　斜二轴测图的轴间角和轴向伸缩系数

于坐标面 $X_0O_0Z_0$ 平行于轴测投影面，该坐标面的轴测投影反映实形，因而轴向伸缩系数 $p=r=1$，Y 轴的轴向伸缩系数 $q=0.5$。

斜二轴测图的投影特点是：物体上凡平行于坐标面 $X_0O_0Z_0$ 的平面，在轴测图上都反映实形；凡平行于 Y 轴的线段，长度为物体的 1/2 。因此，当物体在平行于 $X_0O_0Z_0$ 平面的方向上有较多圆或圆弧曲线时，常采用此方法作图。

② 平行于坐标面的圆斜二轴测图的画法　根据斜二轴测图的投影特点，平行坐标面 $X_0O_0Z_0$ 的圆和圆弧的轴测投影反映实形，画图简便，另两个坐标面上的圆和圆弧的轴测投影则为椭圆，它们的长轴与圆所在的坐标面上的一根轴测轴成 $7°10'$（$\approx 7°$）的夹角。它们的长轴约为 $1.06d$，短轴约为 $0.33d$，如图 1-97 所示。上述椭圆作图麻烦，因此，斜二轴测图一般用于立体上有较多的圆或圆弧曲线与 XOZ 坐标面平行的情况。

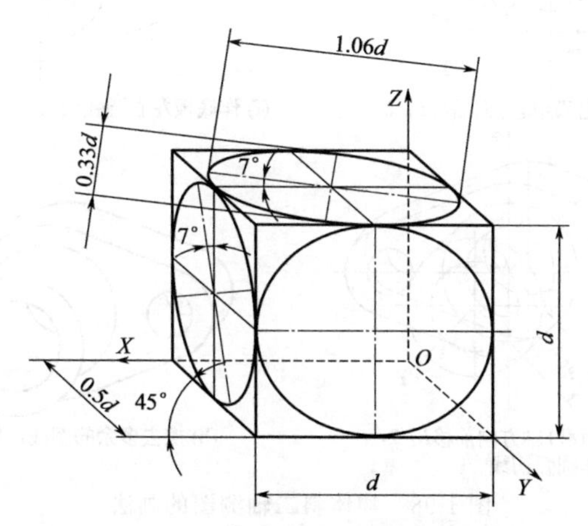

图 1-97　平行于坐标面的圆斜二轴测图

③ 斜二轴测图画图举例　根据图 1-98(a) 所示物体画出其斜二轴测图。

图 1-98(a) 所示物体由底板和圆筒组成，而圆筒正好在底板的正前方，且该物体关于 OX 轴上下对称，关于 OY 轴左右对称。一般画立体的斜二轴测图时，常先将平行于 XOZ 坐标面的主视图画在其坐标面上，然后向前或向后移动立体宽的一半，从而画出立体的斜二轴测图。图 1-98(a) 所示物体斜二轴测图的画图步骤和方法如图 1-98(b)～(h) 所示。

(4) 轴测剖视图

为了表达物体的内部结构，可以假想用剖切平面将物体剖开，用轴测剖视图来表达。

① 剖切平面位置　剖切平面一般应通过物体的主要轴线或对称平面，并且常采用两个平行于坐标面的相交平面剖切物体的 1/4，如图 1-99 所示。

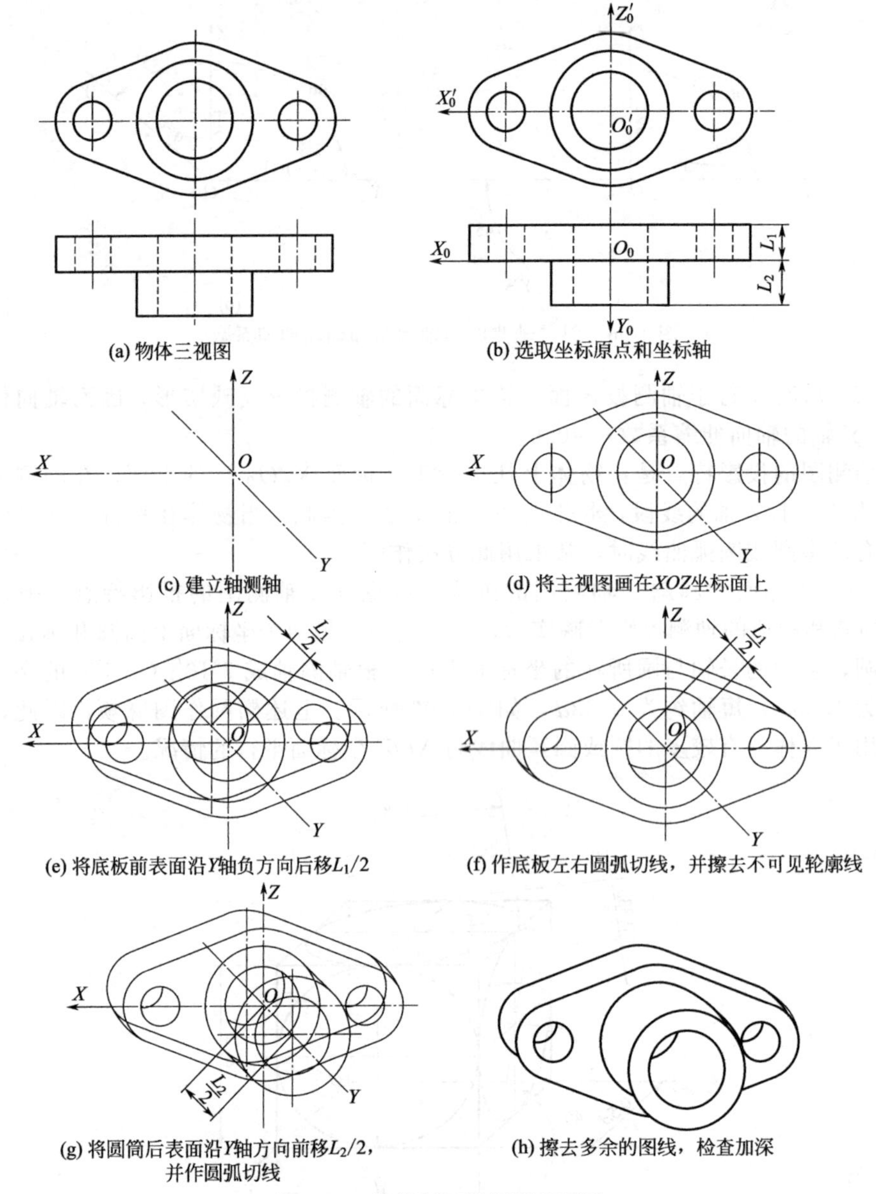

(a) 物体三视图

(b) 选取坐标原点和坐标轴

(c) 建立轴测轴

(d) 将主视图画在XOZ坐标面上

(e) 将底板前表面沿Y轴负方向后移$L_1/2$

(f) 作底板左右圆弧切线，并擦去不可见轮廓线

(g) 将圆筒后表面沿Y轴方向前移$L_2/2$，并作圆弧切线

(h) 擦去多余的图线，检查加深

图 1-98　物体斜二轴测图的画法

② 轴测剖视图画法　常采用下列两种画法。

a. 先外形，再剖切。先将物体完整的轴测外形图作出，然后用沿轴测轴方向的剖切平面将它剖开，画出断面形状，擦去被剖切掉的四分之一部分轮廓，添加剖切后的可见内形，并在断面上画上剖面线，如图 1-99 所示。

b. 先作截断面，再作内、外形。如图 1-100 所示，先画出剖切后的剖面区域，再由此逐步画外部的可见轮廓，这样能够减少很多不必要的图线，作图较为迅速，但要求先准确想象剖切面形状。

③ 轴测图中剖面线的画法　用剖切平面剖开物体后得到的断面上应填充剖面符号以与未剖切部位相区别。不论是什么材料，剖面符号一律画成互相平行的等距细实线。剖面线的方向随不同轴测图的轴测轴方向和轴向伸缩系数而有所不同。图 1-101(a) 所示为正等测的剖面线方向，图 1-101(b) 所示为斜二测的剖面线方向。

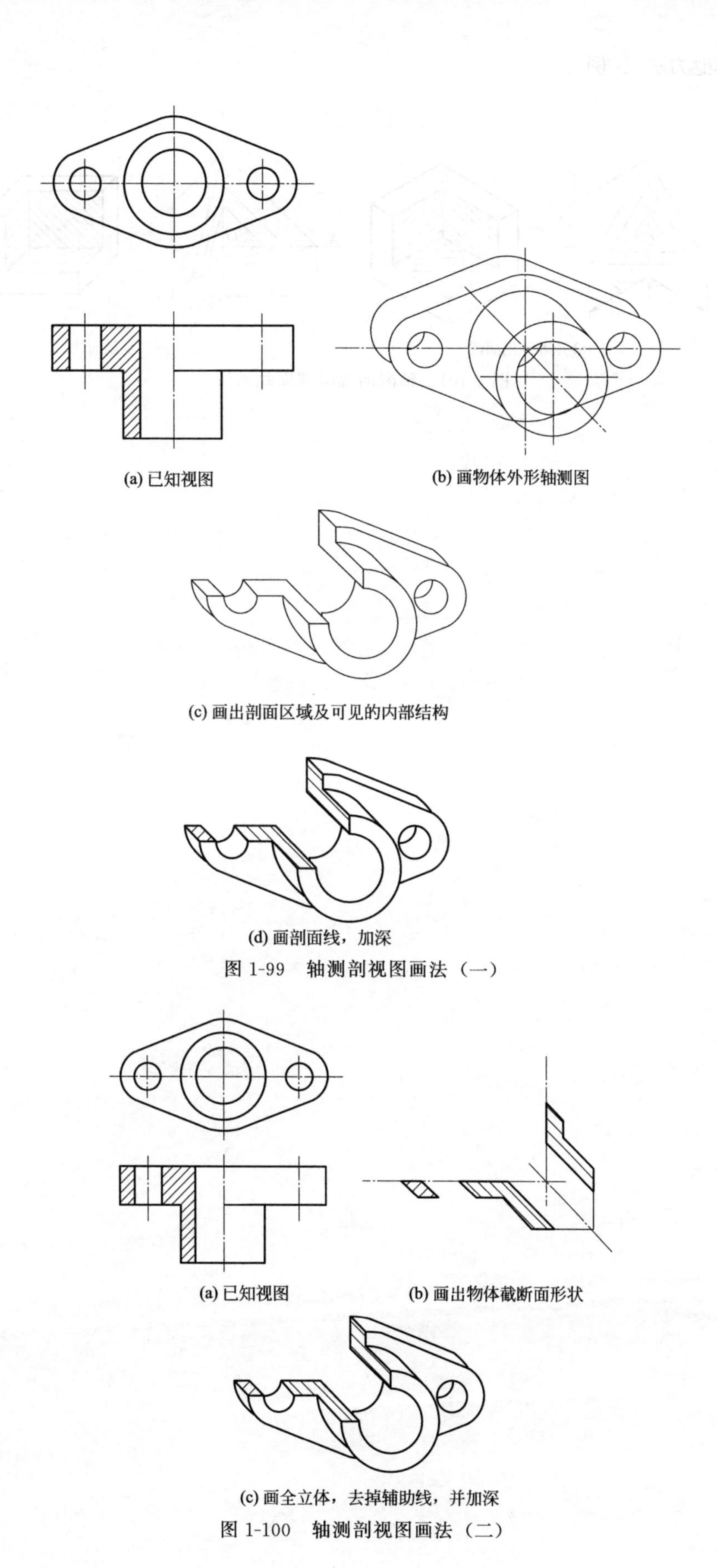

(a) 已知视图

(b) 画物体外形轴测图

(c) 画出剖面区域及可见的内部结构

(d) 画剖面线，加深

图 1-99　轴测剖视图画法（一）

(a) 已知视图

(b) 画出物体截断面形状

(c) 画全立体，去掉辅助线，并加深

图 1-100　轴测剖视图画法（二）

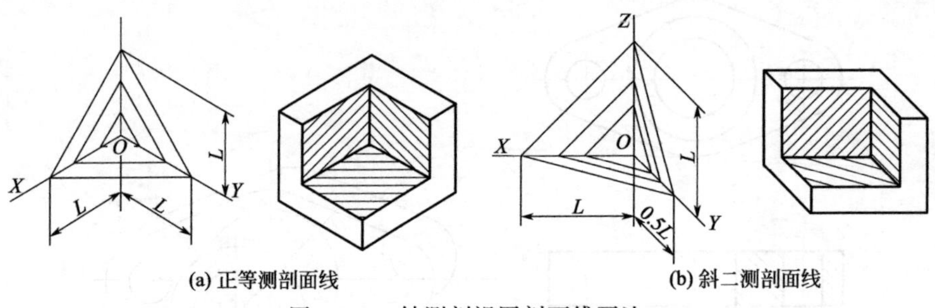

(a) 正等测剖面线　　(b) 斜二测剖面线

图 1-101　轴测剖视图剖面线画法

第 2 章
标准件、齿链轮、弹簧和零件常见工艺结构画法

2.1 螺纹及螺纹连接

2.1.1 螺纹的要素

螺纹的基本要素有牙型、直径、螺距、导程和旋向。

(1) 牙型

牙型是指在通过螺纹轴线的剖面上螺纹的轮廓形状，常见的螺纹牙型如图 2-1 所示。

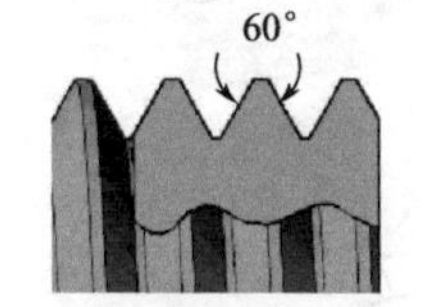

(a) 普通螺纹（三角形）

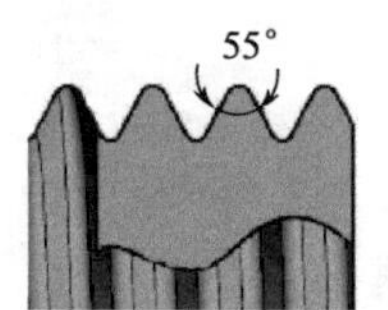

(b) 管螺纹

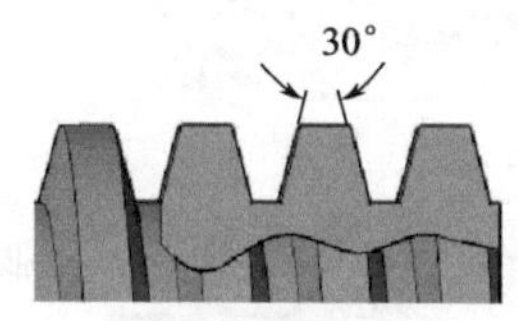

(c) 梯形螺纹

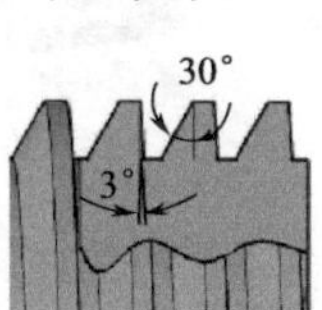

(d) 锯齿形螺纹

图 2-1　常见的螺纹牙型

(2) 直径

螺纹的直径分为大径、中径和小径，如图 2-2 所示。

大径——与外螺纹牙顶或内螺纹牙底相重合的假想圆柱的直径，又称螺纹的公称直径。

小径——与外螺纹牙底或内螺纹牙顶相重合的假想圆柱的直径。

中径——在大径与小径之间，其母线通过牙型上的沟槽宽度与突起宽度相等的假想圆柱面的直径。

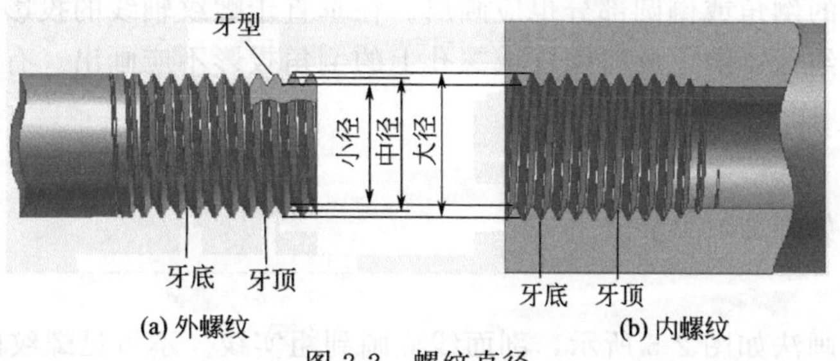

(a) 外螺纹　(b) 内螺纹

图 2-2　螺纹直径

(3) 旋向

顺时针旋转时旋入的螺纹称为右旋螺纹，逆时针旋转时旋入的螺纹称为左旋螺纹，机器

设备上常用右旋螺纹。

(4) 单线螺纹和多线螺纹

沿一条螺旋线所形成的螺纹称为单线螺纹；沿两条或两条以上螺旋线所形成的螺纹，且螺旋线在轴向等距分布称为双线螺纹或多线螺纹。

(5) 螺距和导程

螺距指相邻两牙在中径线上对应两点间的轴向距离；导程指同一条螺旋线上相邻两牙在中径线上对应两点间的轴向距离。单线螺纹的螺距和导程相同，而多线螺纹的螺距等于导程除以线数。

牙型、大径和螺距通常称为螺纹三要素，凡螺纹三要素符合标准的称为标准螺纹。若牙型符合标准，大径和螺距不符合标准，称为特殊螺纹。若牙型也不符合标准者，称为非标准螺纹。

互相旋合的一对内、外螺纹，它们的牙型、大径、旋向、线数和螺距等要素必须一致。

2.1.2 螺纹常见的工艺结构

螺纹常见的工艺结构有倒角或倒圆、退刀槽及螺尾，如图 2-3 所示。关于这些工艺结构的参数参见 2.6.1 节的有关内容。

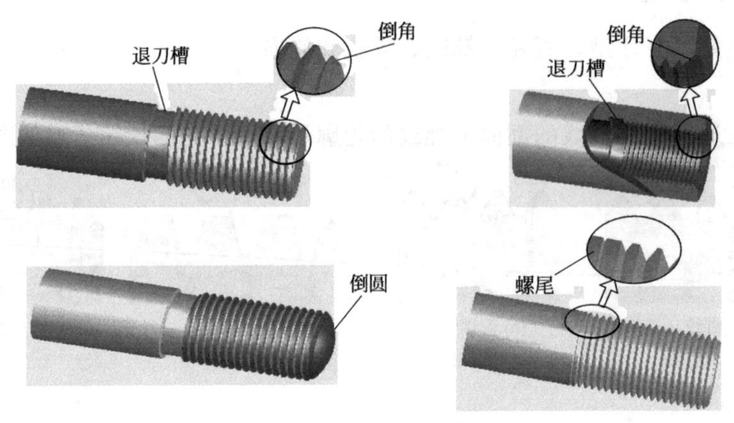

图 2-3 螺纹的工艺结构

2.1.3 工件上螺纹的画法

螺纹牙顶圆的投影用粗实线表示，牙底圆的投影用细实线表示。在与螺纹轴线平行的投影面视图中，螺杆的倒角或倒圆部分也应画出。在垂直于螺纹轴线的投影面视图中，表示牙底圆的细实线只画约 3/4 圈，此时螺杆或螺孔上的倒角投影不应画出。有效螺纹的终止界线（简称螺纹终止线）用粗实线表示。

(1) 外螺纹的画法

外螺纹的画法如图 2-4 所示。

(2) 内螺纹的画法

内螺纹的剖视画法如图 2-5 所示，剖面线应画到粗实线。不可见螺纹的所有图线用虚线绘制，如图 2-6 所示。

绘制不穿通的螺孔时，一般应将钻孔的深度与螺纹部分的深度分别画出，如图 2-7 所示。

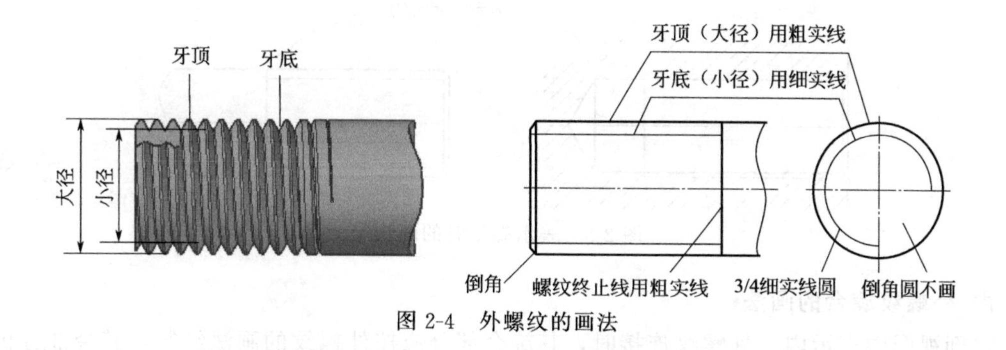

图 2-4　外螺纹的画法

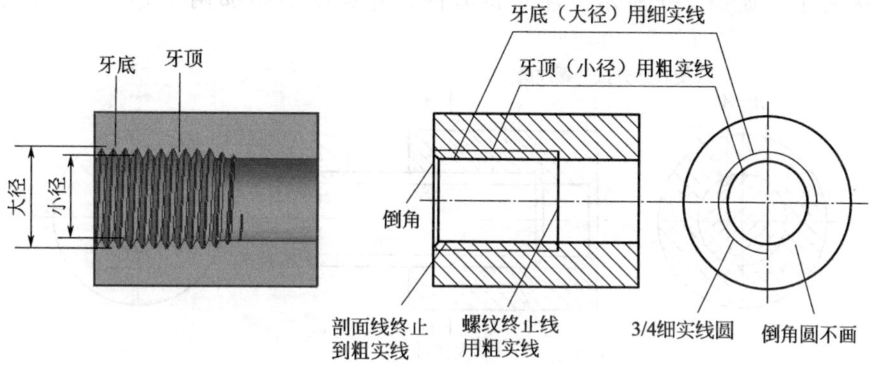

图 2-5　剖视图中内螺纹的画法

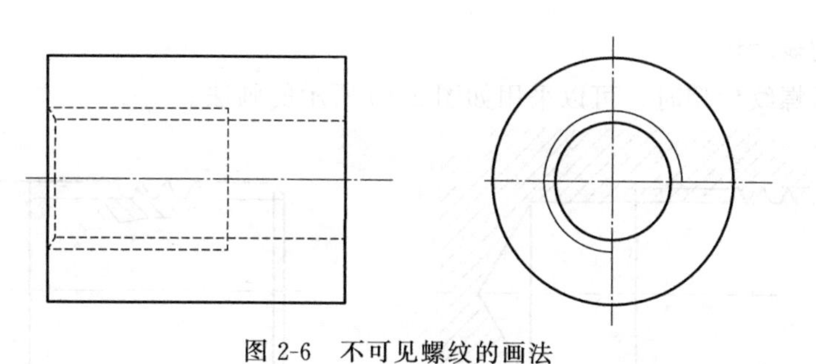

图 2-6　不可见螺纹的画法

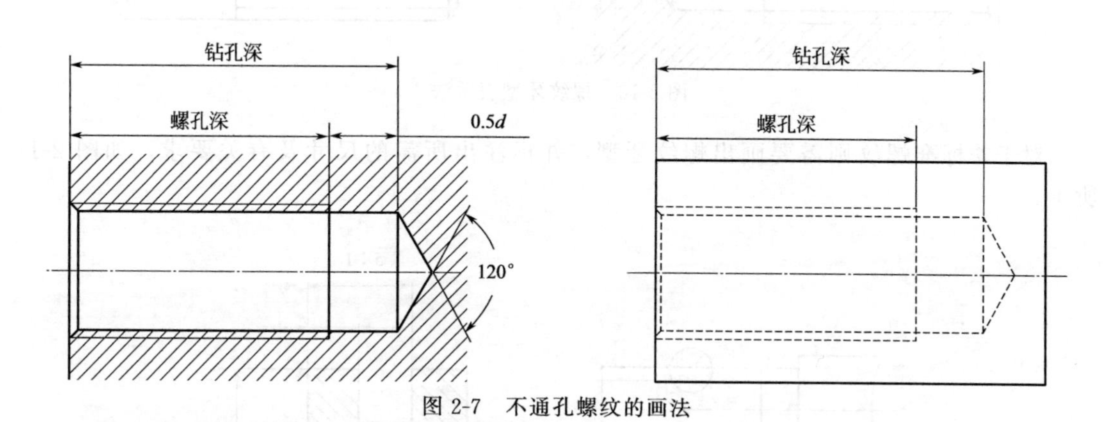

图 2-7　不通孔螺纹的画法

螺尾部分一般不必画出，当需要表示螺纹收尾时，该部分用与轴线成 30°的细实线画出，如图 2-8 所示。

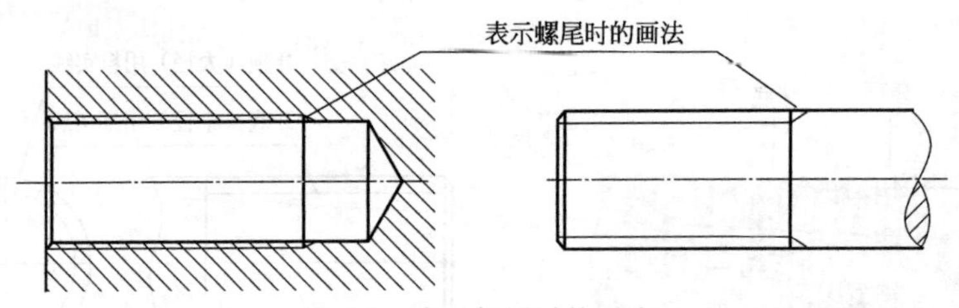

图 2-8　表示螺尾时的画法

(3) 内、外螺纹旋合的画法

在剖视图中表示内、外螺纹连接时，其旋合部分应按外螺纹的画法绘制，其余部分仍按各自的画法表示，如图 2-9 所示。注意带有内、外螺纹的相邻两个零件剖面线方向应该相反。

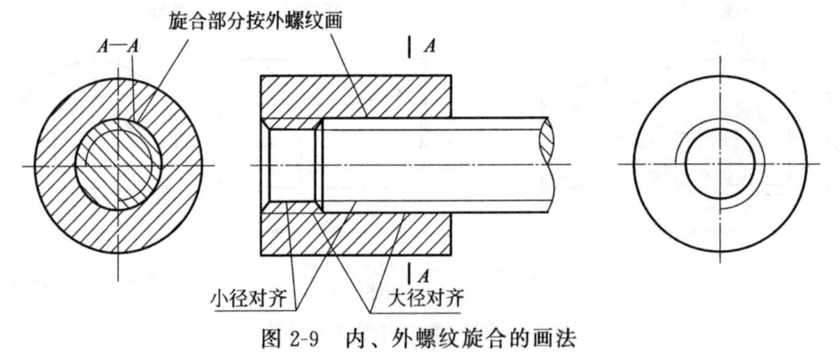

图 2-9　内、外螺纹旋合的画法

(4) 螺纹牙型的表示法

当需要表示螺纹牙型时，可以采用如图 2-10 所示的画法。

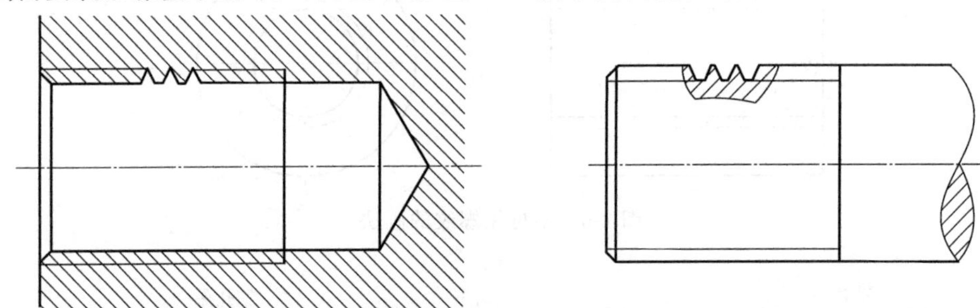

图 2-10　螺纹牙型表示法

对于非标准螺纹则需要画出螺纹牙型，并标注出所需的尺寸及有关要求，如图 2-11 所示。

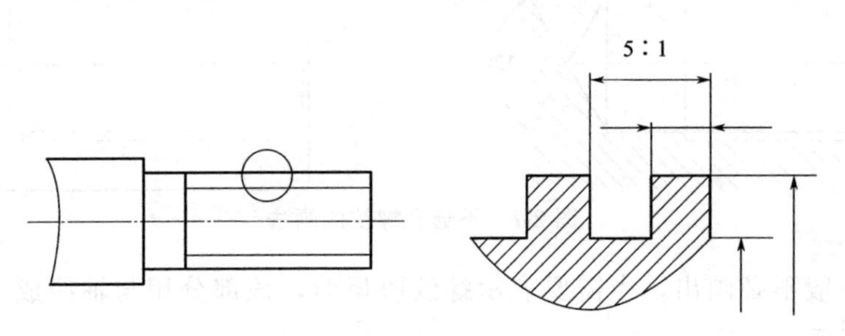

图 2-11　非标准螺纹的画法及标注

2.1.4 螺纹的标注方法

对于标准螺纹，因不同要素的螺纹其画法相同，因此在图样中为了表示螺纹的要素及技术要求等，应注出相应标准所规定的螺纹标记。

(1) 普通螺纹的标注（GB/T 197—2003）

普通螺纹分为粗牙和细牙两类。标注内容为

特征代号 尺寸代号 - 公差带代号 - 有必要说明的信息

特征代号：M。

尺寸代号：单线螺纹的尺寸代号为公称直径×螺距，对于粗牙螺纹可以省略螺距，如M8（粗牙螺纹螺距为1.25mm）、M8×1（细牙螺纹螺距为1mm）；多线螺纹的尺寸代号为公称直径×Ph导程P螺距，如M16Ph3P1.5。

公差带代号：包含中径、顶径公差带代号，中径在前，顶径在后，由表示公差等级的数字和表示公差带位置的字母（内螺纹用大写字母，外螺纹用小写字母）组成，如6H、6g；如果中径与顶径公差带代号相同，则只注一个代号，如7h；如果螺纹的中径与顶径公差带代号不同，则分别标注，如5g6g。

当螺纹为中等公差精度时，内螺纹公称直径小于或等于1.4mm时，省略5H，大于或等于1.6mm时，省略6H；外螺纹公称直径小于或等于1.4mm时，省略6h，大于或等于1.6mm时，省略6g，不标公差带代号。

表示内、外螺纹配合时，内螺纹公差带代号在前，外螺纹公差带代号在后，中间用斜线分开，如公差带为6H的内螺纹与公差带为5g6g的外螺纹组成的配合，其标注为M20×2-6H/5g6g。

有必要说明的信息：旋合长度和旋向，中间用“-”分开。螺纹旋合长度规定为短（S）、中（N）、长（L）三种，中旋合长度不标注。旋向分为右旋、左旋，右旋不标注，左旋用LH表示。

普通螺纹在图上的标注方法是将规定标记注写在尺寸线或尺寸线的延长线上，尺寸界线从螺纹大径引出，如图2-12所示。

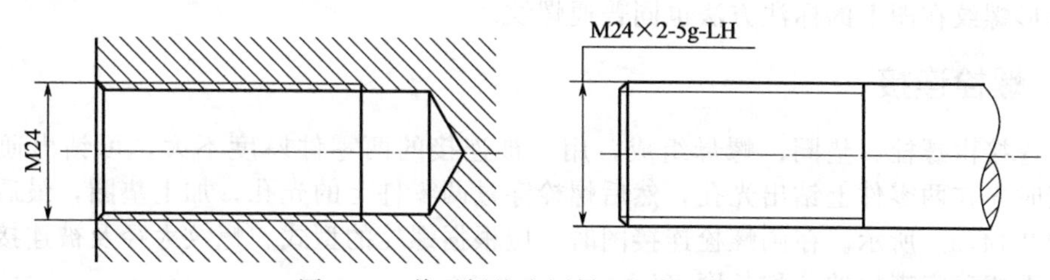

图2-12 普通螺纹在图样上的标注方法

(2) 非螺纹密封管螺纹的标注（GB/T 7307—2001）

外螺纹标注内容为

特征代号 尺寸代号 公差等级代号 旋向代号

内螺纹标注内容为

特征代号 尺寸代号 旋向代号

特征代号：G。

尺寸代号：国标所规定的分数和整数。

公差等级代号：对外螺纹，分A、B两级进行标记；对内螺纹，不标记公差等级代号。

旋向代号：当螺纹为左旋时，应在外螺纹的公差等级代号或内螺纹的尺寸代号之后加注

LH，如左旋的管螺纹标注，外螺纹为G1/2A-LH，内螺纹为G1/2LH。

标注螺纹副时仅需标注外螺纹的标记代号。

管螺纹在图上的标注方法是用一条细实线，一端指向螺纹大径，另一端引一横向细实线，将螺纹标记写在横线上侧，如图2-13所示。

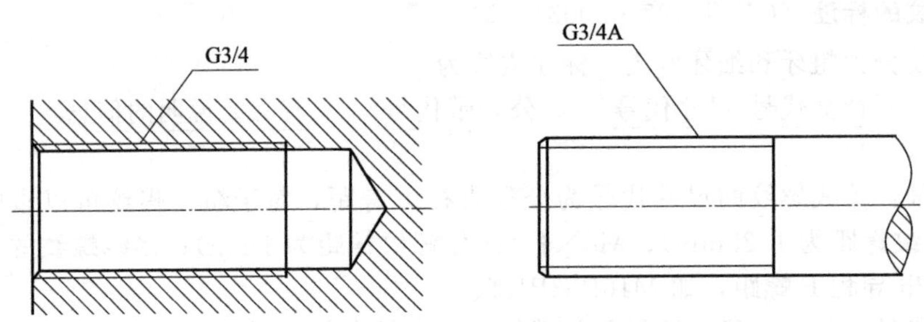

图2-13　管螺纹在图样上的标注方法

(3) 梯形螺纹的标注（GB/T 5796.2—2005）

标注内容为

特征代号 公称直径×导程（P螺距）旋向

特征代号：Tr。

单线螺纹只标公称直径×螺距，多线螺纹标公称直径×导程（P螺距）。

右旋可省略不注，左旋标注LH，如Tr36×12（P6）。

梯形螺纹在图上的标注方法与普通螺纹相同，如图2-12所示。

(4) 锯齿形螺纹的标注（GB/T 13576.4—2008）

标注内容为

特征代号 公称直径×导程（P螺距）旋向-中径公差带代号-旋合长度代号

特征代号：B。

单线螺纹只标公称直径×螺距，多线螺纹标公称直径×导程（P螺距）。

右旋可省略不注，左旋标注LH，如B40×7-7c。

锯齿形螺纹在图上的标注方法也同普通螺纹。

2.1.5 螺栓连接

螺栓连接由螺栓、垫圈、螺母组成，用于被连接的两零件厚度不大，可钻出通孔的情况。连接时先在两零件上钻出光孔，然后螺栓穿过两零件上的光孔，加上垫圈，最后拧紧螺母，如图2-14(a)所示。在画螺栓连接图时，应根据螺栓的型式、螺纹大径及被连接零件的厚度，按下式确定螺栓的公称长度（L）。

$L \geq$被连接零件的厚度（$\delta_1+\delta_2$）+垫圈厚度+螺母高度+螺栓伸出螺母的高度

根据公称长度的计算值，在螺栓标准的L系列值中，选用标准长度。

具体作图时常采用比例画法，即将各部分的尺寸（公称长度除外）都与螺栓的螺纹规格（大径）d建立一定的比例关系，并按此比例画图，且螺纹连接件的工艺结构均可省略不画，如图2-14(b)所示。

2.1.6 螺钉连接

螺钉按用途分为连接螺钉（用来连接零件）和紧定螺钉（用来固定零件）。

(1) 连接螺钉装配图的画法

螺钉连接不用螺母，而是直接将螺钉拧入机件的螺孔，它一般用于受力不大而又不需经

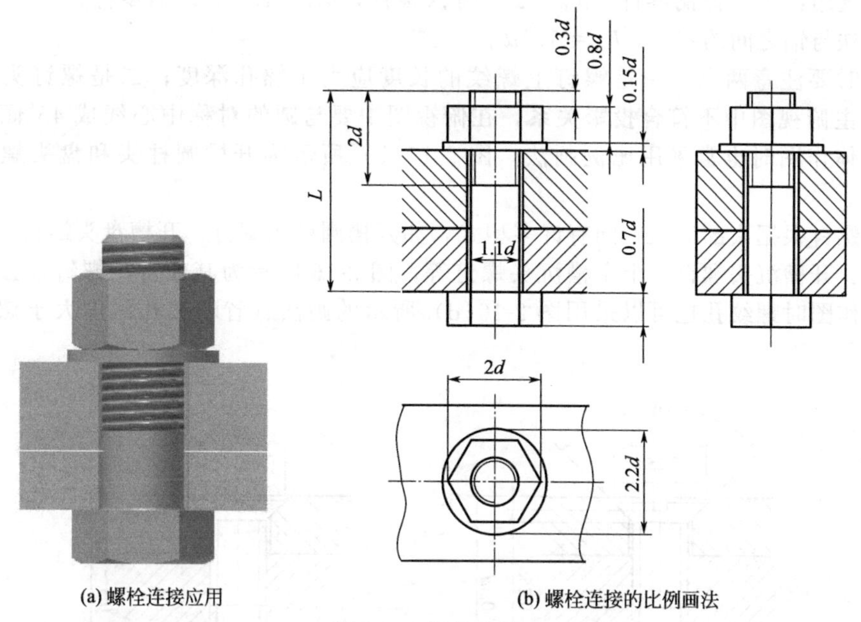

(a) 螺栓连接应用　　(b) 螺栓连接的比例画法

图 2-14　螺栓连接

常拆卸的地方。被连接零件中的一个加工出螺孔，其余零件都加工出通孔或沉孔，如图 2-15(a)所示。在画装配图时，应按下式确定螺钉的公称长度（L）。

$L\geqslant$加工出通孔零件的厚度(δ)＋螺钉旋入螺孔的深度(b_m)

根据公称长度的计算值，在螺钉标准的 L 系列值中选用标准长度。

螺钉旋入螺孔的深度 b_m的大小与被连接零件的材料及螺纹大径（d）有关，常按下列

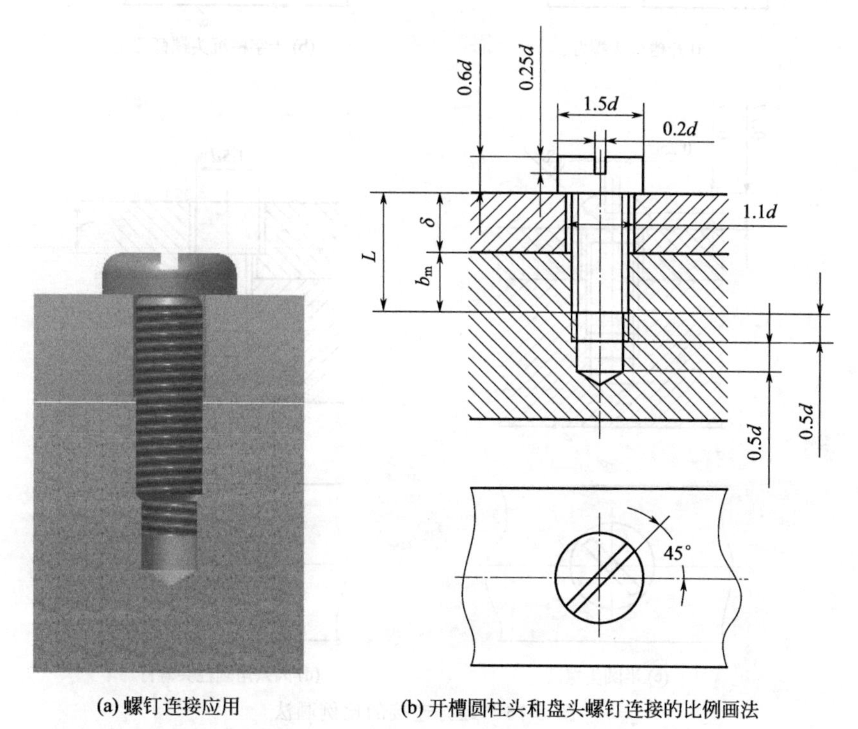

(a) 螺钉连接应用　　(b) 开槽圆柱头和盘头螺钉连接的比例画法

图 2-15　螺钉连接

四种情况选用：钢、青铜零件，$b_m = d$；铸铁零件，$b_m = 1.25d$；铝零件，$b_m = 2d$；材料强度在铸铁与铝之间的零件，$b_m = 1.5d$。

画图时要注意两点：一是螺钉上螺纹的长度应大于螺孔深度；二是螺钉头部槽的画法，它在主俯视图中不符合投影关系，在俯视图中要与圆的对称中心线成45°倾斜。螺钉连接在具体作图时也常采用比例画法，图2-15(b)所示为开槽圆柱头和盘头螺钉连接的比例画法。

连接螺钉根据头部形状不同有许多型式，如开槽圆柱头螺钉、开槽盘头螺钉、内六角圆柱头螺钉、开槽沉头螺钉、十字槽沉头螺钉等，图2-16所示为其他常见螺钉连接的比例画法。实际作图时螺纹孔也可以采用图2-16(d)所示的画法（省略钻孔深度大于螺孔深度的一段）。

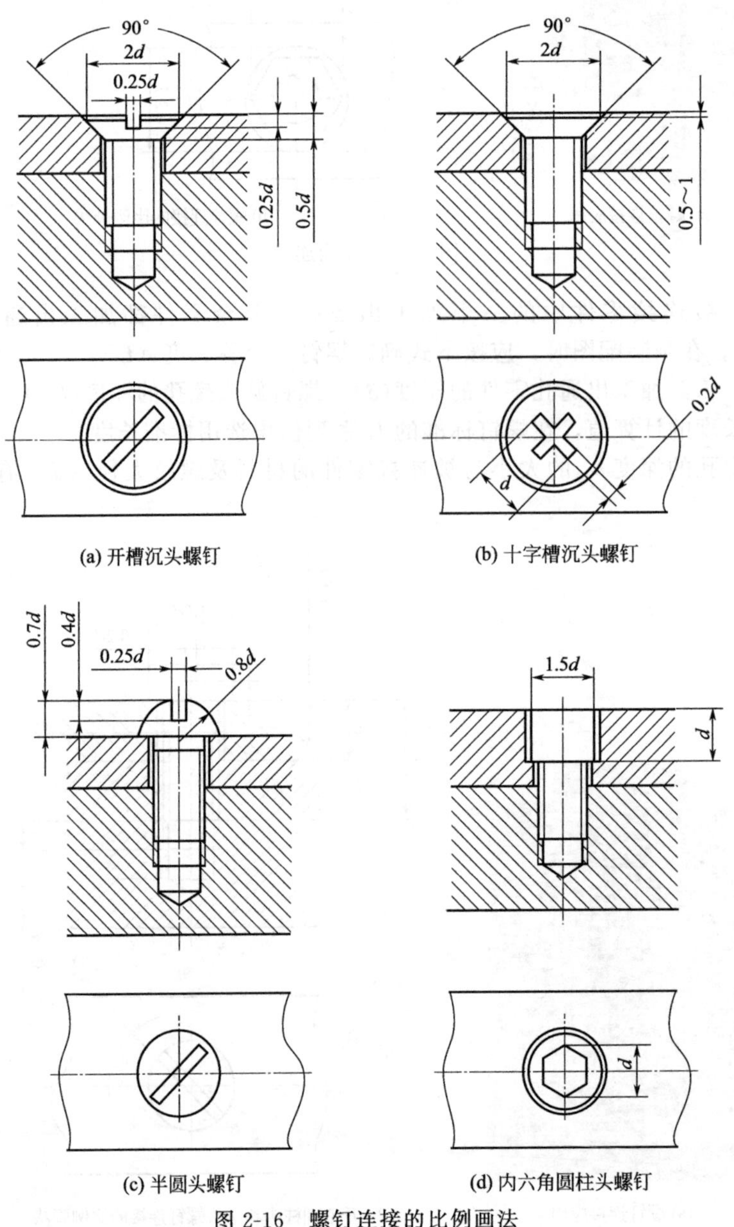

图2-16 螺钉连接的比例画法

(2) 紧定螺钉装配图的画法

紧定螺钉用来固定两个零件使之不产生相对运动，图 2-17 所示为两种紧定螺钉连接装配图的画法。

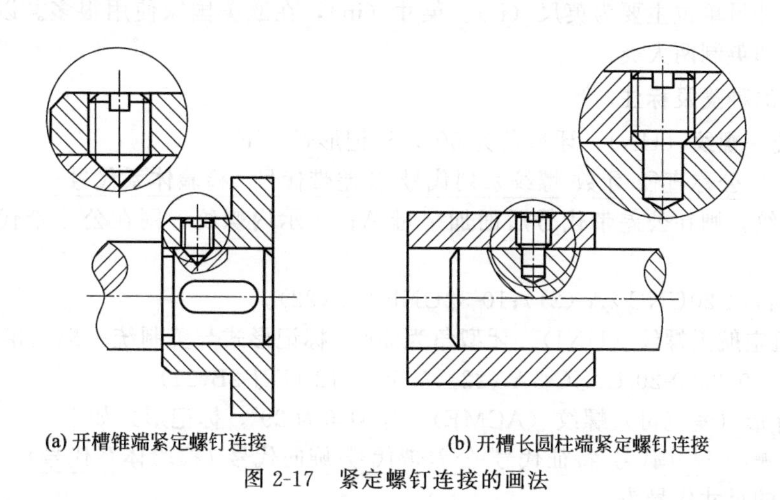

(a) 开槽锥端紧定螺钉连接　　(b) 开槽长圆柱端紧定螺钉连接

图 2-17　紧定螺钉连接的画法

2.1.7　双头螺柱连接

双头螺柱连接由双头螺柱、螺母、垫圈组成，用于被连接的两零件之一较厚或由于结构限制不宜用螺栓连接的场合。连接时需先在较厚的零件上加工出螺孔，双头螺柱的一端全部旋入此螺孔中，称为旋入端。在另一零件上则钻出通孔，套在双头螺柱上，加上垫圈，拧紧螺母，此端称为紧固端，如图 2-18 所示。旋入端的长度（b_m）确定与螺钉连接一样。

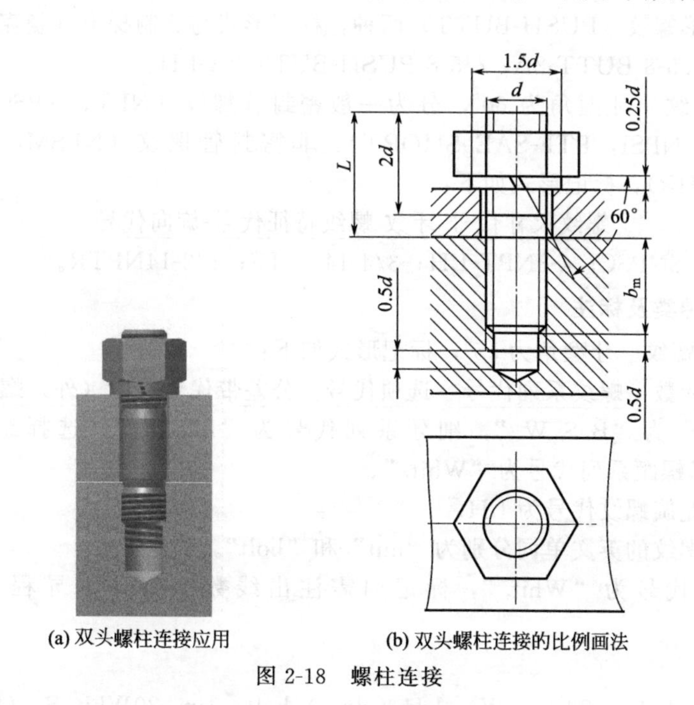

(a) 双头螺柱连接应用　　(b) 双头螺柱连接的比例画法

图 2-18　螺柱连接

在画装配图时，应按下式确定双头螺柱的公称长度（L）。

L≥加工出通孔零件的厚度(δ)＋垫圈厚度(h)＋螺母高度(m)＋ 螺柱伸出螺母的高度(b)

根据公称长度的计算值，在螺柱标准的 L 系列值中选用标准长度。

2.1.8 常见的英制螺纹

英制螺纹计量单位主要为英尺（ft）、英寸（in），在欧美国家使用很多。以英寸为单位的螺纹有美制和英制两大类。

(1) 美制螺纹的种类及标注

① 美制统一螺纹（UN） 牙型角为 60°，标记形式如下：

公称直径-牙数 螺纹系列代号-公差带代号（检验体系代号）

表示外螺纹，则在公差带代号后面加字母 A；表示内螺纹，则在公差带代号后面加字母 B。

标记示例：1/4-20UNC-2A（21）；10-32UNF-2A（22）。

② 美制航空航天螺纹（UNJ） 牙型角为 60°，标记形式与美制统一螺纹相似。

标记示例：0.2500-20 UNJC-3A（22）；3.5000-12 UNJ-2B(21)。

③ 美制梯形（爱克母）螺纹（ACME） 牙型角为 29°，标记形式如下：

螺纹尺寸代号 特征代号-公差带代号-旋向代号（检验体系代号）

单线螺纹的尺寸代号为

公称直径-牙数

双线螺纹的尺寸代号为

公称直径-螺距 P-导程 L

右旋不标，左旋螺纹在公差带代号之后标注 LH。

标记示例：1.75-4-ACME-2G(21)；2.875-0.4P-0.8L-ACME-4G(22)。

④ 美制锯齿形螺纹 牙型角为 7°/45°，按用途分拉力型美制锯齿形螺纹（BUTT）和推力型美制锯齿形螺纹（PUSH-BUTT）两种，标记形式与美制梯形（爱克母）螺纹相似。

标记示例：2.5-8 BUTT-2A；2.5-8 PUSH-BUTT-2A-LH。

⑤ 美制管螺纹 牙型角为 60°，分为一般密封管螺纹（NPT，NPSC）、密封管螺纹（NPTF，NPSF，NPSI，PTF-SAE SHORT）、非密封管螺纹（NPSM，NPSL，NPTR，NPSH，NH，NHR），标记形式如下：

螺纹尺寸代号-牙数 螺纹特征代号-旋向代号

标记示例：3-8NPSC；4-8NPT-LH；3/4-14NPTF；1/2-14NPTR。

(2) 英制螺纹的种类及标注

① 英制惠氏螺纹 牙型角为 55°，标记形式如下：

公称尺寸 牙数 螺纹系列代号 选项代号 公差带代号 内（外）螺纹英文单词

粗牙系列代号为“B. S. W.”，细牙系列代号为“B. S. F.”，选择组合系列代号为“Whit. S.”，选择螺距系列代号为“Whit.”。

右旋不标，左旋螺纹代号为 LH。

内螺纹和外螺纹的英文单词分别为“nut”和“bolt”。

多线螺纹的代号为“Whit.”，标记内需注出线数（start）、导程（lead）和螺距（pitch）。

标记示例：

单线螺纹——1/4in.-20B. S. W.，LH（close）bolt；1in.-20Whit. S.（free）bolt。

多线螺纹——2in. 2start，0.2in. lead，0.1in. pinch，Whit.。

② 英制锯齿形螺纹（B. S. Buttress thread） 牙型角为 7°/45°，标记形式如下：

螺纹公称直径 特征代号 牙数（t. p. i.）公差代号

标记示例：2.0 B. S. Buttress thread 8 t. p. i. medium class。

③ 英制管螺纹　牙型角为55°，分为一般密封管螺纹（R），非密封管螺纹（G）。

一般密封管螺纹标记形式为

螺纹特征代号 螺纹尺寸代号 旋向代号

特征代号与中国相同。

标注示例：R_p 3/4；R_c 3/4 LH。

非密封管螺纹标记形式为

螺纹特征代号 螺纹尺寸代号 中经公差等级代号-旋向代号

标注示例：G 2；G4 B-LH。

2.2 键和销连接

2.2.1 键连接

键通常用来连接轴和轴上的零件，如齿轮、带轮等，起传递转矩的作用，键的类型有常用键和花键。

常用键有普通平键、半圆键和钩头楔键三种，如图 2-19 所示。普通平键的连接如图 2-20所示。

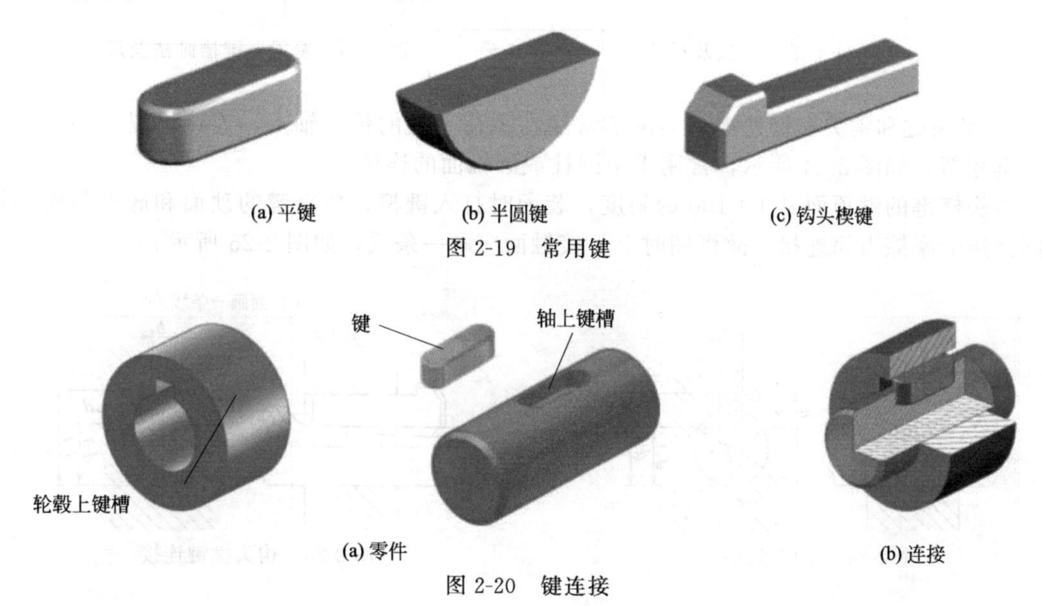

(a) 平键　(b) 半圆键　(c) 钩头楔键

图 2-19　常用键

(a) 零件　(b) 连接

图 2-20　键连接

(1) 常用键连接画法

① 普通平键连接　用普通平键连接时，键的两个侧面是工作面，如图 2-20(b) 所示。因此画键连接装配图时，键的侧面和下底面与轮和轴上键槽的相应表面均接触，只画一条线，而键的上底面与轮毂上的键槽底面间应有间隙，要画两条线。此外，在剖视图中，当剖切平面通过键的纵向对称面时，键按不剖绘制；当剖切平面垂直于轴线剖切时，被剖切的键应画出剖面线，如图 2-21 所示。

普通平键连接时，轴上键槽画法及尺寸标注如图 2-22 所示，轮毂上键槽画法及尺寸标注如图 2-23 所示。对于轴上键槽的深度标注 $d-t$，公差取负值；对于孔上键槽的高度标注 $d+t_1$，公差取正值。

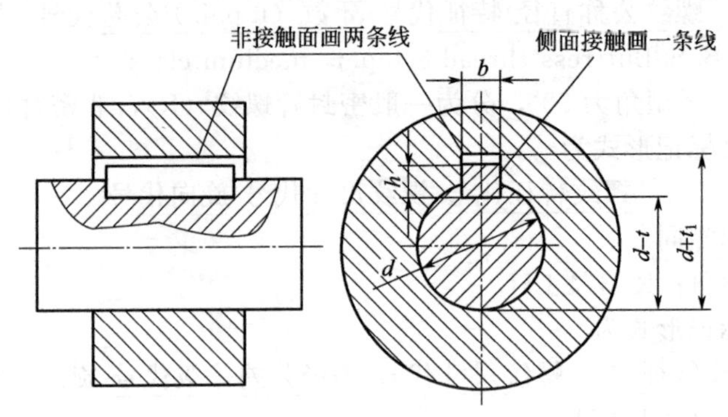

图 2-21　平键连接

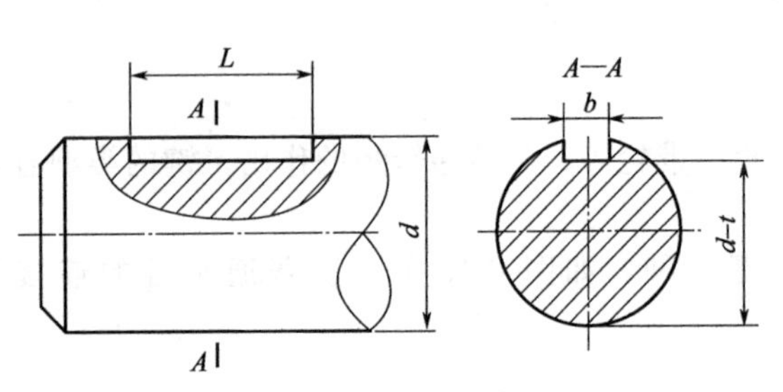

图 2-22　轴上键槽画法及尺寸标注

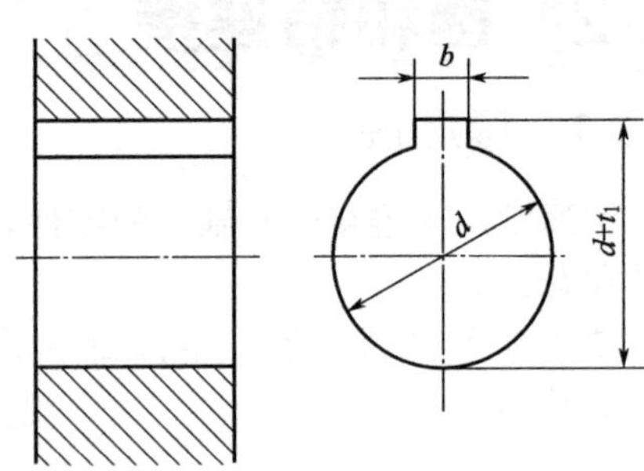

图 2-23　轮毂上键槽画法及尺寸标注

② 半圆键和钩头楔键连接　半圆键常用在载荷不大的传动轴上，连接情况和画法与普通平键相似，如图 2-24 所示，常用于小圆柱或圆锥面的连接。

钩头楔键的键顶面是 1∶100 的斜度，装配时打入键槽，依靠键的顶面和底面与轮和轴之间挤压的摩擦力而连接，故画图时上下接触面应画一条线，如图 2-25 所示。

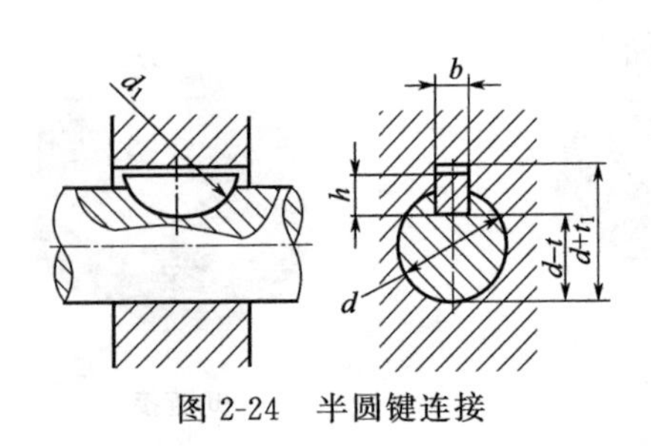

图 2-24　半圆键连接

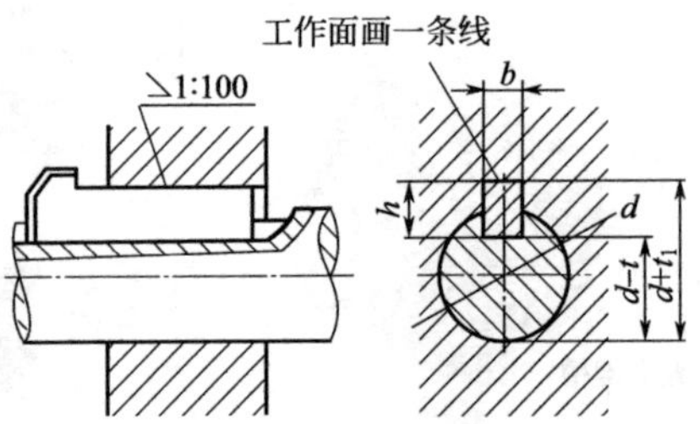

工作面画一条线

1:100

b

h

d

d−t

d+t1

图 2-25　钩头楔键连接

(2) 花键连接画法

花键的齿型有矩形和渐开线形等，其中矩形花键应用最广。花键具有传递转矩大、连接强度高、工作可靠、同轴度和导向性好等优点，花键分内花键（花键孔）和外花键（花键轴），如图 2-26 所示。使用时花键轴插入花键孔中。

① 矩形花键轴的画法和尺寸标注　在平行于花键轴轴线的投影面的视图中，大径用粗实线绘制，小径用细实线绘制，如图 2-27(a) 所示；在断面图上画出全部齿型，如图 2-27(c) 所示；或一部分齿型，但要注明齿数，如图 2-27(b) 所示；工作长度的终止端和尾部长度的末端均用细实线绘制，并与轴线垂直；尾部则画成与轴线成 30°的斜线；花键代号应写在大径上，外花键的标记中表示公差带的偏差代号用小写字母表示。其标记含义为：

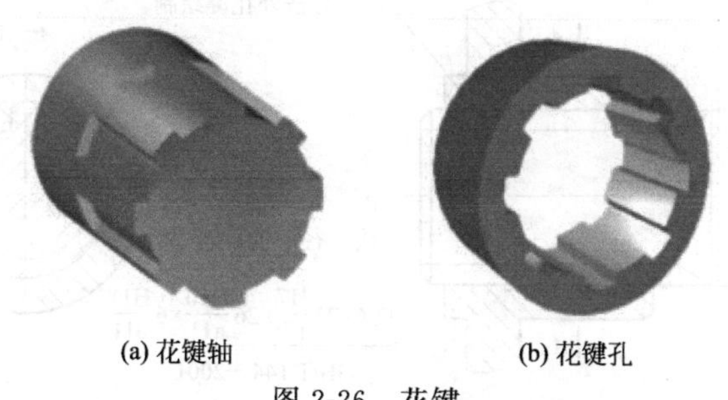

图 2-26 花键

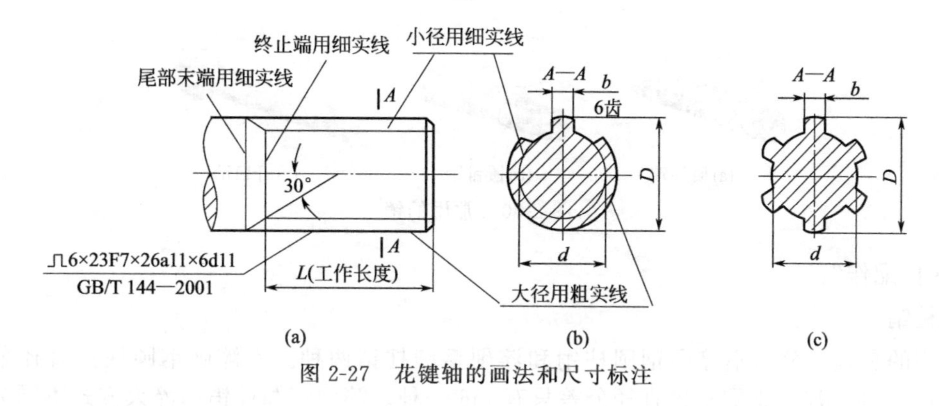

图 2-27 花键轴的画法和尺寸标注

齿形符号 齿数×小径及公差带×大径及公差带×齿宽及公差带

② 矩形花键孔的画法和尺寸标注 如图 2-28 所示，在平行于花键孔轴线投影面的剖视图中，键齿按不剖绘制，大径及小径都用粗实线绘制；在反映圆的视图上，用局部视图画出全部齿形，或一部分齿形，大径用细实线圆表示。内花键标记中表示公差带的偏差代号用大写字母表示。其标记含义为：

齿形符号 齿数×小径及公差带×大径及公差带×齿宽及公差带

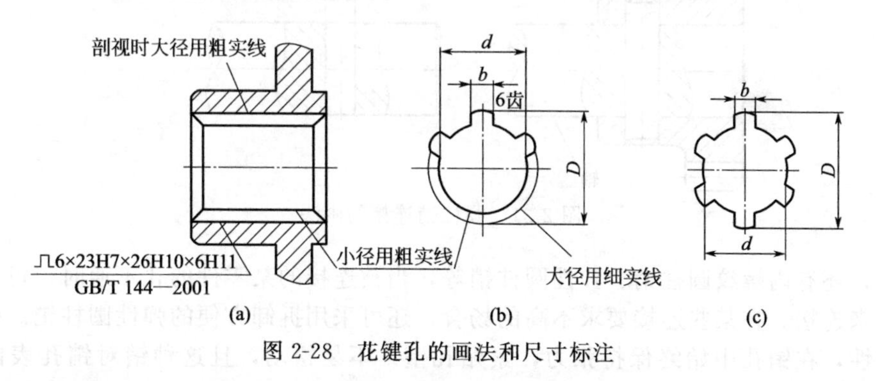

图 2-28 花键孔的画法和尺寸标注

③ 花键连接的画法 用剖视表示花键连接时，其连接部分按外花键绘制，不重合部分按各自的规定画法绘制，如图 2-29 所示。在花键连接装配图上标注的花键代号中，内花键公差代号在分子上，外花键公差代号在分母上。

2.2.2 销连接

常用的销有圆柱销、圆锥销和开口销，如图 2-30 所示。圆柱销和圆锥销用于零件间的连接和定位，且被连接两零件上的销孔，一般需一起加工，并在图上注写“装配时作”或

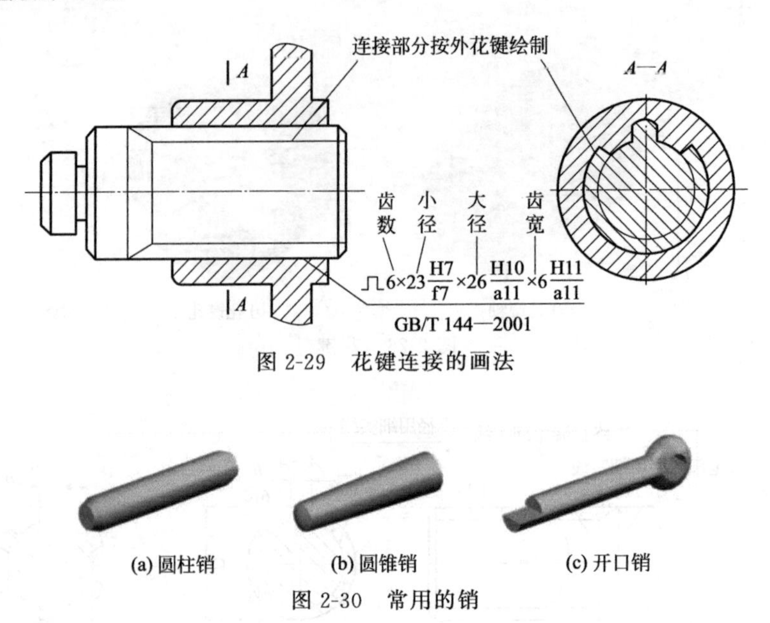

图 2-29　花键连接的画法

(a) 圆柱销　　(b) 圆锥销　　(c) 开口销

图 2-30　常用的销

“与××件配作”。

(1) 圆柱销

常用的圆柱销分为不淬硬钢圆柱销和淬硬钢圆柱销两种。不淬硬钢圆柱销直径公差有 m6 和 h8 两种，淬硬钢圆柱销直径公差只有 m6 一种。淬硬钢圆柱销因淬火方式不同分为 A 型（普通淬火）和 B 型（表面淬火）两种。

圆柱销连接的画法如图 2-31 所示，当剖切平面通过销的轴线时，销按不剖绘制，若垂直于销的轴线，应画出剖面线。

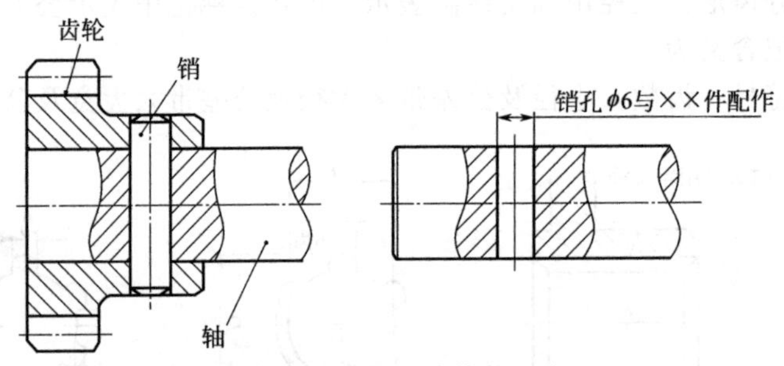

图 2-31　圆柱销连接的画法

另外，还有内螺纹圆柱销、弹性圆柱销等，当被连接的某零件的孔不通时，可采用内螺纹圆柱销来连接。在某些连接要求不高的场合，还可采用拆卸方便的弹性圆柱销。弹性圆柱销具有弹性，在销孔中始终保持张力，紧贴孔壁，不易松动，且这种销对销孔表面要求不高，其使用日益广泛。

(2) 圆锥销

常用的圆锥销分为 A 型（磨削）和 B 型（切削或冷镦）两种，其公称直径是小头的直径。

圆锥销一般用于机件的定位，其连接画法如图 2-32 所示。

(3) 开口销及涨销

开口销一般与六角开槽螺母配合使用，它穿过螺母上的槽和螺杆上的孔以防松动，有时

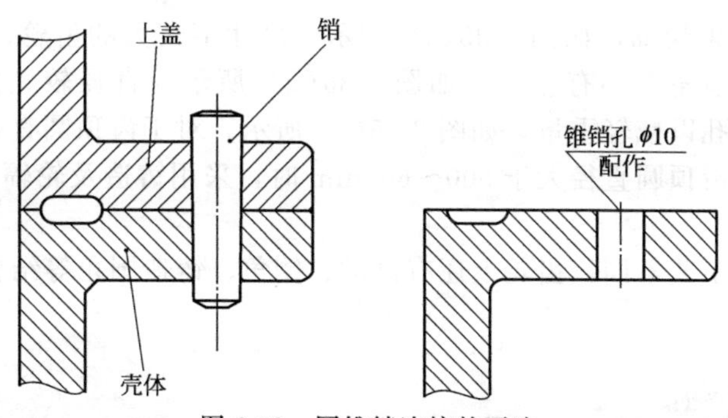

图 2-32　圆锥销连接的画法

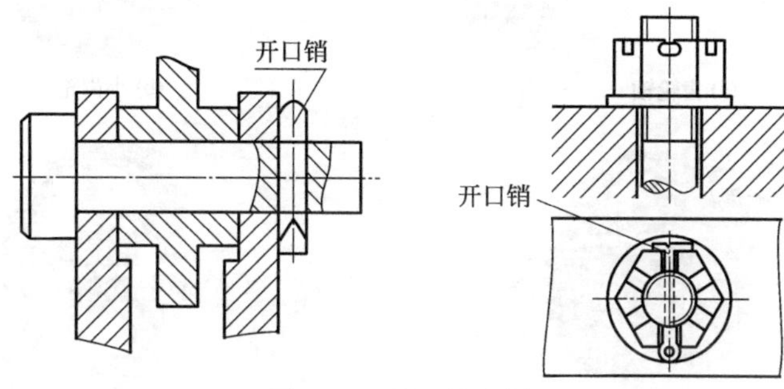

图 2-33　开口销应用

也用在轴上，防止轴或轴上零件脱落，如图 2-33 所示，作图时常采用示意画法。

涨销是近几年广泛使用的一种销钉，主要用于轴上零件的定位，销钉是空心的，开有一个通槽，且有一定的弹性，使用中直接钻孔（不需要铰孔），用外力轻轻将涨销敲入即可。

2.3 齿轮和链轮

2.3.1 齿轮

齿轮传动在机器中除了传递动力和运动外，可以完成减速、增速、变向、改变运动形式等功能。根据传动轴的相对位置不同，有用于两平行轴之间传动的圆柱齿轮，用于两相交轴之间传动的圆锥齿轮，用于两交叉轴之间传动的蜗轮蜗杆三种，如图 2-34 所示。

齿轮是常用件，齿轮的几何参数中只有模数、齿形角已标准化。

(a) 圆柱齿轮传动　(b) 圆锥齿轮传动　(c) 蜗轮蜗杆传动

图 2-34　常见齿轮传动类型

(1) 直齿（斜齿）圆柱齿轮啮合

① 直齿（斜齿）圆柱齿轮的结构　若钢制齿轮的根圆直径与轴径相差不大，则齿轮和

轴可制成一体，称为齿轮轴，如图 2-35(a) 所示。尺寸不太大的齿轮，齿轮与轴可分别制造，因尺寸不太大，齿轮不必有轮辐，如图 2-35(b) 所示。直径较大的齿轮，可用腹板，有时在腹板上制出圆孔以减轻重量，如图 2-35(c) 所示。对于齿顶圆直径小于 500～600mm 的齿轮，可以锻造；齿顶圆直径大于 500～600mm 时，采用铸造及轮辐结构，如图 2-35(d) 所示。

另外，由于加工工艺不同，齿轮上还有键槽、倒角、铸造圆角等结构。

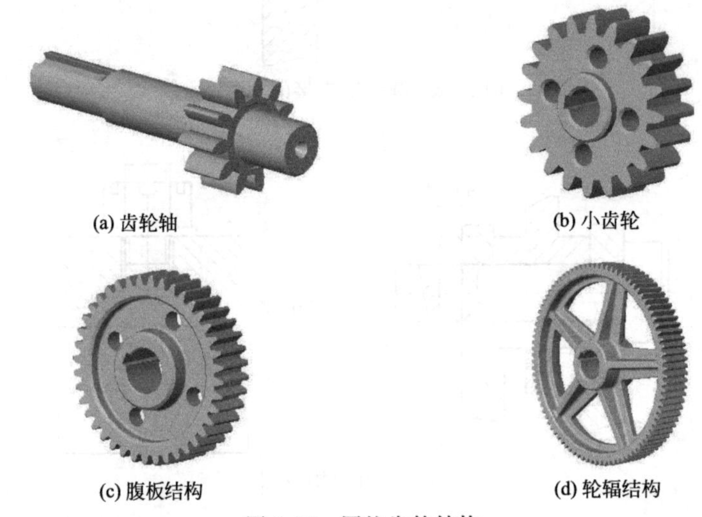
(a) 齿轮轴 (b) 小齿轮 (c) 腹板结构 (d) 轮辐结构

图 2-35 圆柱齿轮结构

② 单个直齿（斜齿）圆柱齿轮画法 国家标准对齿轮轮齿部分的画法作了统一规定，如图 2-36(a) 所示。在剖视图中，当剖切平面通过齿轮的轴线时，轮齿一律按不剖绘制，并用粗实线表示齿顶线和齿根线，如图 2-36(b) 所示。当需要表明齿线的特征时，可用三条与齿线方向一致的细实线表示，如图 2-36(c) 所示表示圆柱斜齿轮，图 2-36(d) 所示表示圆柱人字齿轮。齿轮上的其他结构，如键槽、倒角、铸造圆角以及腹板上的圆孔（参见图 2-35）等结构则按投影关系或相应的标准和要求画出。

由于齿轮只有部分参数已经标准化，故实际工程中必须绘制齿轮零件图，参见图 4-13。

③ 圆柱齿轮的啮合画法 两个圆柱齿轮相互啮合的视图画法如图 2-37 所示。剖视图画法如图 2-38 所示。

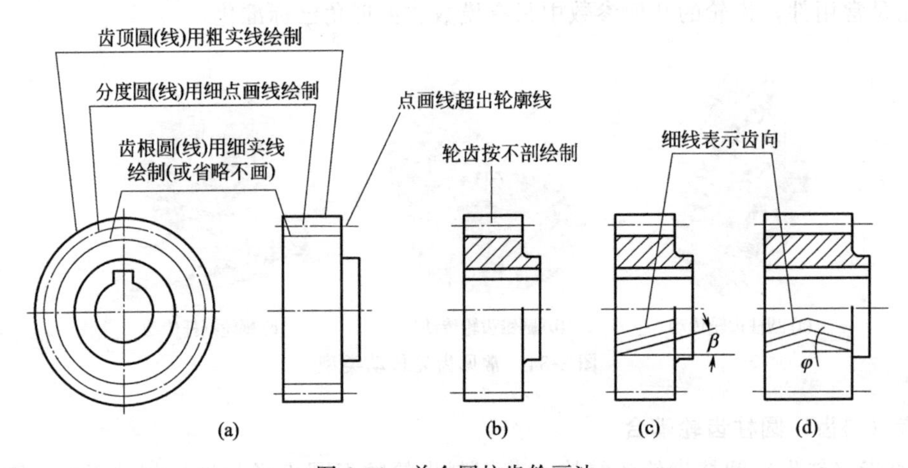

(a) (b) (c) (d)

图 2-36 单个圆柱齿轮画法

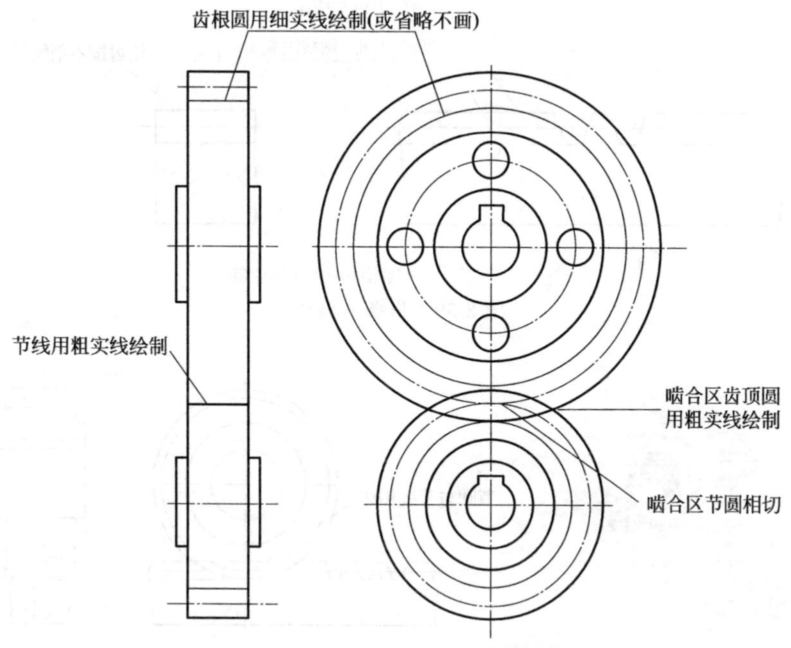

图 2-37　圆柱齿轮啮合的视图画法

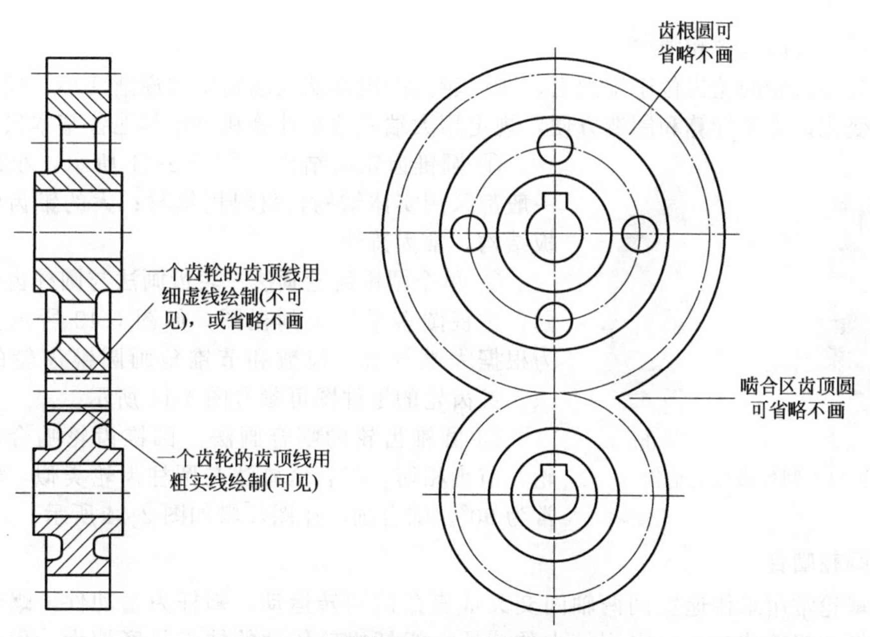

图 2-38　圆柱齿轮啮合的剖视图画法

(2) 齿轮齿条啮合

当齿轮的直径无限增大时齿轮的齿顶圆、分度圆、齿根圆和轮齿的齿廓曲线的曲率半径也无限增大而成为直线，齿轮变形为齿条。齿条的截面形状为等腰梯形，齿形角为20°，梯形的腰夹角为40°。齿条的画法如图2-39所示，在齿条分度线上，齿厚等于齿槽宽等于$\pi m/2$。

齿轮与齿条的啮合画法按相互啮合圆柱齿轮的规定画法处理，如图2-40所示。其中心

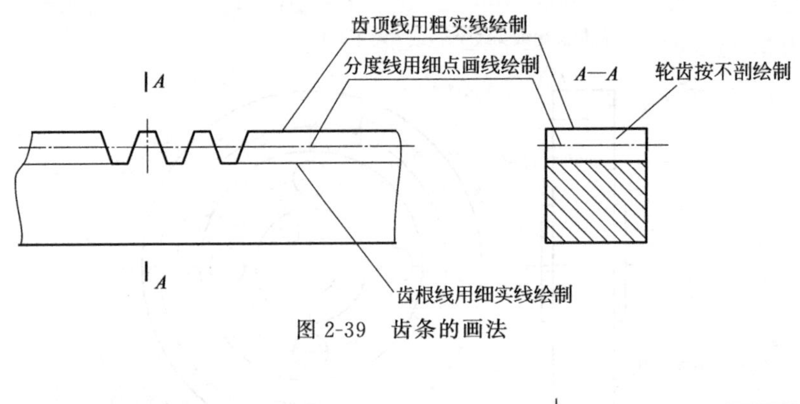

图 2-39　齿条的画法

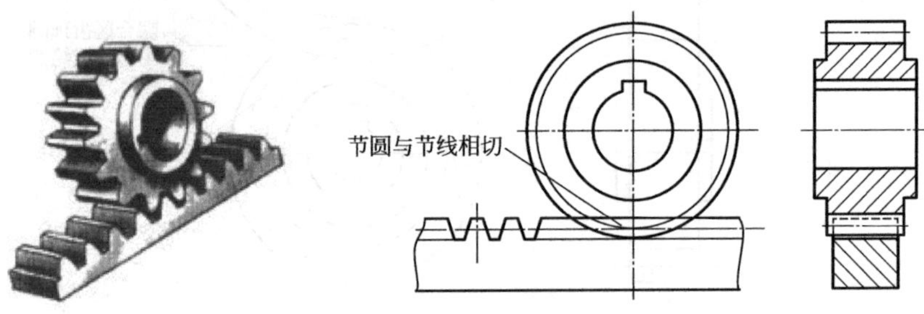

图 2-40　齿轮齿条啮合画法

距取整数值即可。

(3) 直齿(斜齿)圆锥齿轮啮合

由于圆锥齿轮的轮齿位于锥面上，所以轮齿的齿厚从大端到小端逐渐变小，模数和分度圆也随之变化。为了计算和制造方便，规定用大端模数来计算和决定其他各基本尺寸。

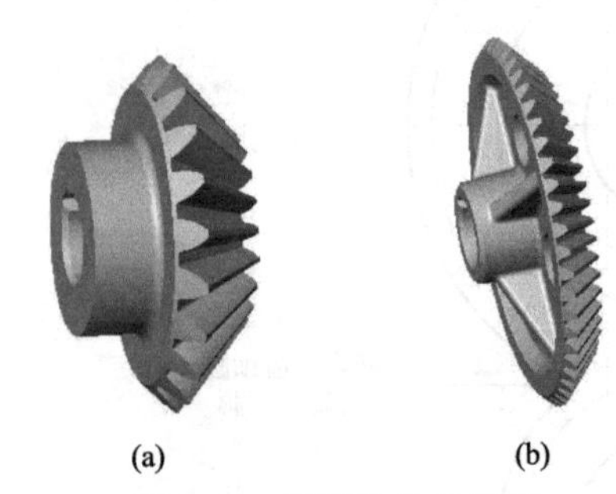

图 2-41　圆锥齿轮的结构

① 圆锥齿轮的结构　如图 2-41 所示，小的锥齿轮一般都采用实体结构，材料用钢材；大的锥齿轮采用肋板结构，常为铸件。

② 单个圆锥齿轮画法　轮齿画法与圆柱齿轮基本相同，主视图多采用全剖视图，如图 2-42 所示。图 2-43 为根据大端模数、齿数和节锥角画圆锥齿轮的作图步骤。锥齿轮的零件图可参考图 4-14 所示。

③ 圆锥齿轮的啮合画法　圆锥齿轮啮合时，两齿轮、节锥相切，啮合区画法与圆柱齿轮类似，轴线夹角常为 90°。啮合画法作图步骤如图 2-44 所示。

(4) 蜗杆蜗轮啮合

蜗杆蜗轮常用来传递空间两轴间交叉成直角的回转运动，蜗杆为主动件，蜗轮为从动件。用蜗杆和蜗轮传动，可得到较大的速比。蜗杆蜗轮传动的缺点是摩擦大，发热多，效率低。

① 蜗轮、蜗杆的结构特点　蜗杆实际上相当于一个齿数不多的斜齿圆柱齿轮，常用的蜗杆的轴向剖面和梯形螺纹相似，蜗杆的齿数称为头数，相当于螺纹线数。蜗轮可看成圆柱斜齿轮，齿顶常加工成凹弧形，借以增加与蜗杆的接触面积，延长使用寿命，参见图 2-34(c)。

② 单个蜗杆、蜗轮画法　蜗杆以轴向剖面齿形的尺寸为准，画法与圆柱齿轮相同，如需表明齿形，可在图形中用粗实线画出一个或两个齿；或用适当比例的局部放大图表示，如图 2-45 所示。蜗轮的画法如图 2-46 所示，在投影为圆的视图上，只画分度圆和外圆，齿顶

圆和齿根圆可省略不画，也可以只画一个局部视图，如图 2-46(b) 所示。

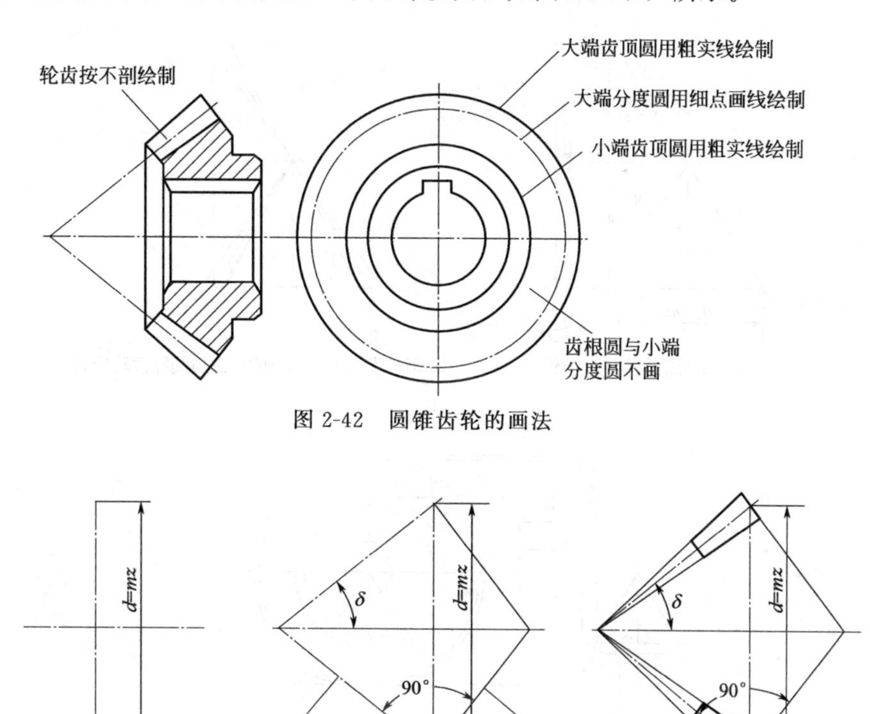

图 2-42　圆锥齿轮的画法

(a) 画中心线、大端分度圆直径　(b) 画节锥和背锥　(c) 画轮齿

图 2-43　圆锥齿轮的画图步骤

③ 蜗杆、蜗轮的啮合画法　蜗杆、蜗轮的啮合画法有两种，一种为外形投影画法，如图 2-47(a) 所示；一种为剖视画法，如图 2-47(b) 所示。在蜗杆为圆的视图上，蜗轮与蜗杆投影重叠的部分，只画蜗杆的投影；而在蜗轮投影为圆的视图上，啮合区内蜗杆的节线与蜗轮的节圆相切。

(5) 英制齿轮

标准英制齿轮齿形角为 15°。英制齿轮用径节表示齿形大小，使用径节（DP）制齿轮的有英国和美国。英国的径节制齿轮齿形角 $\alpha=20°$，齿顶高系数 $f=1$，径隙系数 $c=0.25$。美国的径节制齿轮比较复杂。齿形角 α 有 14.5°、17.5°、20°、22.5°，齿顶高系数 $f=1$，径隙系数 $c=0.188$（DP＜20）或 $c=0.2$（DP＞20）。

英制齿轮“径节”（DP）与公制齿轮“模数”（m）是表征齿轮齿廓同一特征（指大小）的不同方法，它们的换算公式为 $\mathrm{DP}\times m=25.4$。

英制齿轮的画法与公制标准齿轮画法相同。

2.3.2　链轮

链轮有整体式链轮、孔板式链轮、辐条式链轮以及组合式链轮。常用滚子链链轮的齿形有双圆弧齿形和三圆弧一直线齿形两种，前者齿形简单，后者可用标准刀具加工。

链轮的表达与蜗轮相似，一般用两个视图，或者用一个视图和一个局部视图表达。在剖视图中，当剖切平面通过链轮的轴线时，轮齿一律按不剖处理。如需表明齿形，可在图形中用粗实线画出一个或两个齿；或用适当比例的局部放大图表示，如图 2-48 所示。链轮的零件图可参考图 4-15。

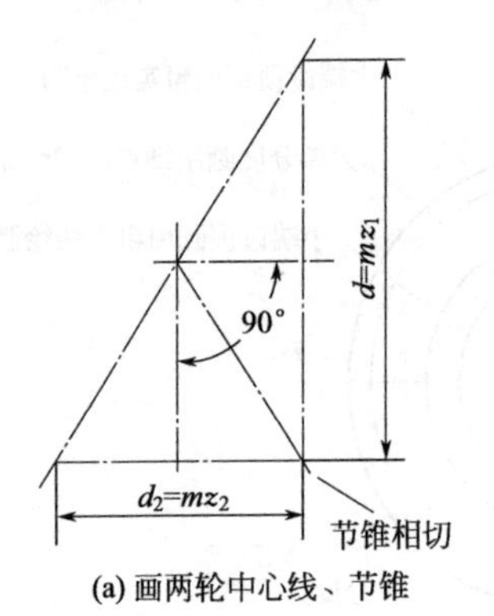

(a) 画两轮中心线、节锥

(b) 画轮齿，啮合部分的画法与圆柱齿轮相同

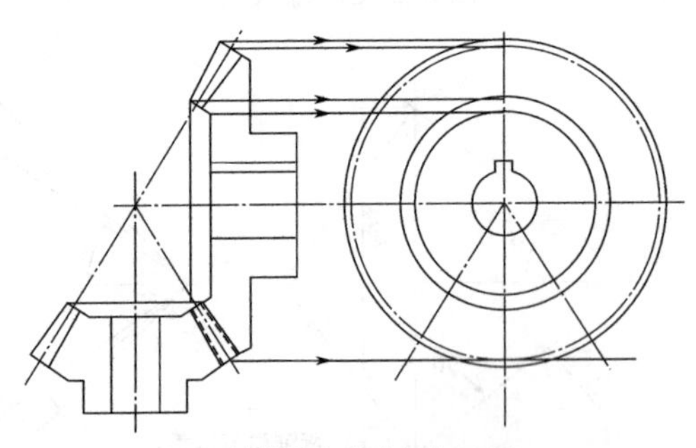

(c) 按投影关系画出其余部分

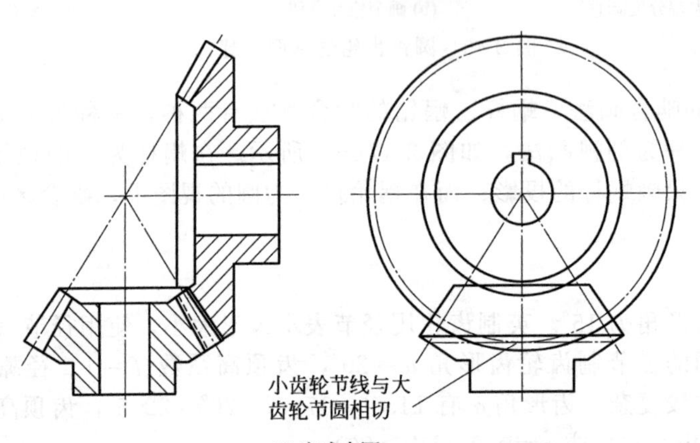

(d) 完成全图

图 2-44　圆锥齿轮啮合的画图步骤

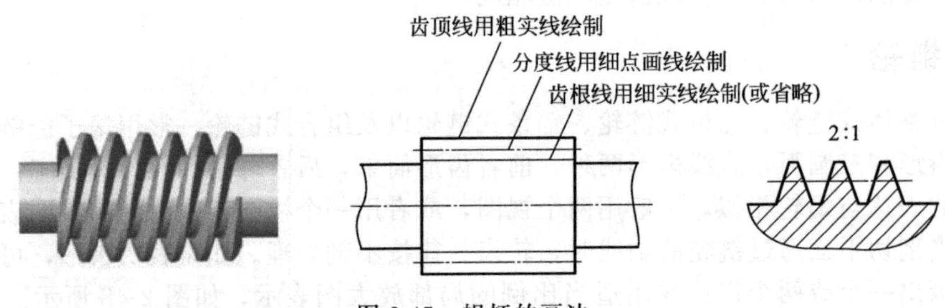

图 2-45　蜗杆的画法

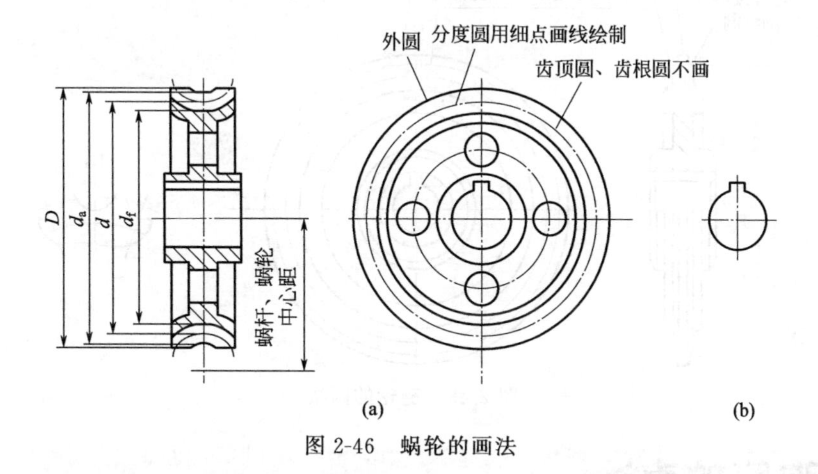

图 2-46　蜗轮的画法

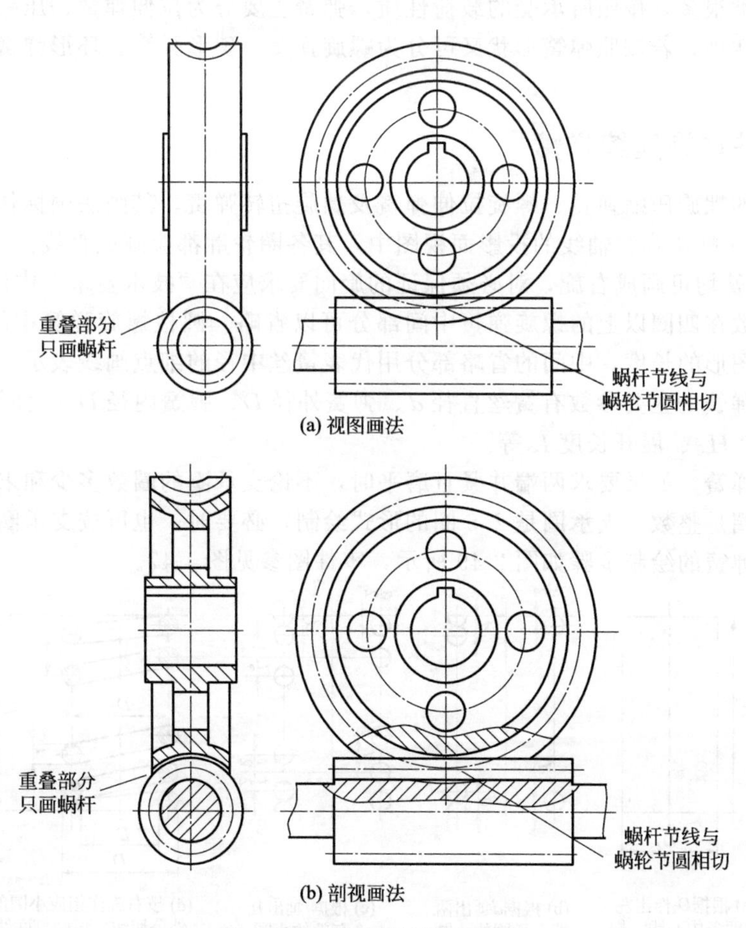

图 2-47　蜗杆蜗轮啮合的画法

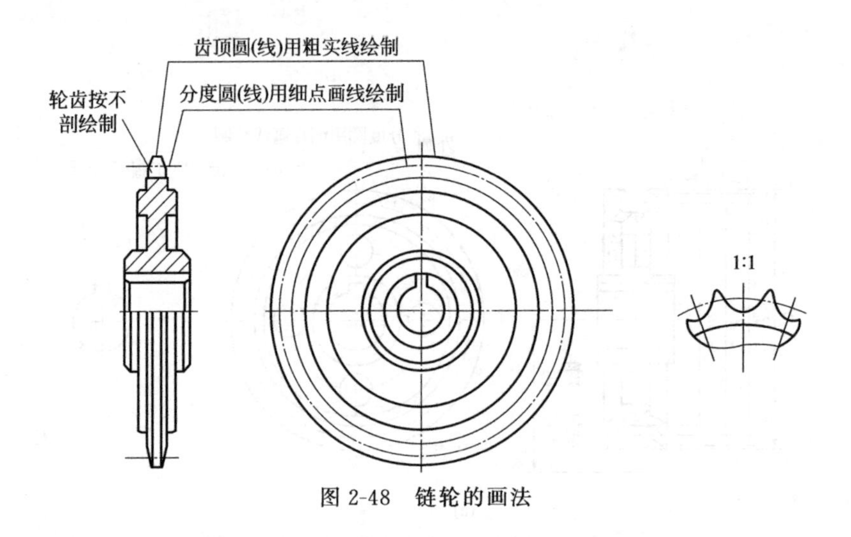

图 2-48　链轮的画法

2.4 弹簧的表达

弹簧的种类很多，按照所承受的载荷性质，弹簧主要分为拉伸弹簧、压缩弹簧、扭转弹簧和弯曲弹簧四种；若按照弹簧形状又可分为螺旋弹簧、碟形弹簧、环形弹簧、板弹簧、盘簧等。

2.4.1 圆柱螺旋压缩弹簧

对于常用的螺旋压缩弹簧、螺旋拉伸弹簧及螺旋扭转弹簧，其画法国标作了如下规定。

① 在平行于螺旋弹簧轴线的投影面视图中，其各圈轮廓都应画成直线。

② 螺旋弹簧均可画成右旋，对必须保证的旋向要求应在“技术要求”中注明。

③有效圈数在四圈以上的螺旋弹簧中间部分可以省略。圆柱螺旋弹簧中间部分省略后，允许适当缩短图形的长度，中间的省略部分用代表簧丝中径的细点画线表示。

螺旋压缩弹簧的主要参数有簧丝直径 d、弹簧外径 D、弹簧内径 D_1、弹簧中径 D_2、节距 t、自由高度 H_0、展开长度 L 等。

螺旋压缩弹簧，如果要求两端并紧且磨平时，不论支承圈的圈数多少和末端贴紧情况如何，均按有效圈是整数、支承圈是 2.5 圈的形式绘制，必要时，也可按支承圈的实际结构绘制。螺旋压缩弹簧的绘制步骤如图 2-49 所示，零件图参见图 4-47。

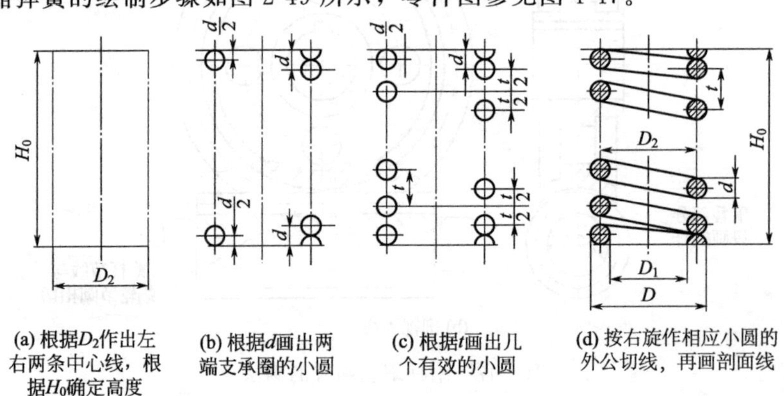

图 2-49　圆柱螺旋压缩弹簧的画图步骤

2.4.2 圆柱螺旋拉伸弹簧

圆柱螺旋拉伸弹簧的主要参数有簧丝直径 d、外径 D、总长 H_0、工作圈数 n 以及耳环的位置及形状。

圆柱螺旋拉伸弹簧空载时，各圈应相互并拢。螺旋拉伸弹簧的表达方法如图 4-46 所示，若有初拉力则需注上 F_0。

在受力较大的场合，拉伸弹簧的端部制有挂钩，以便安装和加载。挂钩的形式如图 2-50所示。其中 LⅠ型和 LⅡ型制造方便，应用很广。但因在挂钩过渡处产生很大的弯曲应力，故只宜用于簧丝直径 $d \leqslant 10$mm 的弹簧中。LVⅡ、LVⅢ型挂钩不与簧丝连成一体，故无前述过渡处的缺点，而且这种挂钩可以转动，最好采用 LVⅡ型挂钩。

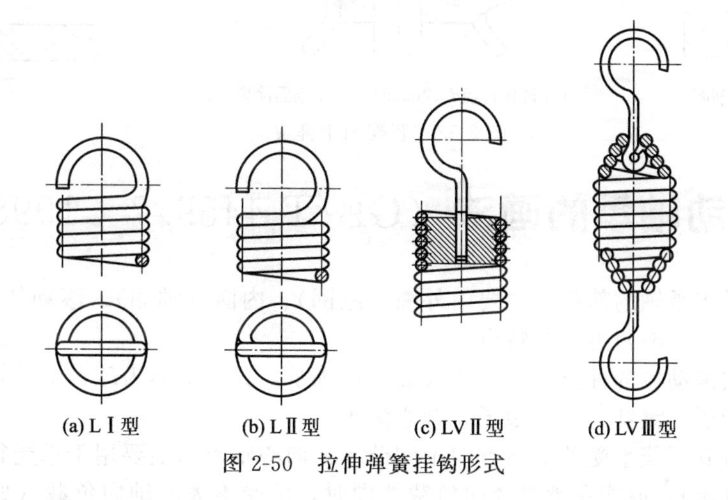

图 2-50　拉伸弹簧挂钩形式

2.4.3 其他种类的弹簧

(1) 扭簧的画法

扭转弹簧的图样格式如图 4-48 所示。

(2) 碟形弹簧的画法

碟形弹簧可按图 2-51 所示表达。

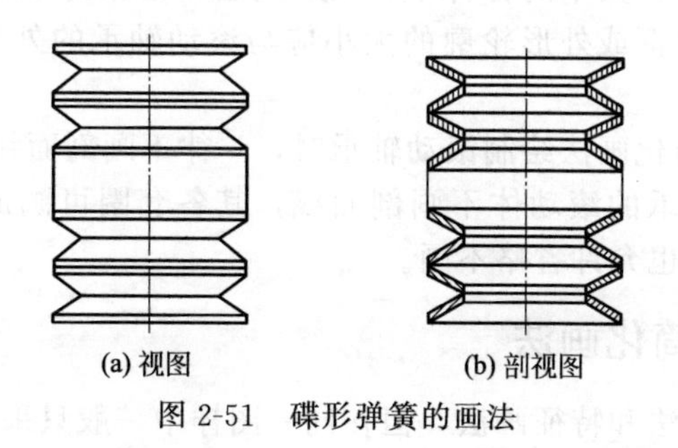

图 2-51　碟形弹簧的画法

2.4.4 弹簧在装配图中的画法

在装配图中画螺旋弹簧时，有三种画法，如图 2-52 所示。弹簧后边被挡住的零件轮廓不必画出。

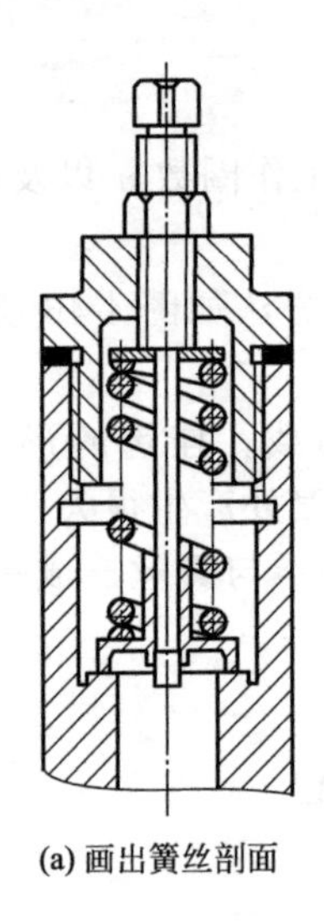
(a) 画出簧丝剖面

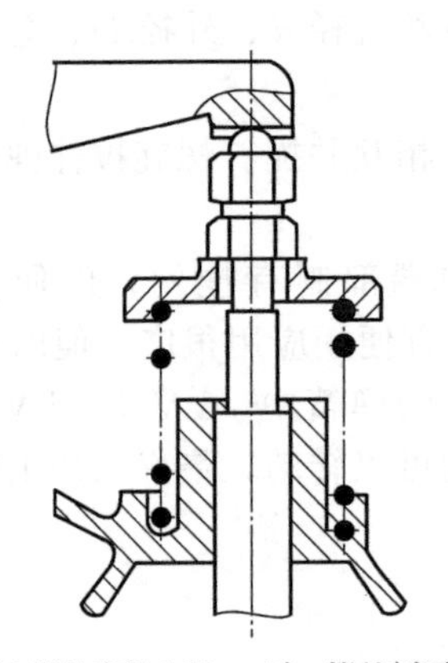
(b) 簧丝直径d≤2mm时，簧丝剖面涂黑

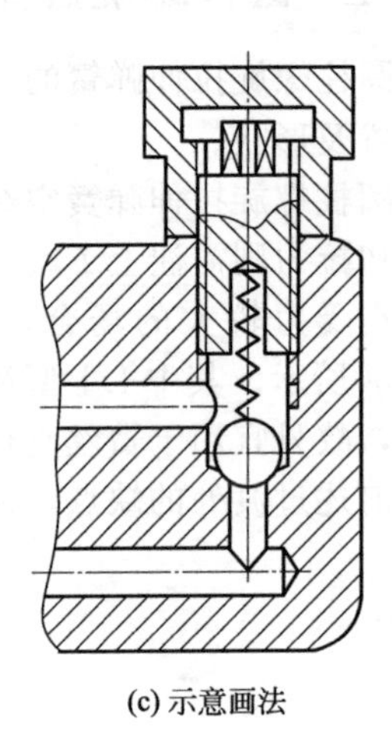
(c) 示意画法

图 2-52　装配图中弹簧画法

2.5　滚动轴承的画法（GB/T 4459.7—1998）

滚动轴承是支承轴的部件，主要由外圈（座圈）、内圈（轴圈）、滚动体和保持架组成，它具有结构紧凑、摩擦阻力小等特点。

滚动轴承按滚动体的种类可分为两大类：球轴承，其滚动体为球；滚子轴承，其滚动体为滚子（圆柱滚子、滚针、圆锥滚子、调心滚子）。

滚动轴承按其所能承受的负载方向不同分为：向心轴承，主要用于承受径向负载（如向心短圆柱滚子轴承），或能在承受径向负载的同时，承受不大的轴向负载（如向心球轴承）；推力轴承，主要用于承受轴向负载；向心推力轴承，既承受径向力又能承受轴向力。

滚动轴承为标准件，其结构型式和尺寸均已标准化，用户可根据设计的具体情况选购，因而只需在装配图上，根据外径（D）、内径（d）和宽度（B）等几个主要尺寸画出即可，但要按照规定详细标注。滚动轴承可以用简化画法和规定画法绘制。

2.5.1　绘制滚动轴承的基本规定

① 无论采用何种画法，其中的各符号、矩形线框和轮廓线均用粗实线绘制。

② 表示轴承的矩形线框或外形轮廓的大小应与滚动轴承的外形尺寸一致，并与所属图样采用同一比例。

③ 在剖视图中，用简化画法绘制滚动轴承时，一律不画剖面线。

采用规定画法时，轴承的滚动体不画剖面线，其各套圈可画成方向和间隔相同的剖面线。在不致引起误解时，也允许省略不画。

2.5.2　滚动轴承的简化画法

简化画法包括通用画法和特征画法，但在同一图样中一般只采用其中的一种。

(1) 通用画法

在剖视图中，通用画法如图 2-53 所示，通用画法的尺寸比例如图 2-54 所示。

(2) 特征画法

在剖视图中，如需较形象地表示滚动轴承的结构特征时，可采用在矩形线框内画出其结构要素符号的方法表示，如图 2-56～图 2-58 所示。在垂直于滚动轴承轴线的投影图上，无论滚动体的形状如何，均可按图 2-55 的方法绘制。

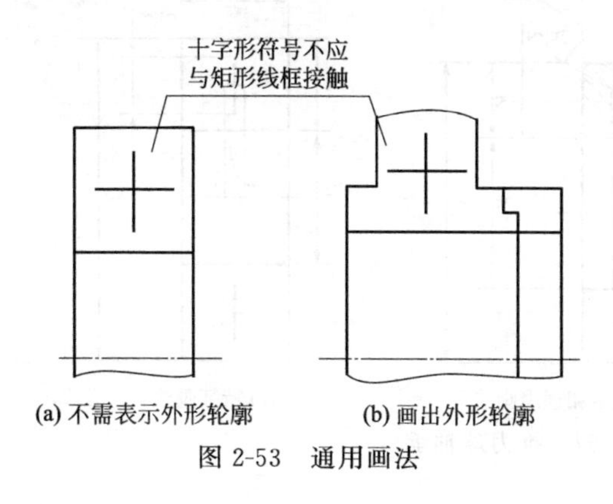

图 2-53　通用画法

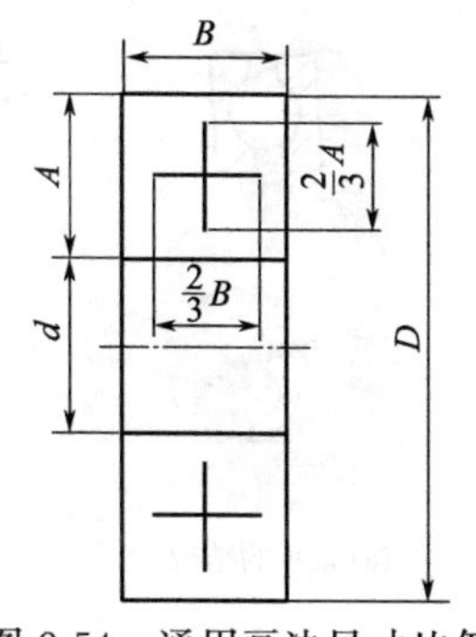

图 2-54　通用画法尺寸比例

2.5.3　常用几种滚动轴承的特征画法和规定画法

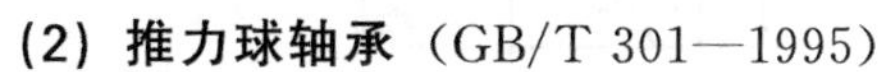

规定画法一般只绘制在轴的一侧，另一侧用通用画法绘制。

(1) 深沟球轴承（GB/T 276—1994）

深沟球轴承主要承受径向力，其轴承的结构、特征画法和规定画法如图 2-56 所示。

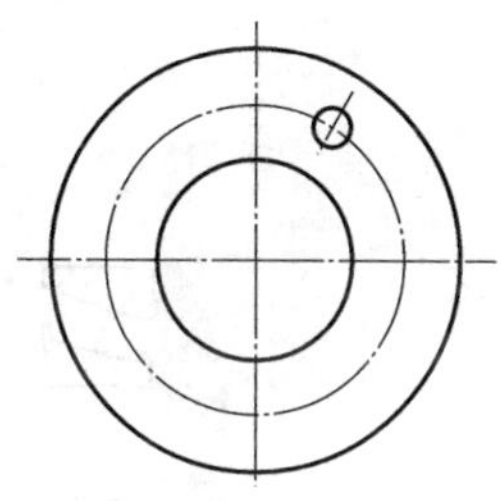
图 2-55　滚动体的画法

(2) 推力球轴承（GB/T 301—1995）

推力球轴承承受轴向力，其轴承的结构、特征画法和规定画法

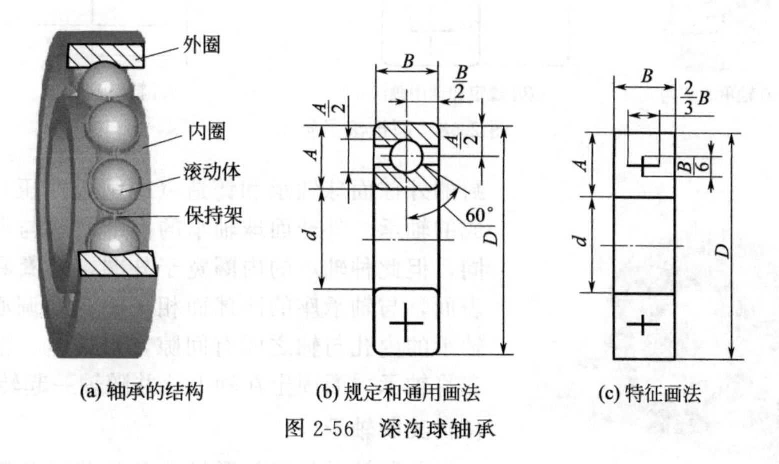

图 2-56　深沟球轴承

如图 2-57 所示。

(3) 圆锥滚子轴承（GB/T 297—1994）

圆锥滚子轴承既能承受轴向力又可以承受径向力，其轴承的结构、特征画法和规定画法如图 2-58 所示。

(4) 带座外球面调心球轴承（GB/T 7810—1995）

带座轴承由 GB/T 3882 规定的外球面轴承和 GB/T 7809 规定的外球面轴承座组合而成。其类型有带立式座轴承、带方形座轴承、带菱形座轴承、带凸台圆形座轴承、带滑块座轴承、带环形座轴承、带冲压立式座轴承、带冲压圆形座轴承、带冲压三角形座轴承、带冲压菱形座轴承，这些轴承的参数和画法可参阅相关的国家标准。图 2-59 所示为由两面带密

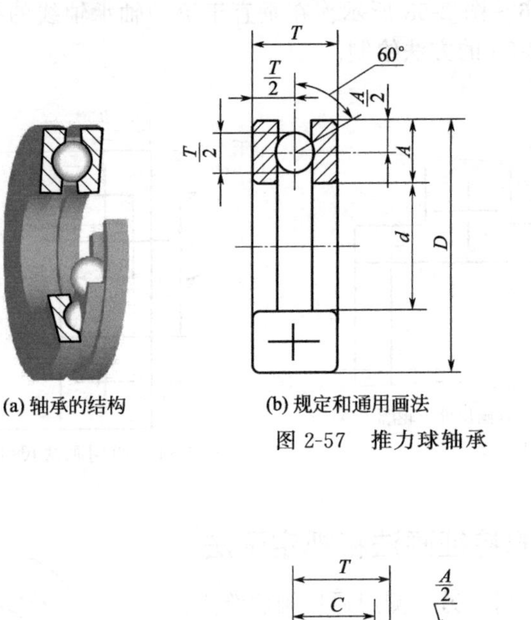

(a) 轴承的结构　　(b) 规定和通用画法　　(c) 特征画法

图 2-57　推力球轴承

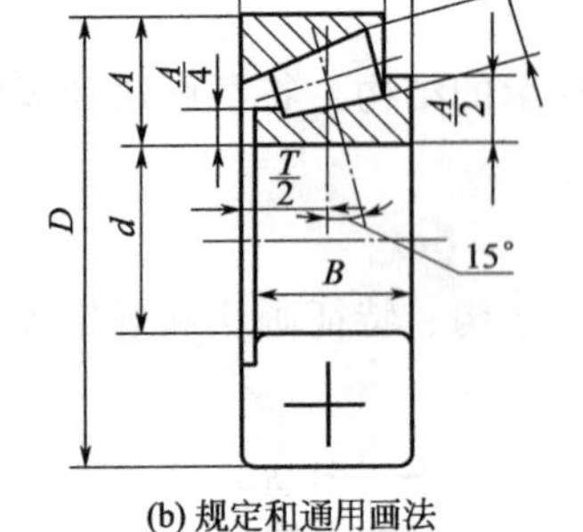

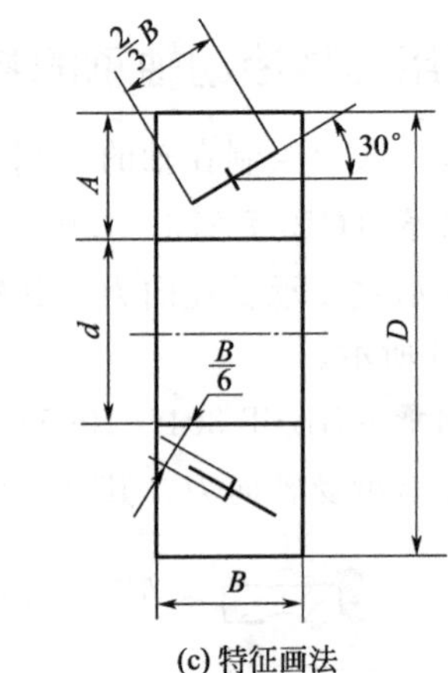

(a) 轴承的结构　　(b) 规定和通用画法　　(c) 特征画法

图 2-58　圆锥滚子轴承

封的外球面球轴承和铸造（或钢板冲压）的轴承座组成的轴承。外球面球轴承的内部结构与深沟球轴承相同，但此种轴承的内圈宽于外圈，外圈具有截球形外表面，与轴承座的凹球面相配能自动调心。通常此种轴承的内孔与轴之间有间隙，用顶丝、偏心套或紧定套将轴承内圈固定在轴上，并随轴一起转动。

图 2-59　带座外球面调心球轴承

(5) 英制轴承

英制轴承是指外形尺寸及公差以英制计量单位表示的滚动轴承，适用于英制尺寸的装置，英制轴承分球轴承和圆锥滚子轴承等。小孔径 R 系列英制进口轴承共 6 种，在此基础上，还分为不同防尘盖系列、法兰盘系列、不锈钢系列等。英制轴承适用于各种英制尺寸的工业机器、小型回转机器等。英制轴承有标准和非标准两大类，对于标准英制轴承可查阅相关的标准。

2.5.4　轴承安装的常用结构画法及配合尺寸标注

画滚动轴承安装的图形时，应注意内、外圈的定位，以及轴承的拆卸。如图 2-60 所示标注与滚动轴承相配合的尺寸时，外圈为基轴制，内圈为基孔制，注法如图 2-60 所示。

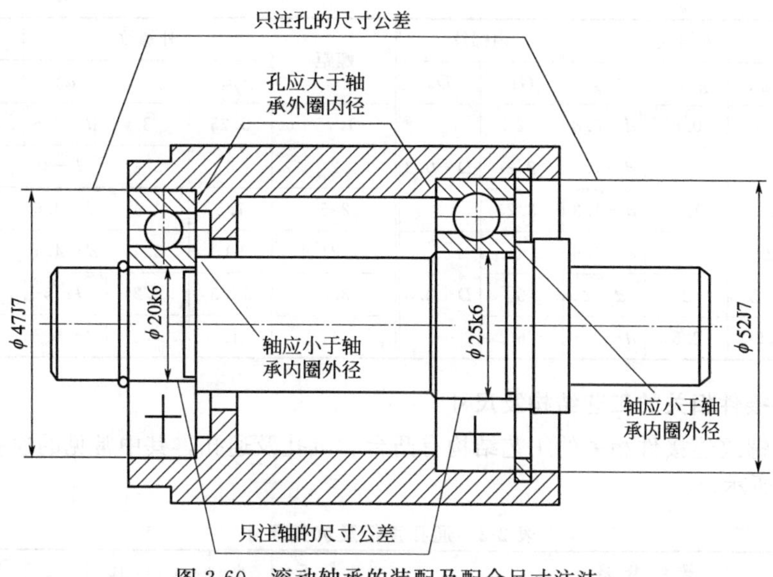

图 2-60　滚动轴承的装配及配合尺寸注法

2.6 零件上常见工艺结构

2.6.1 螺纹常见工艺结构及参数

(1) 螺纹的工艺结构参数

常见螺纹的工艺结构有倒角、退刀槽等。退刀槽的尺寸标注如图 2-61 所示，一般来说退刀槽的宽度为 2～3 倍的螺距，深度对外螺纹应小于小径 0.1～0.3mm，对内螺纹应大于大径 0.2～0.4mm，准确尺寸如表 2-1 所示。螺纹倒角，对外螺纹倒到小径；对内螺纹倒到大径，准确尺寸可按零件的倒角和倒圆选择，参见表 2-3。

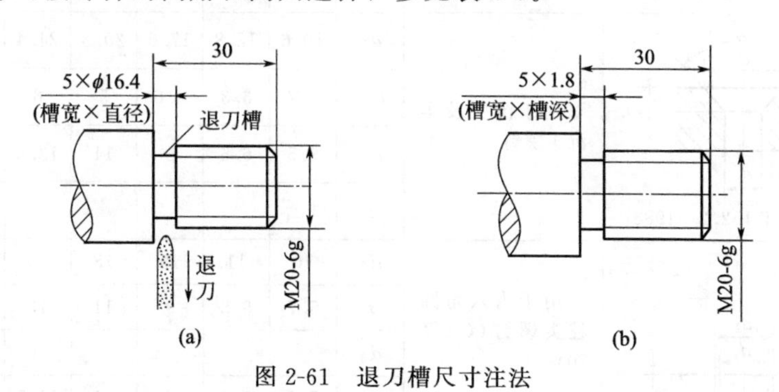

图 2-61　退刀槽尺寸注法

表 2-1　普通螺纹退刀槽、倒角尺寸（GB/T 3、GB/T 2）

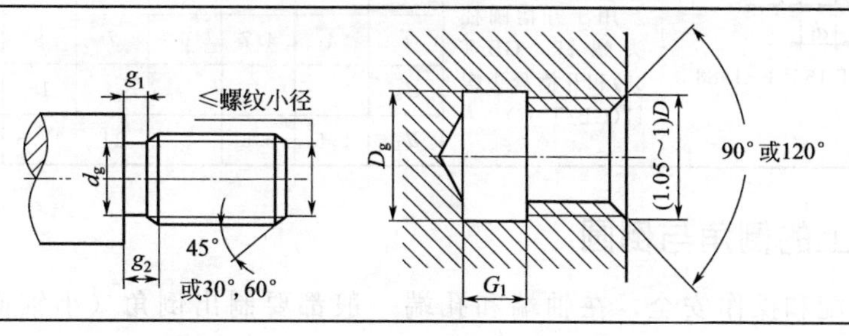

续表

螺距	外螺纹			内螺纹	
	g_{2max}	g_{1min}	d_g	G_1	D_g
0.5	1.5	0.8	$d-0.8$	2	$D+0.3$
0.7	2.1	1.1	$d-1.1$	2.8	
0.8	2.4	1.3	$d-1.3$	3.2	
1	3	1.6	$d-1.6$	4	$D+0.5$
1.25	3.75	2	$d-2$	5	
1.5	4.5	2.5	$d-2.3$	6	
1.75	5.25	3	$d-2.6$	7	$D+0.5$
2	6	3.4	$d-3$	8	
2.5	7.5	4.4	$d-3.6$	10	
3	9	5.2	$d-4.4$	12	
3.5	10.5	6.2	$d-5$	14	
4	12	7	$d-5.7$	16	

(2) 与螺纹连接件相关的工艺结构及尺寸

常见的与螺纹连接件相关的工艺结构有凸台、沉孔及通孔，其中常见的通孔直径及沉孔尺寸如表 2-2 所示。

表 2-2 通孔直径及沉孔尺寸 mm

螺纹规格 d				5	6	8	10	12	16	18	20
通孔直径 GB/T 5277—1988		精装配		5.3	6.4	8.4	10.5	13	17	19	21
		中等装配		5.5	6.6	9	11	13.5	17.5	20	22
		粗装配		5.8	7	10	12	14.5	18.5	21	24
六角螺母用沉孔六角头螺栓	d_2 d_3 t d_1 t—刮平为止 GB/T 152.4—1988	用于标准对边宽度六角头螺栓和六角螺母	d_2	11	13	18	22	26	33	36	40
			d_3					16	20	22	24
			d_1	5.5	6.6	9	11	13.5	17.5	20	22
沉头用沉孔	α d_2 t d_1 GB/T 152.2—1988	用于沉头及半沉头螺钉	d_2	10.6	12.8	17.6	20.3	24.4	32.4		40.4
			$t\approx$	2.7	3.3	4.6	5	6	8		10
			d_1	5.5	6.6	9	11	13.5	17.5		22
			α	$90^{\circ}{}^{-2^{\circ}}_{-4^{\circ}}$							
圆柱头用沉孔	d_2 d_3 t d_1 GB/T 152.3—1988	用于内六角圆柱头螺钉(GB/T 70)	d_2	10	11	15	18	20	26		33
			t	5.7	6.8	9	11	13	17.5		21.5
			d_3					16	20		24
			d_1	5.5	6.6	9	11	13.5	17.5		22
		用于开槽圆柱头螺钉(GB/T 65)和开槽盘头螺钉(GB/T 67)	d_2	10	11	15	18	20	26		33
			t	4	4.7	6	7	8	10.5		12.5
			d_3					16	20		24
			d_1	5.5	6.6	9	11	13.5	17.5		22

2.6.2 零件上的倒角与倒圆

为了便于装配和操作安全，在轴端和孔端一般都要制出倒角（小锥面）。一般是轴径、孔径越大，倒角的轴向尺寸 C 越大。倒角一般用 45°，也允许用 30°、60°。45°的倒角可与倒角的轴向尺寸 C 连注，如图 2-62(a) 所示，非 45°的倒角，就应分开标注，如图 2-62(b) 所示。如果零件上所有或大部分的倒角尺寸都相同时，则可在技术要求中集中注明，如“全部倒角 $C1$”或“未注倒角 $C2$”等。当倒角无一定要求时，可在技术要求上注明“锐边倒钝”。

对于阶梯的轴和孔，为了避免因应力集中而产生裂纹，受力较大的零件，往往在轴肩、孔肩处以圆角过渡，称为倒圆。尺寸注法与圆弧注法相同，如图 2-62(c) 所示。

倒角和圆角的数值可按表 2-3 选用。

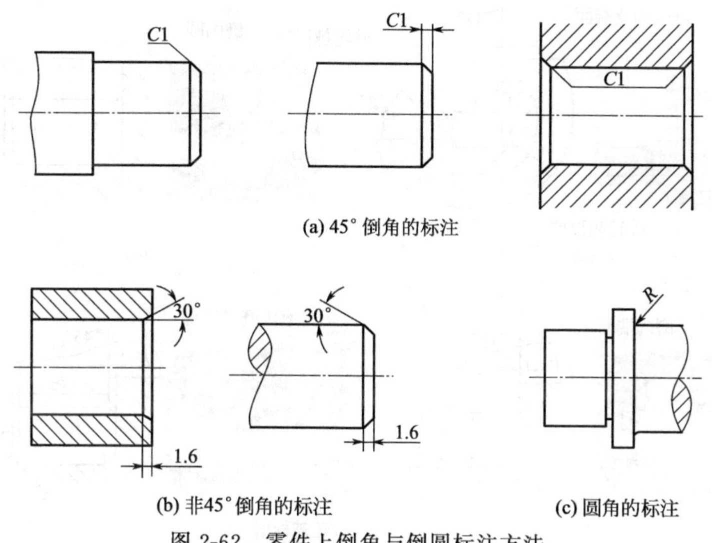

图 2-62　零件上倒角与倒圆标注方法

表 2-3　与零件的直径 D 相应的倒角 C、圆角 r　　mm

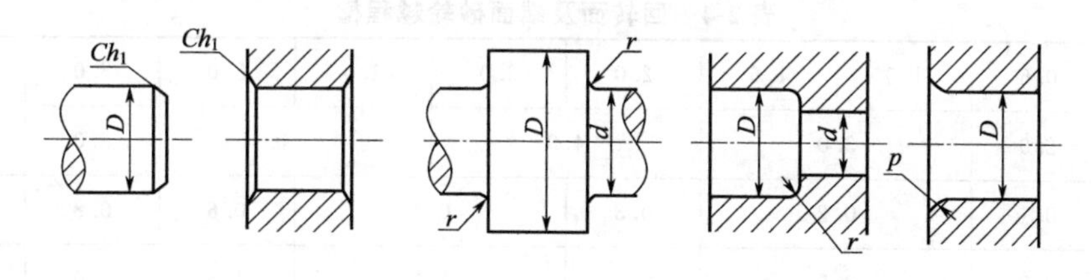

D	>3~6	>6~10	>10~18	>18~30	>30~50	>50~80	>80~120	>120~180
r h_1	0.3	0.5,0.6	0.8	1.0	1.2,1.6	2.0	2.5	3.5
$D-d$	3	4	8	12	20	30	40	50

2.6.3　砂轮越程槽

砂轮磨削过程中，为保持研磨面均一，不留台阶。一般都要设计越程槽，同车刀的退刀槽意义相同。作用是便于加工，防止在加工时，刀具、砂轮碰到工件的台阶，同时也使零件能安装到位。砂轮越程槽按零件特点分为回转面及端面砂轮越程槽、平面砂轮越程槽、V 形砂轮越程槽、燕尾导轨砂轮越程槽及矩形导轨砂轮越程槽。常见的为回转面及端面砂轮越程槽，如图 2-63 所示，其结构尺寸可按表 2-4 选用。

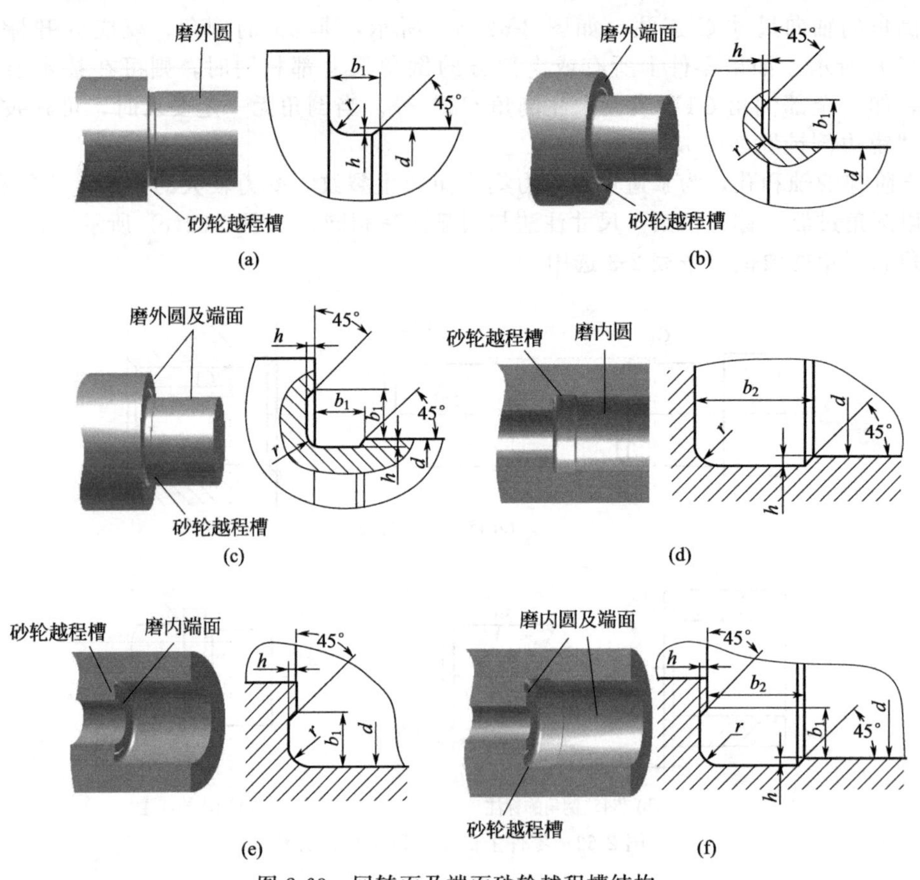

图 2-63 回转面及端面砂轮越程槽结构

表 2-4 回转面及端面砂轮越程槽 mm

b_1	0.6	1.0	1.6	2.0	3.0	4.0	5.0	8.0	10
b_2	2.0	3.0		4.0		5.0		8.0	10
h	0.1	0.2		0.3	0.4		0.6	0.8	1.2
r	0.2	0.5		0.8	1.0		1.6	2.0	3.0
d	～10			10～50		50～100		100	

注：1. 越程槽内与两直线相交处，不允许产生尖角。

2. 越程槽深度 h 与圆弧半径 r 要满足 $r \leqslant 3h$。

3. 磨削具有数个直径的工件时，可使用同一规格的越程槽。

4. 直径 d 大的零件，允许选择小规格的砂轮越程槽。

2.6.4 燕尾槽

燕尾槽是一种机械结构，槽的形状如图 2-64(a) 所示，它的作用通常是作机械相对运动，运动精度高且稳定性好。燕尾槽常和燕尾块［图 2-64(b)］（或梯形导轨配合）使用，起导向和支撑作用，在机床上利用它们互相配合可以控制零件沿固定方向作直线运动，如车床的中拖板、刨床的刀架、铣床的工作台等都有燕尾导轨。

现行燕尾槽的标准为 JB/ZQ 4241—2006，结构尺寸如表 2-5 所示。

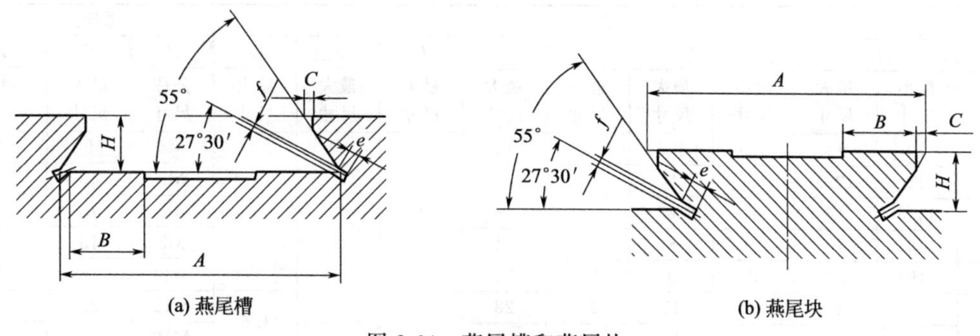

图 2-64　燕尾槽和燕尾块

表 2-5　燕尾槽尺寸

mm

A	40～65	50～70	60～90	80～125	100～160	125～200	160～250	200～320	250～400	320～500
B	12	16	20	25	32	40	50	65	80	100
C	1.5～5									
e	2		3				4			
f	2		3				4			
H	8	10	12	16	20	25	32	40	50	65

注：1. A 的系列为 40，45，50，60，65，70，80，90，100，110，125，140，160，180，200，225，250，280，320，360，400，450，500（mm）。

2. C 为推荐值。

由于燕尾形零件要起导向作用，而且经常滑动产生磨损，所以燕尾形零件加工时技术要求比较高，一是各部分的尺寸、角度与粗糙度要严格按要求加工，二是燕尾在整个零件上的位置要正确，如燕尾与整个零件的安装底面或侧面的平行度必须保证。

2.6.5 T 形槽（GB/T 158—1996）

T 形槽的截面形状像 T 字，如图 2-65(a) 所示，因此称为 T 形槽。T 形槽在机床工作台上应用很普遍。T 形槽内可放置螺栓［图 2-65(b)］，用来安装工件或夹具，T 形槽上面的槽口部分常用来作为定位基准。平口钳与夹具在工作台上的位置，是由平口钳或夹具底面的定位键与机床 T 形槽配合起来确定的。T 形槽的结构尺寸如表 2-6 所示。

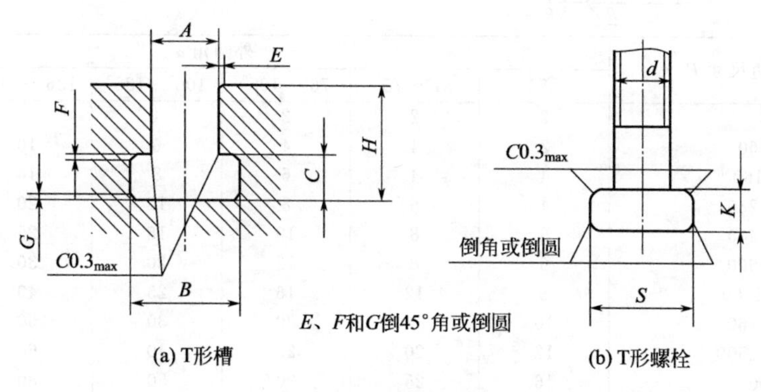

图 2-65　T 形槽及 T 形螺栓

表 2-6　T 形槽结构尺寸　mm

T 形槽										螺栓头部		
A	*B*		*C*		*H*		*E*	*F*	*G*	*d*	*S*	*K*
基本尺寸	最小尺寸	最大尺寸	最小尺寸	最大尺寸	最小尺寸	最大尺寸	最大尺寸	最大尺寸	最大尺寸	公称尺寸	最大尺寸	最大尺寸
5	10	11	3.5	4.5	8	10	1	0.6	1	M4	9	3
6	11	12.5	5	6	11	13				M5	10	4
8	14.5	16	7	8	15	18				M6	13	6
10	16	18	7	8	17	21				M8	15	6
12	19	21	8	9	20	25				M10	18	7
14	23	25	9	11	23	28	1.6		1.6	M12	22	8
18	30	32	12	14	30	36		1		M16	28	10
22	37	40	16	18	38	45			2.5	M20	34	14
28	46	50	20	22	48	56				M24	43	18
36	56	60	25	28	61	71	2.5			M30	53	23
42	68	72	32	35	74	85		1.6	4	M36	64	28
48	80	85	36	40	84	95		2	6	M42	75	32
54	90	95	40	44	94	106				M48	85	36

T 形槽在设计加工时要注意以下几点。

① T 形槽的各个尺寸都要符合设计要求，尤其是槽口的宽度尺寸是定位用的，精度必须保证。

② 两侧凹槽的顶面要位于同一高度内。

③ 当工件上有多条 T 形槽时，应保证各 T 形槽互相平行，T 形槽中心线应与工件的基准平面平行。

2.6.6　铸造圆角

铸件壁的转向及壁间连接均应考虑结构圆角，防止铸件因金属积聚和应力集中产生缩孔、缩松和裂纹等缺陷。此外，铸造圆角还有利于造型，减少取模掉砂，并使铸件外形美观。铸造外圆角半径 *R* 值如表 2-7 所示。

表 2-7　铸造外圆角半径 *R* 值　mm

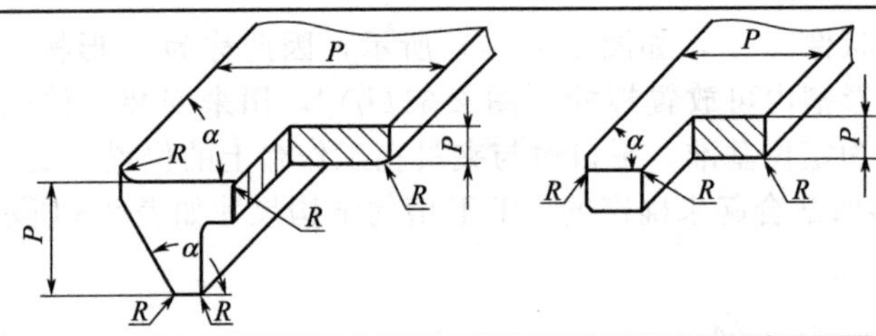

表面的最小边尺寸 *P*	外圆角 α					
	≤50°	51°～75°	76°～105°	106°～135°	136°～165°	＞165°
≤25	2	2	2	4	6	8
＞25～60	2	4	4	6	10	16
＞60～160	4	4	6	8	16	25
＞160～250	4	6	8	12	20	30
＞250～400	6	8	10	16	25	40
＞400～600	6	8	12	20	30	50
＞600～1000	8	12	16	25	40	60
＞1000～1600	10	16	20	30	50	80
＞1600～2500	12	20	25	40	60	100
＞2500	16	25	30	50	80	120

注：如果铸件不同部位按上表可选出不同的圆角 *R* 数值时，应尽量减少或只取一适当的 *R* 数值，以求统一。

铸件内圆角必须与壁厚相适应，通常圆角处内接圆直径不超过相邻壁厚的 1.5 倍。铸造内圆角半径 R 值如表 2-8 所示。

表 2-8 铸造内圆角半径 R 值 mm

$\frac{a+b}{2}$	内圆角 α											
	≤50°		51°～75°		76°～105°		106°～135°		136°～165°		>165°	
	钢	铁	钢	铁	钢	铁	钢	铁	钢	铁	钢	铁
≤8	4	4	4	4	6	4	8	6	16	10	20	16
9～12	4	4	4	4	6	6	10	8	16	12	25	20
13～16	4	4	6	4	8	6	12	10	20	16	30	25
17～20	6	4	8	6	10	8	16	12	25	20	40	30
21～27	6	6	10	8	12	10	20	16	30	25	50	40
28～35	8	6	12	10	16	12	25	20	40	30	60	50
36～45	10	8	16	12	20	16	30	25	50	40	80	60
46～60	12	10	20	16	25	20	35	30	60	50	100	80
61～80	16	12	25	20	30	25	40	35	80	60	120	100
81～100	20	16	25	20	35	30	50	40	100	80	160	120
101～150	20	16	30	25	40	35	60	50	100	80	160	120
151～200	25	20	40	30	50	40	80	60	120	100	200	160
201～250	30	25	50	40	60	50	100	80	160	120	250	200
251～300	40	30	60	50	80	60	120	100	200	160	300	250
>300	50	40	80	60	100	80	160	120	250	200	400	300

c 和 h						
	b/a		<0.4	0.5～0.65	0.66～0.8	>0.8
	$c\approx$		$0.7(a-b)$	$0.8(a-b)$	$a-b$	—
	$h\approx$	钢	$8c$			
		铁	$9c$			

注：对于高锰钢铸件，内圆角半径 R 值应比表中数值增大 1.5 倍。

2.6.7 中心孔

为了方便轴类零件的装夹、加工，通常在轴的两端加工出中心孔，如图 2-66(a) 所示。国家标准中的中心孔有 A 型、B 型、C 型等，具体可参阅表 2-9。

在零件图中，标准中心孔用图形符号加标记的方法来表示，如图 2-66(b) 所示，标准

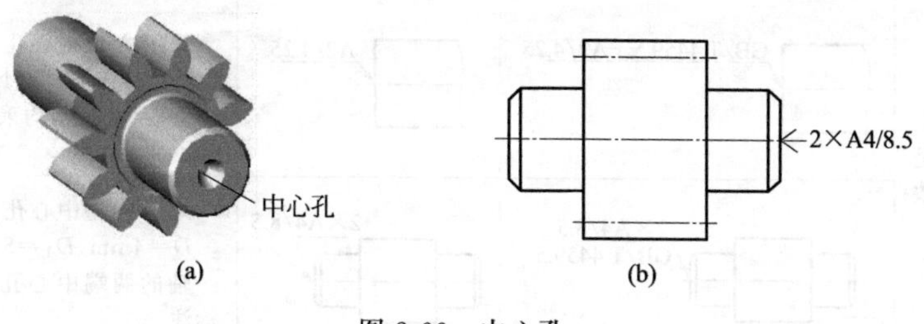

图 2-66 中心孔

中心孔的图形符号和标记含义参见表 2-10。

表 2-9　中心孔的尺寸参数（摘自 GB/T 145—2001）　　mm

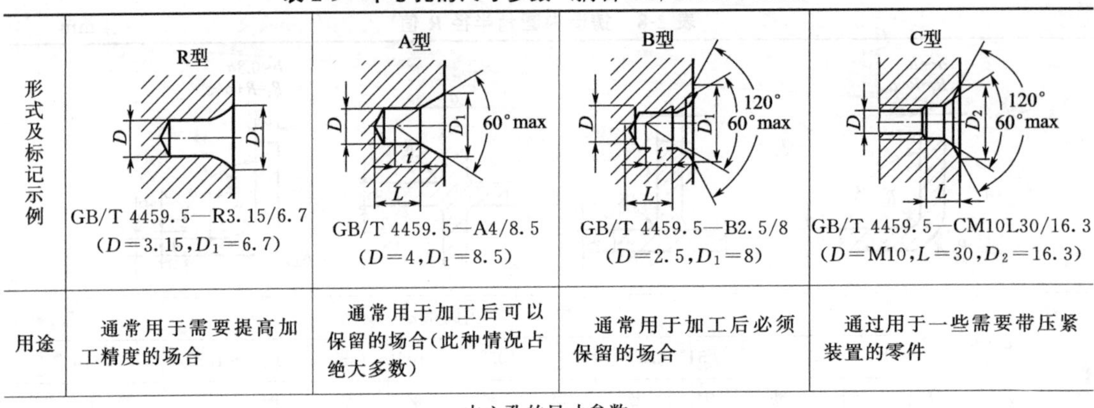

	R型	A型	B型	C型
形式及标记示例	GB/T 4459.5—R3.15/6.7 ($D=3.15, D_1=6.7$)	GB/T 4459.5—A4/8.5 ($D=4, D_1=8.5$)	GB/T 4459.5—B2.5/8 ($D=2.5, D_1=8$)	GB/T 4459.5—CM10L30/16.3 ($D=$M10$, L=30, D_2=16.3$)
用途	通常用于需要提高加工精度的场合	通常用于加工后可以保留的场合（此种情况占绝大多数）	通常用于加工后必须保留的场合	通过用于一些需要带压紧装置的零件

中心孔的尺寸参数

导向孔直径 D(公称尺寸)	R 型	A 型		B 型		C 型	
	锥孔直径 D_1	锥孔直径 D_1	参照尺寸 t	锥孔直径 D_1	参照尺寸 t	公称尺寸 M	锥孔直径 D_2
1	2.12	2.12	0.9	3.15	0.9	M3	5.8
1.6	3.35	3.35	1.4	5	1.4	M4	7.4
2	4.25	4.25	1.8	6.3	1.8	M5	8.8
2.5	5.3	5.3	2.2	8	2.2	M6	10.5
3.15	6.7	6.7	2.8	10	2.8	M8	13.2
4	8.5	8.5	3.5	12.5	3.5	M10	16.3
(5)	10.6	10.6	4.4	16	4.4	M12	19.8
6.3	13.2	13.2	5.5	18	5.5	M16	25.3
(8)	17	17	7	22.4	7	M20	31.3
10	21.2	21.2	8.7	28	8.7	M24	38

注：尽量避免选用括号中的尺寸。

表 2-10　中心孔表示法（摘自 GB/T 4459.5—1999）

要求	规定表示法	简化表示法	说明
在完工的零件上要求保留中心孔	GB/T 4459.5—B4/12.5	B4/12.5	采用 B 型中心孔 $D=4$mm, $D_1=12.5$mm
在完工的零件上可以保留中心孔（是否保留都可以，多数情况如此）	GB/T 4459.5—A2/4.25	A2/4.25	采用 A 型中心孔 $D=2$mm, $D_1=4.25$mm 一般情况下，均采用这种方式
	2×A4/8.5 GB/T 4459.5	2×A4/8.5	采用 A 型中心孔 $D=4$mm, $D_1=8.5$mm 轴的两端中心孔相同，可只在一端标注

续表

要求	规定表示法	简化表示法	说明
在完工的零件上不允许保留中心孔	GB/T 4459.5—A1.6/3.35	A1.6/3.35	采用A型中心孔 $D=1.6\text{mm}$，$D_1=3.35\text{mm}$

注：1. 对于标准中心孔，在图样中可不绘制其详细结构。

2. 简化标注时，可省略标准编号。

3. 尺寸 L 取决于零件的功能要求。

第 3 章 简单形体的三视图及其表达方法

三视图是产品图样的一种基本表达方法，当形体按一定的方位摆放好后，其三视图是唯一确定的，因此在生产实践中，三视图是应用最为广泛的一种工程图样表示方法。但对于外形和内形都较复杂的机械零件，仅用三视图“可见部分画粗实线，不可见部分画细虚线”的方法不可能完整、清晰地把它们表达出来，因此国家标准又规定了更多的表达产品图样的方法，如表达外形用的基本视图、向视图、斜视图、局部视图；表达内形用的全剖视图；内、外形都可以表达的半剖视图、局部剖视图；表达横断面形状的断面图等。本章作为表达产品图样的基础，以 50 个简单形体为例，展示了一些形体的三视图及其对应的表达方法（图 3-1～图 3-50）。

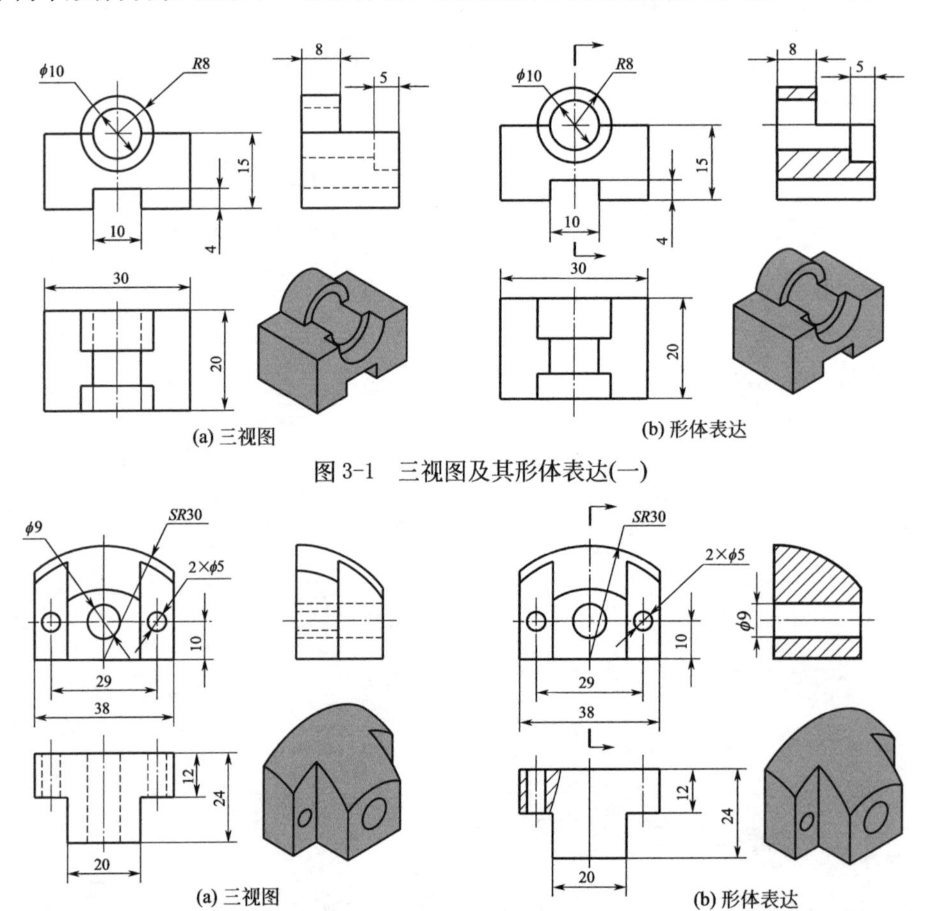

图 3-1　三视图及其形体表达(一)

图 3-2　三视图及其形体表达(二)

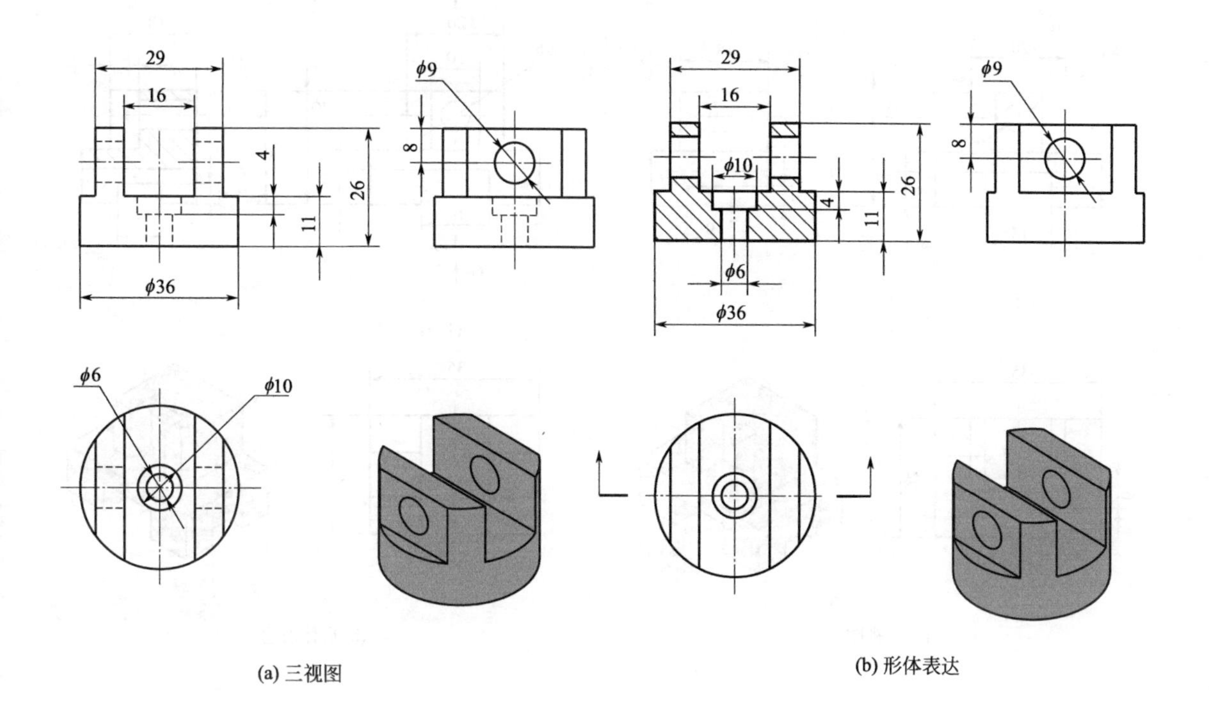

图 3-3　三视图及其形体表达(三)

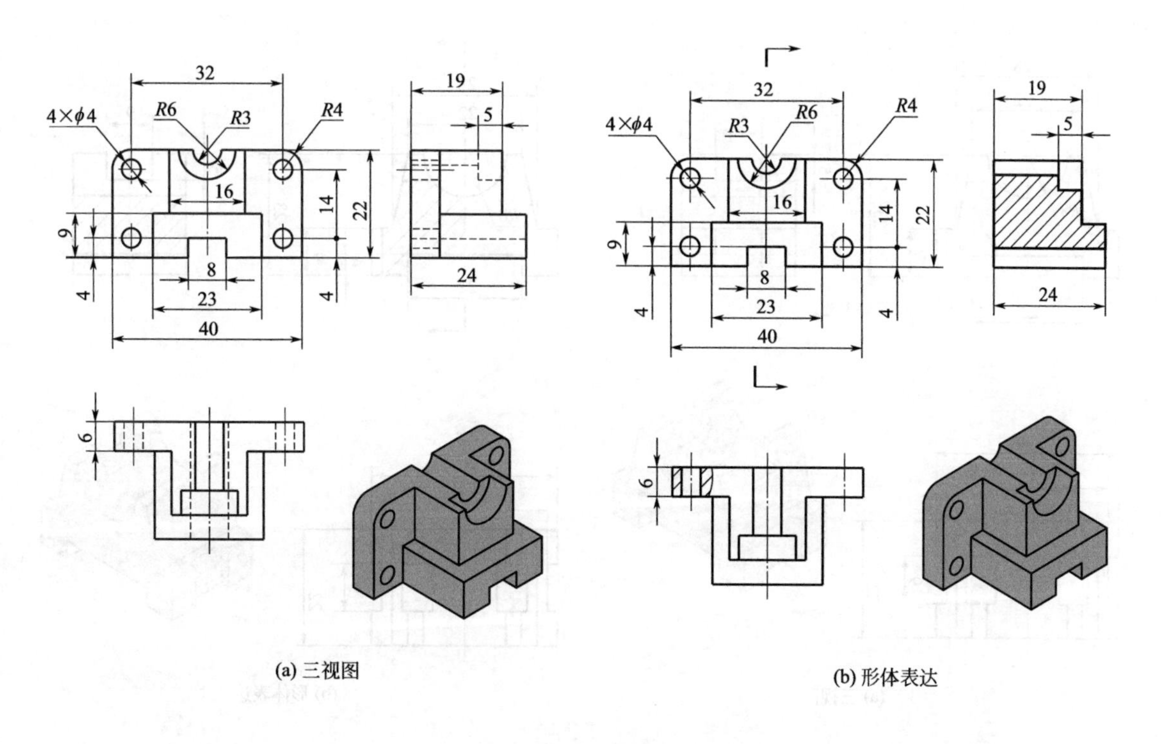

图 3-4　三视图及其形体表达(四)

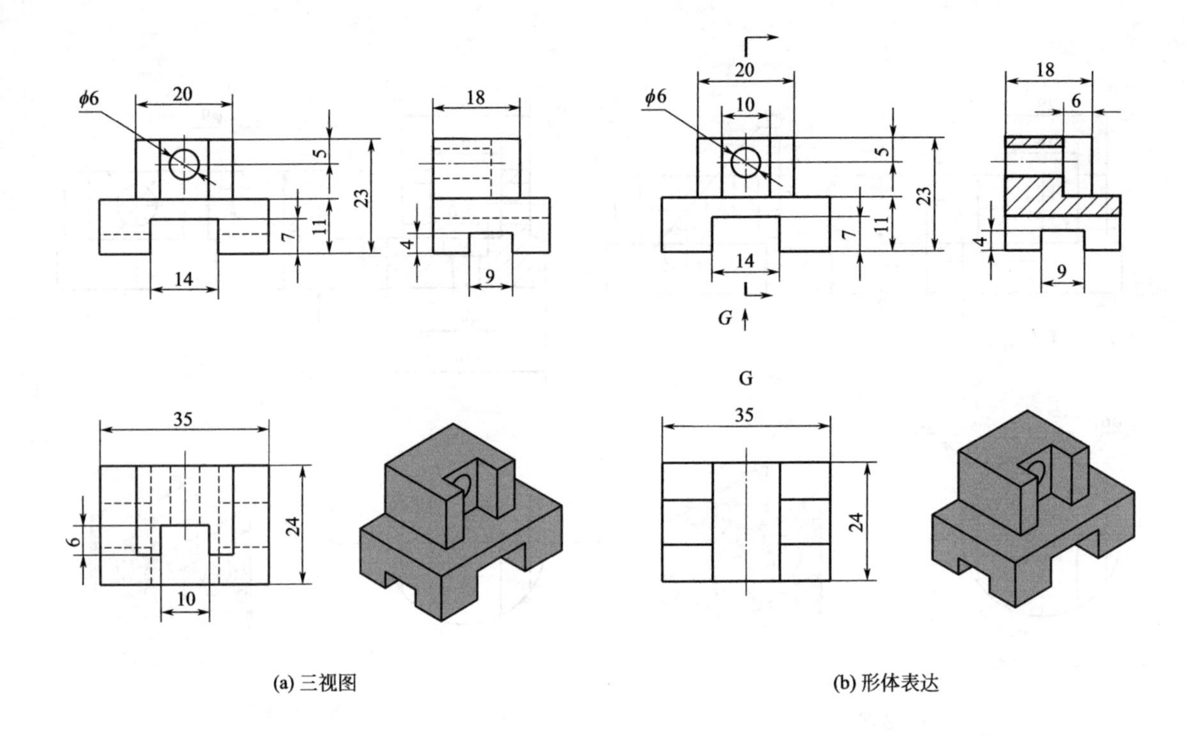

图 3-5　三视图及其形体表达(五)

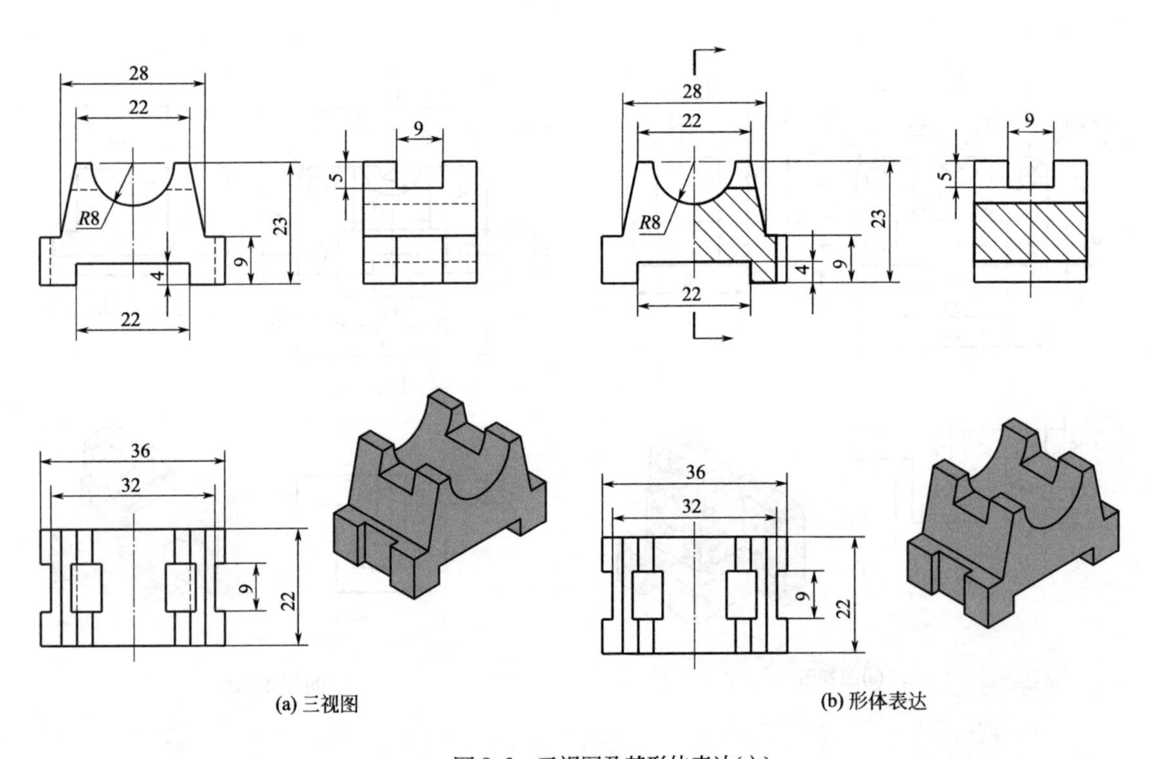

图 3-6　三视图及其形体表达(六)

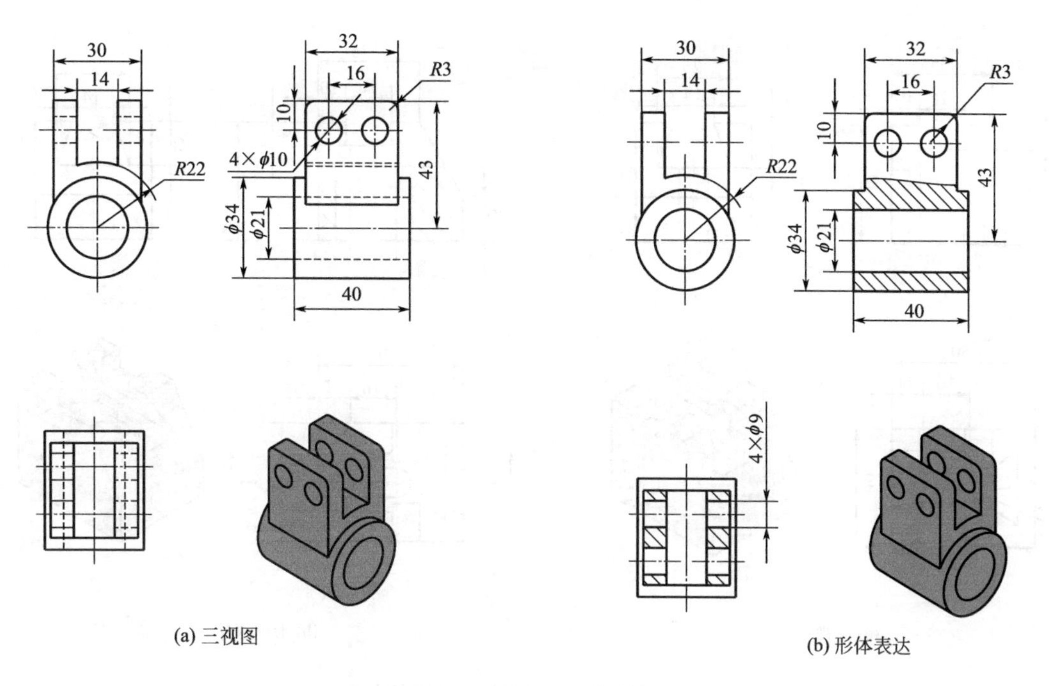

图 3-7　三视图及其形体表达(七)

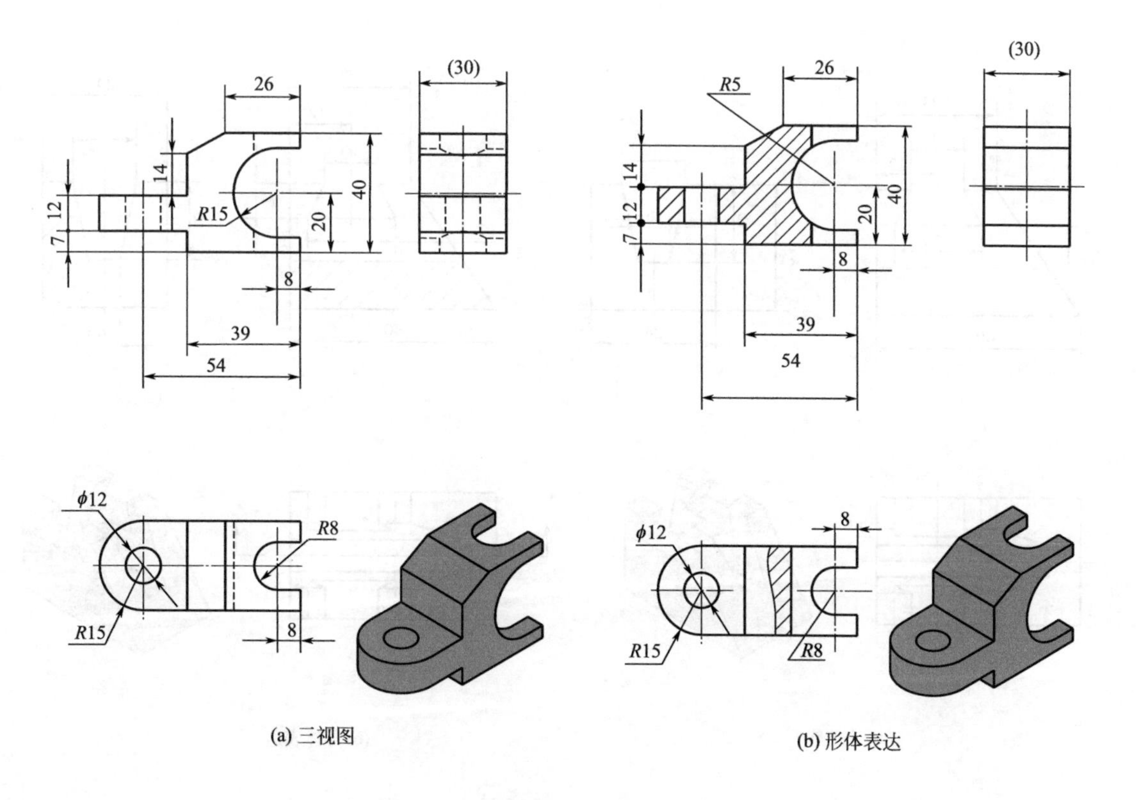

图 3-8　三视图及其形体表达(八)

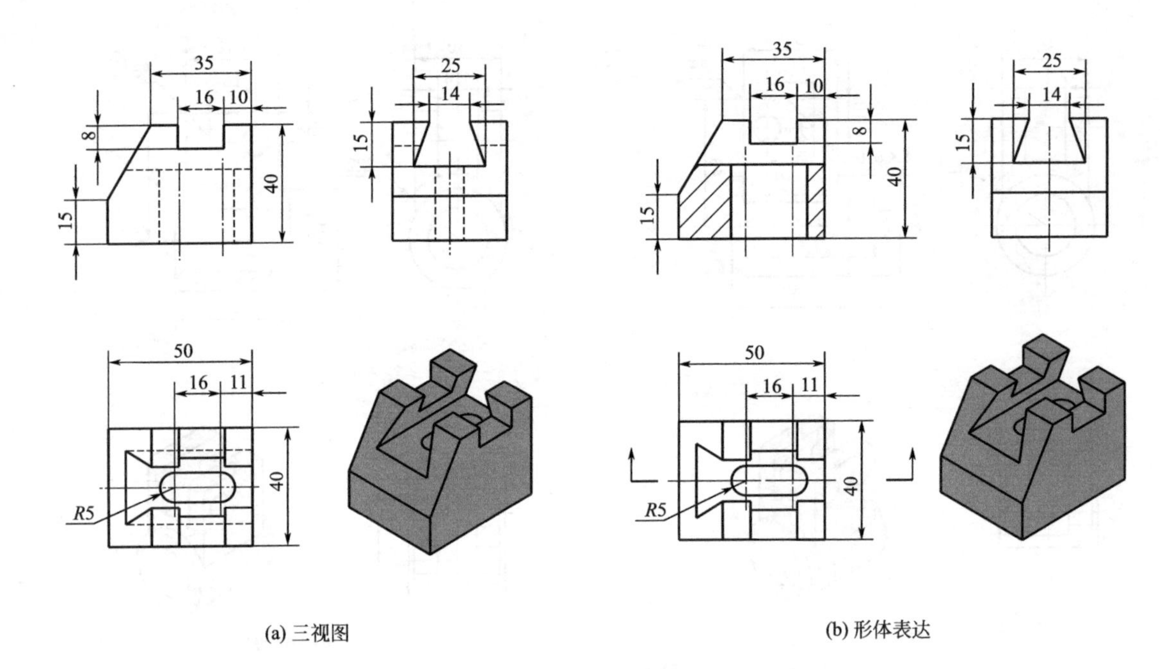

(a) 三视图　　(b) 形体表达

图 3-9　三视图及其形体表达(九)

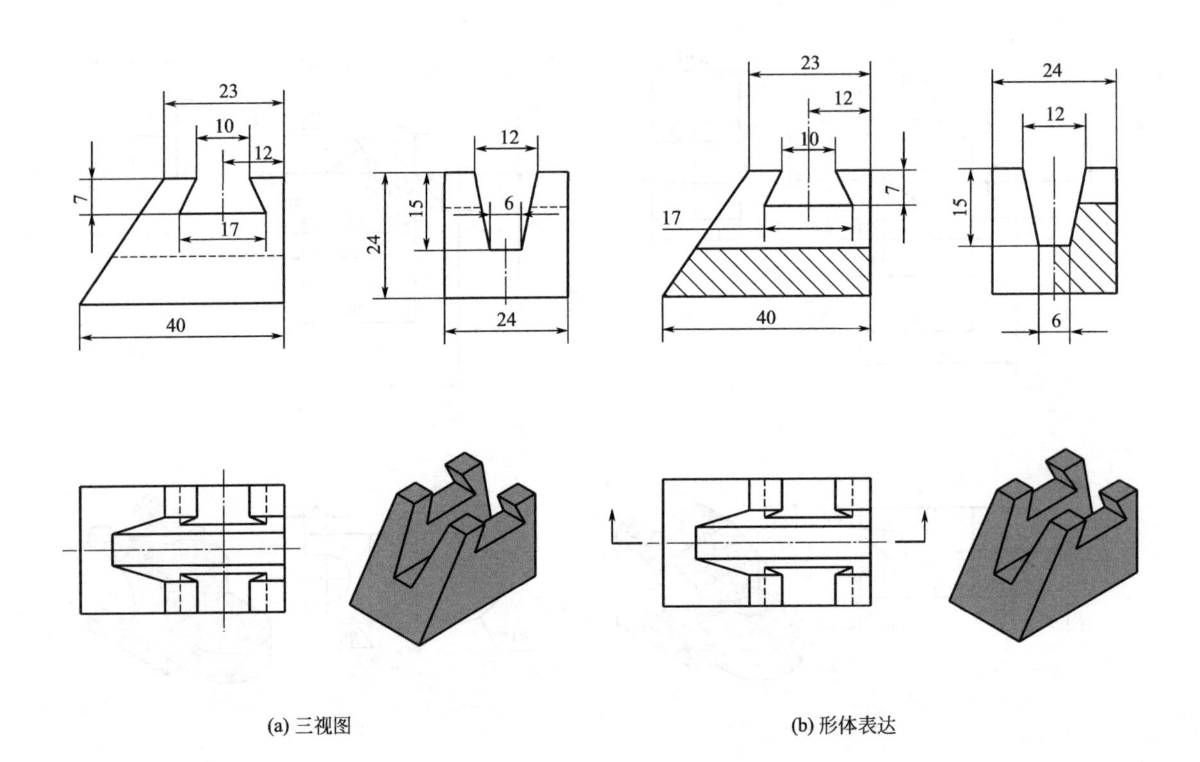

(a) 三视图　　(b) 形体表达

图 3-10　三视图及其形体表达(十)

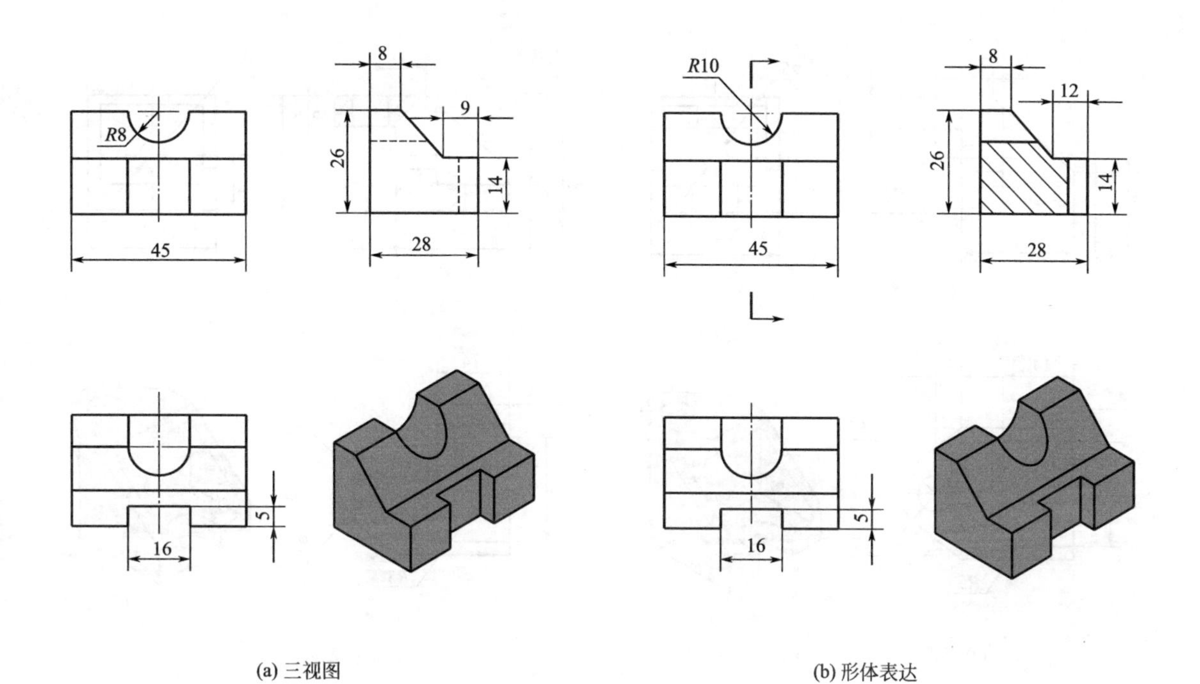

(a) 三视图

(b) 形体表达

图 3-11　三视图及其形体表达(十一)

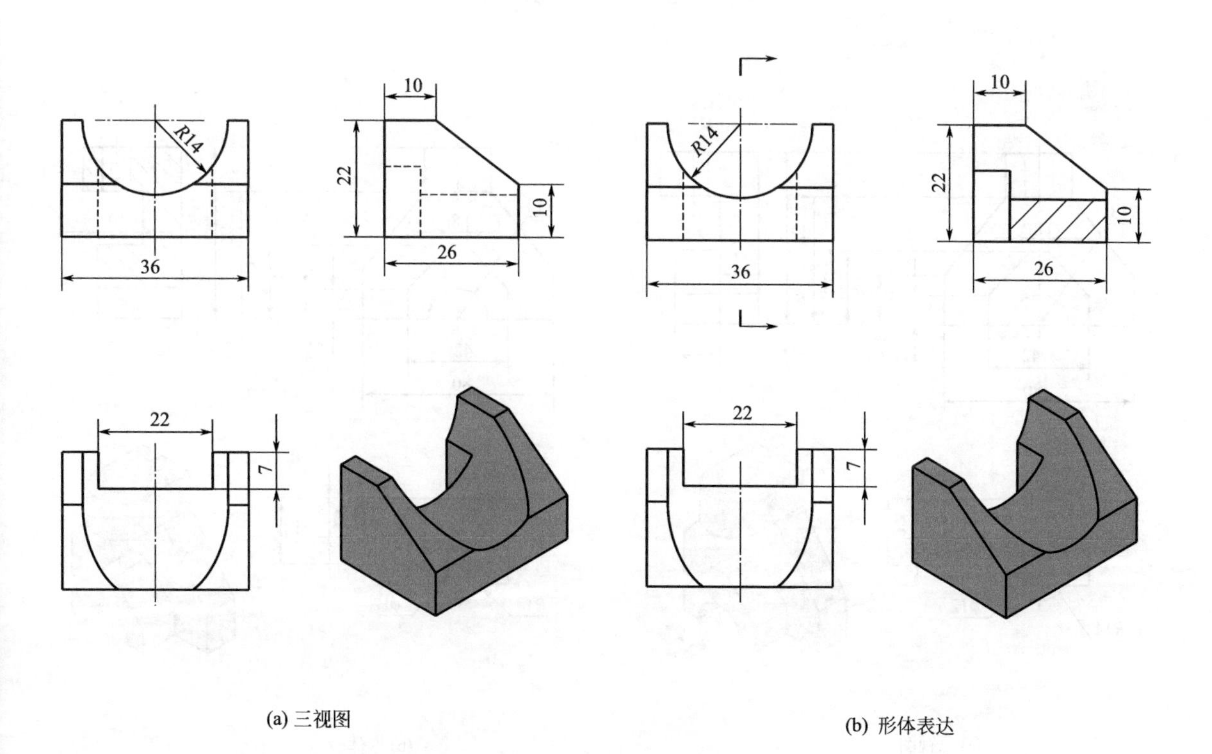

(a) 三视图

(b) 形体表达

图 3-12　三视图及其形体表达(十二)

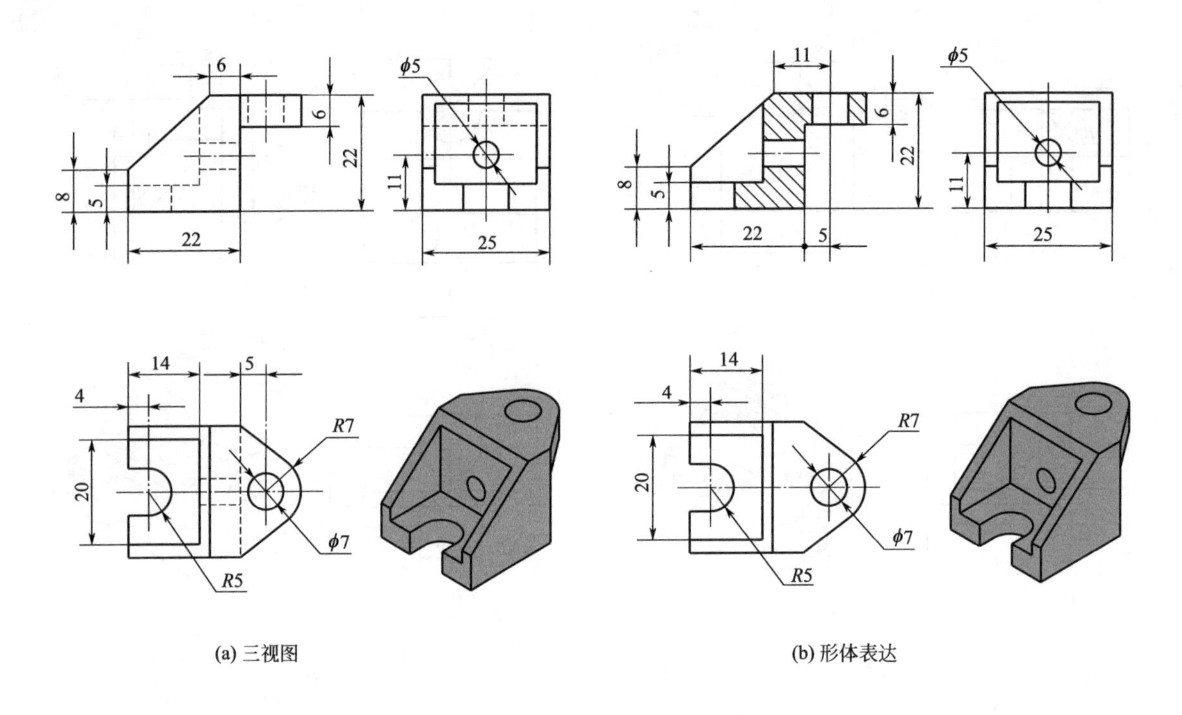

(a) 三视图

(b) 形体表达

图 3-13　三视图及其形体表达(十三)

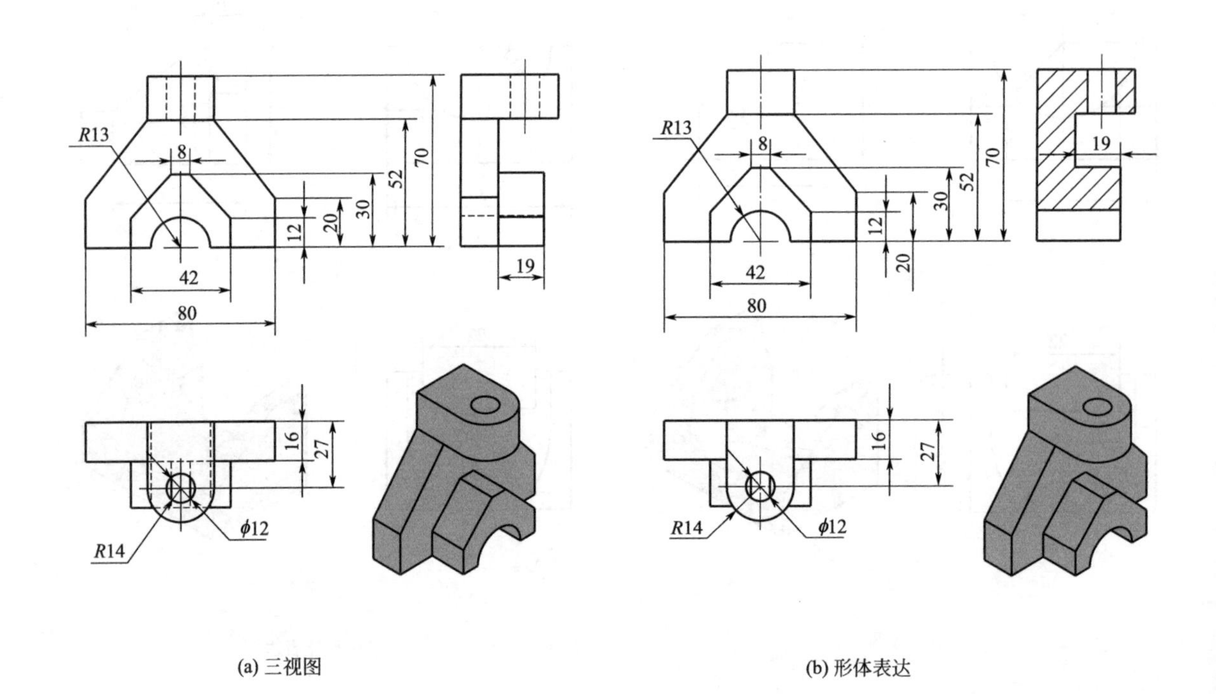

(a) 三视图

(b) 形体表达

图 3-14　三视图及其形体表达(十四)

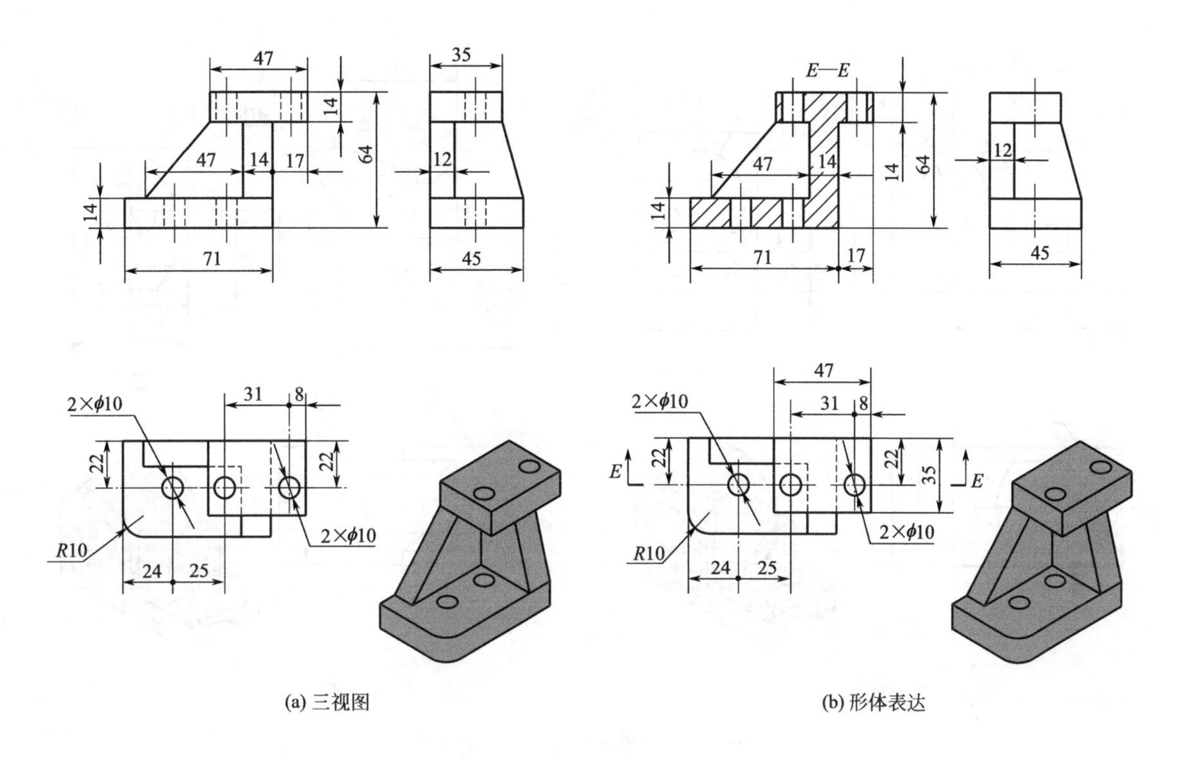

图 3-15 三视图及其形体表达(十五)

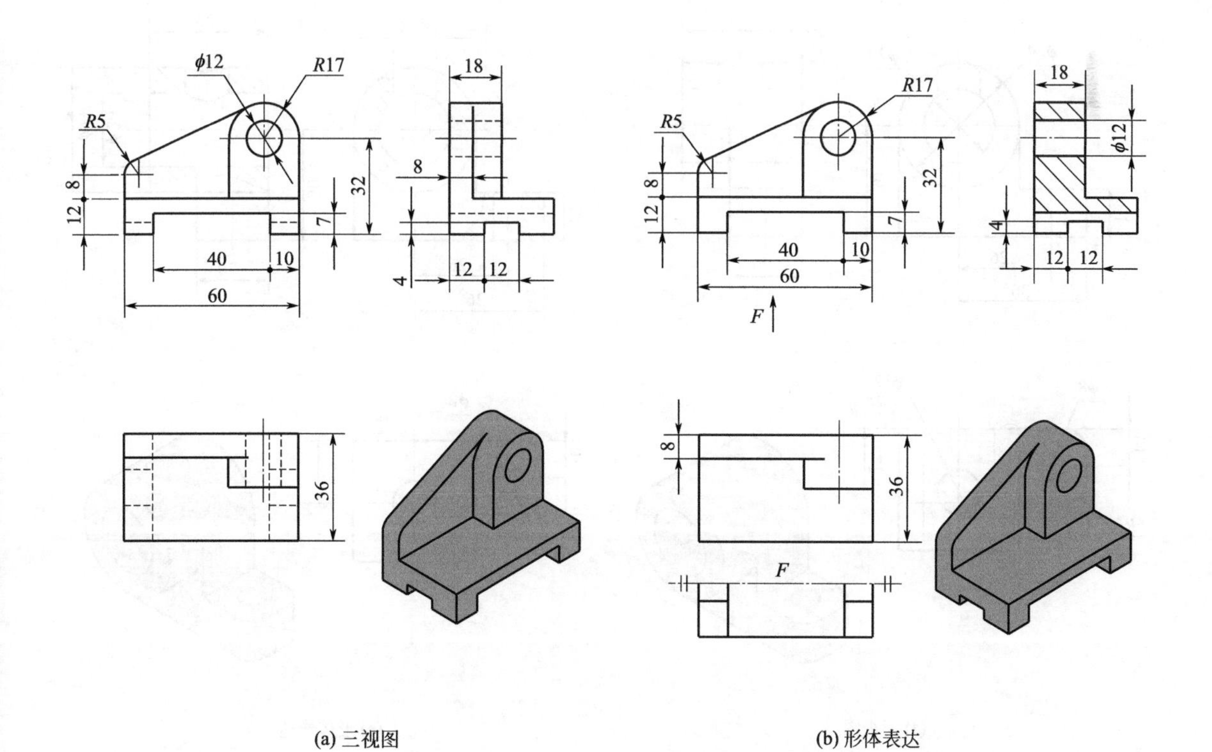

图 3-16 三视图及其形体表达(十六)

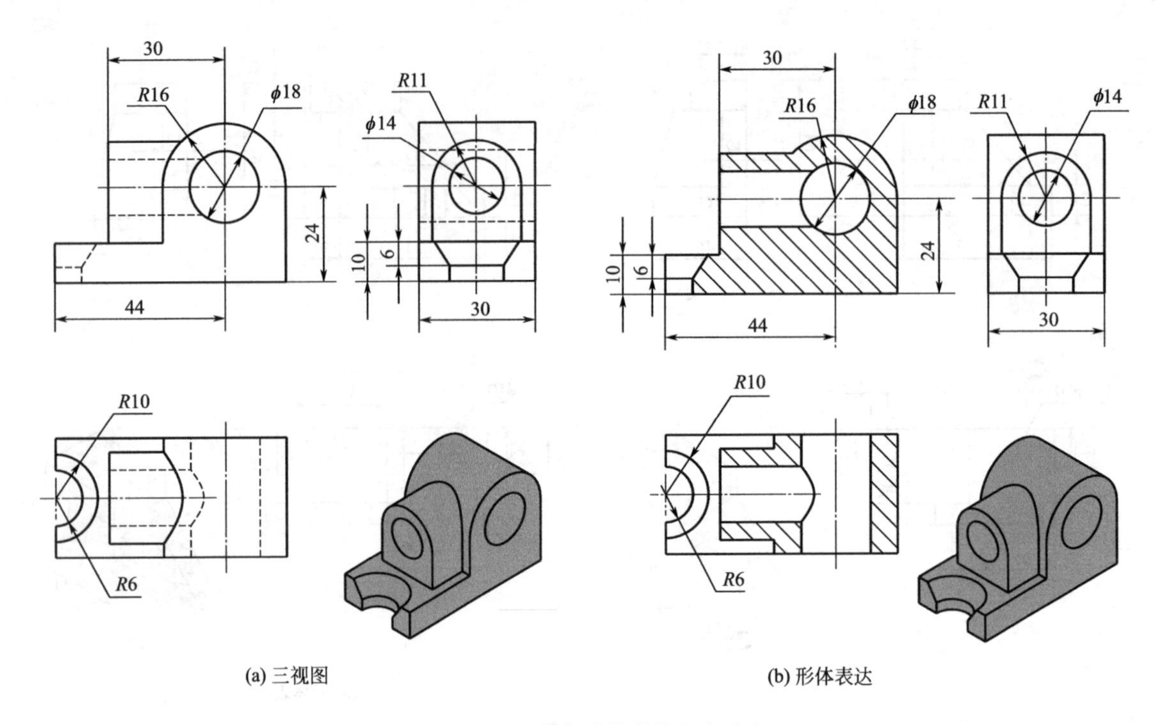

(a) 三视图

(b) 形体表达

图 3-17 三视图及其形体表达(十七)

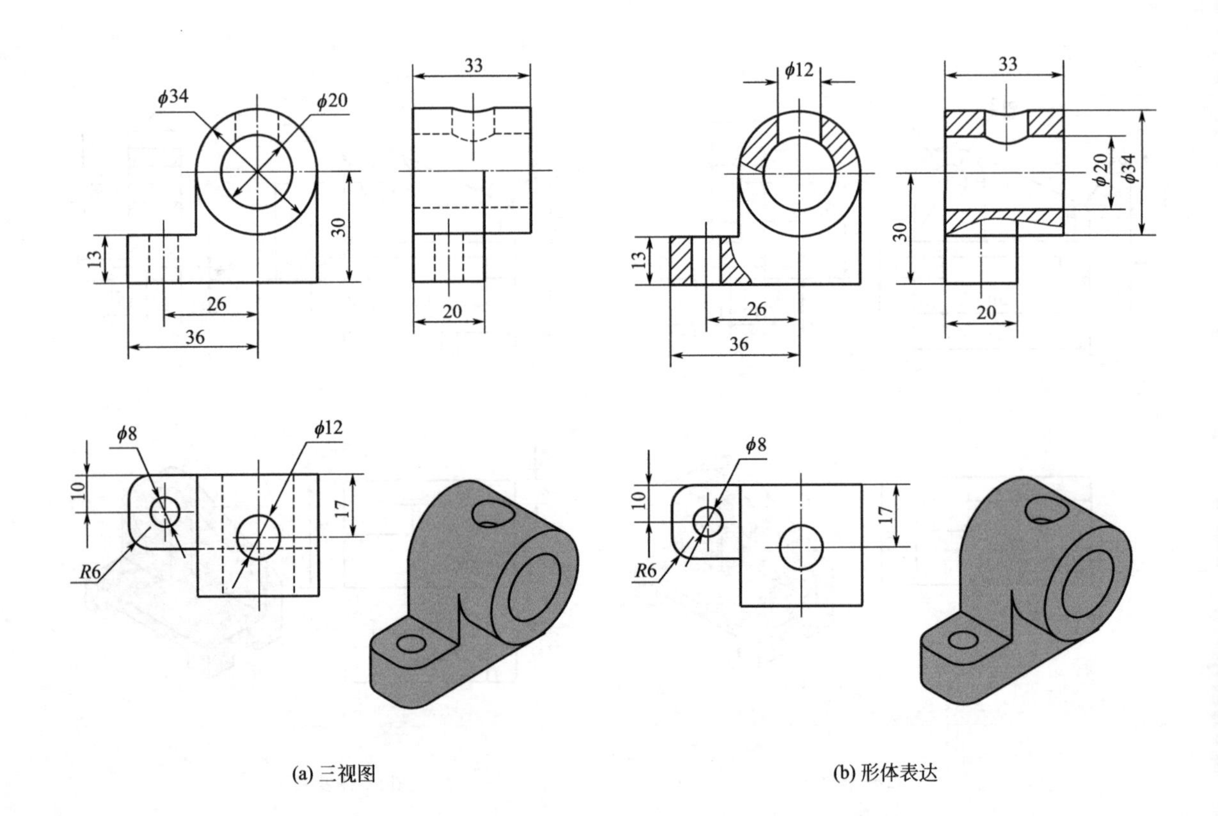

(a) 三视图

(b) 形体表达

图 3-18 三视图及其形体表达(十八)

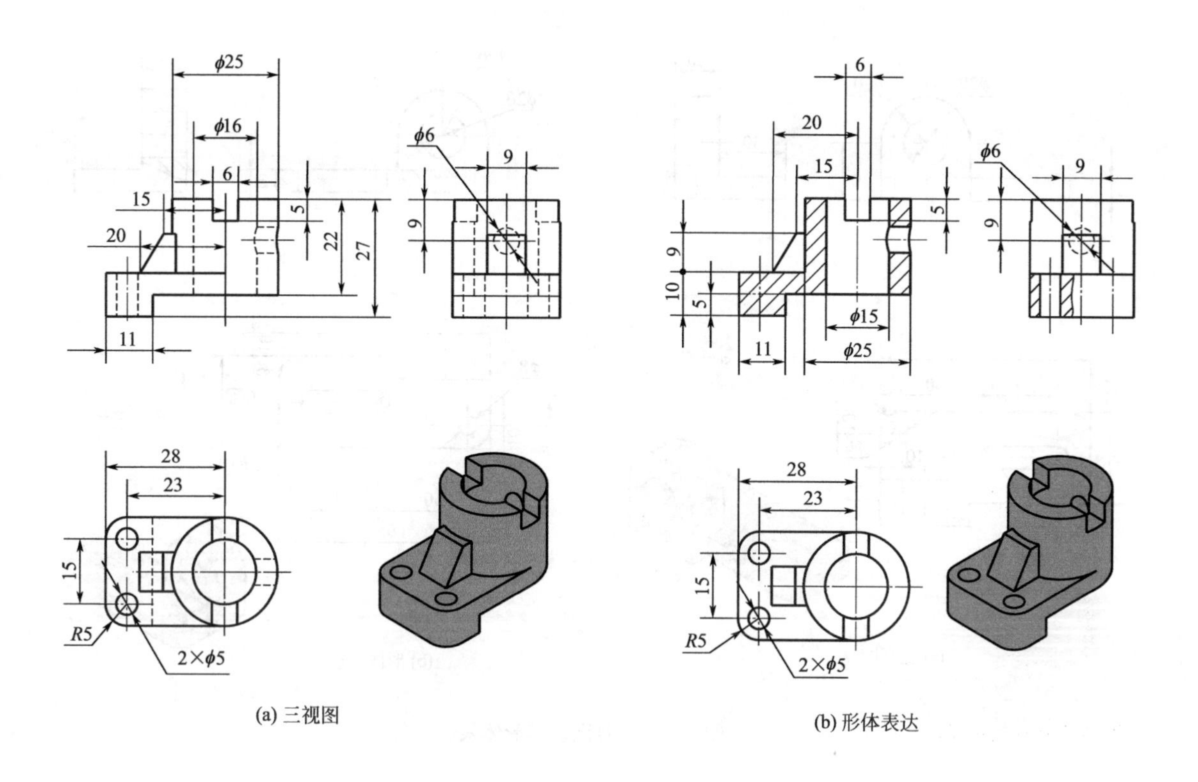

(a) 三视图

(b) 形体表达

图 3-19 三视图及其形体表达(十九)

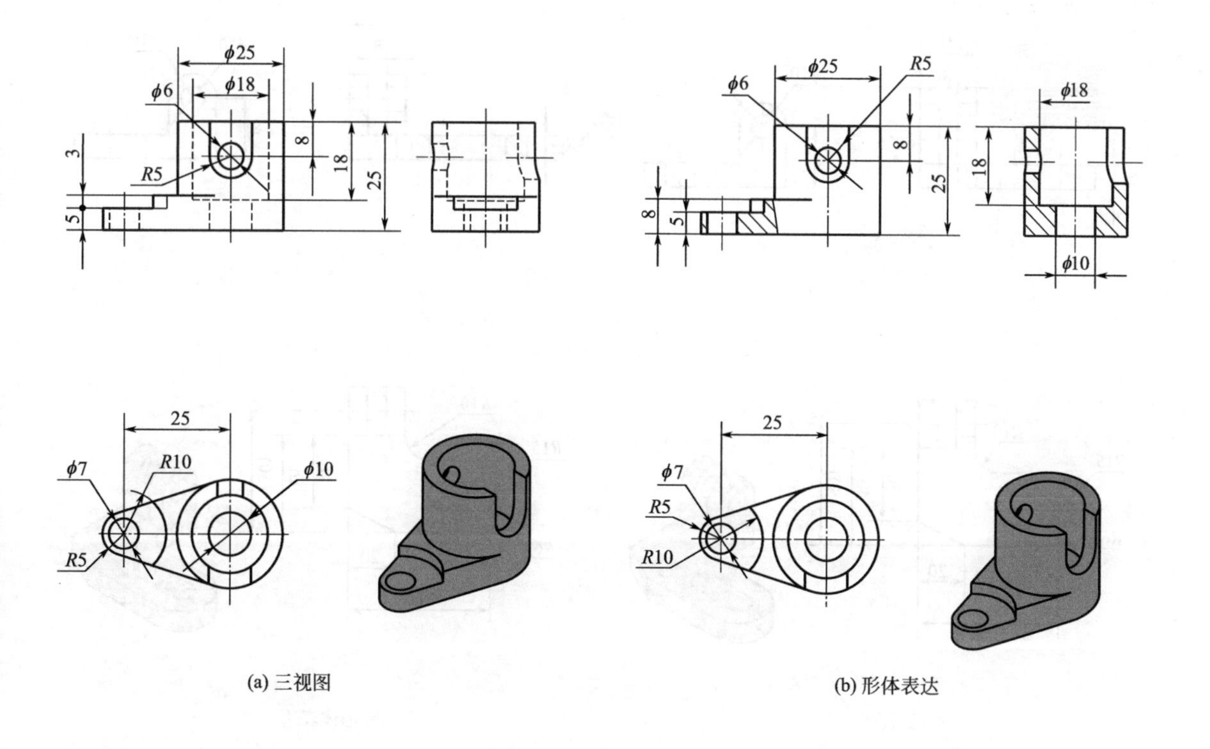

(a) 三视图

(b) 形体表达

图 3-20 三视图及其形体表达(二十)

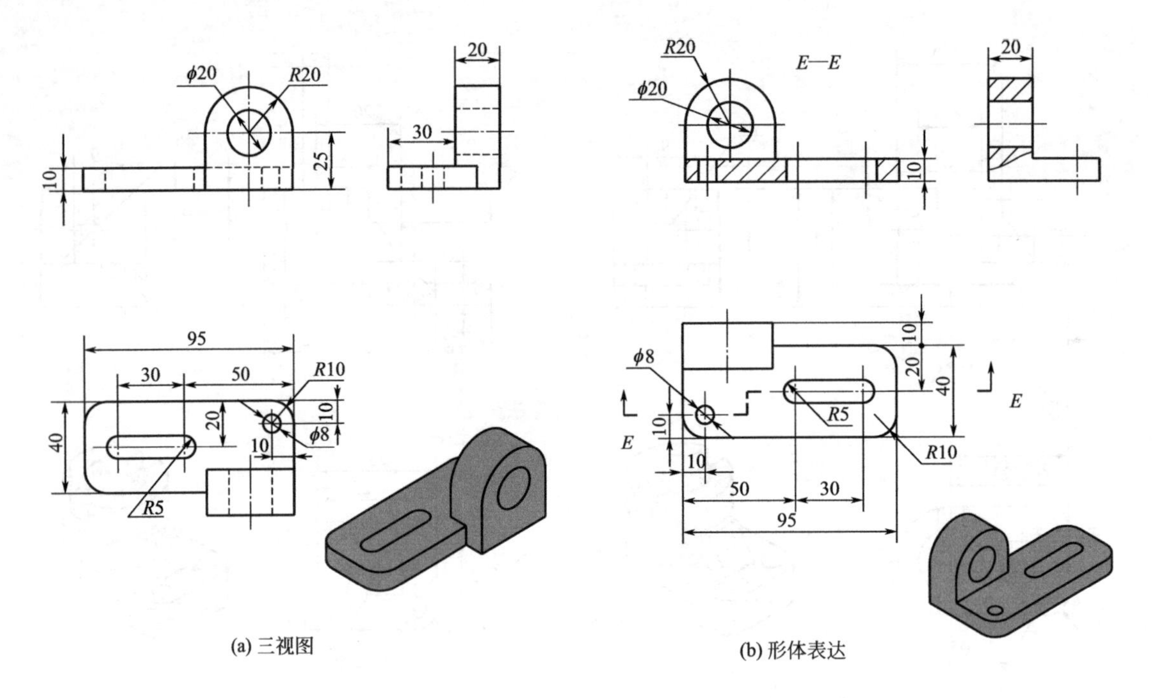

(a) 三视图　　(b) 形体表达

图 3-21　三视图及其形体表达(二十一)

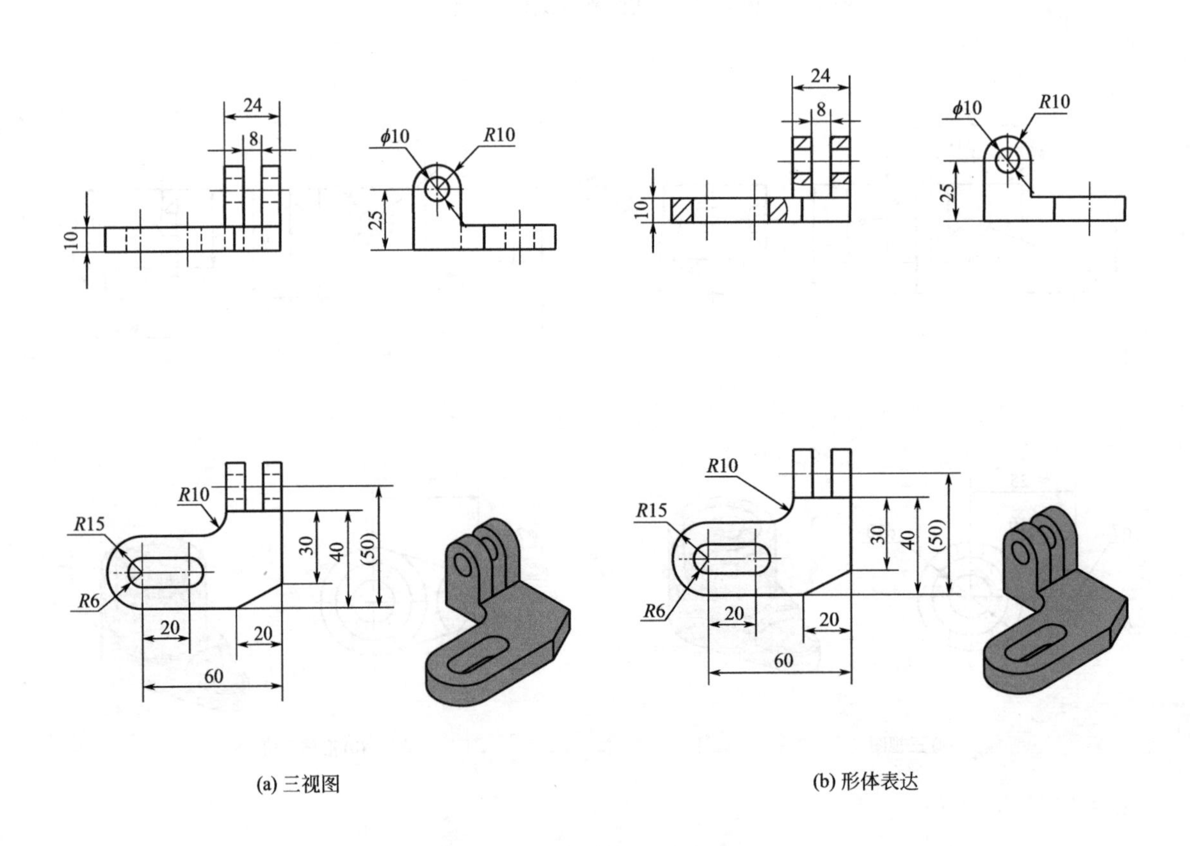

(a) 三视图　　(b) 形体表达

图 3-22　三视图及其形体表达(二十二)

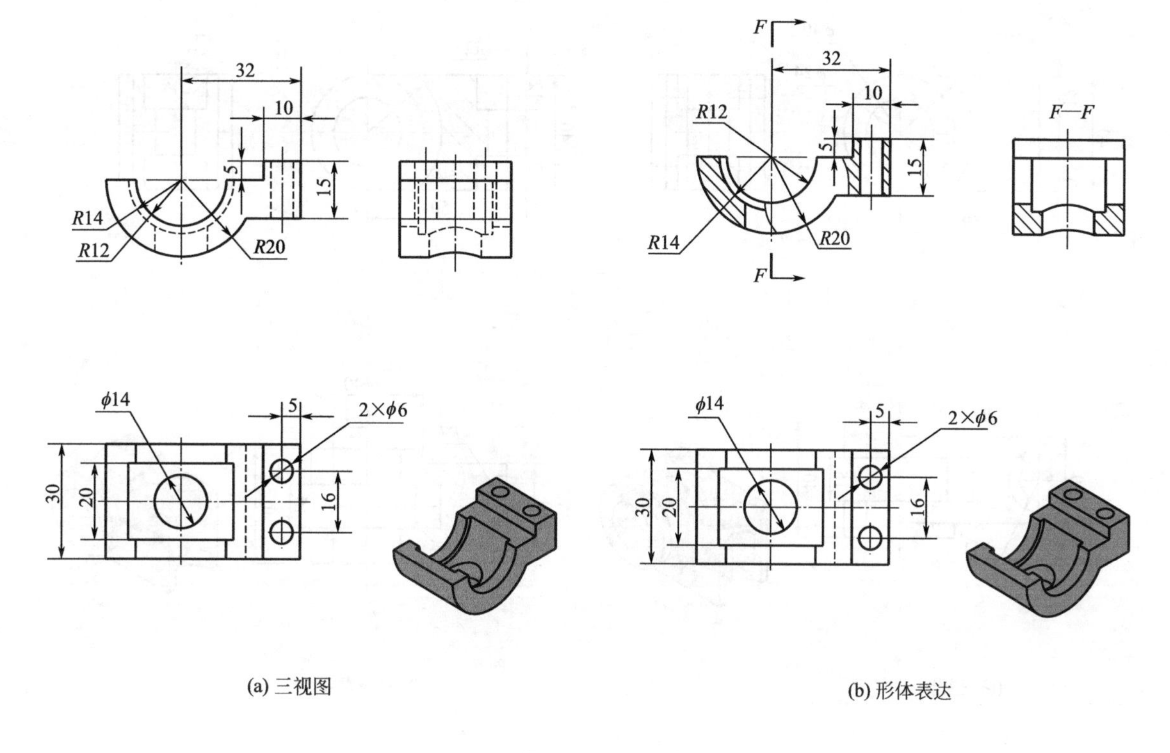

(a) 三视图

(b) 形体表达

图 3-23 三视图及其形体表达(二十三)

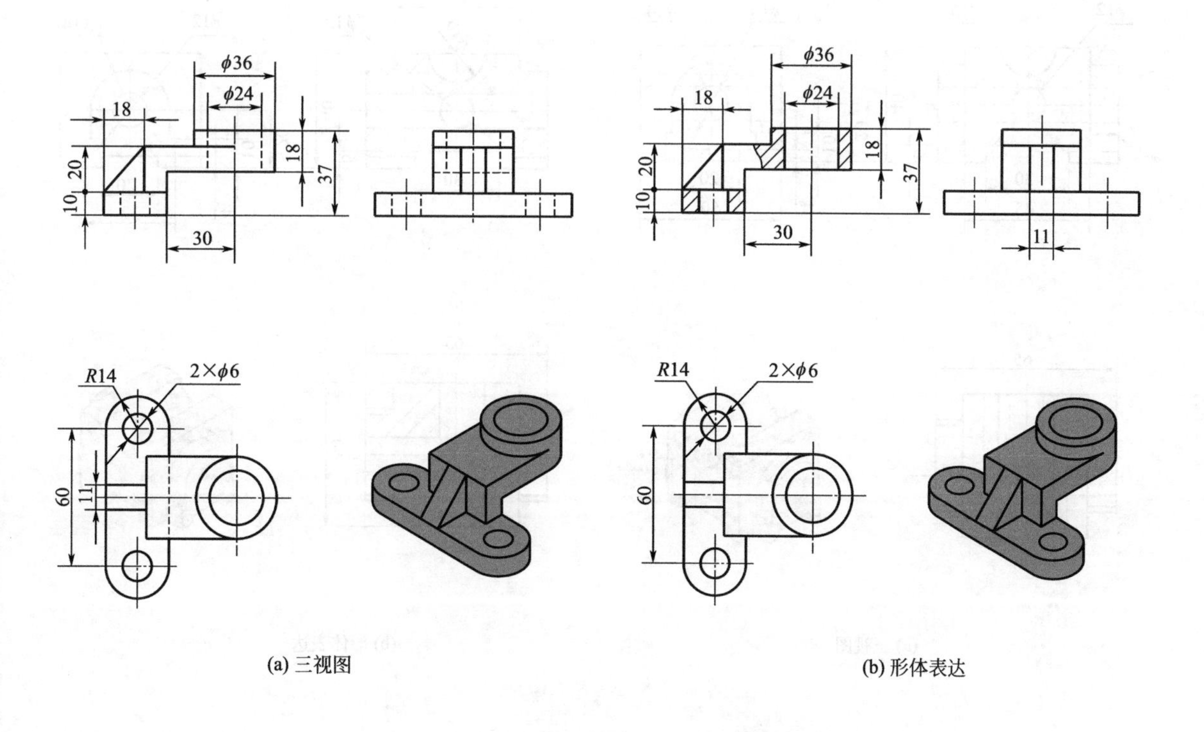

(a) 三视图

(b) 形体表达

图 3-24 三视图及其形体表达(二十四)

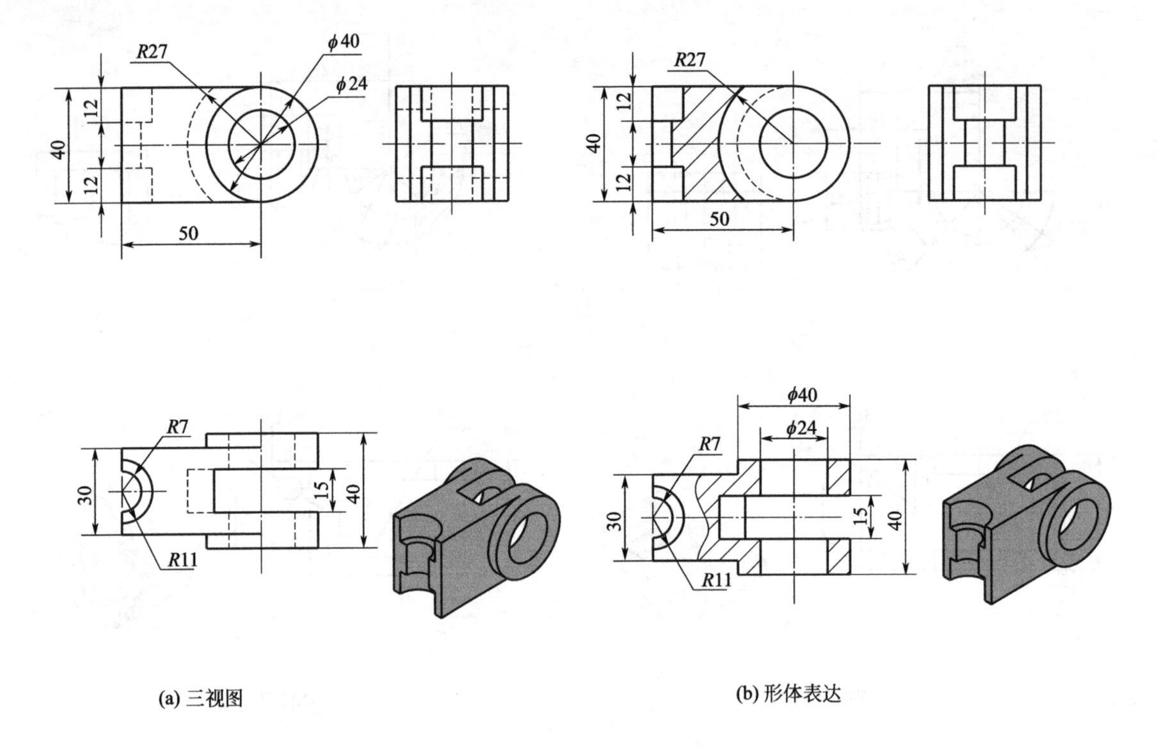

(a) 三视图　　(b) 形体表达

图 3-25　三视图及其形体表达(二十五)

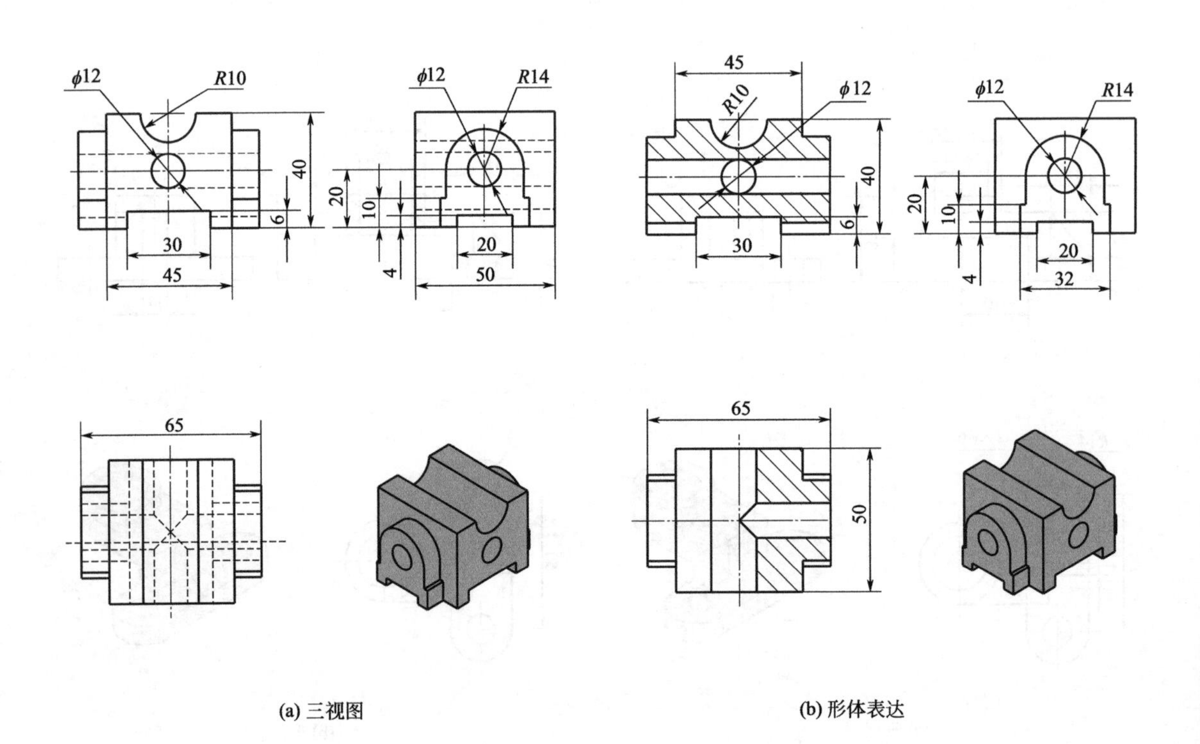

(a) 三视图　　(b) 形体表达

图 3-26　三视图及其形体表达(二十六)

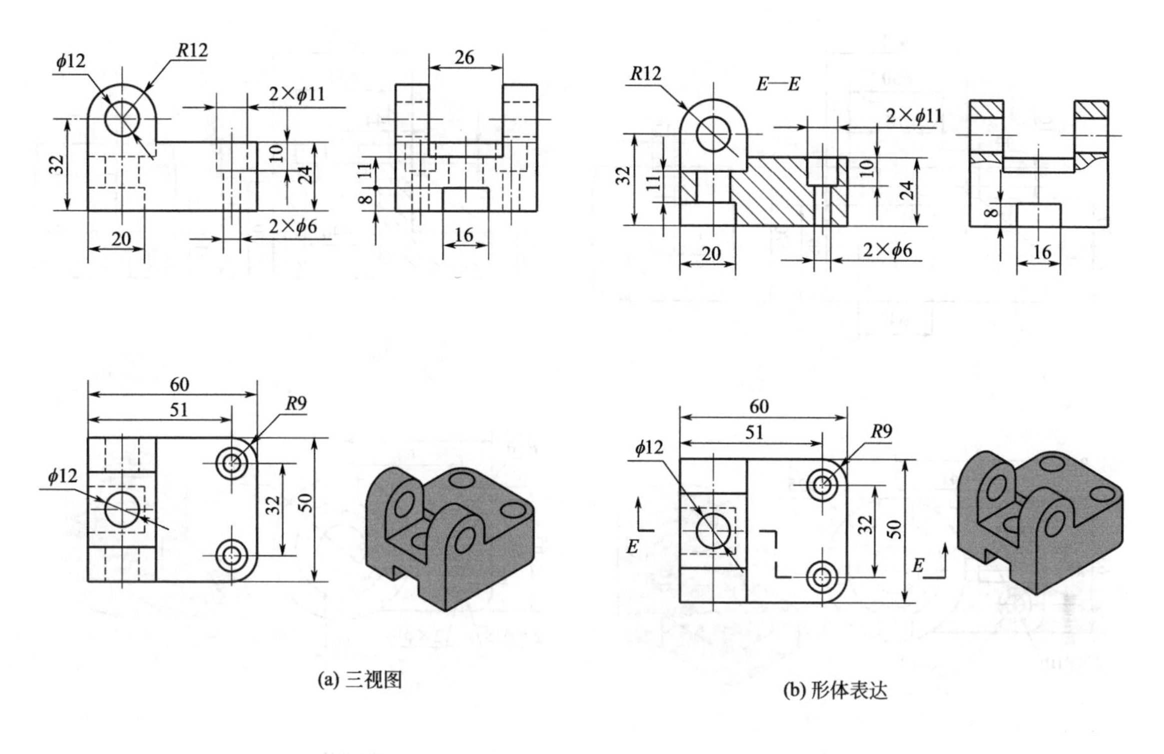

图 3-27 三视图及其形体表达(二十七)

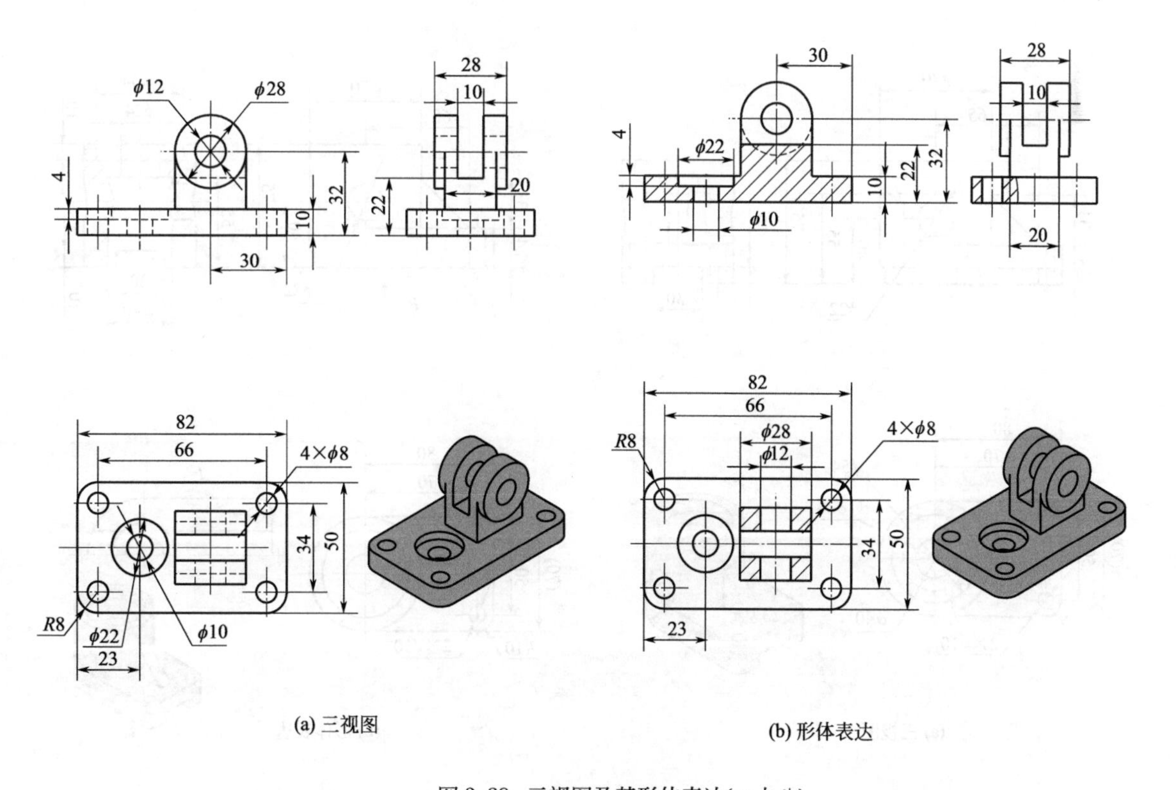

图 3-28 三视图及其形体表达(二十八)

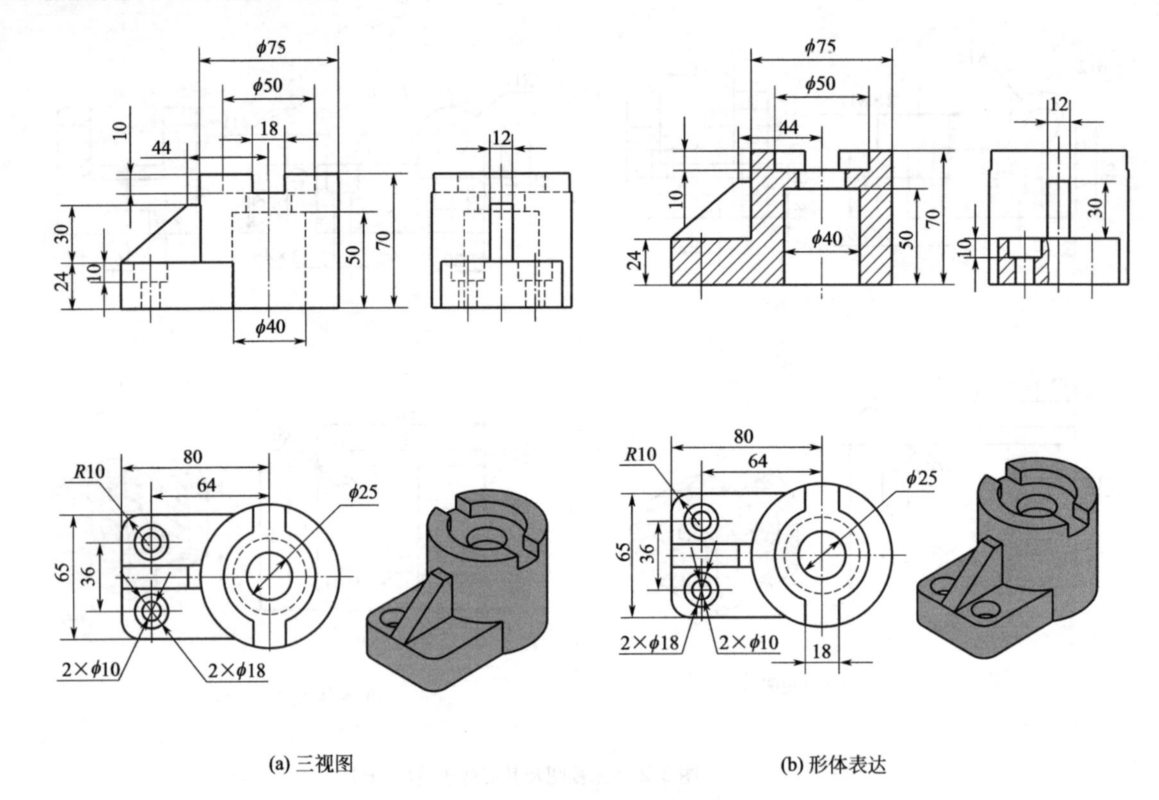

(a) 三视图　　(b) 形体表达

图 3-29　三视图及其形体表达(二十九)

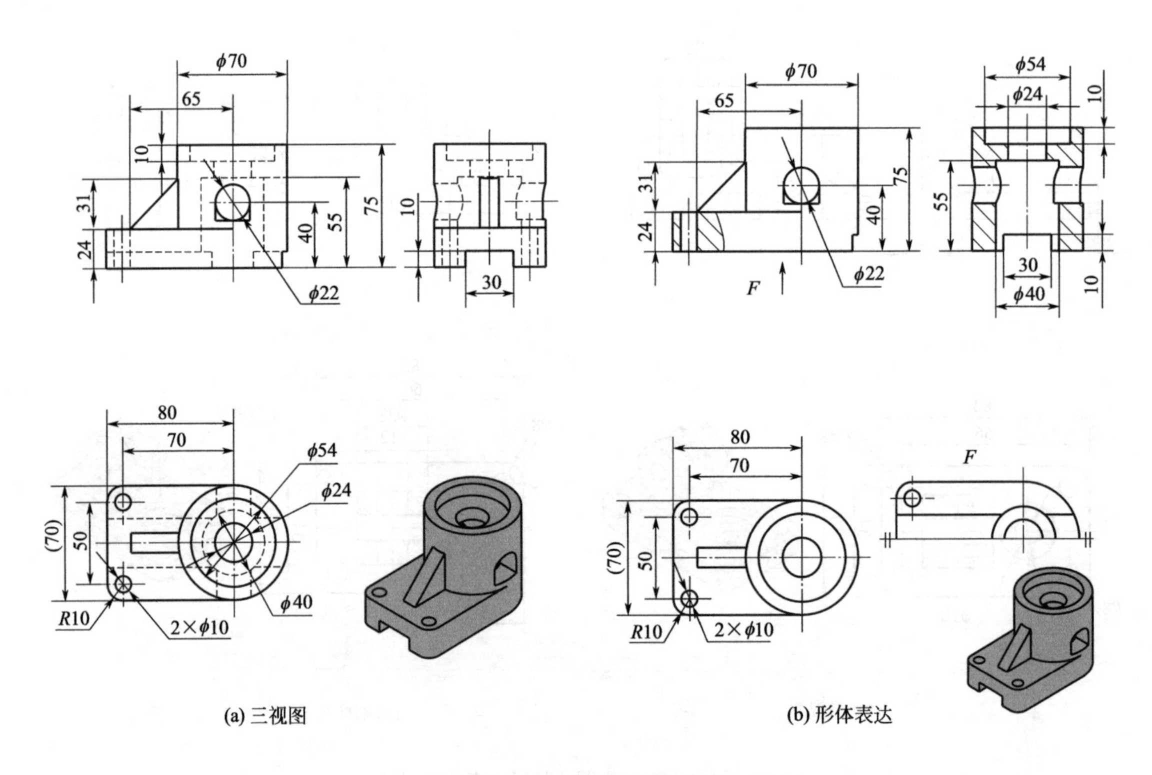

(a) 三视图　　(b) 形体表达

图 3-30　三视图及其形体表达(三十)

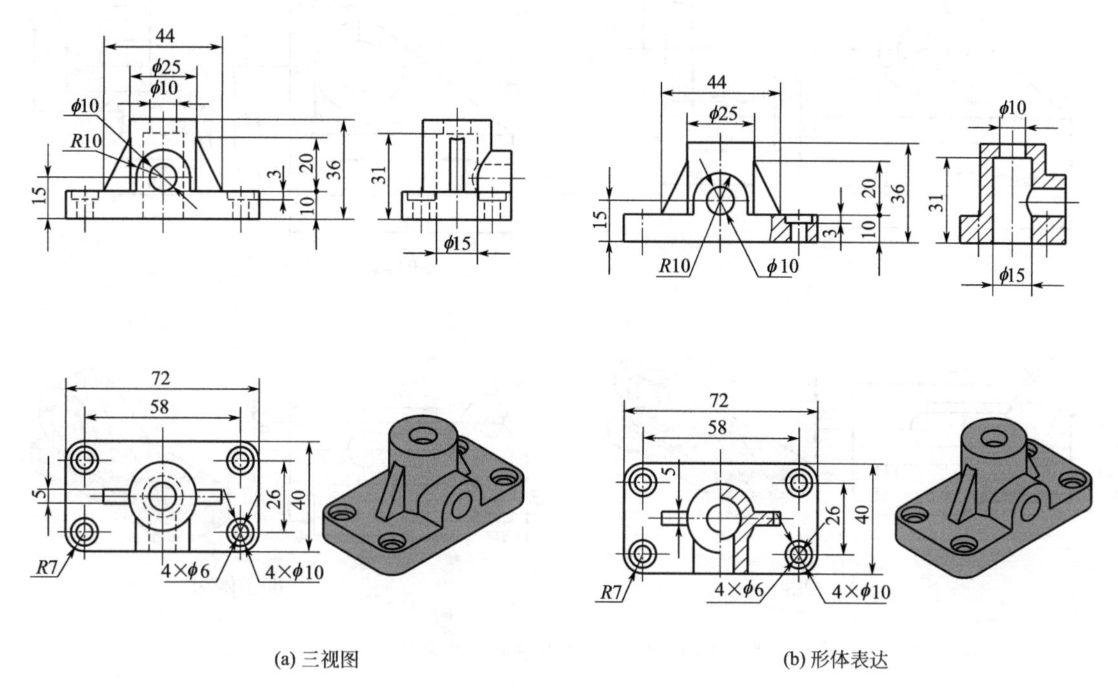

图 3-31　三视图及其形体表达(三十一)

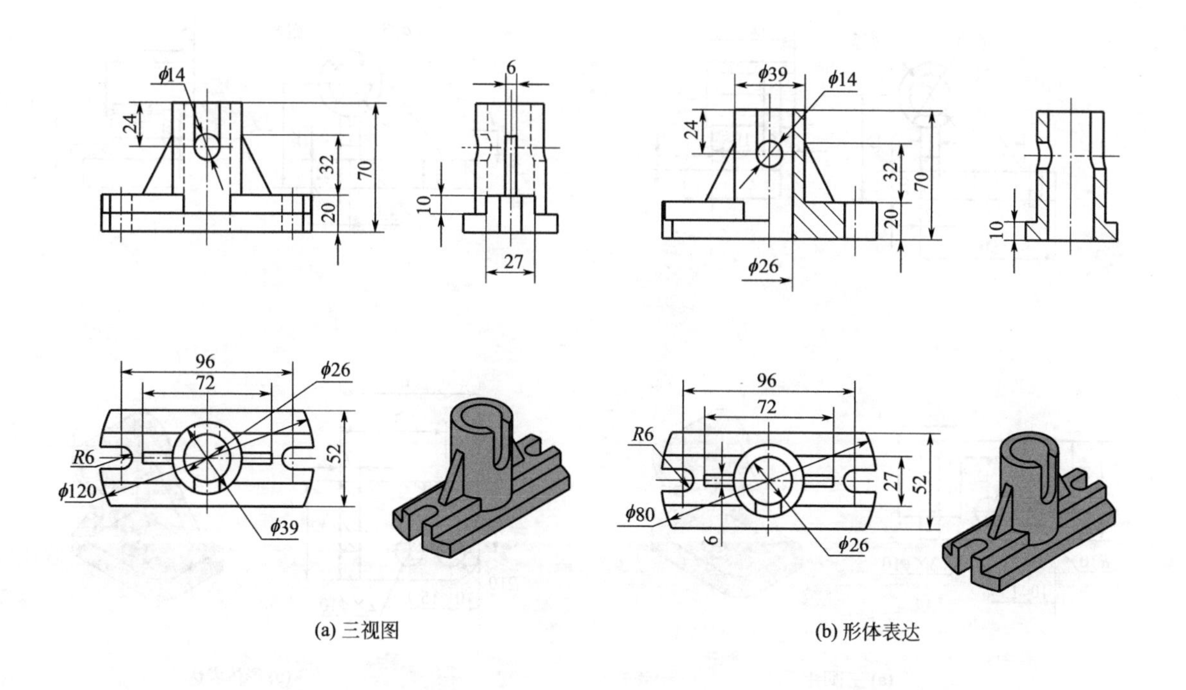

图 3-32　三视图及其形体表达(三十二)

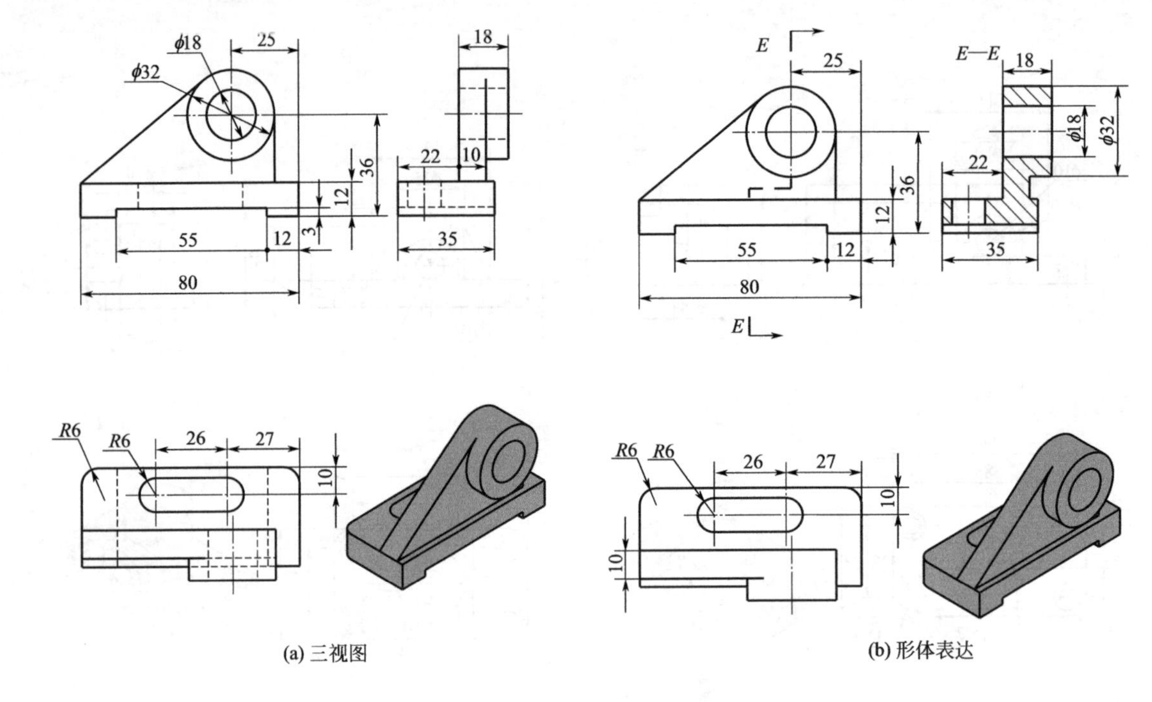

(a) 三视图　　(b) 形体表达

图 3-33　三视图及其形体表达(三十三)

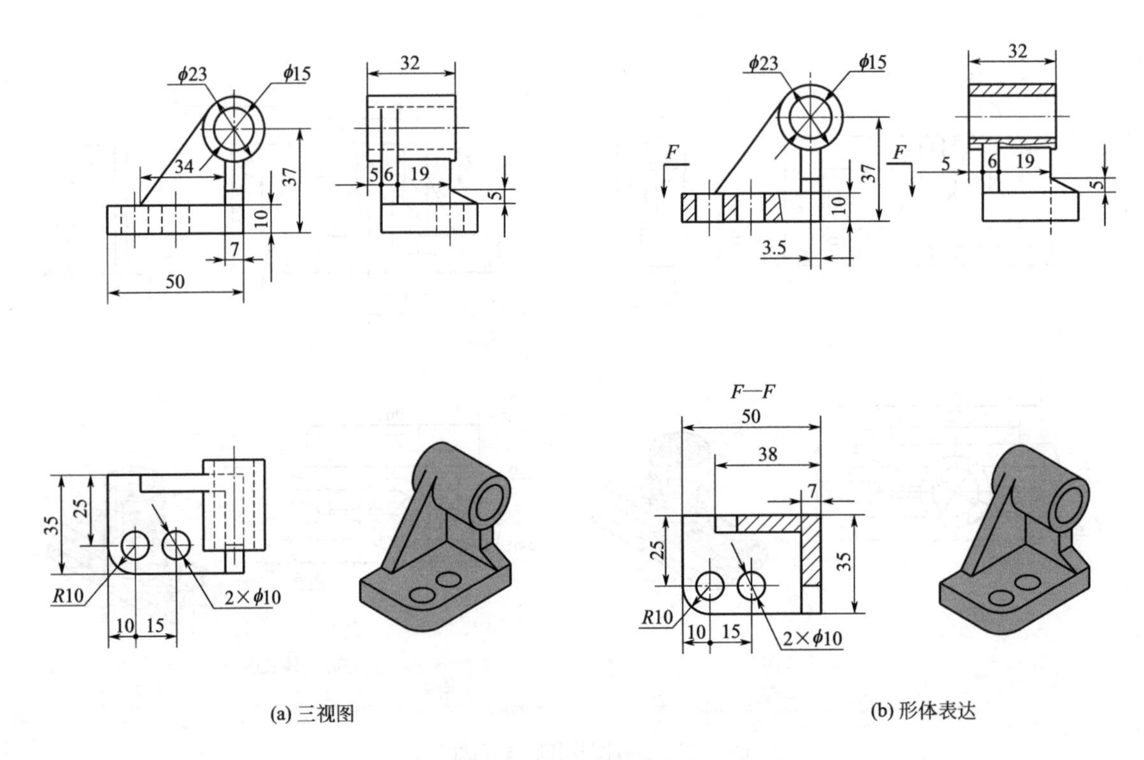

(a) 三视图　　(b) 形体表达

图 3-34　三视图及其形体表达(三十四)

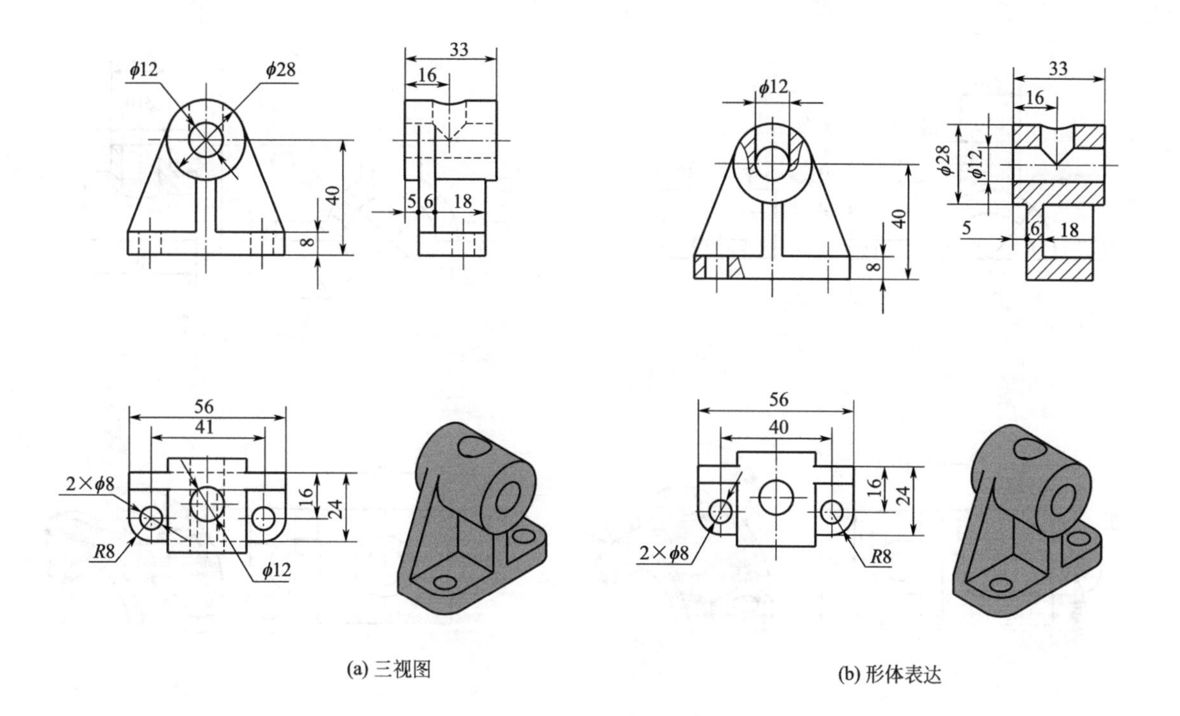

(a) 三视图　　(b) 形体表达

图 3-35　三视图及其形体表达(三十五)

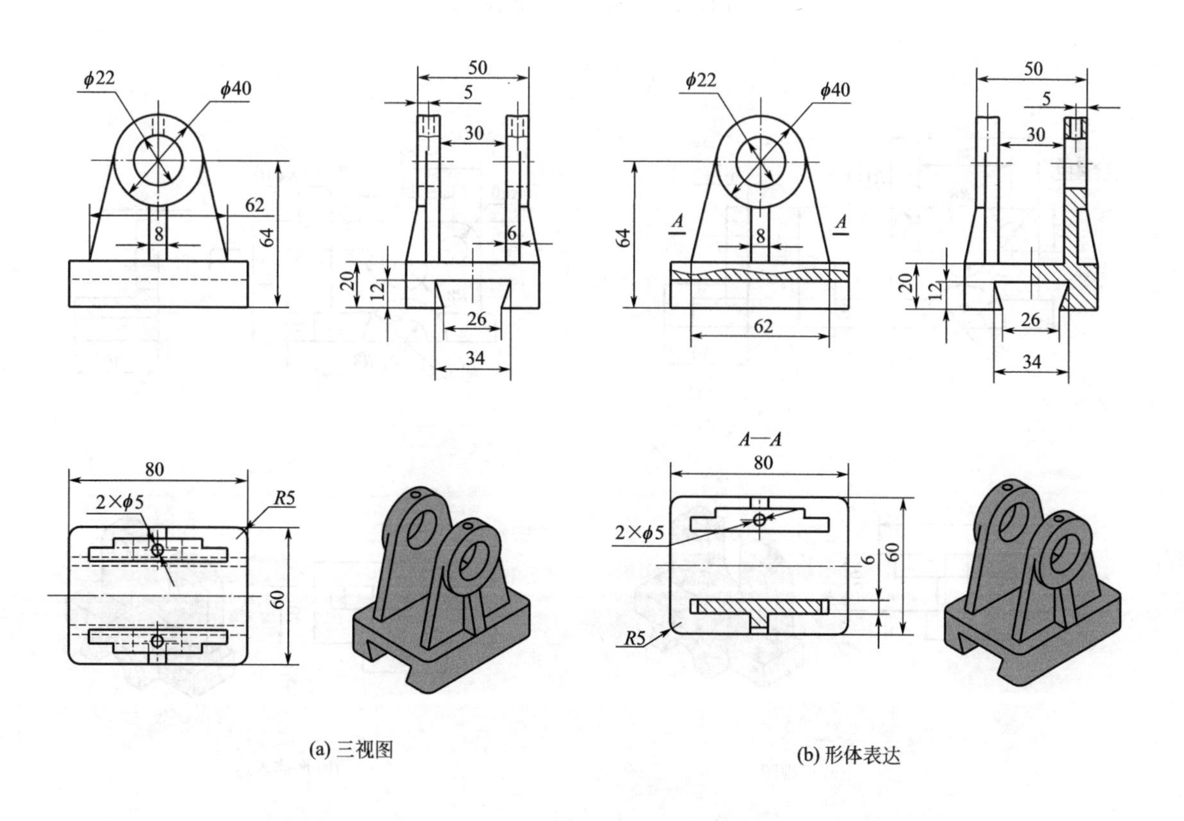

(a) 三视图　　(b) 形体表达

图 3-36　三视图及其形体表达(三十六)

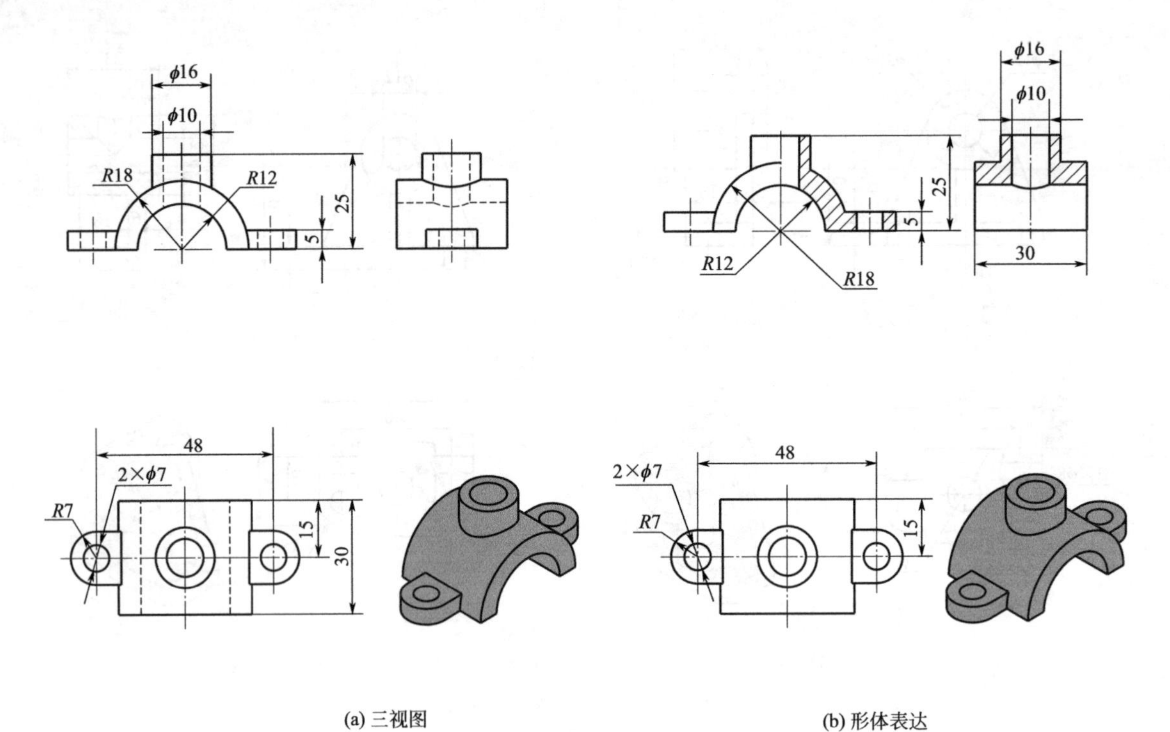

图 3-37　三视图及其形体表达(三十七)

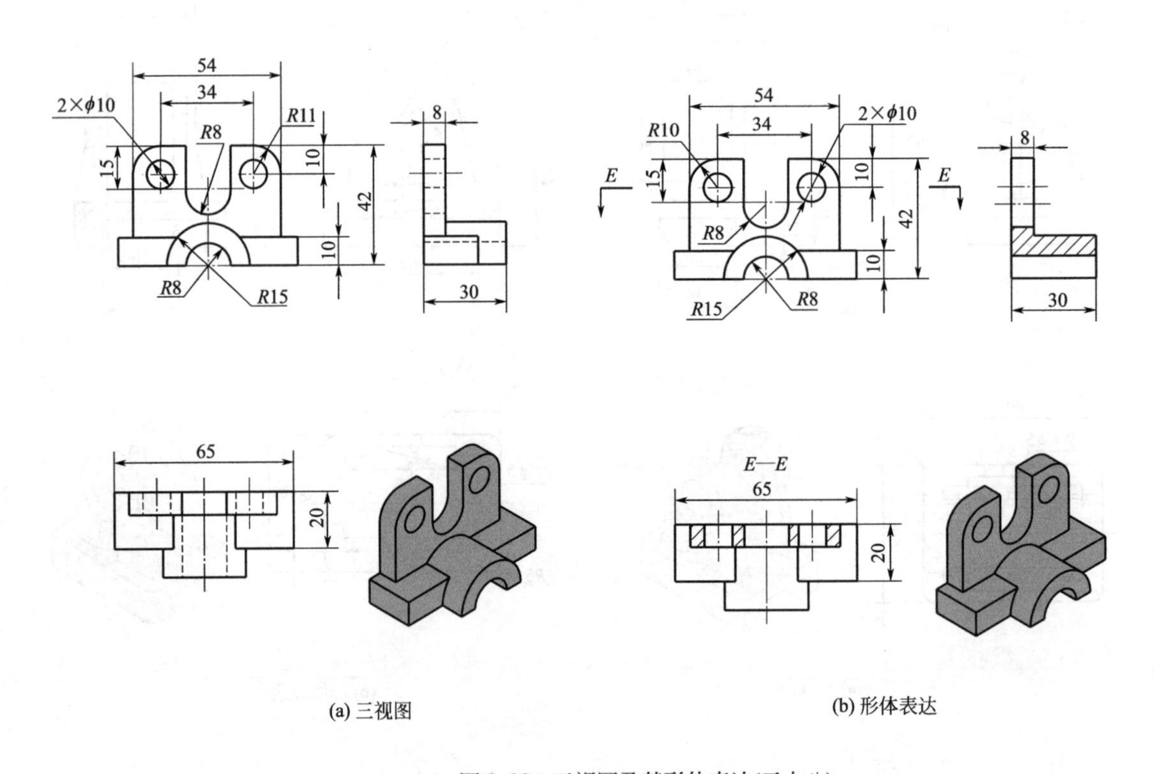

图 3-38　三视图及其形体表达(三十八)

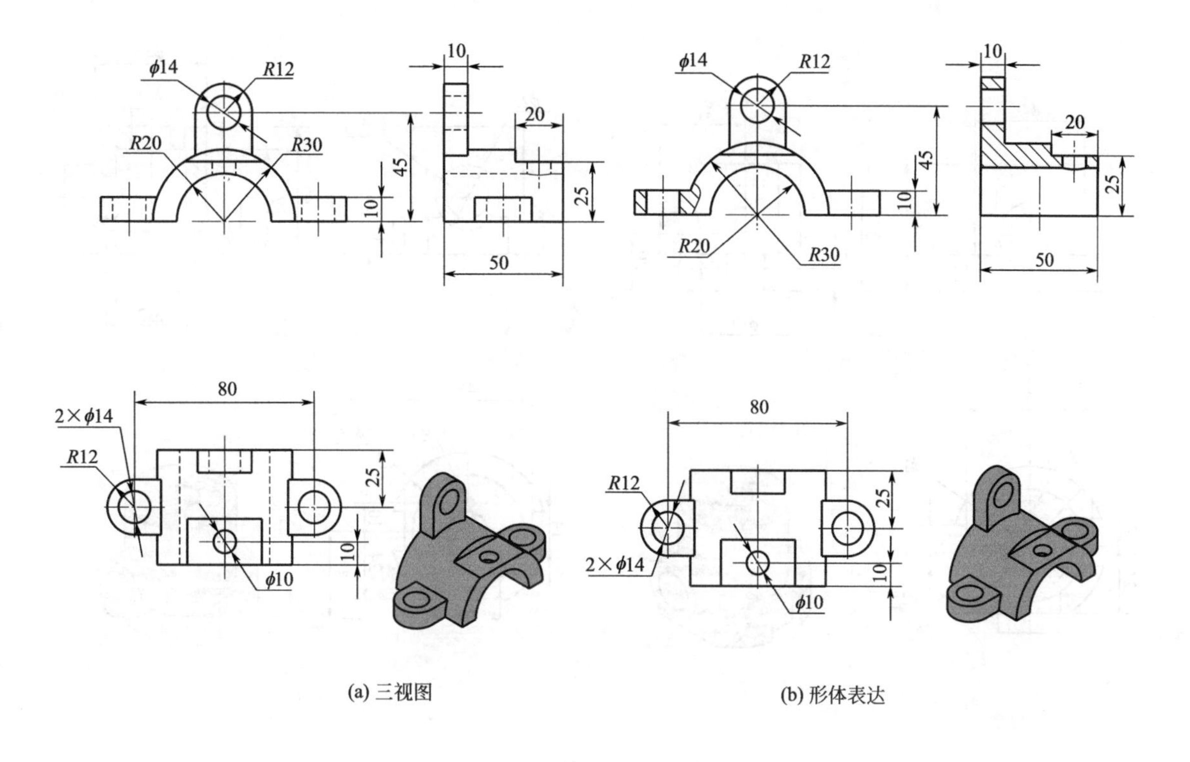

(a) 三视图

(b) 形体表达

图 3-39　三视图及其形体表达(三十九)

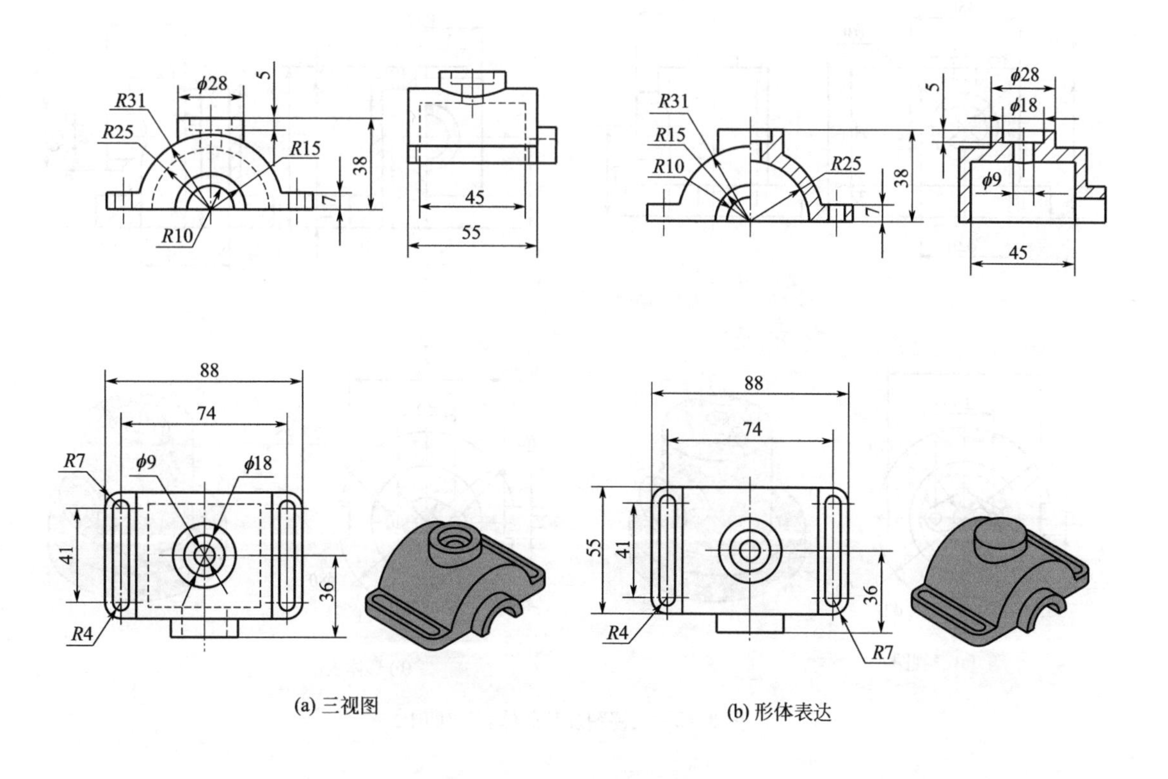

(a) 三视图

(b) 形体表达

图 3-40　三视图及其形体表达(四十)

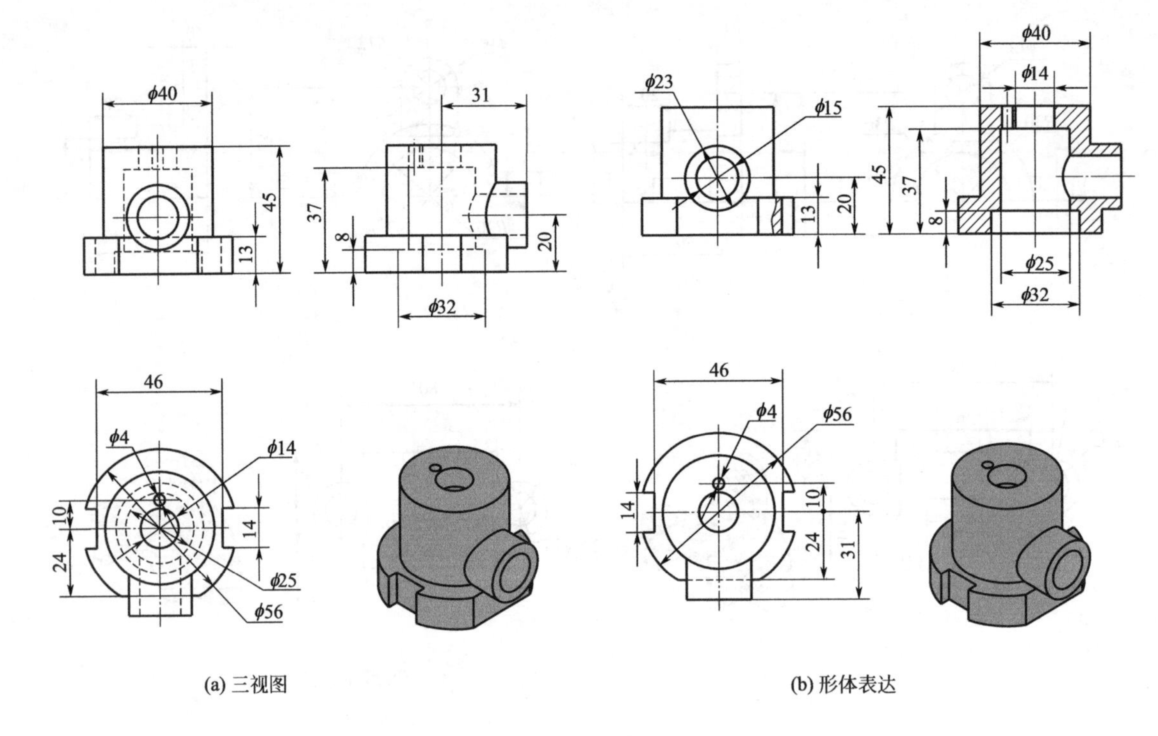

(a) 三视图　　(b) 形体表达

图 3-41　三视图及其形体表达(四十一)

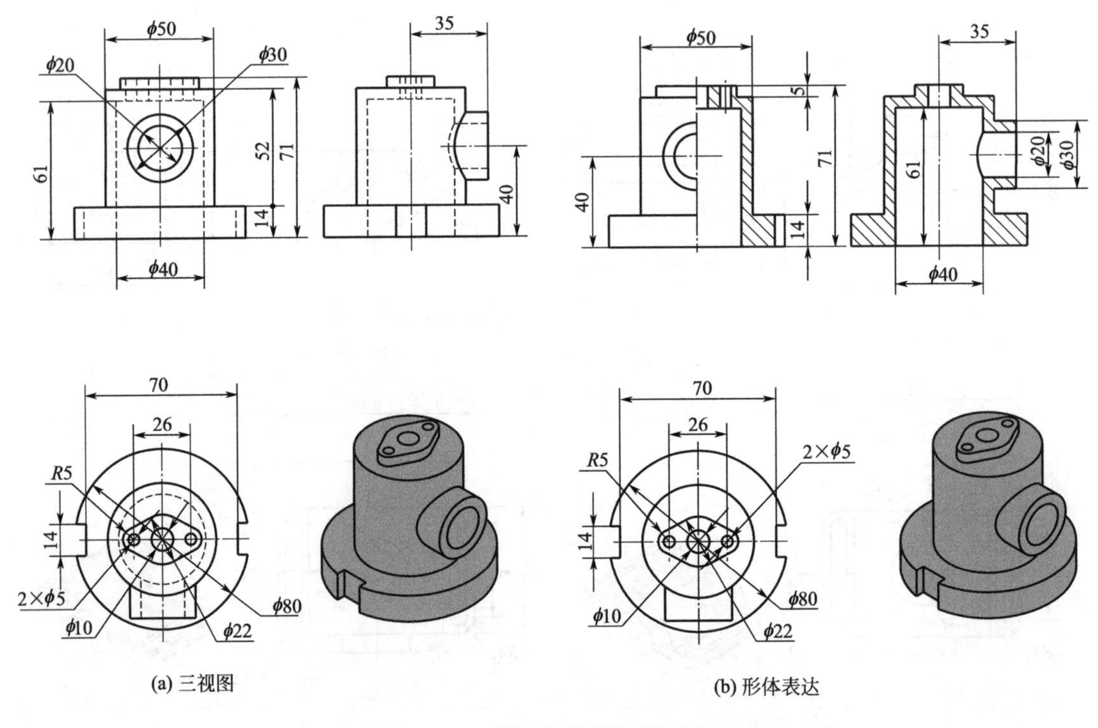

(a) 三视图　　(b) 形体表达

图 3-42　三视图及其形体表达(四十二)

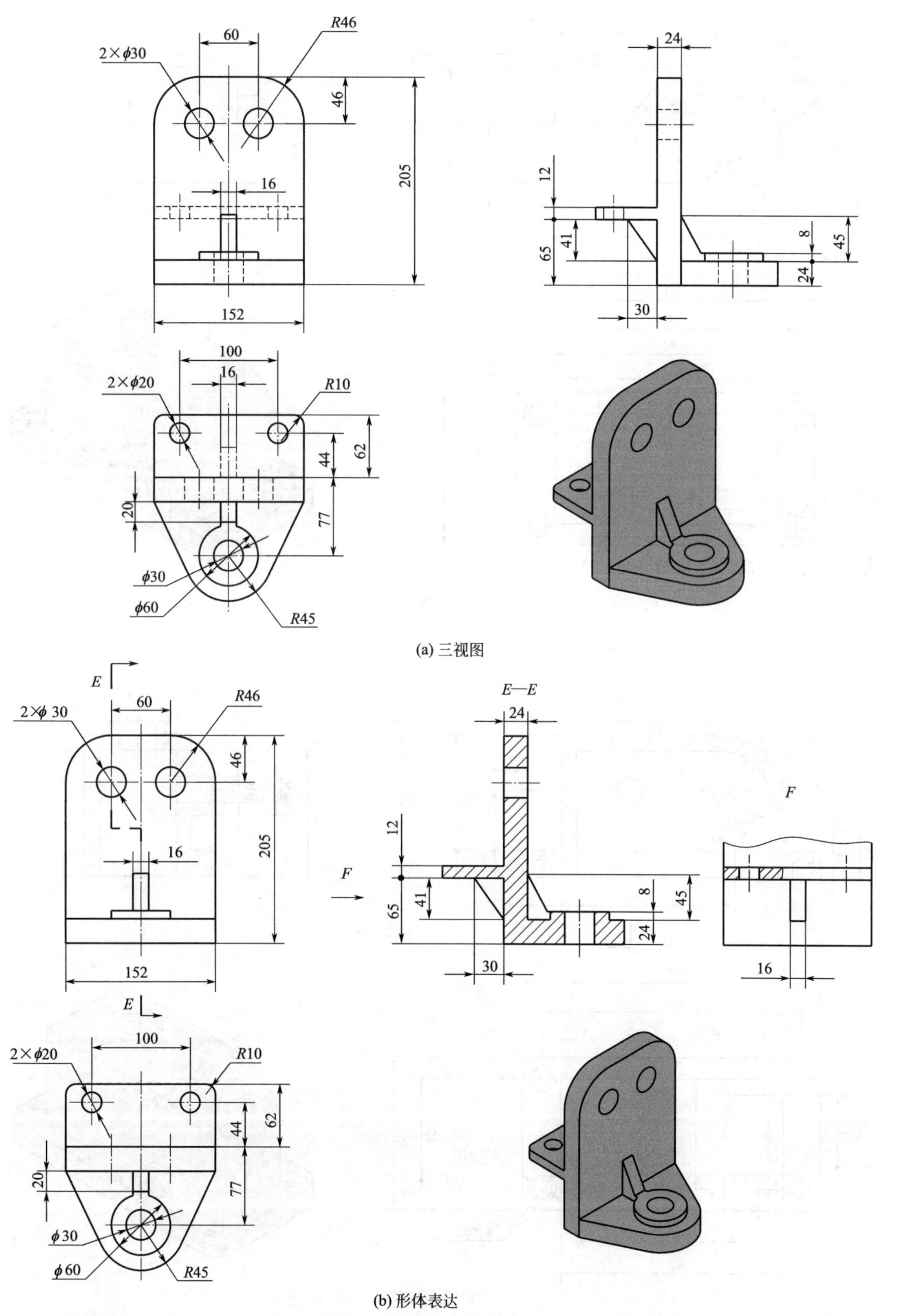

(b) 形体表达

图 3-43　三视图及其形体表达(四十三)

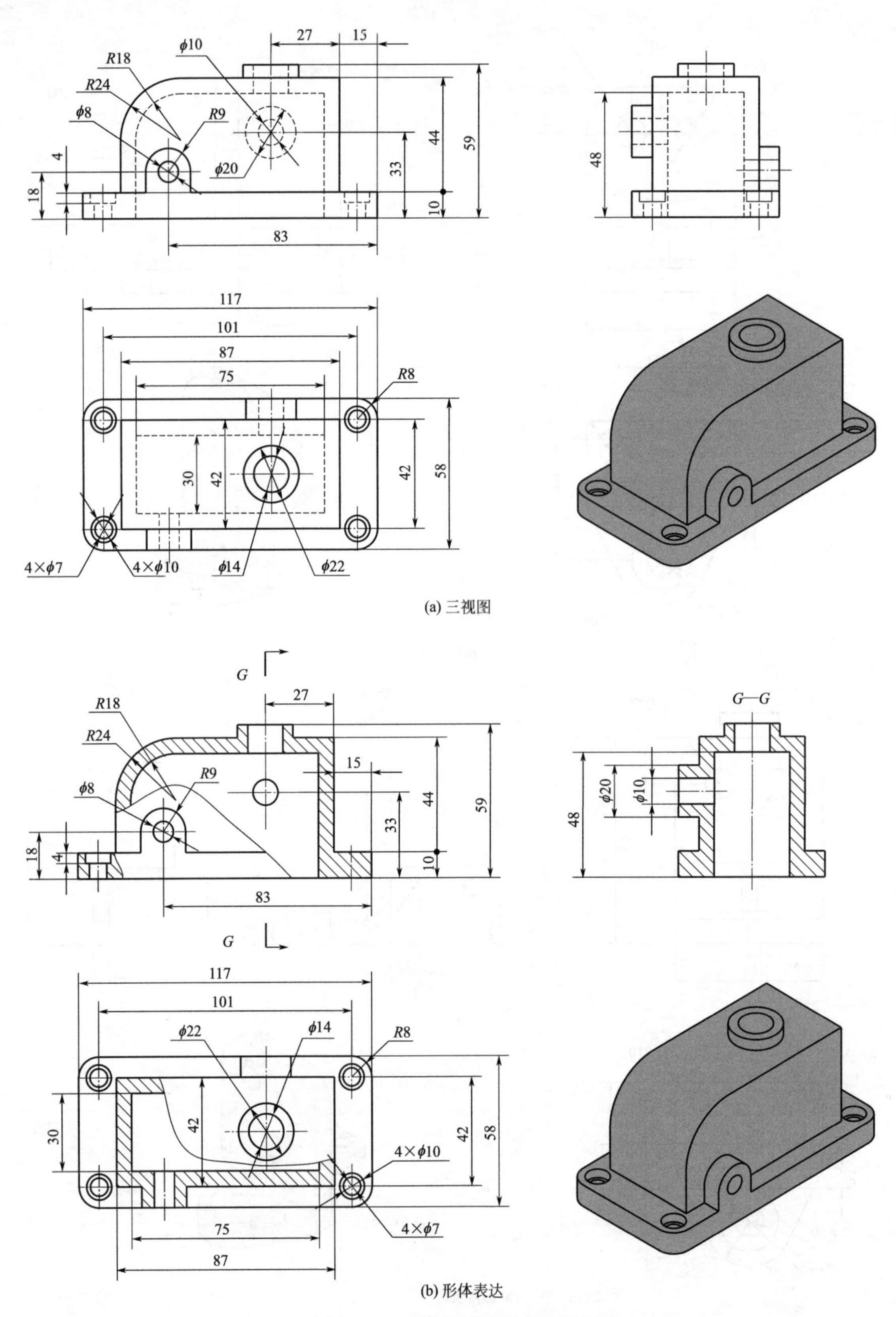

(a) 三视图

(b) 形体表达

图 3-44　三视图及其形体表达(四十四)

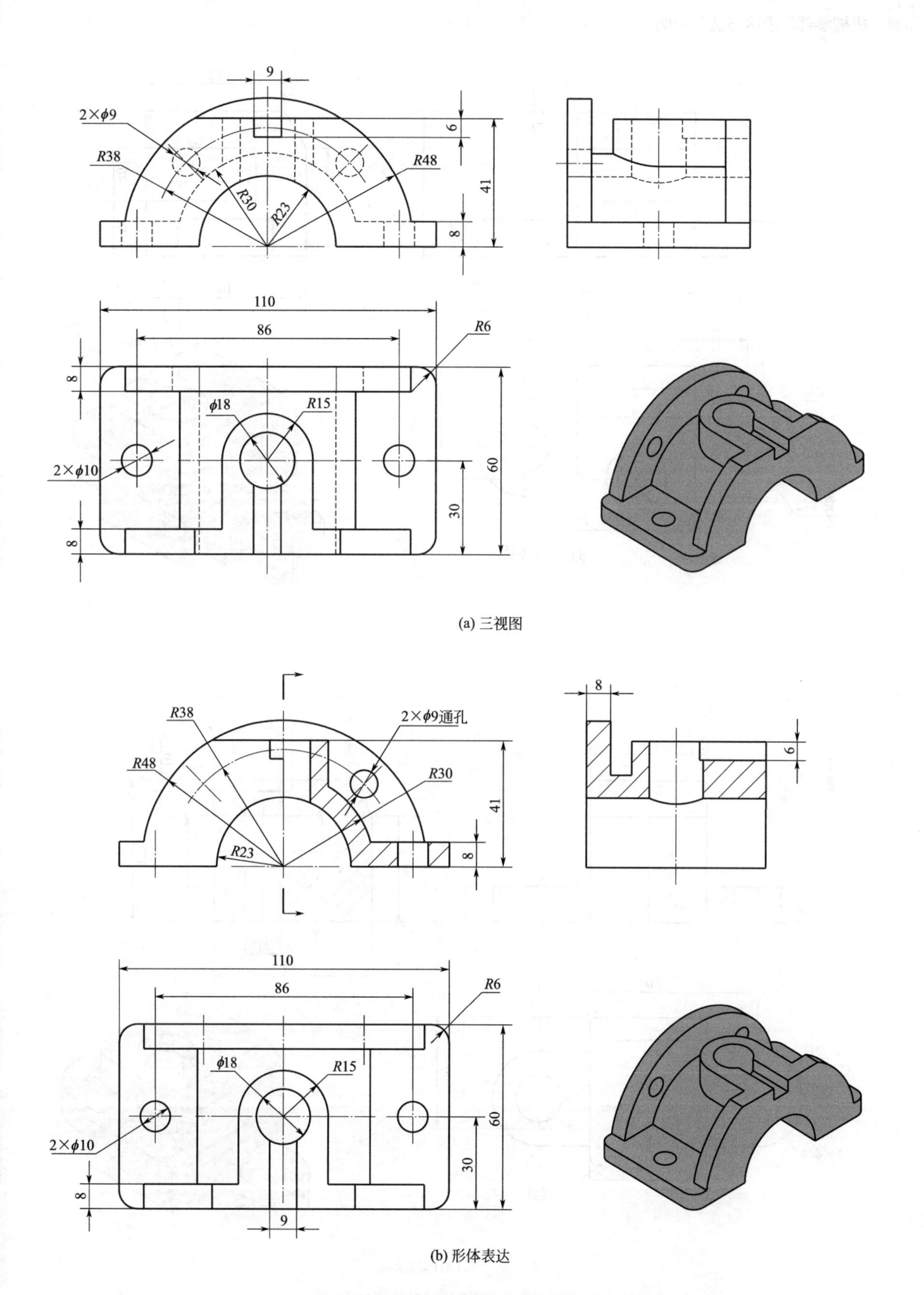

(a) 三视图

(b) 形体表达

图 3-45　三视图及其形体表达(四十五)

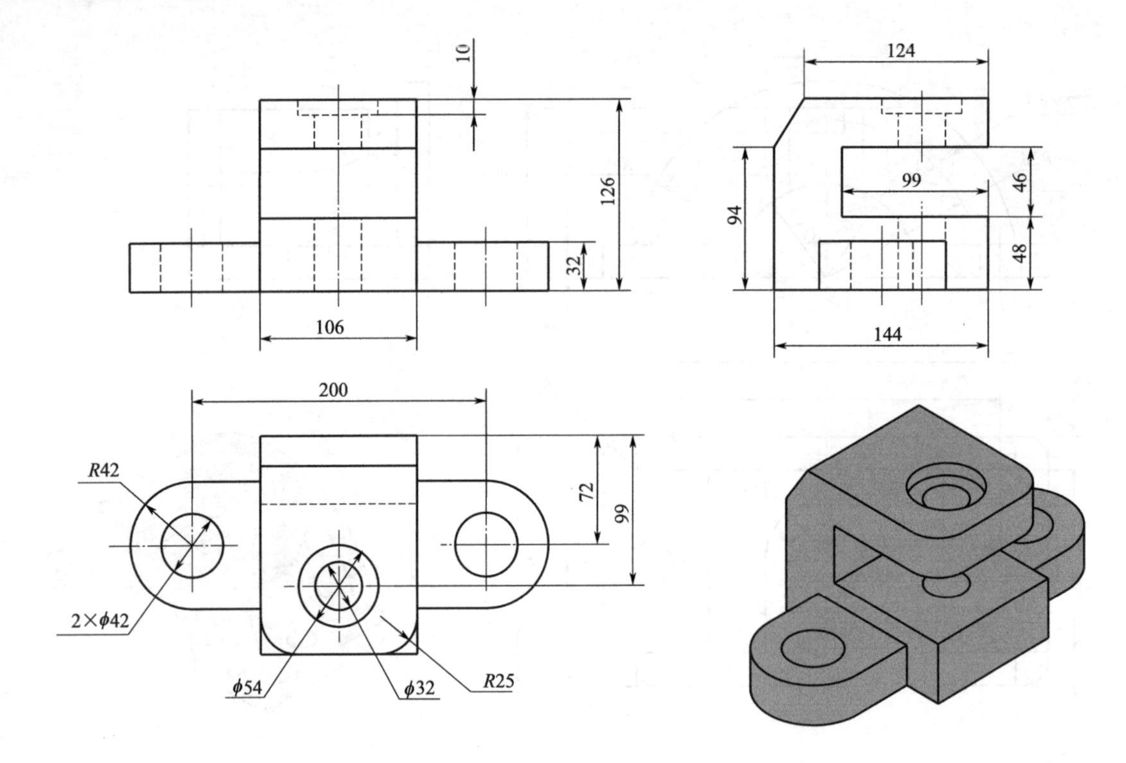

(a) 三视图

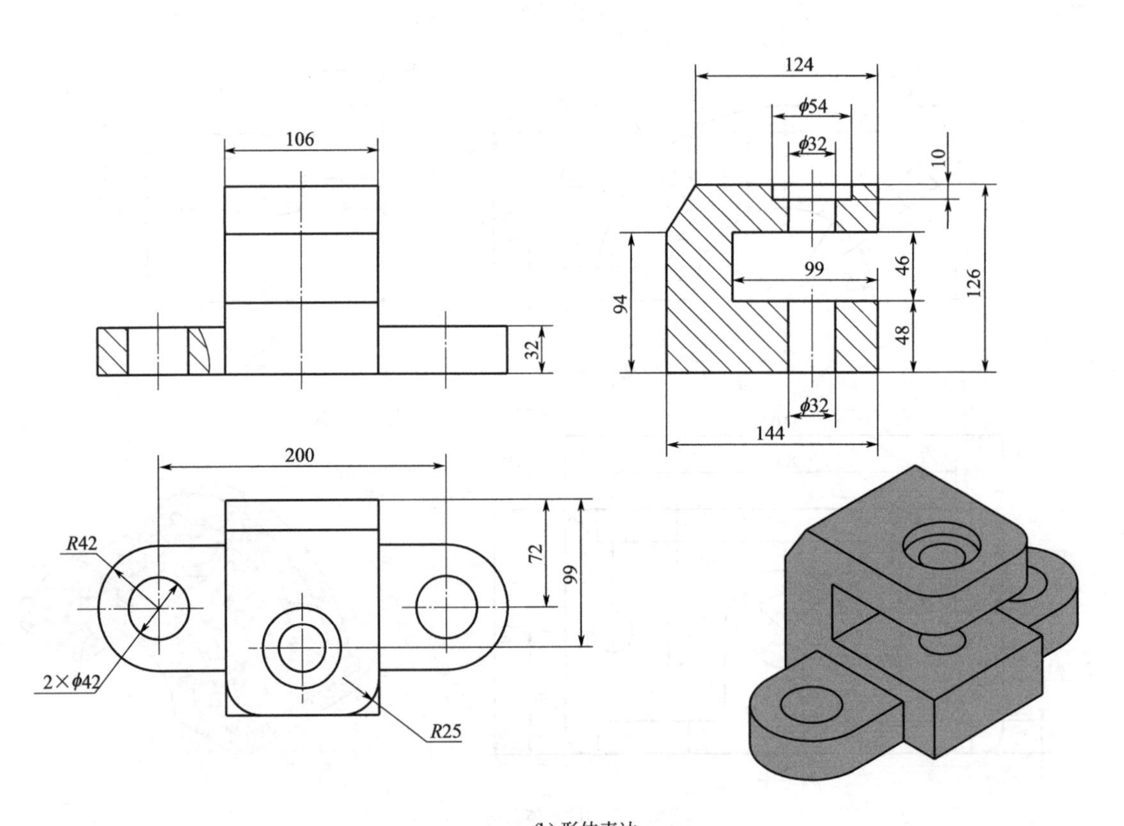

(b) 形体表达

图 3-46 三视图及其形体表达(四十六)

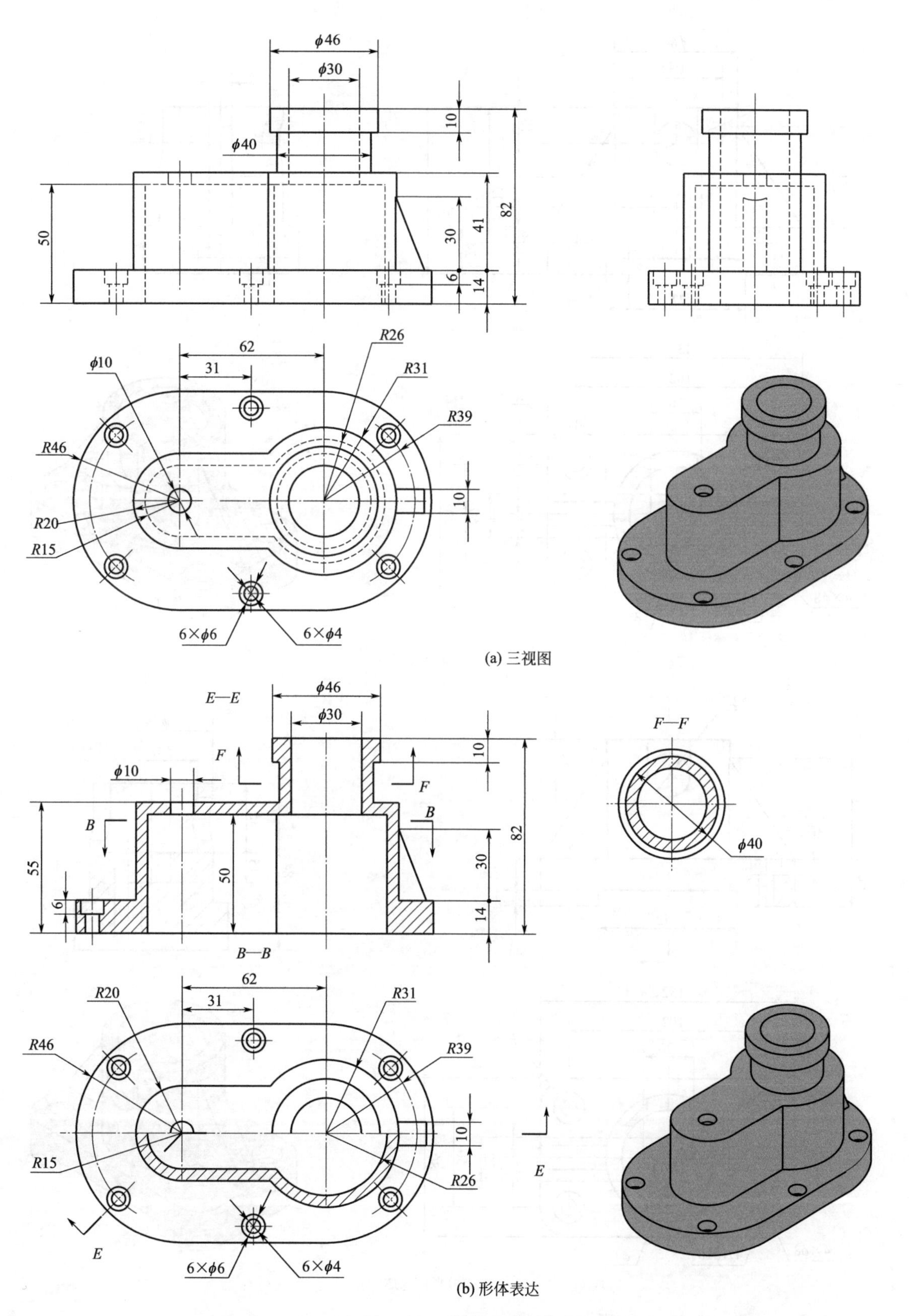

(a) 三视图

(b) 形体表达

图 3-47　三视图及其形体表达(四十七)

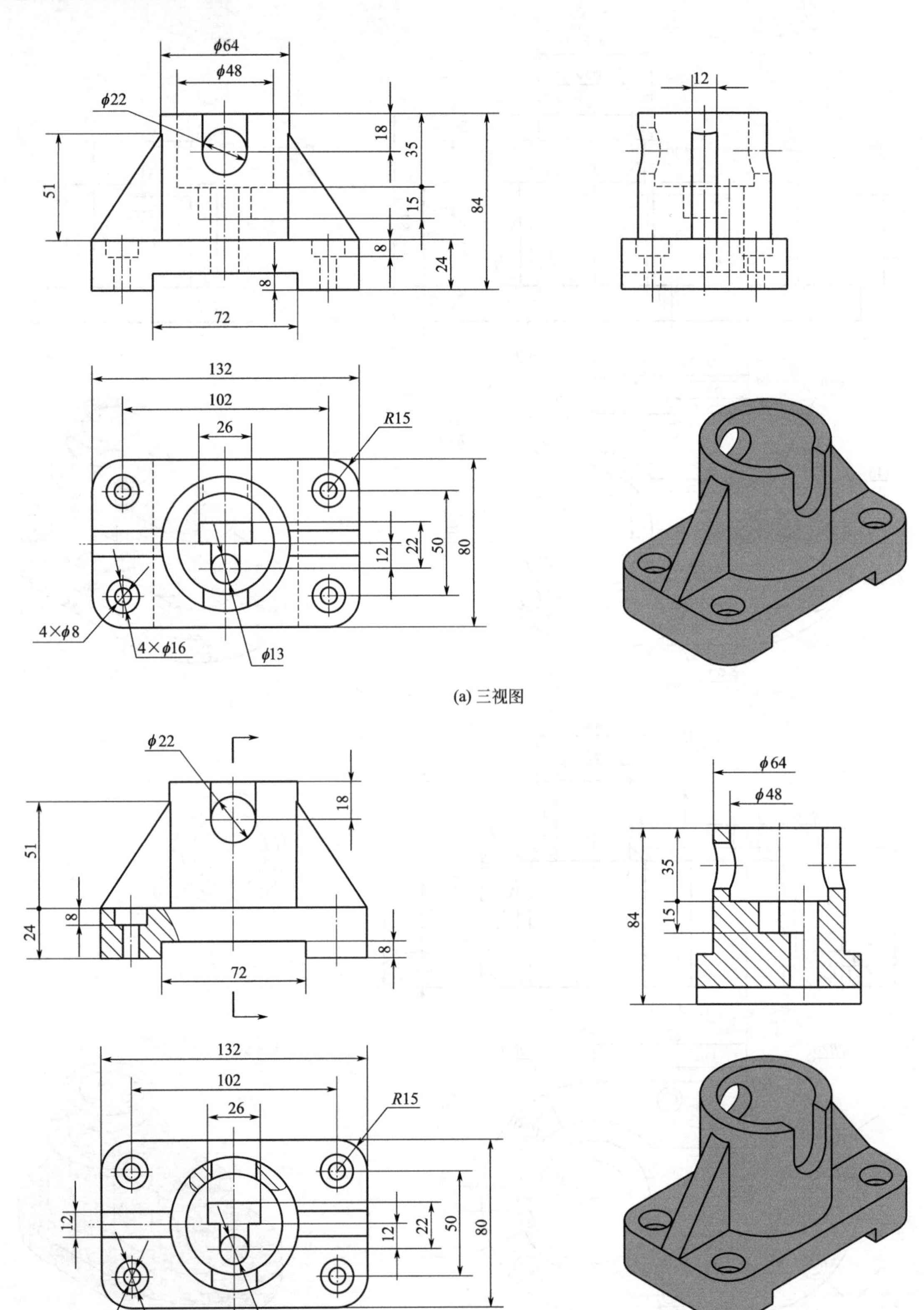

(a) 三视图

(b) 形体表达

图 3-48　三视图及其形体表达(四十八)

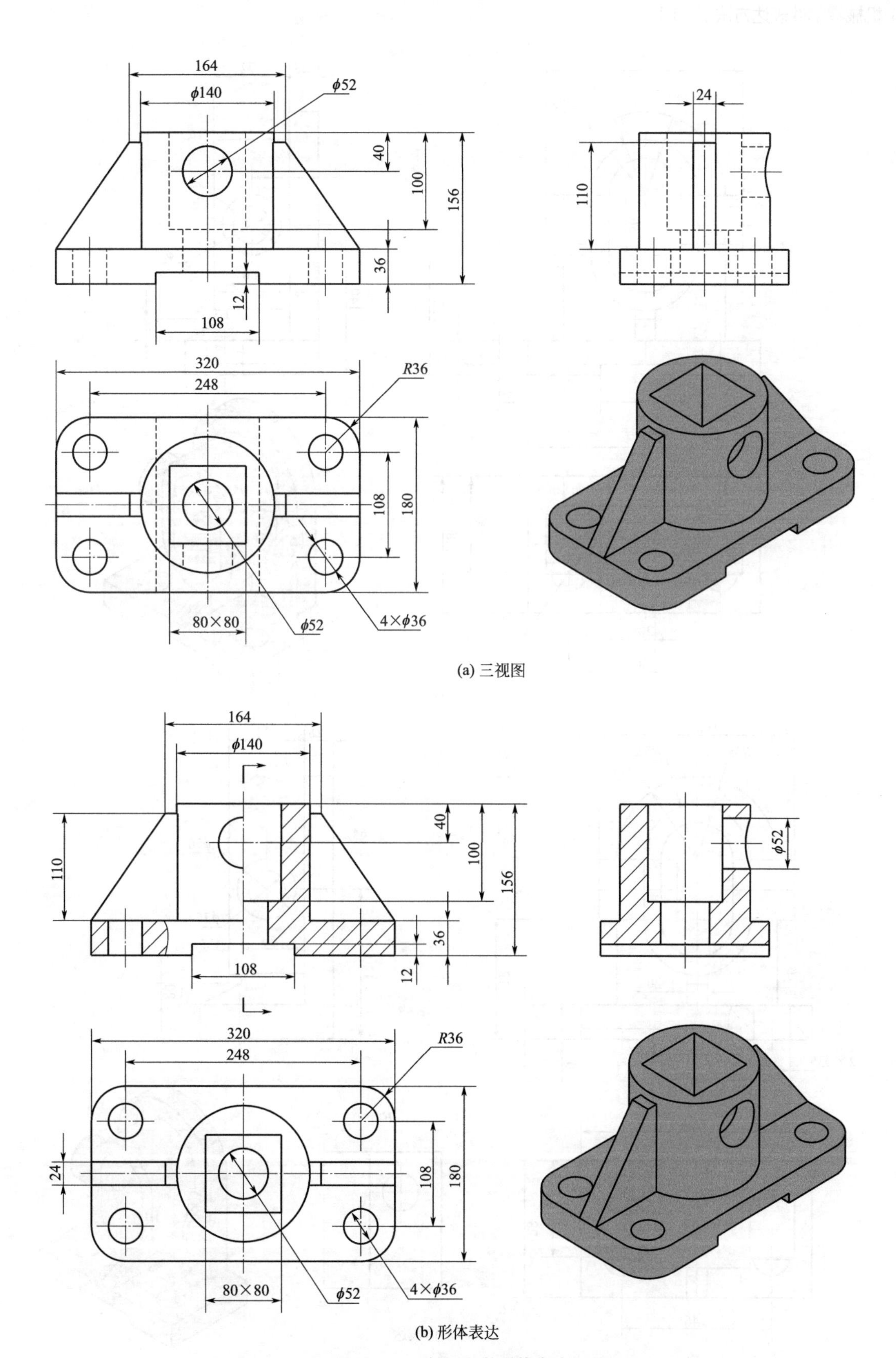

(a) 三视图

(b) 形体表达

图 3-49 三视图及其形体表达(四十九)

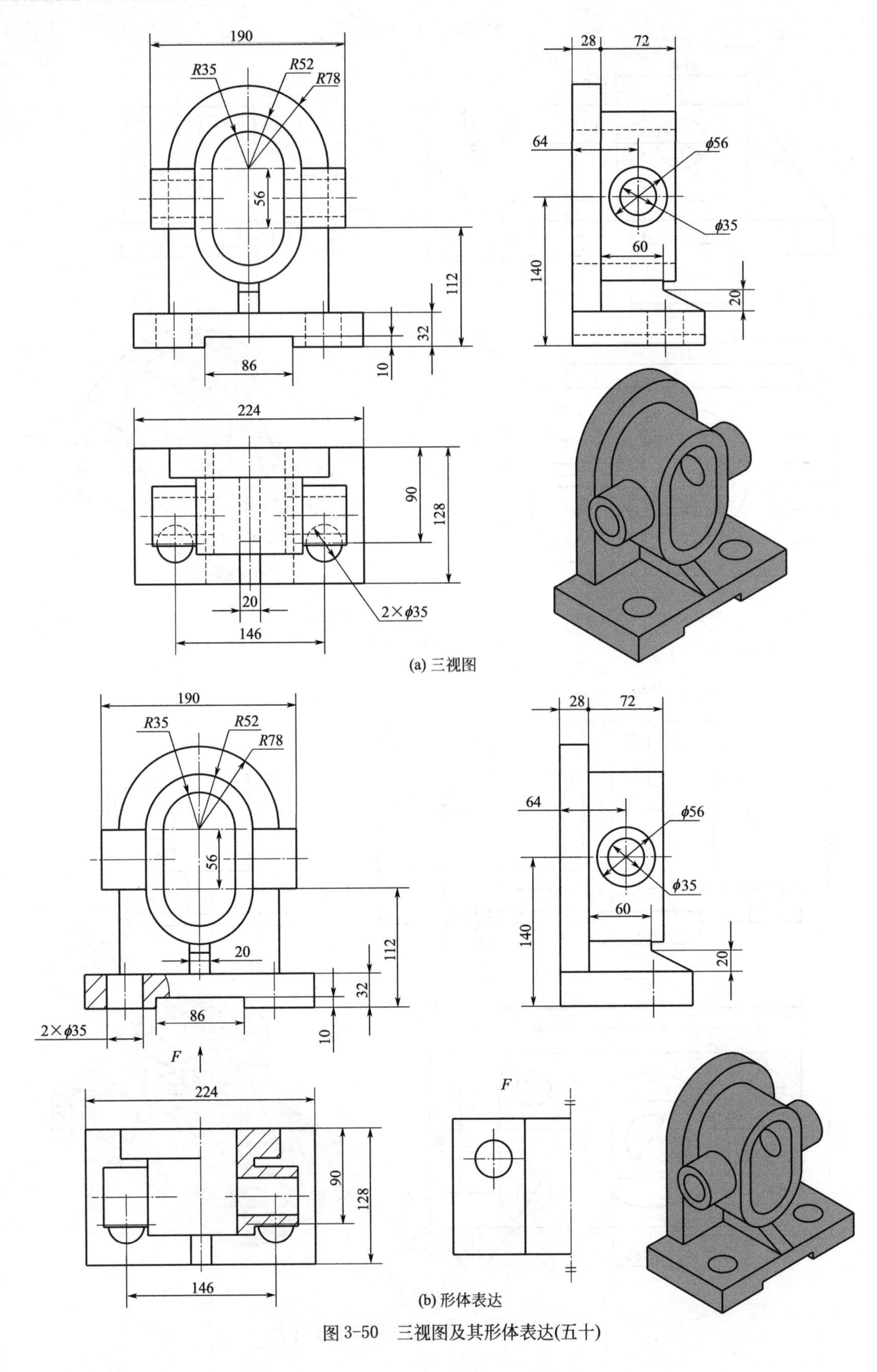

(a) 三视图

(b) 形体表达

图 3-50　三视图及其形体表达(五十)

第4章 常用零件图样

常用的零件按照形状结构和使用用途分为轴套类零件、轮盘类零件、叉架类零件和箱体类零件以及不包含以上在内的其他零件（钣金零件、冲压零件、弹簧等）等，本章从实用角度出发，阐述了各类零件的结构特点、表达方法，并给出了各种实用零件图样。

4.1 绘制零件图常识

4.1.1 绘图的一般原则

① 比例　绘图时，优先选择比例为1∶1，然后选择合适的图纸幅面；如果零件较大，没有合适的图纸幅面，可采用缩小比例，如1∶2、1∶4、1∶5、1∶10等。如果零件较小，可选择放大的比例，如2∶1、4∶1、10∶1等。

② 图纸幅面　一般选择有装订边的形式，尽量横放；如果选择A4幅面则需要竖放，便于装订。在选择图纸时，优先选择A3、A4幅面，或是A1、A0幅面，慎选A2幅面，因为此幅面打印出图时不好打印。

③ 图线　在机械图中，图线只有粗细两种，常用的有粗实线、细实线和细点画线等；粗实线宽度一般为0.5mm、0.7mm，细实线和细点画线宽度为0.25mm、0.35mm。

④ 视图表达　现在普遍使用计算机绘图，视图表达以看图方便、易懂为原则；可在视图表达中增加一个3D视图；计算机产生一个视图并不困难，为方便读图，不要人为地减少视图。视图中尽量使用国标规定的数字、符号、代号等，少用汉字。

⑤ 字体　图中的汉字采用长仿宋字体（GB/T 14691—1993），数字和字母采用A型（笔画宽为字高的1/14）或B型（笔画宽为字高的1/10）。图中数字和字母常选3.5号字，汉字选择5号字。计算机绘图时可在绘图设置中设置完成。

⑥ 尺寸箭头　视图中的箭头一般宽度为0.8mm，长度为4mm，剖面符号箭头一般宽度为1mm，长度为4mm。

⑦ 尺寸标注　以装配体的设计基准为基准来确定各个零件的尺寸基准，尽量使设计基准与工艺基准重合，避免设计基准和工艺基准不重合带来的误差。每个尺寸只标注一次，标注在最能反映该形体特征的视图上，尽量采用数字、字母和各种符号、代号，慎用汉字。

⑧ 标题栏　应填写零件名称、材料、数量、重量、图号及设计者等信息。

⑨ 图号编写　一个装配图的零件不宜过多，便于编写、查找零件，一般少于50种零件。凡是需要加工的零件，需要编写图号。装配图的图号最后两位为00，零件图从01、02……顺序编写。标准件、外购件不编写图号，在明细表中应标注产品的名称、型号、规格、标准代号以及生产厂家等信息。

4.1.2 机械加工通用技术条件

图样中标注技术要求的按技术要求执行，没有注明技术要求的，按机械加工通用技术条件执行。由于企业生产的产品不同，通用技术条件也不相同，各企业按照自己的实际情况制定相应的机械加工通用技术条件。其内容大致有这几个方面：材料要求，机械加工技术要求；质量控制要求；零件表面质量要求等。

(1) 材料要求

常用的材料有黑色金属材料（钢、铁），有色金属材料（铜、铝及其合金），有机高分子材料（塑料、橡胶）和无机非金属材料（玻璃、陶瓷）等。材料选用要符合图纸要求，材料的内在质量应符合国家标准相应材料规定的要求。板材、圆钢、型材的几何尺寸应符合国标的规定。

(2) 机械加工技术要求

① 未注尺寸公差　轴按 h14 级，孔按 H14 级；未注公差的线性和角度尺寸的公差按照 GB/T 1804—2000《一般公差》中等级（m）执行，表示为 GB/T 1804-m。

② 未注几何位置公差　直线度、平面度、垂直度、对称度、圆跳动按 GB/T 1184—1996 中 K 级执行，表示为 GB/T 1184-K。

有尺寸公差的轴与孔的圆度、圆柱度均应控制在相应的尺寸公差带内；零件表面间的对称度及回转体间的同轴度误差均不得超出相应尺寸公差带中的较大者。零件表面或轴线间的平行度应在相应的尺寸公差带之内。

③ 螺纹

普通螺纹精度：图样上，未注明精度等级的普通螺纹均按 GB/T 197—2003 规定，内螺纹按 6H、外螺纹按 6g 加工和检验；未注明粗糙度的螺纹，均为 $Ra6.3\mu m$；螺纹部分的有效长度公差按＋1.5 倍螺距执行。

梯形螺纹精度：未注明精度等级的梯形螺纹均按 GB/T 5796.4—2005 规定，中等旋合长度 N，内螺纹按 8H、外螺纹按 8e 加工和检验；未注明粗糙度的螺纹，均为 $Ra6.3\mu m$。

55°非密封管螺纹精度：未注明精度等级的螺纹均按 GB/T 7307—2001 规定，外螺纹按 B 级；内螺纹不标注等级，未注明粗糙度的螺纹，均为 $Ra6.3\mu m$。

55°密封管螺纹精度：未注明精度等级的螺纹均按 GB/T 7306.2—2000 规定执行，未注明粗糙度的螺纹，均为 $Ra6.3\mu m$。

螺纹倒角：内螺纹孔口按 120°（或 90°）倒角，倒角外圆应大于螺纹直径；外螺纹端部按 45°倒角，倒角后小径应小于螺纹小径。内螺纹加工工序为，钻孔—倒角—攻螺纹，外螺纹加工工序后，车外圆—倒角—车螺纹。

内螺纹轴线对端平面（外螺纹对支承平面）的垂直度：均按 1/100 加工和检验。

④ 中心孔　是否保留应在图样上注明，若未注明则认为有无均可，或按工艺规定。中心孔的规格图样上如未注明时按 A 型（不带护锥）加工和检验。

(3) 表面质量

常用的零件表面处理技术有热处理、电镀、涂装、氧化着色等。黑色金属零件必须进行表面处理，以防氧化。零件表面可分为 A 级、B 级和 C 级。

A 级表面：有相互移动或配合的工作面、非常重要的装饰表面，或产品使用时始终可以看到的表面。

B 级表面：相互结合的，有定位、支撑作用的不移动表面，或内表面，或产品不翻动时客户偶尔能看到的表面。

C 级表面：内部的非工作面、非接触面，或翻动时才可见的表面，或产品的内部零件的表面。

机械加工外观的控制：在机械加工中，A 级表面不允许存在机械碰伤、表面划伤等各种缺陷，允许存在 B、C 级表面；需要划线加工的零件，加工后不允许有划线的痕迹。

机械加工的零件要去毛刺、倒棱角（特殊要求除外），钻孔后要倒角。需要表面处理的零件，表面不允许有氧化层、铁锈、凹凸不平等缺陷。搬运、存放时，必须防止加工件的损伤和变形。

零件的配合表面上，除图样及技术文件有规定外，不得刻、打印记或做其他不易清除的标记。

零件存放时，一定要有防范变形、生锈的措施，以免在使用时失去精度。

(4) 质量控制要求

图纸是零件加工的依据，零件加工按照工艺流程去做。图纸有标示不清、模糊、错误的和对图纸产生疑问的应与相关技术人员联系解决。

外观检验：不允许零件有翘曲、变形、裂纹、划伤、碰伤、凹凸不平等缺陷；表面粗糙度符合图样要求；铸件应清砂，焊接件应除去焊渣；零件热处理后不再进行加工的表面应清理干净，表面处理后的加工件光泽应均匀一致。

加工后的零件表面不应有退火、烧伤、裂纹等缺陷。

两加工面间的根部，未要求清根的，其圆角半径均不大于 0.5mm。两加工面间过渡圆角或倒角的粗糙度，按其中较低的执行。

图样上未注明锪平深度的，其深度尺寸不作检查，以锪平为限。图样上未注明粗糙度的倒角、退刀槽其粗糙度一律不作检查。

内、外螺纹的检验：图中有特殊要求的，采用塞规或环规进行检验；没有要求的，用螺栓（螺钉）或螺母检验。

尺寸及公差的检验：零件的尺寸和公差符合图纸的要求。

表面粗糙度检验：没有特殊要求的，用表面粗糙度样板对比检验；有特殊要求的，按要求检验，或按国标规定检验。

4.2 轴套类零件

轴套类零件包括各种轴、丝杆、套筒等，轴一般是用来支承传动零件（如齿轮、带轮等）和传递动力的；套一般装在轴上，起轴向定位、传动或连接等作用。

4.2.1 轴套类零件结构特点

轴套类零件结构的主体部分大多是由同轴、不同直径的数段回转体组成，轴向尺寸比径向尺寸大得多，主要加工方法是车削和磨削加工。

常见的轴一般为实心，也有空心的，有的轴细长，还带有锥面，有的轴有偏心。轴上常见的功能结构有键槽、花键、螺纹、孔、槽等；常见的工艺结构有倒角、圆角、中心孔、砂轮越程槽、退刀槽等，如图 4-1 所示。

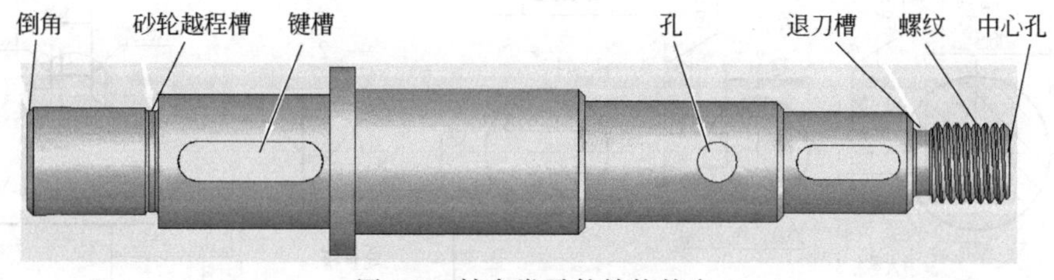

图 4-1　轴套类零件结构特点

4.2.2 常见轴套类零件实例

(1) 实心轴

实心轴的表达：实心轴是指沿轴线方向没有孔的轴，常采用轴线水平放置的一个主视图加若干断面图或局部放大图表达，选择有槽或有孔的方向作为主视图投射方向，对于轴上的键槽和垂直轴线的孔采用断面图表达，对于轴肩的圆角、退刀槽（砂轮越程槽）等工艺结构可采用局部放大图表达。

尺寸标注：应以基准进行标注，径向尺寸（高）基准为轴线，轴向尺寸（长）基准一般为轴肩或端面，对于轴的尺寸可采用三行法标注，即最外一行标注总长，第二行标注形体（或特征）尺寸，第三行标注小的结构尺寸（如退刀槽、砂轮越程槽等）（标注方法参阅 2.6 节）；对于轴的直径，标注在主视图（非圆视图）上，尺寸数字前加 ϕ，有配合的圆柱面标注尺寸公差带代号和数值；顶尖孔一般采用标注的形式（参见图 2-66），而不画出结构。

技术要求：表面粗糙度，凡是有配合的圆柱面 Ra 为 1.6～0.4μm，一般 Ra 为 0.8μm，键槽的工作面 Ra 为 3.2～1.6μm，顶尖孔和销孔 Ra 为 0.8μm，其余 Ra 为 6.3μm；轴类零件常用的几何公差是同轴度和径向跳动，键槽和花键有对称度要求，其大小与要求的精度有关，一般为 0.01～0.05mm；键槽的配合对轴来说，一般选择较紧连接 N9，键槽深度选择负公差；安装轴承的部分配合常用 h6、k6 等，有旋转配合的常用 f7、d9、c11，有同轴定位要求，配合常选 h6、h7、h9、h11 等。

材料：轴类零件常用的材料为 45、40Cr、20Cr、38CrMoAlA 等，没有强度要求的轴，可以不进行热处理，受力比较大的轴，需要调质处理，洛氏硬度为 25～28HRC。

标题栏：一般填写零件名称、比例、数量、材料、重量、图号和设计者的姓名等内容。

实心轴的实例如图 4-2 所示。

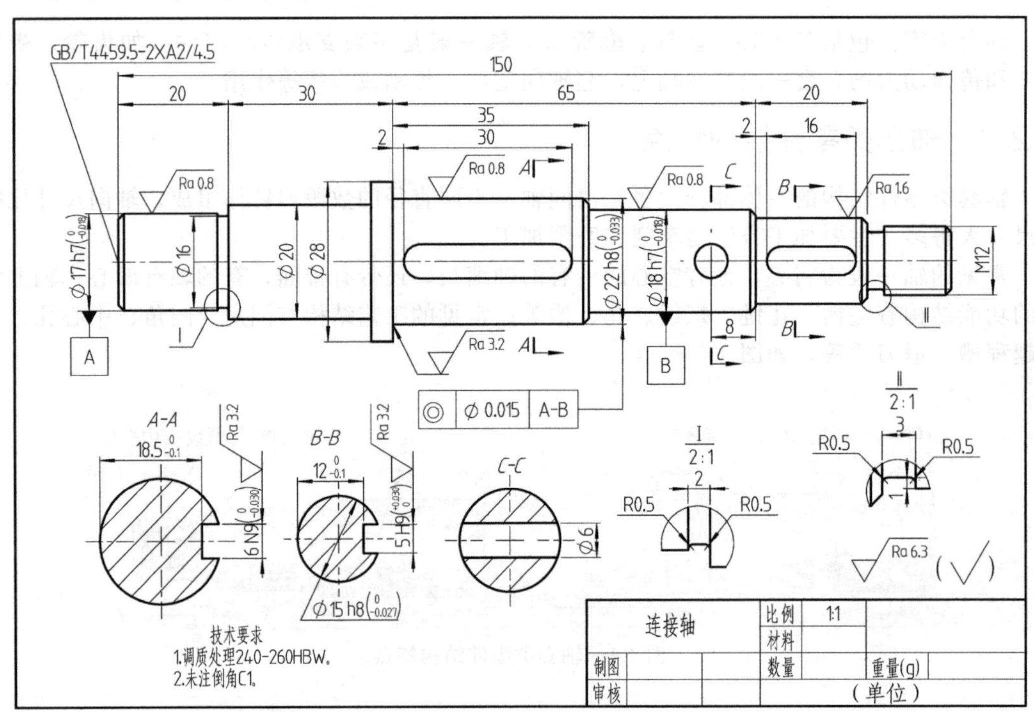

图 4-2 实心轴

(2) 空心轴

空心轴的表达：空心轴主视图采用轴线水平放置的全剖或局部剖视图；轴上槽、孔部分的形状和位置，可用俯视图或局部视图表达；孔、槽的深度可用断面图表达。

尺寸标注：轴的外形尺寸一般标注在主视图的上面，内部尺寸一般标注在主视图的下面；技术要求、材料，标题栏的填写，可参阅实心轴。

空心轴的实例如图 4-3 所示。

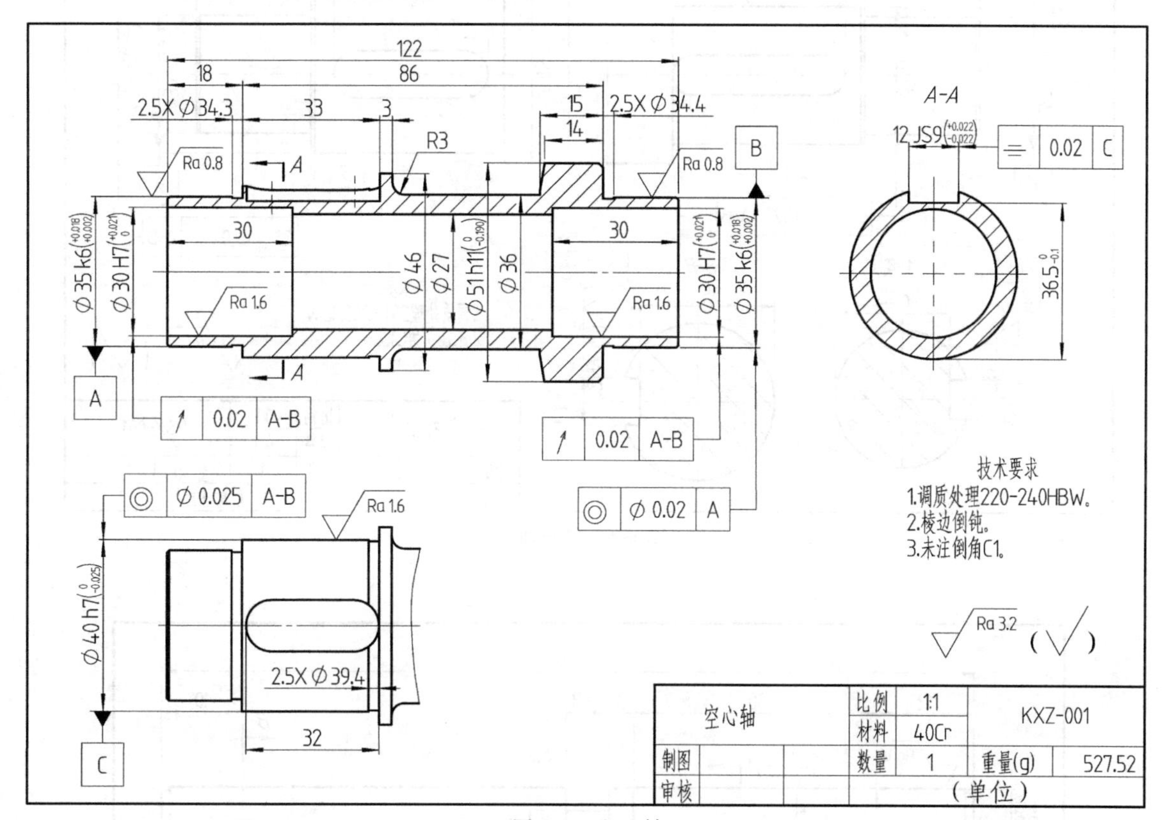

图 4-3 空心轴

(3) 细长轴

细长轴是指轴的长度与直径比大于 30 倍以上的轴。直径小于 10mm，一般采用放大比例，如 2∶1、4∶1 等；直径大于 10mm、小于 60mm，一般采用 1∶1；直径大于 60mm，一般采用缩小比例，如 1∶2、1∶4 等。图纸幅面常用 A3，由于轴较长，图纸幅面不够，可在相同直径较长的区间，采用断开的画法表达，其他结构的表达、技术要求、材料等可参考实心轴。

细长轴的实例如图 4-4 所示。

(4) 偏心轴

偏心轴是指轴的某一圆柱面的轴线与其他圆柱面的轴线不在同一轴线上的轴，表达时将两轴线偏心的距离最大的方向作为主视图的投射方向，左视图（或断面图）选择偏心的圆柱面剖视画出，主要表达偏心的大小和位置，其余同实心轴。

偏心轴实例如图 4-5 所示。

(5) 花键轴

花键轴是指轴的某个部位有花键，花键可采用断面图表达，尺寸可以标注在断面图上，

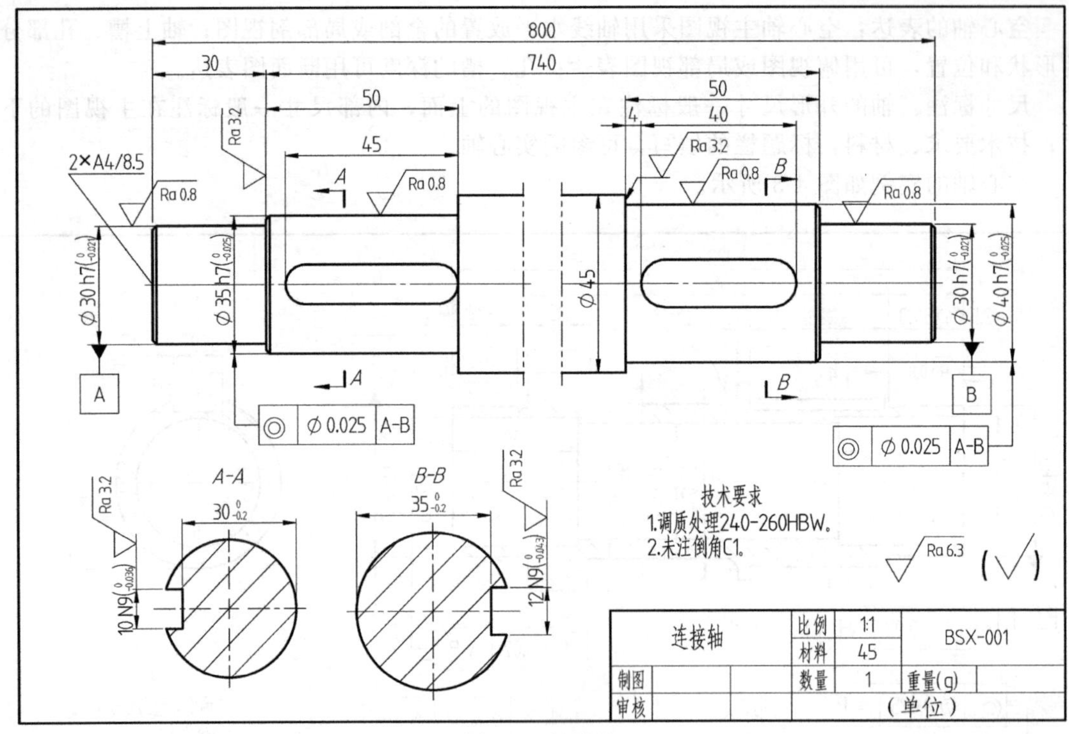

图 4-4　细长轴

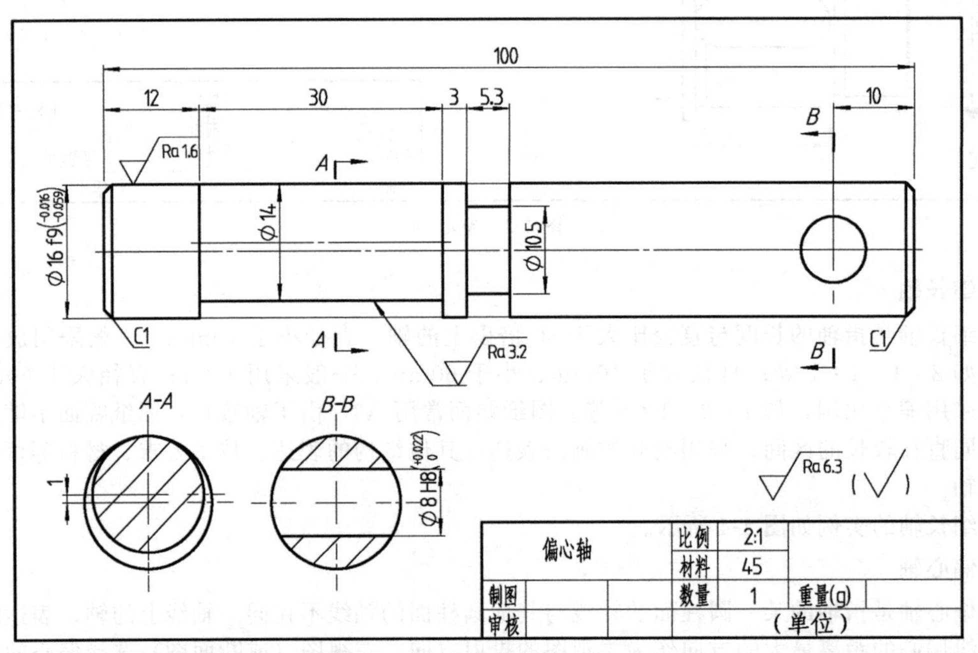

图 4-5　偏心轴

也可以用标注的形式表达花键的尺寸（参见图 2-27），图 4-6 中的花键可以标注为：⎍ 6×36f7×42a11×10d10。

花键轴实例如图 4-6 所示。

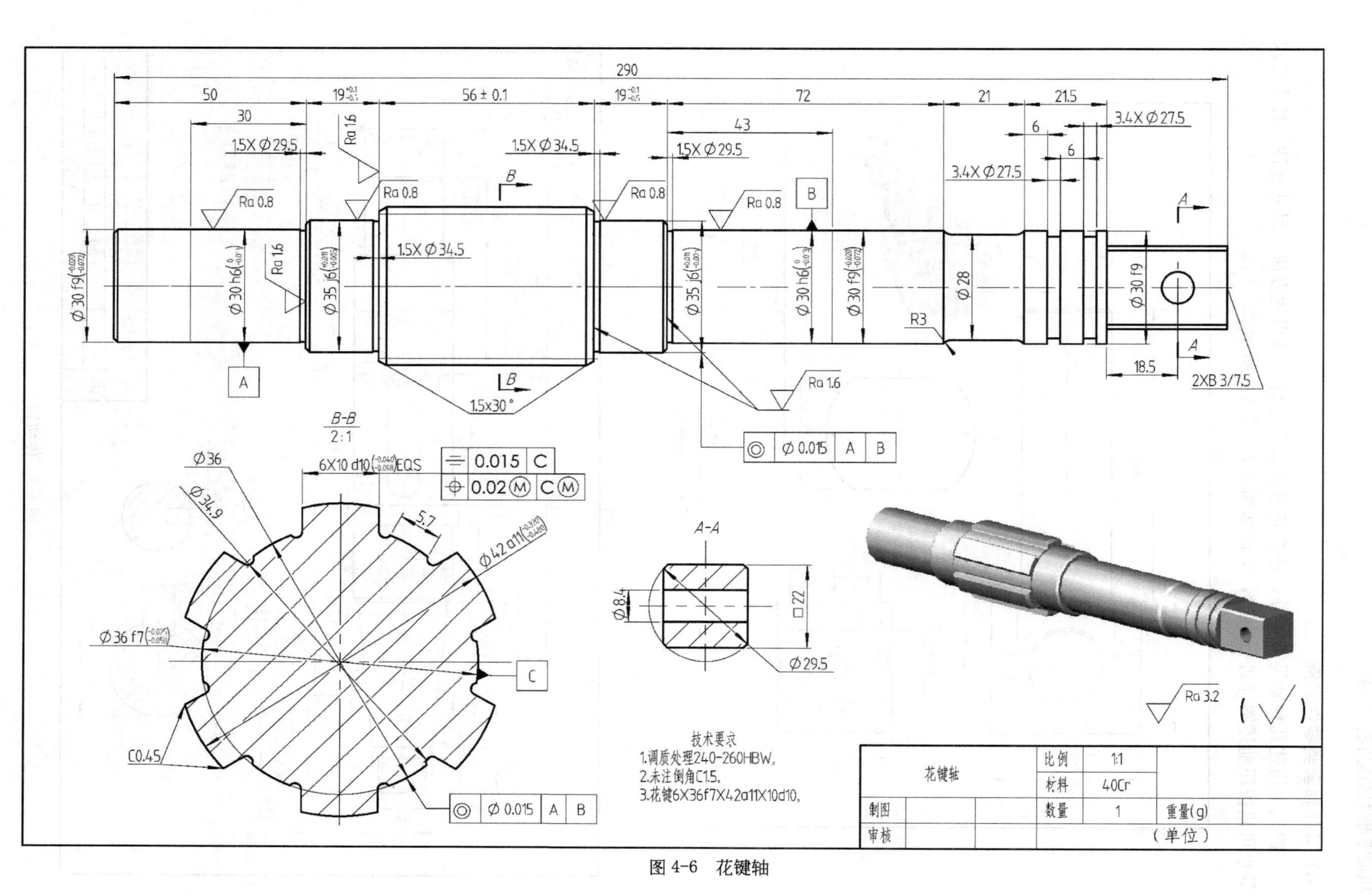
290
50
30
56 ± 0.1
72
43
21
21.5
1.5X Φ29.5
1.5X Φ34.5
3.4X Φ27.5
Ra 0.8
Ra 1.6
Ra 3.2
R3
18.5
2XB 3/7.5
1.5x30°
B-B
2:1
6X10 d10 EQS
A-A
Φ29.5
Φ8.4
□22
C0.45
技术要求
1.调质处理240-260HBW。
2.未注倒角C1.5。
3.花键6X36f7X42a11X10d10。
花键轴
比例 1:1
材料 40Cr
数量 1
重量(g)
（单位）
制图
审核

图 4-6 花键轴

(6) 其他轴套类零件实例

除以上所述几种轴类零件外，还有各种杆状类零件。其表达方法、尺寸标注、技术要求等也可以按照前述图样进行表达，实例如图 4-7、图 4-8 所示。

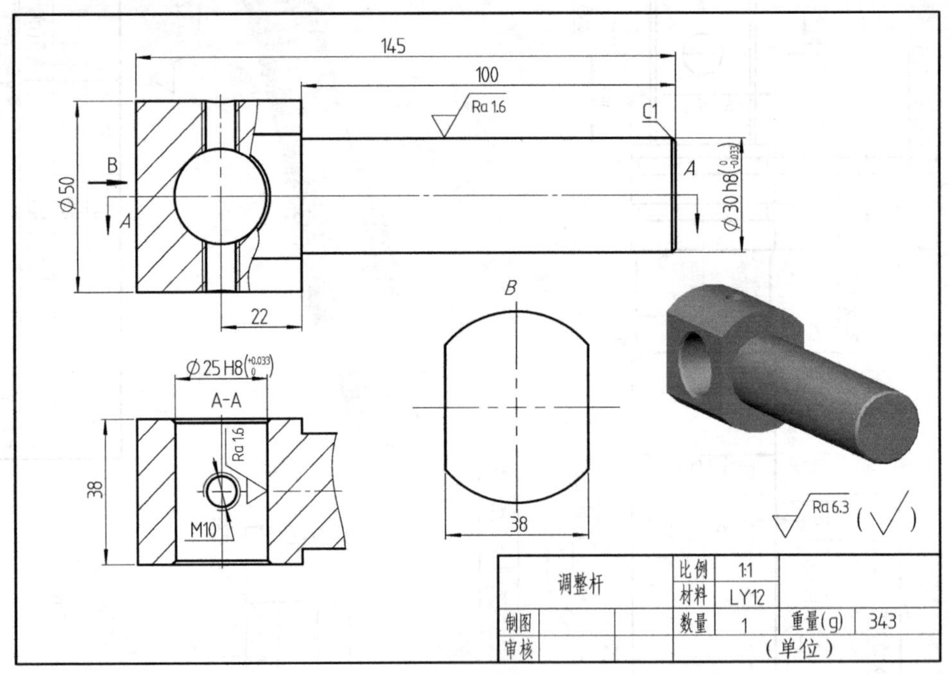

图 4-7 调整杆

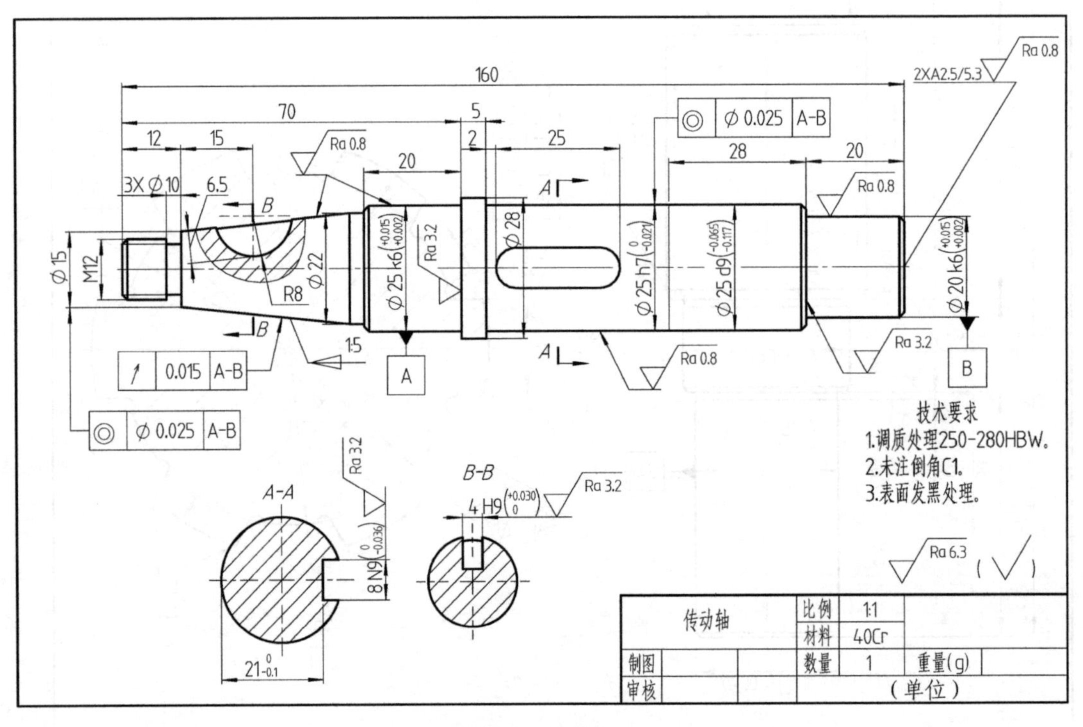

图 4-8 传动轴

4.3 轮盘类零件

轮盘类零件也是组成机器的常见零件，如法兰盘、轴承端盖、各种泵盖、齿轮、蜗轮、链轮、带轮、飞轮、手轮、离合器中的摩擦盘等。轮类零件主要传递运动及动力，如齿轮、蜗轮、链轮、带轮、飞轮、手轮等；盘盖类零件主要起支承、轴向定位或密封等作用，如轴承端盖、发动机端盖、泵盖等。

4.3.1 轮盘类零件常见结构特点

轮盘类零件主要结构形状是回转体，其特点是径向尺寸大，轴向尺寸小，一般为铸件或锻件（钢件），塑料件的各种轮盘零件也越来越多，如齿轮、带轮、手轮等。由于轮盘类零件常由铸、锻件毛坯经机械加工而成，故其工艺结构主要有铸造圆角、起模斜度、退刀槽、砂轮越程槽、键槽、螺纹、倒角等；有些零件还带有各种形状的凸缘、轮辐和肋板等局部结构，如图 4-9 所示。

图 4-9　轮盘类零件的立体图

轮盘类零件上常带有按规律分布的光孔、螺孔、沉孔等结构，这些孔的尺寸可以按一般标注法标注，也可以简化标注，如表 4-1 所示。

表 4-1　零件上常见孔的注法

零件结构类型		一般标注	简化标注		说　明
光孔	一般孔	4×φ5　10	4×φ5↧10	4×φ5↧10	↧深度符号 4×φ5 表示 4 个直径为 5mm 光孔，深 10mm
光孔	锥孔	锥销孔φ5 配作	锥销孔φ5 配作	锥销孔φ5 配作	φ5 是与锥销孔相配的圆锥销小端直径。锥销孔通常是在两零件装在一起时加工的

续表

零件结构类型		一般标注	简化标注		说　明
沉孔	锥形沉孔	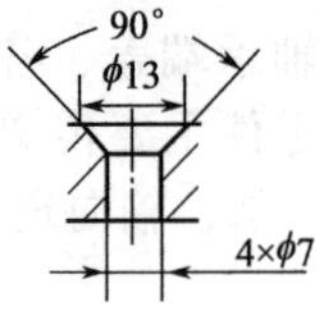 90° φ13 4×φ7	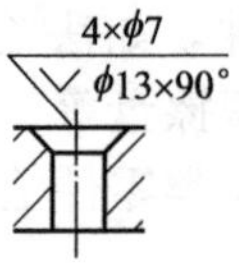 4×φ7 ⌵φ13×90°	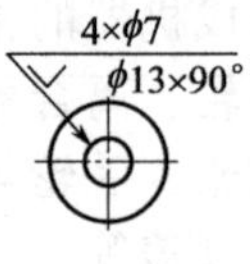 4×φ7 ⌵φ13×90°	⌵锥形沉孔符号 4×φ7表示4个直径为7mm光孔，90°锥形沉孔的直径为13mm
	柱形沉孔	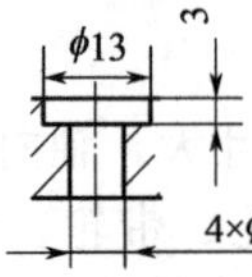 φ13 3 4×φ7	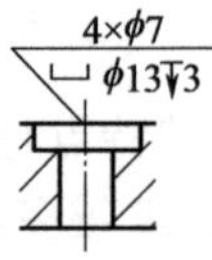 4×φ7 ⌴φ13↧3	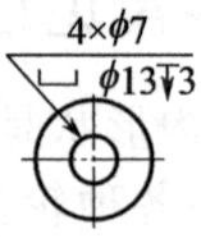 4×φ7 ⌴φ13↧3	⌴沉孔及锪平符号 4个柱形沉孔的小直径为7mm，沉孔直径为13mm，深度3mm
	锪平沉孔	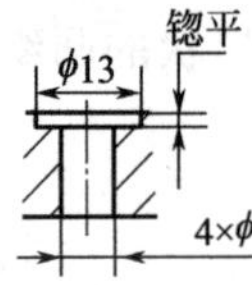 锪平 φ13 4×φ7	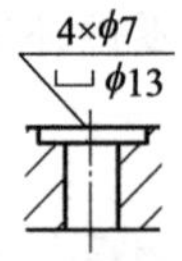 4×φ7 ⌴φ13	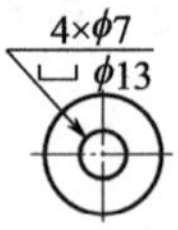 4×φ7 ⌴φ13	锪平φ13mm的深度不必标出，一般锪平到不出现毛面为止
螺孔	通孔	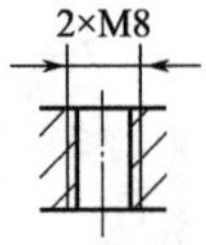 2×M8	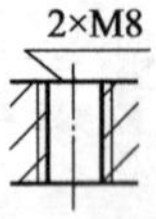 2×M8	 2×M8	2×M8表示两个公称直径为8mm的螺纹孔
	不通孔	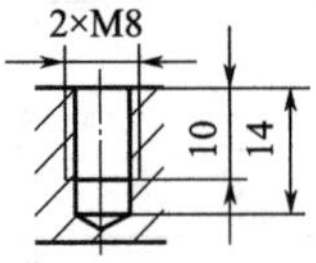 2×M8 10 14	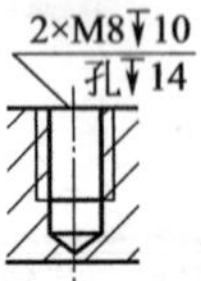 2×M8↧10 孔↧14	 2×M8↧10 孔↧14	表示两个公称直径为8mm的螺孔，螺纹长度为10mm，钻孔深度为14mm

4.3.2 轮盘类零件图的主要内容

(1) 表达方案

轮盘类零件一般需要两个以上的视图表达。

① 轮盘类零件主要是在车床上加工，所以应按形状特征和加工位置选择主视图，轴线水平放置；对有些不以车床加工为主的零件可按形状特征和工作位置确定。

② 根据轮盘类零件的结构特点，零件具有对称平面时，内外形状都需要表达，可作半剖视；无对称平面时，可作全剖视或局部剖视。

③ 为了表示零件上均布的孔、槽、肋、轮辐等结构，可选用一个端面视图（左视图或右视图），如图4-10所示，用一个左视图表达凸缘和四个通孔的分布情况。

④ 其他结构形状的表达，如表达轮辐可用移出断面或重合断面表示。细小结构，常采用局部放大图。

(2) 尺寸标注

① 零件的宽度方向和高度方向的主要基准是回转轴线，长度方向的主要基准是安装的接触面。

② 定形尺寸和定位尺寸都比较明显，尤其是在圆周上分布的小孔的定位直径是这类零件的典型定位尺寸，多个小孔一般采用“6×φ××EQS”形式标注，EQS就是均布，意味着等分圆周，没有特殊要求，角度定位尺寸可不标注。

③ 内外结构形状仍要分开标注，方便看图。

(3) 技术要求

① 有配合的内、外表面，粗糙度为 $Ra3.2 \sim 0.8\mu m$，轴向定位的端面，表面粗糙度为 $Ra3.2 \sim 1.6\mu m$，其余加工面为 $Ra6.3\mu m$，对于铸造零件的不加工面为√。

② 零件中有配合的孔、轴应有尺寸公差要求，常用基孔制 H 偏差代号，公差等级 6～9 级不等；孔的键槽，宽度公差带常用 JS9，键槽深度尺寸公差标注正公差。安装轴承的孔常用 J7、JS7 等。运动零件相接触的表面对回转轴线应有平行度或垂直度要求；不同的圆柱面相对基准轴线有同轴度、圆跳动的要求。

③ 另外，还有文字说明一些技术要求，如铸件不允许有各种铸造缺陷、应时效处理及未注铸造圆角的大小、起模斜度等。45、40Cr、20Cr 等材料需要调质处理或表面淬火等。

(4) 材料

轮盘类零件常用的材料有灰口铸铁（HT150～HT350）、球墨铸铁（QT450-10）、铸钢（ZG200-400、ZG40Cr）、Q235、20、30、铝合金以及塑料（ABS、PC、PVC）等；齿轮、链轮、蜗轮等常用的材料为灰口铸铁、Q235、45、40Cr、20Cr、铜合金等。

4.3.3 轮盘类零件实例

(1) 盘盖类

实例如图 4-10～图 4-12 所示。

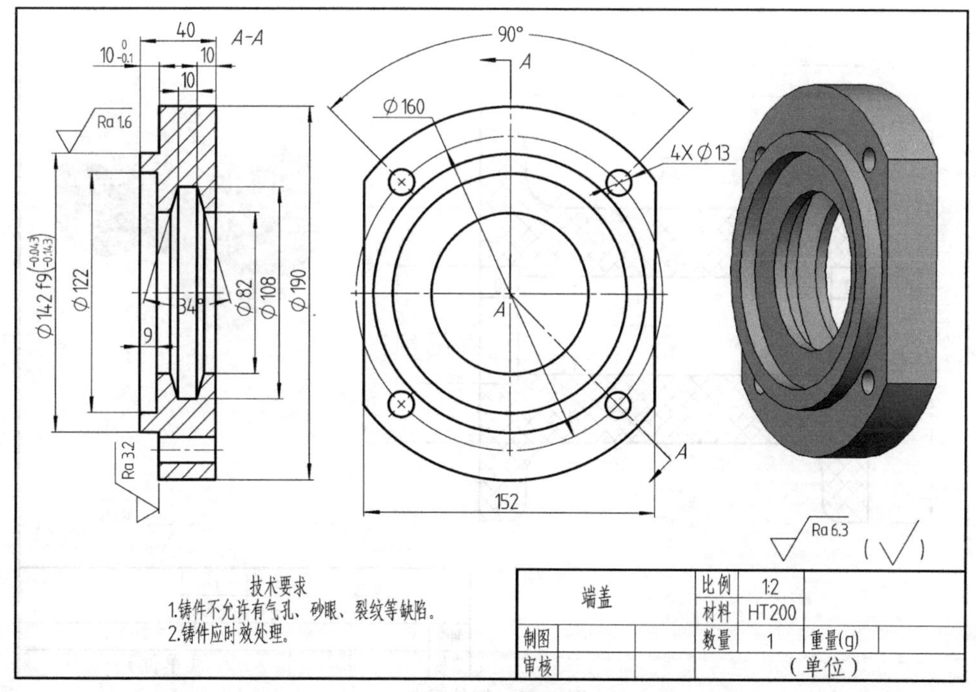

图 4-10　端盖

(2) 齿轮和链轮

齿轮零件工作图应在图纸的右上角用表格说明主要参数，渐开线圆柱齿轮一般包括：齿数、法向模数、齿形角、齿顶高系数、公法线长度及跨齿数等；斜齿还需标注螺旋角及螺旋线方向；变位齿轮需注变位系数。

齿轮的检验项目应标注齿轮精度等级，常用的检验项目主要有：齿形公差、齿向公差、

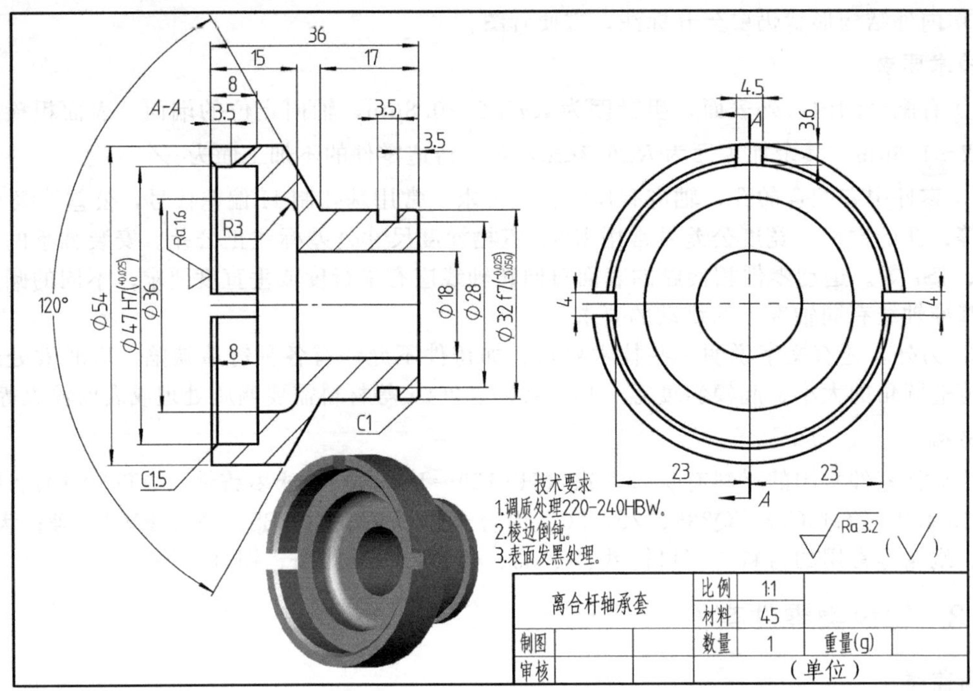

图 4-11 离合杆轴承套

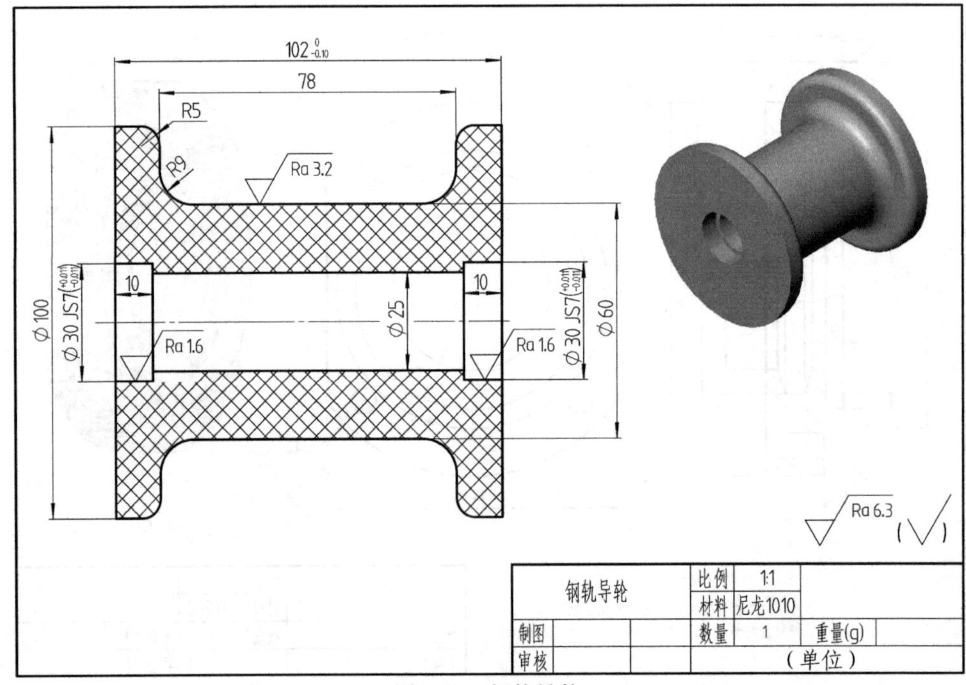

图 4-12 钢轨导轮

齿圈跳动、齿距极限偏差、公法线变动公差、齿轮副中心距及其偏差、配对齿轮图号等。用户可根据齿轮精度、使用情况、检测手段选用。

图样中需标注分度圆直径、齿顶圆直径及公差、齿宽、孔或轴径及公差等。齿面的表面粗糙度标注在分度线上。

齿轮零件图实例如图 4-13、图 4-14 所示。

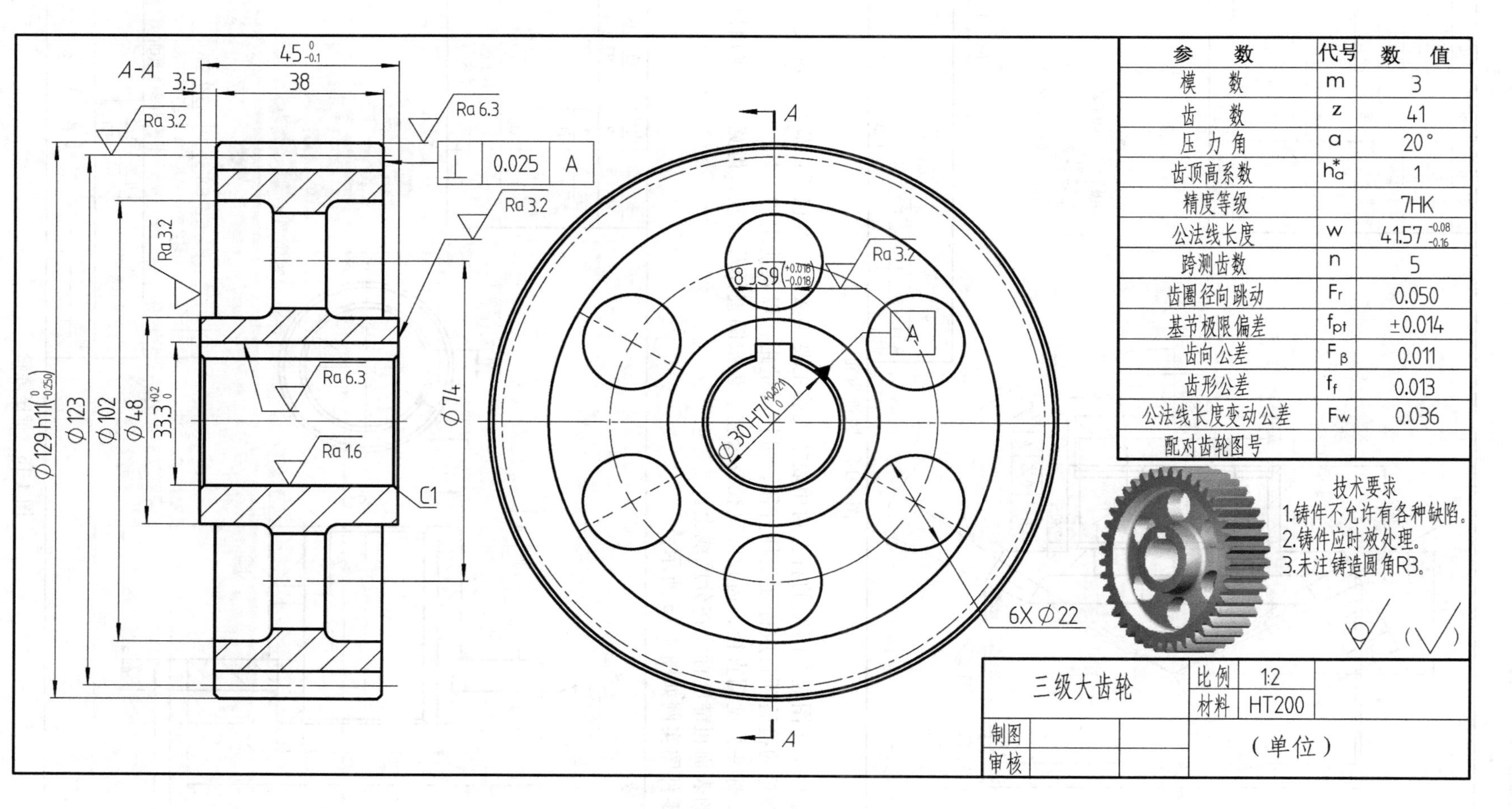

参数	代号	数值
模数	m	3
齿数	z	41
压力角	α	20°
齿顶高系数	h_a^*	1
精度等级		7HK
公法线长度	w	$41.57^{-0.08}_{-0.16}$
跨测齿数	n	5
齿圈径向跳动	F_r	0.050
基节极限偏差	f_{pt}	±0.014
齿向公差	$F_β$	0.011
齿形公差	f_f	0.013
公法线长度变动公差	F_w	0.036
配对齿轮图号		

技术要求

1.铸件不允许有各种缺陷。

2.铸件应时效处理。

3.未注铸造圆角R3。

三级大齿轮	比例	1:2
	材料	HT200
制图	（单位）	
审核		

图 4-13　三级大齿轮

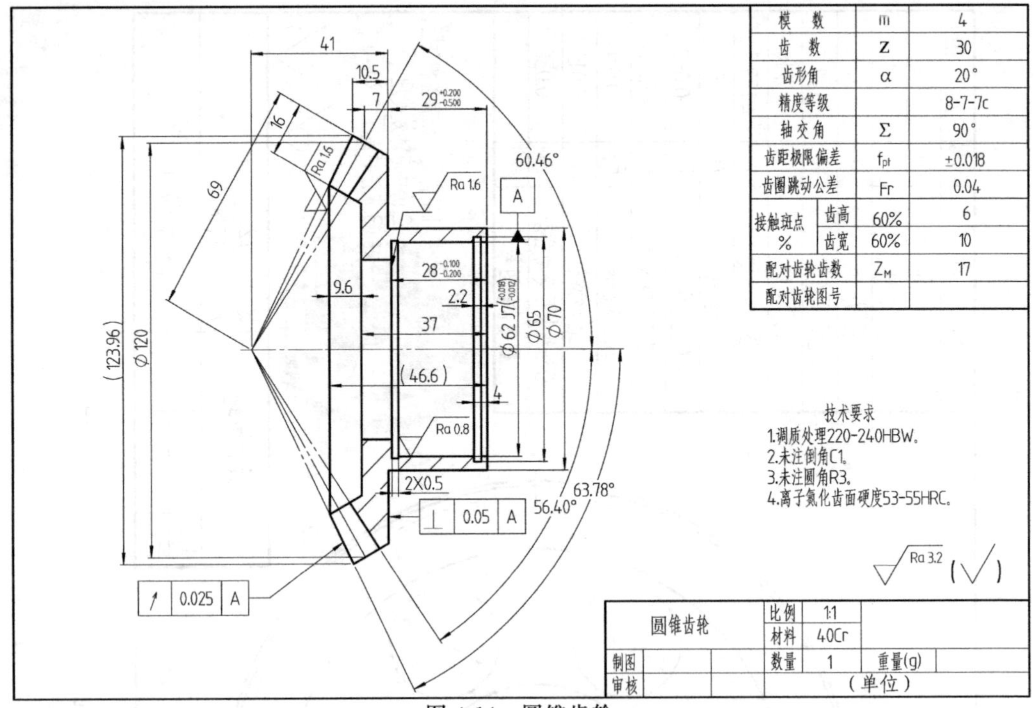

图 4-14　圆锥齿轮

链轮零件工作图应在图纸的右上角用表格说明主要参数，一般包括：节距、齿数、滚子直径等；链轮的检验项目应标注量柱直径、量柱测量距，以及使用的刀具。

图样中标注分度圆直径、齿顶圆直径及公差、齿根圆直径及公差、齿宽、孔或轴径及公差。齿面的表面粗糙度标注在分度线上。

链轮零件图实例如图 4-15 所示。

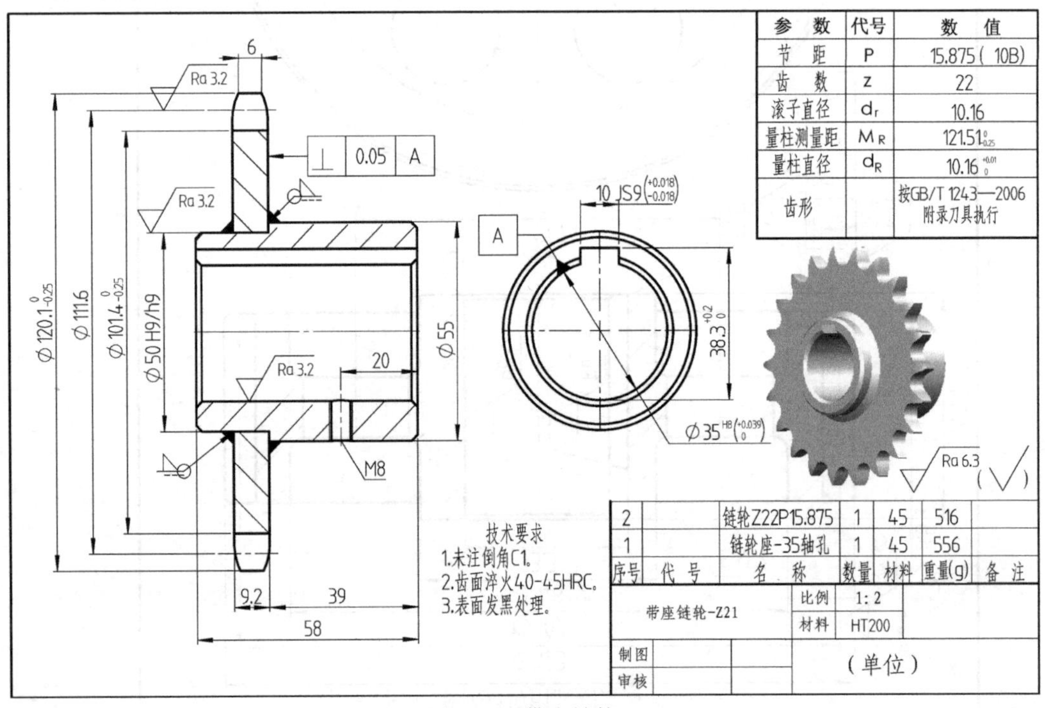

图 4-15　带座链轮

(3) 带轮

带传动根据带的形状，可分为平带传动、V 带传动和同步带传动。带轮常由轮缘、轮辐、轮毂三部分组成，轮辐部分有实心、辐板（或孔板）和椭圆轮辐三种。设计带轮时，应使其结构便于制造，重量分布均匀，重量轻。轮槽工作表面应光滑，以减少 V 带的磨损。带轮通常使用的材料是铸铁、钢、铝合金或工程塑料等。灰铸铁应用最广，小功率传动可用铸铝、塑料或钢板冲压。

带轮实例如图 4-16～图 4-19 所示。

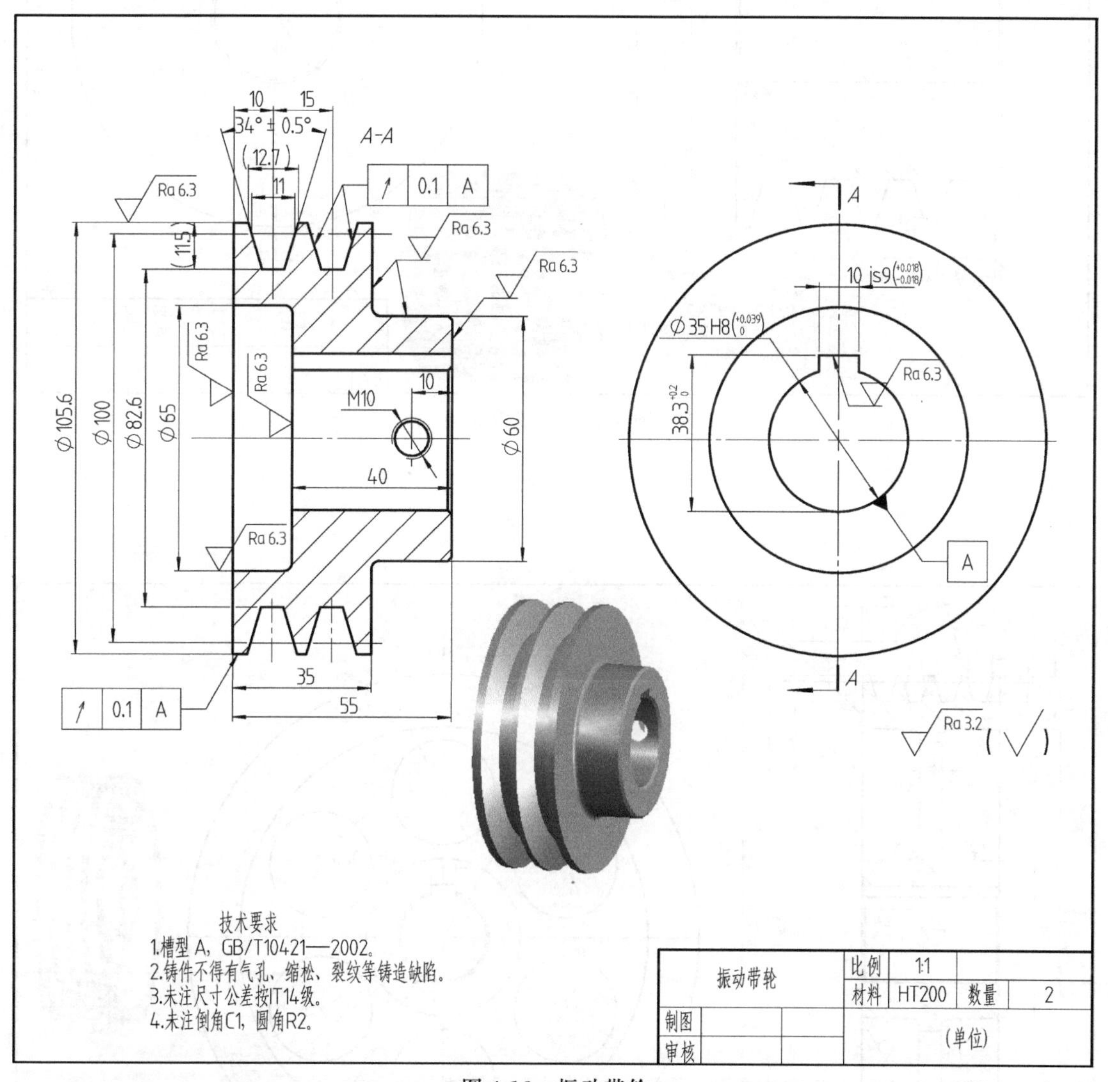

图 4-16　振动带轮

(4) 离合器中的摩擦盘等

实例如图 4-20、图 4-21 所示。

(5) 飞轮、手轮

实例如图 4-22～图 4-24 所示。

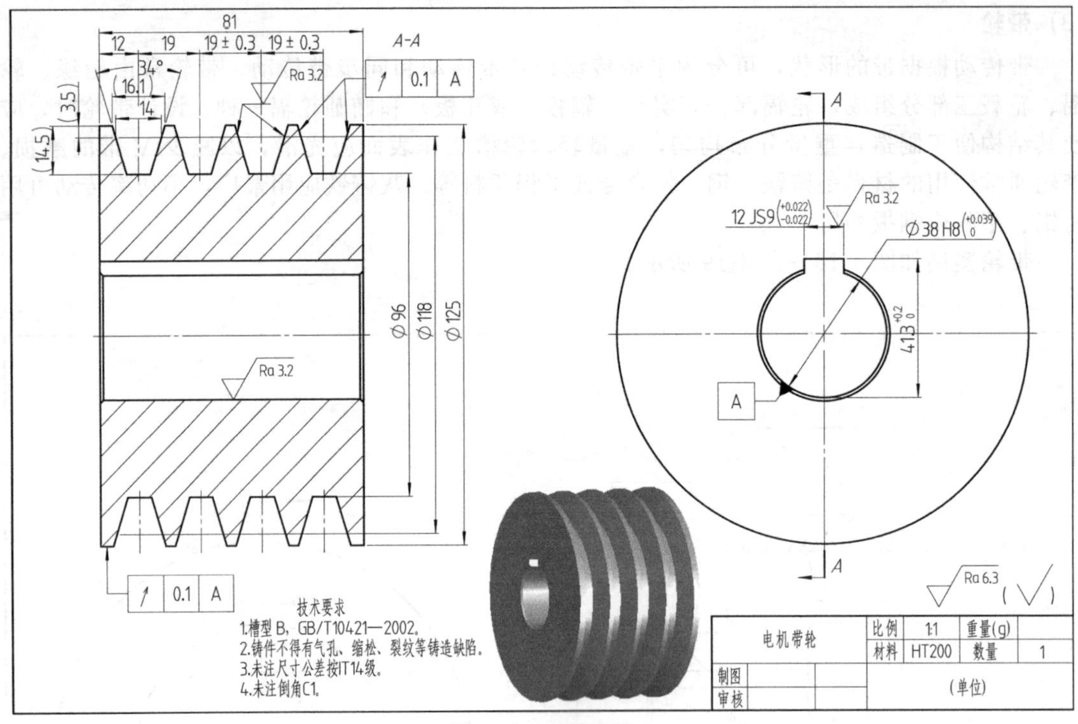

图 4-17　电机带轮

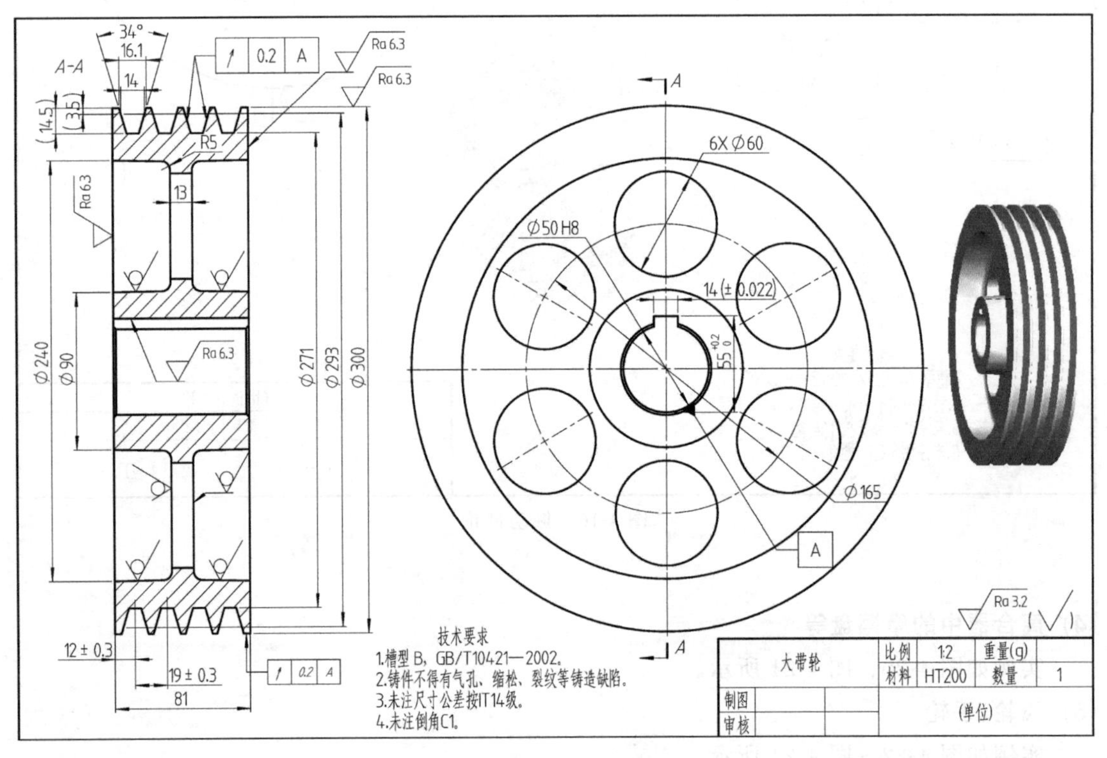

图 4-18　大带轮

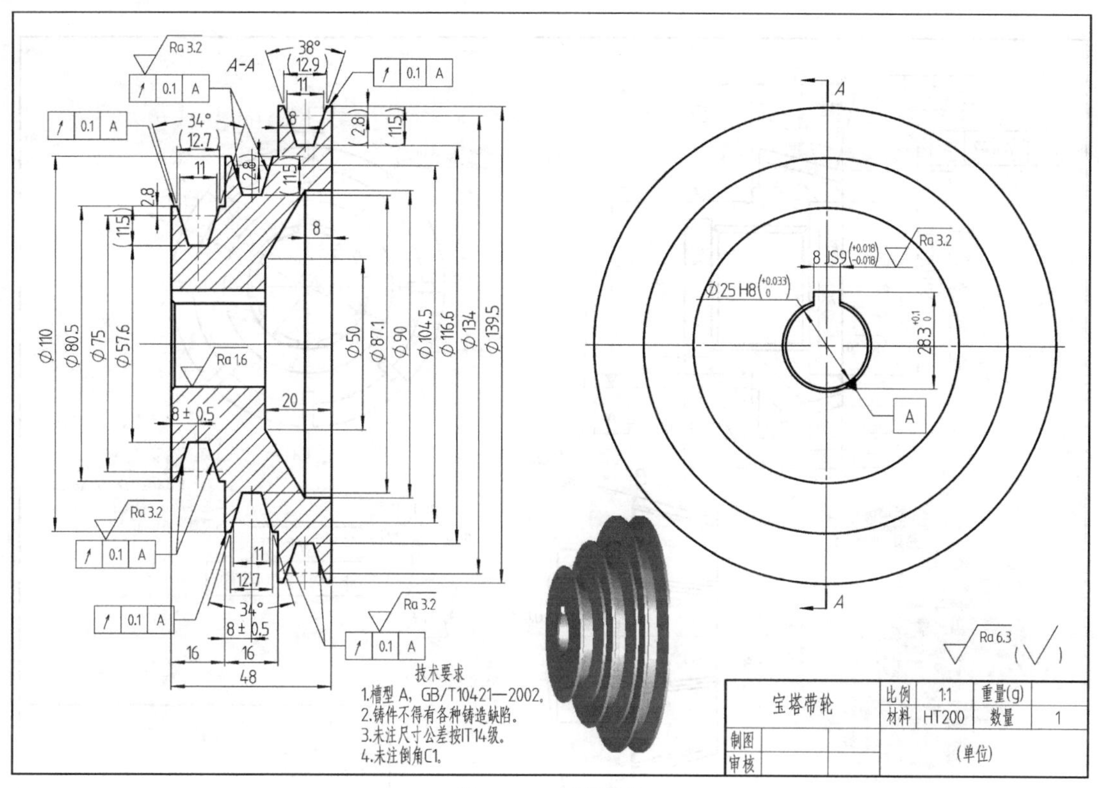

图 4-19　宝塔带轮

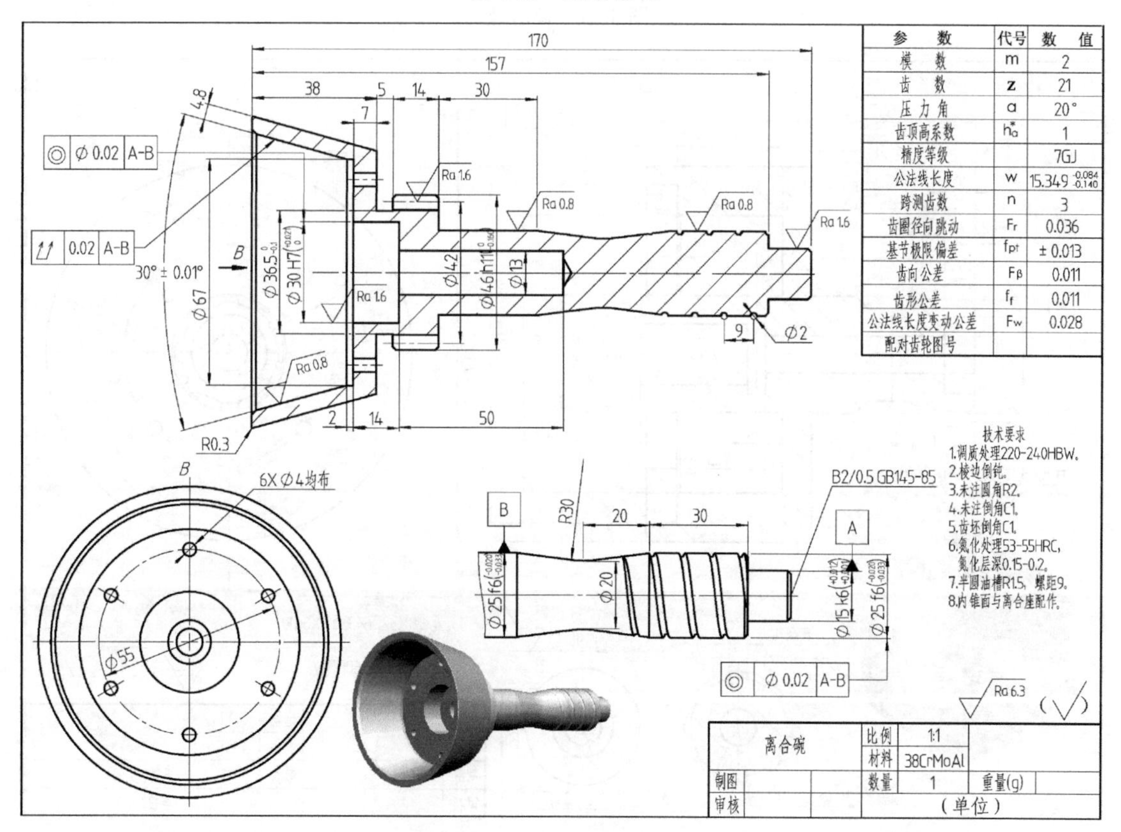

参　数	代号	数　值
模　数	m	2
齿　数	z	21
压力角	α	20°
齿顶高系数	h_a^*	1
精度等级		7GJ
公法线长度	W	$15.349^{-0.084}_{-0.140}$
跨测齿数	n	3
齿圈径向跳动	F_r	0.036
基节极限偏差	f_{pt}	±0.013
齿向公差	F_β	0.011
齿形公差	f_f	0.011
公法线长度变动公差	F_w	0.028
配对齿轮图号		

图 4-20　离合碗

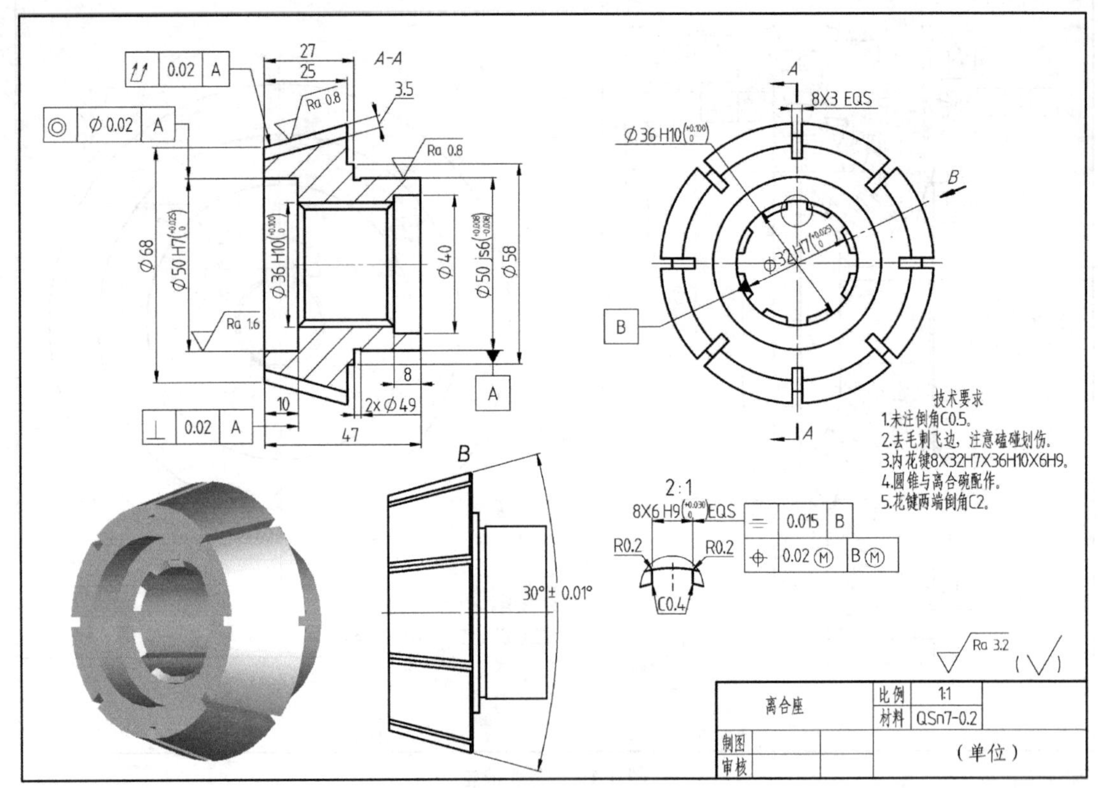

图 4-21 离合座

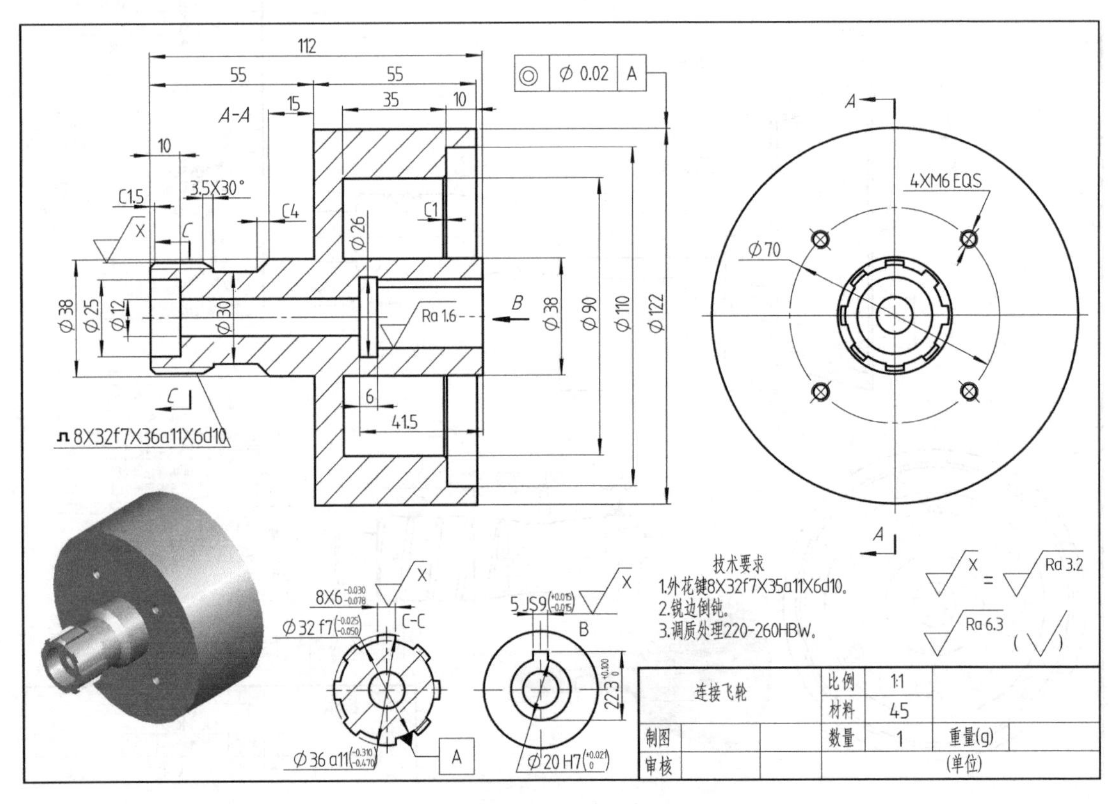

图 4-22 连接飞轮

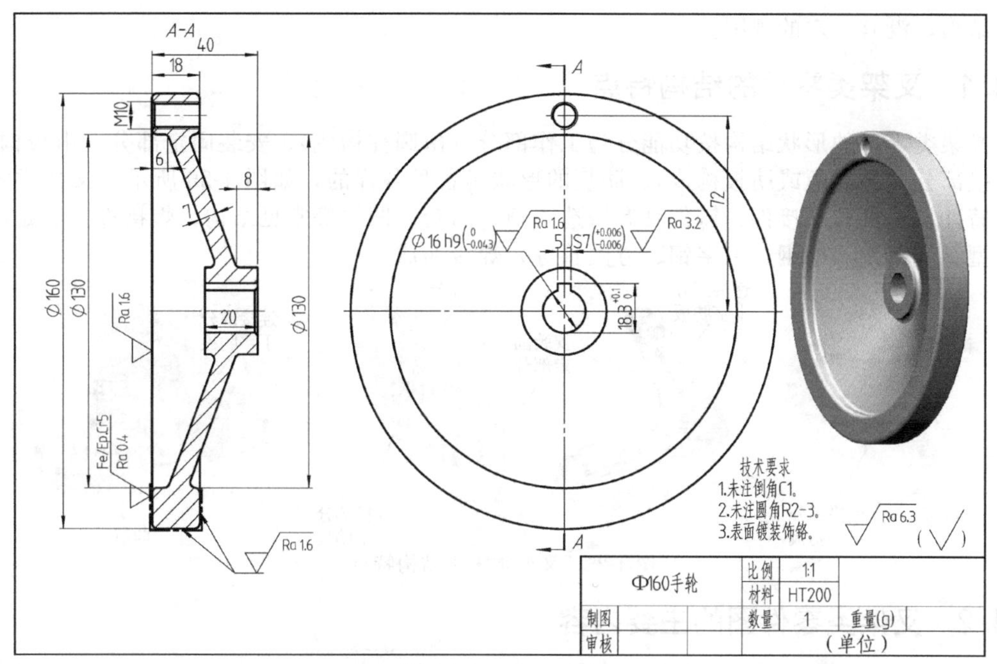

图 4-23　ϕ160 手轮

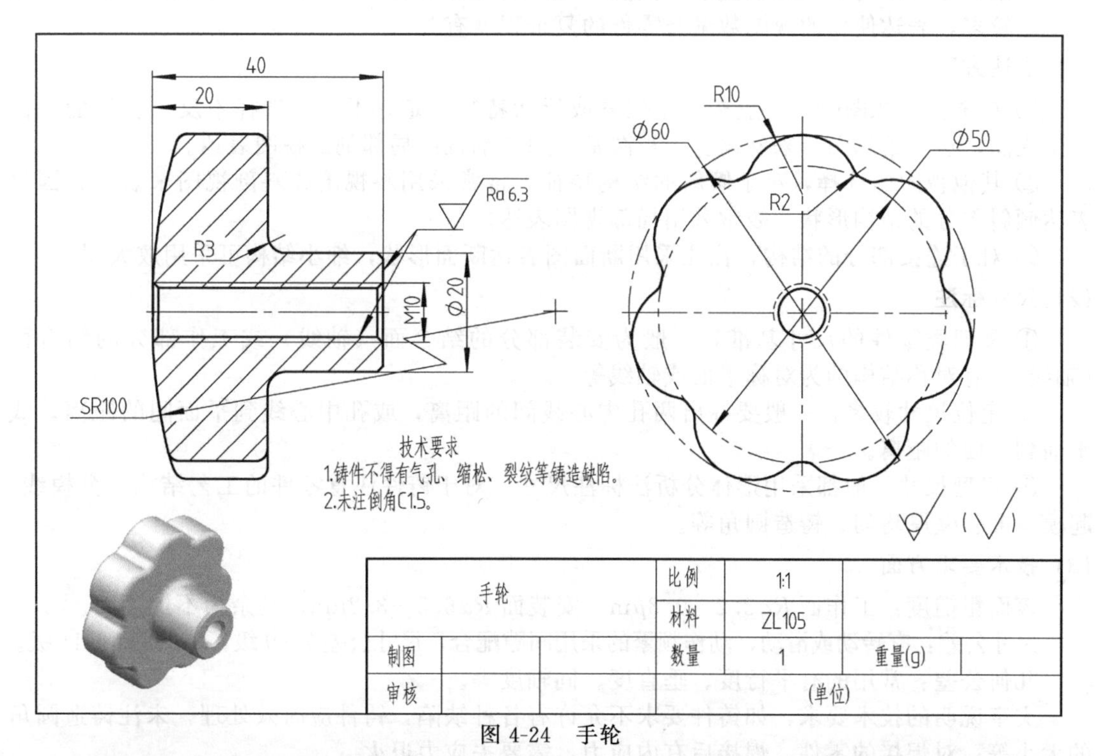

图 4-24　手轮

4.4 叉架类零件

叉架类零件包括各种用途的拨叉、连接块和支架（机架）。拨叉主要用在机床、内燃机等各种机器的操纵机构上，操纵机器、调节速度。连接块和支架（机架）主要起支承和连接作用。

这类零件的形状较为复杂，不同的叉架类零件具有不同的结构和形状，有的还有弯曲或倾斜结构，没有一定的规则。

4.4.1 叉架类零件的结构特点

叉架类零件的形状结构按功能分为工作部分（由圆柱构成）、安装固定部分（由板构成）和连接部分（由连板或肋板构成）。肋板的形状是各种各样的，如图 4-25 所示。叉架类零件多为铸件、锻件和焊接件，铸件具有铸造圆角、凸台、凹坑等常见结构，焊接件主要是由钢板、型材（角铁、槽钢、工字钢、方圆管等）焊接而成。

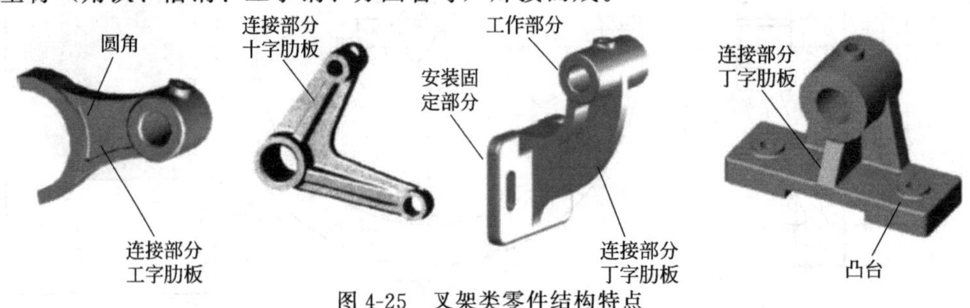

图 4-25　叉架类零件结构特点

4.4.2 叉架类零件图的主要内容

叉架类零件结构形状比较复杂，批量生产常用铸件和锻件，单件生产多用焊件；机械加工工序较多，表达使用的视图数量与零件的复杂程度有关。

(1) 表达方案

① 在选择主视图时，一般按工作位置或形状特征确定，不允许选择不反映实形的平面作主视图，这会给画图带来麻烦。主视图常采用全剖视或局部剖的视图表达。

② 其他视图的选择，对于倾斜的结构特征，常常采用斜视图或斜剖视图来表示，因只表达倾斜部分的结构形状，故常采用局部视图表达。

③ 对于连接部分的结构，往往采用断面图表达断面形状，细小结构可采用放大图。

(2) 尺寸标注

① 叉架类零件的尺寸基准，一般为安装部分的结合面（轴线）或工作部分的结合面（轴线），有对称结构的为对称平面或轴线等。

② 定位尺寸较多，一般要标出两孔中心线间的距离，或孔中心线到平面间的距离，或平面到平面的距离。

③ 定型尺寸一般都采用形体分析法标注尺寸。对于铸件注意零件的工艺结构、分模线、起模斜度、壁厚均匀、铸造圆角等。

(3) 技术要求方面

表面粗糙度：工作面 $Ra3.2 \sim 0.8\mu m$，安装面 $Ra6.3 \sim 3.2\mu m$，其余为不加工面。

尺寸公差：有转动或滑动，动作频繁的采用间隙配合，尺寸公差 7～9 级，一般的 9～11 级。

几何公差：常用的有平行度、垂直度、同轴度等。

文字说明的技术要求，如铸件要求不允许有各种缺陷，铸件应时效处理，未注铸造圆角的大小等；对焊接的零件，焊接后有内应力，需要去应力退火。

(4) 材料

叉架类零件常用的材料为铸铁、铝合金、铜合金、塑料（PVC、ABS、PC）等。焊接件常用的材料是各种型材、板材，低、中碳钢，如 Q235、20、35、45 等。

4.4.3 叉架类零件实例

拨叉类如图 4-26 所示，支架类如图 4-27～图 4-33 所示。

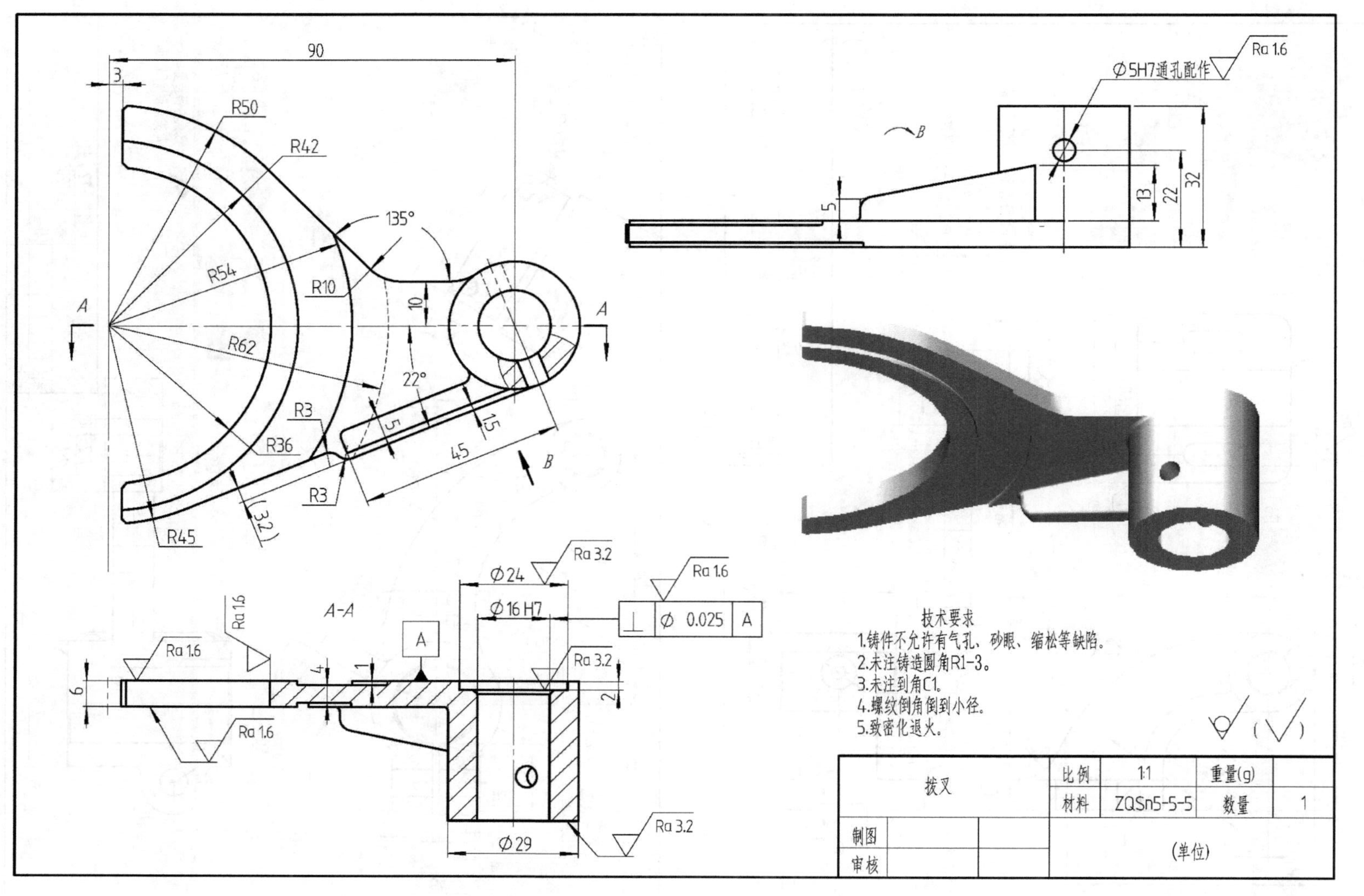
Ø5H7通孔配作
A-A
Ø24
Ø16 H7
Ø29
Ø 0.025 A
技术要求
1.铸件不允许有气孔、砂眼、缩松等缺陷。
2.未注铸造圆角R1-3。
3.未注到角C1。
4.螺纹倒角倒到小径。
5.致密化退火。
拨叉
比例 1:1
重量(g)
材料 ZQSn5-5-5
数量 1
制图
审核
(单位)

图 4-26 拨叉

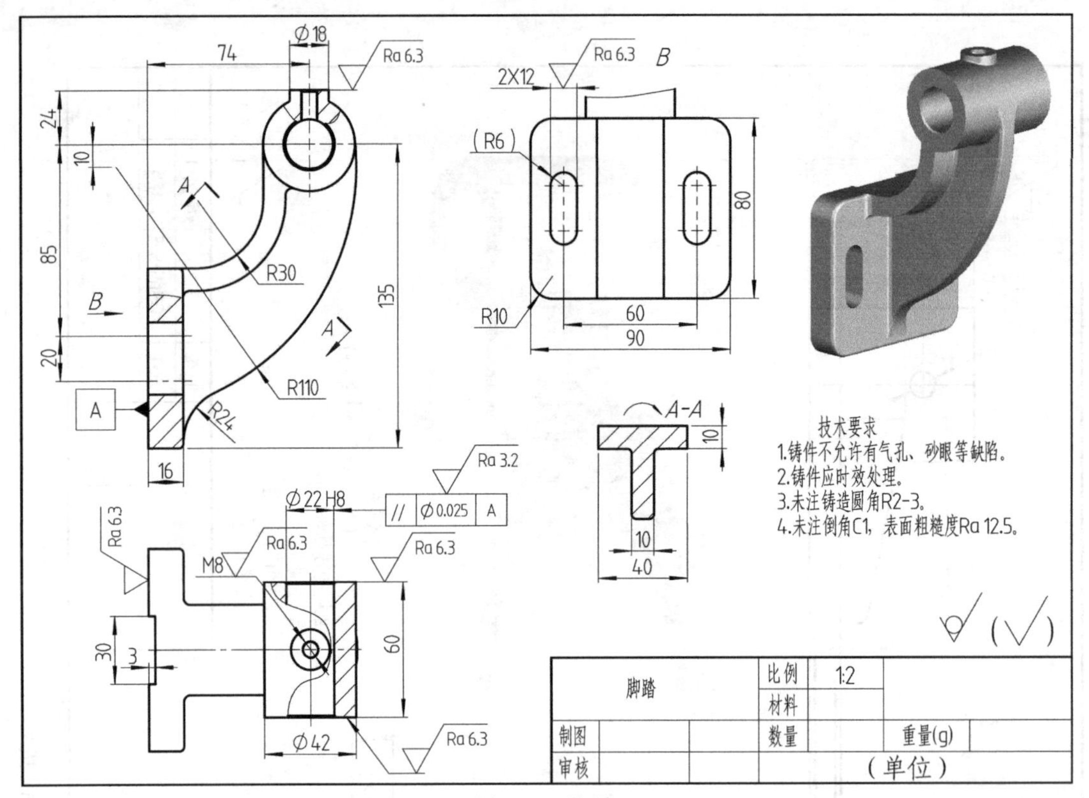

图 4-27　脚踏

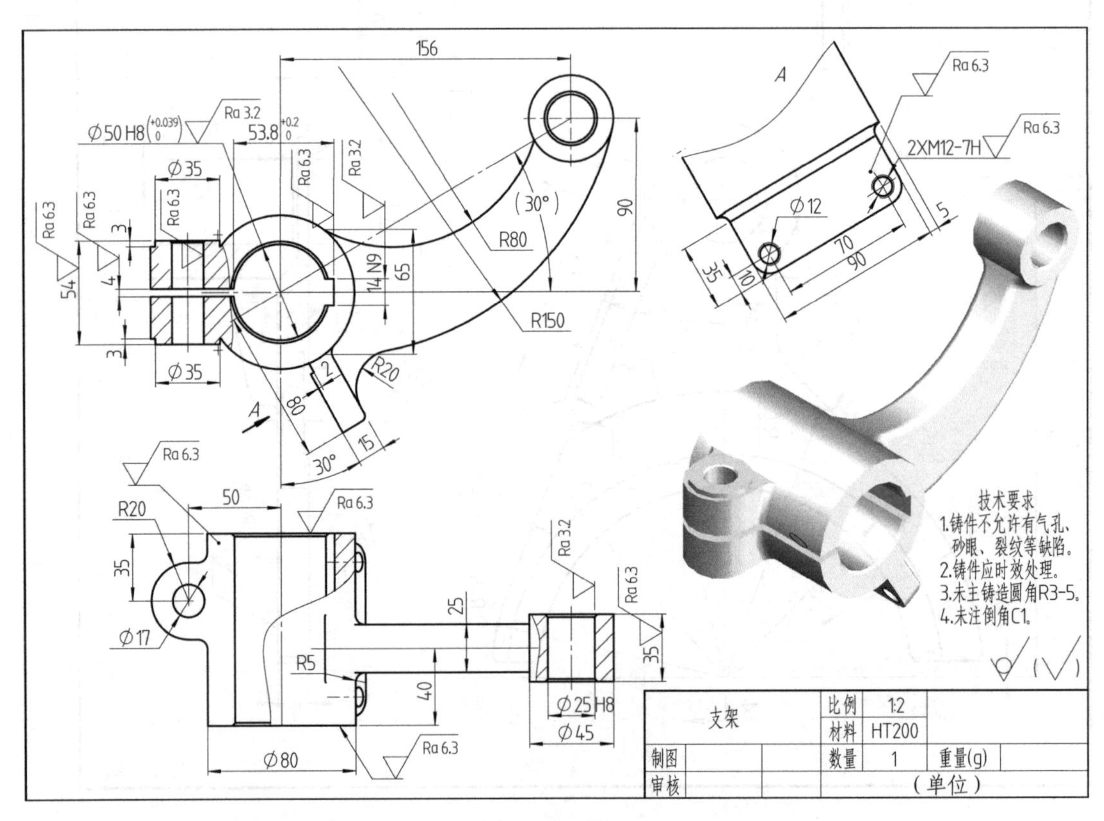

图 4-28　支架

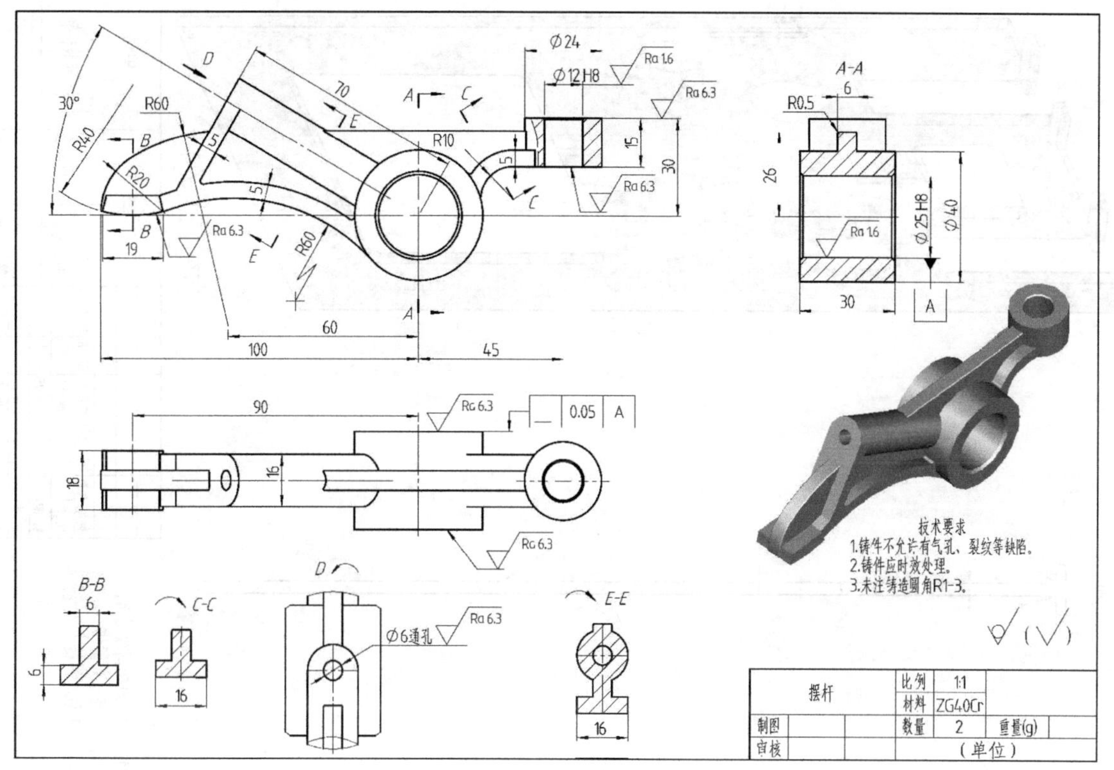

图 4-29　摆杆

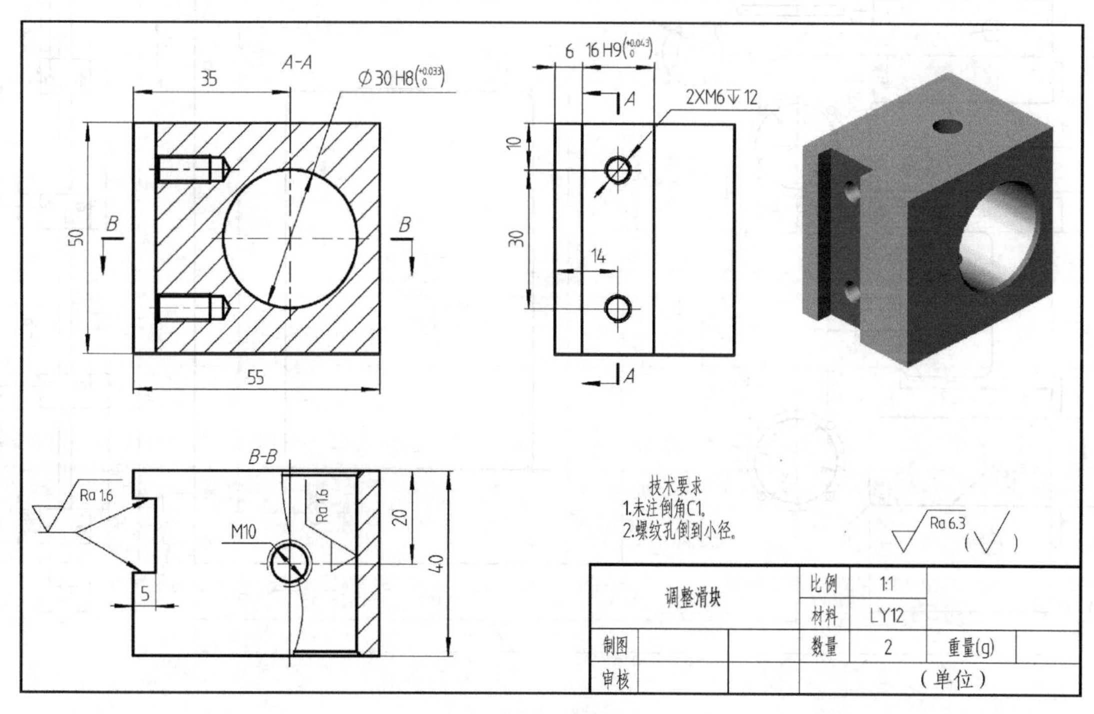

图 4-30　调整滑块

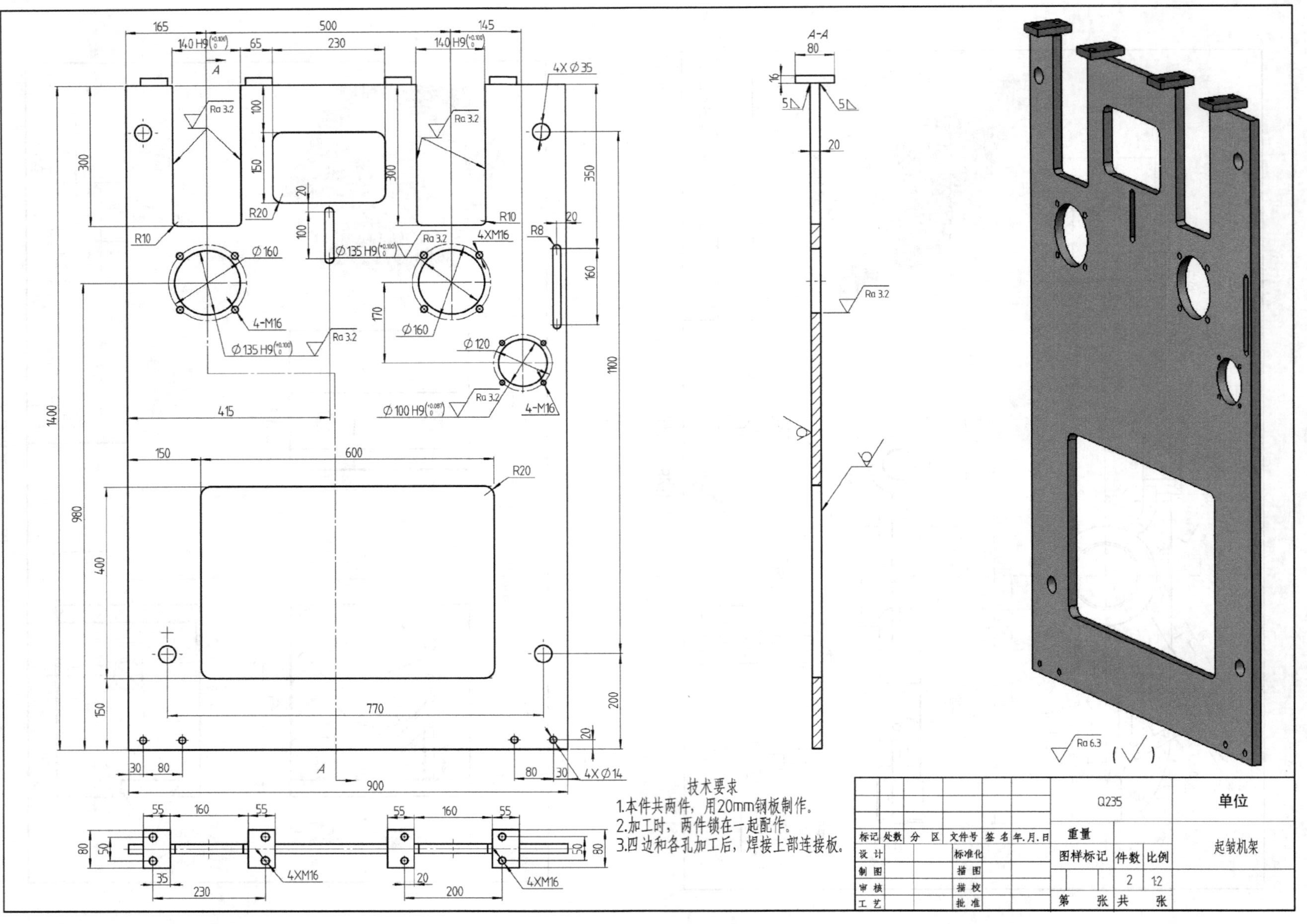
A-A
技术要求
1.本件共两件，用20mm钢板制作。
2.加工时，两件锁在一起配作。
3.四边和各孔加工后，焊接上部连接板。
Q235
单位
重量
图样标记
件数
比例
2
1:2
起皱机架
标记 处数 分 区 文件号 签 名 年.月.日
设 计
标准化
制 图
描 图
审 核
描 校
工 艺
批 准
第 张 共 张
Ra 6.3
4X∅35
4X∅14
4XM16
4-M16
∅160
∅120
∅135 H9
∅100 H9
140 H9
Ra 3.2
R10
R20
R8

图 4-31 起皱机架

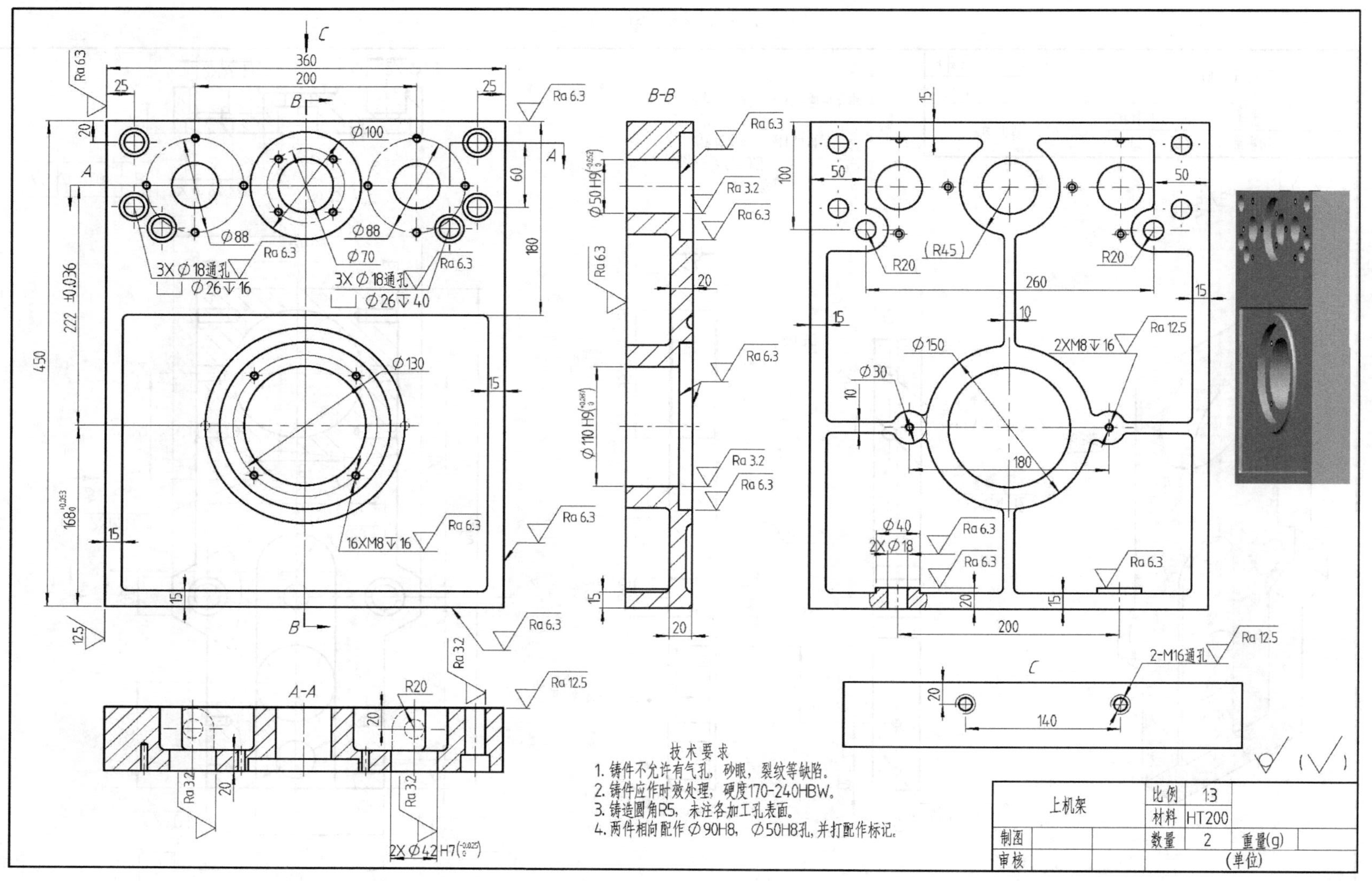
B-B
A-A
C
技术要求
1. 铸件不允许有气孔，砂眼，裂纹等缺陷。
2. 铸件应作时效处理，硬度170-240HBW。
3. 铸造圆角R5，未注各加工孔表面。
4. 两件相向配作Ø90H8，Ø50H8孔，并打配作标记。
上机架
比例 1:3
材料 HT200
数量 2
重量(g)
(单位)
制图
审核

图 4-32 上机架

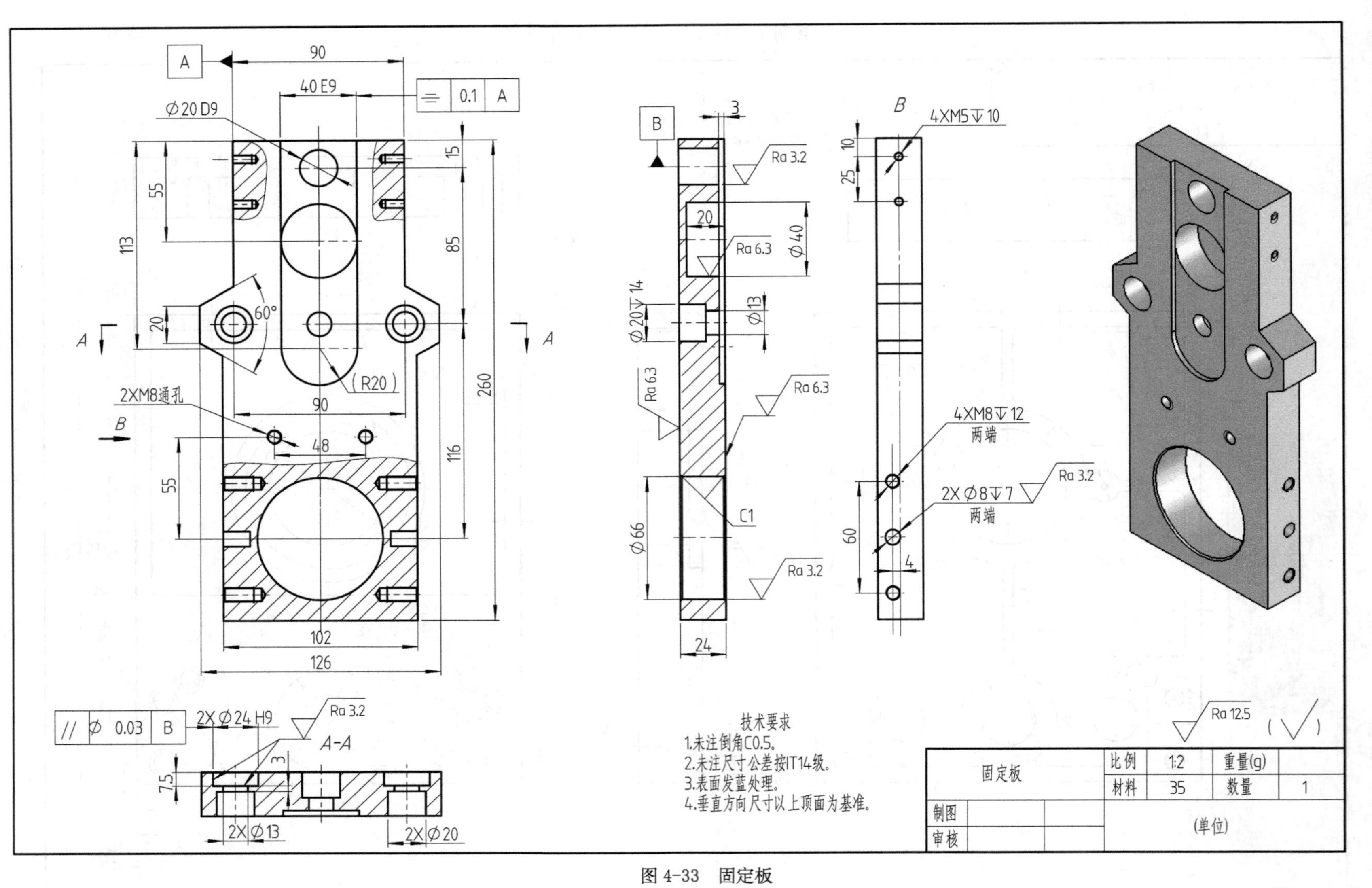
技术要求
1.未注倒角C0.5。
2.未注尺寸公差按IT14级。
3.表面发蓝处理。
4.垂直方向尺寸以上顶面为基准。
固定板
比例 1:2
重量(g)
材料 35
数量 1
(单位)
制图
审核
A-A
4XM5▽10
4XM8▽12 两端
2XΦ8▽7 两端
2XM8通孔
2XΦ24 H9
2XΦ13
2XΦ20
Φ20 D9
40 E9
Ra 12.5
Ra 3.2
Ra 6.3
C1

图 4-33 固定板

4.5 箱体类零件

箱体类零件是机器或部件的外壳或座体，如各类机体（座）、泵体、阀体、尾架体等，它是机器或部件中的主体件，起着支承、容纳、定位和密封等作用。

箱体类零件结构形状复杂，多为铸件经过必要的机械加工而成。总体特点是中空的壳或箱，有复杂的内腔和外形结构。有连接固定用的凸缘，支承用的轴孔、肋板，固定用的底板等，以及安装孔、螺孔、销孔等结构；此外还常有铸造圆角、起模斜度、倒角等加工工艺结构，如图 4-34 所示。另外，箱体类零件也有焊接而成的。

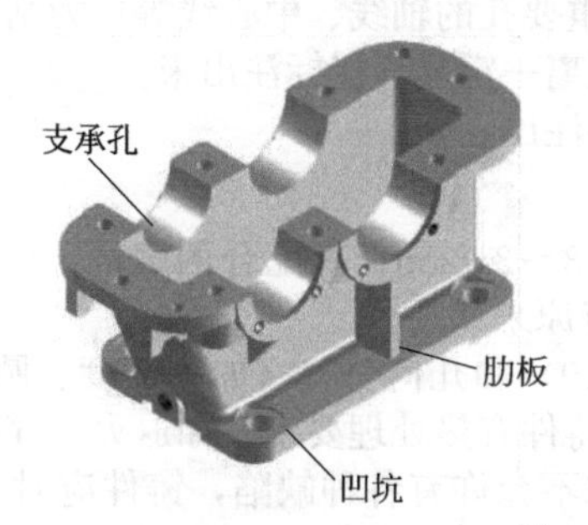

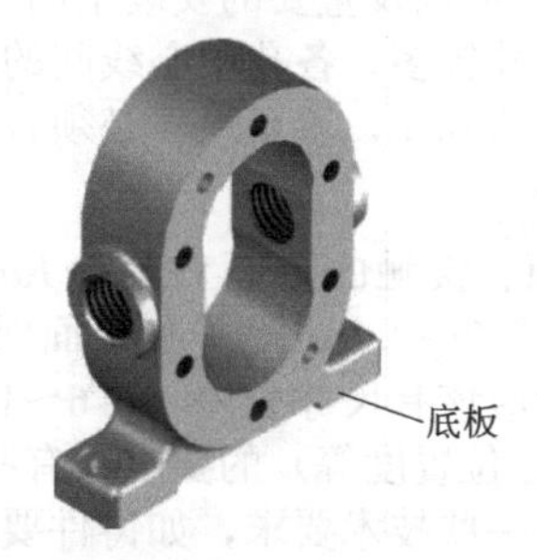

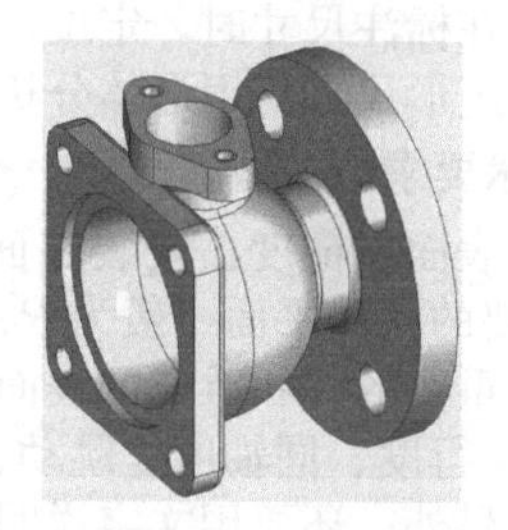

图 4-34　箱体类零件结构特点

4.5.1　箱体类零件的铸造工艺结构

铸造类零件的铸造工艺结构必须考虑模样制造、造型、制芯、合箱、浇铸、清理等工序的操作要求，简化铸造工艺过程，提高生产效率，保证铸件质量。常见的铸造工艺结构如下。

(1) 起模斜度

铸造零件时，为了便于从砂型中取出模型，一般沿模型起模方向制成一定的斜度，称为起模斜度。起模斜度一般不在零件图上画出，没有特殊要求可以不加说明；有特殊要求时，可在技术要求中用文字说明。

(2) 铸造圆角

在铸件毛坯各表面的相交处，都有铸造圆角，这样既能方便起模，又能防止浇铸铁水时将砂型转角处冲坏，还可避免铸件在冷却时产生裂纹或缩孔。铸造圆角在图样上一般不予标注，常集中注写在技术要求中。圆角半径一般取壁厚的 0.2～0.4 倍，在同一铸件上圆角半径应尽可能相同，具体可参见表 2-7、表 2-8。

(3) 铸件壁厚

在浇铸零件时，为了避免因各部分冷却速度不同而产生缩孔或裂缝，铸件壁厚应保持大致相等或逐渐过渡。

(4) 凸台与凹坑

箱体零件为了减少加工面，保证零件接触良好，往往有凸台或凹坑结构。

(5) 过渡线

由于铸件上圆角、起模斜度的存在，使铸件上的形体表面交线不十分明显，这种线称为过渡线，过渡线的画法和相贯线的画法一样，按没有圆角的情况求出相贯线的投影，画到理论上的交点为止，过渡线应该用细实线绘制，且不宜与轮廓线相连。

4.5.2　箱体类零件的主要内容

(1) 表达方法

① 主视图选择时，主要根据工作位置和形状特征来考虑表达方案，为了表达箱体类零

件的内、外部结构，可采用视图、剖视（或局剖视图）。

② 如果外部结构形状简单，内部结构形状复杂，且具有对称面时，可采用半剖视；如果外部结构形状复杂，内部结构形状简单，可采用局部剖视或用虚线表示；如果内、外部结构形状都较复杂，且投影不重叠，也可采用局部剖视；重叠时，外部结构形状和内部结构形状应分别表达；对局部的内、外部结构形状可采用局部视图、局部剖视和断面图来表示。

③ 箱体类零件投影关系复杂，常会出现截交线和相贯线；由于它们是铸件毛坯，所以经常会遇到过渡线。

(2) 尺寸标注

① 箱体类零件形状各异，基准也各不相同。一般以安装底面作为高度方向的主要基准；长度方向、宽度方向一般以对称平面以及重要的安装平面（重要孔的轴线、中心线等）为基准。

② 在标注尺寸时，定位尺寸较多，各孔中心线间的距离一定要直接标注出来。

③ 定形尺寸仍用形体分析法标注，重要尺寸必须直接注出。

(3) 技术要求

① 表面粗糙度：安装底面、接触的平面一般为 $Ra6.3\sim3.2\mu m$，有配合的表面、转动的表面、重要的孔和平面一般为 $Ra3.2\sim0.8\mu m$，非加工面保持原来状态。

② 重要的孔和重要的表面应该有尺寸公差（IT6～IT10）和几何公差（如平面度、圆度、垂直度、平行度、同轴度、跳动、位置度等）的要求；有些铸件有热处理要求，如退火、淬火等。

③ 另外，还要用文字说明一些技术要求，如铸件要求不允许有各种缺陷，铸件应时效处理，未注铸造圆角的大小等。

④ 箱体类零件加工时，非工作面和不接触面不需要加工，但凡需要加工的面在图中一定要注出，在制作模型时，这些加工面是要留加工余量的，不需要加工的面不留余量。

(4) 材料

箱体类零件常用铸铁（HT150～HT350）、铸钢（ZG200～ZG400、ZG40Cr）或非铁合金（ZL102～ZL104、ZCuZn16Si4）等。

4.5.3 箱体类零件实例

如图 4-35～图 4-41 所示。

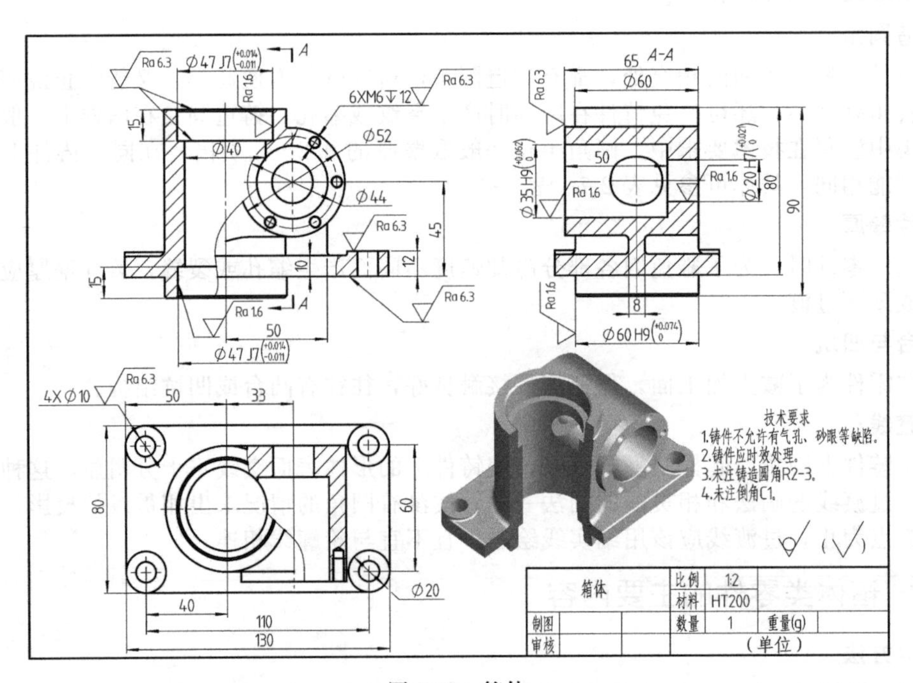

图 4-35 箱体

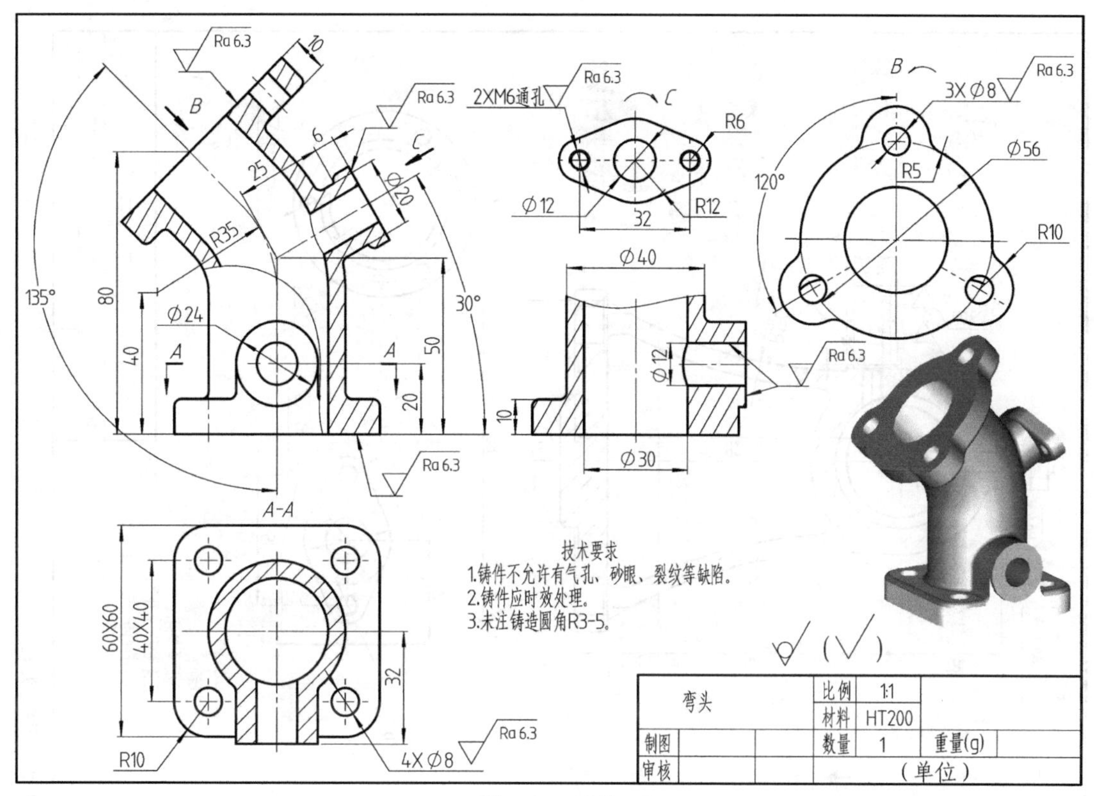

图 4-36 弯头

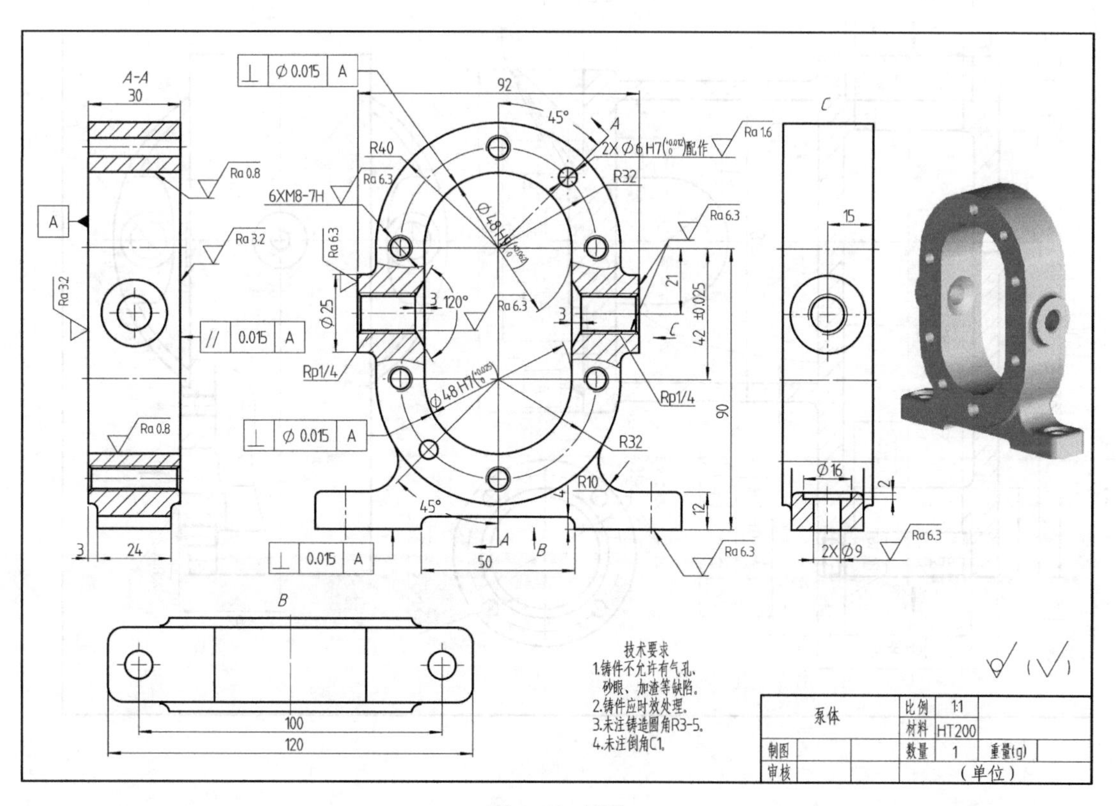

图 4-37 泵体

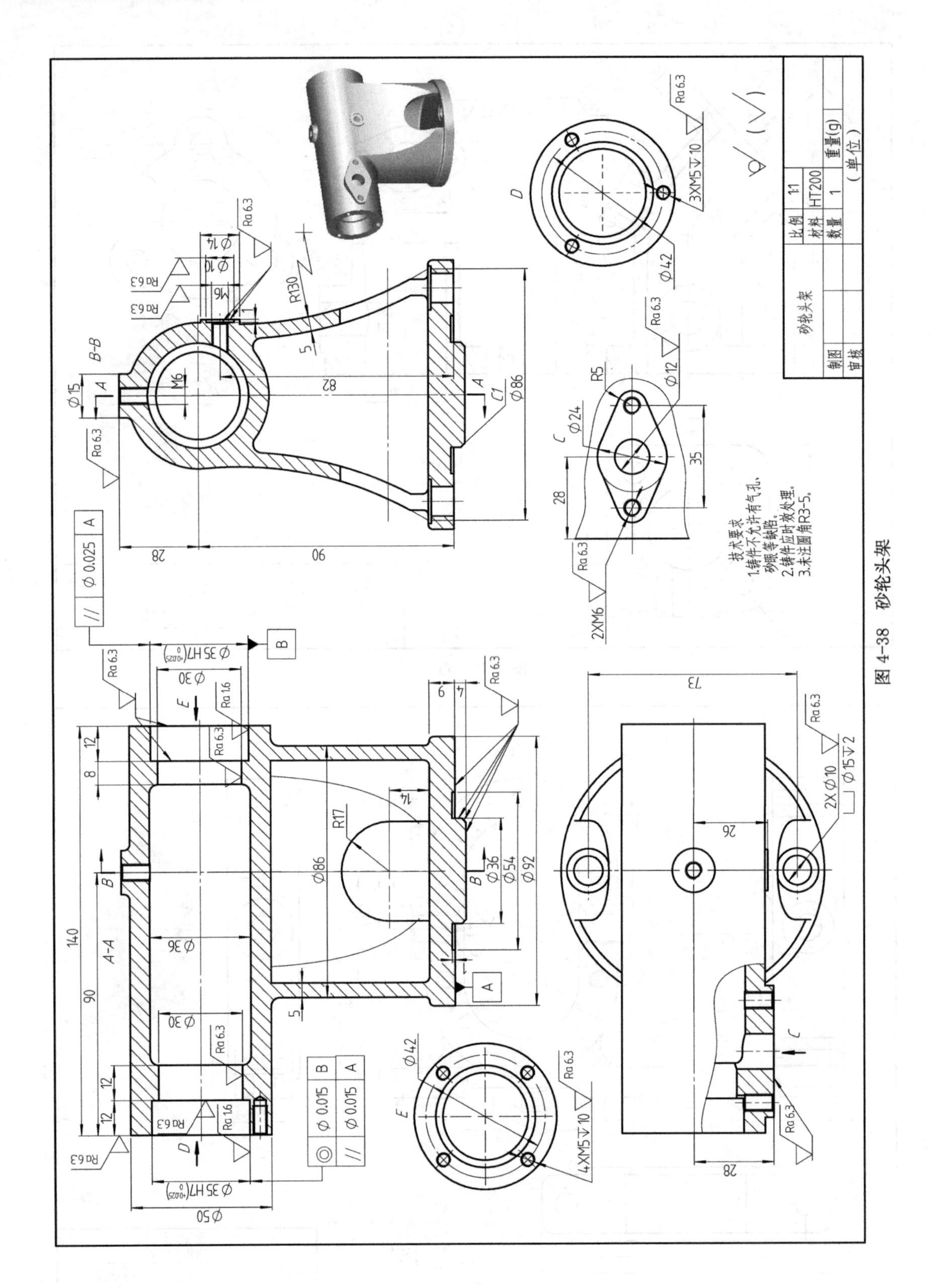
技术要求
1.铸件不允许有气孔、砂眼等缺陷。
2.铸件应时效处理。
3.未注圆角R3-5。
砂轮头架
比例 1:1
材料 HT200
数量 1
重量(g)
（单位）
制图
审核
A-A
B-B
Ra 6.3
Ra 1.6
Ø35H7
Ø50
Ø86
Ø92
Ø54
Ø36
R130
R17
4XM5▽10
3XM5▽10
2XM6
2XØ10
Ø15▽2
Ø0.015 B
Ø0.015 A
Ø0.025 A

图 4-38 砂轮头架

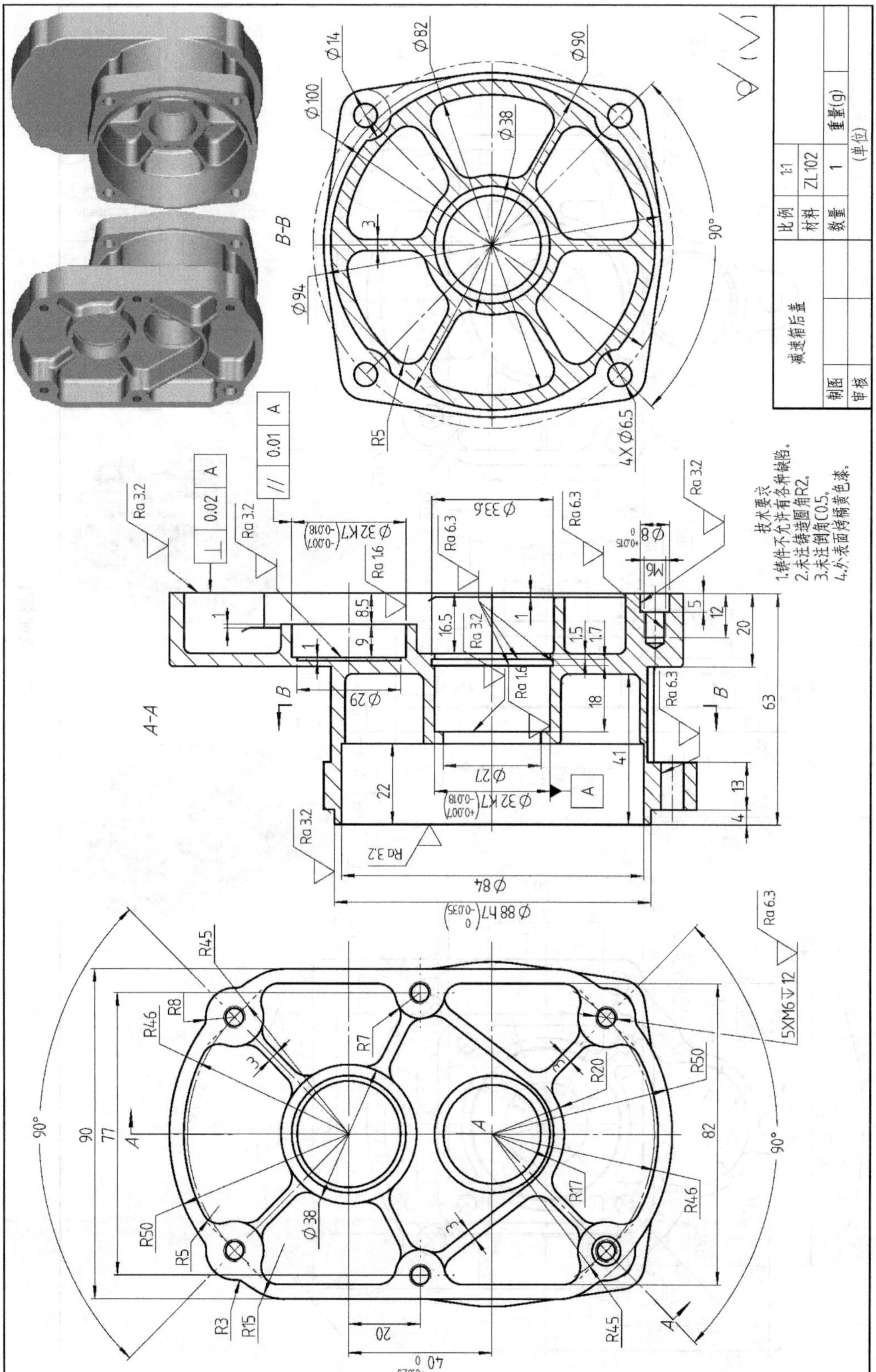

技术要求
1.铸件不允许有各种缺陷。
2.未注铸造圆角R2。
3.未注倒角C0.5。
4.外表面烤橘黄色漆。

减速箱后盖			比例	1:1	
			材料	ZL102	
制图			数量	1	重量(g)
审核			(单位)		

图 4-39 减速箱后盖

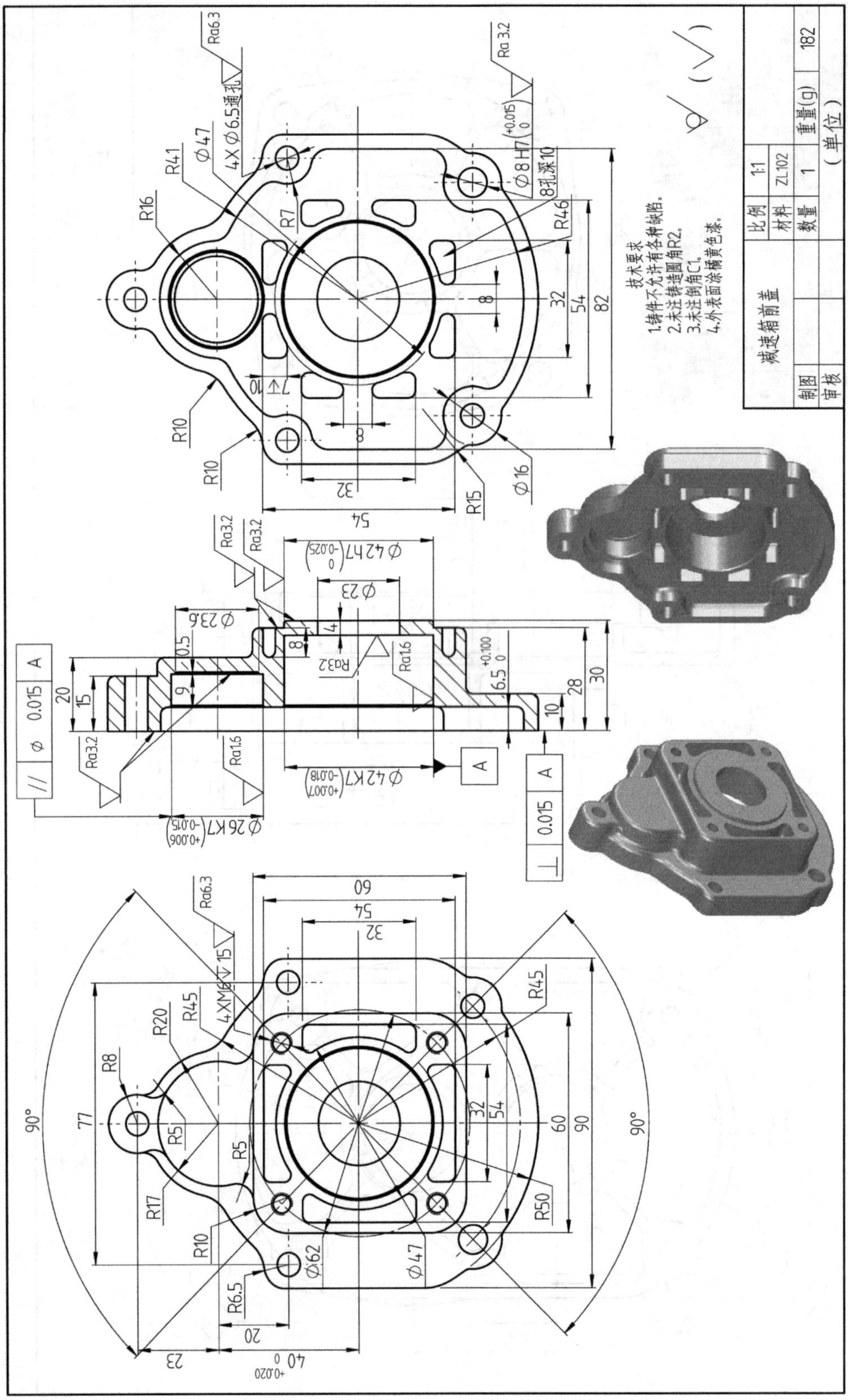

技术要求
1.铸件不允许有各种缺陷。
2.未注铸造圆角R2。
3.未注倒角C1。
4.外表面涂橘黄色漆。

减速箱前盖		比例	1:1		
		材料	ZL102		
		数量	1	重量(g)	182
制图				（单位）	
审核					

图 4-40　减速箱前盖

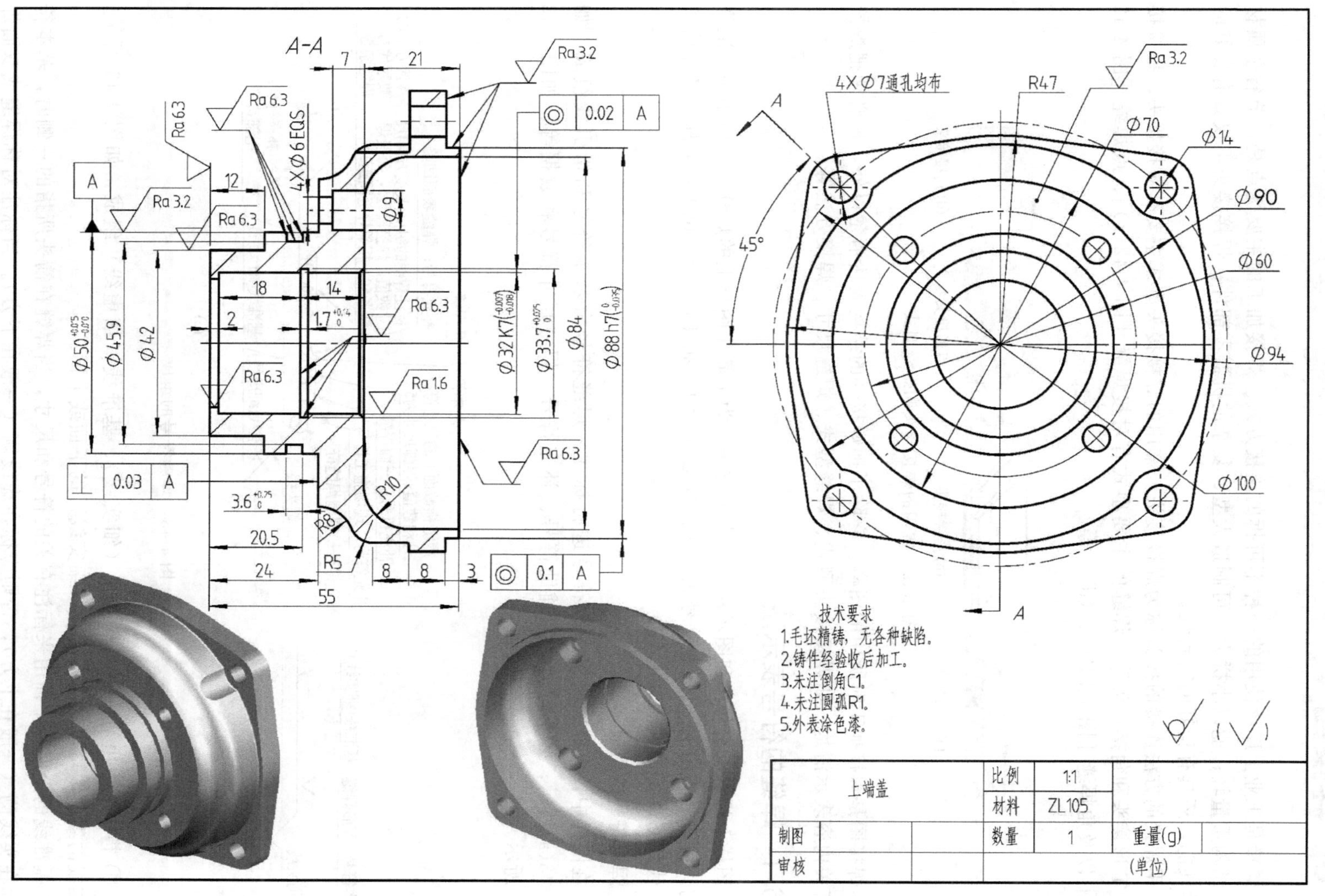
A-A
4XΦ6EQS
4XΦ7通孔均布
Φ14
Φ90
Φ60
Φ94
Φ70
Φ100
R47
45°
Φ88 h7
Φ84
Φ33.7
Φ32 K7
Φ42
Φ45.9
Φ50
技术要求
1.毛坯精铸，无各种缺陷。
2.铸件经验收后加工。
3.未注倒角C1。
4.未注圆弧R1。
5.外表涂色漆。
上端盖
比例 1:1
材料 ZL105
数量 1
重量(g)
(单位)
制图
审核

图 4-41　上端盖

4.6 焊接图

焊接是工业上广泛使用的一种不可拆的连接方式。焊接加工的主要优点是，节省金属材料，结构重量轻；能以小拼大，可制造大型、复杂的机器零部件；焊接接头不仅具有良好的力学性能，还具有良好的密封性。

用焊接的方法连接的接头称为焊接接头。常用的焊接接头型式主要有对接接头、搭接接头、T形接头和角接接头等。焊缝的主要型式有对接焊缝［图4-42(a)］、点焊缝［图4-42(b)］以及角焊缝［图4-42(c)、(d)］等。

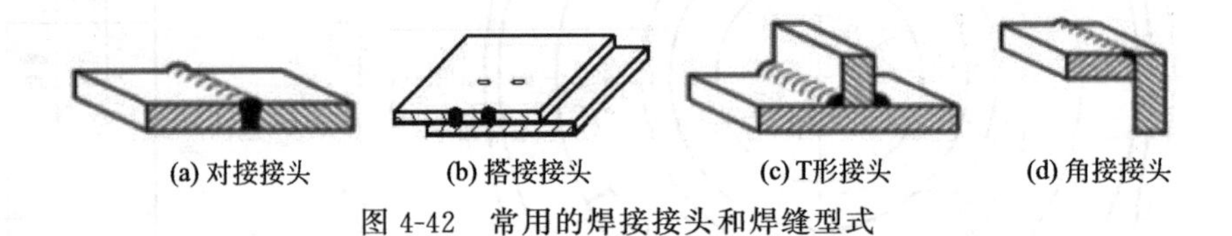

图 4-42　常用的焊接接头和焊缝型式

焊接图是焊接加工时所用的图样。它除了把焊接件的结构表达清楚以外，还必须把焊接的有关内容表示清楚，如焊接接头型式、焊缝型式、焊缝尺寸、焊接方法等。

4.6.1　焊缝的符号表示法

图样上焊缝有符号法和图示法两种表示方法，为了简化图样上的焊缝，一般采用标准规定的焊缝符号表示法。《焊缝符号表示法》(GB/T 324—2008) 已于 2009 年 1 月 1 日开始实施，代替 GB/T 324—1988。

(1) 焊缝符号的组成

在图样中，焊缝一般用焊缝符号进行标注。焊缝符号由基本符号和指引线组成，如图4-43(a)所示；必要时还可加辅助符号、补充符号、焊缝尺寸符号和数据等，如图4-43(b) 所示。

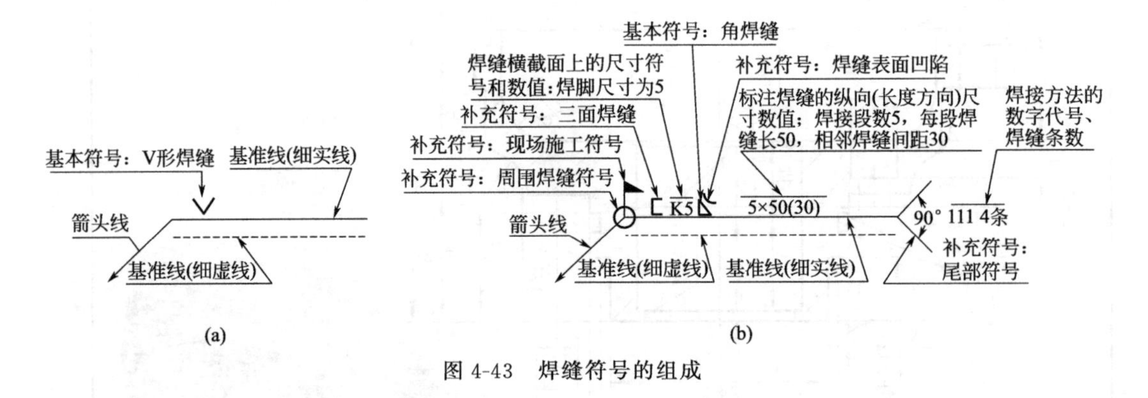

图 4-43　焊缝符号的组成

① 指引线　由箭头线、基准线（细实线）、基准线（细虚线）组成，如图 4-43 所示，基准线的细虚线可以画在基准线（细实线）的下面或上面。

基准线的上面和下面用来标注有关的符号和尺寸，当焊缝在箭头所指的一侧时，基本符号标在实线侧（一般在上方），否则应标在虚线侧（一般在下方）。当标注对称焊缝或双面焊缝时可以不画虚线基准线。必要时，在细实线基准线的末端加一尾部，用来说明焊接方法、相同焊缝的数目、焊缝质量和检测要求等。

② 基本符号　用来表示焊缝横截面的基本形状或特征，它近似于焊缝的横断面形状。基本符号一般用粗实线绘制。常用焊缝的基本符号和标注示例如表 4-2 所示。标注双面焊缝或接头时，基本符号可以组合使用。

表 4-2　常用焊缝的基本符号和标注示例

焊缝名称	焊缝型式	基本符号	标注示例
I 形焊缝		‖	
V 形焊缝		V	
角焊缝			
点焊缝		○	
双面 V 形焊缝		X	

③ 补充符号　GB/T 324—2008 把原国标中的辅助符号和补充符号合并，称为补充符号。补充符号用来补充说明有关焊缝或接头的某些特征（如表面形状、衬垫、焊缝分布、施焊地点等），一般用粗实线绘制，随基本符号标注在相应的位置上，如图 4-43(b) 所示，不需要确切地说明焊缝的表面形状时可以不加注补充符号。常用的补充符号及标注示例如表 4-3所示。

表 4-3　常用的补充符号及标注示例

名称	型式	符号	说明	标注示例
平面符号		—	表示焊缝表面平齐	
凸起符号		︵	表示焊缝表面凸起	
凹陷符号		︶	表示焊缝表面凹陷	

续表

名称	型式	符号	说明	标注示例
永久衬垫	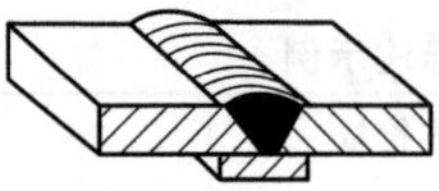	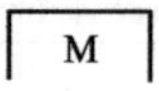 M	表示V形焊缝的背面底部有永久衬垫	 M
三面焊缝符号	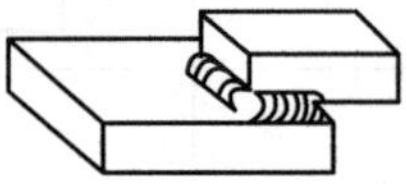	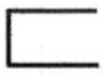	工件三面施焊，为角焊缝	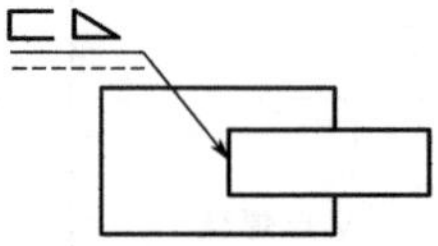
周围焊缝符号	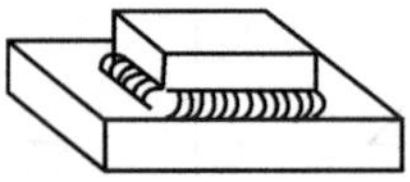	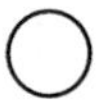	表示在现场沿工件周围施焊，为角焊缝	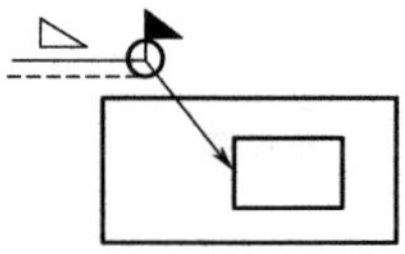
现场施工符号				
尾部符号	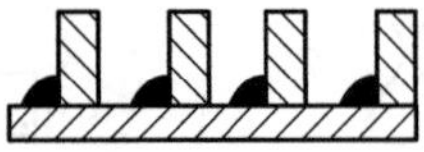		“111”表示用手工电弧焊，“4条”表示有4条相同的角焊缝，焊缝高为5mm、长为100mm	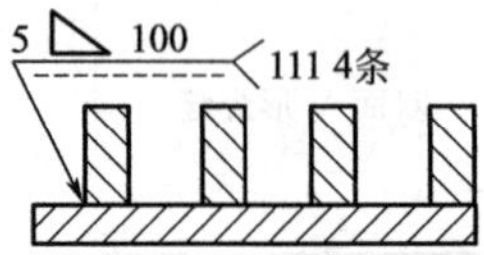 5 100 111 4条

④ 焊缝尺寸符号　是表示坡口和焊缝各特征尺寸的符号，共16个，如表4-4所示。基本符号必要时可附带尺寸符号及数据。需要时符号 p、H、K、h、S、R、c、d 标注在基本符号左侧，α、β、b 标注在基本符号上方，$n\times l(e)$ 标注在基本符号左侧，N 标注在尾部。基本符号左边未标注焊缝横截面尺寸，在技术要求中也没有说明时，表示对接焊缝要完全焊透。基本符号右边未标注焊缝纵向尺寸，在技术要求中也没有说明时，表示要求焊缝沿整个长度连续焊好。

表4-4　焊缝尺寸符号

符号	名称	示意图	符号	名称	示意图
δ	工件厚度	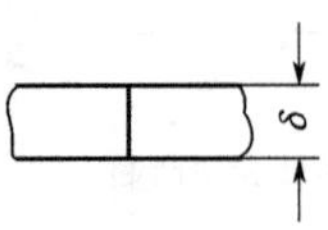 δ	e	焊缝间距	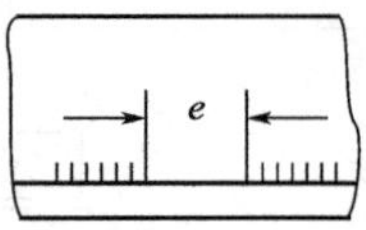 e
α	坡口角度	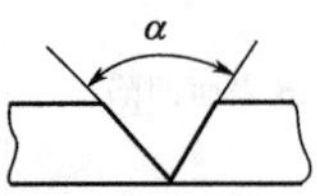 α	K	焊脚尺寸	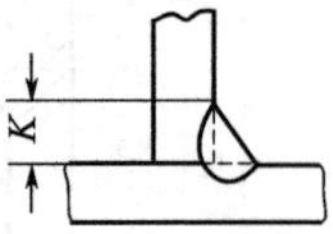 K

续表

符号	名称	示意图	符号	名称	示意图
b	根部间隙	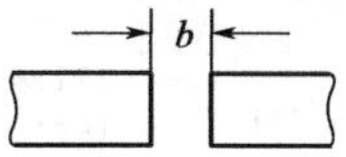 b	d	熔核直径	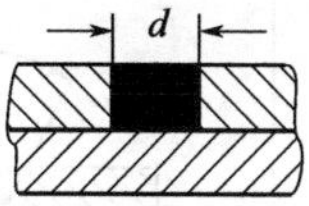 d
p	钝边	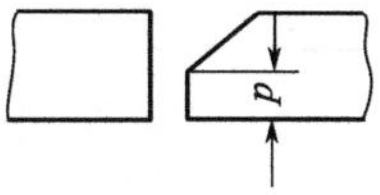 p	S	焊缝有效厚度	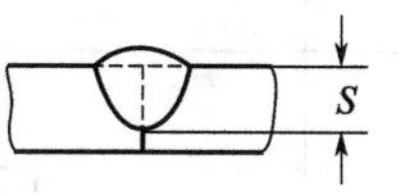 S
c	焊缝宽度	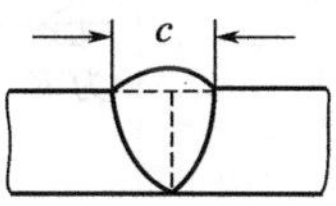 c	N	相同焊缝数量符号	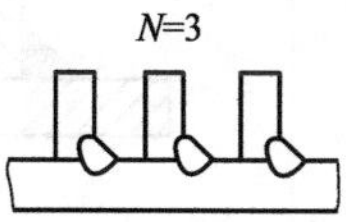 N=3
R	根部半径	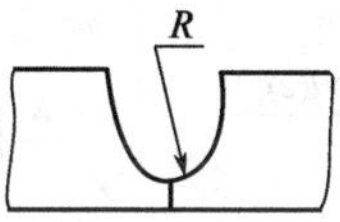 R	H	坡口深度	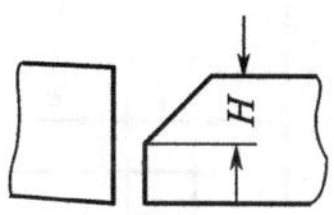 H
l	焊缝长度	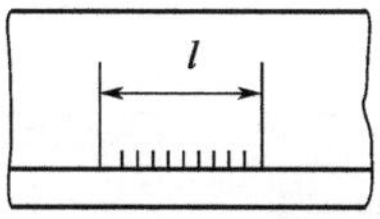 l	h	余高	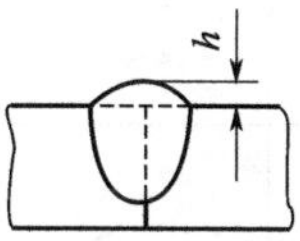 h
n	焊缝段数	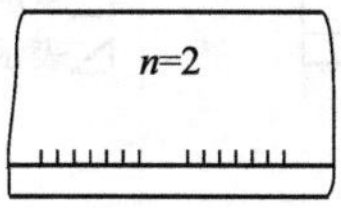 n=2	β	坡口面角度	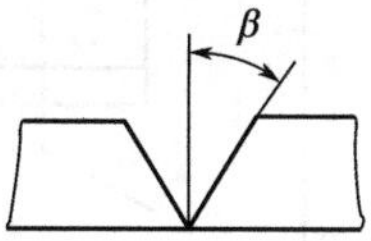 β

⑤ 焊接方法的数字代号　焊接方法很多，最常用的是电弧焊，另外还有电渣焊、气焊、压焊和钎焊等。标注时，焊接方法用规定的数字代号表示，写在焊缝代号的尾部，若所有焊缝的焊接方法相同，可统一在技术要求中说明。常用的焊接方法的数字代号见表 4-5。

表 4-5　常用的焊接方法的数字代号

焊接方法	数字代号	焊接方法	数字代号
手工电弧焊	111	激光焊	751
丝极埋弧焊	121	氧-燃气焊	31
点焊	21	烙铁钎焊	952
等离子弧焊	15	冷压焊	48

(2) 常见焊缝的标注示例

常见焊缝的标注方法见表 4-6。

表 4-6　常见焊缝的标注方法

接头型式	焊缝型式	标注示例	说明
对接接头	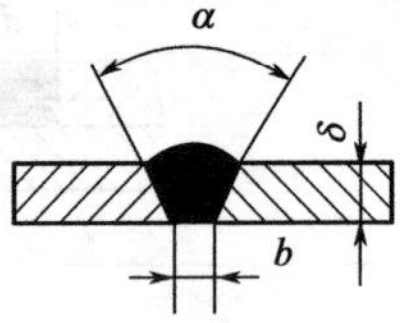	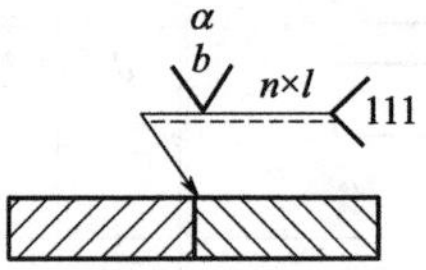	111 表示手工电弧焊，V 形焊接，坡口角度为 α，根部间隙为 b，有 n 段焊缝，焊缝长度为 l
T 形接头	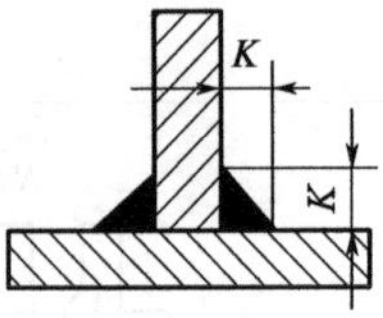	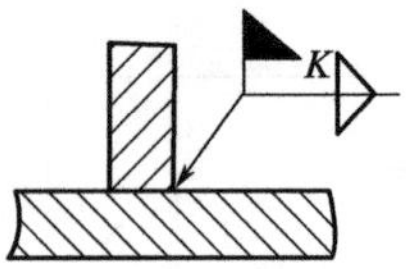	◤表示在现场装配时进行焊接 —▷表示对称角焊缝，焊缝高度为 K
	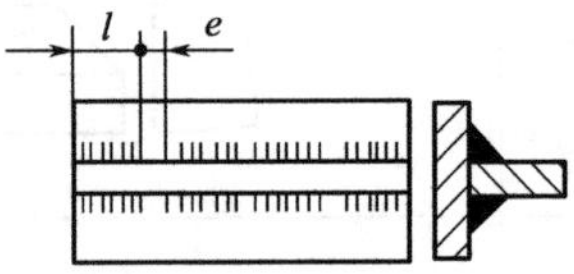	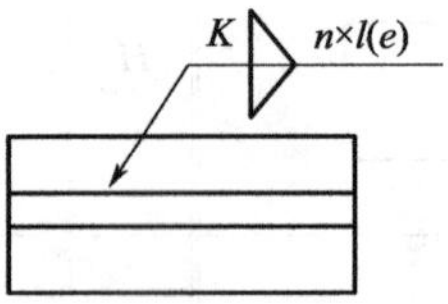	K ▷ $n\times l(e)$ 表示有 n 段断续对称链状角焊缝，l 表示焊缝的长度，e 表示断续焊缝的间距
角接接头	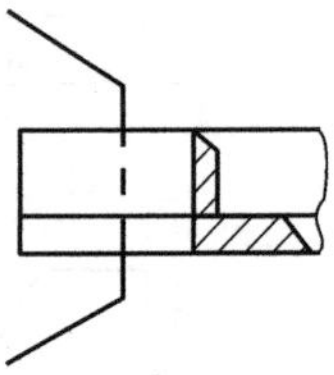	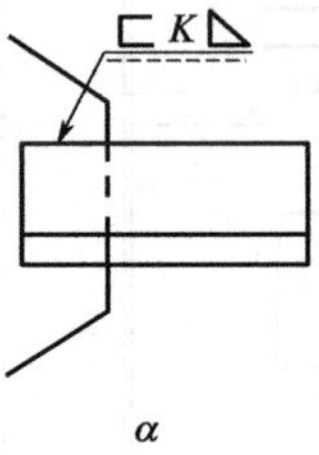	⊏表示三面焊接 ◺表示单面角焊缝
	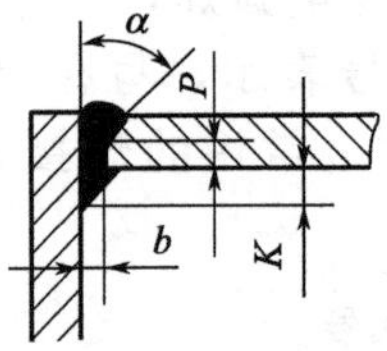	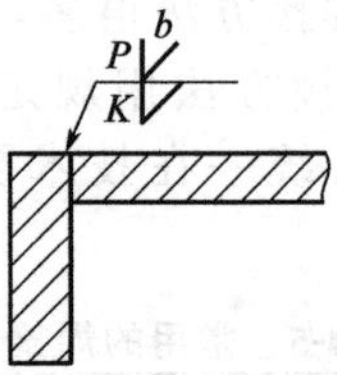	表示双面焊缝，上面为单边 V 形焊缝，下面为角焊缝
搭接接头	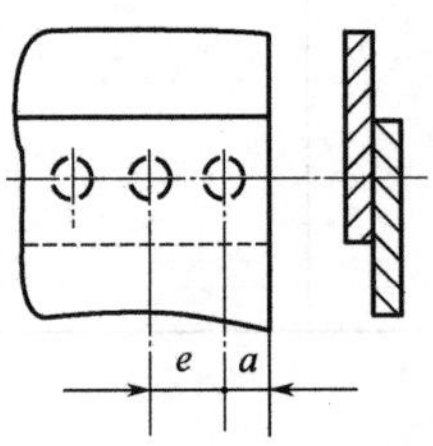	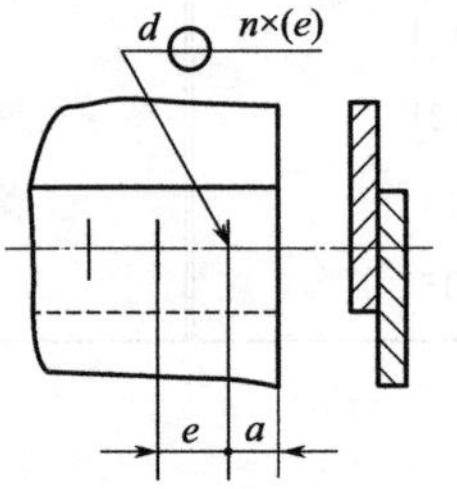	○表示点焊，d 表示熔核直径，e 表示焊点的间距，a 表示焊点至板边的间距

4.6.2 焊接图的主要内容及特殊表达方法

焊接件图样应能清晰地表达出各焊件的结构形状、大小、相互位置、焊接要求以及焊缝尺寸等。焊接图与零件图的不同之处在于各相邻焊件的剖面线的方向不同，且在焊接图中需对各焊件进行编号，并需要填写零件明细栏。焊接件图样可以理解为是一张装配图。

(1) 焊接图的内容

① 表达焊接件结构形状的一组视图。

② 焊接件的规格尺寸、焊接件的装配位置尺寸以及焊后加工尺寸。

③ 各焊件连接处的接头形式、焊缝符号及焊缝尺寸。

④ 构件装配、焊接以及焊后处理、加工的技术要求。

⑤ 说明焊件型号、规格、材料、重量的明细表及焊件相应的编号。

⑥ 标题栏和明细栏。

(2) 焊接图的特殊表达形式和特点

① 整件形式　用一张图样不仅表达了各焊件的装配、焊接要求，而且还表达每一焊件的形状和大小，如图 4-44 所示。

② 分体形式　除了在焊接图中表达焊件之外，还附有每一焊件的详图，焊接图重点表达装配关系，如图 4-45 所示。

③ 列表形式　当焊件结构复杂不便于图样表达时，可以用列表形式将相同规格的各种焊件的同一种焊缝形式及尺寸集中表示。

(3) 焊接图的尺寸标注

焊接件标注尺寸时，焊接件的整体结构尺寸一般标注在视图的上方，各零件（构件）的尺寸标注在视图下方，如图 4-44 所示；对于使用标准型材的构件，注明规格型号及长度，有特殊要求的连接部分单独注出。

(4) 焊接图的技术要求

在焊接图中焊接位置处，应标注焊缝符号、接头型式、焊缝型式、焊缝尺寸、焊接方法等内容；焊接件一般精度较低，焊接后应保证几何形状不变；焊接件因焊后存在较大的内应力，需要去应力退火处理；重要尺寸可以焊后加工，需要留有加工余量。焊接件有加工工序要求的，可在技术要求中说明。

(5) 焊接件常用的材料

焊接件常用各种型材、钢板、圆钢等，主要材料是中、低碳钢或低碳合金钢，如 Q235、Q295、20、30、45、20Cr、40Cr、1Cr13、1Cr18Ni9Ti 等，对于高碳钢，因焊接质量很差，一般采用硬钎焊。对于非铁合金的焊接，一般采用氩弧焊。

4.6.3 焊接图样实例

如图 4-44、图 4-45 所示。

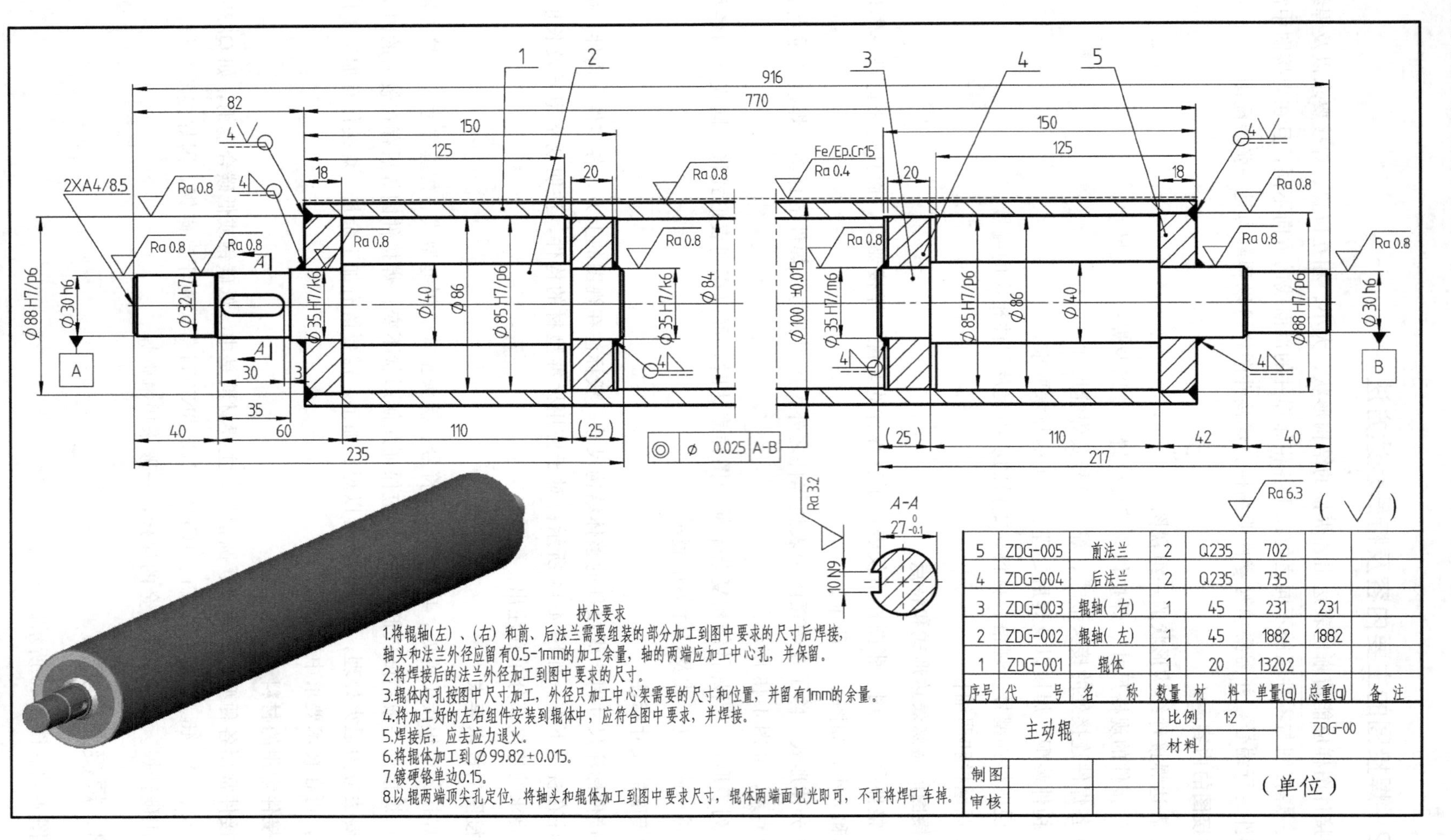

序号	代号	名称	数量	材料	单重(g)	总重(g)	备注
5	ZDG-005	前法兰	2	Q235	702		
4	ZDG-004	后法兰	2	Q235	735		
3	ZDG-003	辊轴(右)	1	45	231	231	
2	ZDG-002	辊轴(左)	1	45	1882	1882	
1	ZDG-001	辊体	1	20	13202		

主动辊	比例	1:2	ZDG-00
	材料		
制图			（单位）
审核			

图 4-44 主动辊

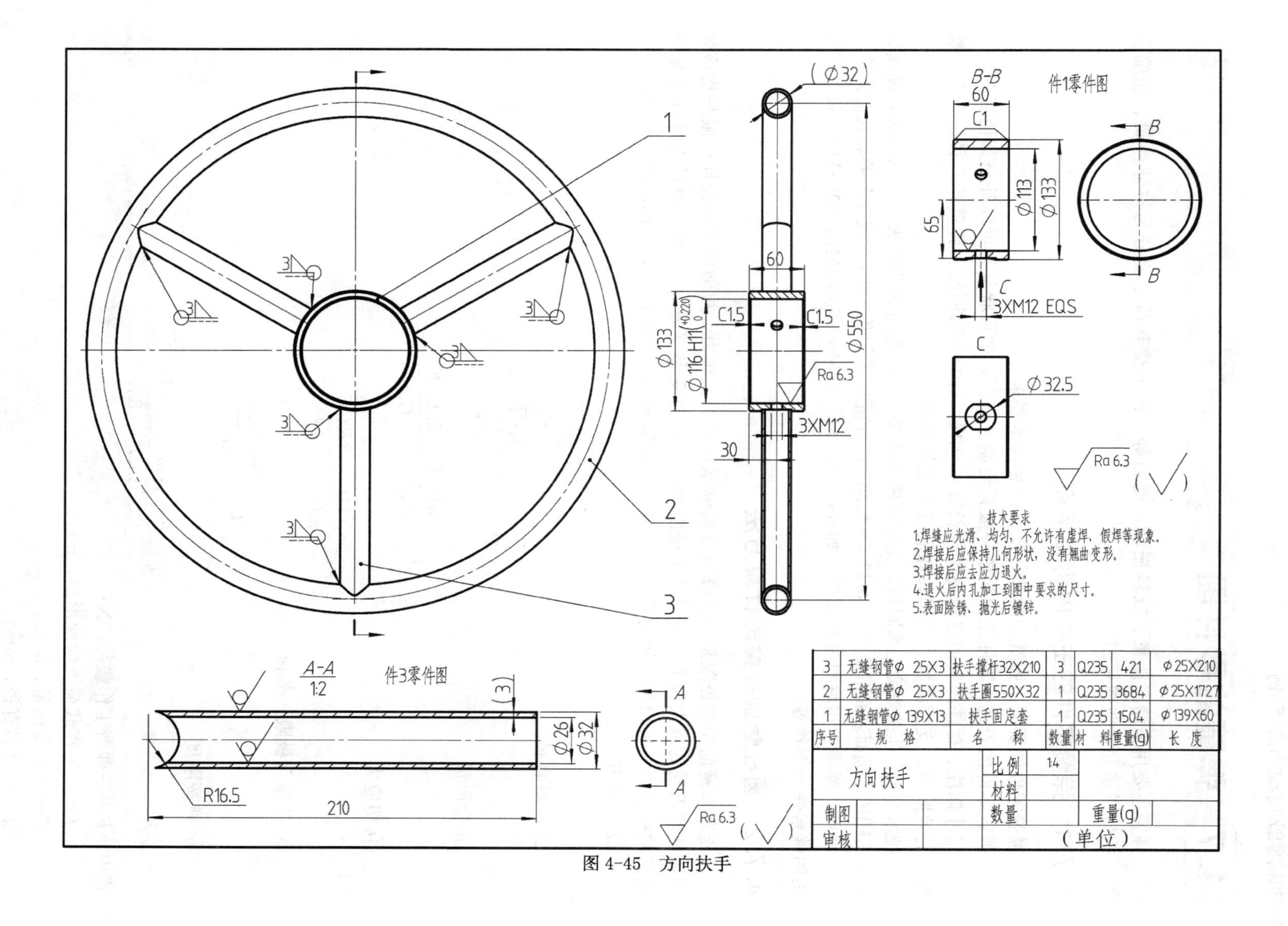
件1零件图
B-B
60
C1
65
Φ113
Φ133
B
C
3XM12 EQS
Φ32.5
Ra 6.3
(Φ32)
Φ550
60
C1.5
Φ133
Φ116 H11(+0.220 0)
Ra 6.3
3XM12
30
1
2
3
A-A
1:2
件3零件图
(3)
Φ26
Φ32
R16.5
210
A
技术要求
1.焊缝应光滑、均匀，不允许有虚焊、假焊等现象。
2.焊接后应保持几何形状，没有翘曲变形。
3.焊接后应去应力退火。
4.退火后内孔加工到图中要求的尺寸。
5.表面除锈、抛光后镀锌。
3 无缝钢管Φ 25X3 扶手撑杆32X210 3 Q235 421 Φ25X210
2 无缝钢管Φ 25X3 扶手圈550X32 1 Q235 3684 Φ25X1727
1 无缝钢管Φ 139X13 扶手固定套 1 Q235 1504 Φ139X60
序号 规格 名称 数量 材料 重量(g) 长度
方向扶手
比例 1:4
材料
制图
审核
数量
重量(g)
(单位)

图 4-45　方向扶手

4.7 弹簧的零件图

弹簧主要用来储存能量、减轻振动、测力等，按承受载荷主要分为拉伸弹簧、压缩弹簧、扭转弹簧和弯曲弹簧四种。

4.7.1 弹簧零件的主要内容和特点

弹簧零件图要给出弹簧的形状、受力图和技术要求。

弹簧零件的表达：零件比较简单一般只绘制主视图，如形状复杂可以补充其他视图。

尺寸标注：标注弹簧的自由高度（长度）、中径（内径或外径）、弹簧丝直径、节距、旋向、有效圈数、支撑圈数、总圈数和展开长度等内容。

技术要求：压缩弹簧支撑圈数，支撑圈断面需要磨平；热处理为淬火＋中温回火，硬度为40～55HRC。端面表面粗糙度为$Ra12.5 \sim 6.3\mu m$，有精度要求的必须注明尺寸公差和几何公差。

材料：弹簧常用材料是高碳钢，如65、70、85、65Mn、60Si2Mn、60CrMnA和一些专用的碳素弹簧钢丝等。

4.7.2 圆柱螺旋弹簧的计算方法

压缩弹簧的压缩极限是指该弹簧所能够承受的最大压力，拉伸弹簧的拉伸极限是指该弹簧所能够承受的最大拉力，超过这个极限力弹簧就会变形（失效），可以通过设计计算来确定它的极限力，或根据已知的弹簧，来复核它所能够承受的极限力，常用的基本公式如下。

① 弹簧力

$$F=\frac{fGd^4}{8nD^3}$$

② 材料直径

$$d=1.6\sqrt{\frac{KCF}{\tau_p}}$$

③ 变形量

$$f=\frac{8nD^3F}{Gd^4}=\frac{8nC^3F}{Gd}$$

④ 切应力

$$\tau=\frac{8KDF}{\pi d^3}=\frac{8KCF}{\pi d^2}\leq\tau_p$$

⑤ 试验（极限）载荷

$$F_s=\frac{\pi d^3\tau_s}{8D}$$

⑥ 弹簧刚度

$$k=\frac{F}{f}=\frac{Gd^4}{8nD^3}=\frac{GD}{8nC^4}$$

式中 F——弹簧工作载荷，N；

f——工作载荷下的变形量，mm；

G——切变模量，MPa；

d——材料直径，mm；

n——弹簧的有效圈数；

D——弹簧中径，mm；

K——曲度系数；

C——旋绕比，$C=D/d$；

τ_p——许用切应力，MPa；

τ——切应力，MPa；

τ_s——试验切应力，MPa；

k——弹簧刚度，N/mm。

常用弹簧的实用图例如图 4-46～图 4-48 所示。

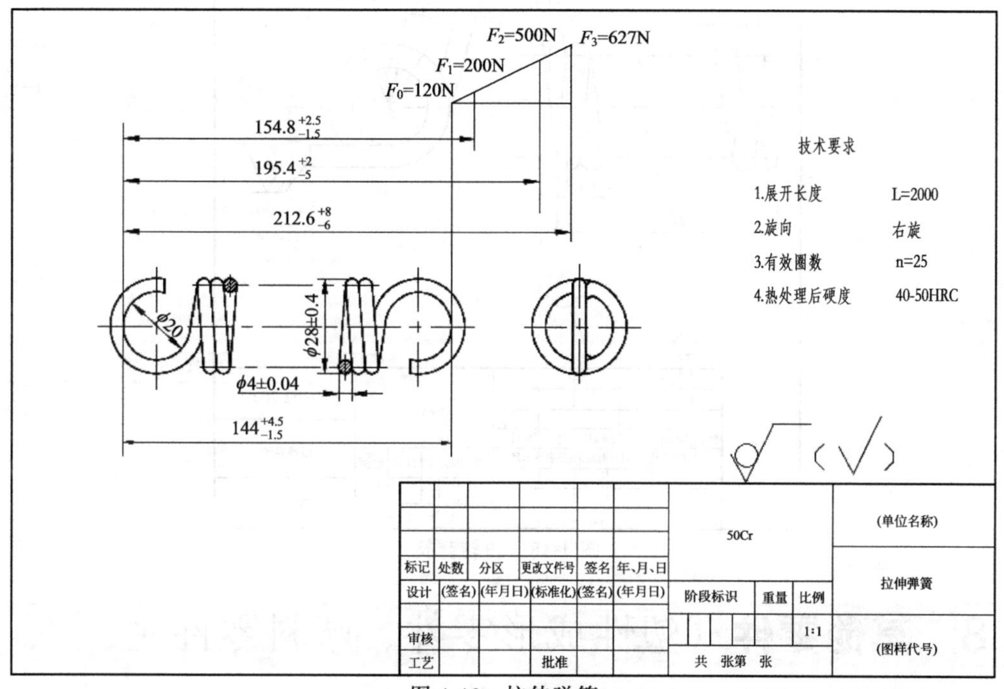

图 4-46 拉伸弹簧

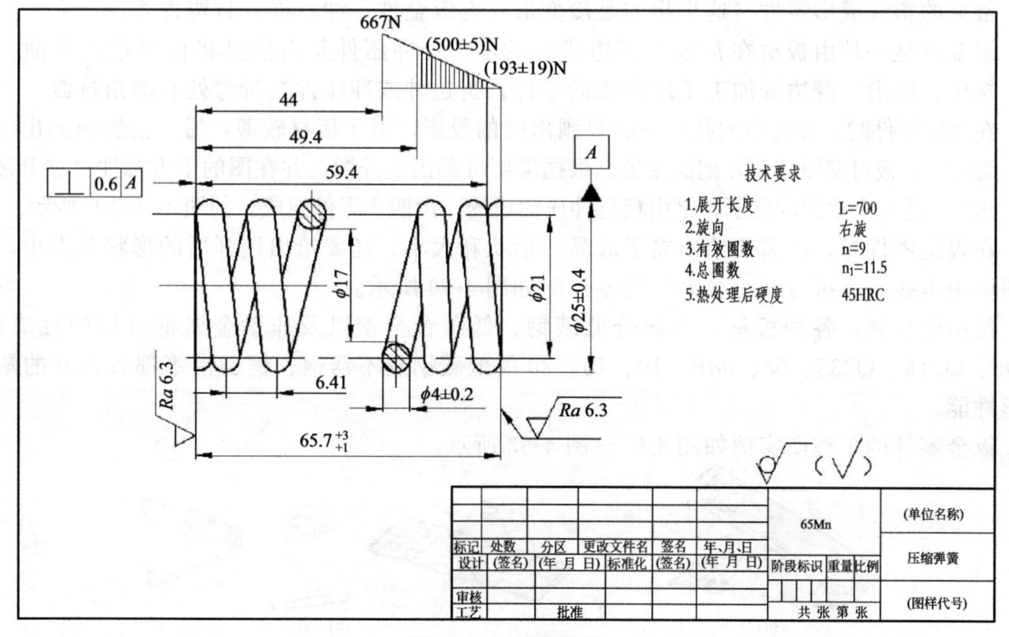

图 4-47 压缩弹簧

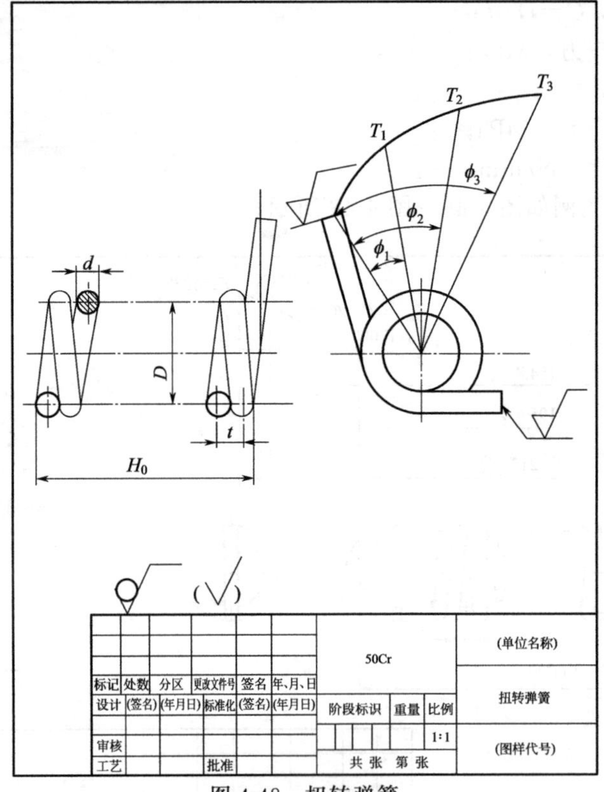

图 4-48 扭转弹簧

4.8 其他零件（塑性成形零件、塑料零件）

4.8.1 塑性成形零件（冲压件、折弯件）

常见的塑性成形零件（这里指的是冷变形）有钣金件、冲压件、折弯件等。

钣金件是一种由板材在常温下折边成形的零件；冲压件是由模具将板材通过弯曲、拉深、挤压、胀形、翻边等加工工序制成的零件；折边件或冲压件在折弯处有圆角过渡。

在表达零件时，板材中的孔，一般只画出圆的投影，由于板材较薄，另一投影只画出中心线，剖切时，板材壁厚较薄，剖面涂黑。根据需要可画出展开图，并在图的上方标注“展开图”。图 4-49(a) 是一个常用的夹子，是由板材冲压而成的，由四个零件组成，如图 4-49(b) 所示。

在表达零件时，既需要给出夹子成品的形状和大小，还要给出展开后的形状和大小，展开图中用虚线表示折弯线。半夹子的零件图如图 4-50 所示。

使用的材料：各种板材，大部分低碳钢、低碳合金钢以及非铁金属都可以塑性成形。Q195、Q215、Q235、08、08F、10、15、20 等低碳钢及不锈钢、铜、铝等都有良好的塑性成形性能。

钣金零件的工程图实例如图 4-51～图 4-53 所示。

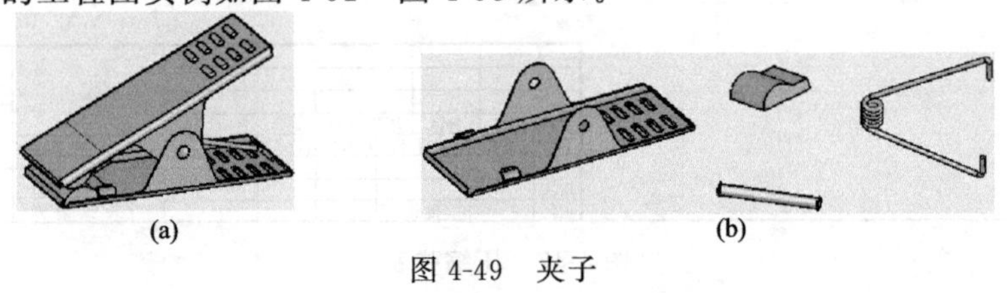

(a) (b)

图 4-49 夹子

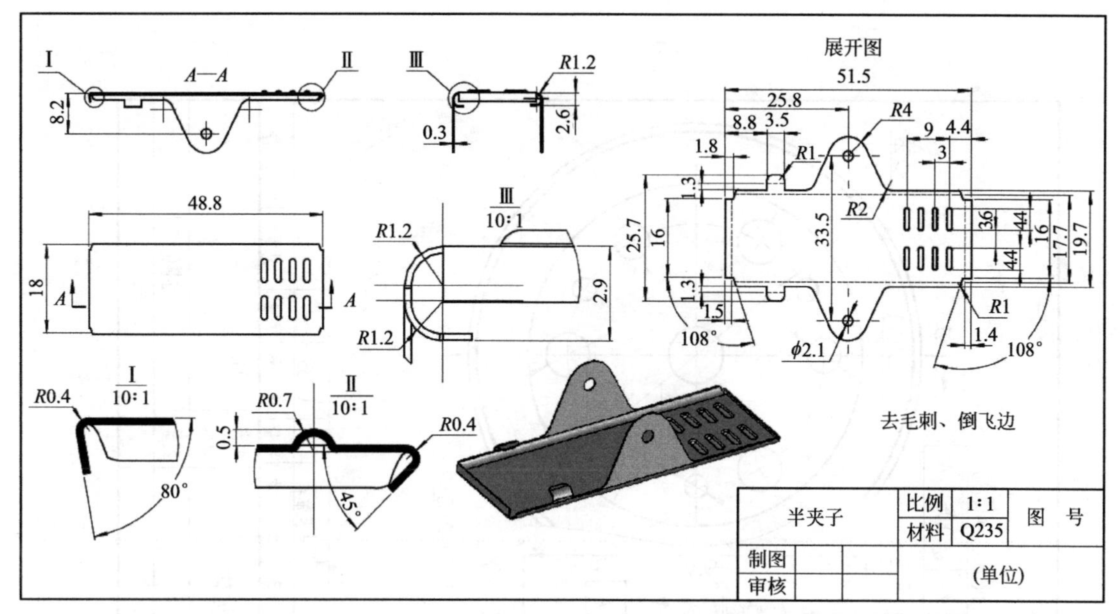

图 4-50　半夹子

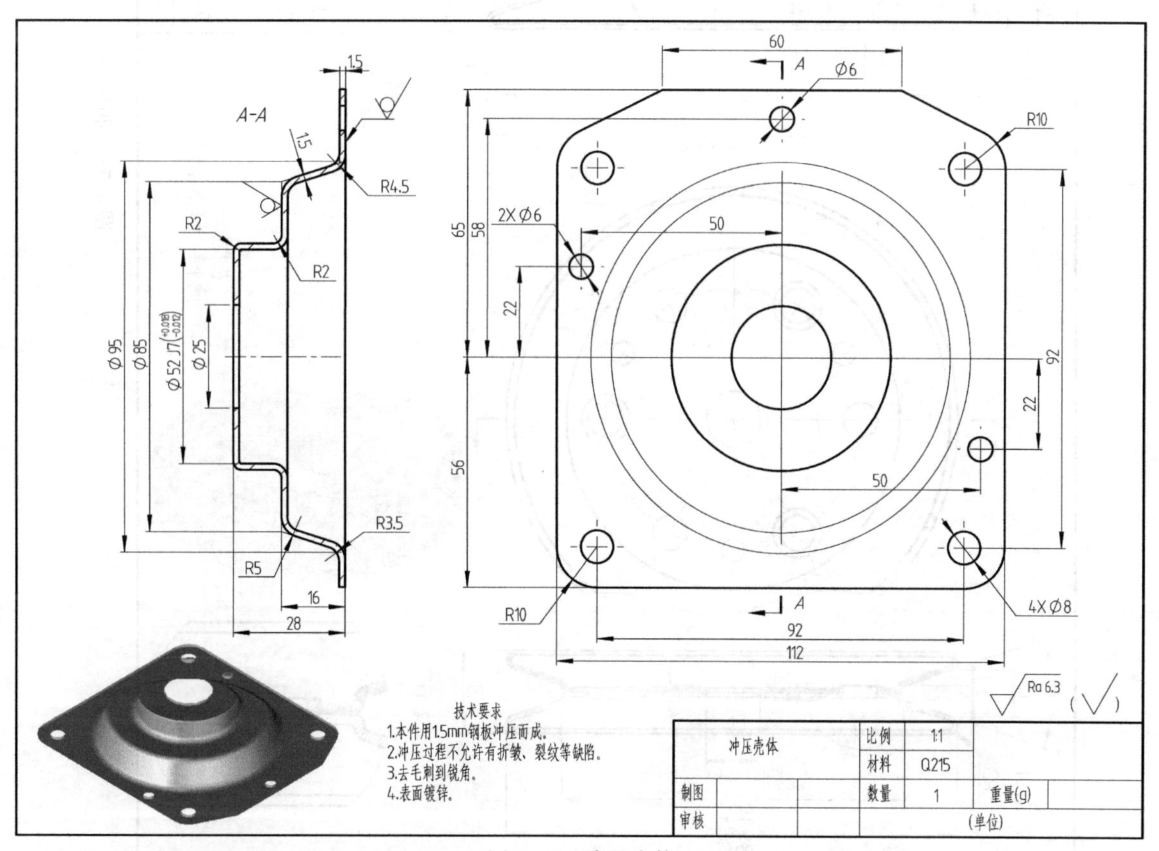

图 4-51　冲压壳体

冲压带轮是洗衣机输入轴上使用的带轮，使用两个半带轮，背对背旋转 60°通过铆接组合在一起的，如图 4-52 所示。

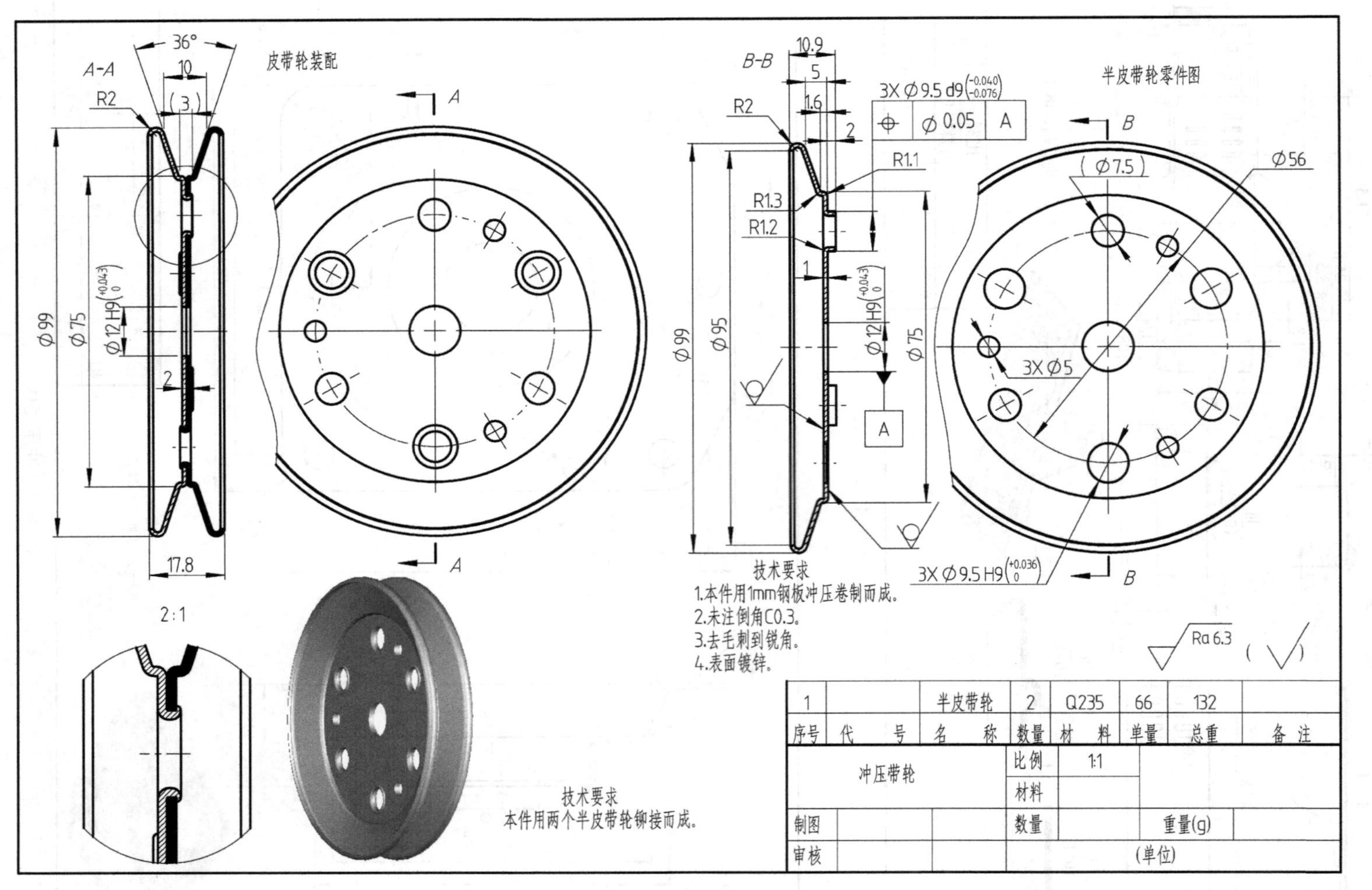

1		半皮带轮	2	Q235	66	132	
序号	代号	名称	数量	材料	单重	总重	备注
冲压带轮			比例	1:1			
			材料				
制图			数量		重量(g)		
审核			(单位)				

图 4-52 冲压带轮

自行车把是将圆管通过弯曲成形制成的零件，建模过程是一个圆截面沿着一个空间路径扫描而成的，需要确定空间 A、B、C、D 四点的位置，用直线将四点连接起来，两线的转折处用圆弧连接即可，如图 4-53 所示。

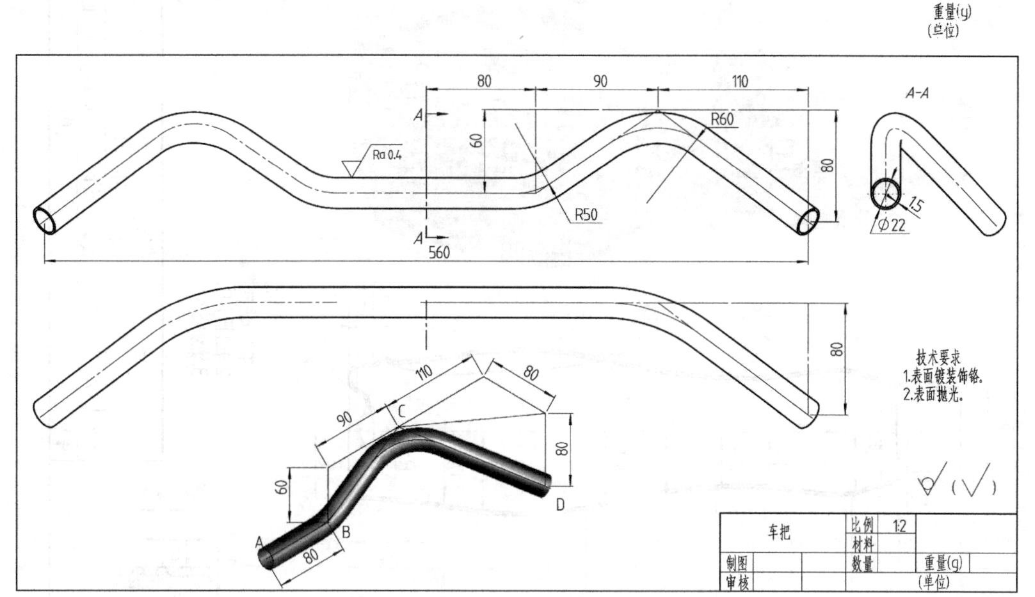

图 4-53　车把

4.8.2　塑料件

塑料件是最近几年发展最快的一种零件，广泛应用于工业的各个领域，因模具复杂，只适合大批量生产。常用的成形方法有注塑成形、挤出成形、吹塑成形、真空成形等。

(1) 塑料制品的外观要求

产品表面应平整、饱满、光滑，过渡自然，不得有碰伤、划伤以及缩孔等缺陷。

产品厚度应均匀一致，无翘曲变形、飞边、毛刺、缺料、水丝、流痕、熔接痕及其他影响性能的注塑缺陷。毛边、浇口应全部清除和修整。

产品色泽应均匀一致，无明显色差。颜色为本色的制品应与原材料颜色基本一致；需配颜色的制品应符合配色板要求。

(2) 塑料制品设计要点和设计的一般原则

塑料制品力求结构简单，易于成形；壁厚均匀；保证强度和刚度；根据功能决定其形状、尺寸、外观及材料。尽量将制品设计成回转体或对称形状，这种形状工艺性好；应考虑塑料的流动性、收缩性及成型特性；制品的所有转角尽可能设计成圆角或用圆弧过渡。

塑料制品在设计时，要确定其开模方向和分型线，尽可能消除分型线（面）对外观的影响；产品的加强筋、卡扣、凸起等结构，尽可能设计成与开模方向一致；减少抽芯机构、拼缝线等，延长模具寿命。

(3) 塑料制品的技术要求

塑料制品的表面质量可参照国家标准《塑料件表面粗糙度》(GB/T 14234—1993) 的要求设计。一般制品外表面可取 Ra 0.4～0.02μm，精密零件、装饰件等表面要求较高，制品可取 Ra 0.01～0.063μm。

(4) 材料

常用的塑料有聚乙烯（PE)、聚氯乙烯（PVC)、聚丙烯（PP)、聚苯乙烯（PS)、聚碳酸酯（PC）、尼龙（PS）、ABS、聚四氟乙烯（PEFT）、有机玻璃（PMMΛ）、酚醛树脂等。

塑料零件的工程图实例如图 4-54、图 4-55 所示。

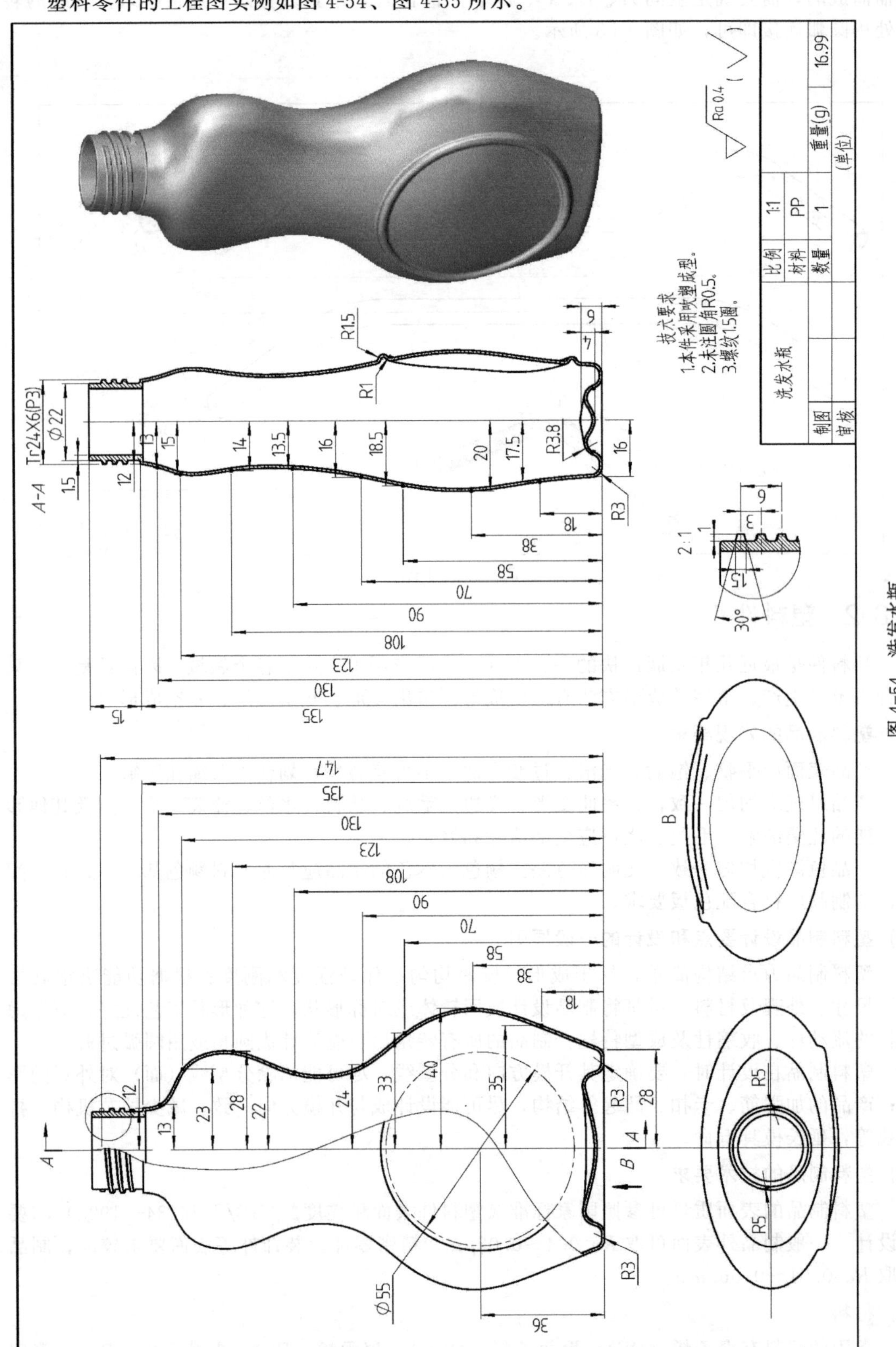

图 4-54　洗发水瓶

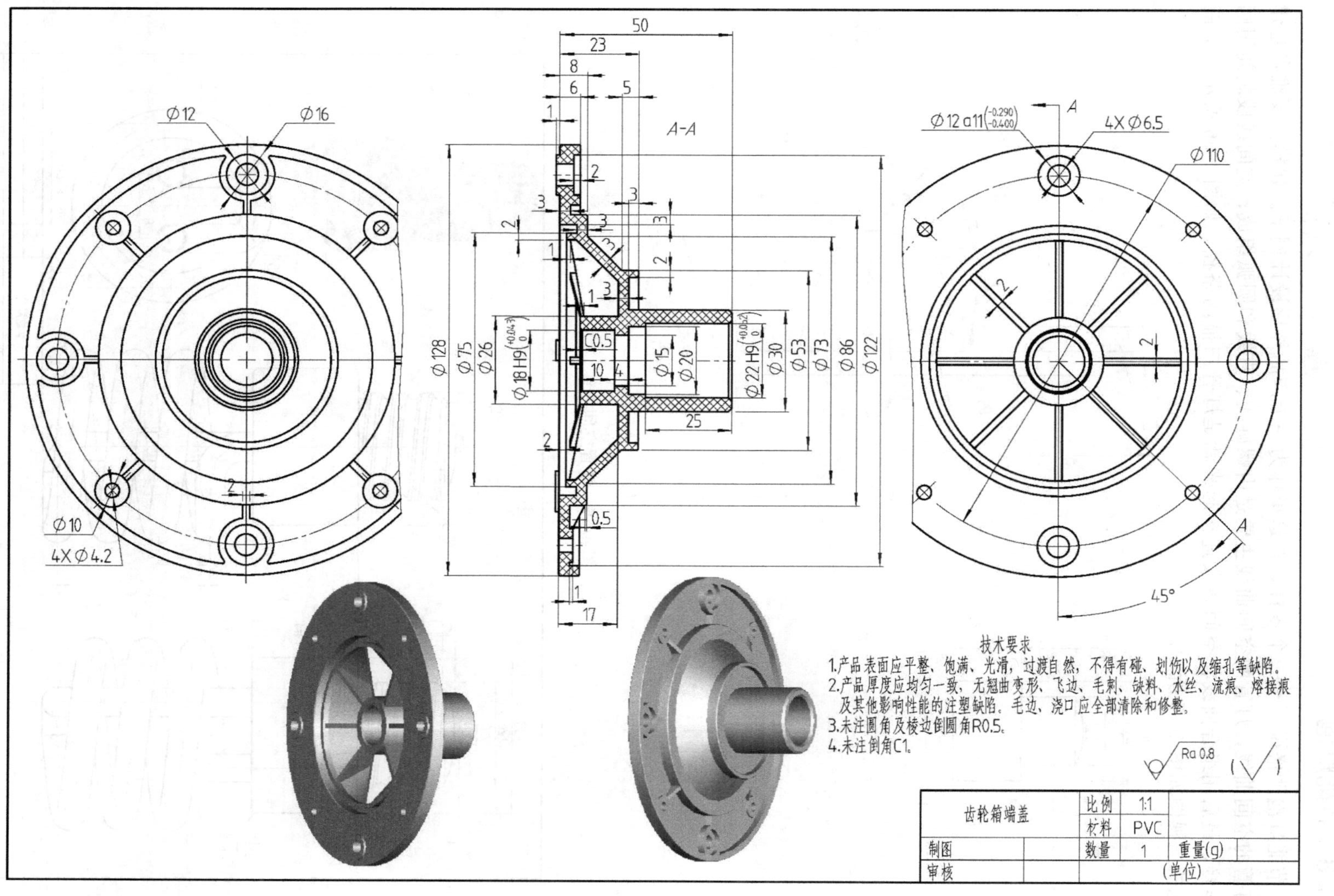
A-A
4XΦ6.5
Φ110
45°
Φ12 a11(-0.290/-0.400)
Φ16
Φ12
Φ10
4XΦ4.2
Φ122
Φ98
Φ73
Φ53
Φ30
Φ22 H9(+0.052/0)
Φ20
Φ15
Φ18 H9(+0.043/0)
Φ26
Φ75
Φ128
技术要求
1.产品表面应平整、饱满、光滑，过渡自然，不得有碰、划伤以及缩孔等缺陷。
2.产品厚度应均匀一致，无翘曲变形、飞边、毛刺、缺料、水丝、流痕、熔接痕及其他影响性能的注塑缺陷。
3.未注圆角及棱边倒圆角R0.5。
4.未注倒角C1。
Ra 0.8
齿轮箱端盖
比例 1:1
材料 PVC
数量 1
重量(g)
(单位)
制图
审核
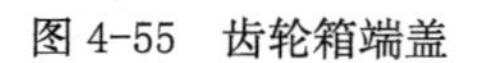

图 4-55 齿轮箱端盖

4.8.3 节能灯泡

节能灯泡严格说不是一个零件，在这里作为一个产品外形设计例子。建模主要难点是建立灯管的空间曲线，灯管的空间曲线主要是由螺旋线、直线和圆弧组成；空间线段之间用圆弧连接，最后用组合曲线将空间线段连接起来就是灯管扫描的路径，如图 4-56 所示。节能灯泡的三视图如图 4-57 所示。

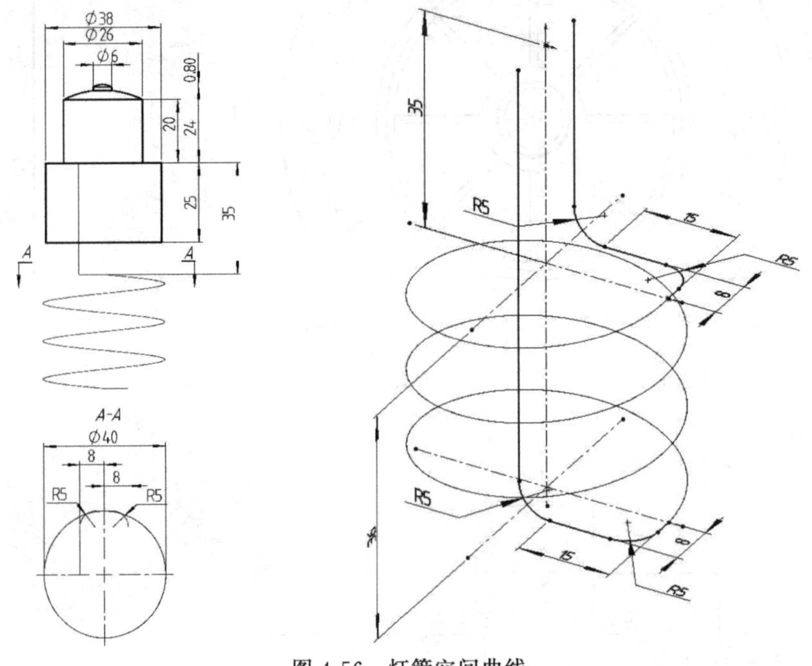

图 4-56　灯管空间曲线

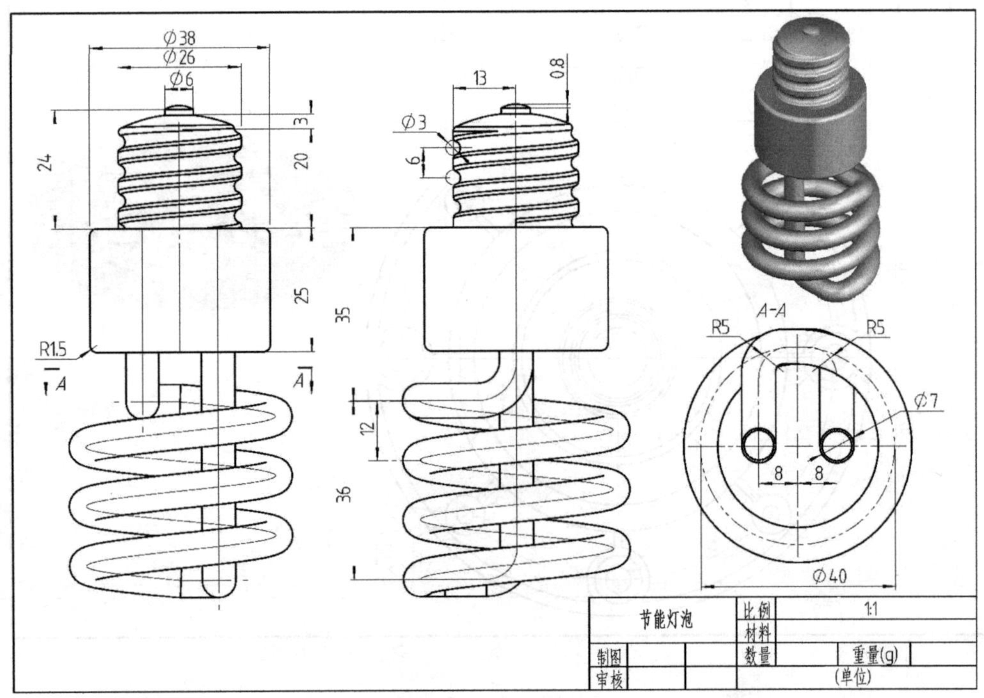

图 4-57　节能灯泡

第5章 常用工业产品图样

在产品设计、生产加工、维修中，经常会用到一些部件，如联轴器、千斤顶、台钳、气动元件、阀门、油泵、减速器等。本章以实际部件出发，列出了这些常用部件的装配图和零件图图例。

5.1 联轴器

联轴器是用来连接两轴（主动轴和从动轴）的部件，一般动力机大都借助于联轴器与工作机相连接。在高速重载的动力传动中，有些联轴器还有缓冲、减振和提高轴系动态性能的作用。

联轴器种类繁多，按照被连接两轴的相对位置和位置的变动情况，可分为以下两类。

① 固定式联轴器：主要用于两轴要求严格对中并在工作中不发生相对位移的地方；结构一般较简单，容易制造，且两轴瞬时转速相同。主要有凸缘联轴器、套筒联轴器、膜片联轴器等。

② 可移式联轴器：主要用于两轴线之间有偏斜或在工作中有相对位移的地方，根据补偿位移的方法又可分为刚性可移式联轴器和弹性可移式联轴器。刚性可移式联轴器主要有牙嵌联轴器、十字滑块联轴器、万向联轴器、齿轮联轴器、链条联轴器等；弹性可移式联轴器利用弹性元件的弹性变形来补偿两轴的偏斜和位移，同时弹性元件也具有缓冲和减振性能，如蛇形弹簧联轴器、径向多层板簧联轴器、弹性圈栓销联轴器、尼龙栓销联轴器、橡胶套筒联轴器等。

5.1.1 十字滑块联轴器

十字滑块联轴器由两个在端面上开有凹槽的半联轴器和一个两面带有凸牙的中间盘组成。因凸牙可在凹槽中滑动，故可补偿安装及运转时两轴线之间的相对位移。装配图和零件图如图 5-1～图 5-3 所示。

5.1.2 膜片联轴器

膜片联轴器由膜片（不锈钢薄板）用螺钉交错地与两半联轴器连接。膜片联轴器靠膜片的弹性变形来补偿所连两轴的相对位移，是一种高转矩、高灵敏度、零回转间隙、顺时针与逆时针回转特性完全相同的联轴器，常用于步进电机、伺服电机连接。装配图和零件图如图 5-4～图 5-7 所示。

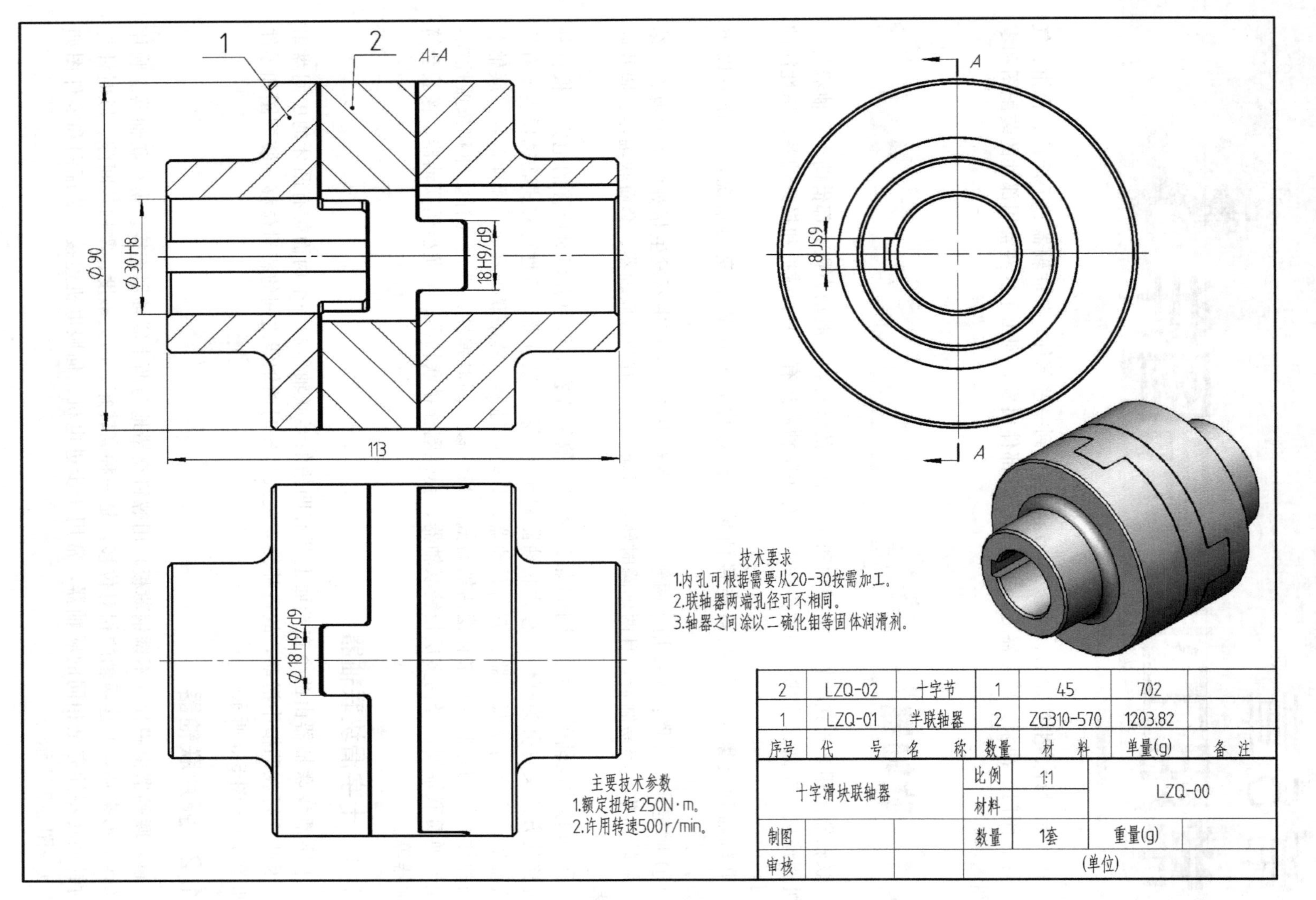
1
2
A-A
A
A
ϕ90
ϕ30 H8
18 H9/d9
113
8JS9
ϕ18 H9/d9
技术要求
1.内孔可根据需要从20-30按需加工。
2.联轴器两端孔径可不相同。
3.轴器之间涂以二硫化钼等固体润滑剂。
主要技术参数
1.额定扭矩 250N·m。
2.许用转速500r/min。
2 LZQ-02 十字节 1 45 702
1 LZQ-01 半联轴器 2 ZG310-570 1203.82
序号 代号 名称 数量 材料 单重(g) 备注
十字滑块联轴器
比例 1:1
材料
LZQ-00
制图
数量 1套
重量(g)
审核
(单位)

图 5-1 十字滑块联轴器

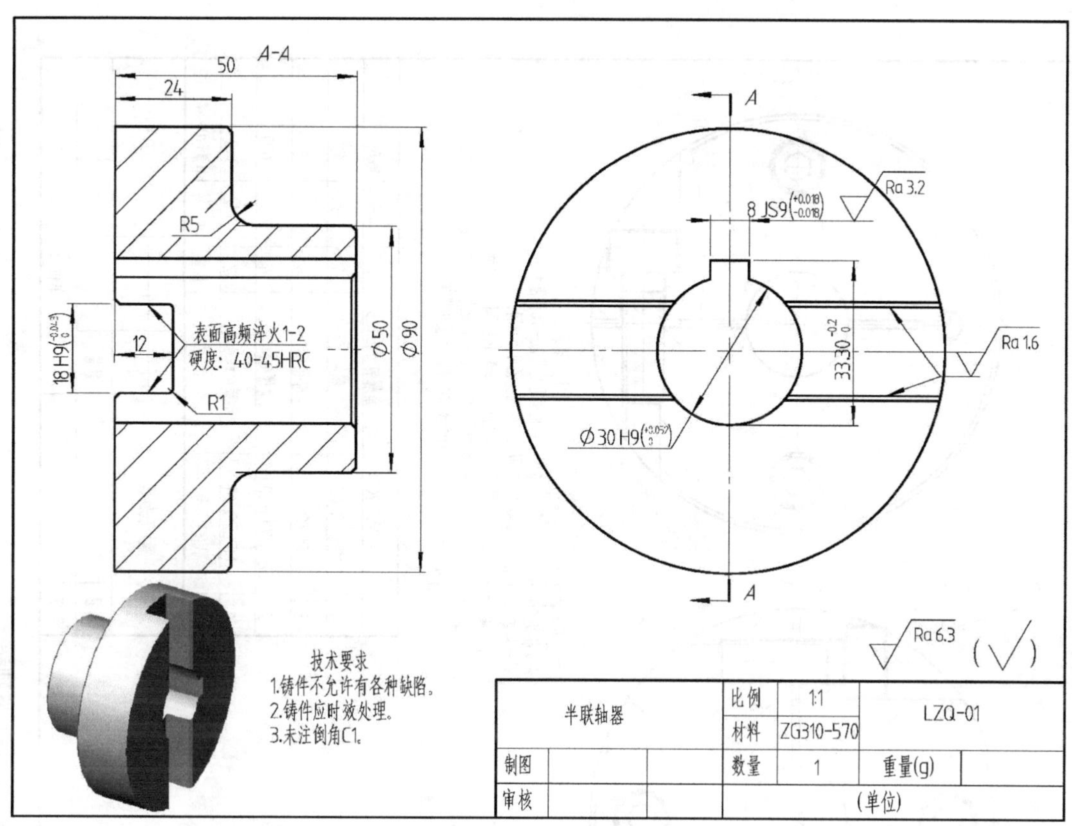

图 5-2　半联轴器

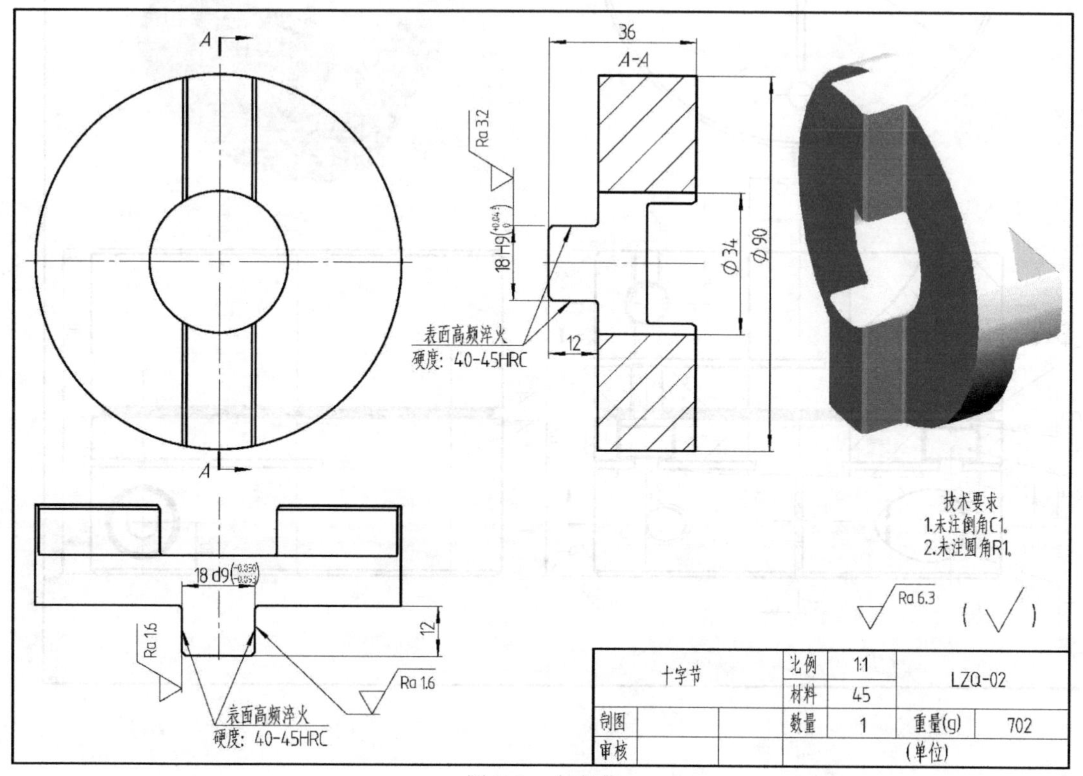

图 5-3　十字节

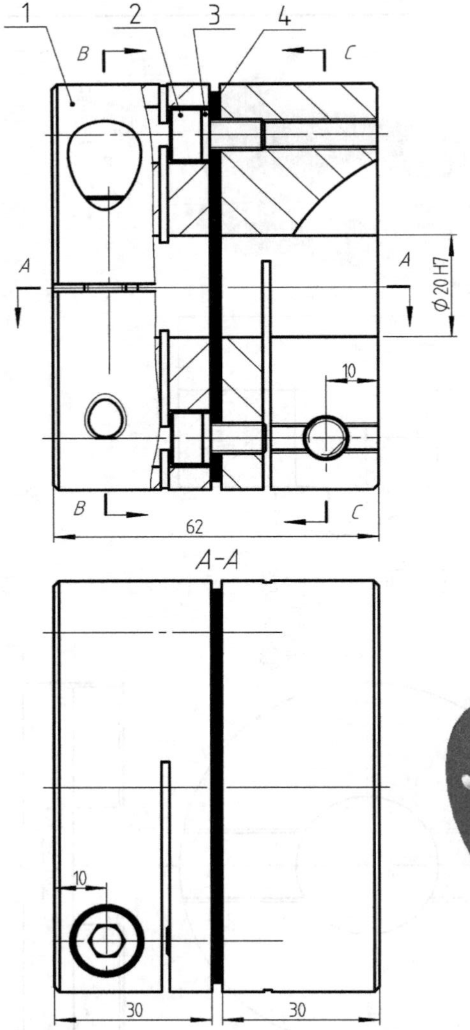

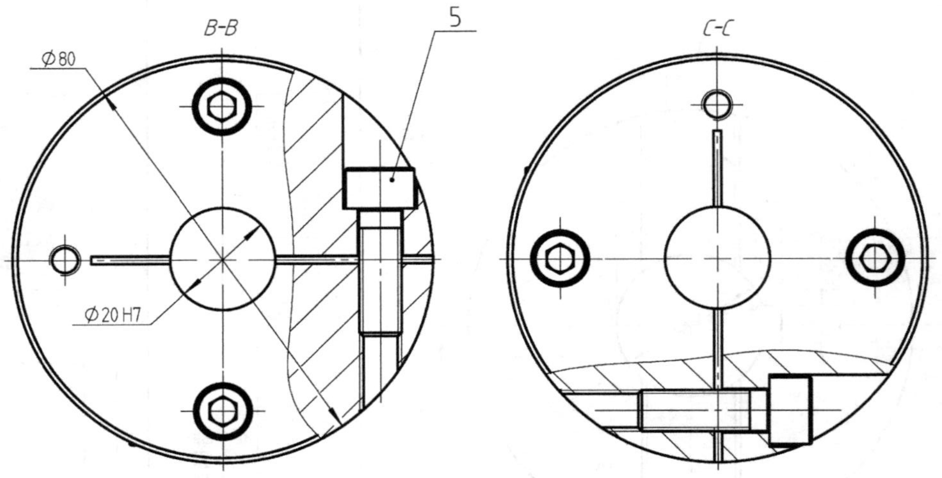

主要技术参数

1.额定扭矩 80N·m。
2.最大扭矩160N·m。
3.最高转速10000r/min。
4.角向偏差1°。
5.轴向偏差±0.2。

技术要求

1.内孔可根据需要从20-40按需加工。
2.联轴器两端孔径可不相同。
3.轴器之间涂以二硫化钼等固体润滑剂。
4.使用时，将输入(出)轴插入孔内，锁紧螺钉即可。
5.常用于步进电机、伺服电机连接。

序号	代号	名称	数量	材料	单量(g)	备注
5	GB/T 70.1-2000	内六角螺钉 M8x25	2	45	16.899	
4	MPLZQ-03	膜片	4	1Cr18Ni9	13	
3	MPLZQ-02	垫圈6	4	45	1	
2	GB/T 70.1-2000	内六角螺钉M6x12	4	45	5.697	
1	MPLZQ-01	半膜片联轴器	2	LY12	340	

膜片联轴器		比例	1:1	MPLZQ-00	
		材料			
制图		数量	1	重量(g)	
审核		(单位)			

图 5-4 膜片联轴器

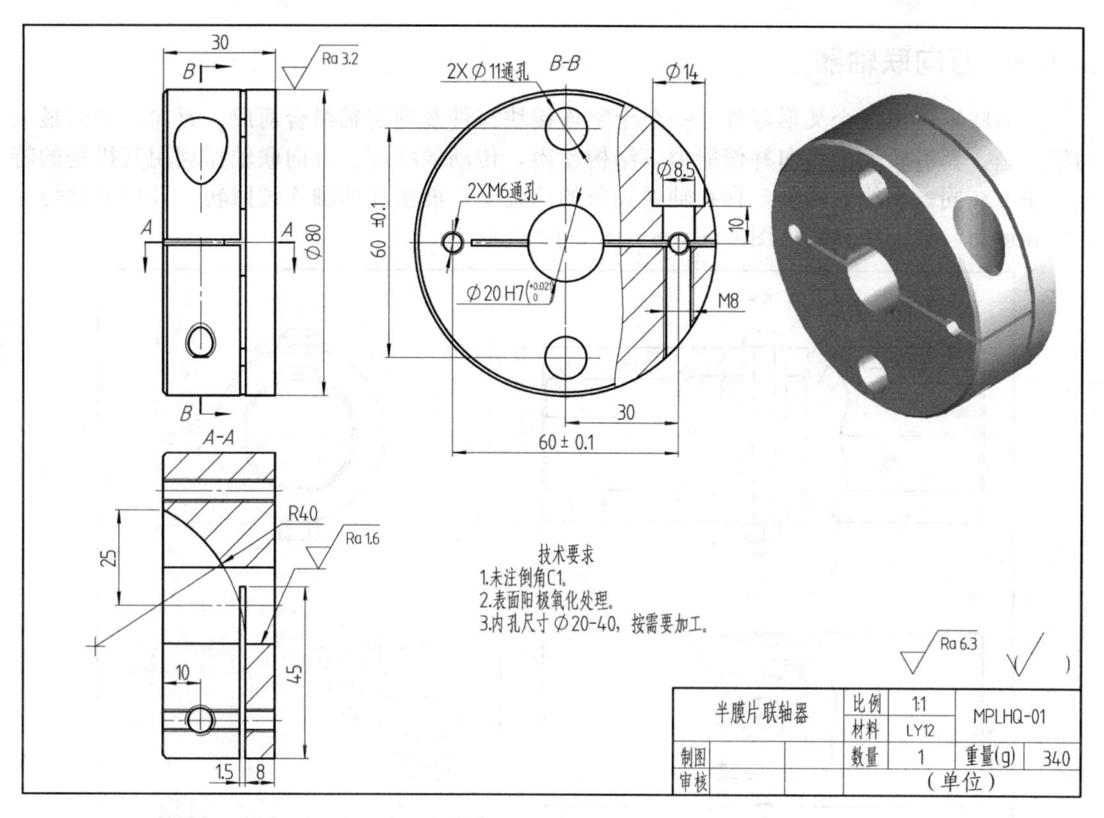

图 5-5　半膜片联轴器

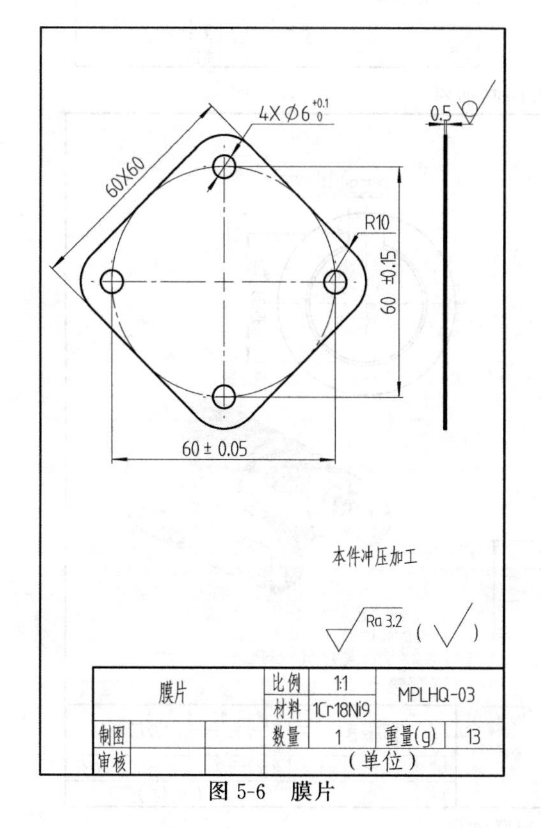

图 5-6　膜片

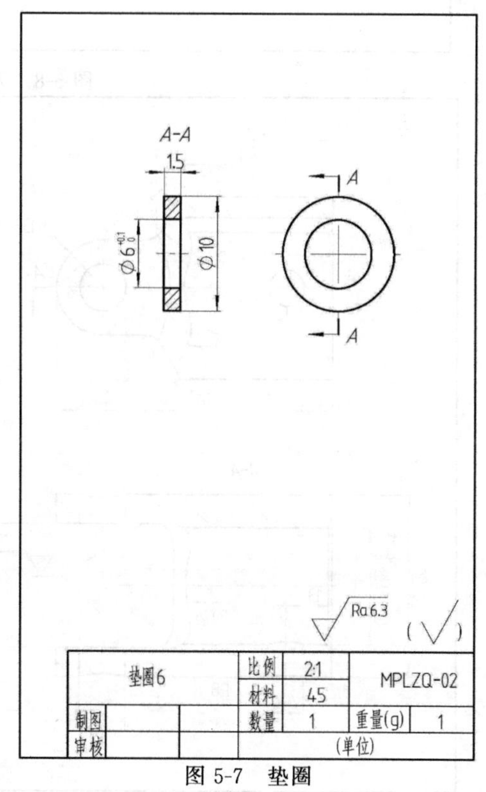

图 5-7　垫圈

5.1.3 万向联轴器

万向联轴器由两个叉形零件、一个十字连接块零件及固定轴组合而成。万向联轴器最大的特点是，具有较大的角向补偿能力，结构紧凑，传动效率高。万向联轴器利用其机构的特点，使不在同一轴线的两轴，存在轴线夹角的情况下，能实现两轴连续回转，并可靠地传递转矩和运动。装配图和零件图如图 5-8～图 5-12 所示。

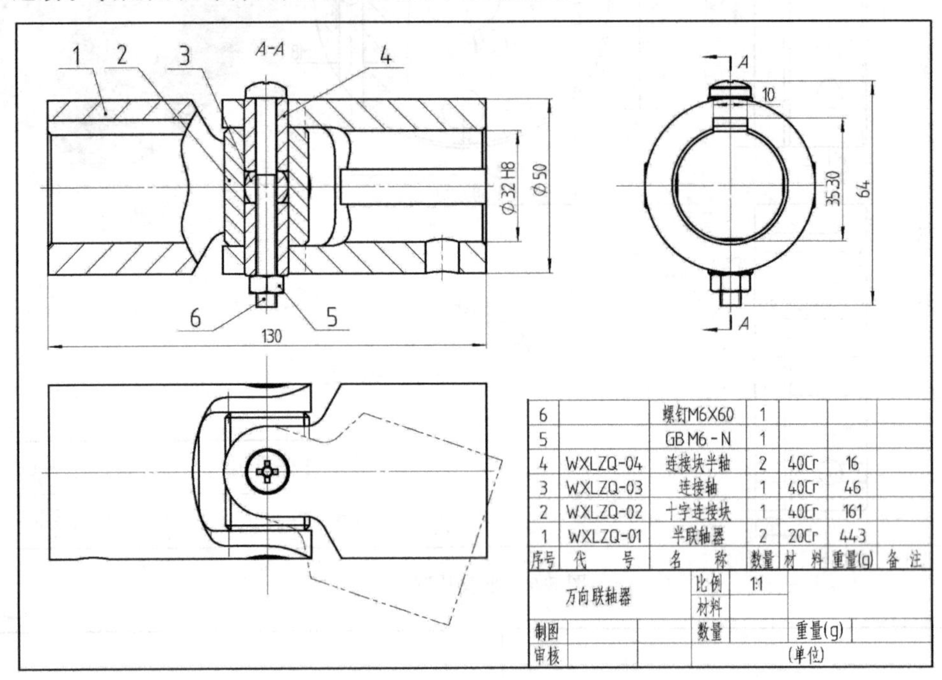

序号	代 号	名 称	数量	材 料	重量(g)	备 注
6		螺钉M6X60	1			
5		GB M6-N	1			
4	WXLZQ-04	连接块半轴	2	40Cr	16	
3	WXLZQ-03	连接轴	1	40Cr	46	
2	WXLZQ-02	十字连接块	1	40Cr	161	
1	WXLZQ-01	半联轴器	2	20Cr	443	

万向联轴器	比例	1:1	
	材料		
制图	数量		重量(g)
审核			(单位)

图 5-8 万向联轴器

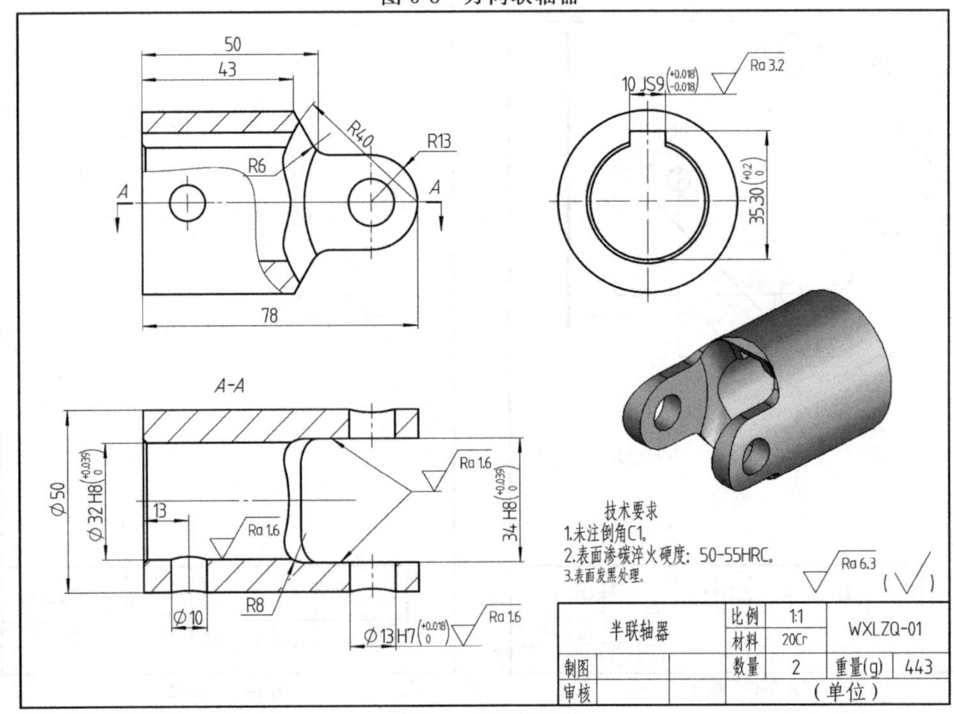

半联轴器	比例	1:1	WXLZQ-01	
	材料	20Cr		
制图	数量	2	重量(g)	443
审核			(单位)	

图 5-9 半联轴器

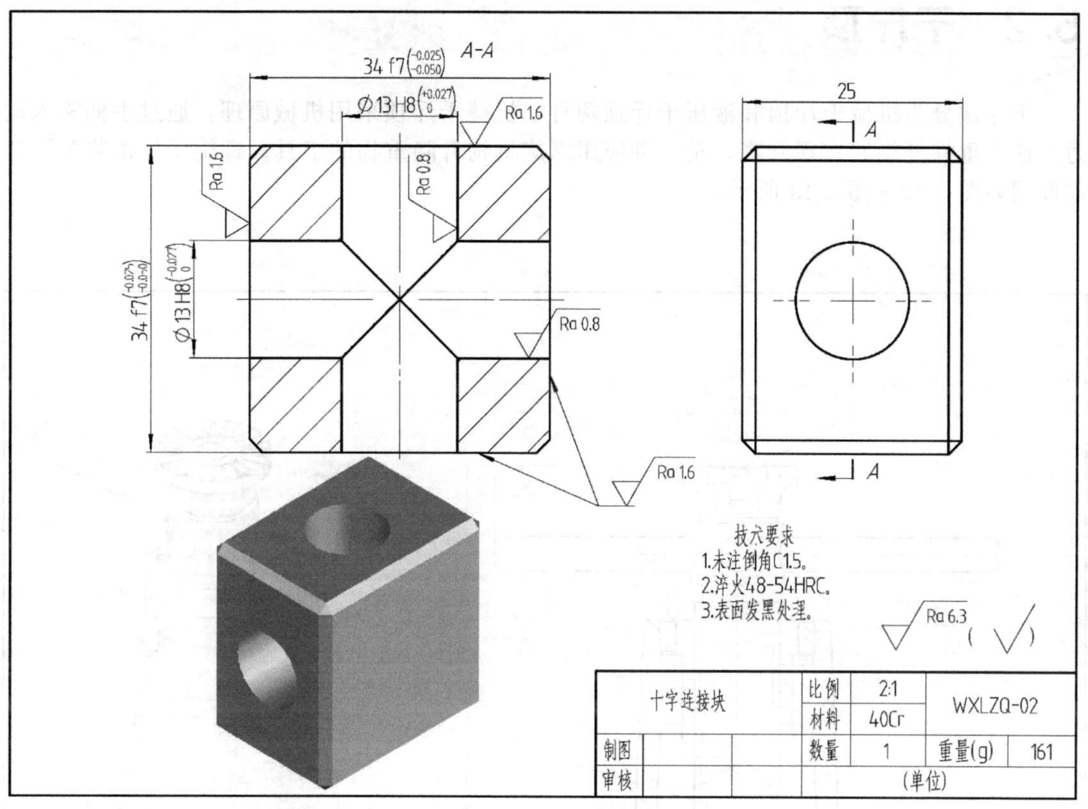

图 5-10　十字连接块

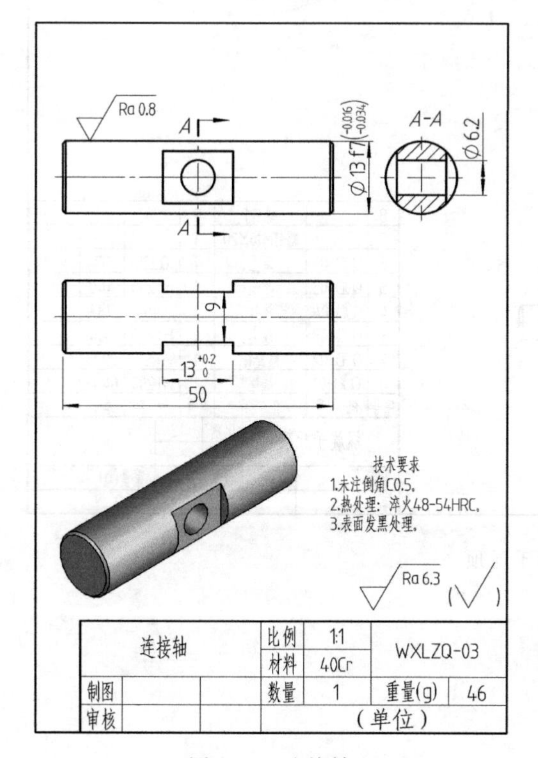

图 5-11　连接轴

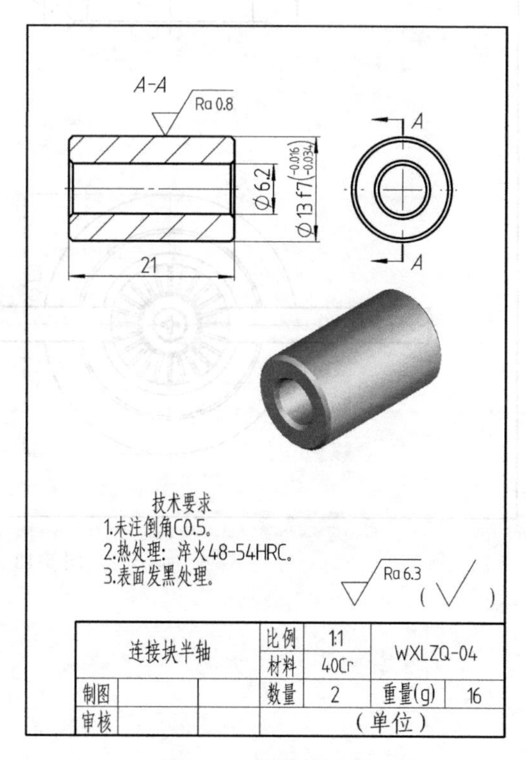

图 5-12　连接块半轴

5.2 千斤顶

千斤顶分为机械千斤顶和液压千斤顶两种，机械千斤顶采用机械原理，通过手柄输入动力，使举重螺杆旋转实现升降，是一种应用螺旋机构升降重物的工具。螺旋千斤顶装配图和零件图如图 5-13～图 5-19 所示。

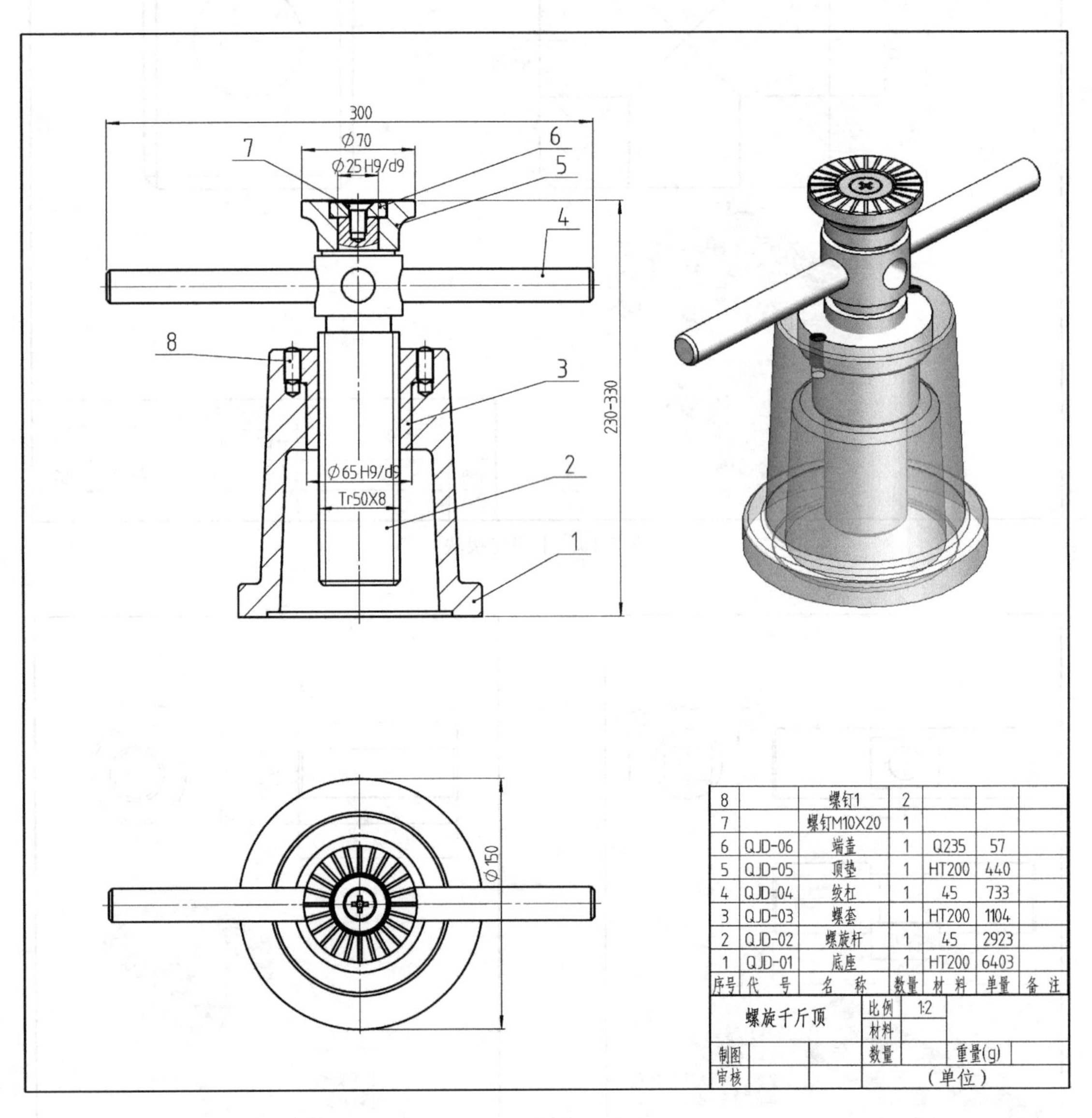

图 5-13　螺旋千斤顶

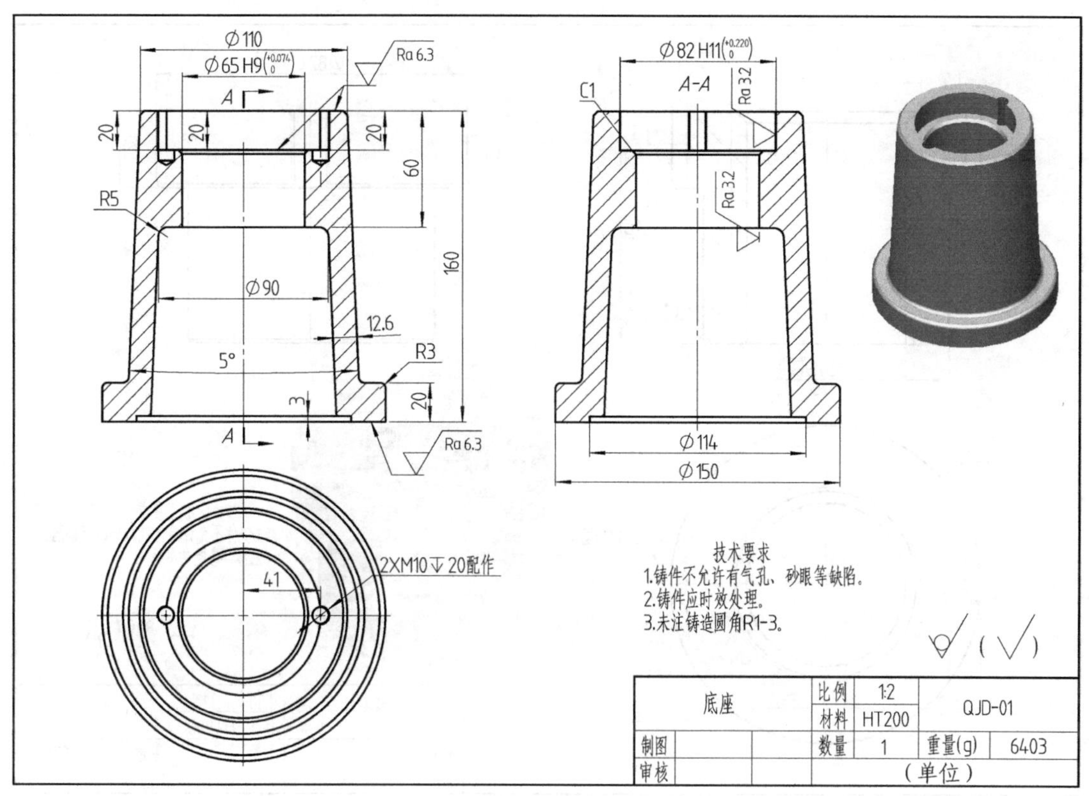

图 5-14　底座

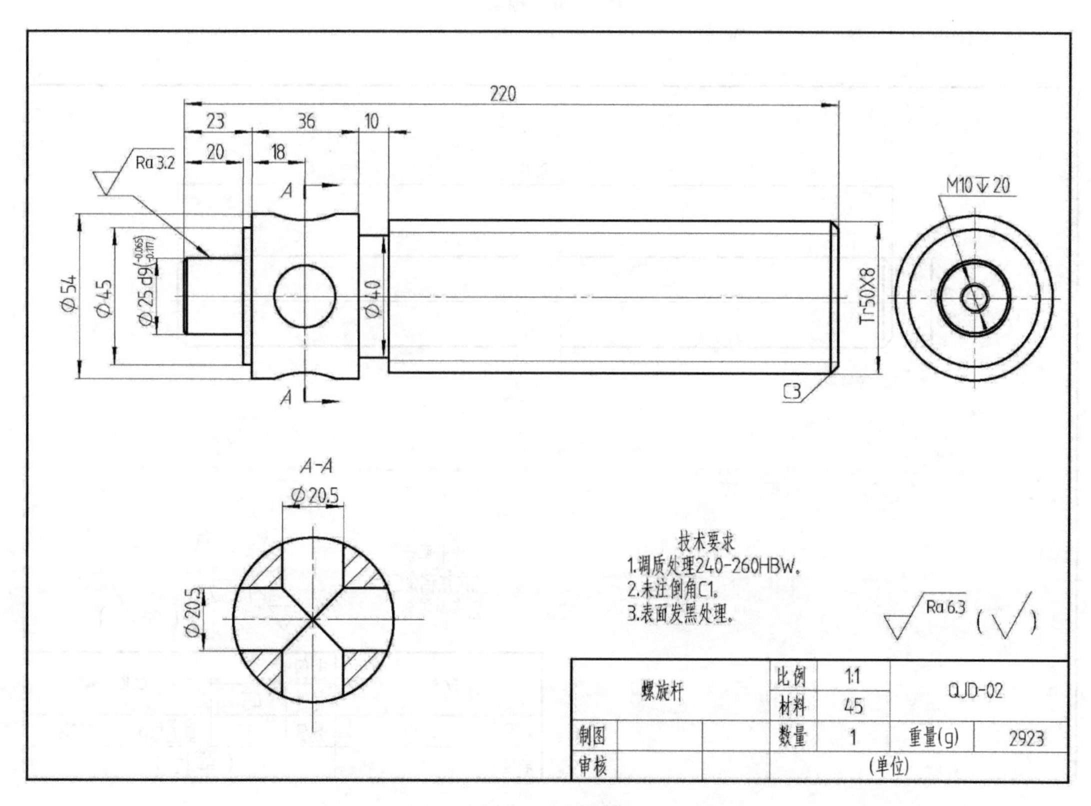

图 5-15　螺旋杆

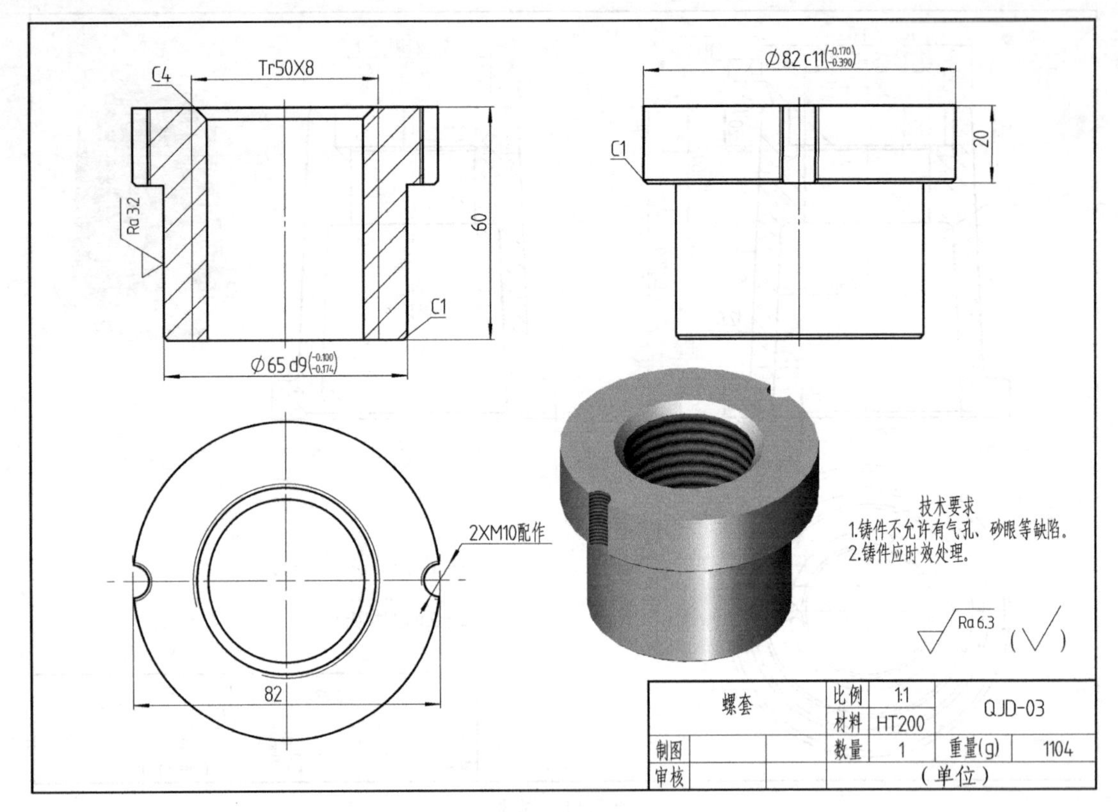

图 5-16 螺套

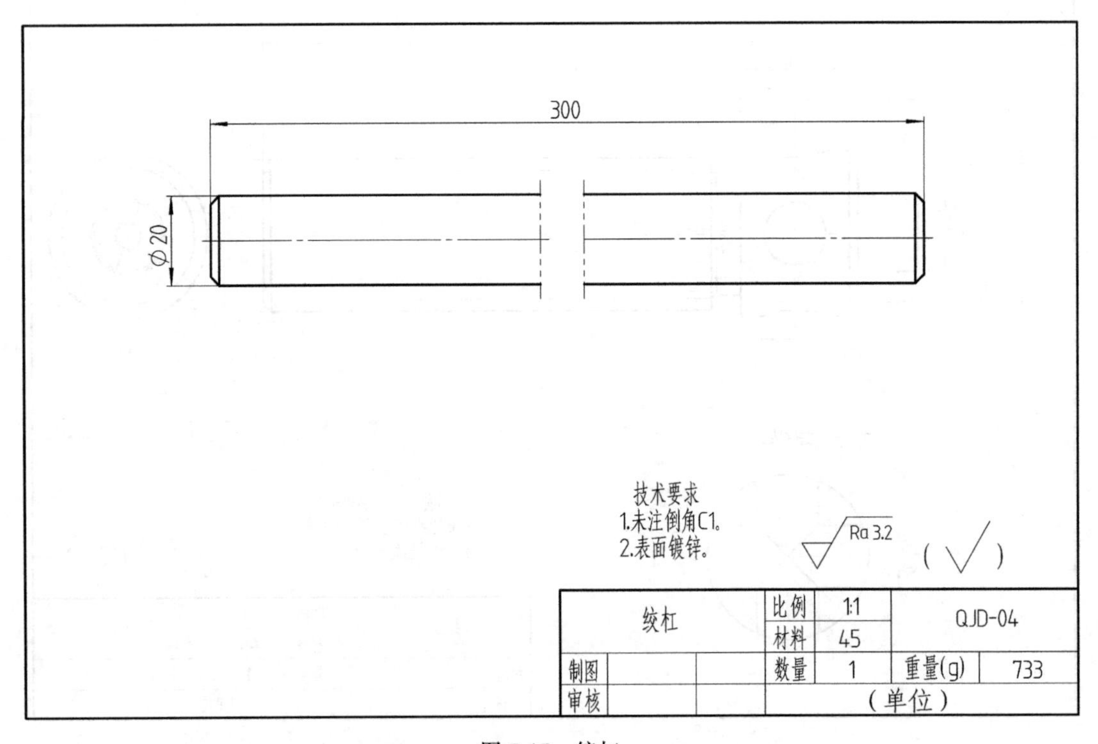

图 5-17 绞杠

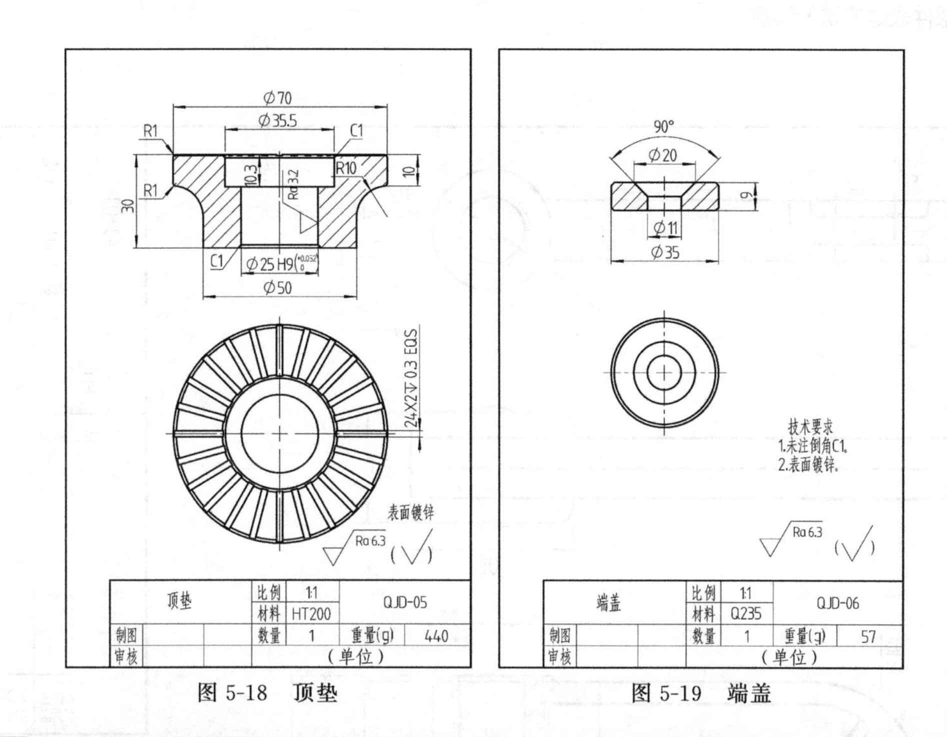

图 5-18　顶垫

图 5-19　端盖

5.3　夹紧钳类

夹紧钳类，有木工用夹紧钳、平口钳、台钳等，是一种夹紧固定装置，用来夹紧固定物品。其工作原理是采用螺纹夹紧，转动螺杆调节钳口的开度，将物品放入钳口，拧紧螺杆，将物品固定在钳口中。

5.3.1　木工用G型夹紧钳

装配图和零件图如图 5-20～图 5-23 所示。

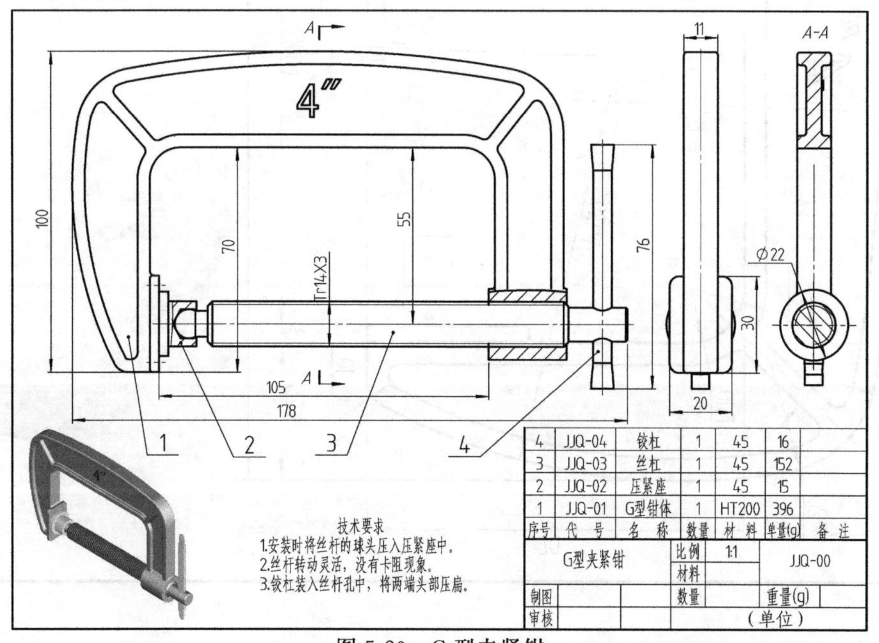

图 5-20　G 型夹紧钳

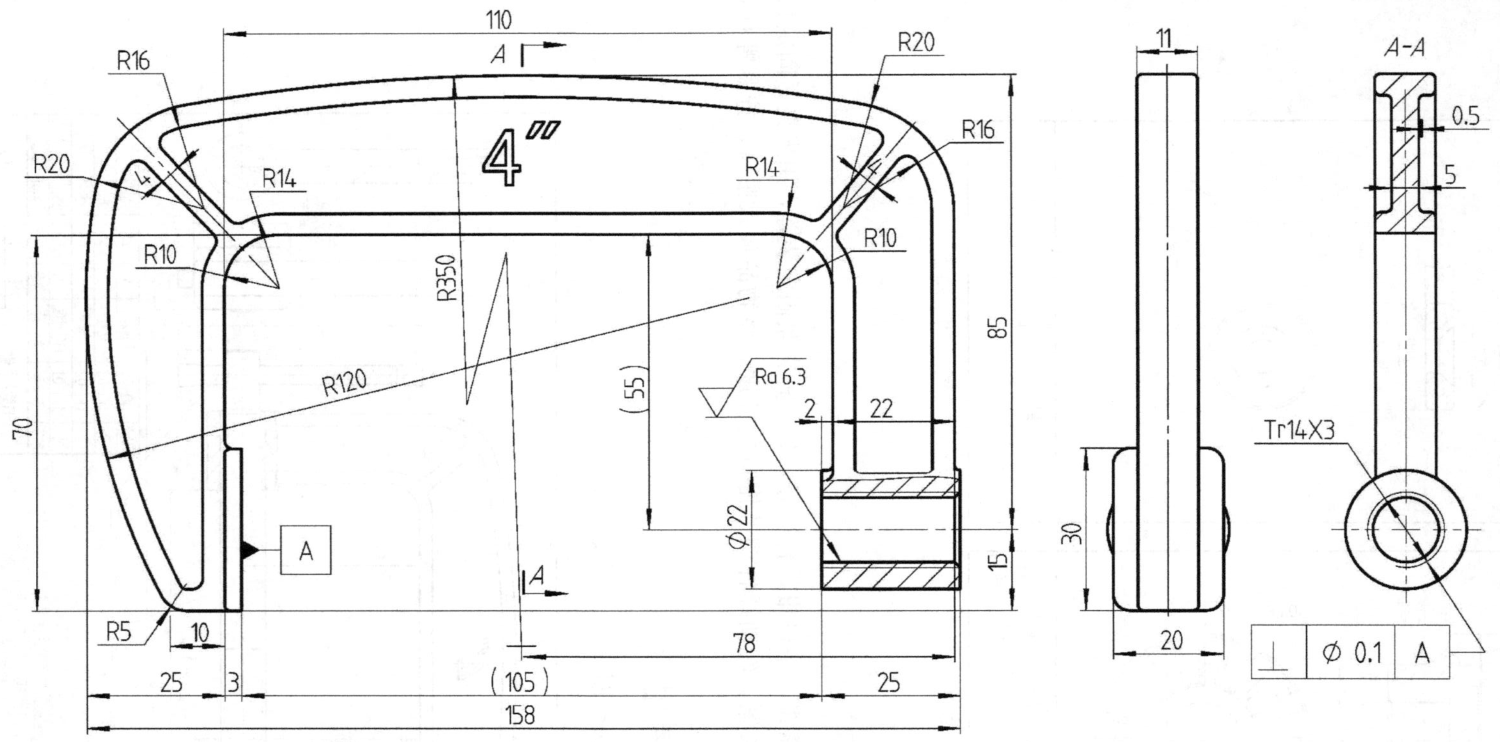

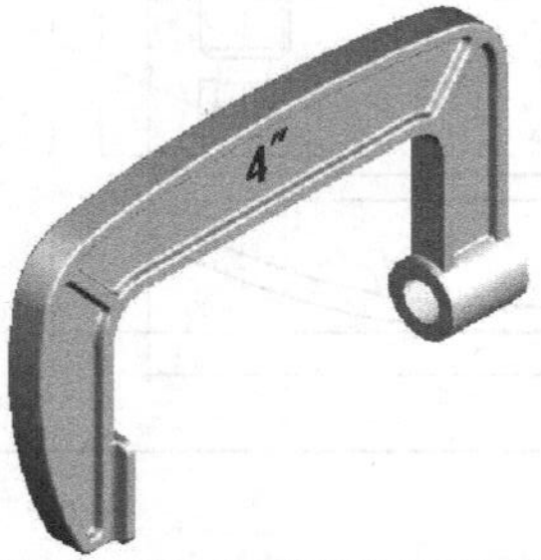

A-A

G型钳体		比例	1:1	JJQ-01
		材料	HT200	
制图		数量		重量(g) 396
审核				(单位)

技术要求

1.铸件不允许有气孔砂眼等缺陷。

2.铸件应时效处理。

3.未注铸造圆角R1-3。

图 5-21　G型钳体

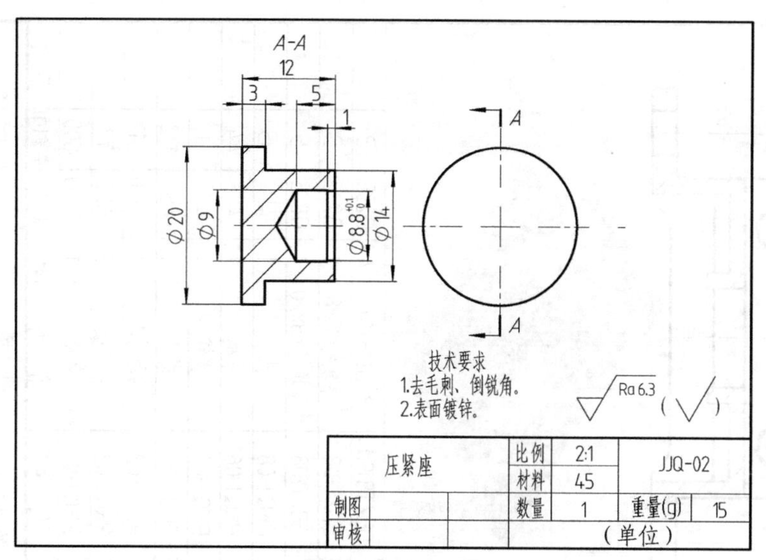

图 5-22　压紧座

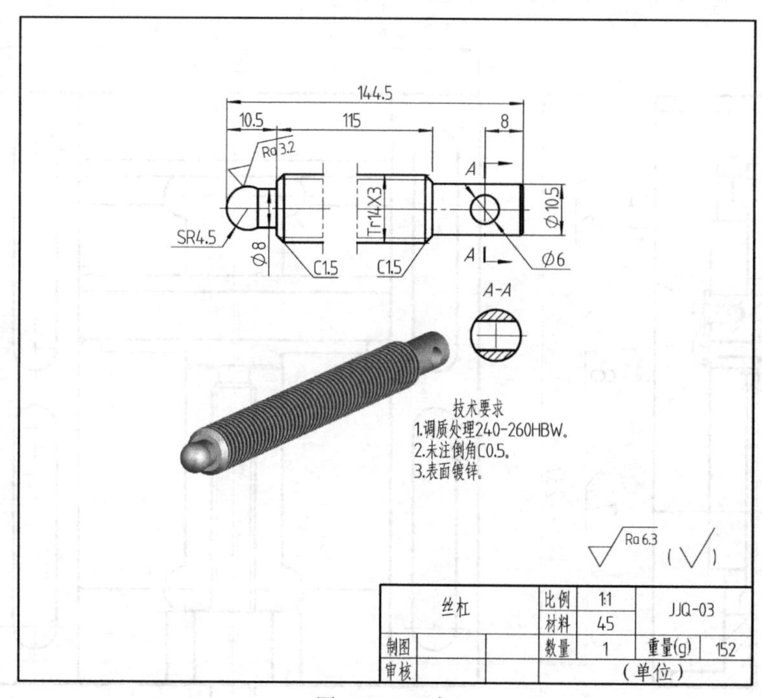

图 5-23　丝杠

5.3.2 平口钳

平口钳又名机用虎钳，是一种通用夹具；常用于夹紧小型工件，它是铣床、钻床的随机附件，将其固定在机床工作台上，用来夹持工件进行切削加工。本小节向读者展示了两种功能原理相同、结构不同的平口钳。

(1) 简易平口钳

装配图和零件图如图 5-24～图 5-30 所示。

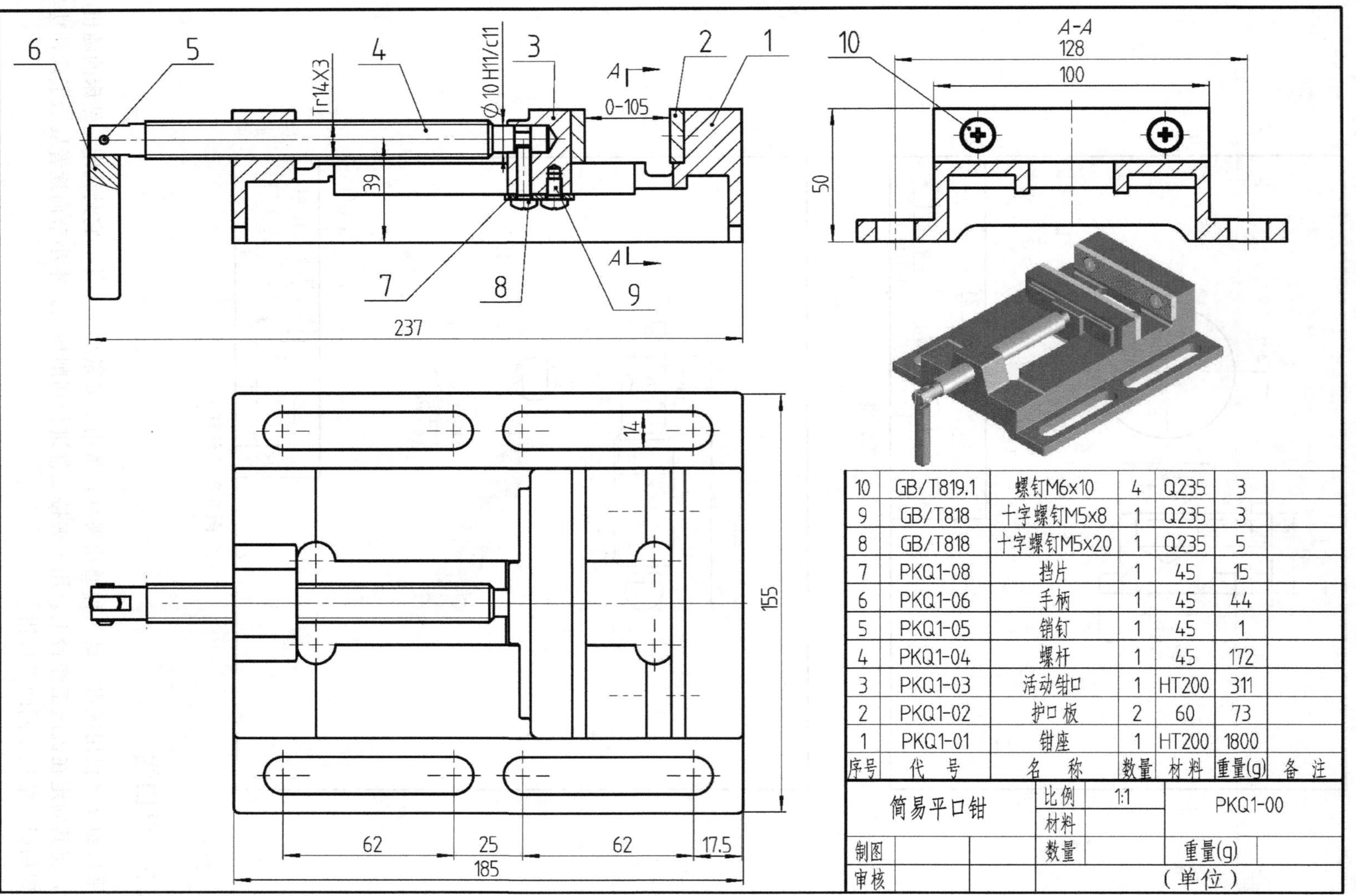

序号	代号	名称	数量	材料	重量(g)	备注
10	GB/T819.1	螺钉M6x10	4	Q235	3	
9	GB/T818	十字螺钉M5x8	1	Q235	3	
8	GB/T818	十字螺钉M5x20	1	Q235	5	
7	PKQ1-08	挡片	1	45	15	
6	PKQ1-06	手柄	1	45	44	
5	PKQ1-05	销钉	1	45	1	
4	PKQ1-04	螺杆	1	45	172	
3	PKQ1-03	活动钳口	1	HT200	311	
2	PKQ1-02	护口板	2	60	73	
1	PKQ1-01	钳座	1	HT200	1800	

图 5-24 简易平口钳

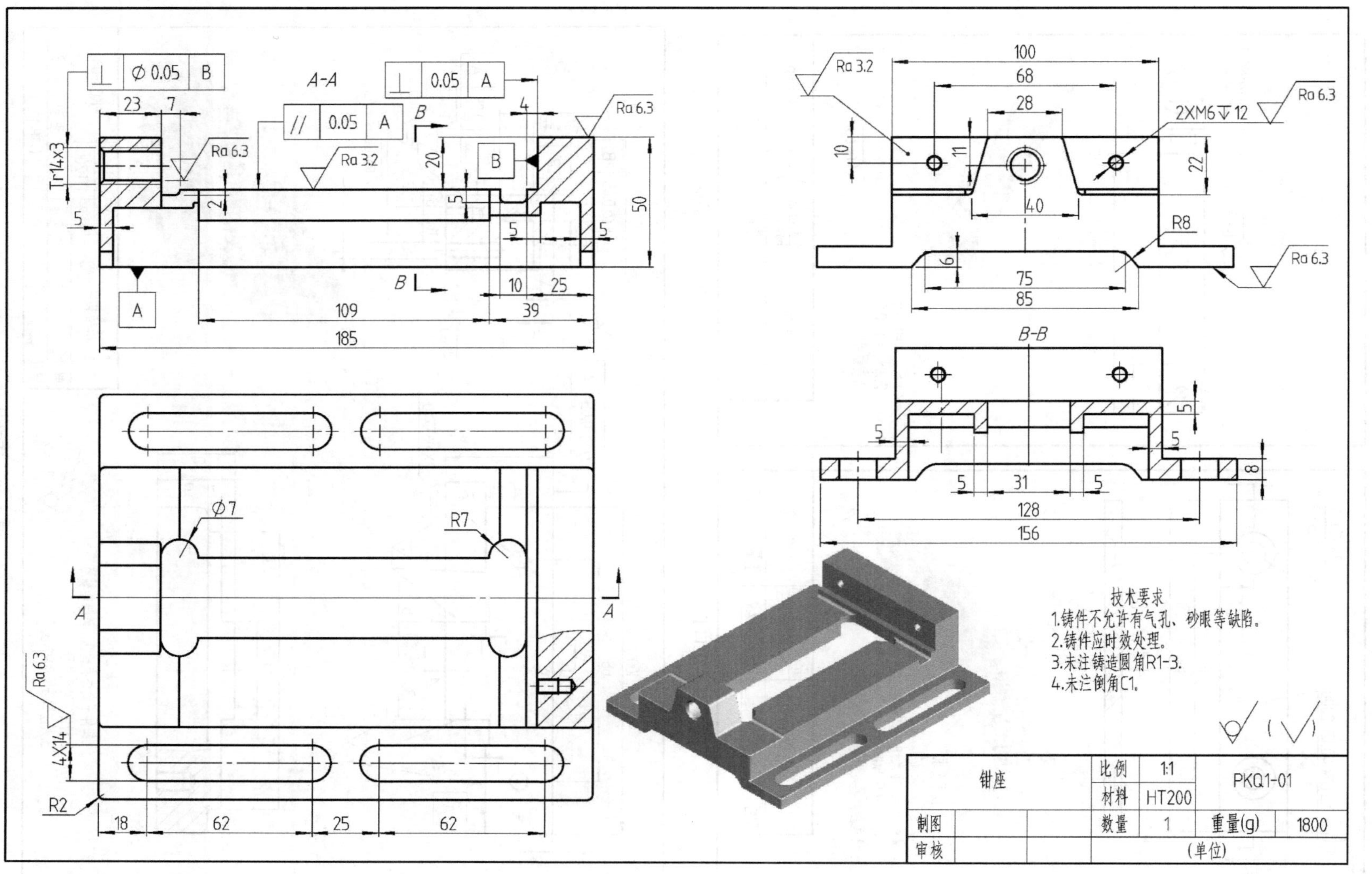
A-A
B-B
技术要求
1.铸件不允许有气孔、砂眼等缺陷。
2.铸件应时效处理。
3.未注铸造圆角R1-3.
4.未注倒角C1。
钳座
比例 1:1
材料 HT200
PKQ1-01
制图
审核
数量 1
重量(g) 1800
(单位)

图 5-25 钳座

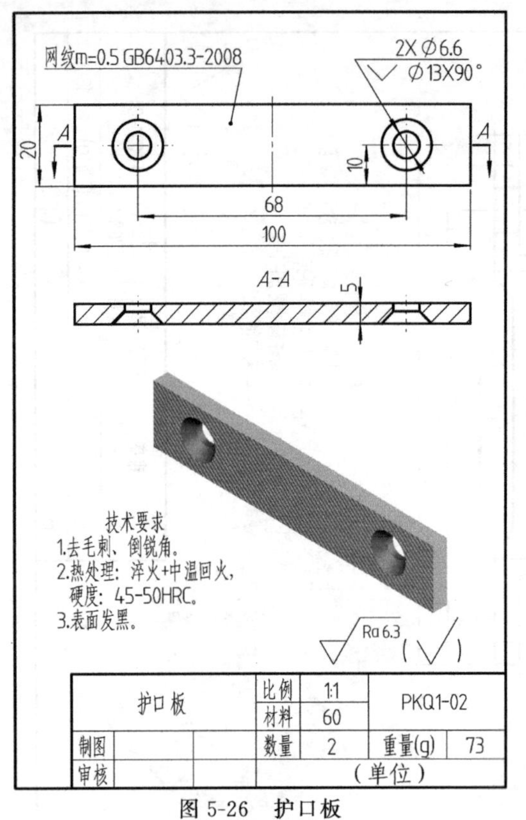

图 5-26 护口板

技术要求
1.未注圆角R1.5。
2.未注倒角C0.5。
3.表面镀锌。

手柄	比例	1:1	PKQ1-06	
	材料	45		
制图	数量	1	重量(g)	44
审核	(单位)			

图 5-27 手柄

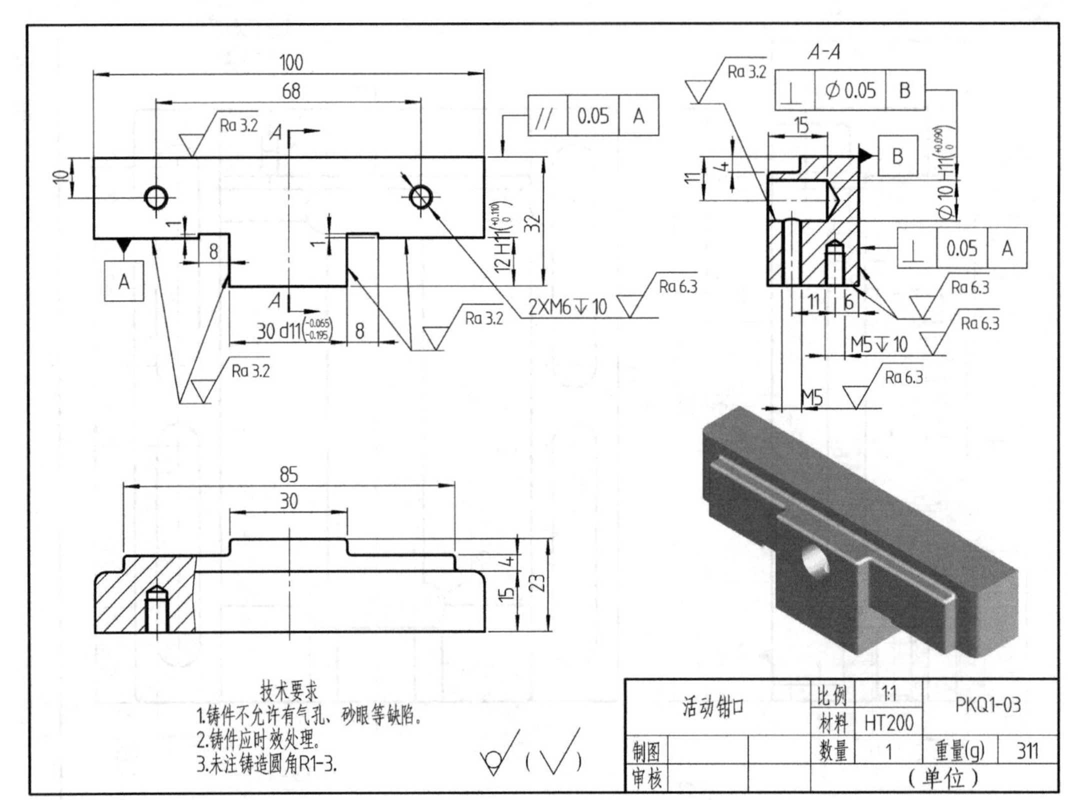

图 5-28 活动钳口

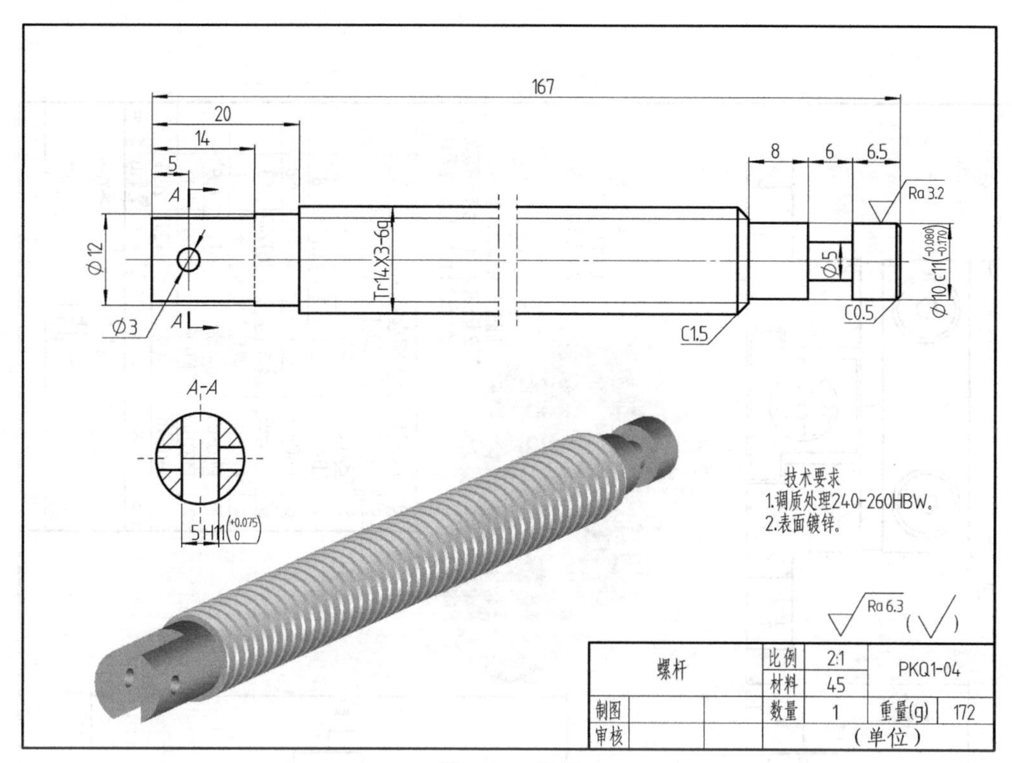

图 5-29　螺杆

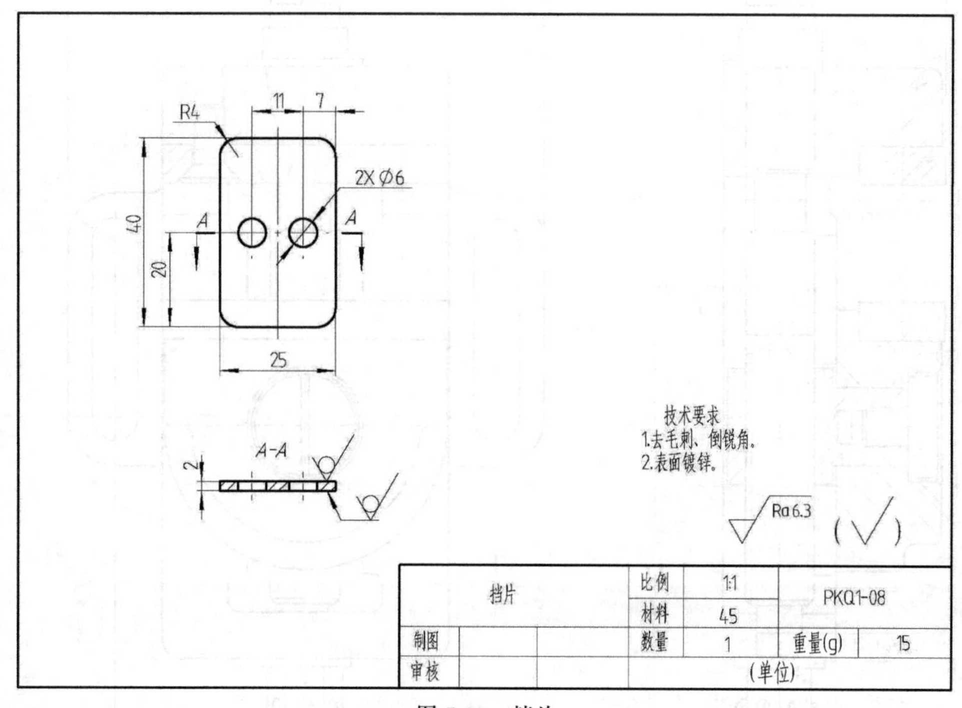

图 5-30　挡片

(2) 常见结构平口钳

装配图和零件图如图 5-31～图 5-37 所示。

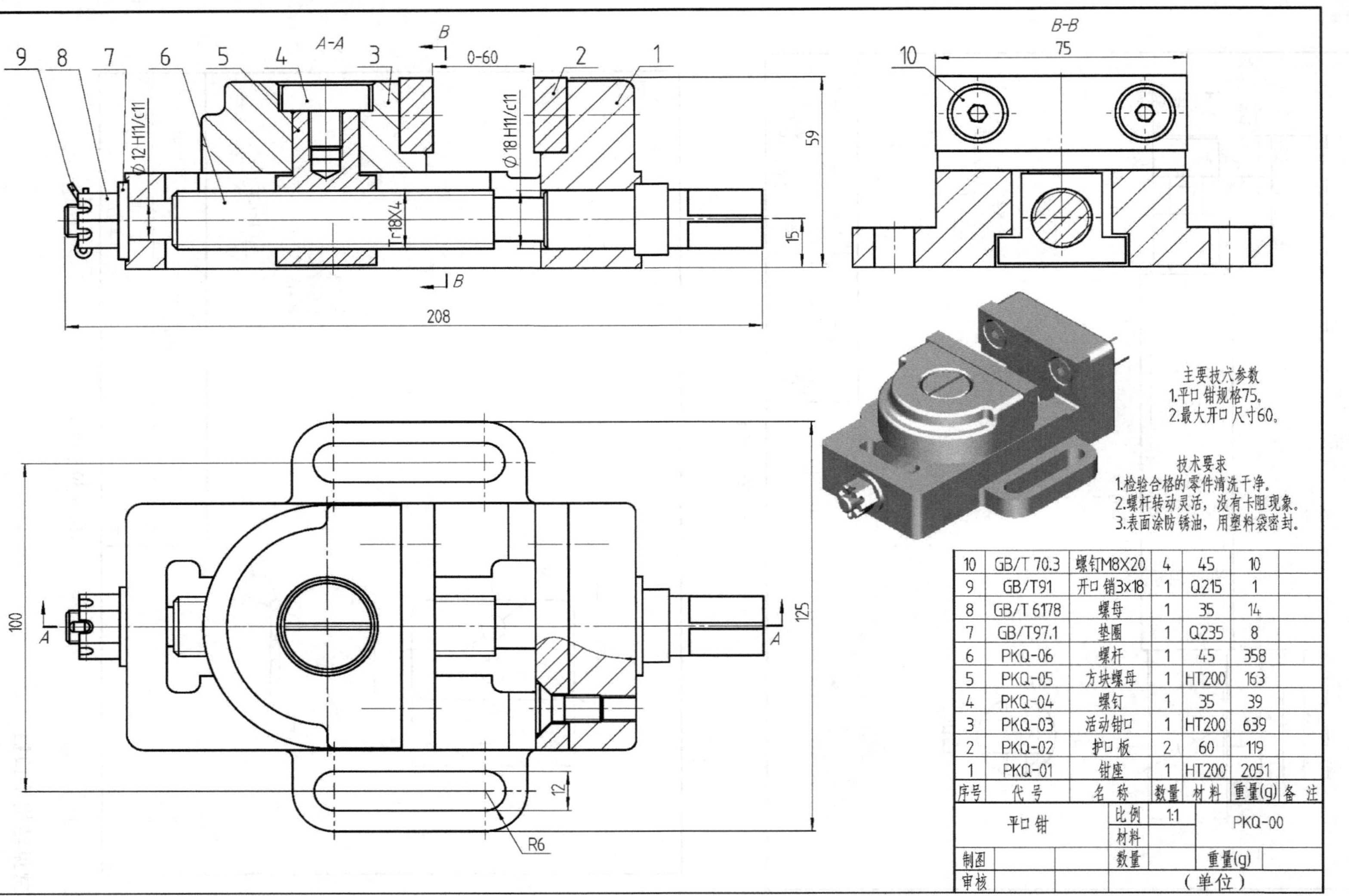
A-A
B
B
B-B
0-60
9
8
7
6
5
4
3
2
1
10
75
Ø12H11/c11
Ø18H11/c11
Tr18X4
59
15
208
100
125
A
A
12
R6
主要技六参数
1.平口钳规格75。
2.最大开口尺寸60。
技术要求
1.检验合格的零件清洗干净。
2.螺杆转动灵活，没有卡阻现象。
3.表面涂防锈油，用塑料袋密封。
10 GB/T 70.3 螺钉M8X20 4 45 10
9 GB/T91 开口销3x18 1 Q215 1
8 GB/T 6178 螺母 1 35 14
7 GB/T97.1 垫圈 1 Q235 8
6 PKQ-06 螺杆 1 45 358
5 PKQ-05 方块螺母 1 HT200 163
4 PKQ-04 螺钉 1 35 39
3 PKQ-03 活动钳口 1 HT200 639
2 PKQ-02 护口板 2 60 119
1 PKQ-01 钳座 1 HT200 2051
序号 代号 名称 数量 材料 重量(g) 备注
平口钳
比例 1:1
PKQ-00
材料
数量
重量(g)
（单位）
制图
审核

图 5-31 平口钳

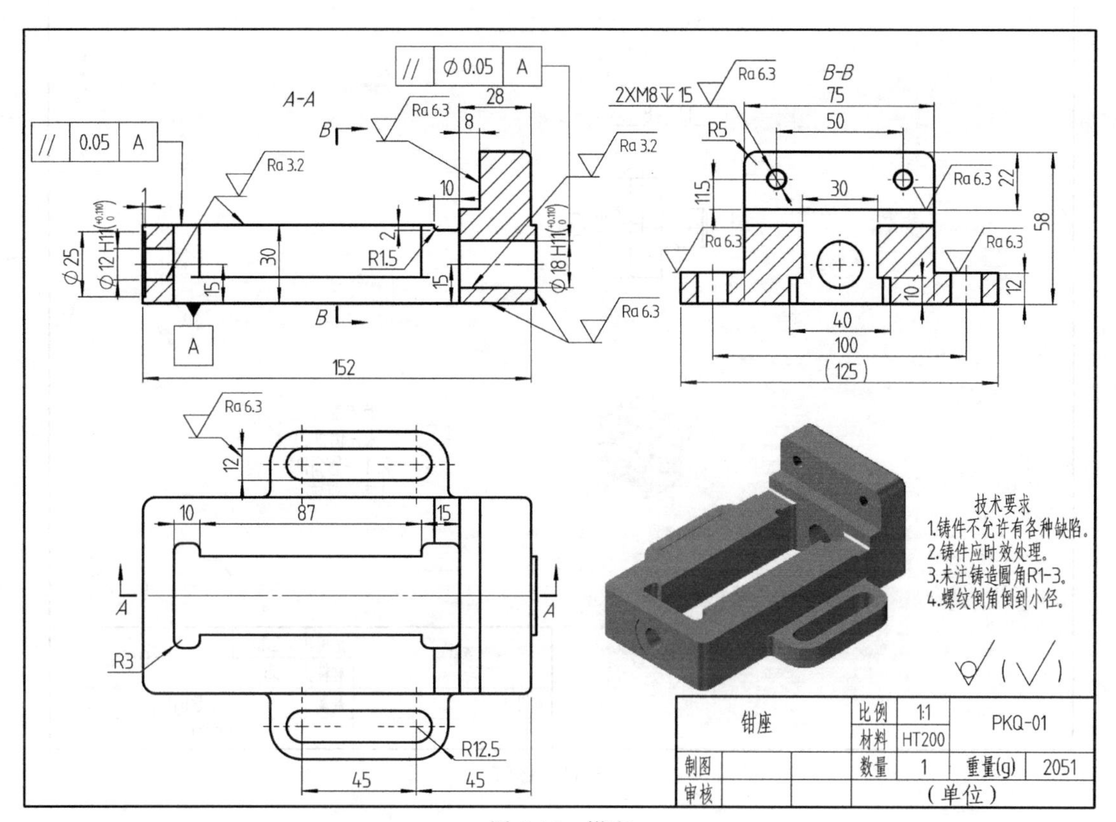

图 5-32　钳座

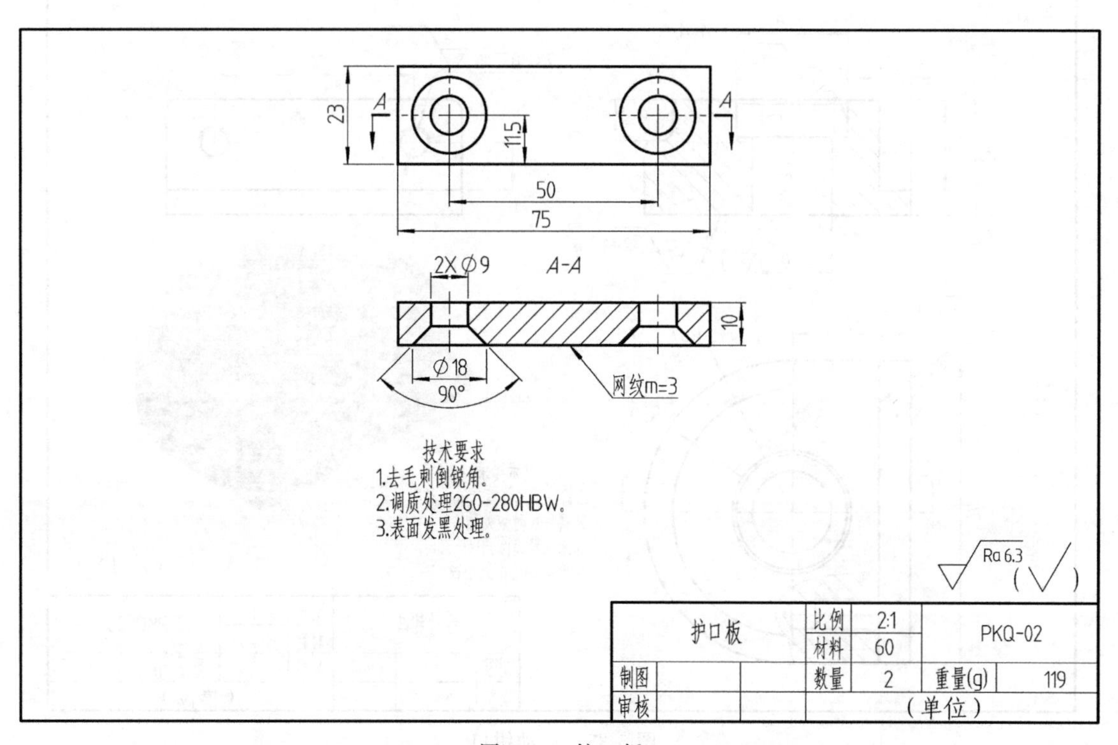

图 5-33　护口板

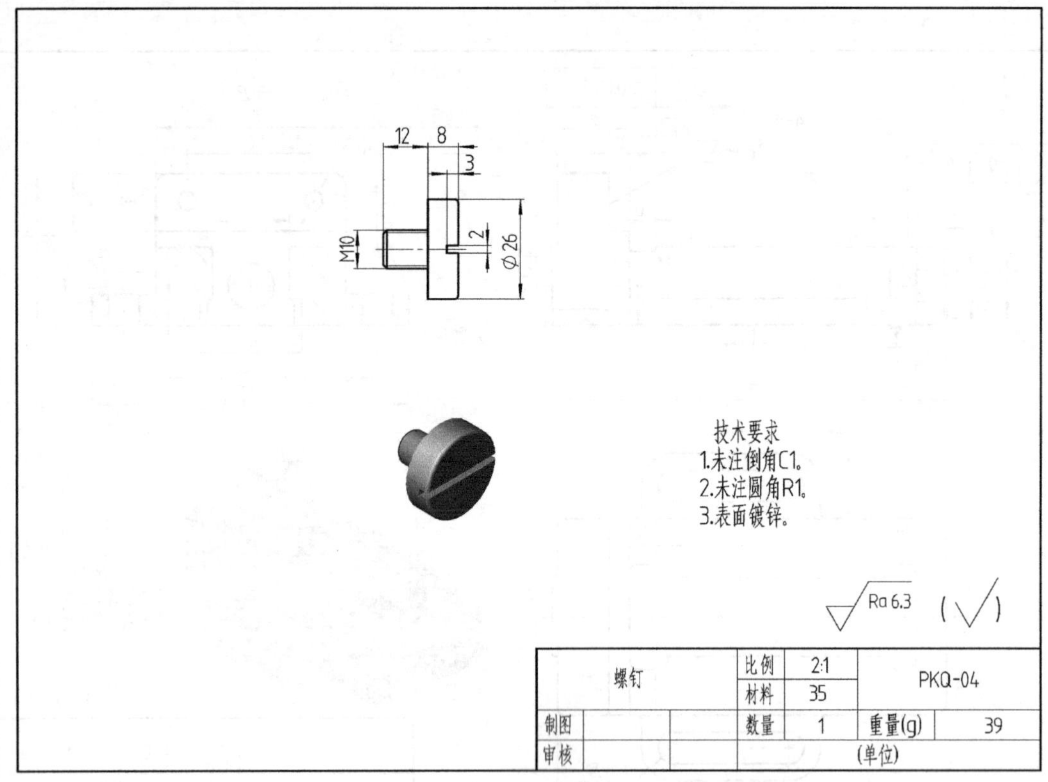

图 5-34 螺钉

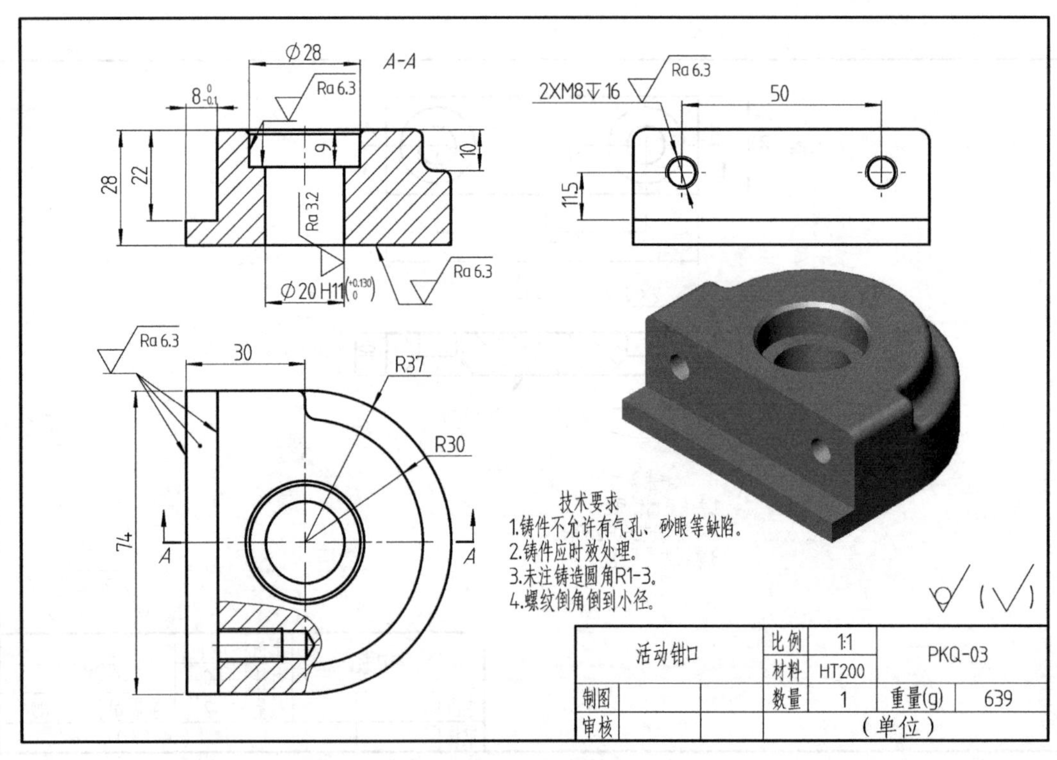

图 5-35 活动钳口

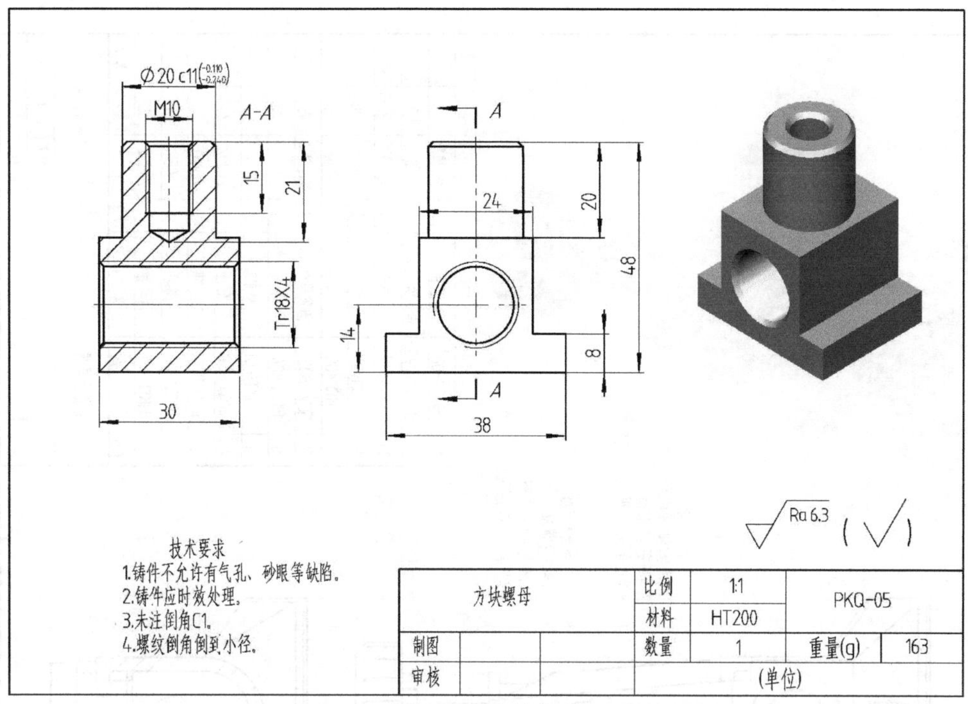

图 5-36　**方块螺母**

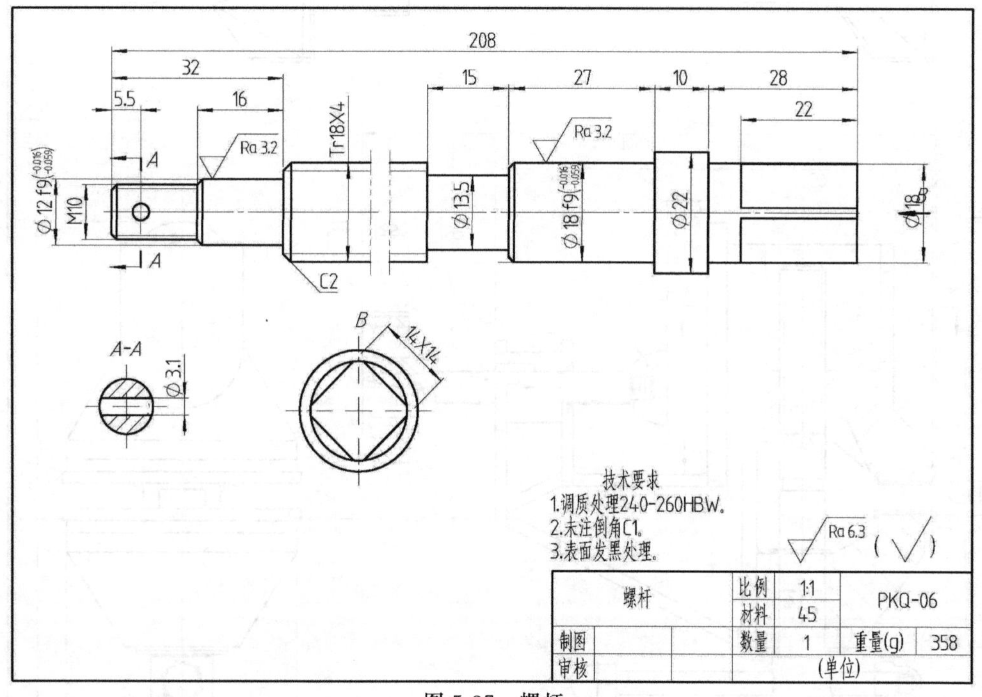

图 5-37　**螺杆**

5.3.3　铝合金桌虎钳

铝合金桌虎钳固定在桌子上，用来夹紧较小、较轻的物品。其结构简单，钳口有橡胶套，夹紧时不易损伤物品表面。装配图和零件图如图 5-38～图 5-46 所示。

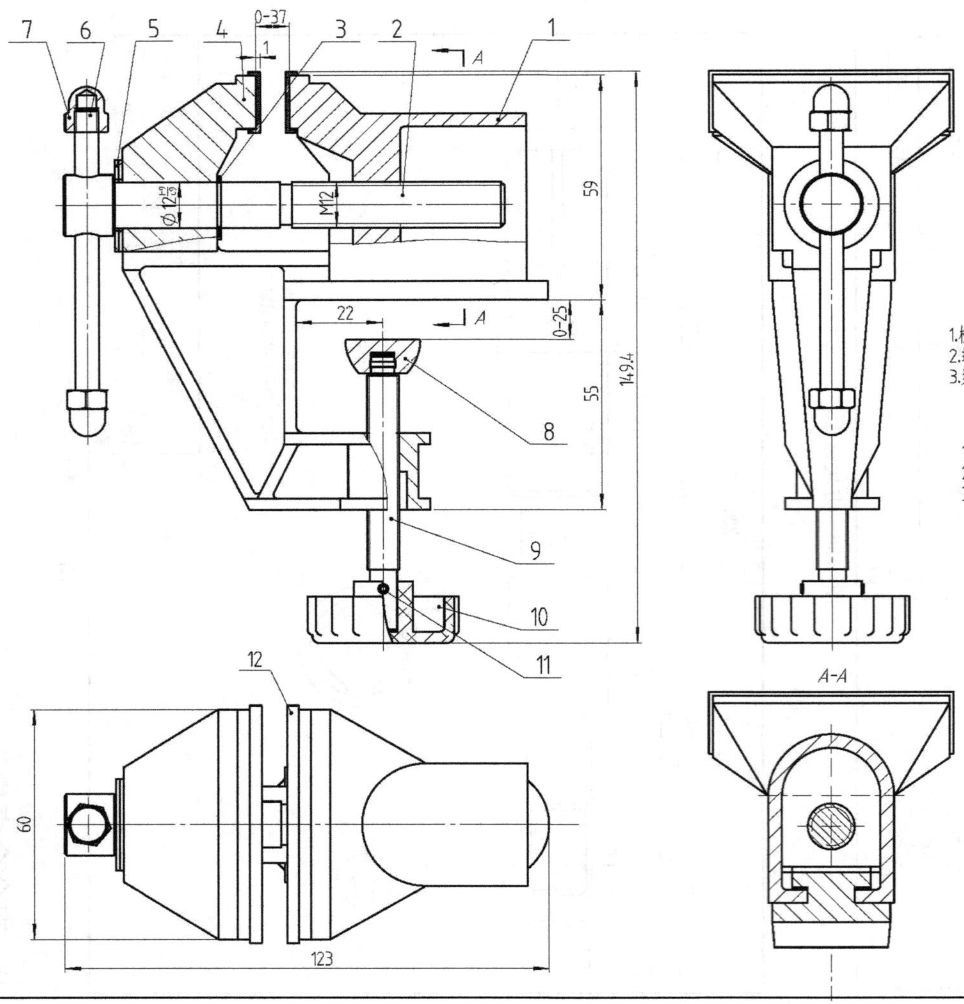

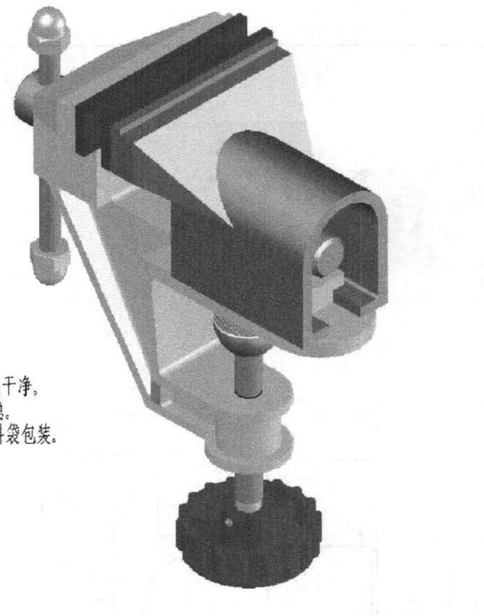

技术要求

1.检验合格的零件清洗干净。
2.螺杆安装后转动平稳。
3.装配合格后，用塑料袋包装。

主要技术参数

1.钳口宽度60。
2.最大加紧尺寸37。
3.安装最大厚度25。

序号	代号	名称	数量	材料	单量(g)	备注
12	HKQ1-08	橡胶钳口	2	耐油橡胶	1	
11	GB/T 879.2	弹簧销2.5×16	1	60	0	
10	HKQ1-07	手轮	1	ZL102	22.03	
9	HKQ1-06	丝杆	1	45	26	
8	HKQ1-05	夹紧头	1	LY12	5	
7	GB/T802.1	圆顶螺母M6	2	Q235	5	
6	HKQ1-04	铰杠	1	45	18	
5	GB/T97.1	垫圈12	2	Q235	2	
4	HKQ1-03	钳座	1	ZL102	203	
3	GB/T 894.1	弹性挡圈12	1	65Mn	1	
2	HKQ1-02	螺杆	1	45	103	
1	HKQ1-01	活动钳口	1	ZL102	122	

铝合金桌虎钳		比例	1:1	HKQ1-00	
		材料			
制图		数量		重量(g)	
审核		(单位)			

图 5-38 铝合金桌虎钳

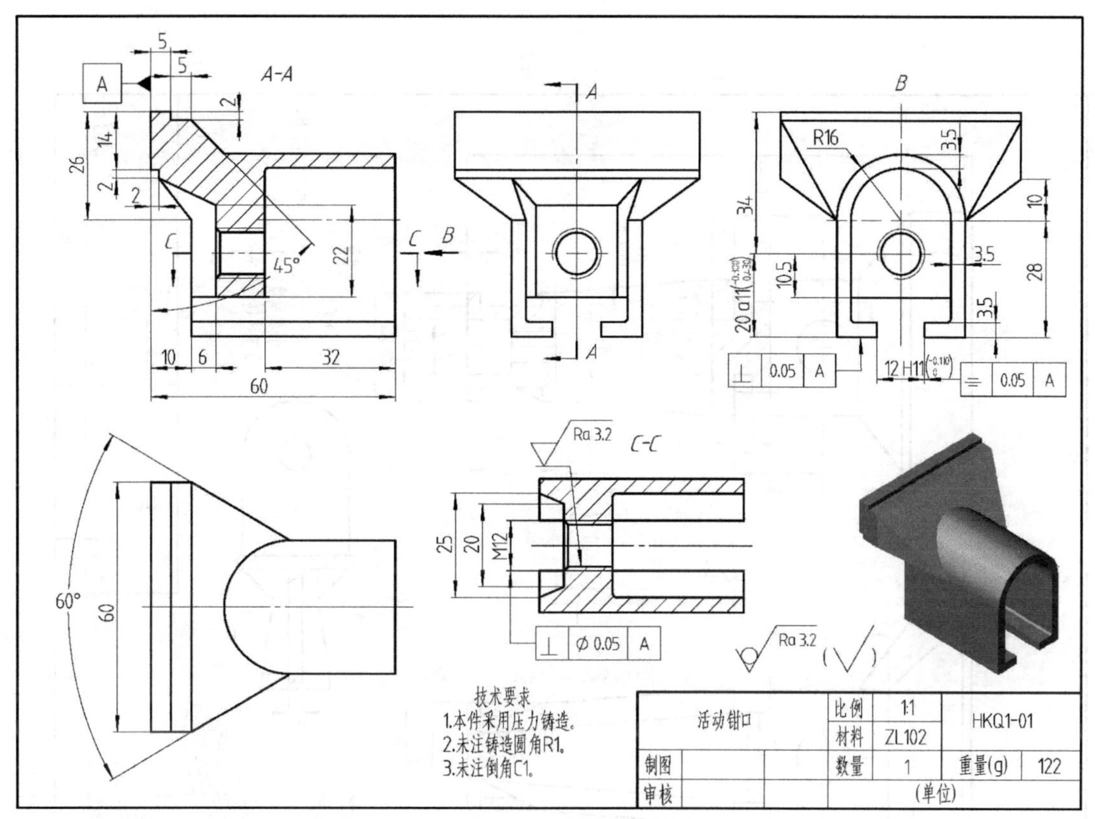

图 5-39　活动钳口

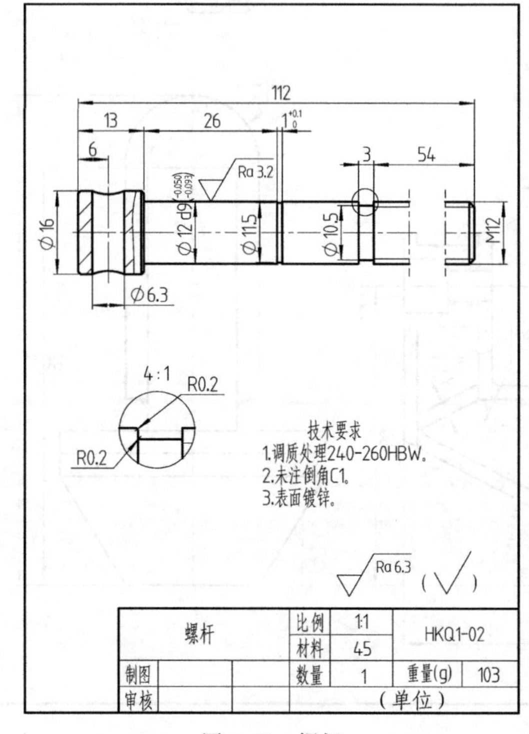

图 5-40　螺杆

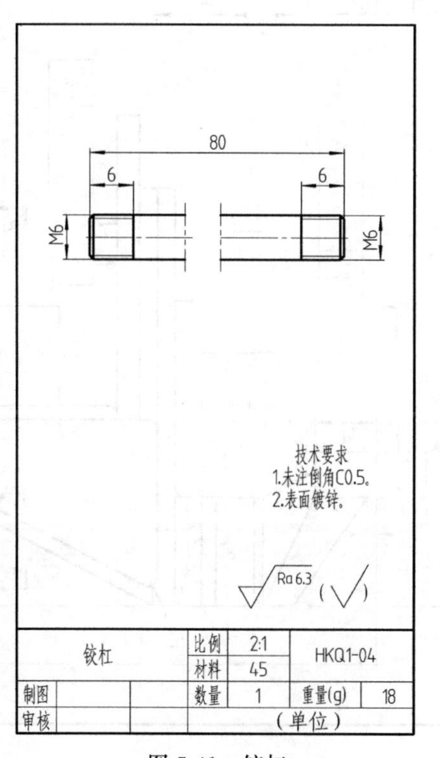

图 5-41　铰杠

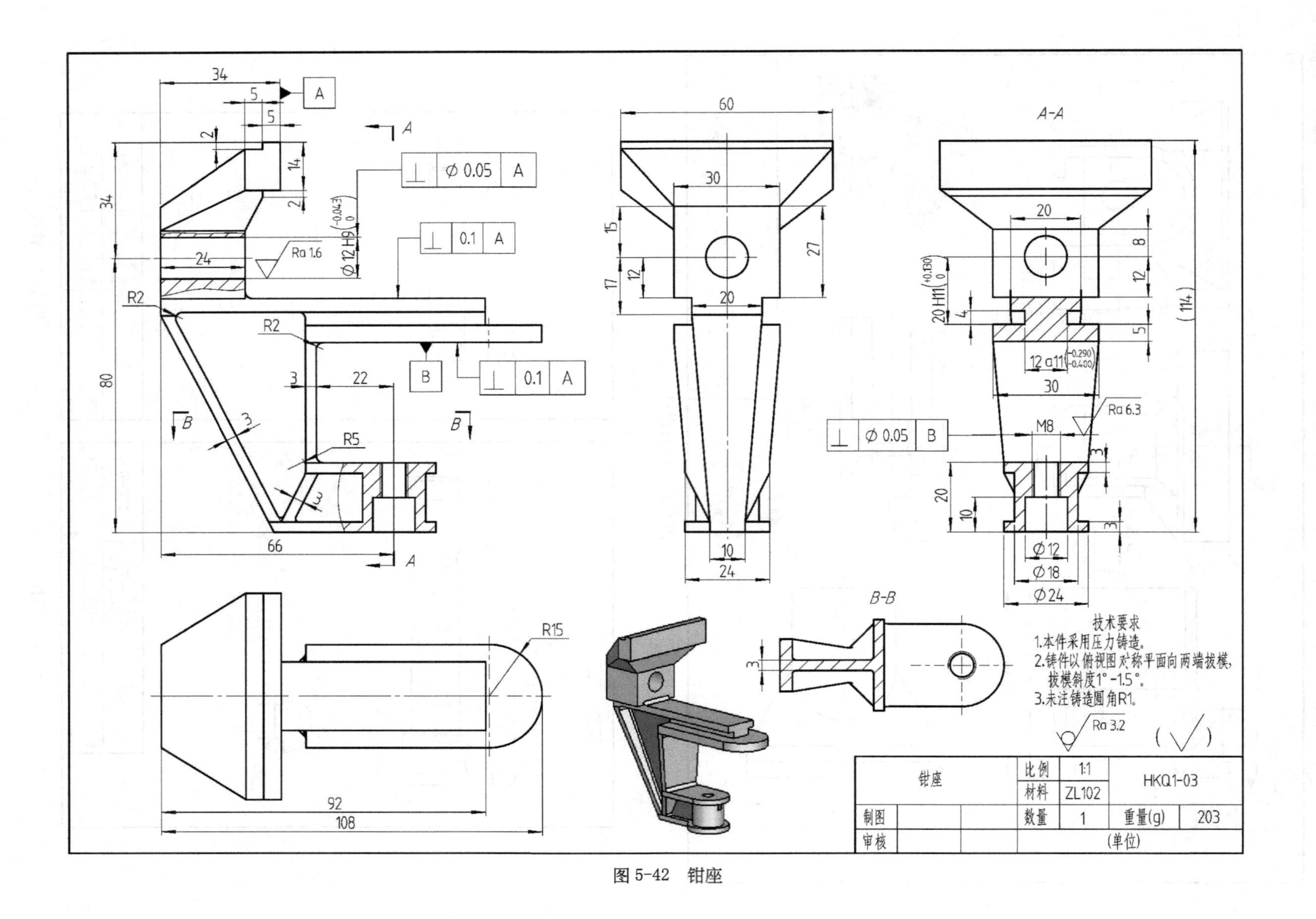
A-A
B-B
技术要求
1.本件采用压力铸造。
2.铸件以俯视图对称平面向两端拔模，拔模斜度1°~1.5°。
3.未注铸造圆角R1。
钳座
比例 1:1
材料 ZL102
HKQ1-03
制图
数量 1
重量(g) 203
审核
(单位)

图 5-42 钳座

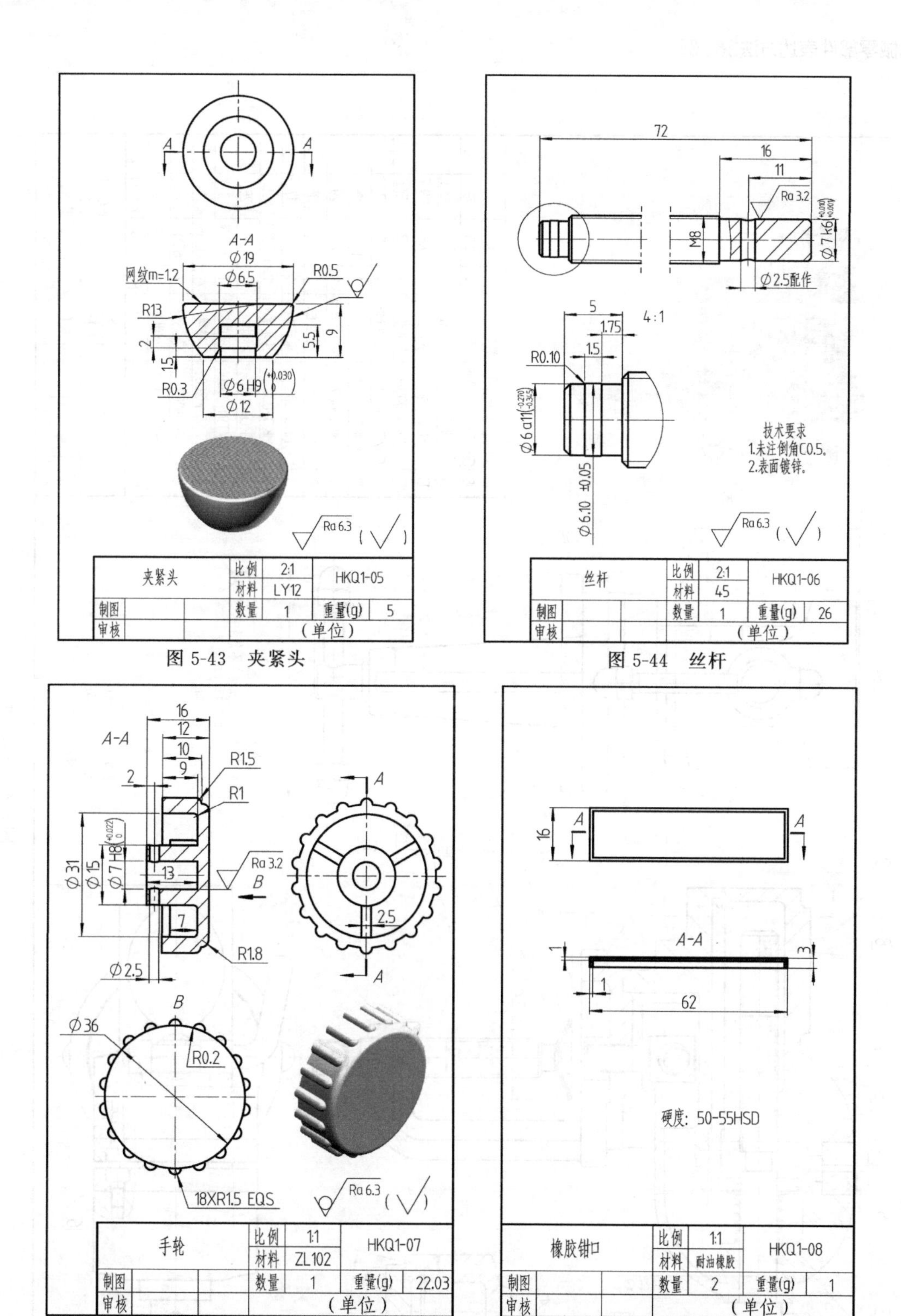

图 5-43 夹紧头

图 5-44 丝杆

图 5-45 手轮

图 5-46 橡胶钳口

5.3.4 台虎钳

台虎钳是用来夹持工件的通用夹具，可安装在工作台上，用以夹紧工件。松开偏心弯轴钳体可以水平旋转，使工件旋转到合适的工作位置，然后快速锁死，是维修必备工具。装配图和零件图如图 5-47～图 5-57 所示。

技术要求

1. 活动钳口应能自由滑动，不允许有卡阻现象。
2. 钳口和固定部件应要求牢固。
3. 加紧丝杠与顶垫铆接。

主要技术参数。

1. 钳口宽度50.8。
2. 最大加紧尺寸50。
3. 安装最大厚度48。
4. 钳体水平旋转角度360°。

序号	代　号	名　称	数量	材　料	单量(g)	备注
16	GB/T 70.1-2000	螺钉M4x8	4	45	2	
15	GB/T 802.1-2008	螺母M6	4	45	5	
14	HKQ-011	铰杠	2	45	13	
13	HKQ-010	夹紧丝杠	1	45	59	
12	HKQ-009	顶垫	1	Q235	5	
11	GB/T 6170-2000	螺母M8	1	35	7	
10	HKQ-008	夹紧支架	1	HT200	316	
9	HKQ-007	偏心轴弯轴	1	45	29	
8	HKQ-006	长丝杠	1	45	115	
7	HKQ-005	调节螺栓	1	45	17	
6	HKQ-004	活动钳口	1	HT200	425	
5	HKQ-003	钳口	2	65	25	
4	GB/T91-2000	开口销	1	碳素钢	3	
3	GB/T 97.1-2002	垫圈	1	Q235	1	
2	HKQ-002	定位弹簧	1	65Mn	4	
1	HKQ-001	台钳座	1	HT200	91	

台虎钳		比例	1:1	HKQ-00
		材料		
制图		数量		重量(g)
审核			(单位)	

图 5-47　台虎钳

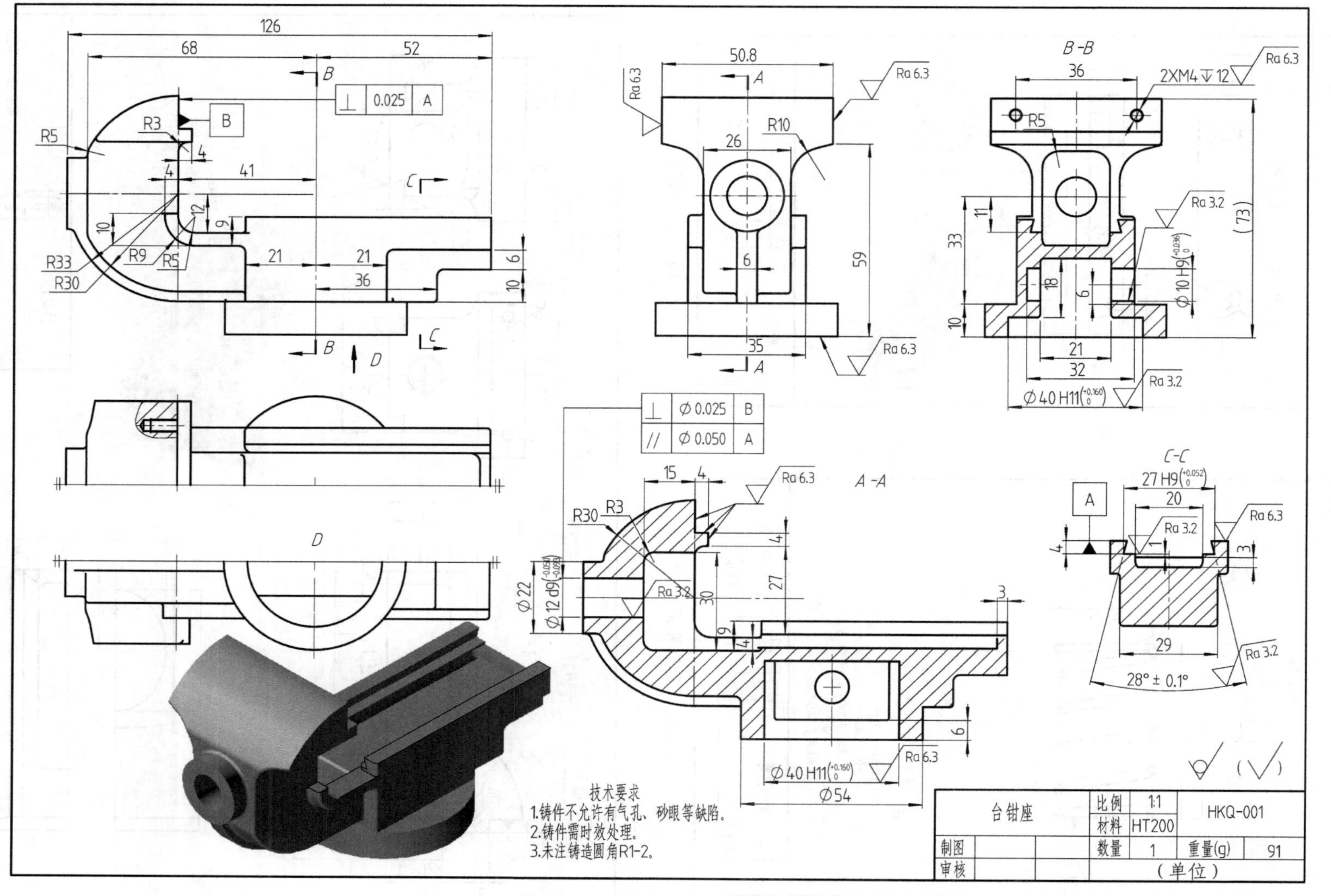
B-B
A-A
C-C
D
技术要求
1.铸件不允许有气孔、砂眼等缺陷。
2.铸件需时效处理。
3.未注铸造圆角R1-2.
台钳座
比例 1:1
材料 HT200
数量 1
重量(g) 91
HKQ-001
(单位)
制图
审核

图 5-48 台钳座

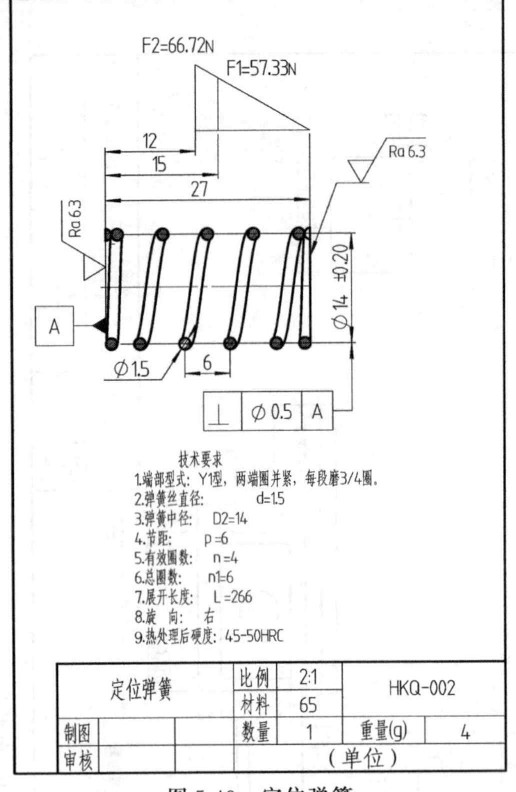

图 5-49 定位弹簧

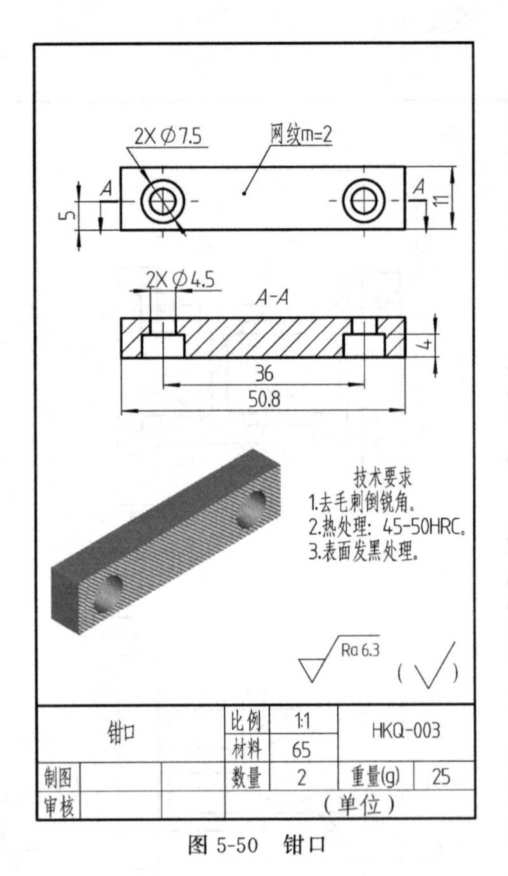

图 5-50 钳口

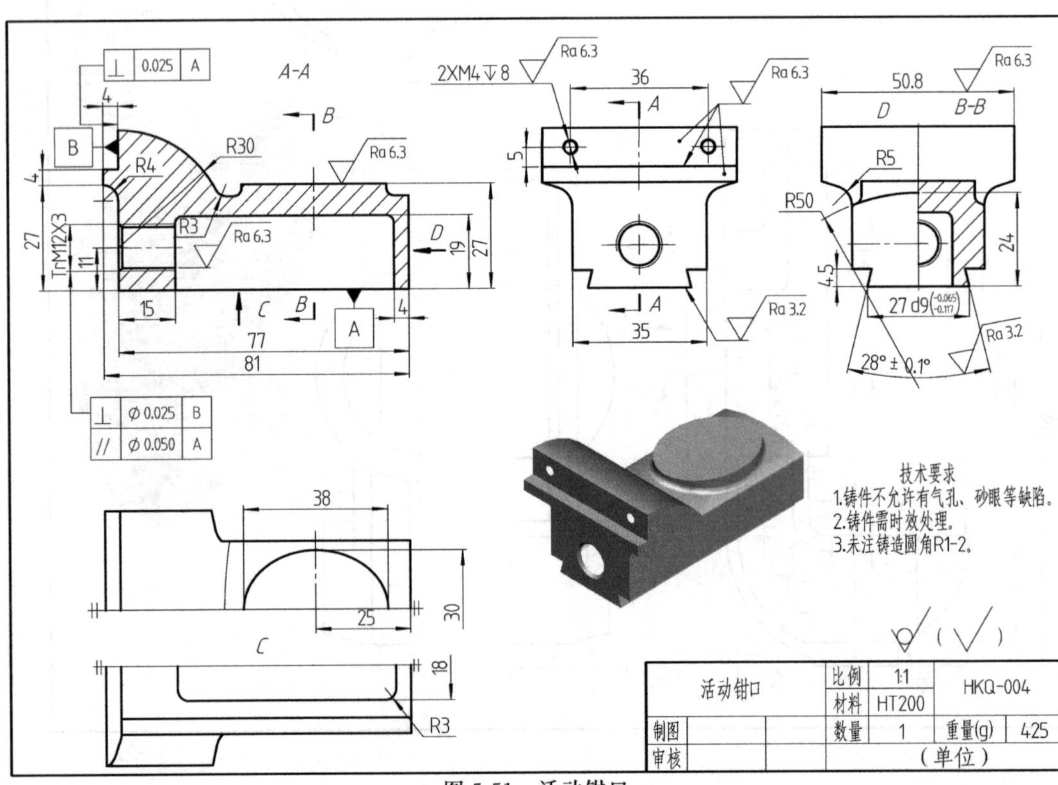

图 5-51 活动钳口

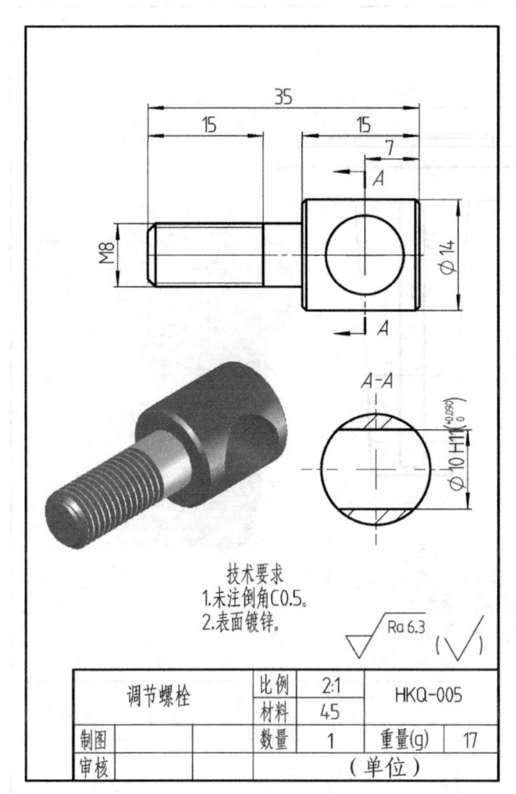

图 5-52 调节螺栓

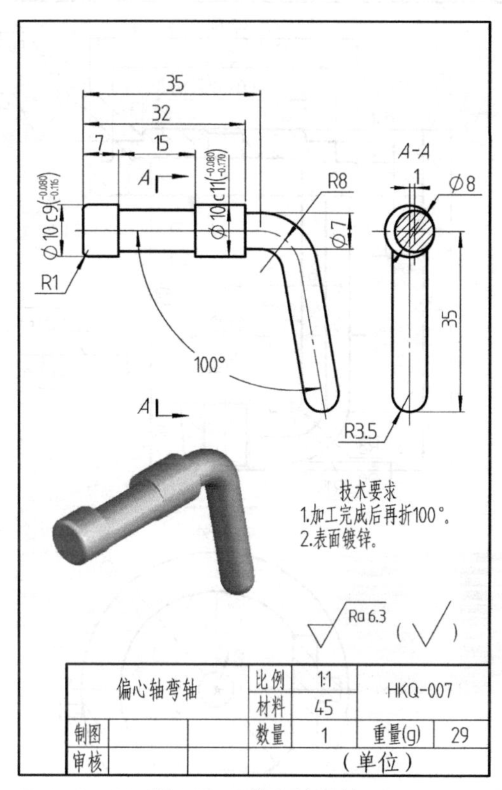

图 5-53 偏心轴弯轴

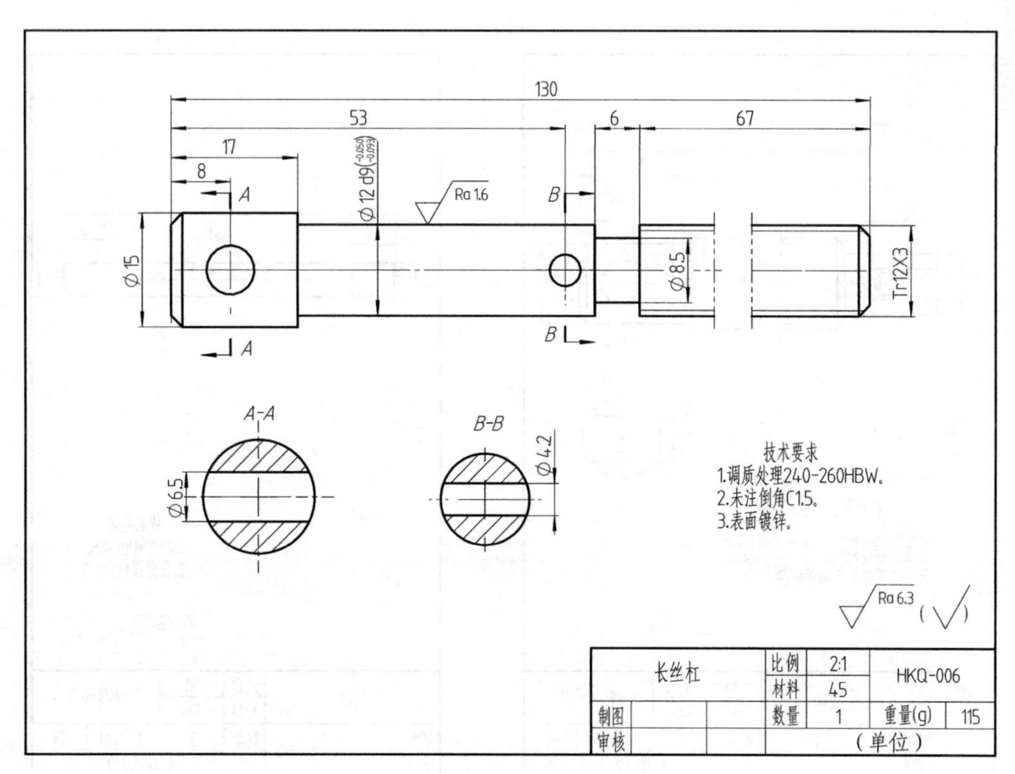

图 5-54 长丝杠

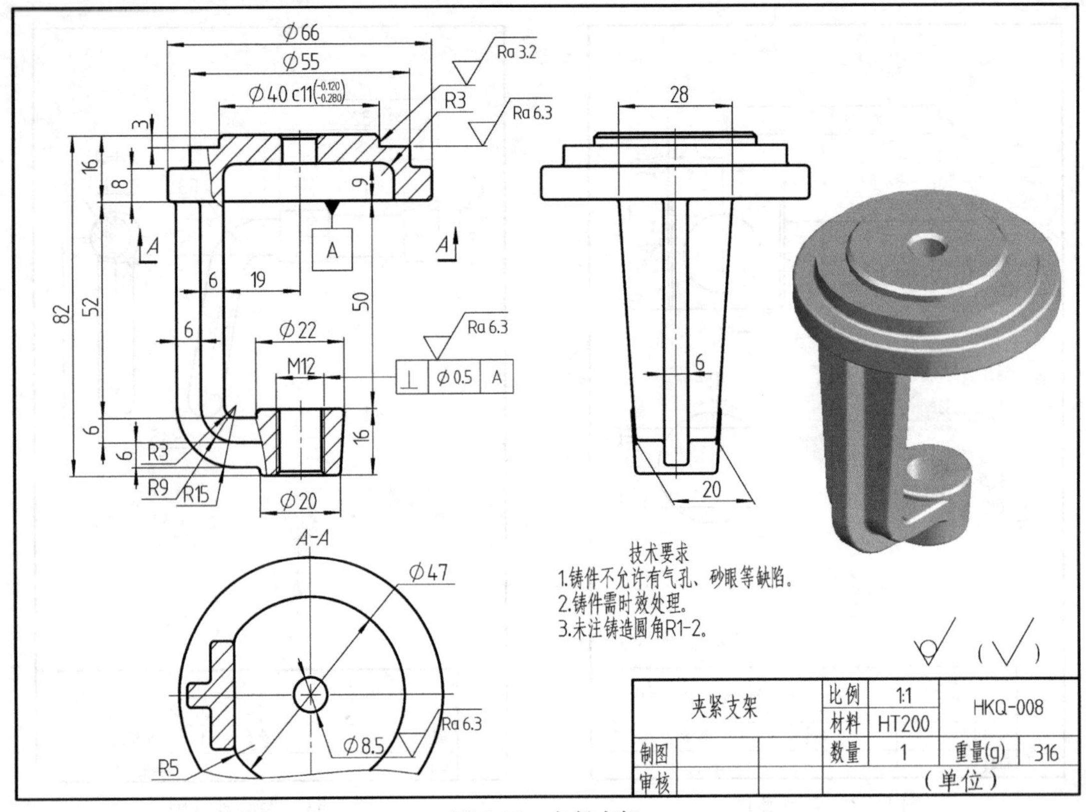

夹紧支架		比例	1:1	HKQ-008	
		材料	HT200		
制图		数量	1	重量(g)	316
审核		(单位)			

图 5-55 夹紧支架

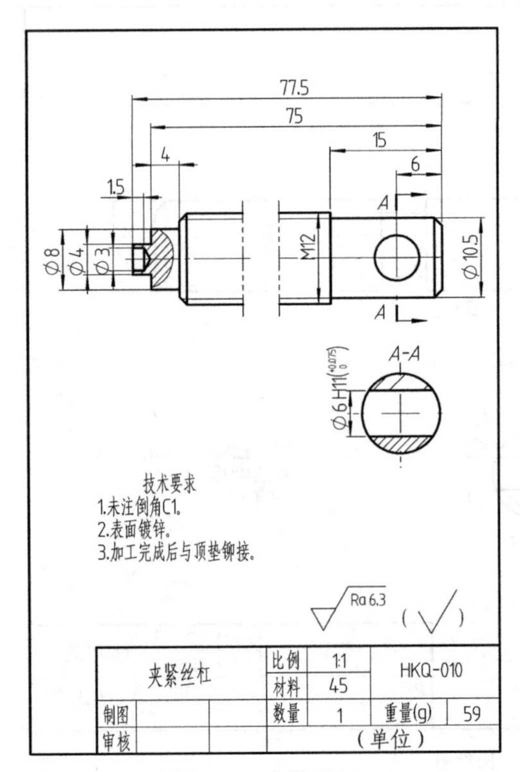

夹紧丝杠		比例	1:1	HKQ-010	
		材料	45		
制图		数量	1	重量(g)	59
审核		(单位)			

图 5-56 夹紧丝杠

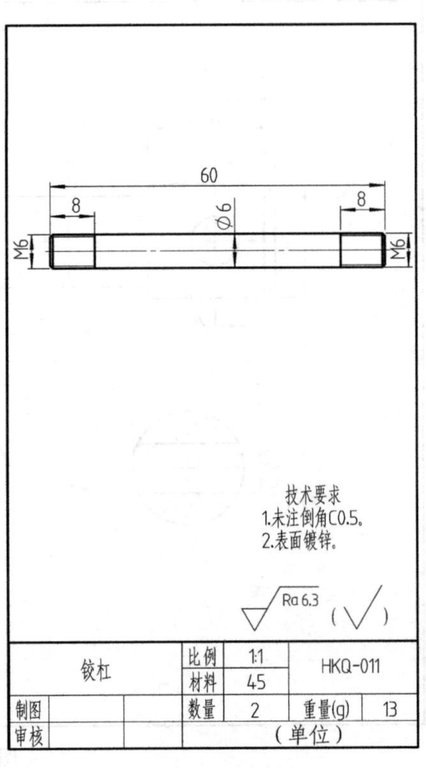

铰杠		比例	1:1	HKQ-011	
		材料	45		
制图		数量	2	重量(g)	13
审核		(单位)			

图 5-57 铰杠

5.4 气动元件

常见的气动元件包括气阀、气缸、气动马达、接头等。本小节主要例举了几种气阀及一个接头的实用图例。气阀是控制气路开闭、气体的流向的一种装置，可控制气缸、气动马达等气动元件。

5.4.1 上下式手动换向阀

这是一个两位两通开闭阀，图中显示的是开通位置，按下时是关闭位置。装配图和零件图如图 5-58～图 5-62 所示。

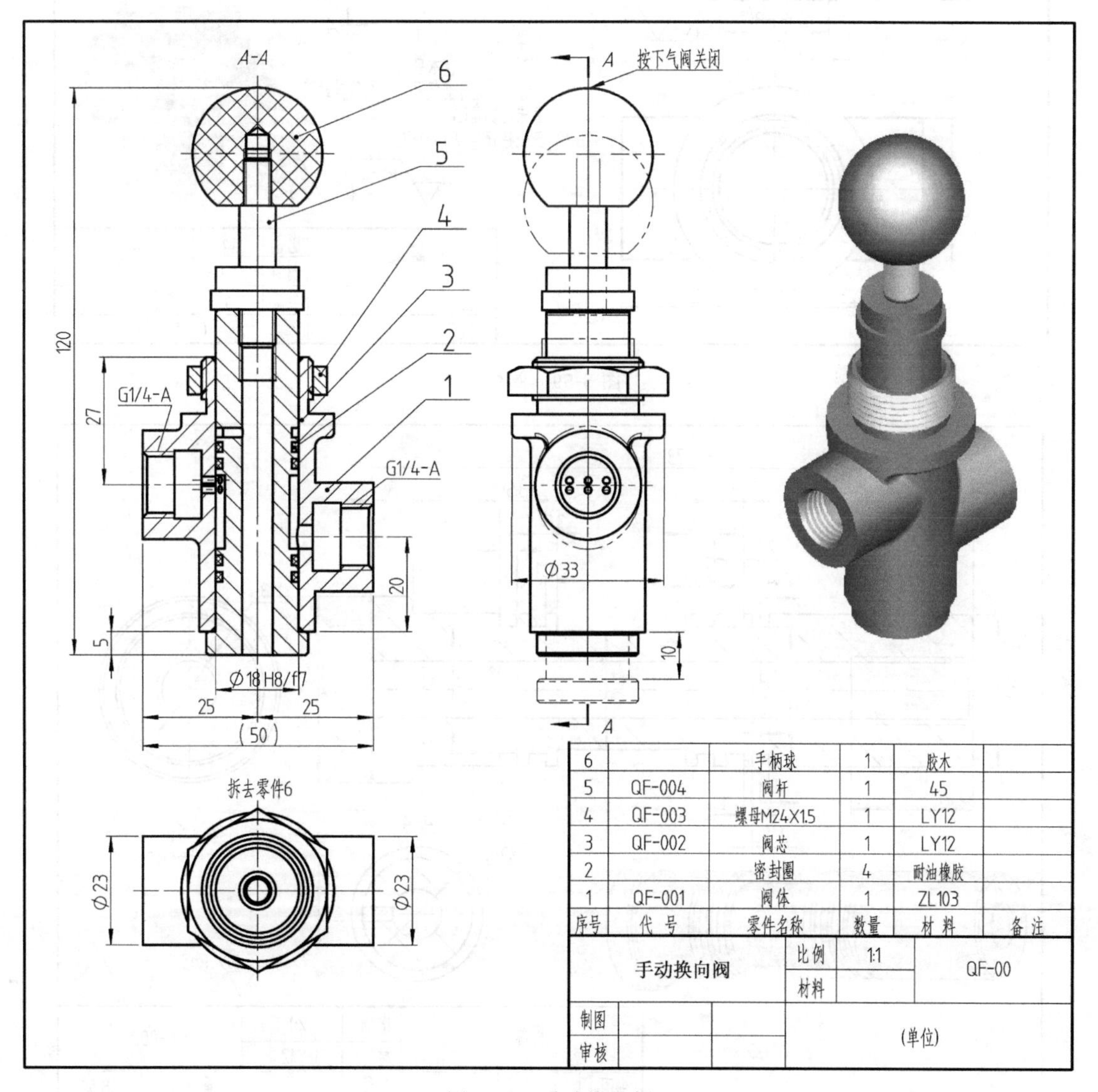

图 5-58　手动换向阀

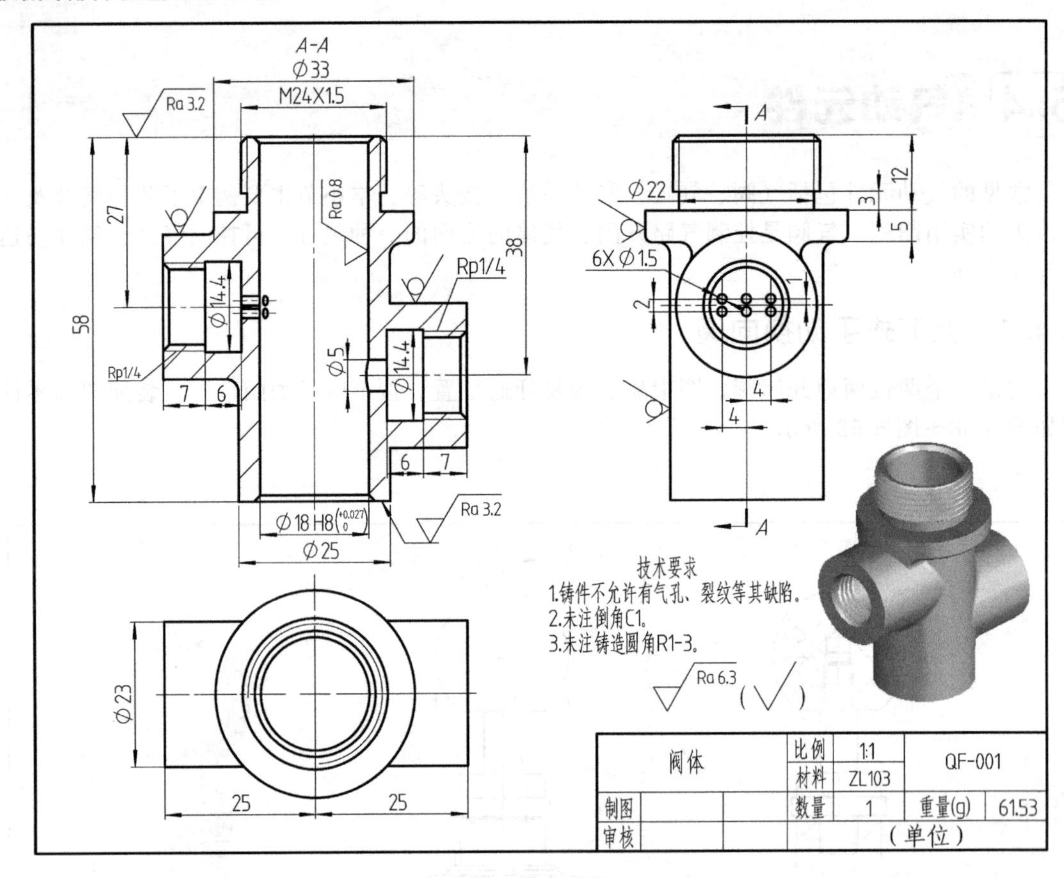

图 5-59　**阀体**

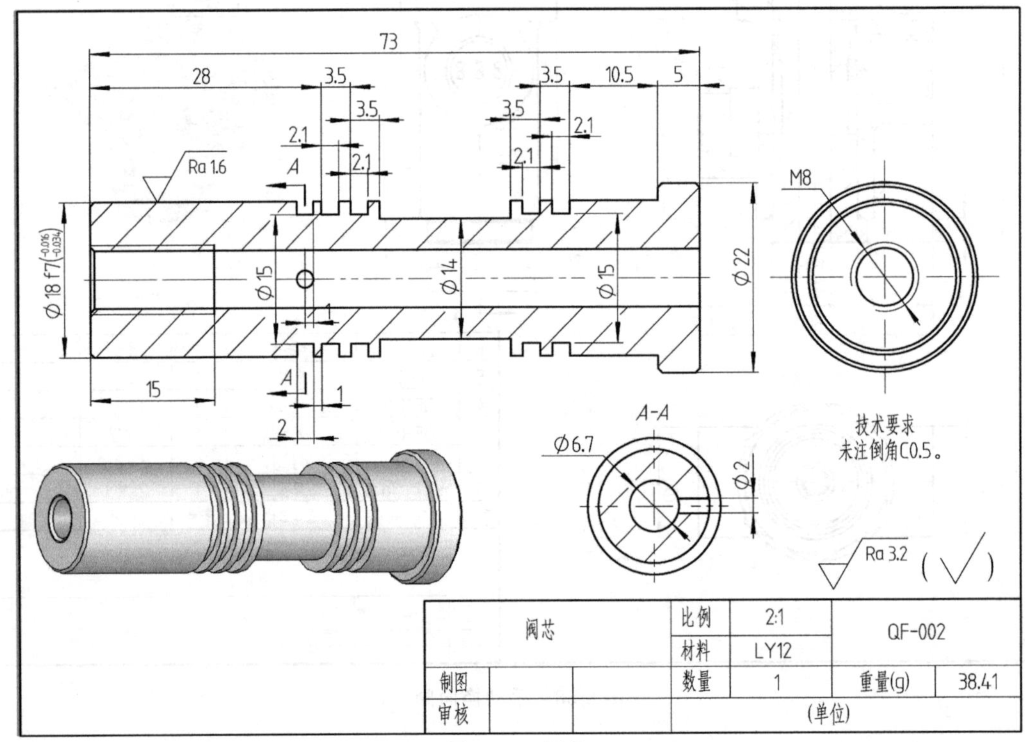

图 5-60　**阀芯**

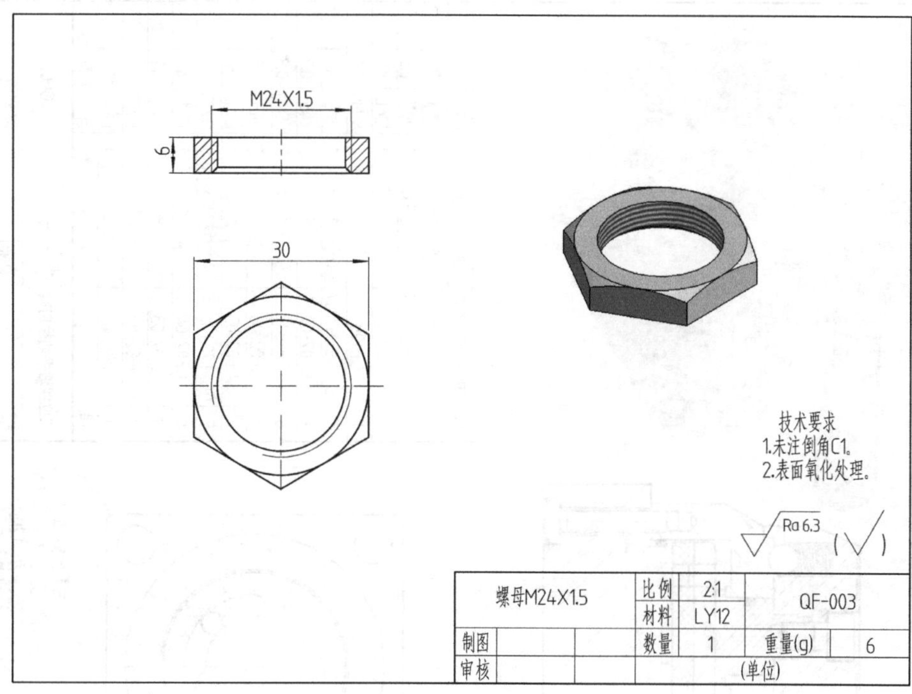

图 5-61　**螺母**

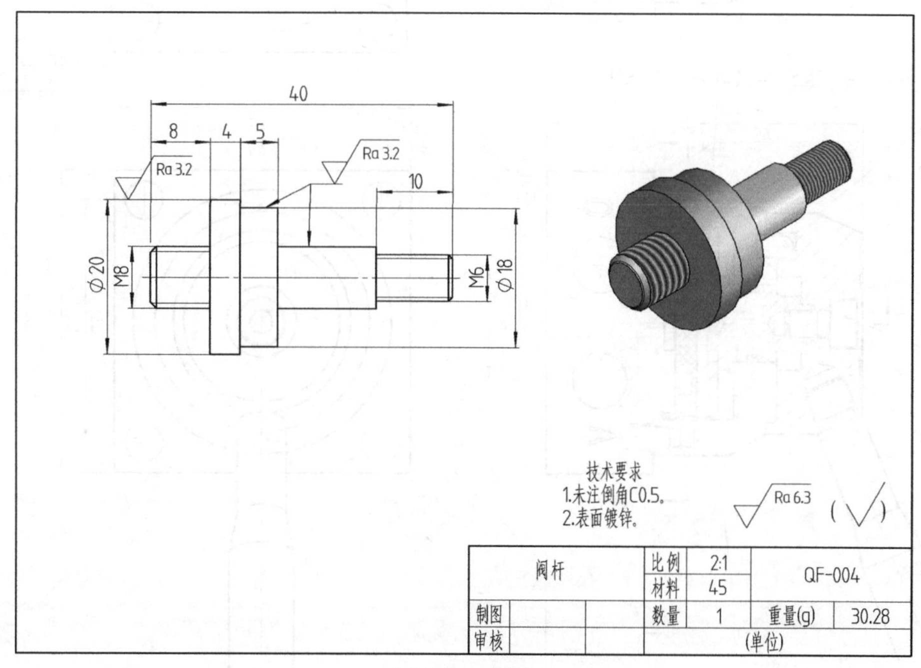

图 5-62　**阀杆**

5.4.2　三位四通旋转式手动换向阀

这个阀有三个位置，从上向下看，中位，关闭位置，所有气路不通；顺时针转 45°，P-B 通，A-O 通；逆时针转 45°，P-A 通，B-O 通。装配图和零件图如图 5-63～图 5-73 所示。

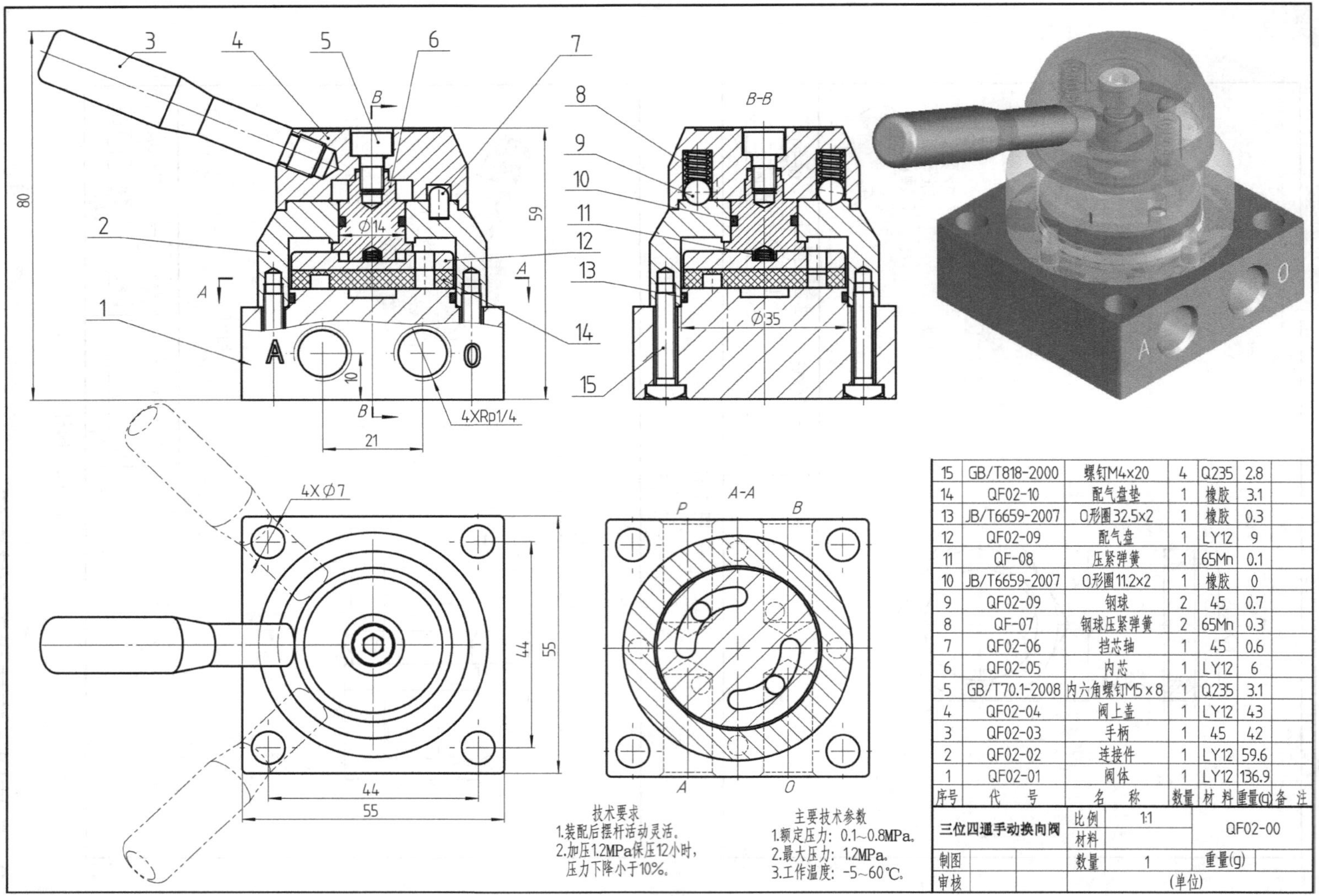

序号	代号	名称	数量	材料	重量(g)	备注
15	GB/T818-2000	螺钉M4×20	4	Q235	2.8	
14	QF02-10	配气盘垫	1	橡胶	3.1	
13	JB/T6659-2007	O形圈32.5×2	1	橡胶	0.3	
12	QF02-09	配气盘	1	LY12	9	
11	QF-08	压紧弹簧	1	65Mn	0.1	
10	JB/T6659-2007	O形圈11.2×2	1	橡胶	0	
9	QF02-09	钢球	2	45	0.7	
8	QF-07	钢球压紧弹簧	2	65Mn	0.3	
7	QF02-06	挡芯轴	1	45	0.6	
6	QF02-05	内芯	1	LY12	6	
5	GB/T70.1-2008	内六角螺钉M5×8	1	Q235	3.1	
4	QF02-04	阀上盖	1	LY12	43	
3	QF02-03	手柄	1	45	42	
2	QF02-02	连接件	1	LY12	59.6	
1	QF02-01	阀体	1	LY12	136.9	

三位四通手动换向阀		比例	1:1	QF02-00
		材料		
制图		数量	1	重量(g)
审核			(单位)	

技术要求

1.装配后摆杆活动灵活。

2.加压1.2MPa保压12小时，压力下降小于10%。

主要技术参数

1.额定压力：0.1~0.8MPa。

2.最大压力：1.2MPa。

3.工作温度：-5~60℃。

图 5-63　三位四通手动换向阀

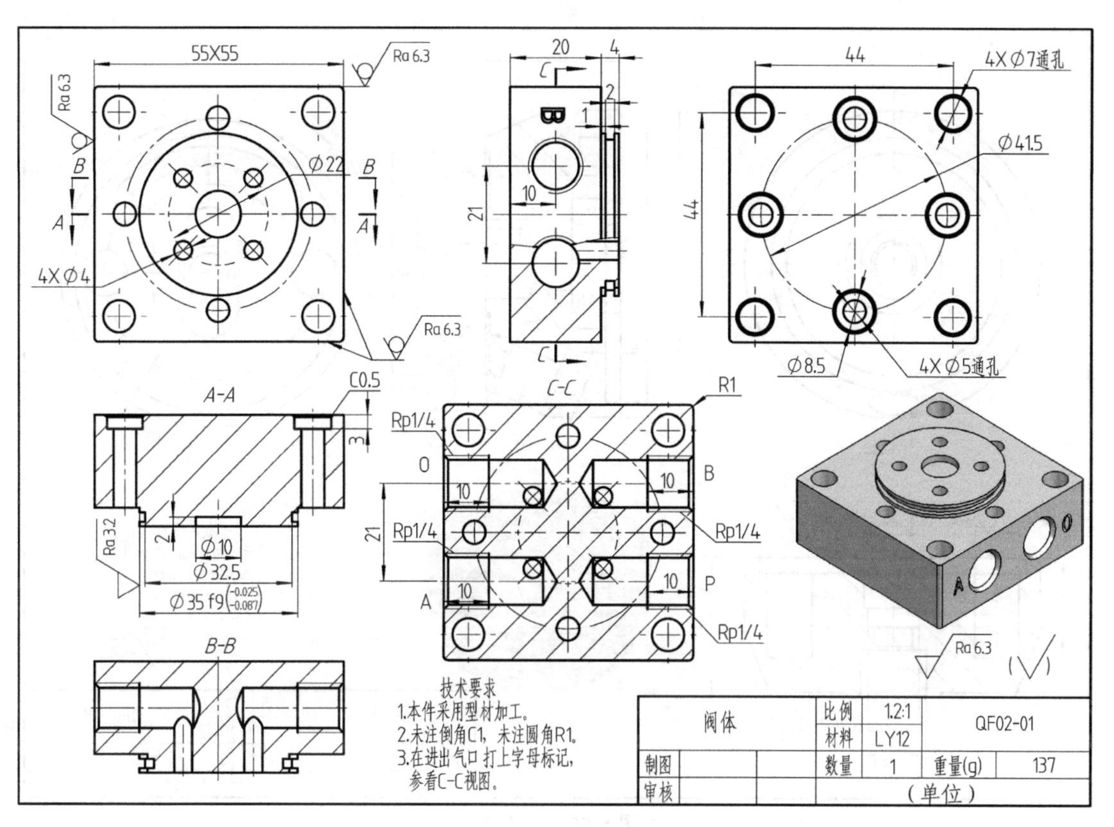

图 5-64 阀体

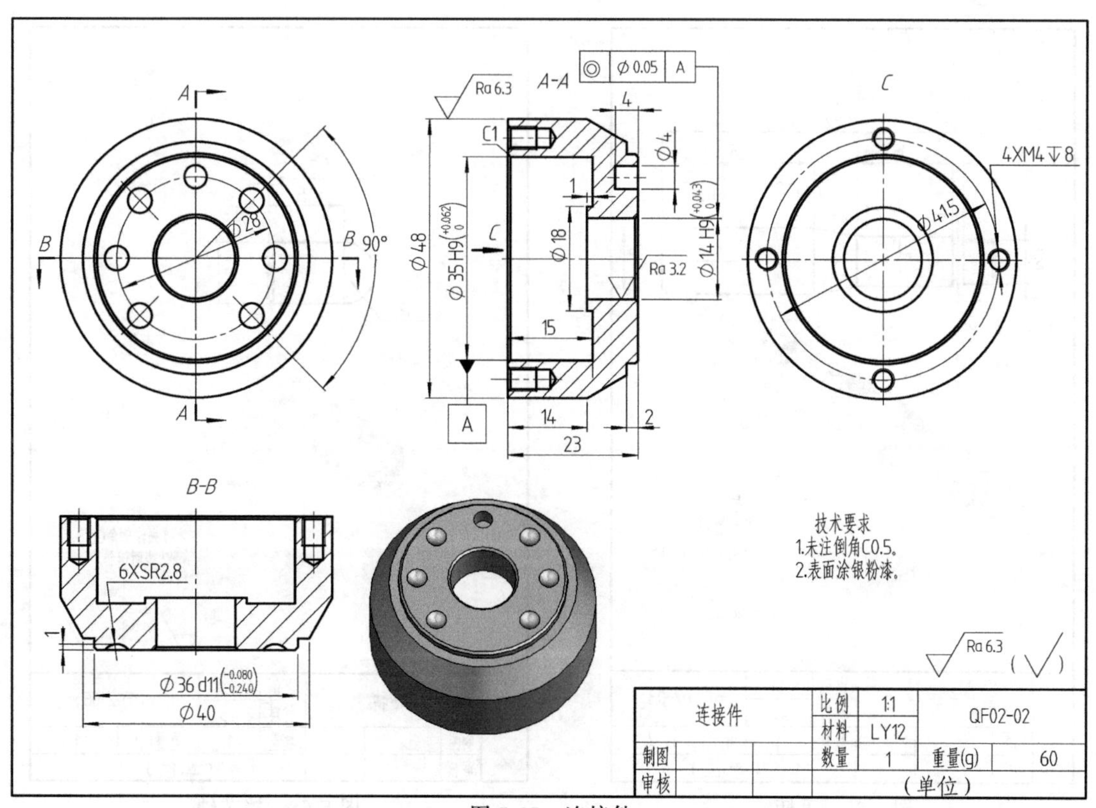

图 5-65 连接件

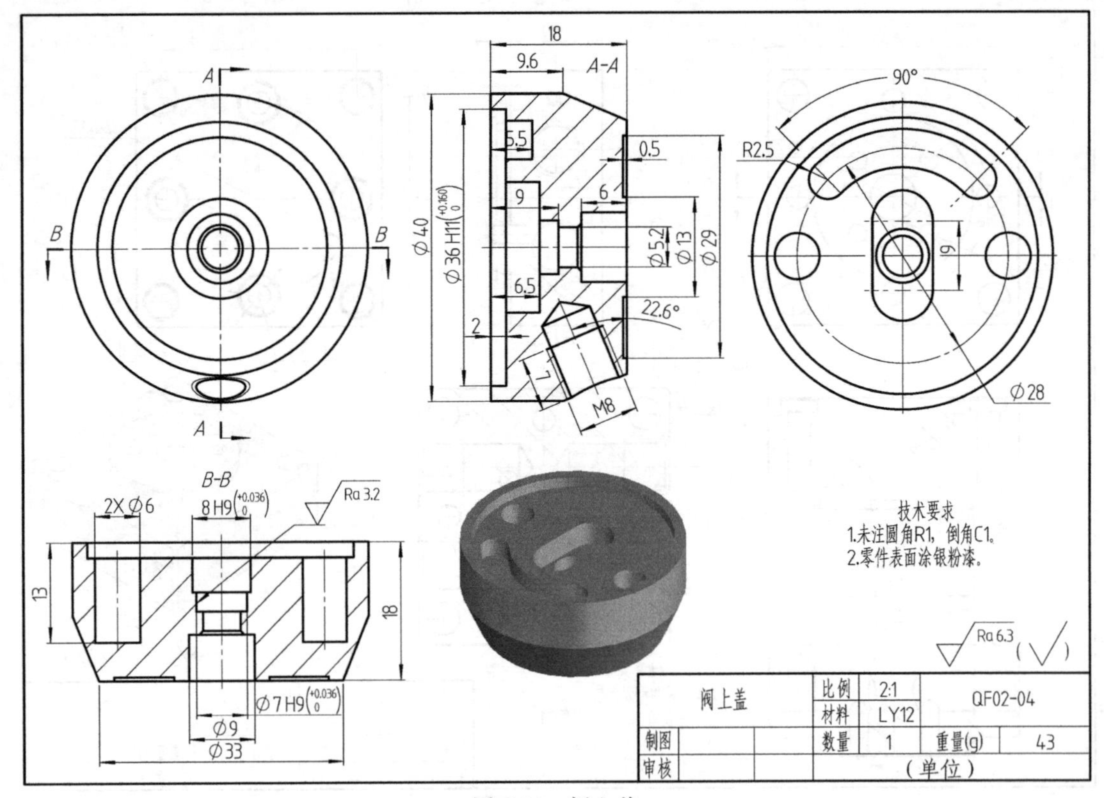

图 5-66 阀上盖

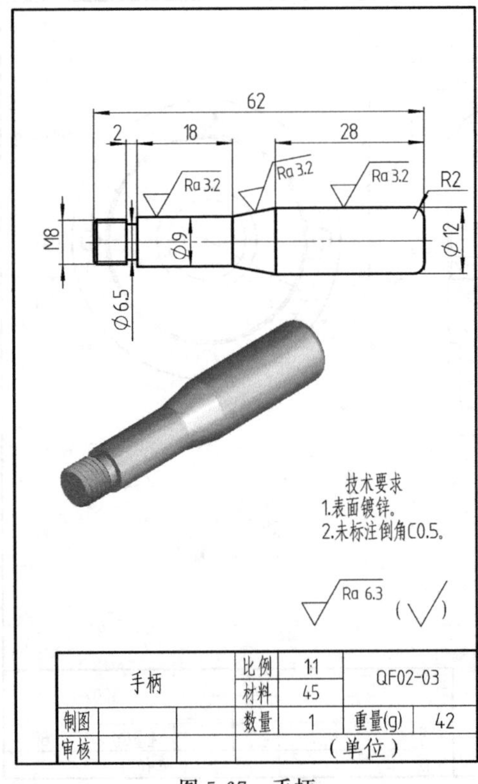

图 5-67 手柄

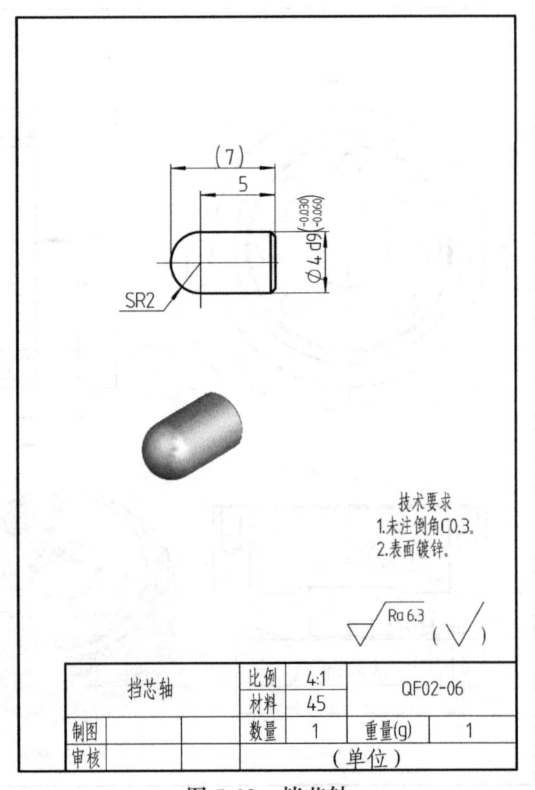

图 5-68 挡芯轴

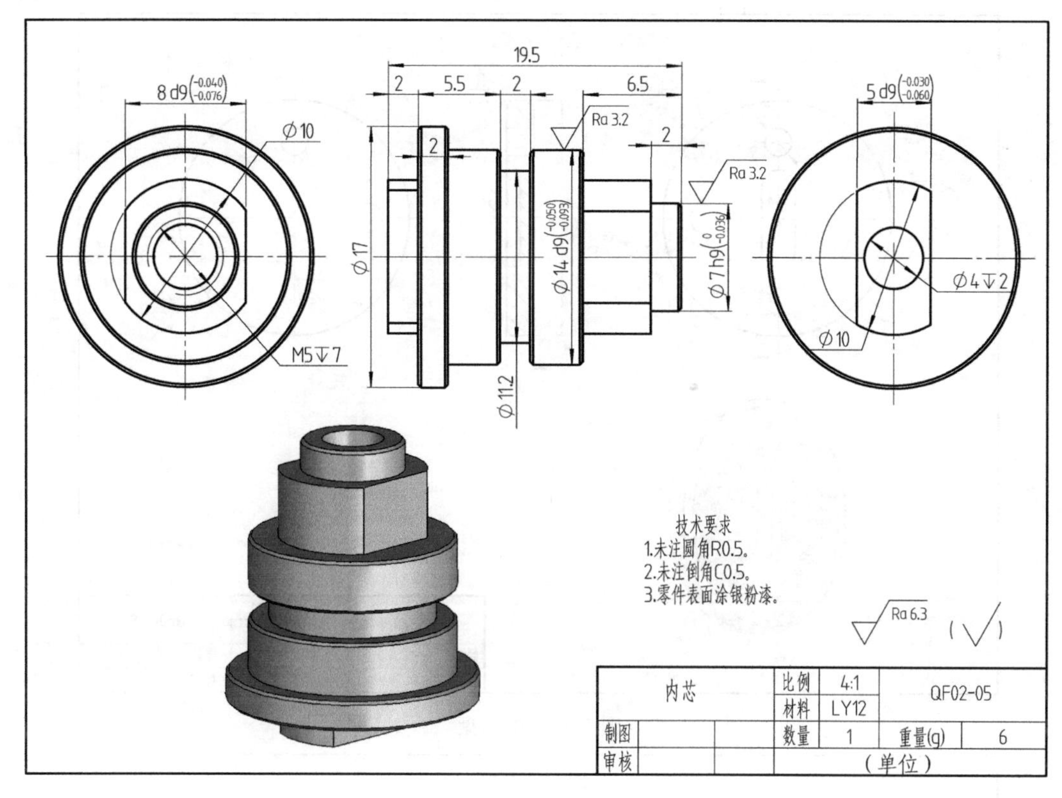

图 5-69 内芯

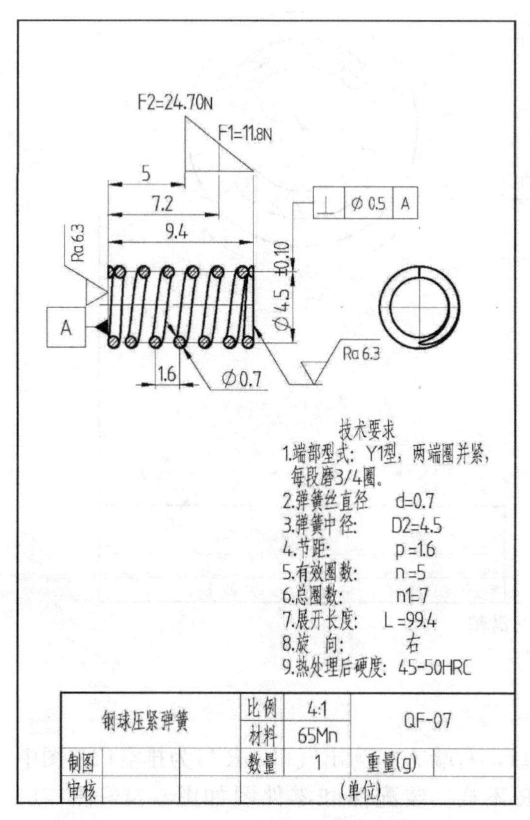

图 5-70 钢球压紧弹簧

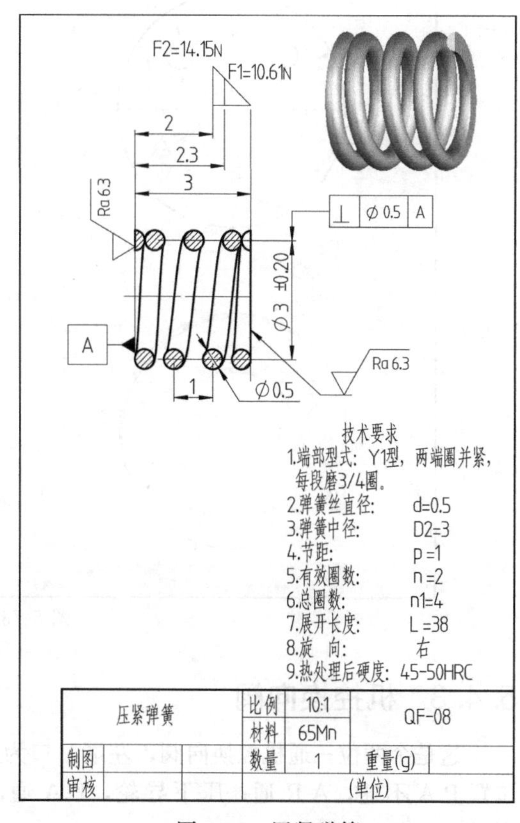

图 5-71 压紧弹簧

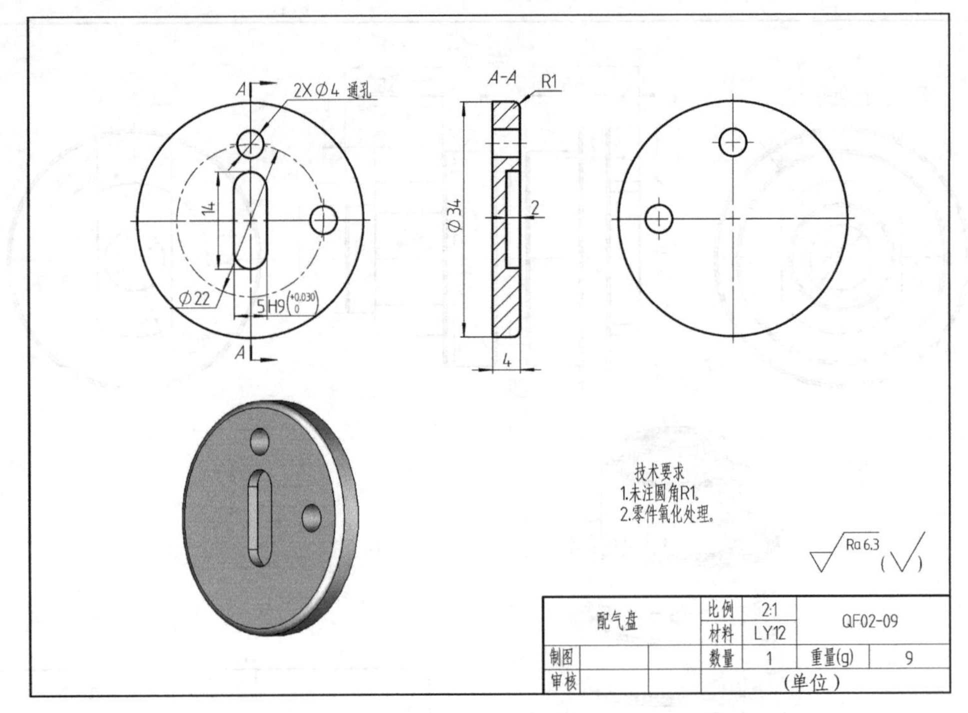

图 5-72　配气盘

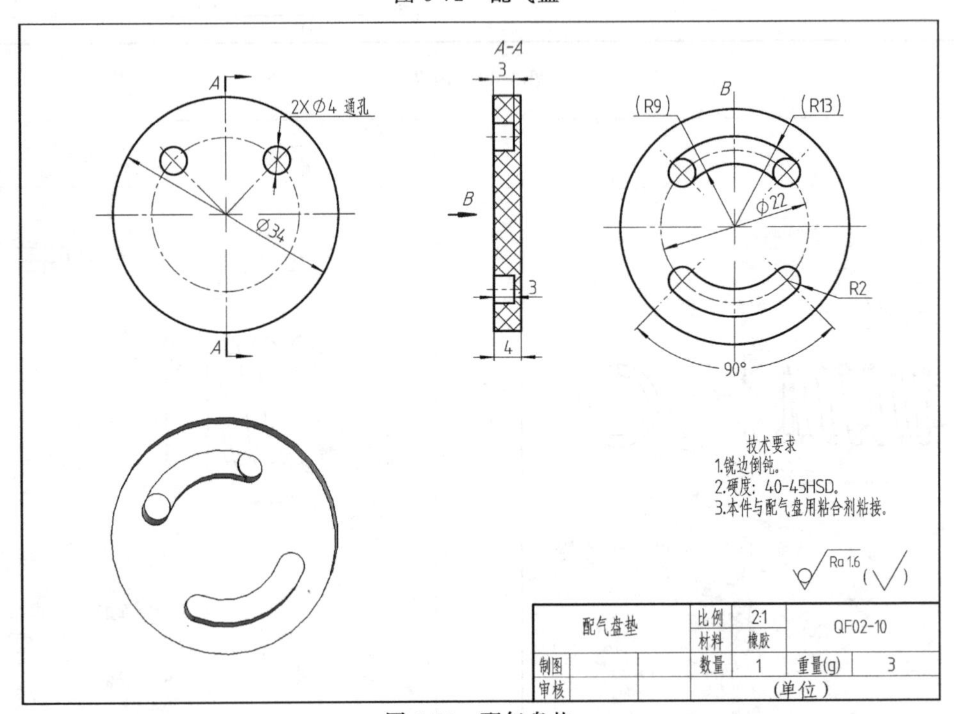

图 5-73　配气盘垫

5.4.3　机控换向阀

这是个两位三通机控换向阀，左端 P 口为进气口，右端 A 口为出气口，R 口为排空口，图中位置 P-A 不通，A-R 通；压下导轮，P-A 通，A-R 不通。装配图和零件图如图 5-74～图 5-80 所示。

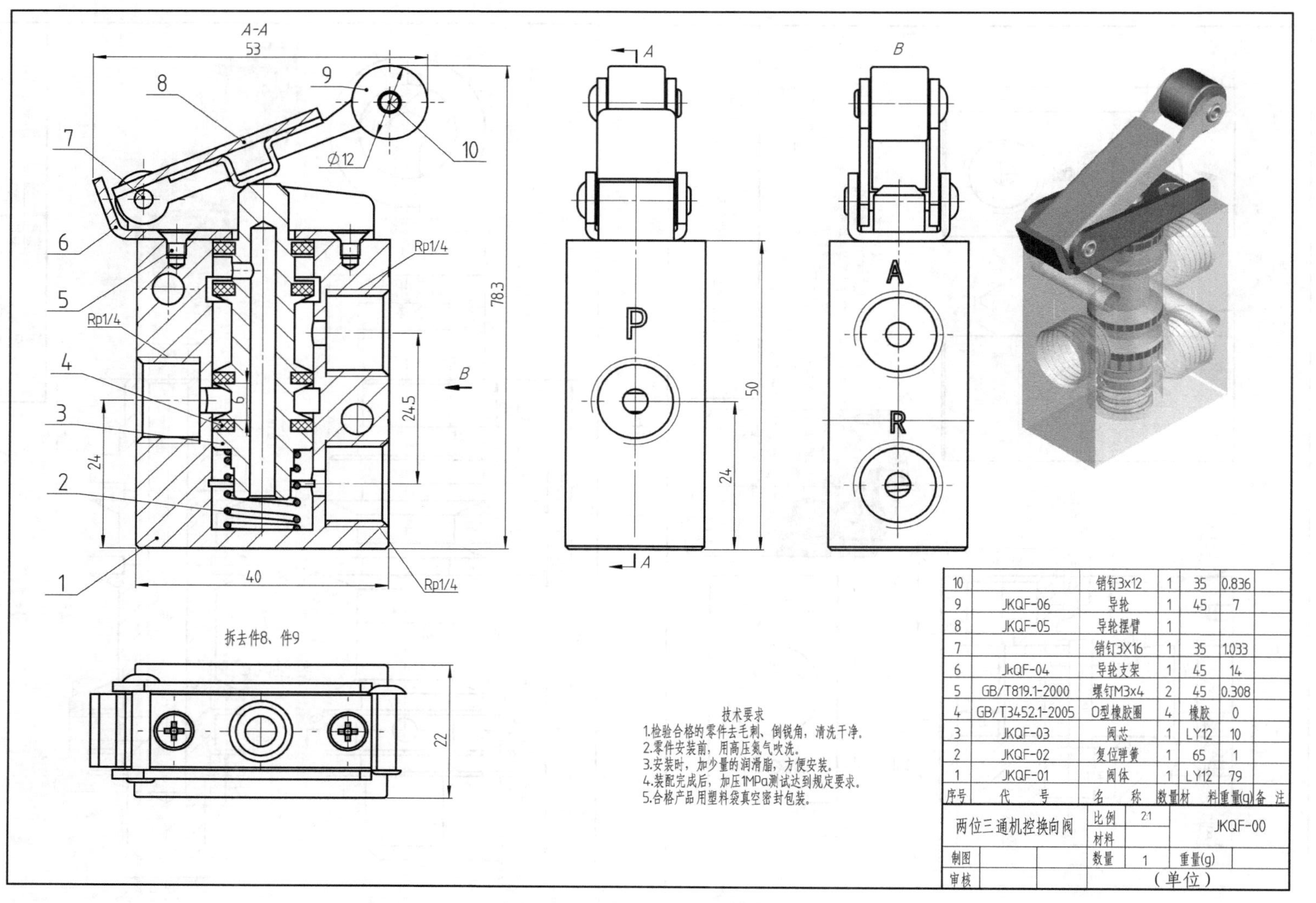

图 5-74 两位三通机控换向阀

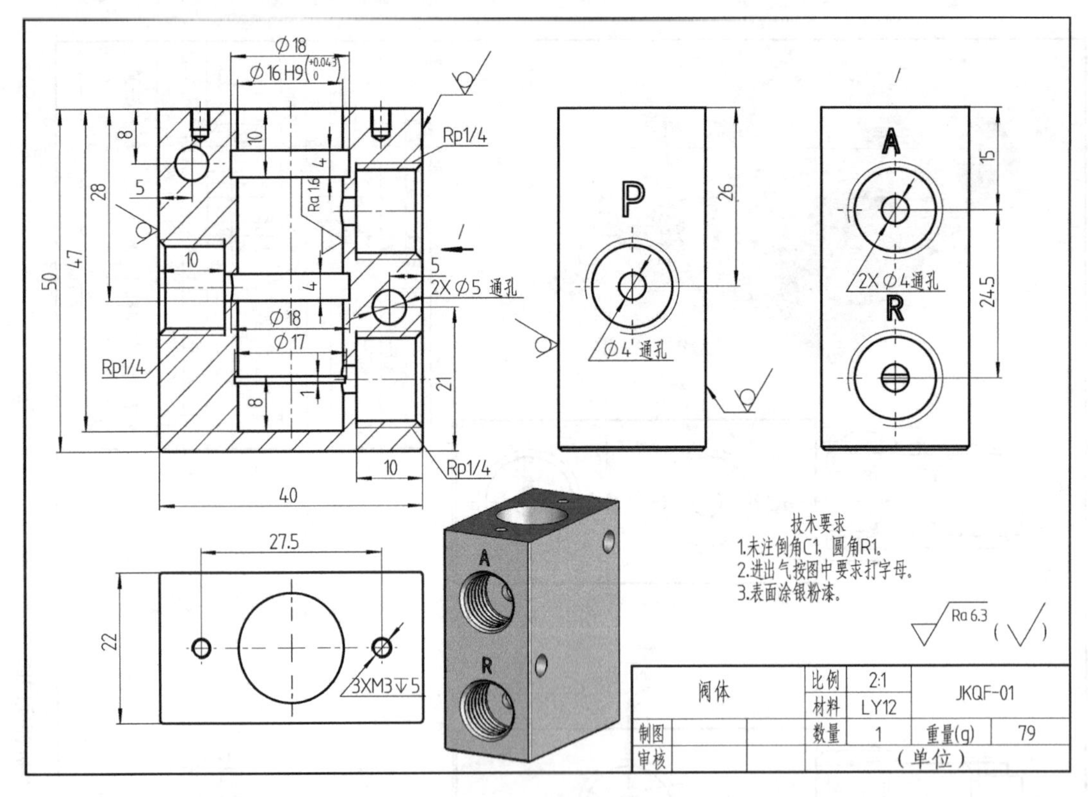

图 5-75　阀体

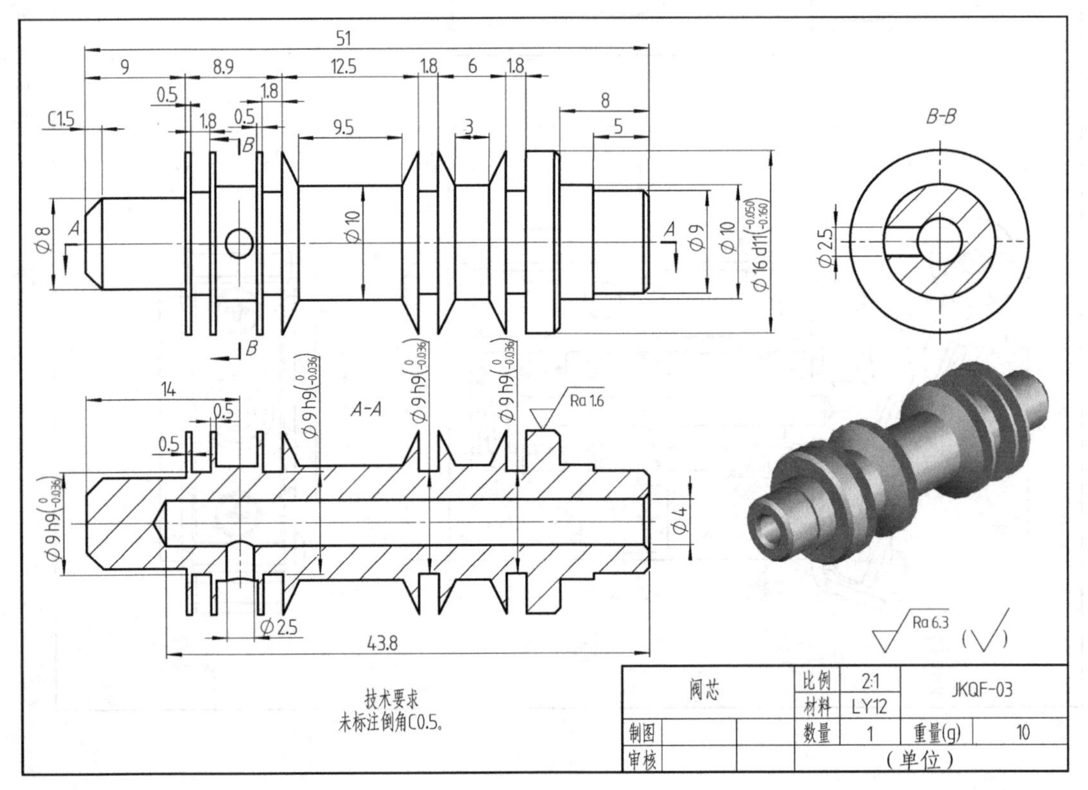

图 5-76　阀芯

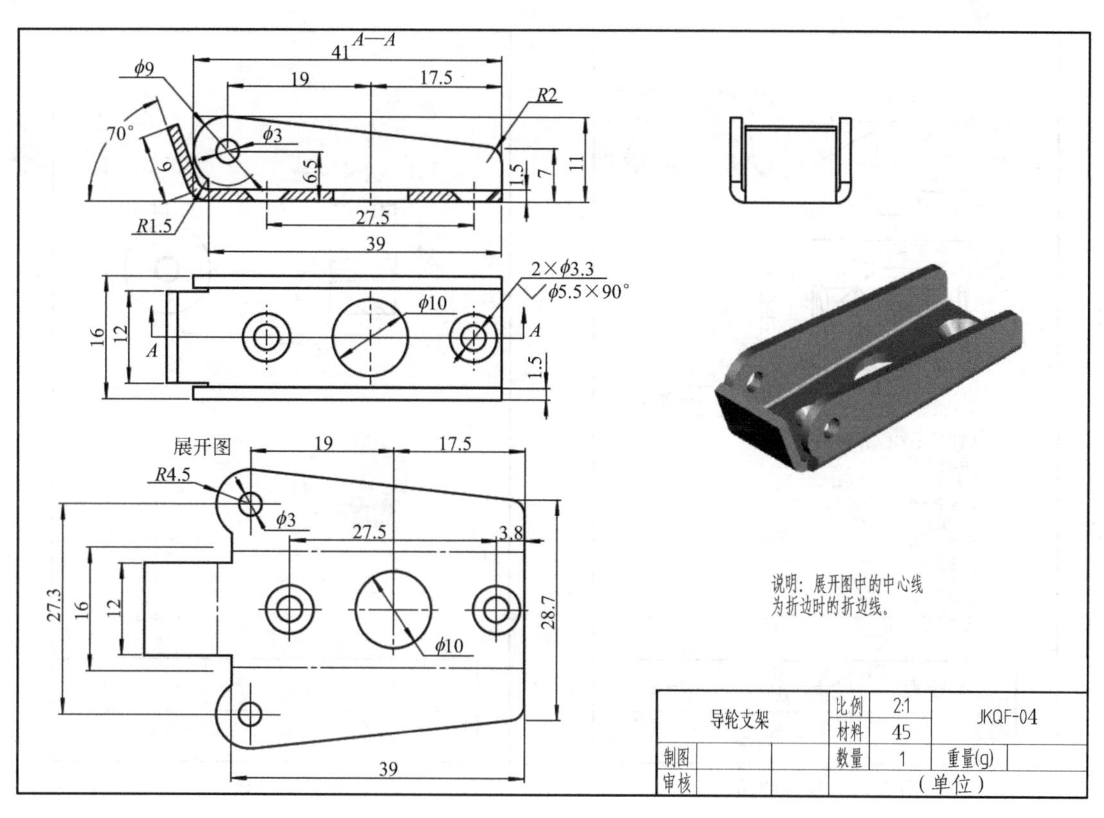

图 5-77 导轮支架

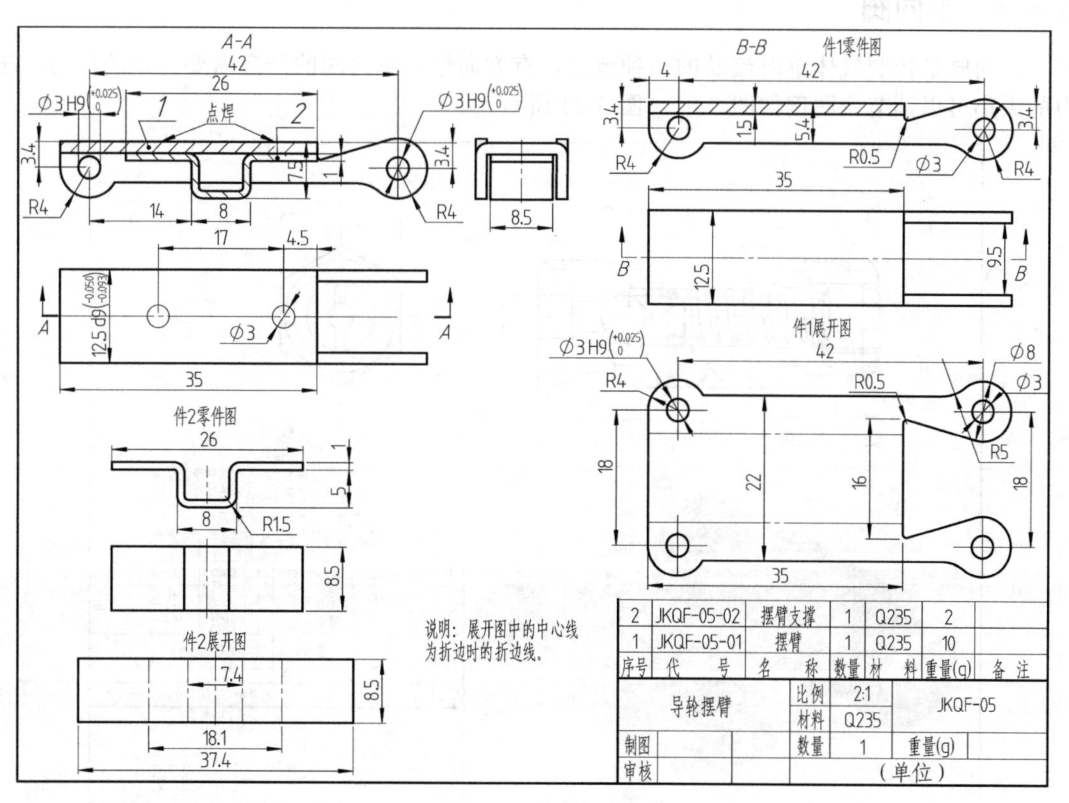

图 5-78 导轮摆臂

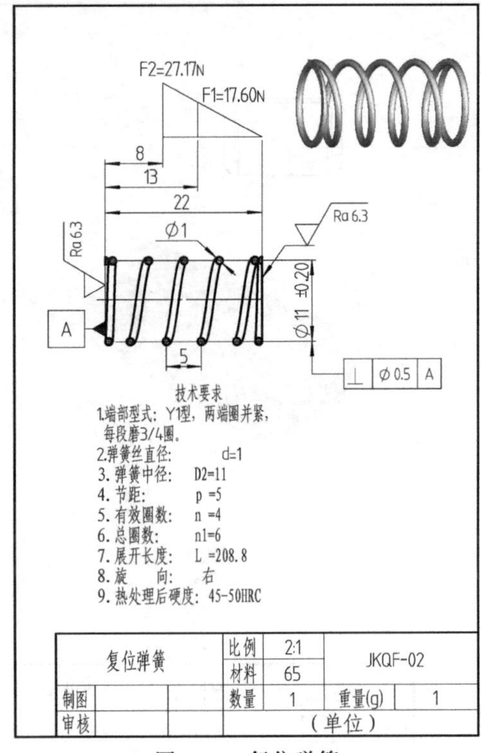

图 5-79 复位弹簧

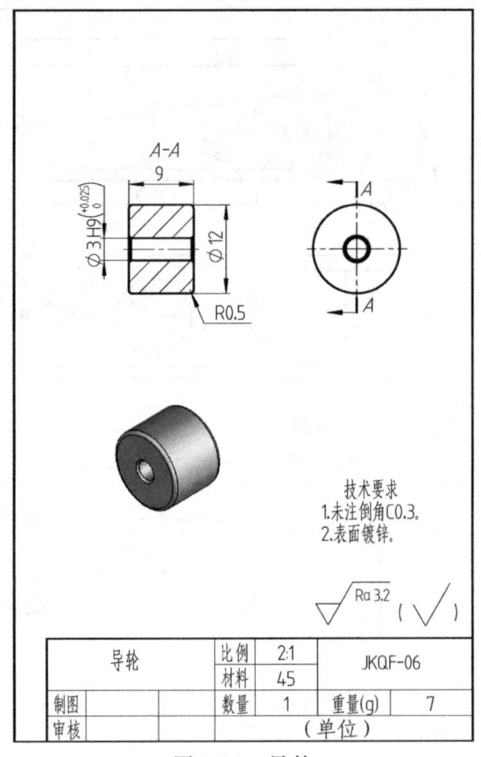

图 5-80 导轮

5.4.4 单向阀

单向阀是控制气体单向流动的一种装置，有方向性，单向阀的开启需要一定的压力，压力的大小可以调节。图例如图 5-81～图 5-84 所示。

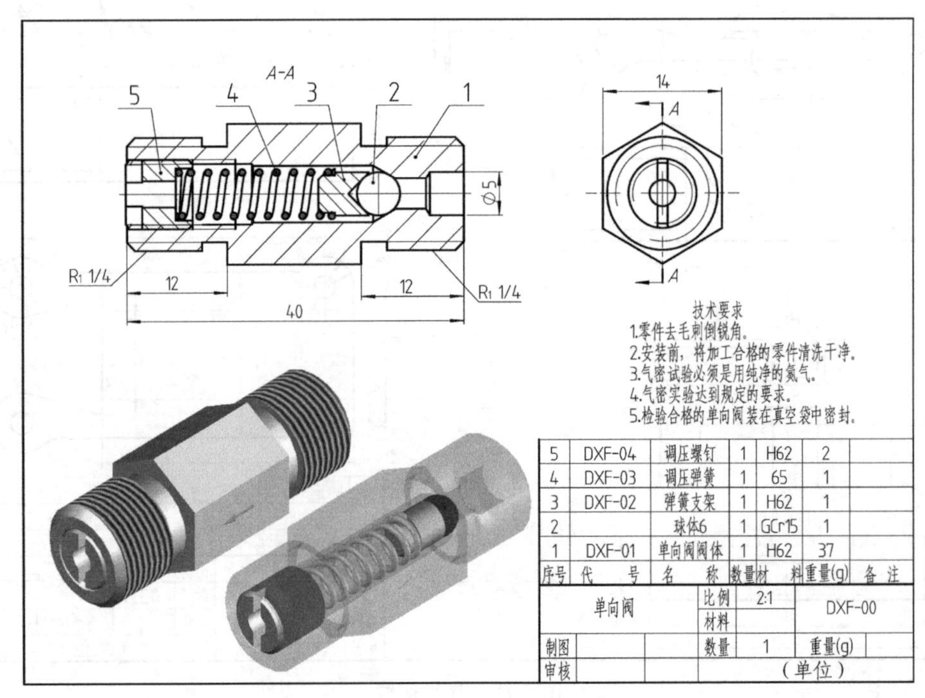

图 5-81 单向阀

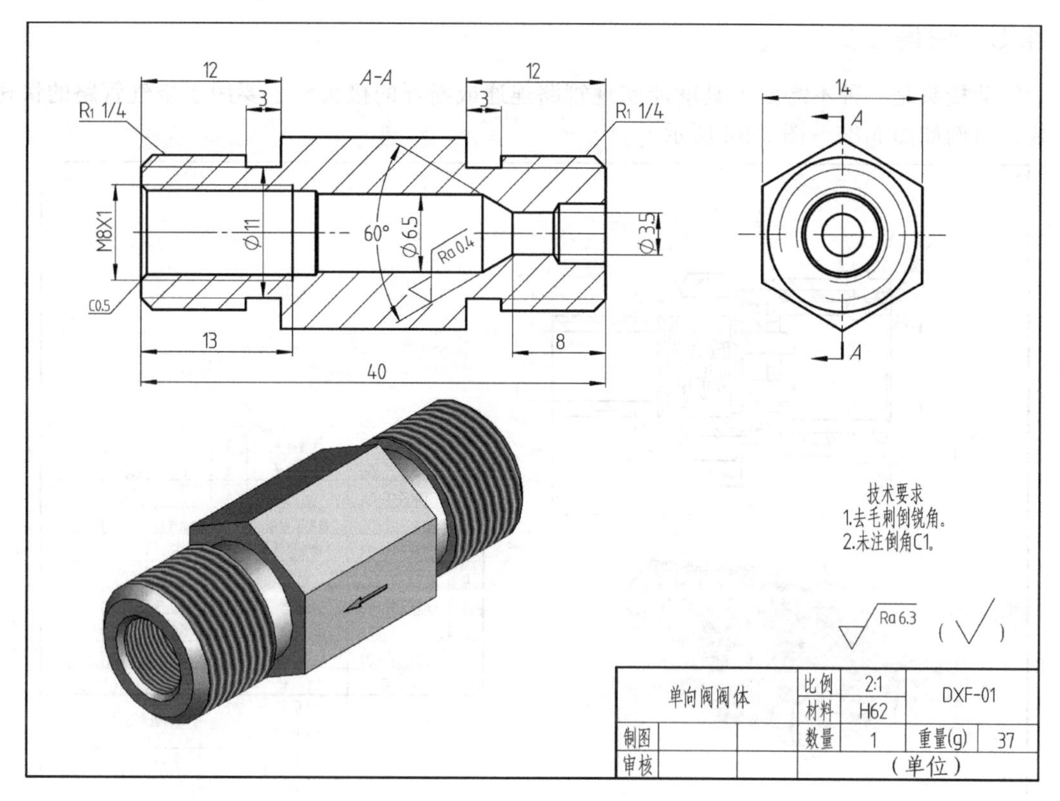

图 5-82 单向阀阀体

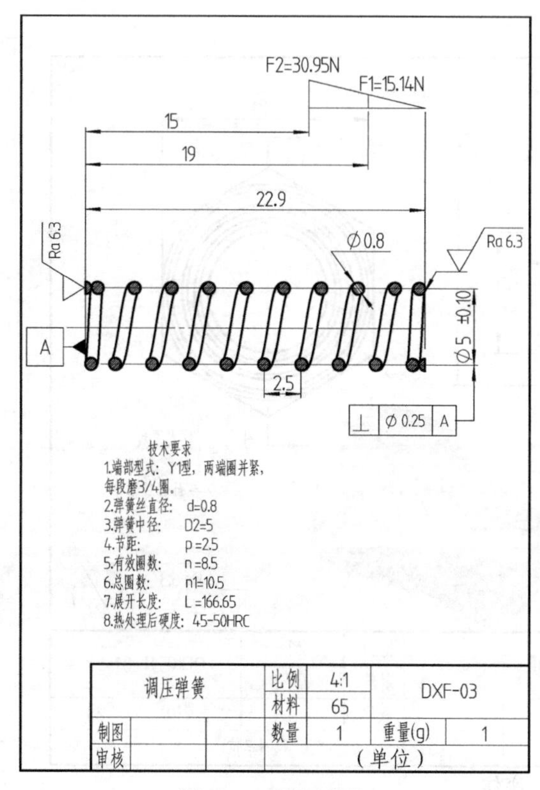

图 5-83 调压弹簧

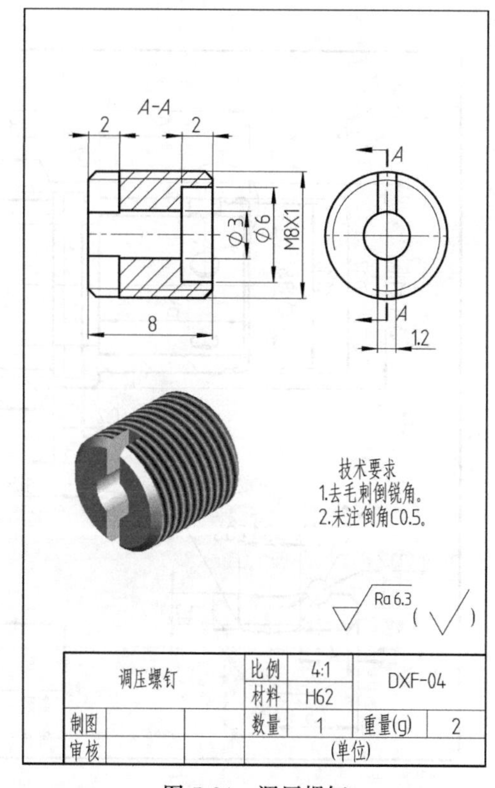

图 5-84 调压螺钉

5.4.5 快速接头

气动接头是一种不需要工具就能实现管路连通或断开的接头，主要用于空气管路的快速安装。图例如图 5-85～图 5-92 所示。

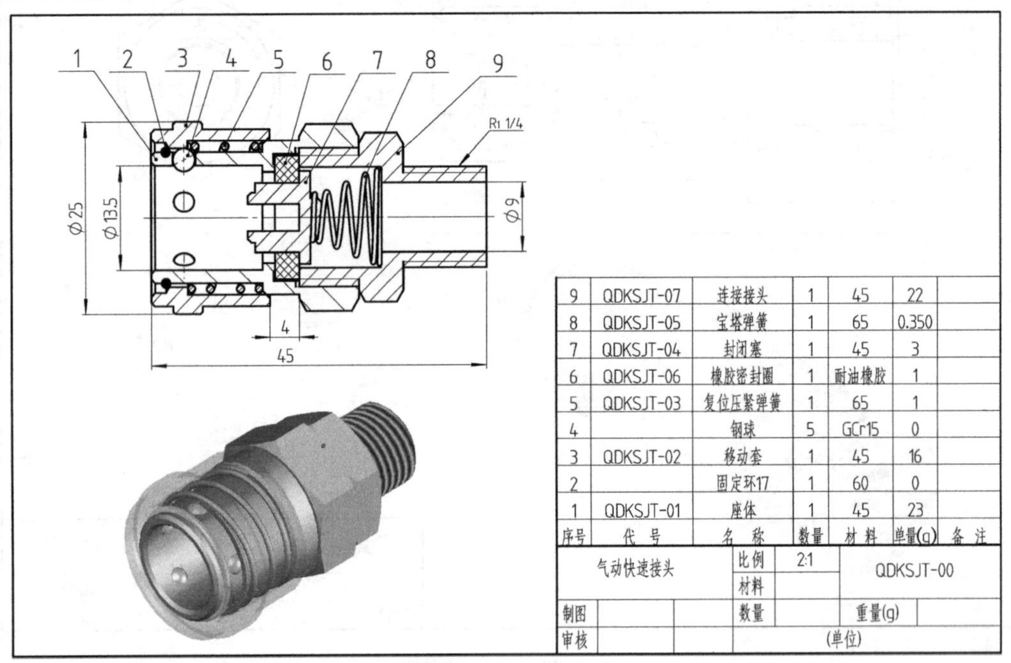

序号	代号	名称	数量	材料	单量(g)	备注
9	QDKSJT-07	连接接头	1	45	22	
8	QDKSJT-05	宝塔弹簧	1	65	0.350	
7	QDKSJT-04	封闭塞	1	45	3	
6	QDKSJT-06	橡胶密封圈	1	耐油橡胶	1	
5	QDKSJT-03	复位压紧弹簧	1	65	1	
4		钢球	5	GCr15	0	
3	QDKSJT-02	移动套	1	45	16	
2		固定环17	1	60	0	
1	QDKSJT-01	座体	1	45	23	

图 5-85 气动快速接头

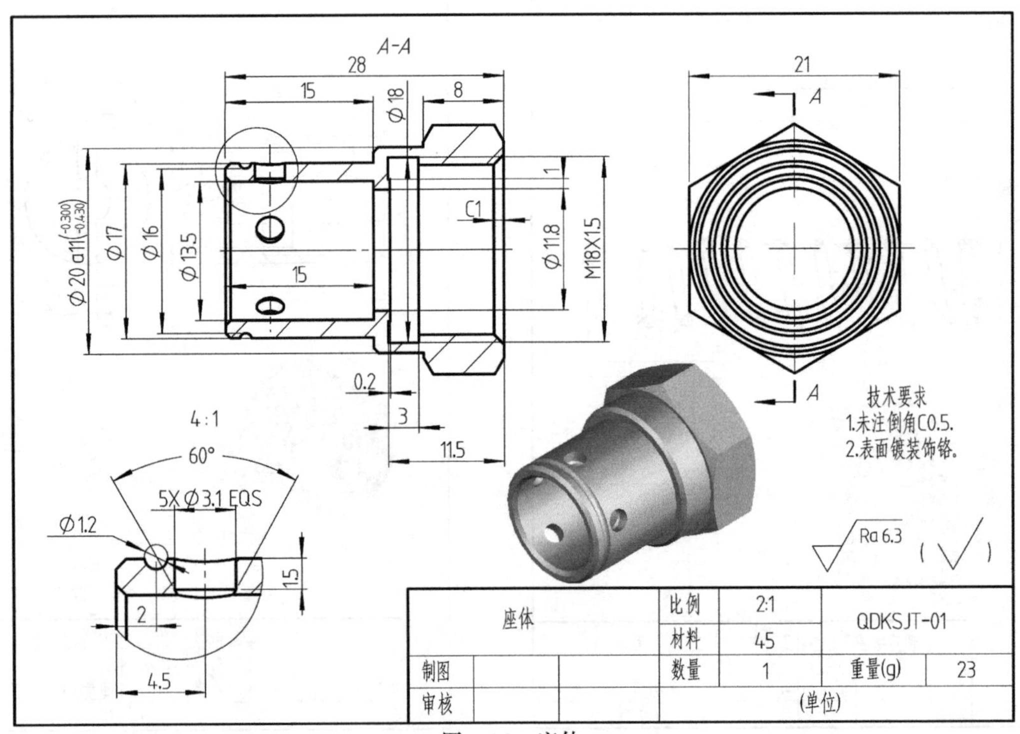

图 5-86 座体

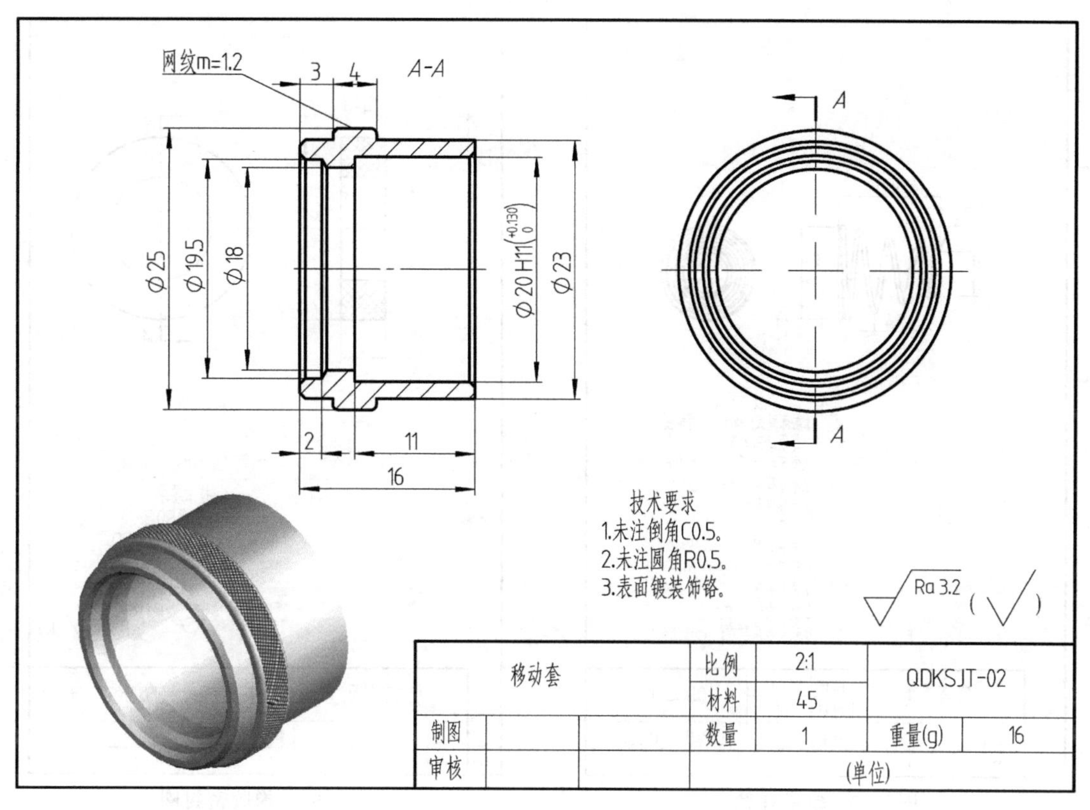

图 5-87　移动套

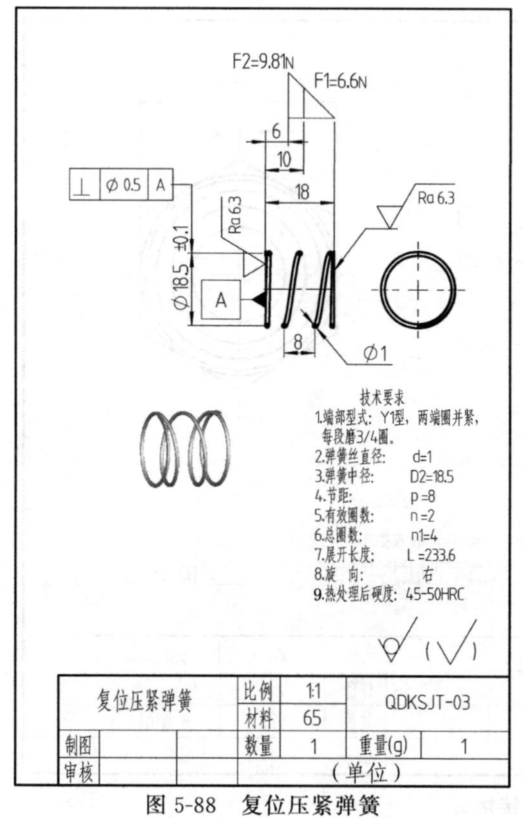

图 5-88　复位压紧弹簧

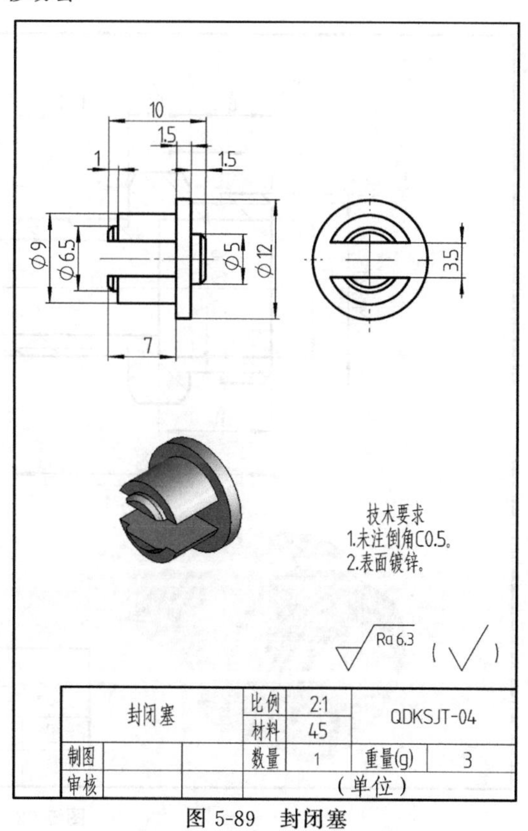

图 5-89　封闭塞

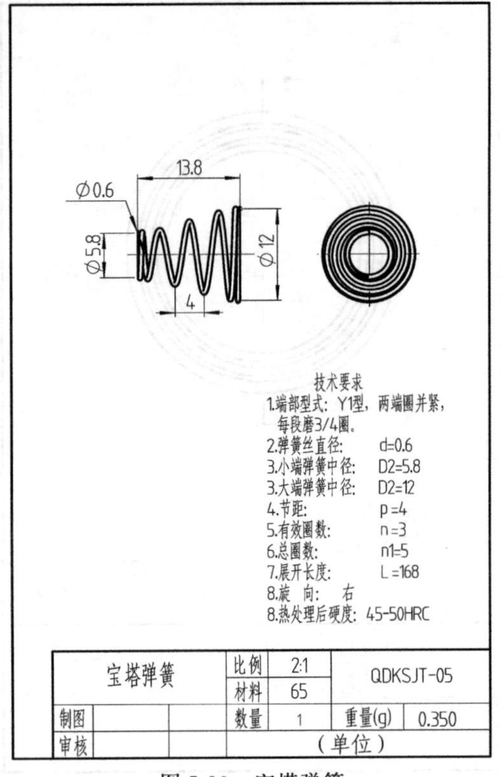

图 5-90 宝塔弹簧

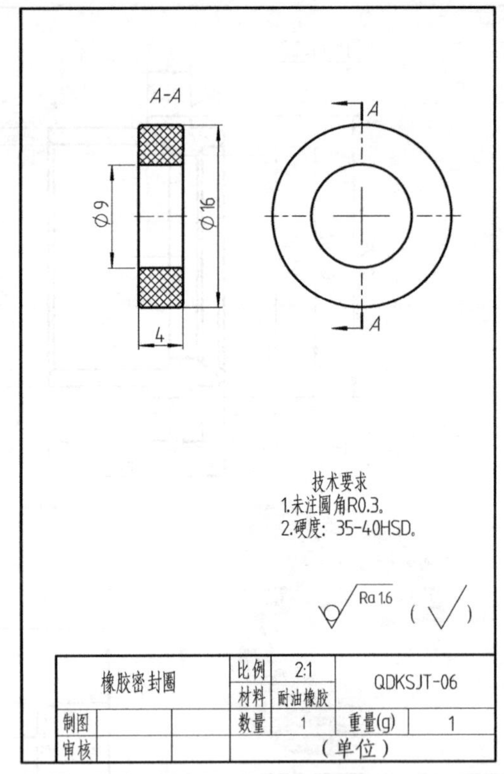

图 5-91 橡胶密封圈

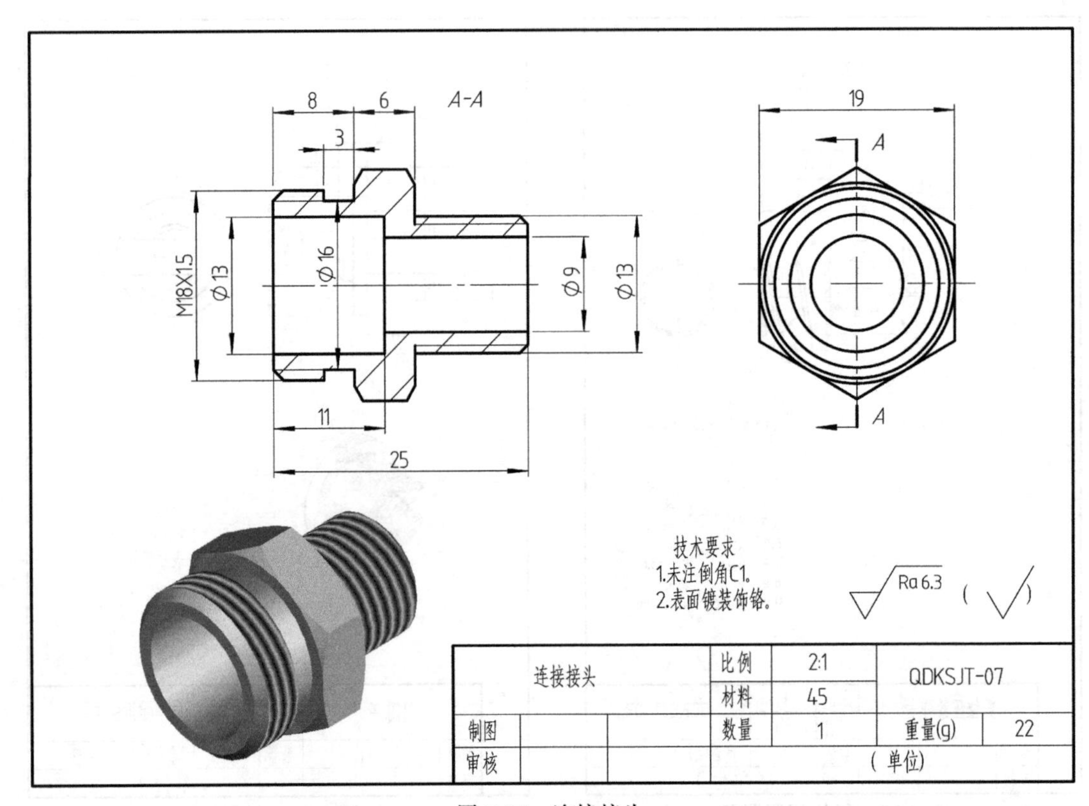

图 5-92 连接接头

5.5 阀门类

阀门是控制流动液体（或气体）介质流量、流向的机械装置，是管道系统中的基本部件，阀门在安装过程中是有方向的，安装时应注意阀门上的方向标示。水龙头、球阀是常见最简单的阀门。阀门的种类很多，本节列举了常见的几种阀门实例。

5.5.1 水龙头

水龙头是最常用的阀门之一，用塑料制作的水龙头价格便宜，不会生锈，使用越来越广。三维模型爆炸图（分解图）如图 5-93 所示，装配图和零件图如图 5-94～图 5-102 所示。

图 5-93　水龙头三维模型爆炸图

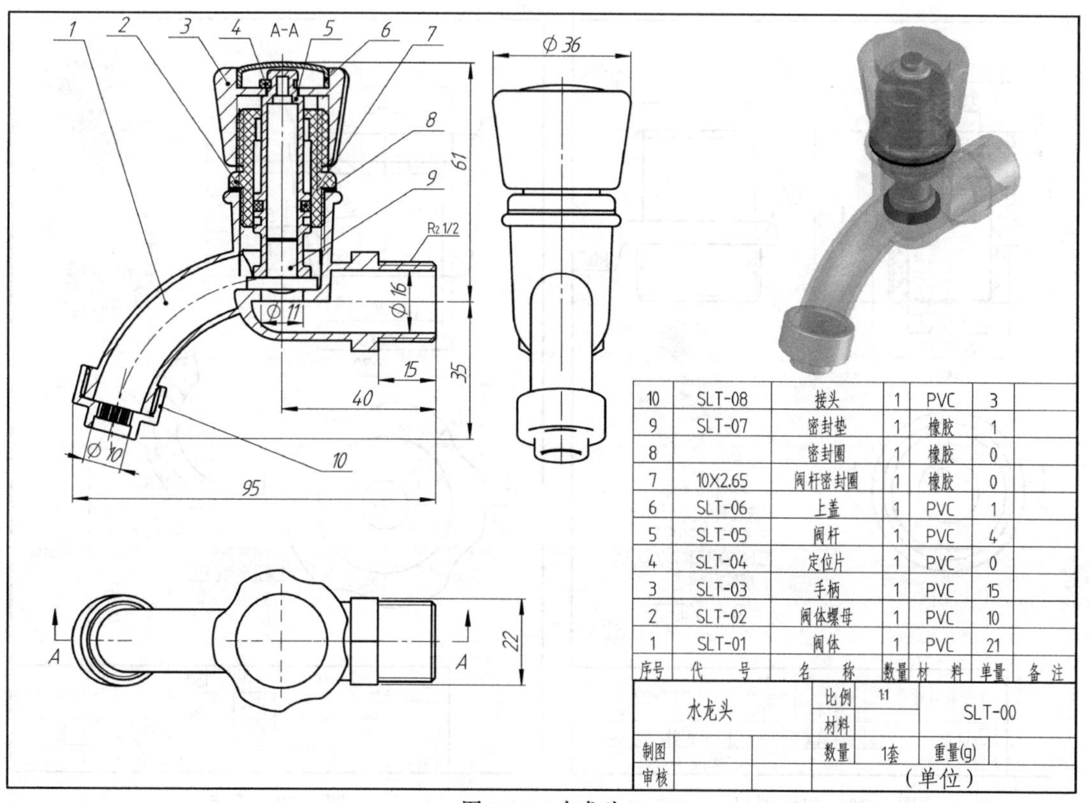

序号	代号	名称	数量	材料	单量	备注
10	SLT-08	接头	1	PVC	3	
9	SLT-07	密封垫	1	橡胶	1	
8		密封圈	1	橡胶	0	
7	10X2.65	阀杆密封圈	1	橡胶	0	
6	SLT-06	上盖	1	PVC	1	
5	SLT-05	阀杆	1	PVC	4	
4	SLT-04	定位片	1	PVC	0	
3	SLT-03	手柄	1	PVC	15	
2	SLT-02	阀体螺母	1	PVC	10	
1	SLT-01	阀体	1	PVC	21	

水龙头		比例	1:1	SLT-00	
		材料			
制图		数量	1套	重量(g)	
审核				（单位）	

图 5-94　水龙头

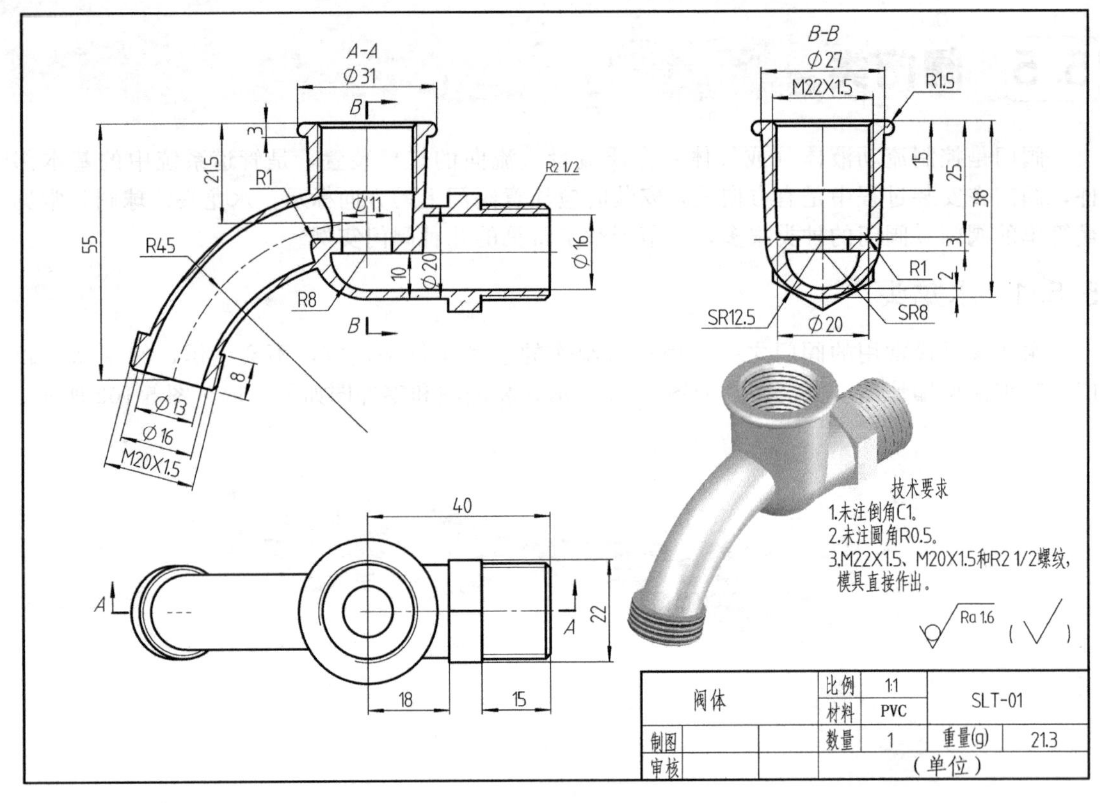

图 5-95 阀体

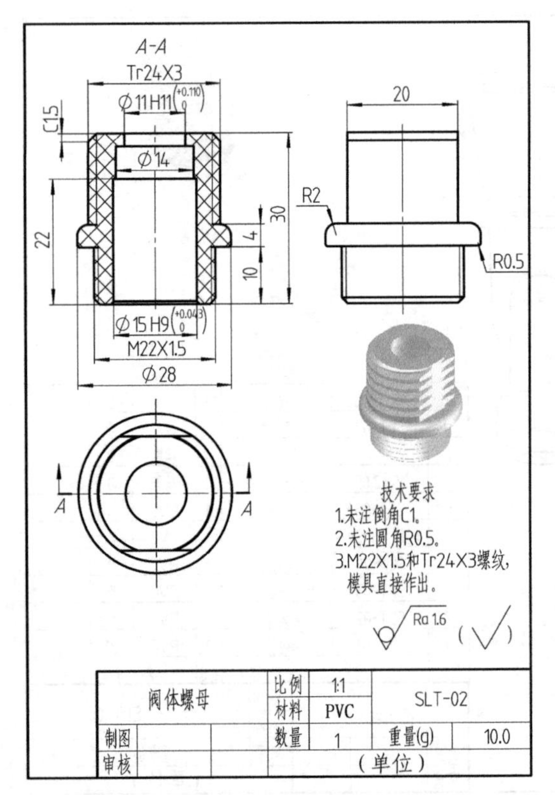

图 5-96 阀体螺母

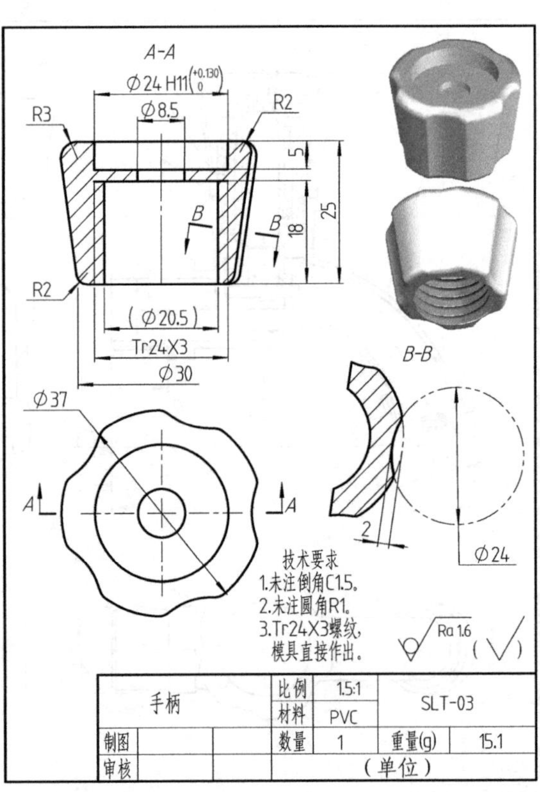

图 5-97 手柄

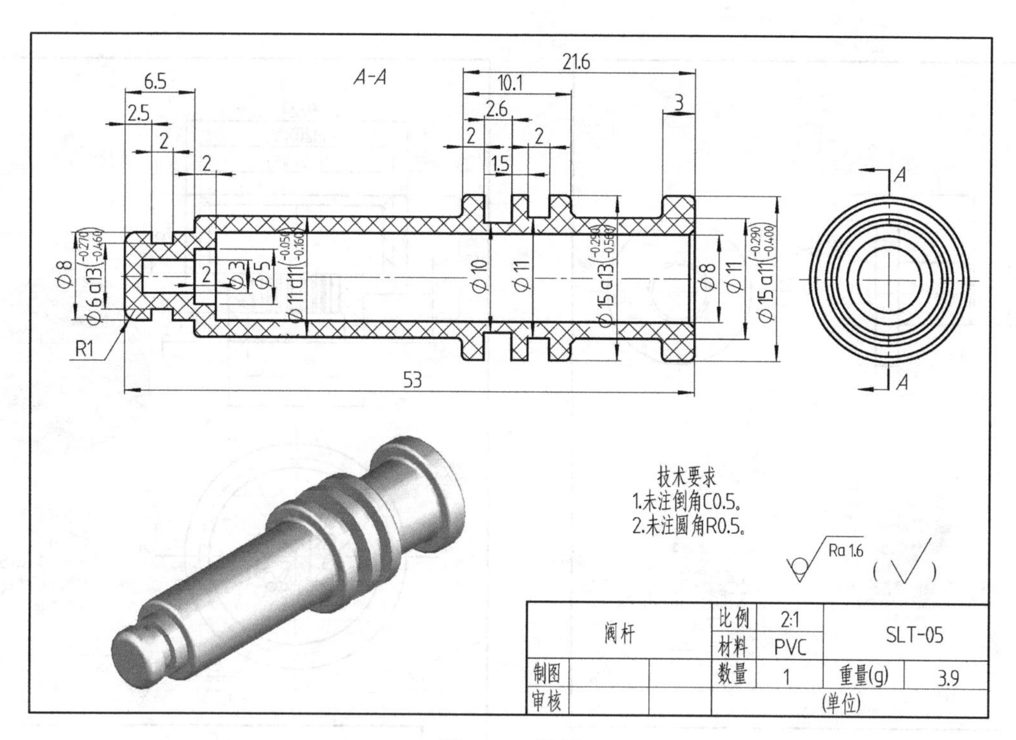

图 5-98 阀杆

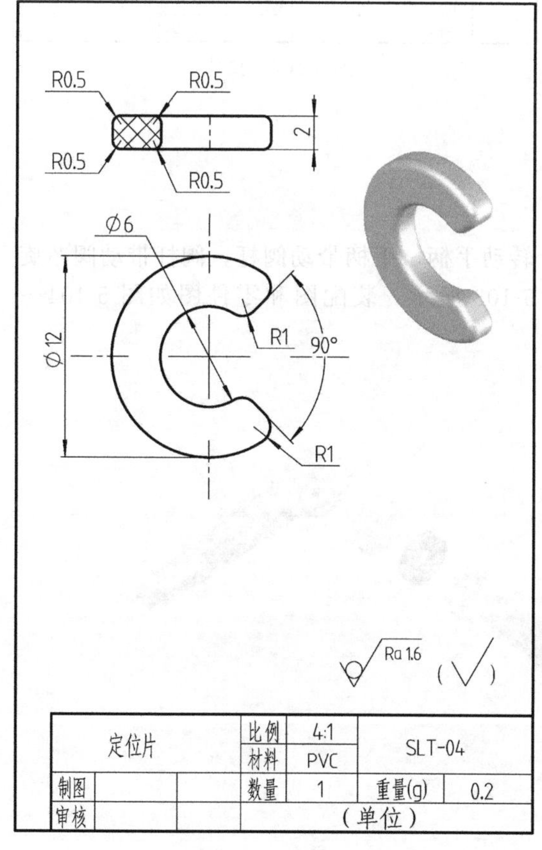

图 5-99 定位片

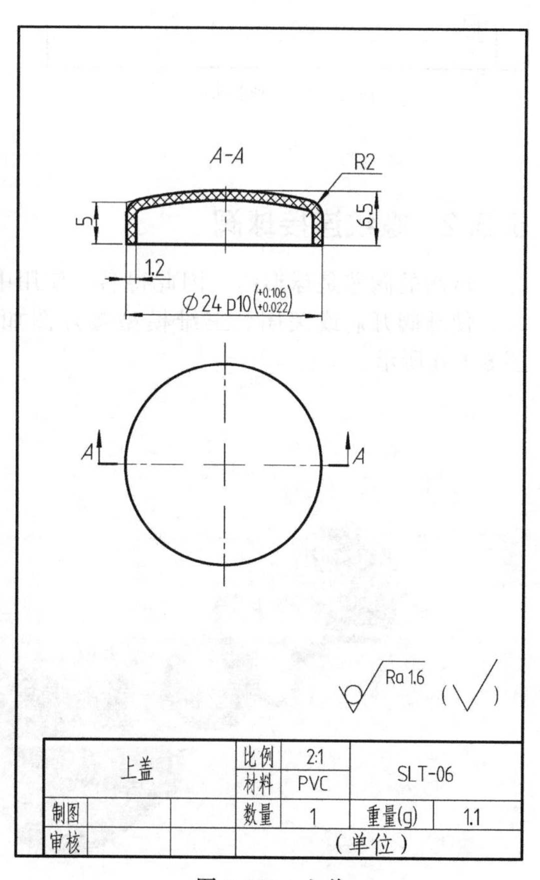

图 5-100 上盖

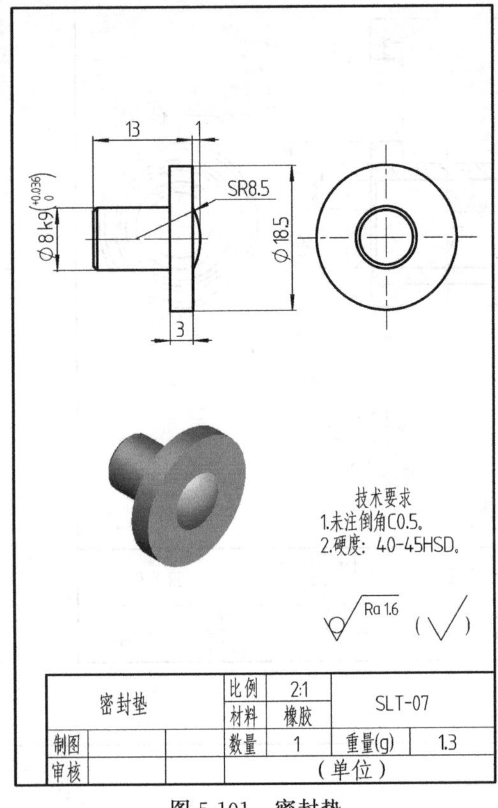

图 5-101　密封垫

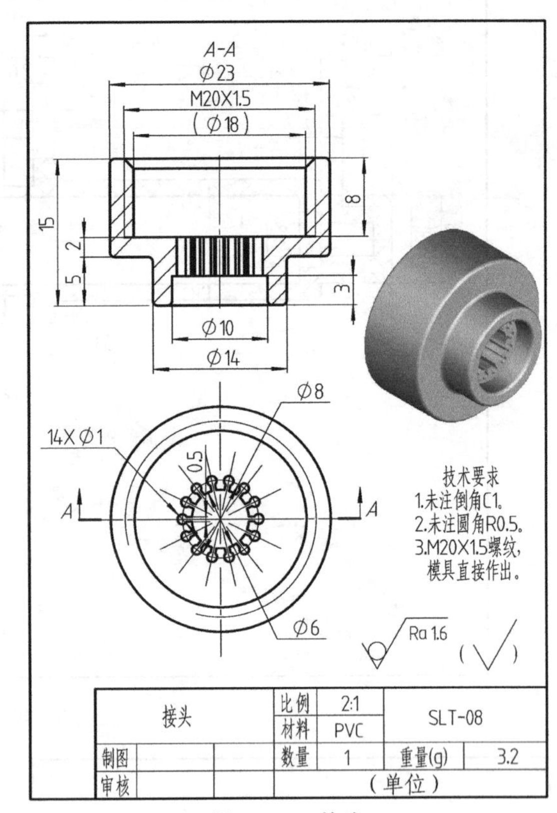

图 5-102　接头

5.5.2 螺纹连接球阀

球阀的阀芯是球形的，因此得名。使用中，转动手柄，手柄带动阀杆，阀杆带动阀芯旋转，使球阀开启或关闭。三维模型爆炸图如图 5-103 所示，装配图和零件图如图 5-104～图 5-110 所示。

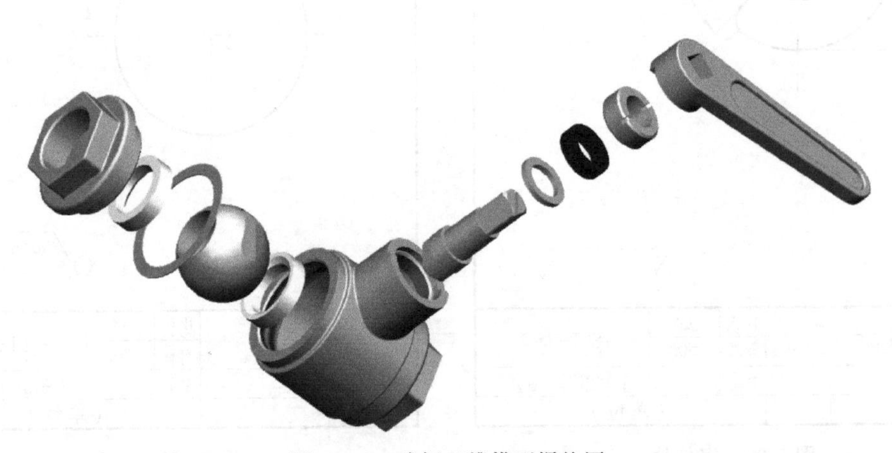

图 5-103　球阀三维模型爆炸图

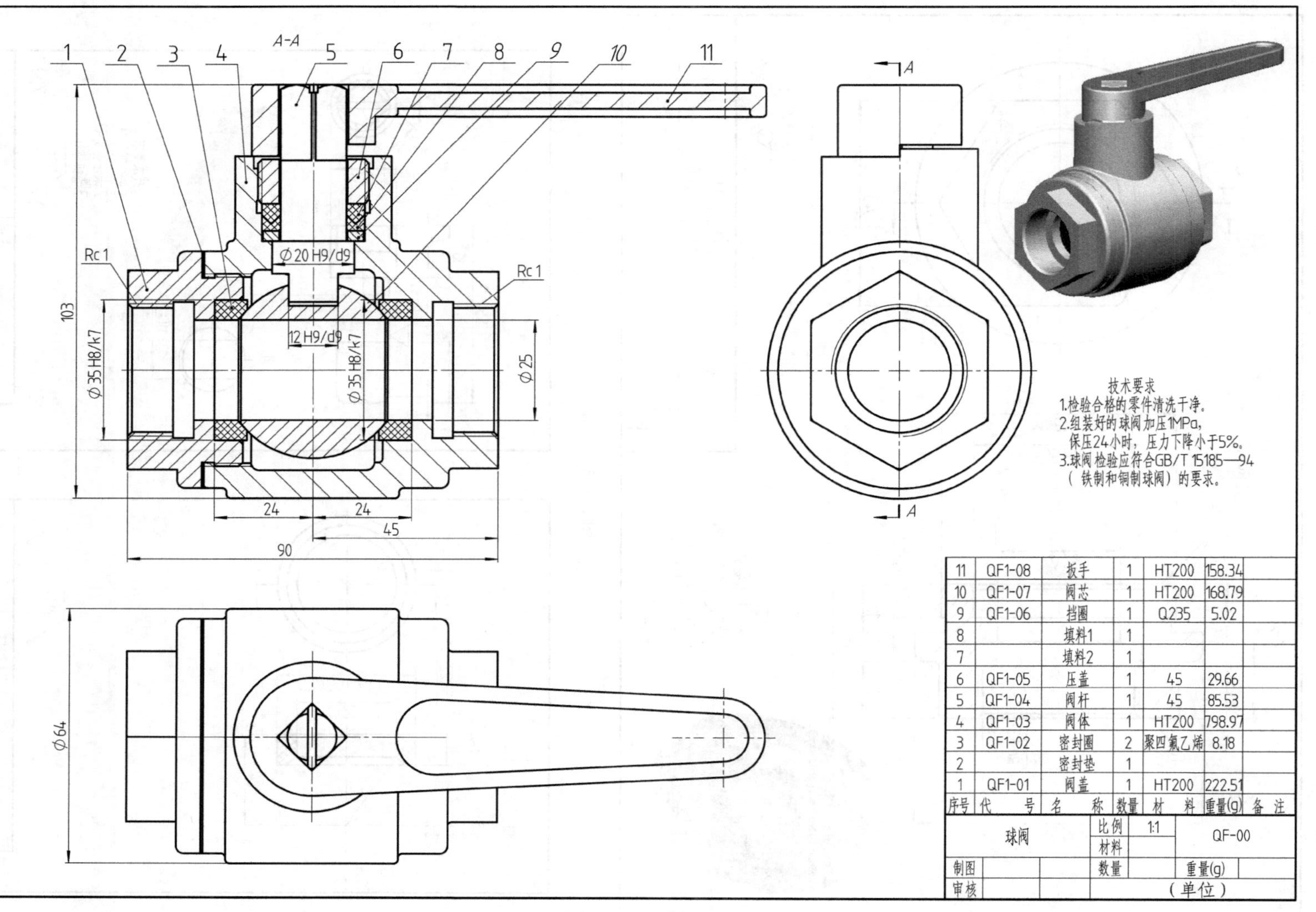

序号	代号	名称	数量	材料	重量(g)	备注
11	QF1-08	扳手	1	HT200	158.34	
10	QF1-07	阀芯	1	HT200	168.79	
9	QF1-06	挡圈	1	Q235	5.02	
8		填料1	1			
7		填料2	1			
6	QF1-05	压盖	1	45	29.66	
5	QF1-04	阀杆	1	45	85.53	
4	QF1-03	阀体	1	HT200	798.97	
3	QF1-02	密封圈	2	聚四氟乙烯	8.18	
2		密封垫	1			
1	QF1-01	阀盖	1	HT200	222.51	

球阀	比例	1:1	QF-00
	材料		
制图	数量		重量(g)
审核			（单位）

图 5-104 球阀

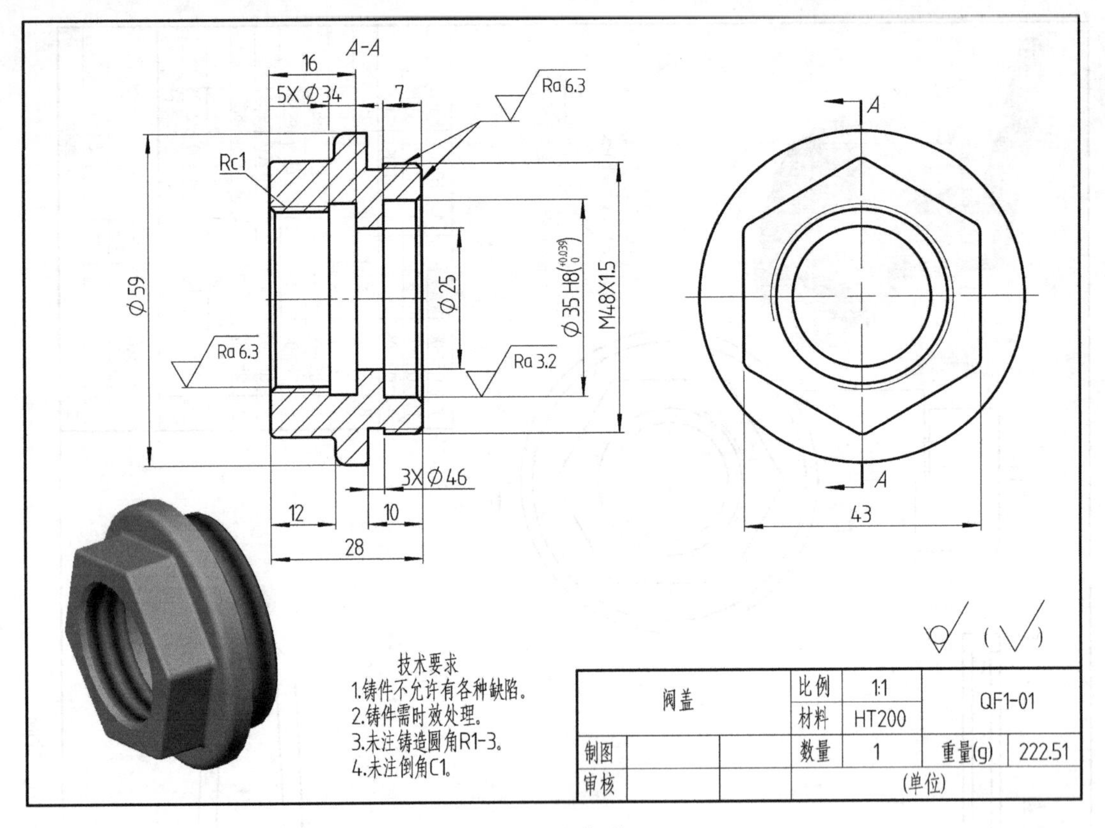

图 5-105　阀盖

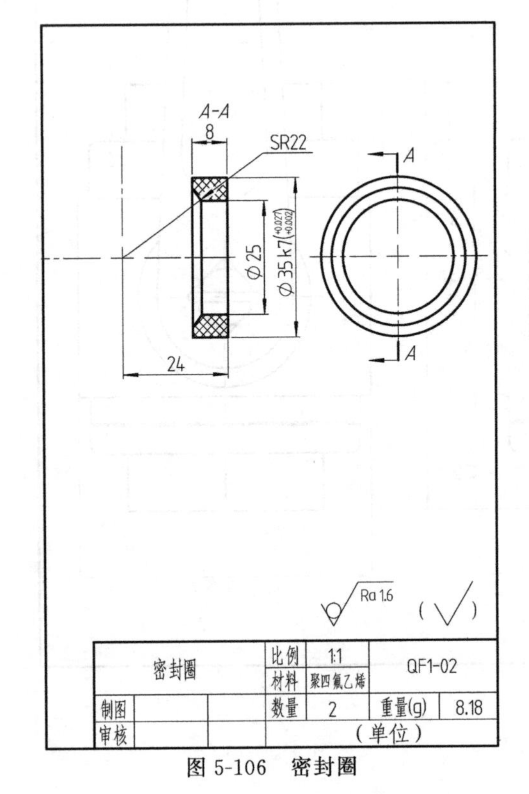

图 5-106　密封圈

55
19
$16^{-0.1}_{-0.2}$
2
8
2
Ra 3.2
□12
A
⌀20 d9$\left(^{-0.065}_{-0.117}\right)$
⌀16 d9$\left(^{-0.050}_{-0.093}\right)$
A
12 c11$\left(^{-0.095}_{-0.205}\right)$

技术要求
1.未注倒角C1。
2.未注圆角R1。
3.表面镀锌。

Ra 6.3

阀杆		比例	1:1	QF1-04	
		材料	45		
制图		数量	1	重量(g)	85.53
审核		(单位)			

图 5-107　阀杆

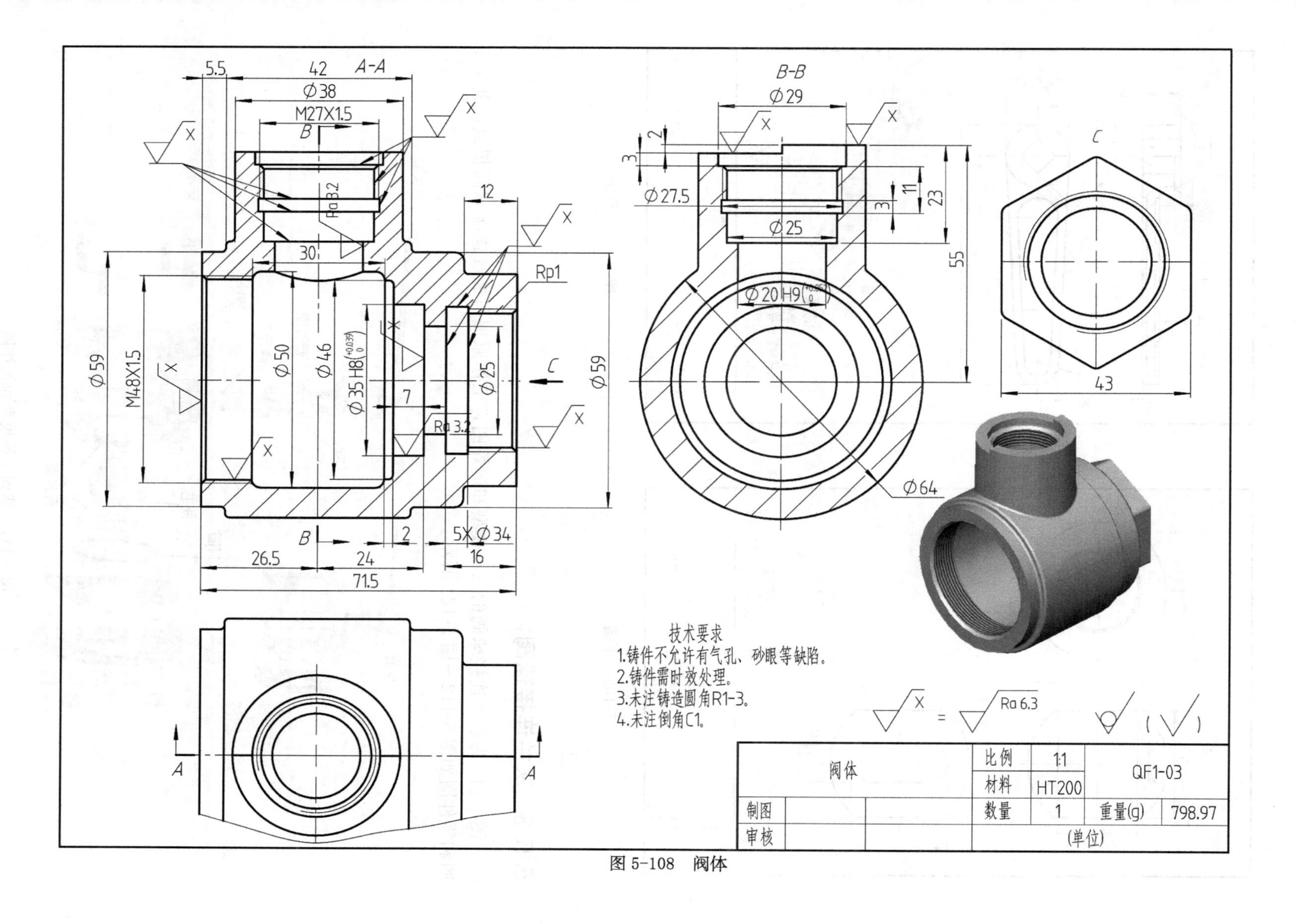

A-A
B-B
C
M27X1.5
M48X1.5
Rp1
Ra 3.2
5XΦ34
Φ20 H9
Φ35 H8
技术要求
1.铸件不允许有气孔、砂眼等缺陷。
2.铸件需时效处理。
3.未注铸造圆角R1-3。
4.未注倒角C1。
Ra 6.3
阀体
比例 1:1
材料 HT200
数量 1
重量(g) 798.97
QF1-03
制图
审核
(单位)

图 5-108 阀体

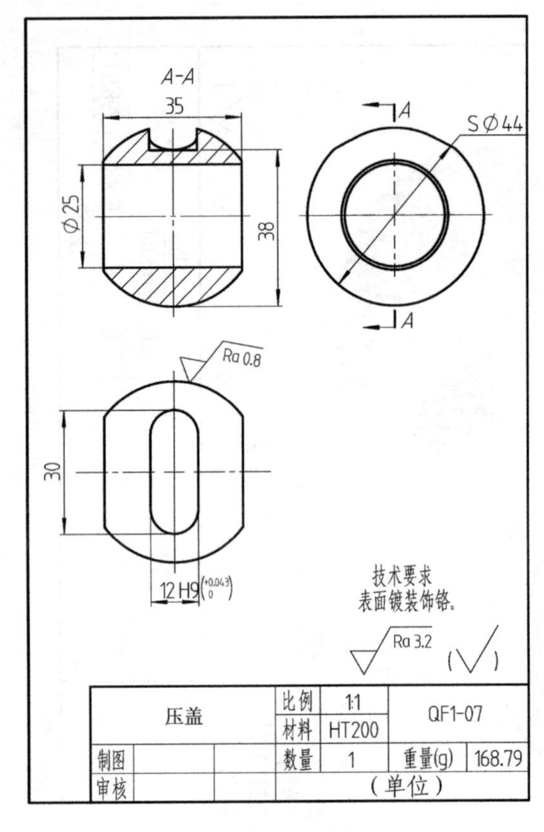

图 5-109　压盖

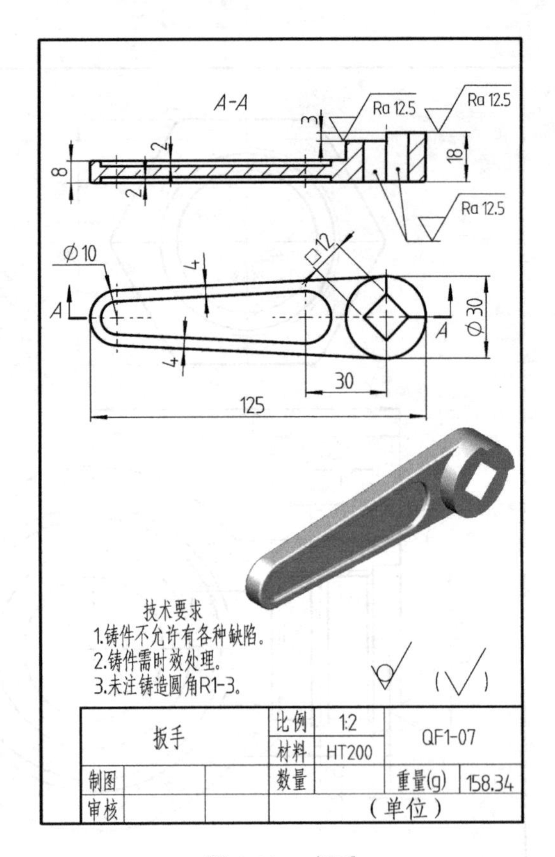

图 5-110　扳手

5.5.3　法兰连接球阀

图 5-111 为法兰连接球阀的三维模型和爆炸图，工作原理与螺纹连接球阀相似，其装配图和零件图如图 5-112～图 5-121 所示。

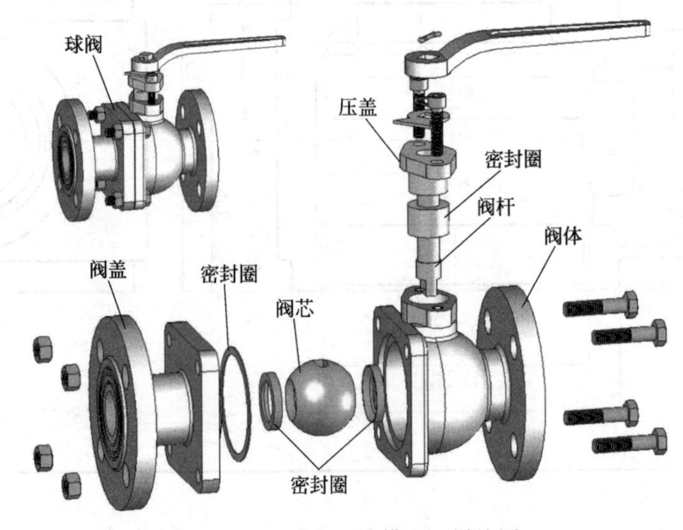

图 5-111　球阀三维模型和爆炸图

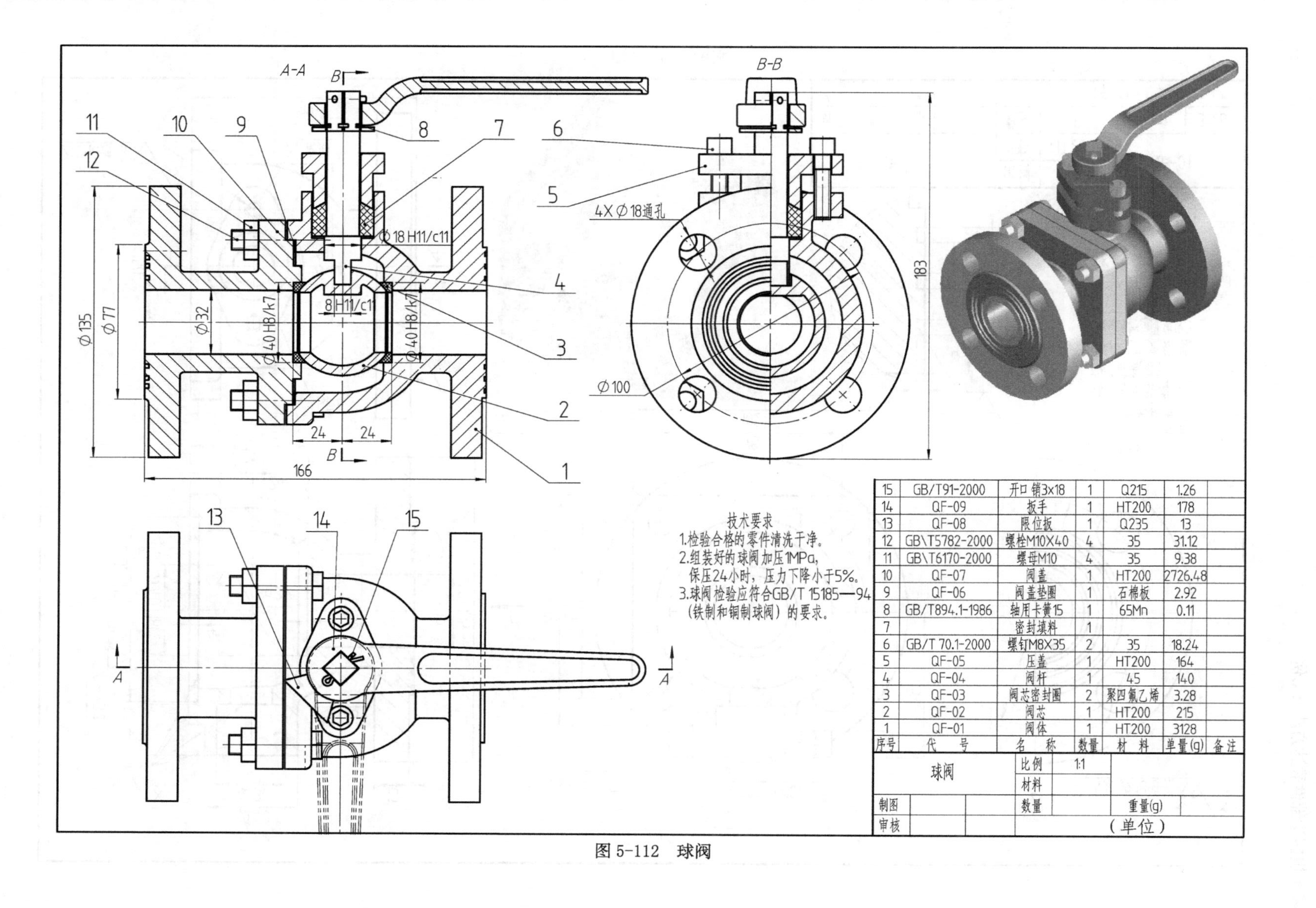
A-A
B-B
183
166
Φ135
Φ77
Φ32
Φ100
Φ18 H11/c11
Φ40 H8/k7
8H11/c11
24
4XΦ18通孔
技术要求
1.检验合格的零件清洗干净。
2.组装好的球阀加压1MPa,
保压24小时，压力下降小于5%。
3.球阀检验应符合GB/T 15185—94
(铁制和铜制球阀）的要求。
15 GB/T91-2000 开口销3x18 1 Q215 1.26
14 QF-09 扳手 1 HT200 178
13 QF-08 限位板 1 Q235 13
12 GB\T5782-2000 螺栓M10X40 4 35 31.12
11 GB\T6170-2000 螺母M10 4 35 9.38
10 QF-07 阀盖 1 HT200 2726.48
9 QF-06 阀盖垫圈 1 石棉板 2.92
8 GB/T894.1-1986 轴用卡簧15 1 65Mn 0.11
7 密封填料 1
6 GB/T 70.1-2000 螺钉M8X35 2 35 18.24
5 QF-05 压盖 1 HT200 164
4 QF-04 阀杆 1 45 140
3 QF-03 阀芯密封圈 2 聚四氟乙烯 3.28
2 QF-02 阀芯 1 HT200 215
1 QF-01 阀体 1 HT200 3128
序号 代号 名称 数量 材料 单量(g) 备注
球阀
比例 1:1
材料
数量
重量(g)
制图
审核
（单位）

图 5-112 球阀

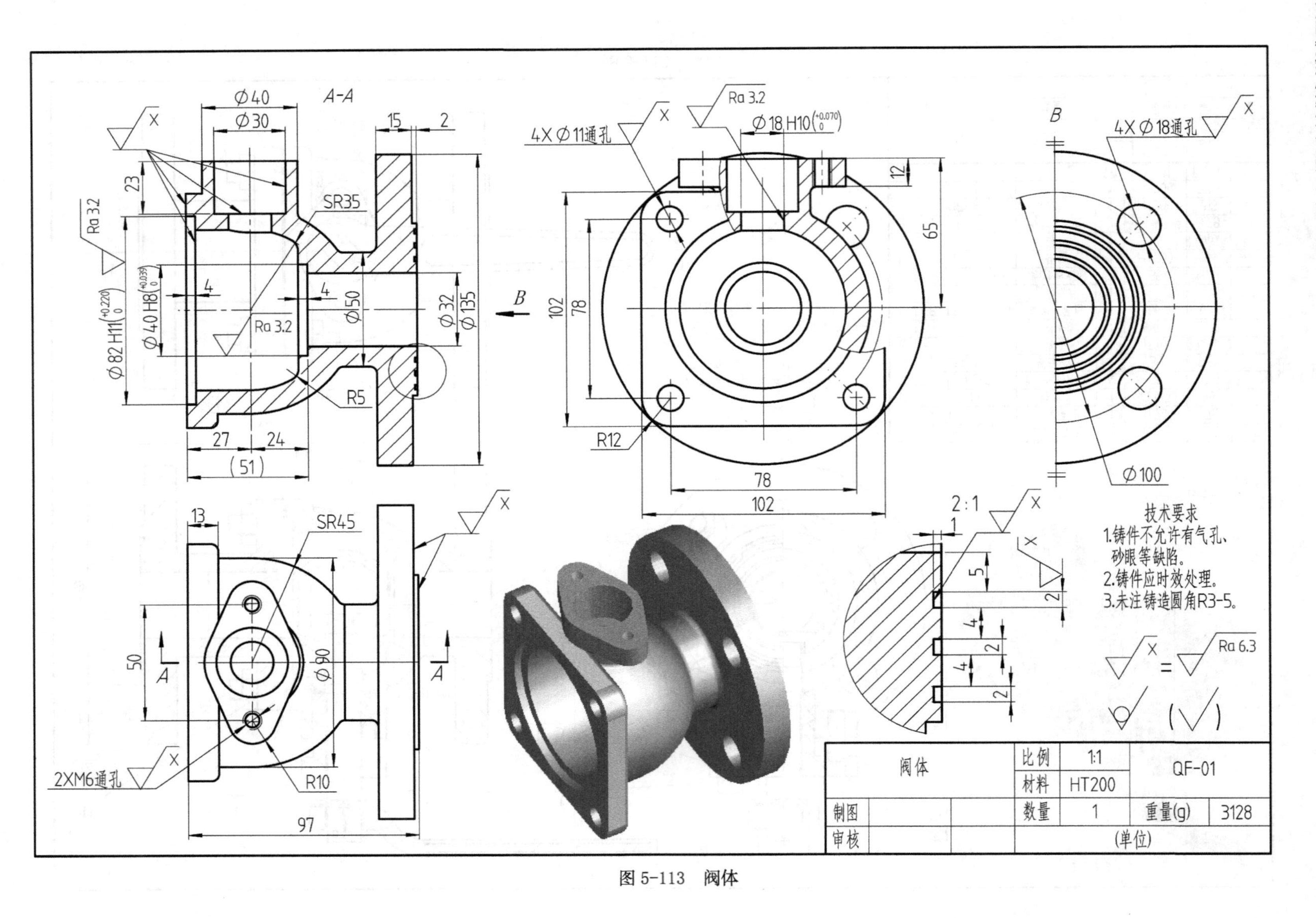
A-A
Φ40
Φ30
15
2
23
SR35
Ra 3.2
Φ82 H11(+0.220 0)
Φ40 H8(+0.039 0)
4
Φ50
Φ32
Φ135
R5
27
24
(51)
B
4XΦ11通孔
Φ18 H10(+0.070 0)
12
65
102
78
R12
4XΦ18通孔
Φ100
13
SR45
50
A
Φ90
R10
2XM6通孔
97
2:1
1
5
2
4
技术要求
1.铸件不允许有气孔、砂眼等缺陷。
2.铸件应时效处理。
3.未注铸造圆角R3-5。
Ra 6.3
阀体
比例 1:1
材料 HT200
数量 1
重量(g) 3128
QF-01
制图
审核
(单位)

图 5-113 阀体

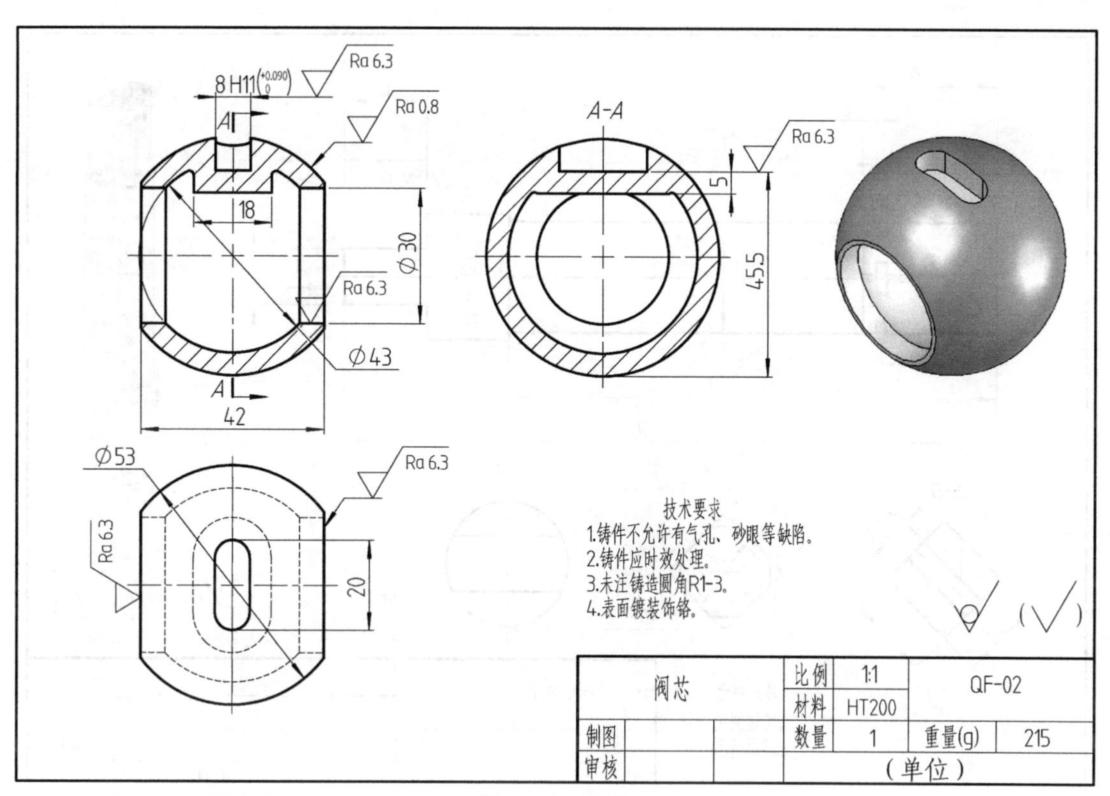

图 5-114　阀芯

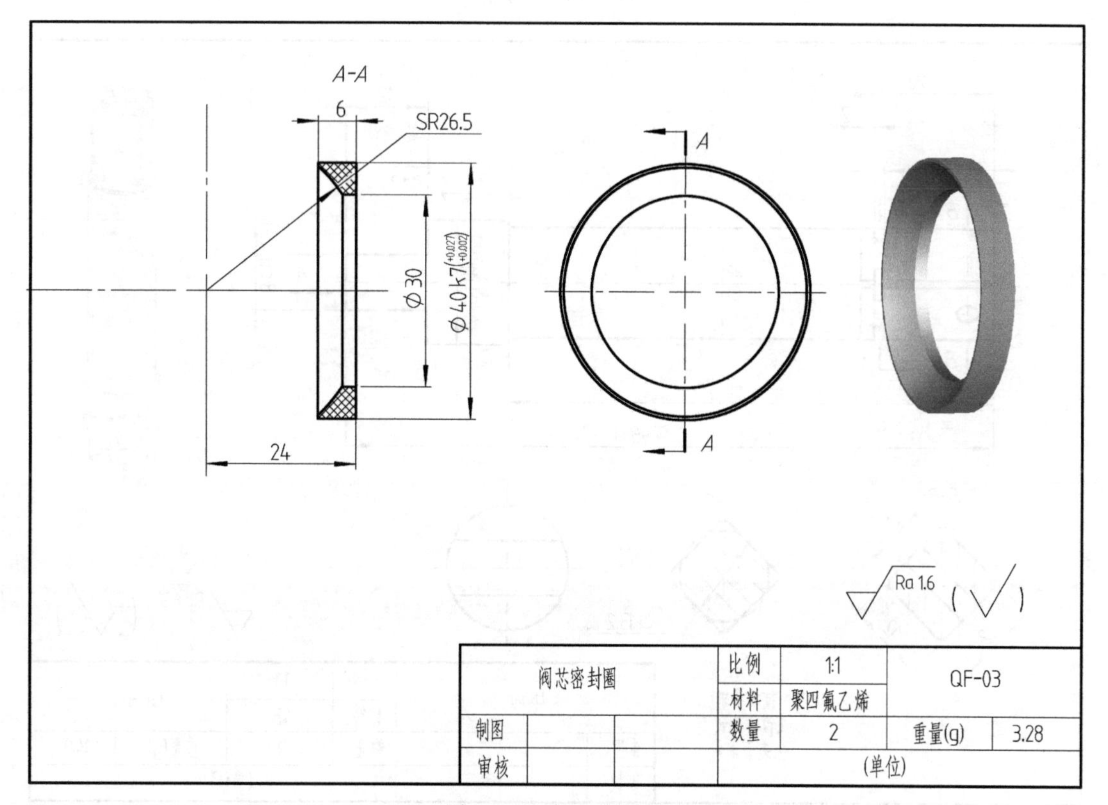

图 5-115　阀芯密封圈

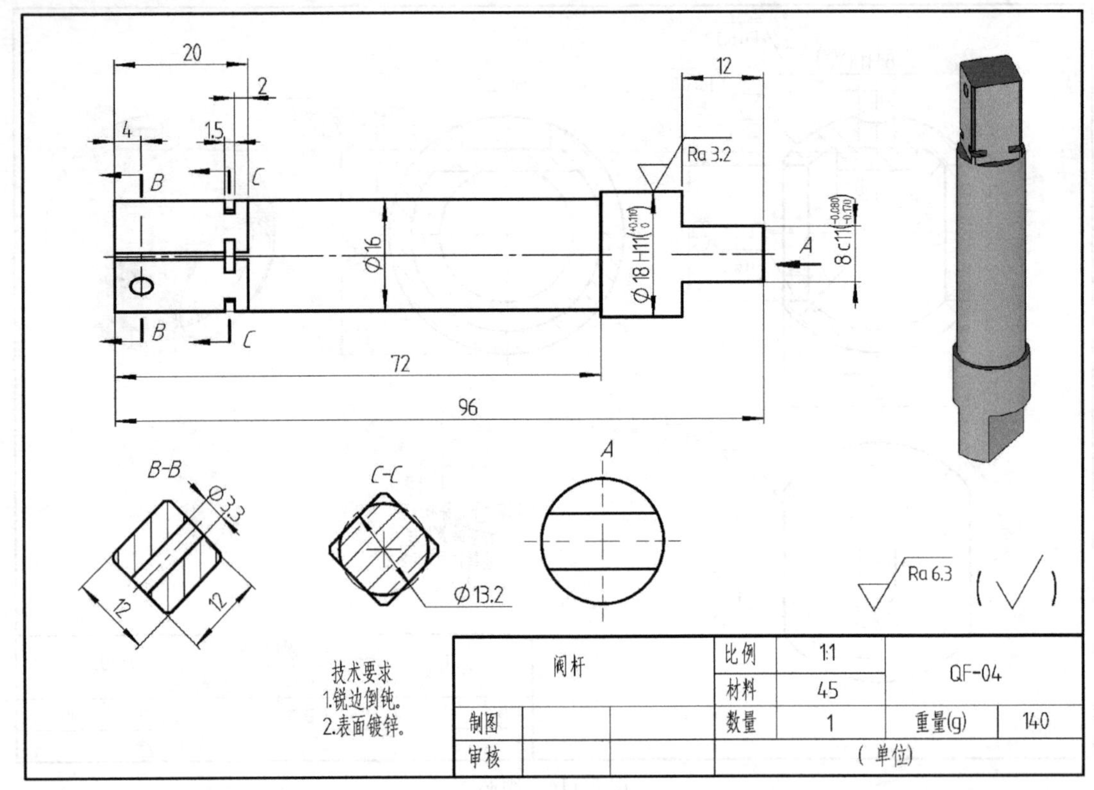

图 5-116 阀杆

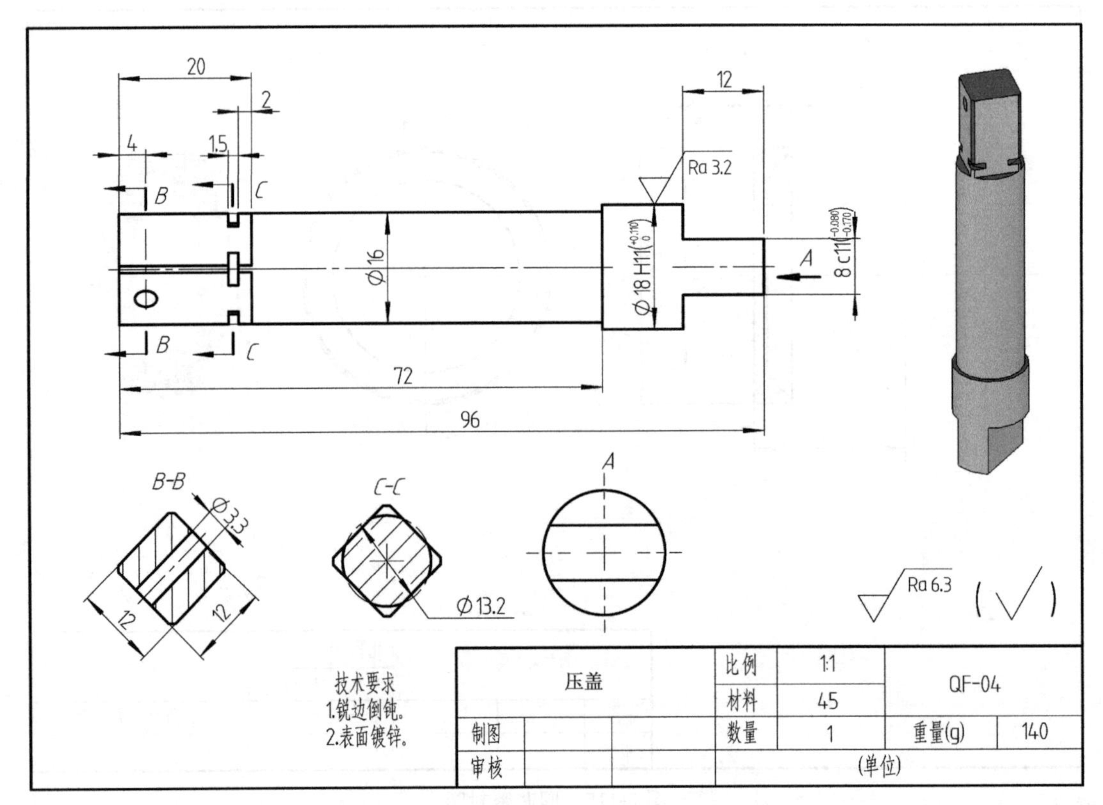

图 5-117 压盖

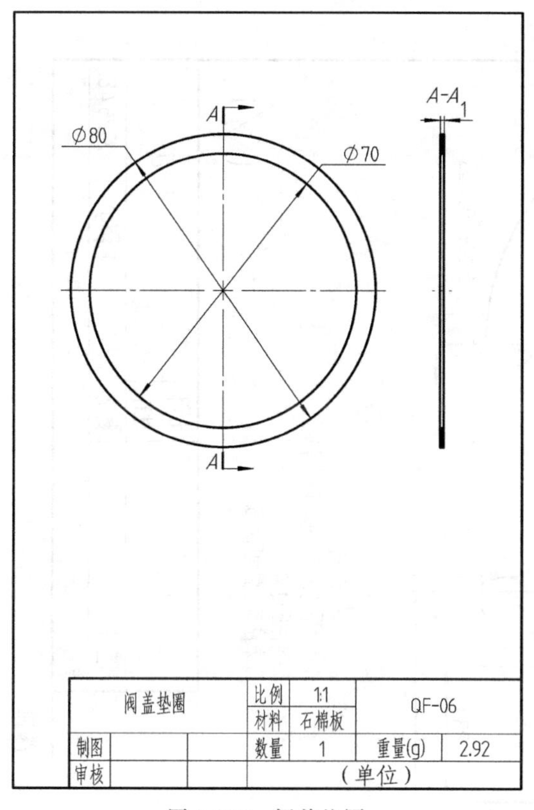

图 5-118　阀盖垫圈

ϕ30

A-A

2

A

□12 H10

24

A

30

60°

冲压成型

限位扳	比例	1:1	QF-08	
	材料	Q235		
制图		数量	1	重量(g) 13
审核		(单位)		

图 5-119　限位扳

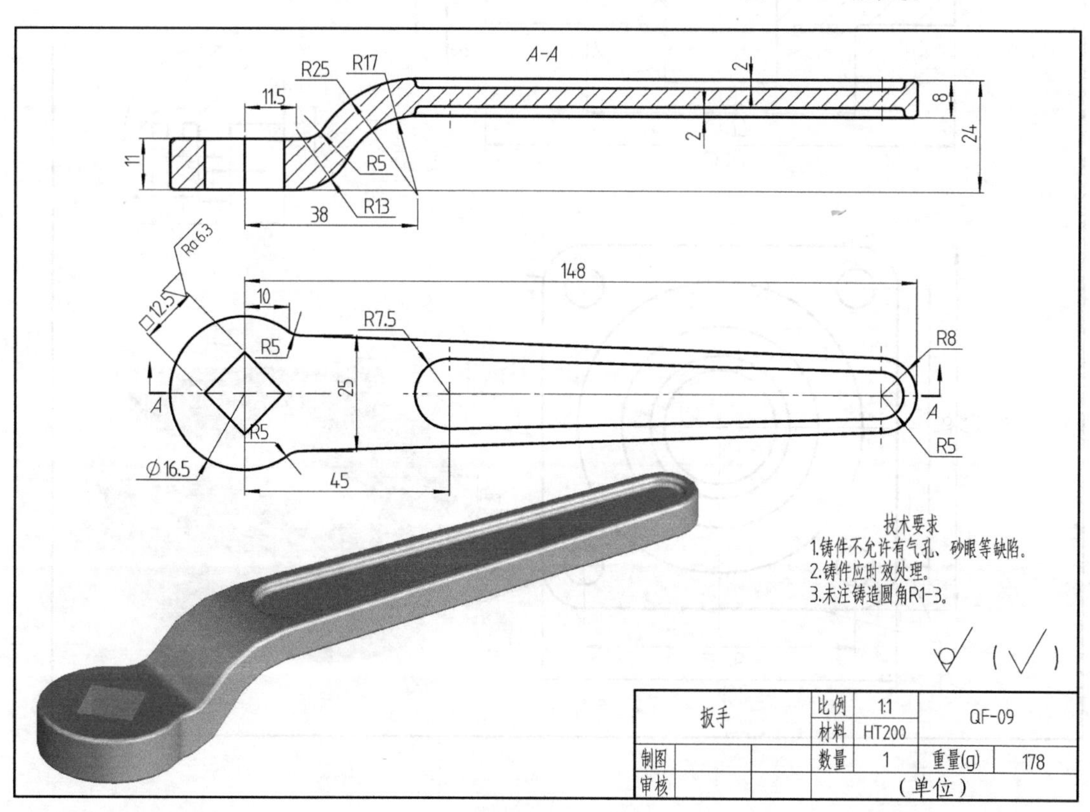

图 5-120　扳手

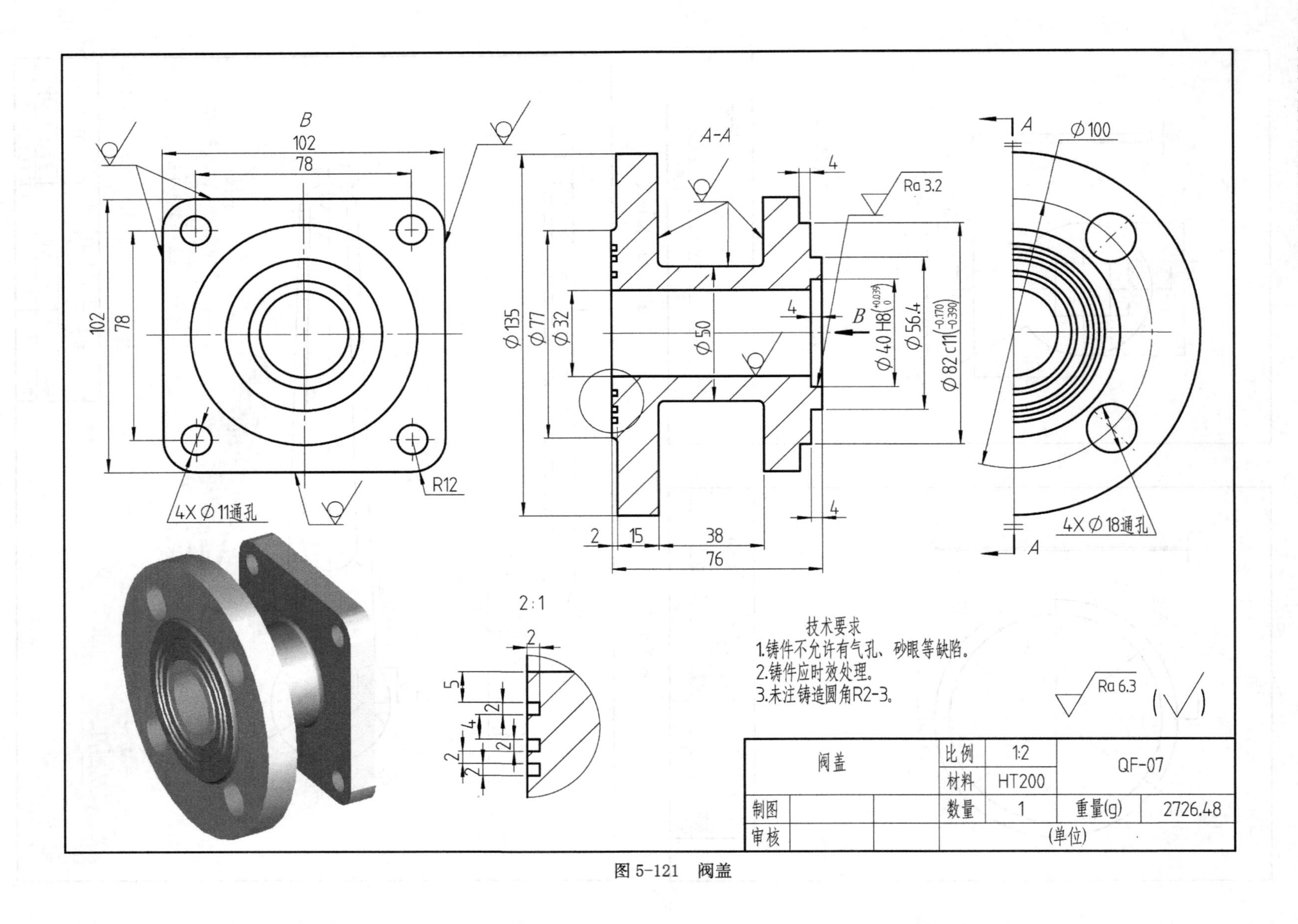
B
102
78
R12
4XΦ11通孔
A-A
Ra 3.2
Φ135
Φ77
Φ32
Φ50
Φ40 H8(+0.039 0)
Φ56.4
Φ82 c11(-0.170 -0.390)
2
15
38
76
4
A
Φ100
4XΦ18通孔
2:1
技术要求
1.铸件不允许有气孔、砂眼等缺陷。
2.铸件应时效处理。
3.未注铸造圆角R2-3。
Ra 6.3
阀盖
比例 1:2
材料 HT200
数量 1
QF-07
重量(g) 2726.48
制图
审核
(单位)

图 5-121 阀盖

5.5.4 旋塞阀

旋塞阀的阀芯有圆锥形和圆柱形的，利用圆锥面或圆柱面的配合来密封，可以使用在温度较高的场合，如开水的阀门等。旋塞阀结构简单，其装配图和零件图如图 5-122～图 5-126 所示。

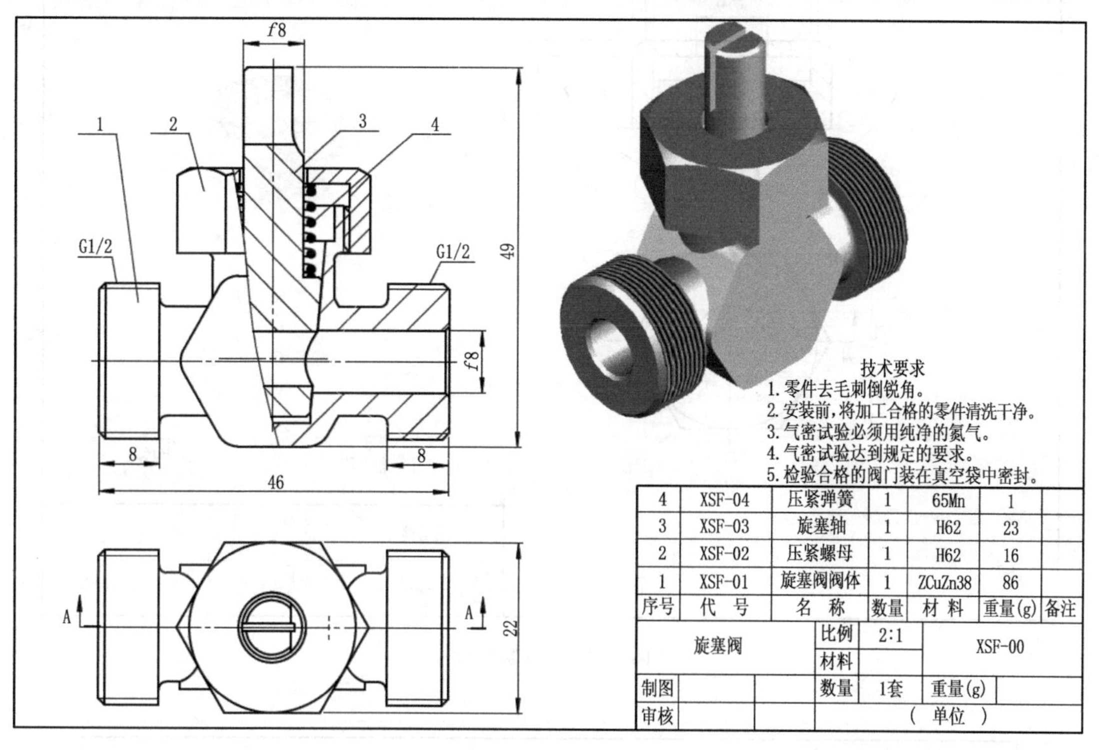

图 5-122　旋塞阀

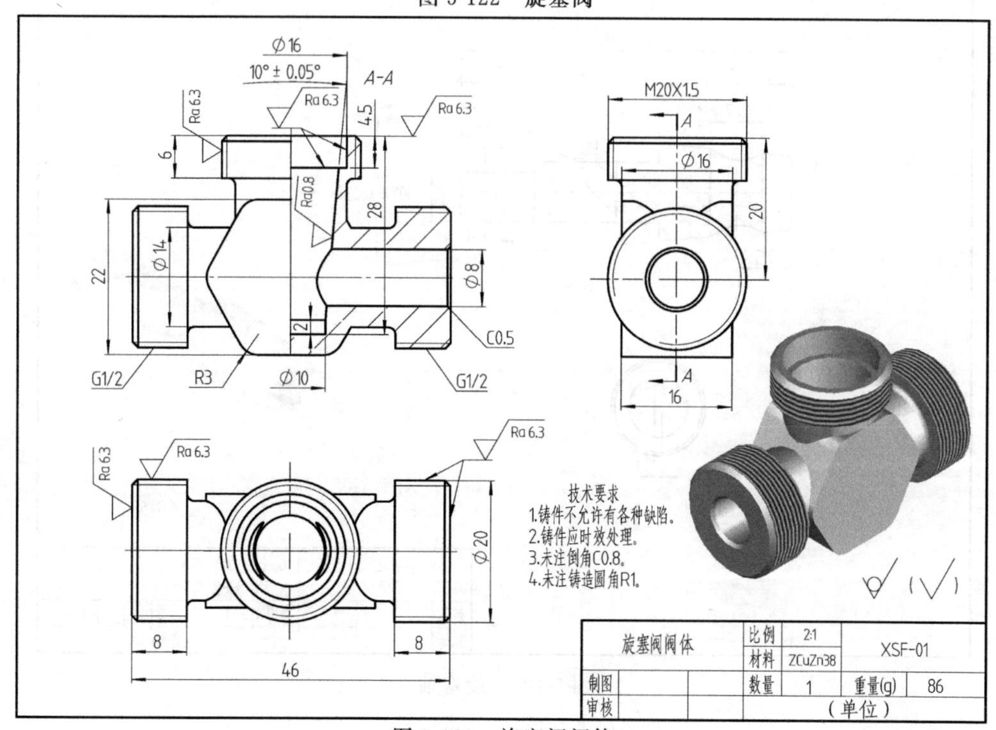

图 5-123　旋塞阀阀体

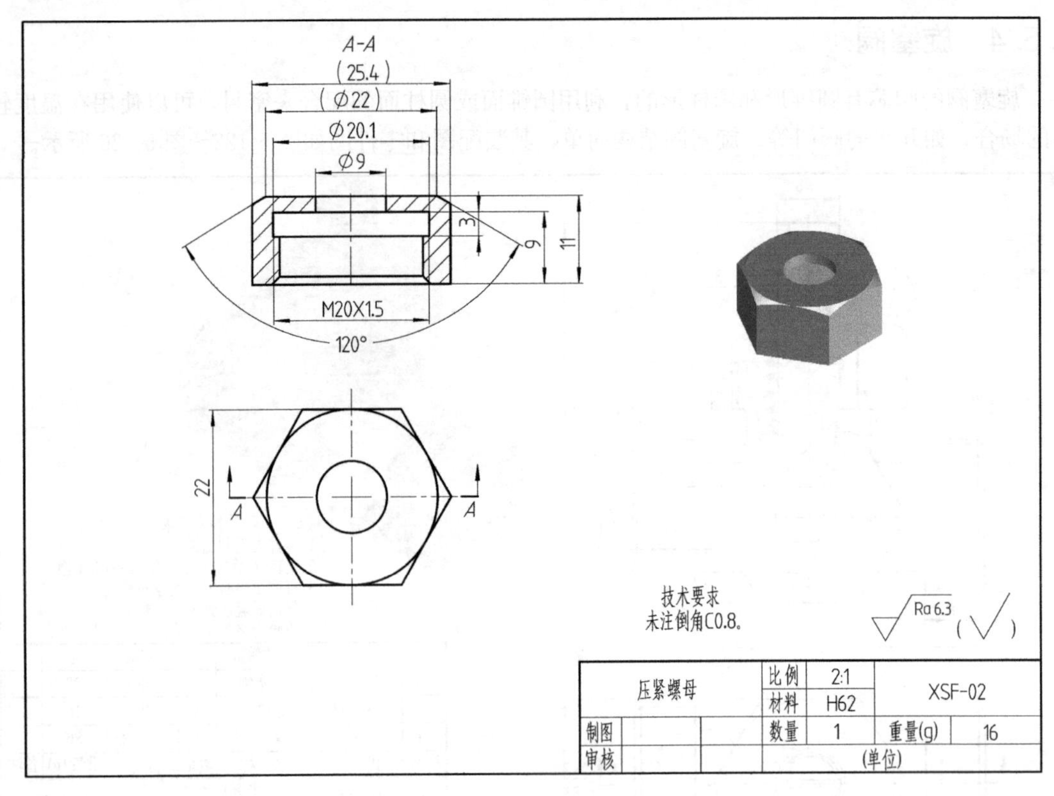

图 5-124 压紧螺母

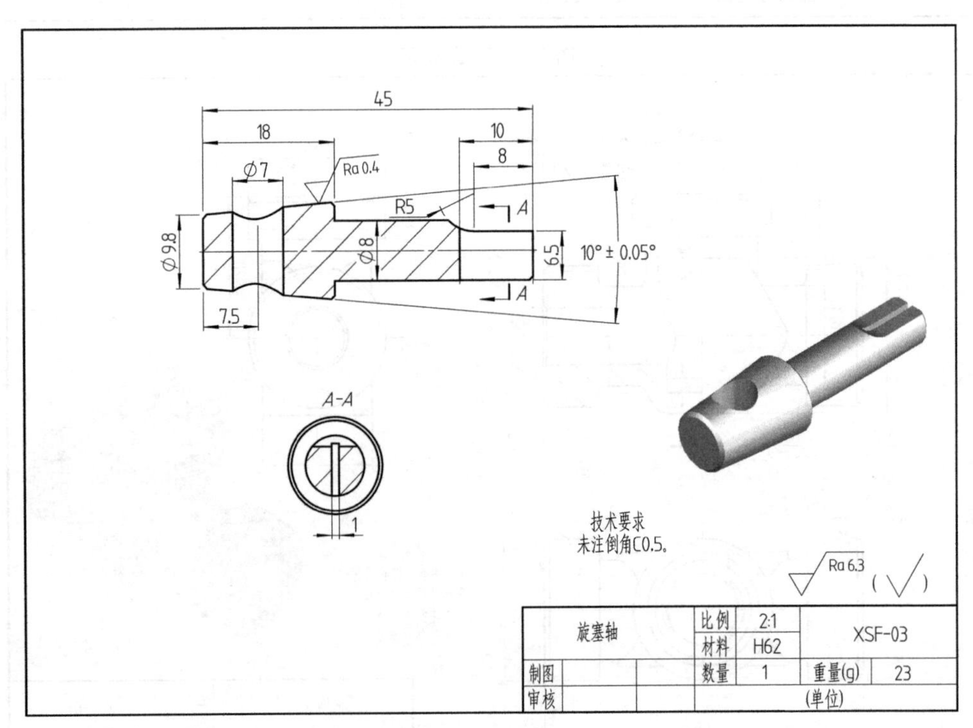

图 5-125 旋塞轴

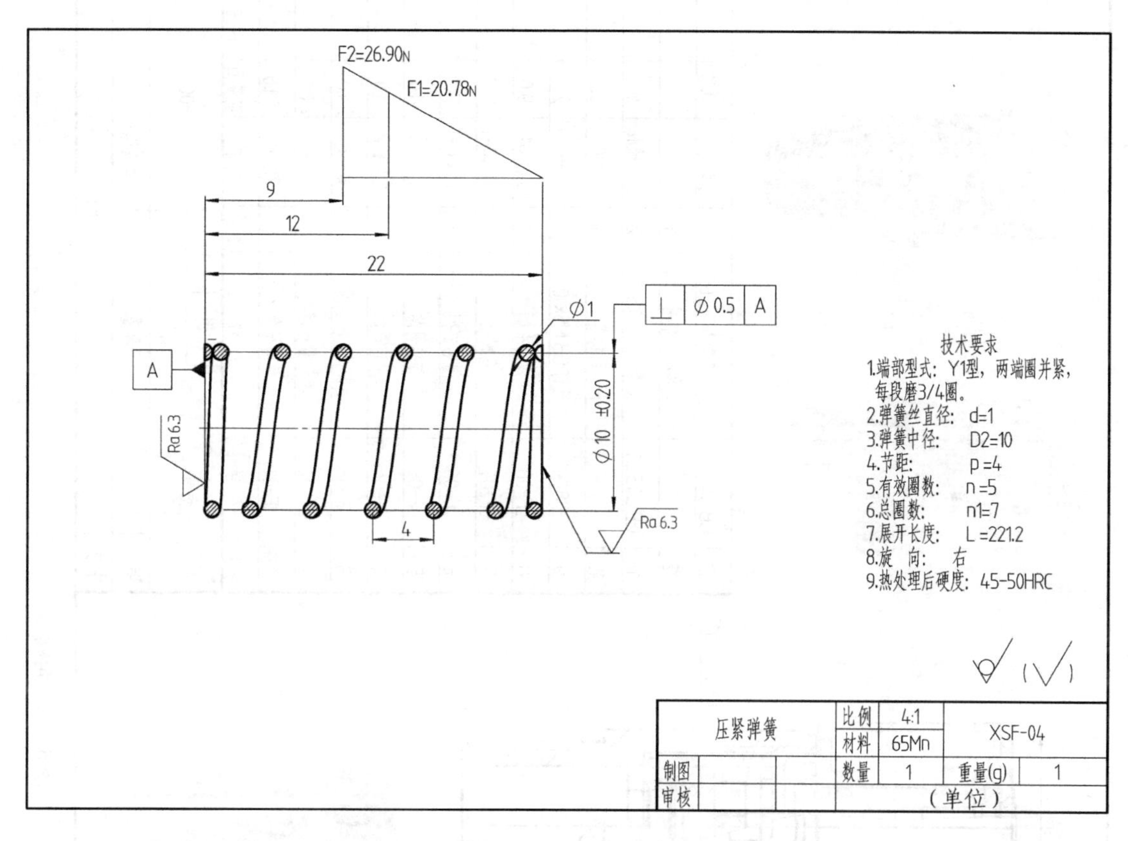

图 5-126 压紧弹簧

5.5.5 角阀

角阀是家庭卫浴中常用的一种阀门，进、出水口成直角，旋转 90°开启或关闭。阀芯采用陶瓷材料，使用寿命长，密封效果好，其三维模型的爆炸图如图 5-127 所示，装配图和零件图如图 5-128～图 5-136 所示。

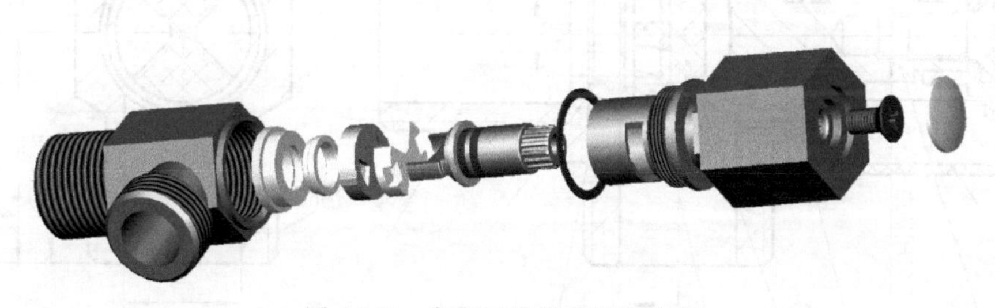

图 5-127 角阀三维模型的爆炸图

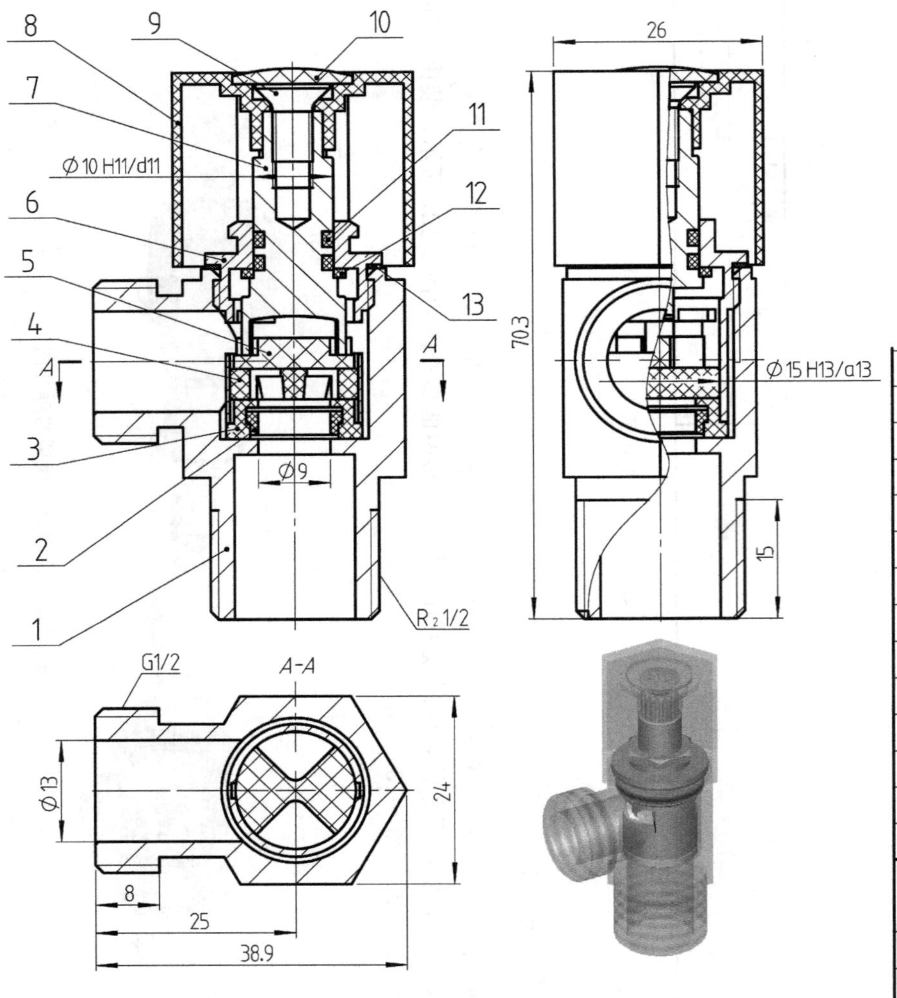

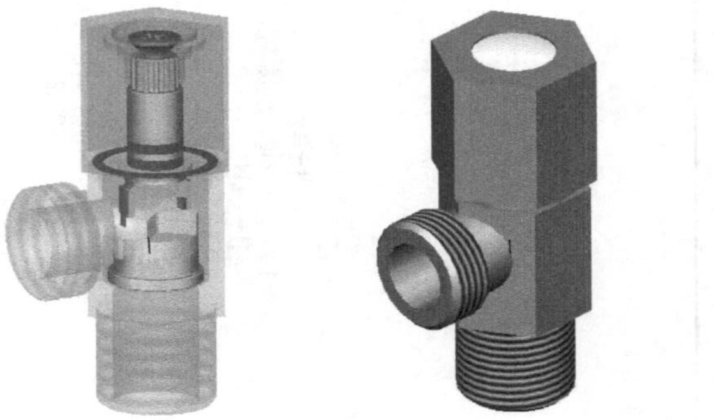

序号	代 号	名 称	数量	材 料	重量(g)	备注
13	GB 3452.1	O形密封圈18X2.65	1	丁晴橡胶	0.1	
12		角阀轴垫圈	1			
11	GB 3452.1	O形圈7.1X1.8	2	丁晴橡胶	0.1	
10		商标盖	1	PVC	0.3	
9	GB819.1	螺钉 GB M5x10	1	35	2.0	
8	JF-08	六角手柄	1	ZL401	9.0	
7	JF-07	角阀轴	1	YT40-1	13.0	
6	JF-06	阀芯支架	1	YT40-1	17.0	
5	JF-05	旋转阀芯	1	工业陶瓷	1.0	
4	JF-04	固定阀芯	1	工业陶瓷	1.0	
3	JF-03	底部弹性密封圈	1	聚氨酯	1.0	
2	JF-02	密封圈支撑架	1	PP	0.1	
1	JF-01	角阀阀体	1	ZL401	31.0	

角阀		比例	1:1	JF-00
		材料		
制图		数量	1套	重量(g)
审核		(单位)		

图 5-128 角阀

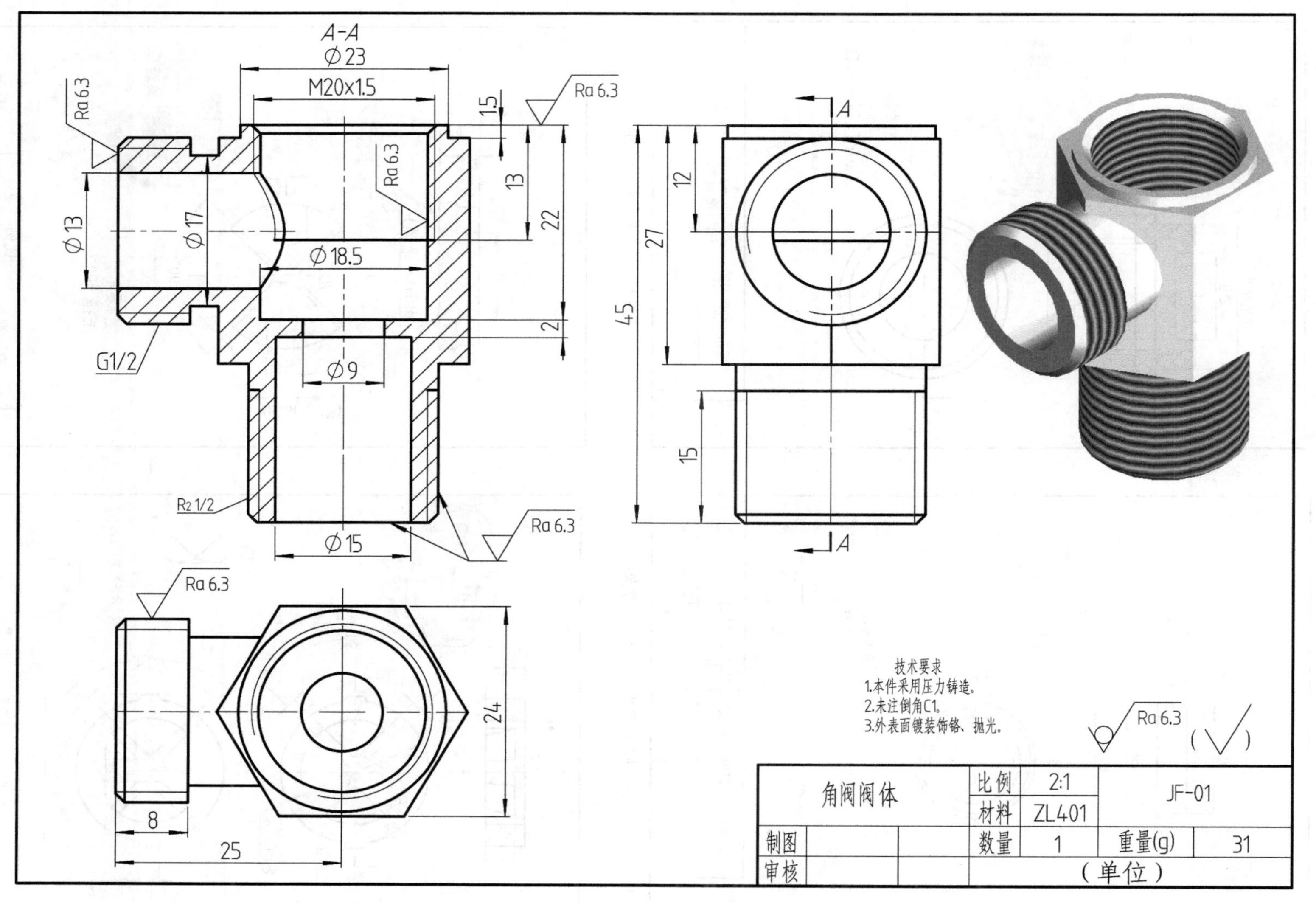

A-A
Ø23
M20x1.5
Ø18.5
Ø9
Ø15
Ø17
Ø13
G1/2
R₂1/2
Ra 6.3
1.5
13
22
2
24
25
8
12
27
15
45
A
技术要求
1.本件采用压力铸造。
2.未注倒角C1。
3.外表面镀装饰铬、抛光。
角阀阀体
比例
2:1
材料
ZL401
数量
1
重量(g)
31
JF-01
制图
审核
（单位）

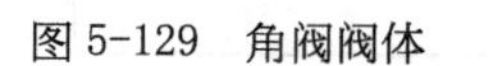
图 5-129 角阀阀体

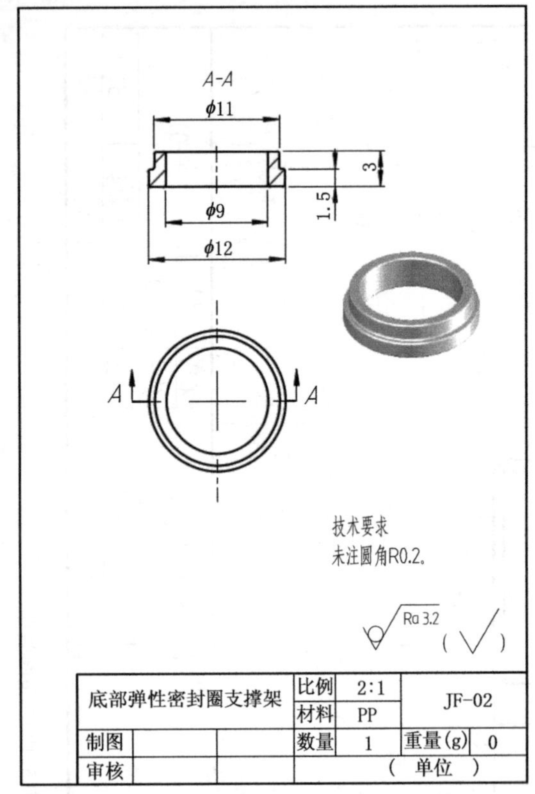

图 5-130 底部弹性密封圈支撑架

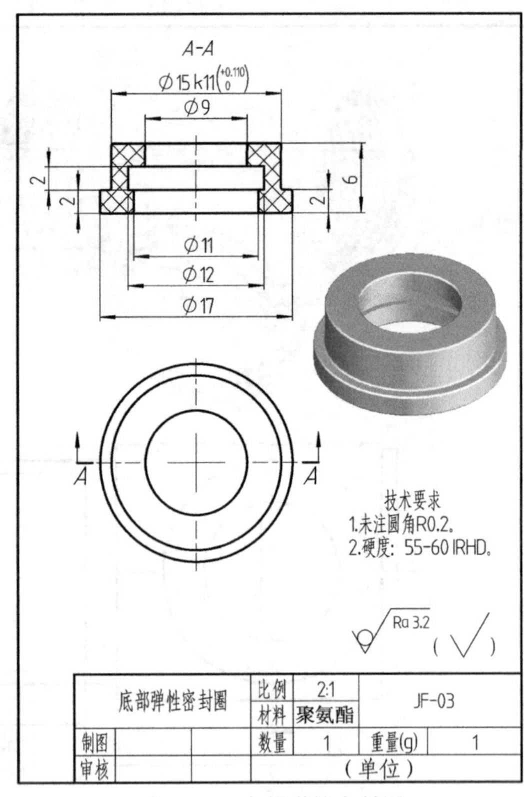

图 5-131 底部弹性密封圈

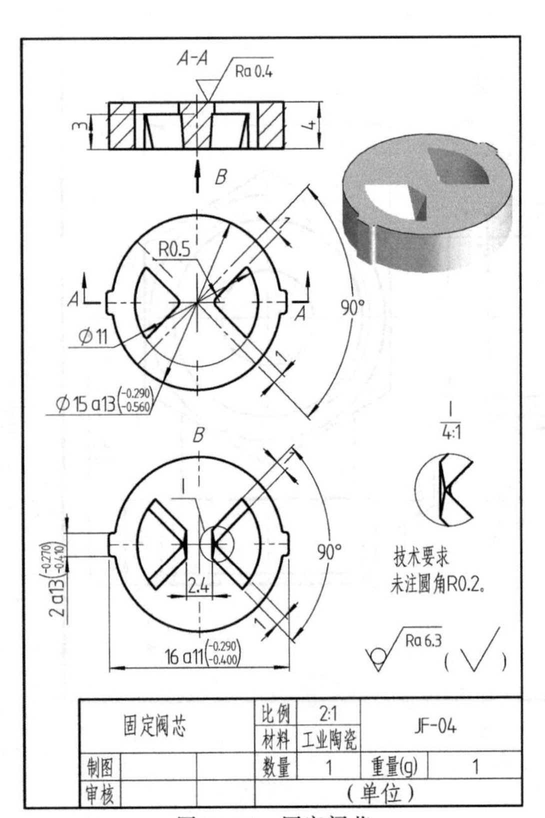

图 5-132 固定阀芯

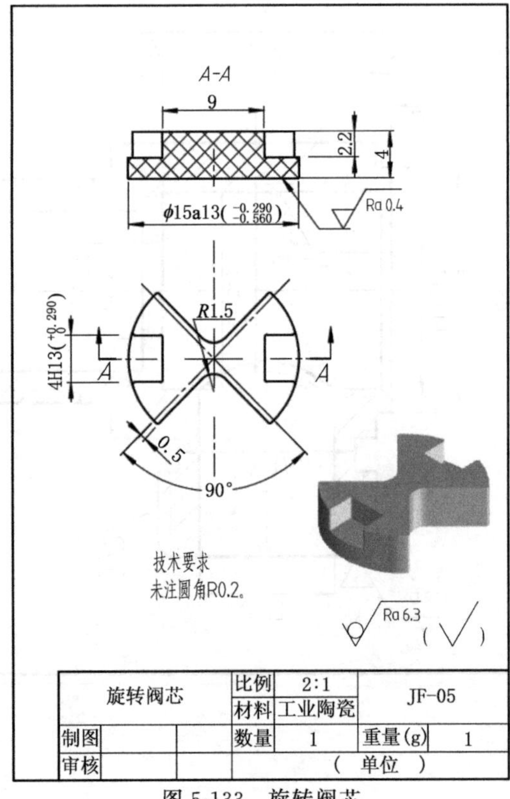

图 5-133 旋转阀芯

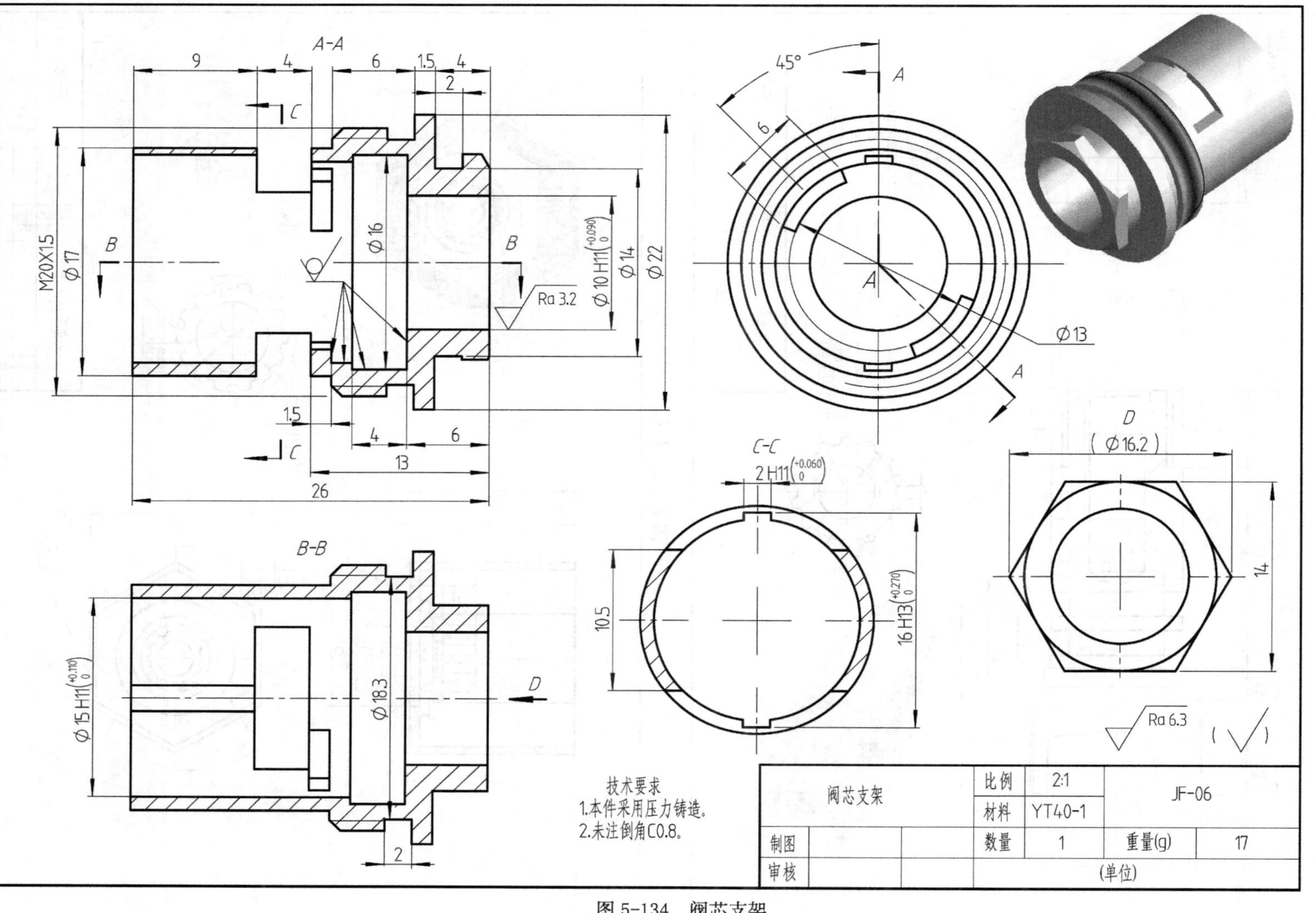
A-A
B-B
C-C
D
M20X1.5
Ø17
Ø16
Ø10 H11(+0.090 0)
Ø14
Ø22
Ra 3.2
Ø18.3
Ø15 H11(+0.110 0)
Ø13
45°
(Ø16.2)
2 H11(+0.060 0)
16 H13(+0.270 0)
10.5
26
13
Ra 6.3
技术要求
1.本件采用压力铸造。
2.未注倒角C0.8。
阀芯支架
比例
2:1
材料
YT40-1
JF-06
制图
数量
1
重量(g)
17
审核
(单位)

图 5-134 阀芯支架

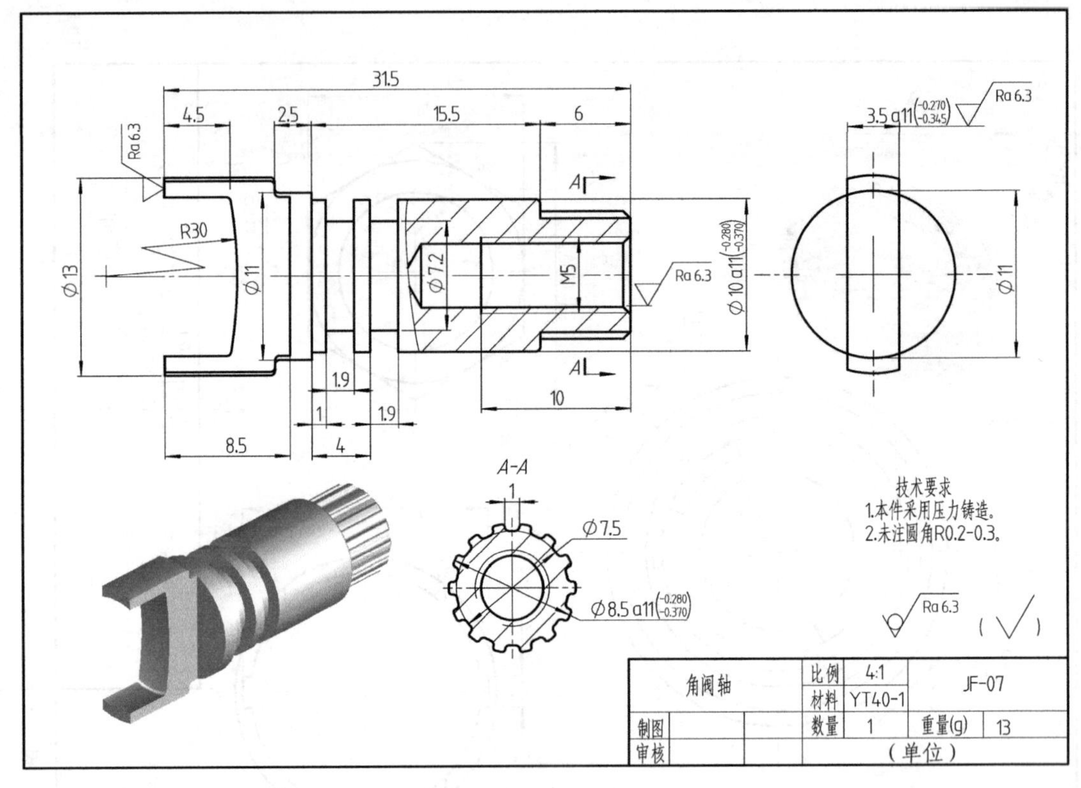

图 5-135 角阀轴

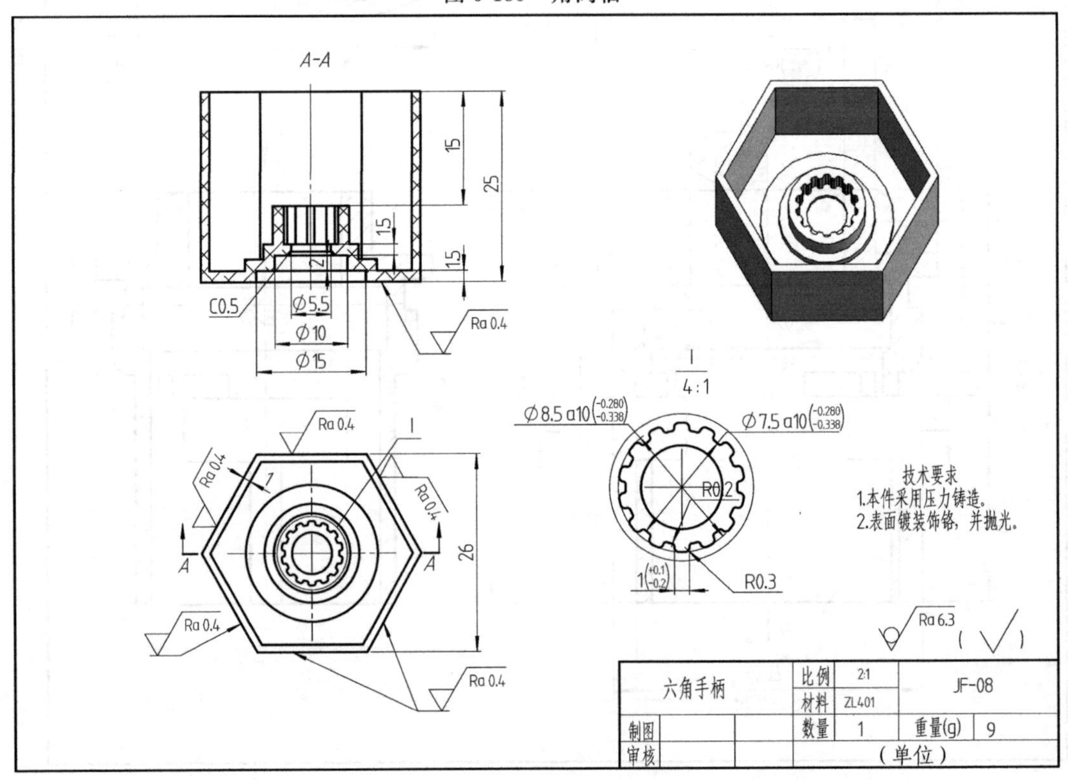

图 5-136 六角手柄

5.6 油泵

油泵可分为旋转式油泵和往复式油泵：旋转式油泵主要有齿轮泵、螺旋泵、叶片泵；往复式油泵可分为轴向型旋转式柱塞泵和径向型旋转式柱塞泵。

5.6.1 偏心柱塞泵

偏心柱塞泵是一种间歇供油装置，泵轴有一个曲柄，曲柄转动使柱塞作往复运动，柱塞就像活塞一样，不断地吸油和压油，将润滑油吸入泵腔，并排到润滑系统中。偏心柱塞泵工作原理如图 5-137 所示，三维模型爆炸图如图 5-138 所示，其装配图和零件图如图 5-139～图 5-146 所示。

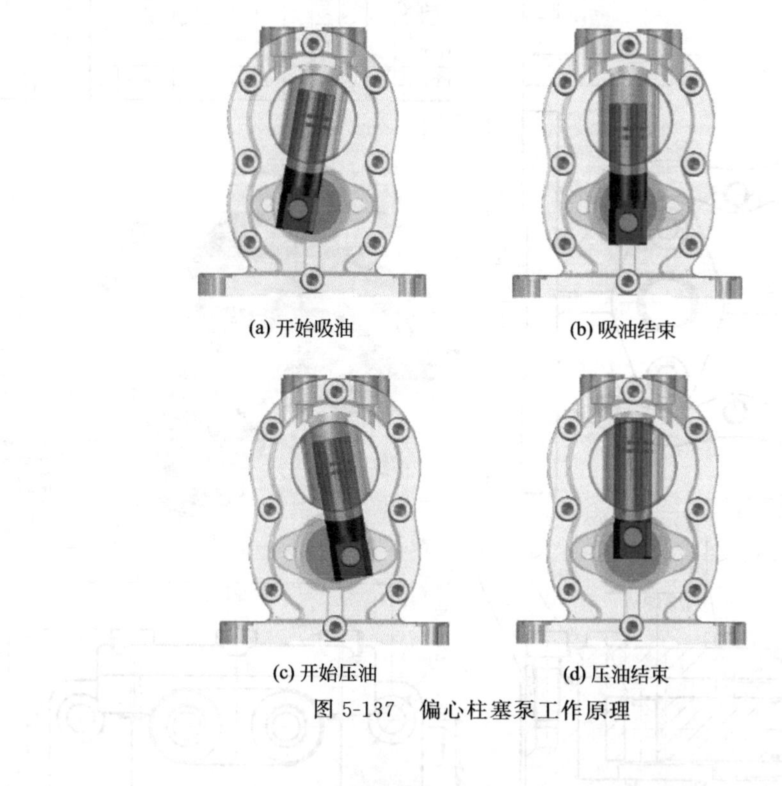

(a) 开始吸油　(b) 吸油结束

(c) 开始压油　(d) 压油结束

图 5-137　偏心柱塞泵工作原理

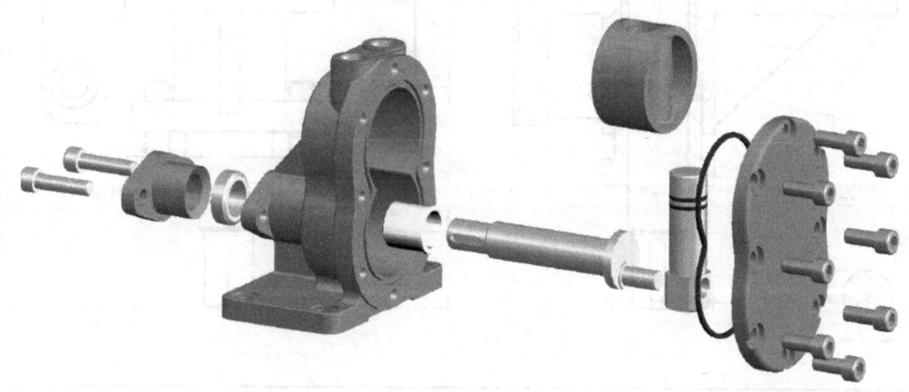

图 5-138　偏心柱塞泵三维模型爆炸图

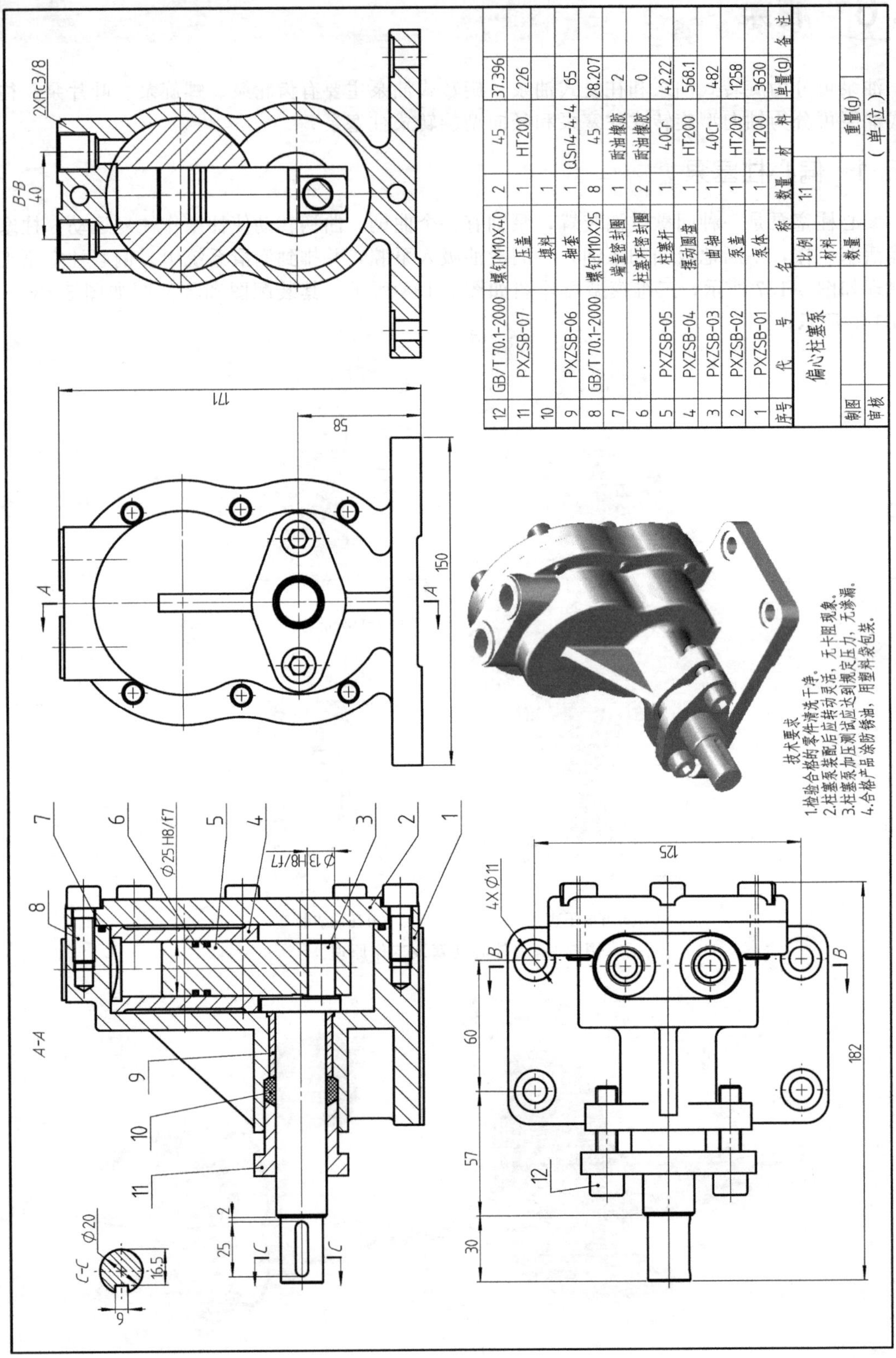
A-A
B-B
C-C
2XRc3/8
40
171
58
150
A
B
C
Φ25 H8/f7
Φ13 H8/f7
4XΦ11
125
182
60
57
30
2
25
Φ20
16.5
6
1
2
3
4
5
6
7
8
9
10
11
12
技术要求
1.检验合格的零件清洗干净。
2.柱塞泵装配后应转动灵活，无卡阻现象。
3.柱塞泵加压测试应达到规定压力，无渗漏。
4.合格产品涂防锈油，用塑料袋包装。

序号	代号	名称	数量	材料	单重(g)	备注
12	GB/T 70.1-2000	螺钉M10X40	2	45	37.396	
11	PXZSB-07	压盖	1	HT200	226	
10		填料	1			
9	PXZSB-06	轴套	1	QSn4-4-4	65	
8	GB/T 70.1-2000	螺钉M10X25	8	45	28.207	
7		端盖密封圈	1	耐油橡胶	2	
6		柱塞杆密封圈	2	耐油橡胶	0	
5	PXZSB-05	柱塞杆	1	40Cr	42.22	
4	PXZSB-04	摆动圆盘	1	HT200	568.1	
3	PXZSB-03	曲轴	1	40Cr	482	
2	PXZSB-02	泵盖	1	HT200	1258	
1	PXZSB-01	泵体	1	HT200	3630	

偏心柱塞泵		比例	1:1	
		材料		
制图		数量		重量(g)
审核				（单位）

图 5-139 偏心柱塞泵

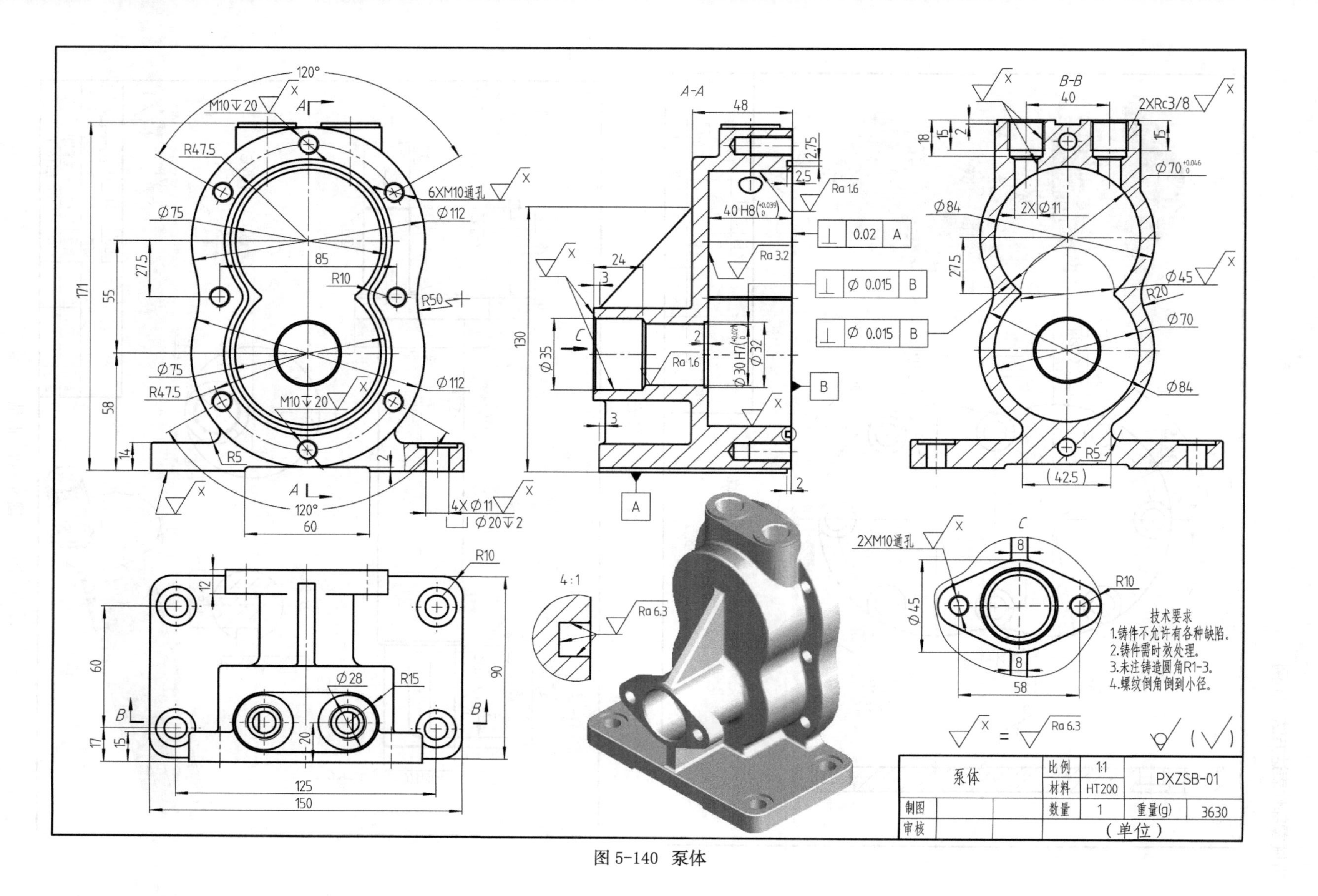
A-A
B-B
C
4:1
技术要求
1.铸件不允许有各种缺陷。
2.铸件需时效处理。
3.未注铸造圆角R1-3。
4.螺纹倒角倒到小径。
泵体
比例 1:1
材料 HT200
PXZSB-01
制图
数量 1
重量(g) 3630
审核
（单位）

图 5-140 泵体

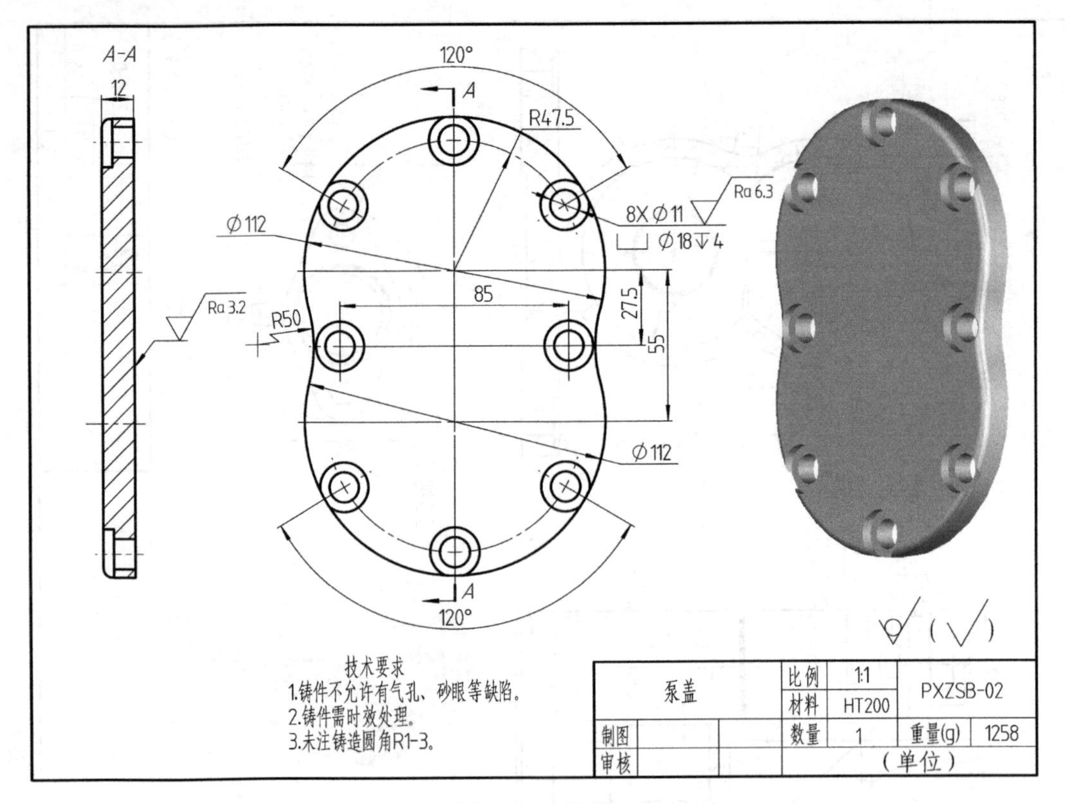

图 5-141　泵盖

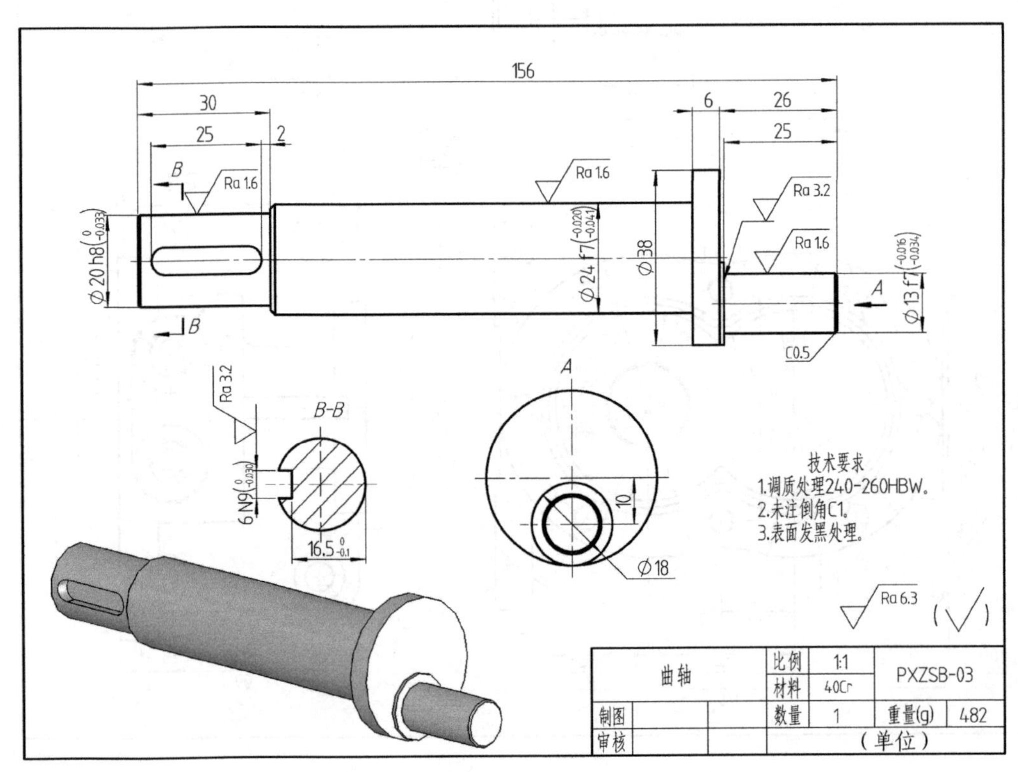

图 5-142　曲轴

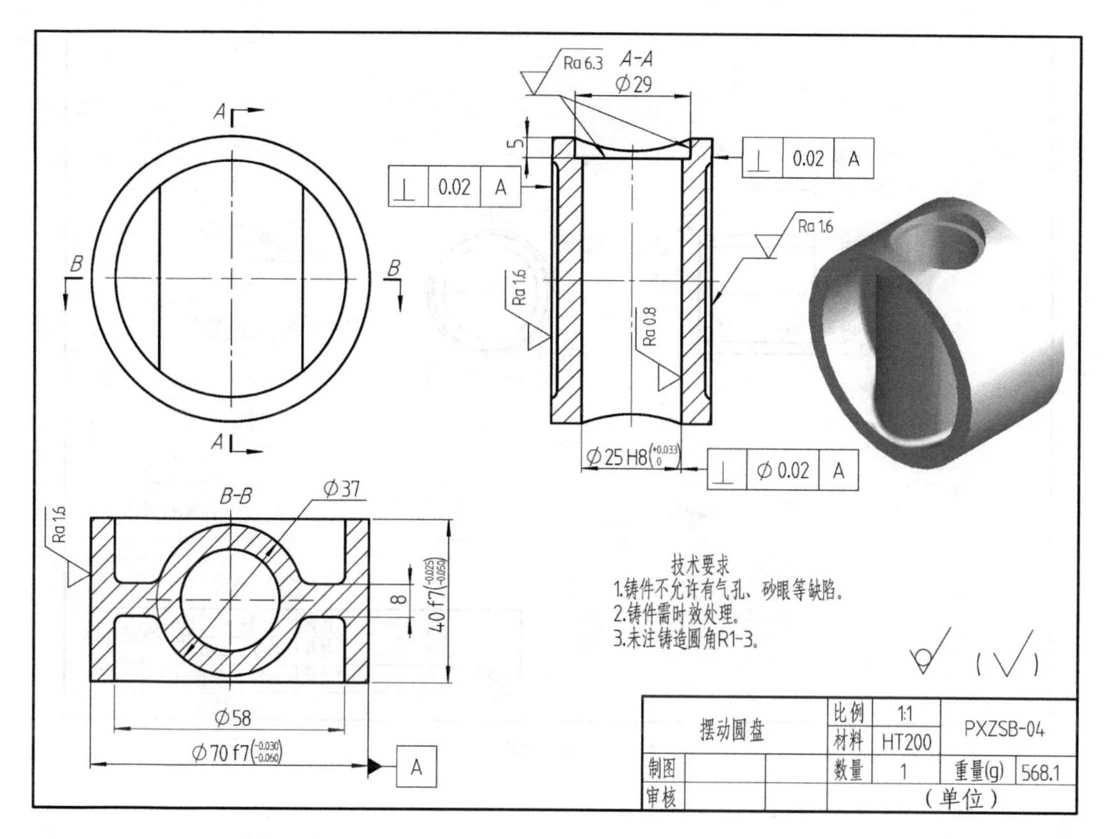

图 5-143　摆动圆盘

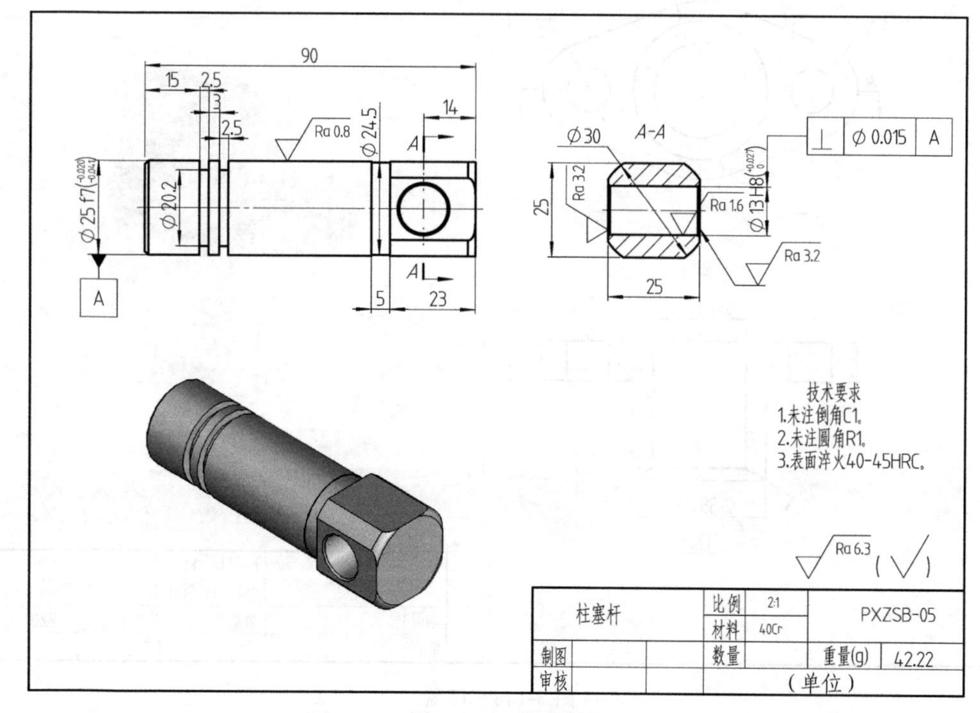

图 5-144　柱塞杆

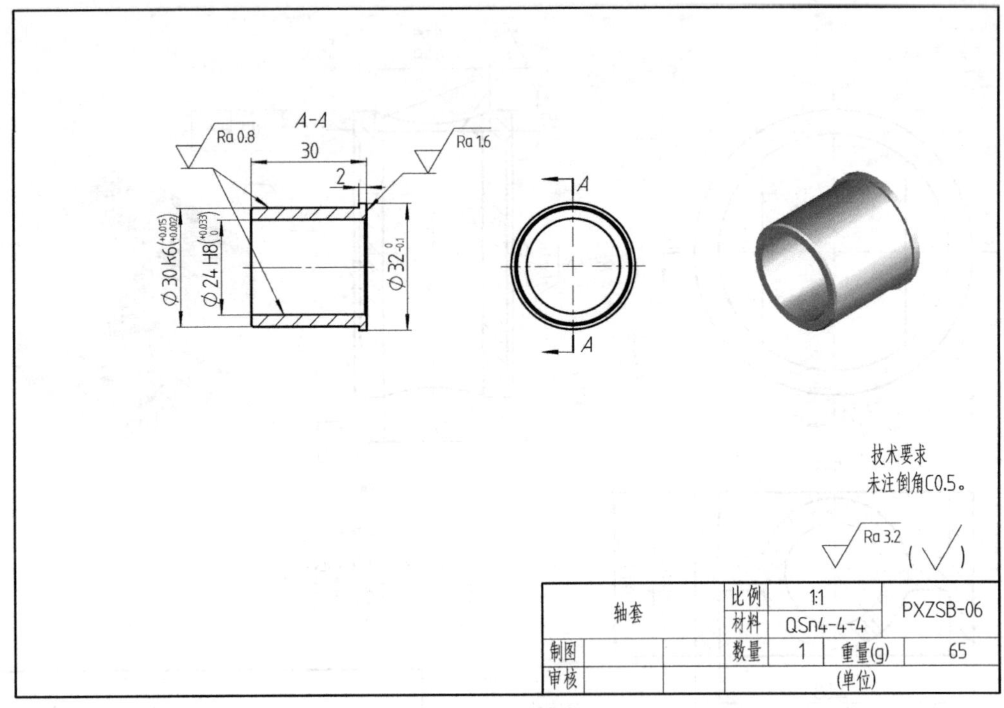

图 5-145　轴套

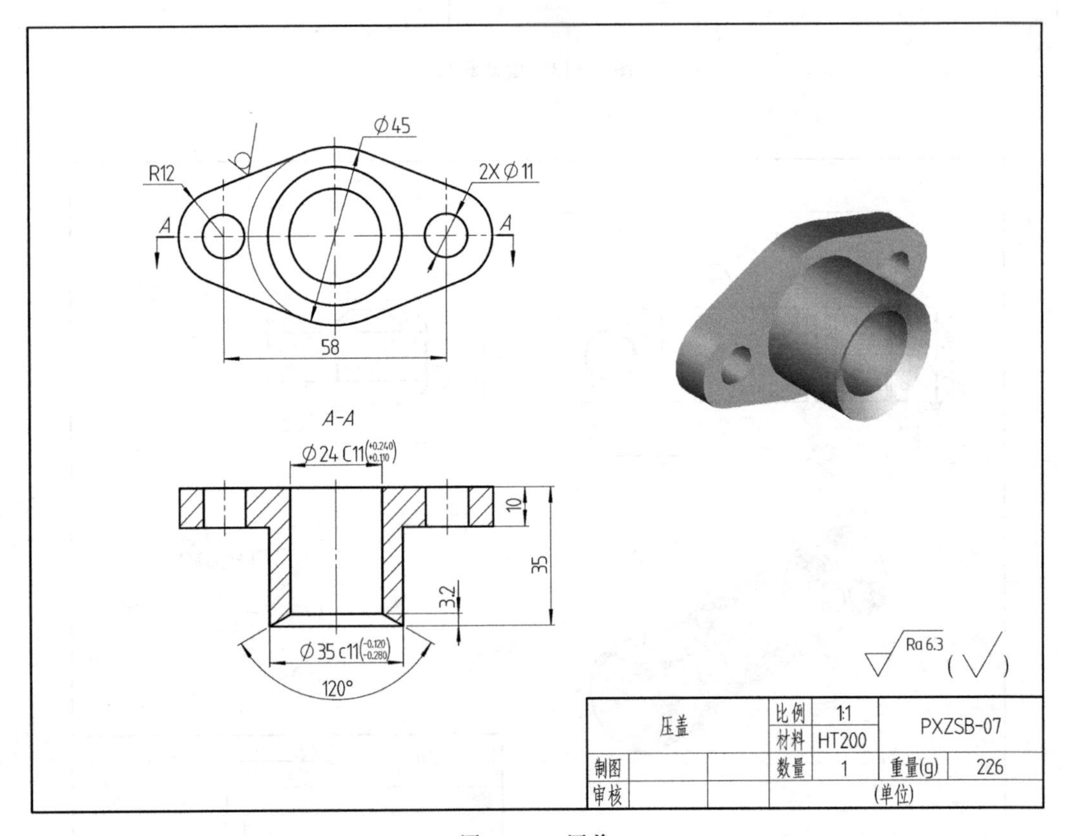

图 5-146　压盖

5.6.2 轴向柱塞泵

轴向柱塞泵一般都由泵体、配油盘、柱塞和斜盘等主要零件组成。泵体内有多个柱塞，围绕传动轴的轴线圆周分布，泵中有一个不动的圆柱形斜盘，柱塞轴线的图转直径在斜盘上下点之间的轴向距离即为柱塞的行程，柱塞的轴线平行于传动轴的轴线，传动轴旋转时，柱塞沿轴线往复运动，因此称它为轴向柱塞泵。轴向柱塞泵工作原理如图 5-147 所示，三维模型爆炸图如图 5-148 所示，其装配图和零件图如图 5-149～图 5-162 所示。图 5-149 放大图详见附图 1。

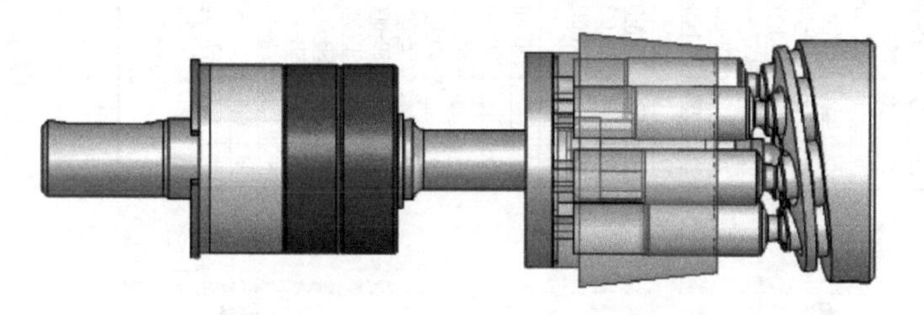
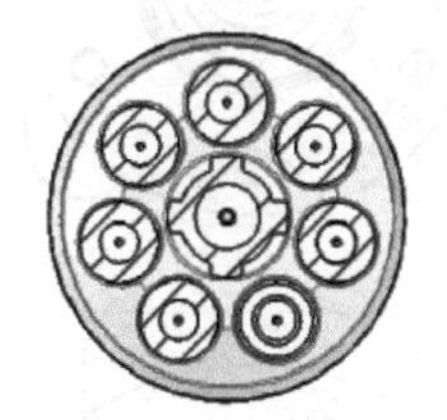

图 5-147　轴向柱塞泵工作原理

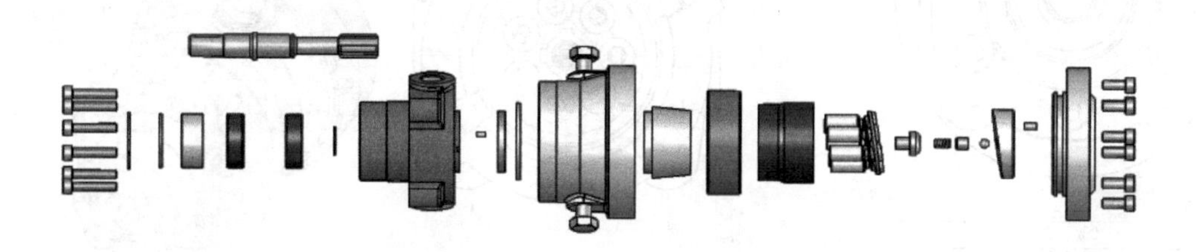
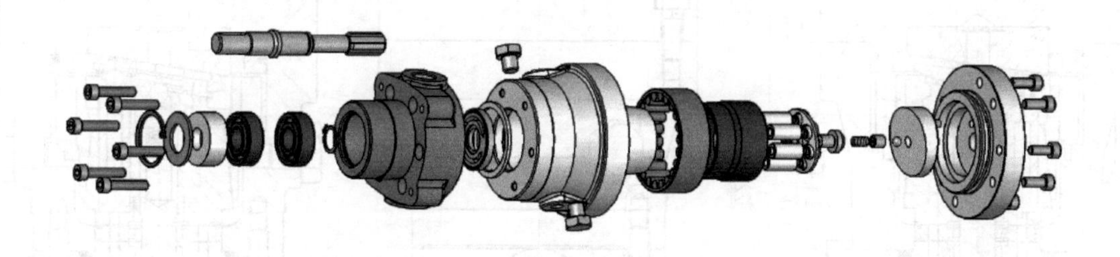
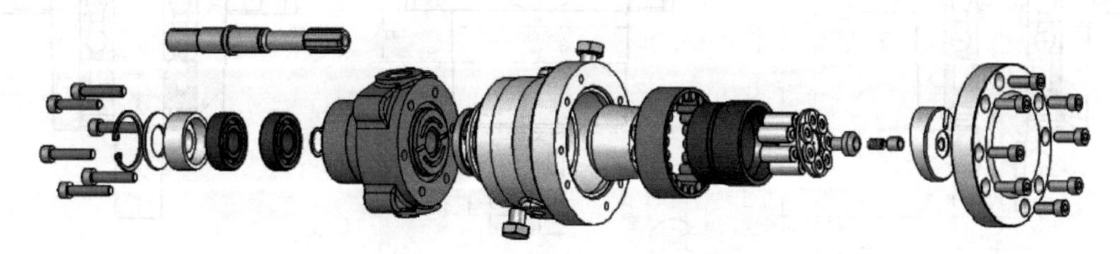

图 5-148　轴向柱塞泵三维模型爆炸图

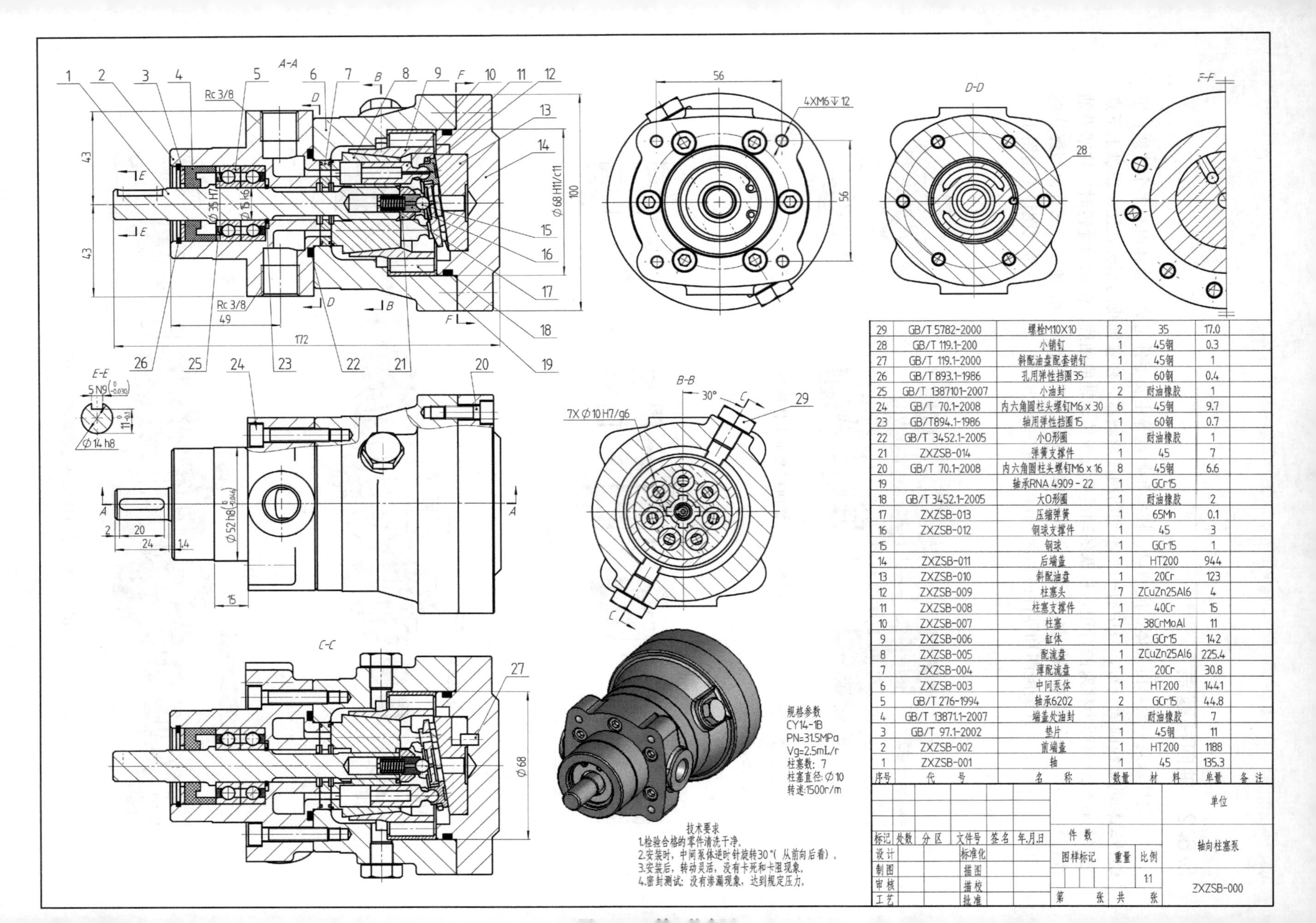

序号	代号	名称	数量	材料	单重	备注
29	GB/T 5782-2000	螺栓M10X10	2	35	17.0	
28	GB/T 119.1-200	小销钉	1	45钢	0.3	
27	GB/T 119.1-2000	斜配油盘配套销钉	1	45钢	1	
26	GB/T 893.1-1986	孔用弹性挡圈35	1	60钢	0.4	
25	GB/T 1387101-2007	小油封	2	耐油橡胶	1	
24	GB/T 70.1-2008	内六角圆柱头螺钉M6 x 30	6	45钢	9.7	
23	GB/T894.1-1986	轴用弹性挡圈15	1	60钢	0.7	
22	GB/T 3452.1-2005	小O形圈	1	耐油橡胶	1	
21	ZXZSB-014	弹簧支撑件	1	45	7	
20	GB/T 70.1-2008	内六角圆柱头螺钉M6 x 16	8	45钢	6.6	
19		轴承RNA 4909-22	1	GCr15		
18	GB/T 3452.1-2005	大O形圈	1	耐油橡胶	2	
17	ZXZSB-013	压缩弹簧	1	65Mn	0.1	
16	ZXZSB-012	钢球支撑件	1	45	3	
15		钢球	1	GCr15	1	
14	ZXZSB-011	后端盖	1	HT200	944	
13	ZXZSB-010	斜配油盘	1	20Cr	123	
12	ZXZSB-009	柱塞头	7	ZCuZn25Al6	4	
11	ZXZSB-008	柱塞支撑件	1	40Cr	15	
10	ZXZSB-007	柱塞	7	38CrMoAl	11	
9	ZXZSB-006	缸体	1	GCr15	142	
8	ZXZSB-005	配流盘	1	ZCuZn25Al6	225.4	
7	ZXZSB-004	薄配流盘	1	20Cr	30.8	
6	ZXZSB-003	中间泵体	1	HT200	1441	
5	GB/T 276-1994	轴承6202	2	GCr15	44.8	
4	GB/T 13871.1-2007	端盖处油封	1	耐油橡胶	7	
3	GB/T 97.1-2002	垫片	1	45钢	11	
2	ZXZSB-002	前端盖	1	HT200	1188	
1	ZXZSB-001	轴	1	45	135.3	

标记	处数	分区	文件号	签名	年.月.日	件数			单位
设计			标准化			图样标记	重量	比例	轴向柱塞泵
制图			描图					1:1	
审核			描校			第 张	共 张		ZXZSB-000
工艺			批准						

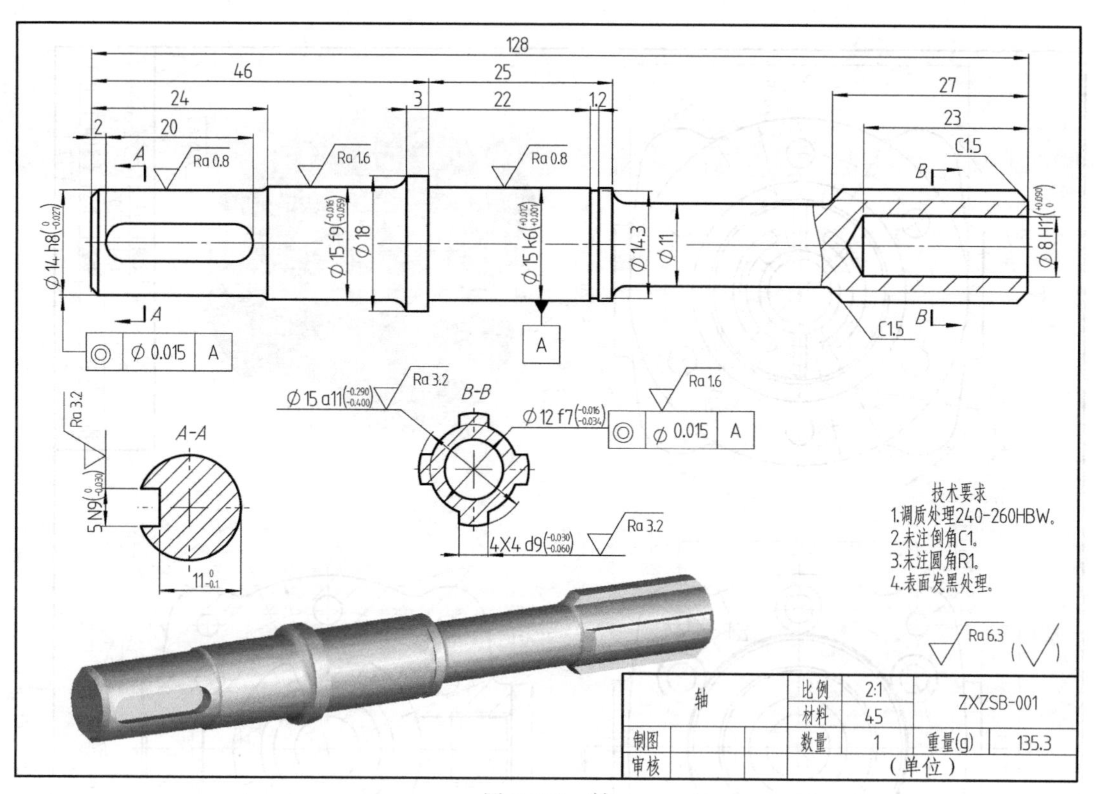

图 5-150 轴

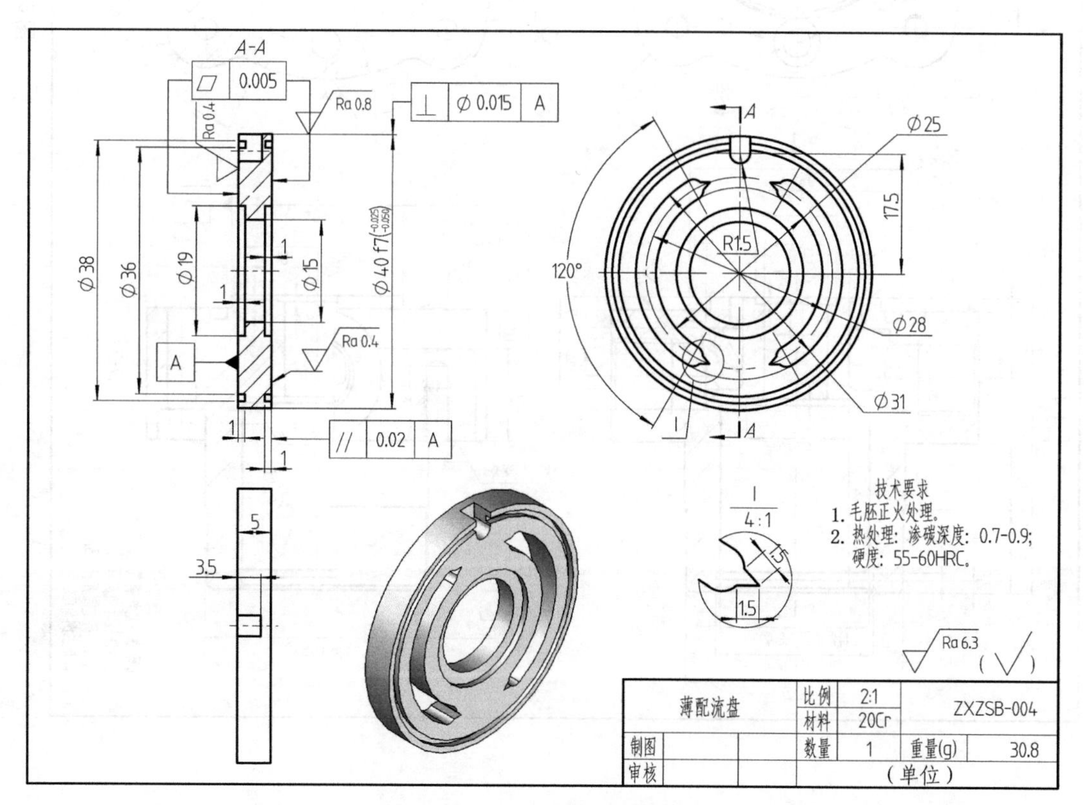

图 5-151 薄配流盘

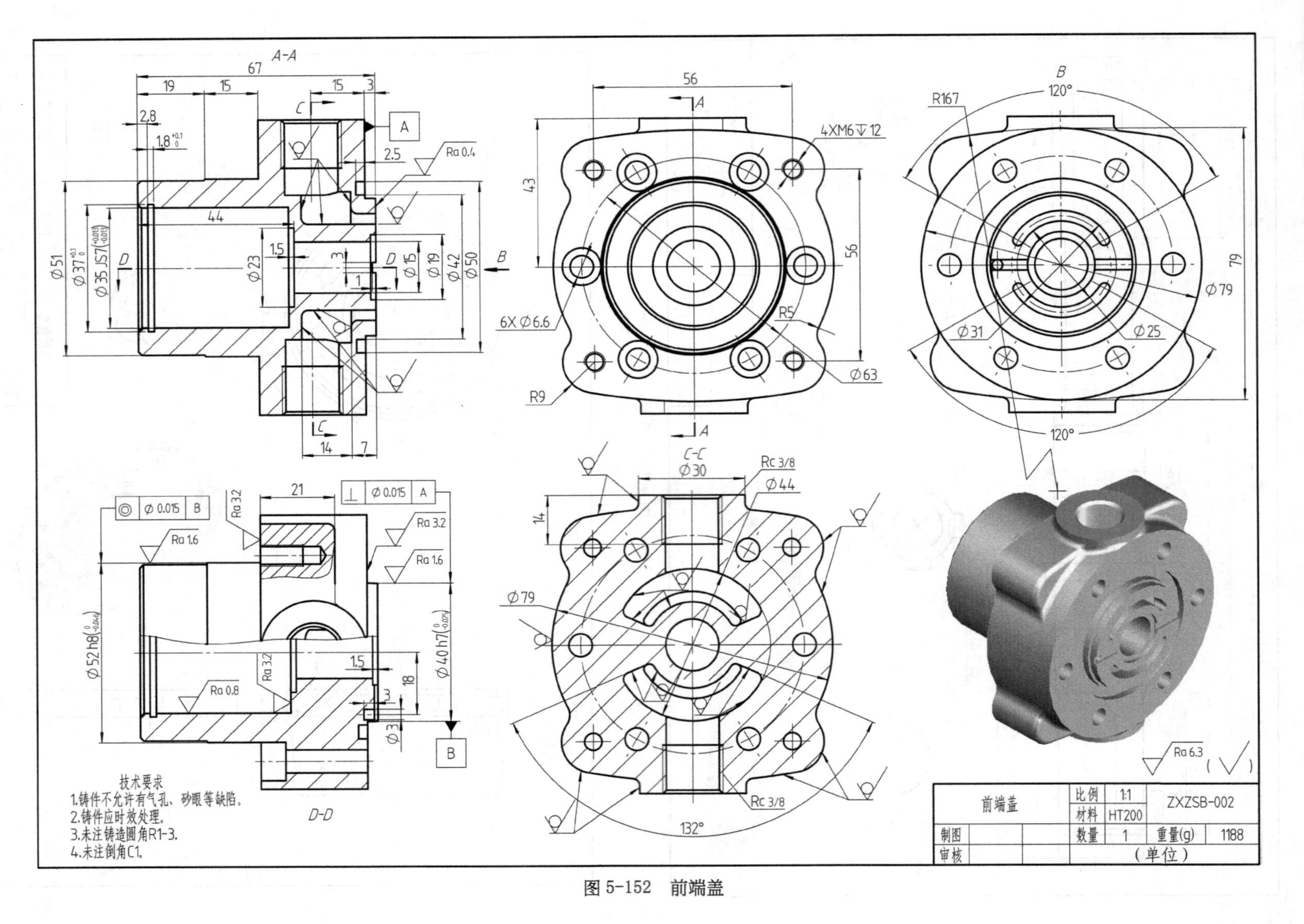
A-A
67
19
15
15
3
2.8
1.8
2.5
Ra 0.4
44
1.5
3
1
Ø51
Ø35 JS7
Ø23
Ø15
Ø19
Ø42
Ø50
14
7
56
43
4XM6 ▽ 12
6XØ6.6
R5
R9
Ø63
B
120°
R167
79
Ø79
Ø31
Ø25
21
Ø 0.015
A
B
Ra 32
Ra 3.2
Ra 1.6
Ra 0.8
Ø52 h8
Ø40 h7
18
Ø3
D-D
C-C
Ø30
Rc 3/8
Ø44
132°
Ra 6.3
技术要求
1.铸件不允许有气孔、砂眼等缺陷。
2.铸件应时效处理。
3.未注铸造圆角R1-3.
4.未注倒角C1.
前端盖
比例
1:1
材料
HT200
ZXZSB-002
制图
数量
1
重量(g)
1188
审核
（单位）

图 5-152 前端盖

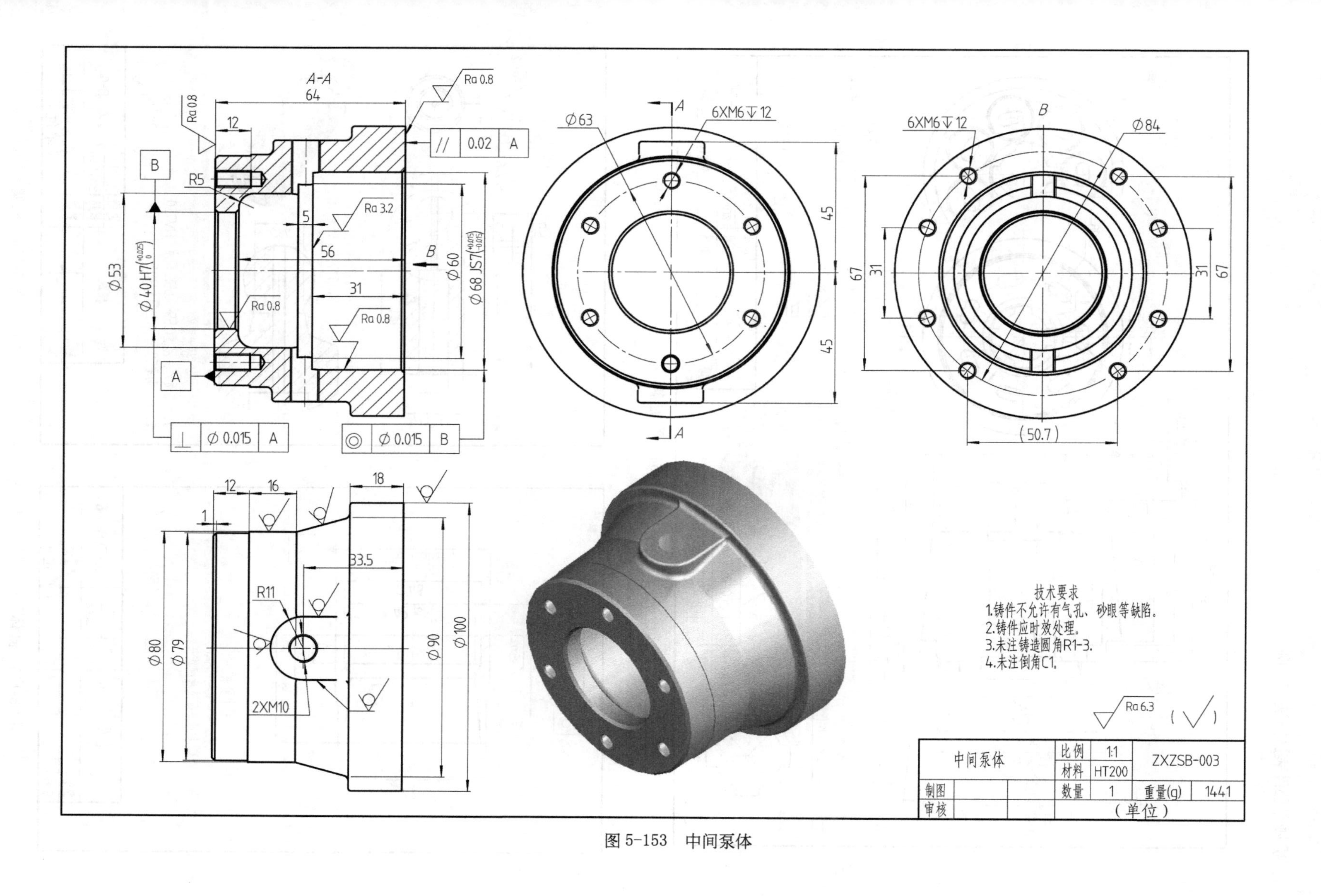
A-A
技术要求
1.铸件不允许有气孔、砂眼等缺陷。
2.铸件应时效处理。
3.未注铸造圆角R1-3.
4.未注倒角C1.
中间泵体
比例 1:1
材料 HT200
数量 1
重量(g) 1441
ZXZSB-003
制图
审核
（单位）

图 5-153 中间泵体

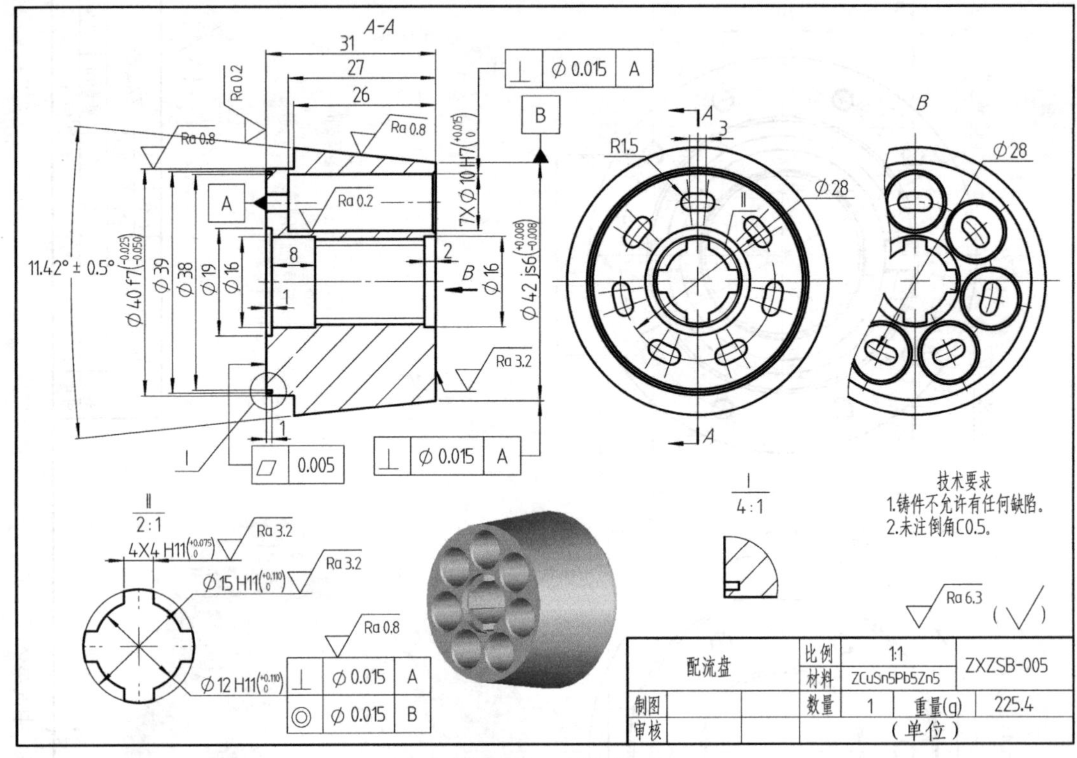

图 5-154　配流盘

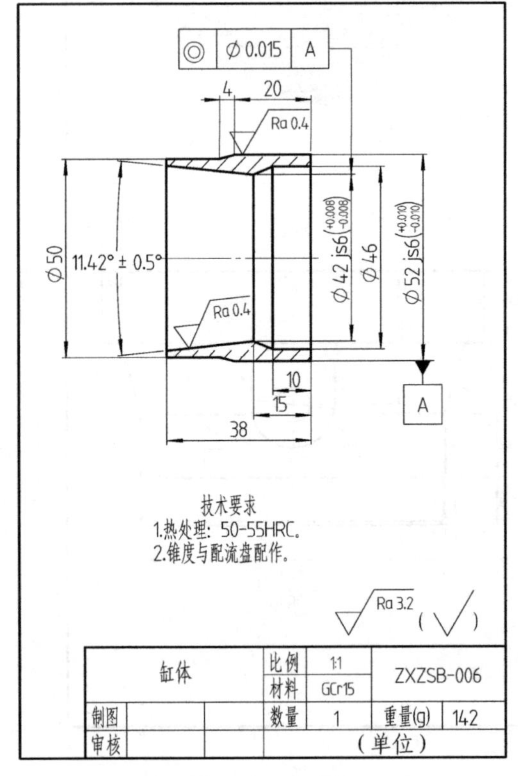

图 5-155　缸体

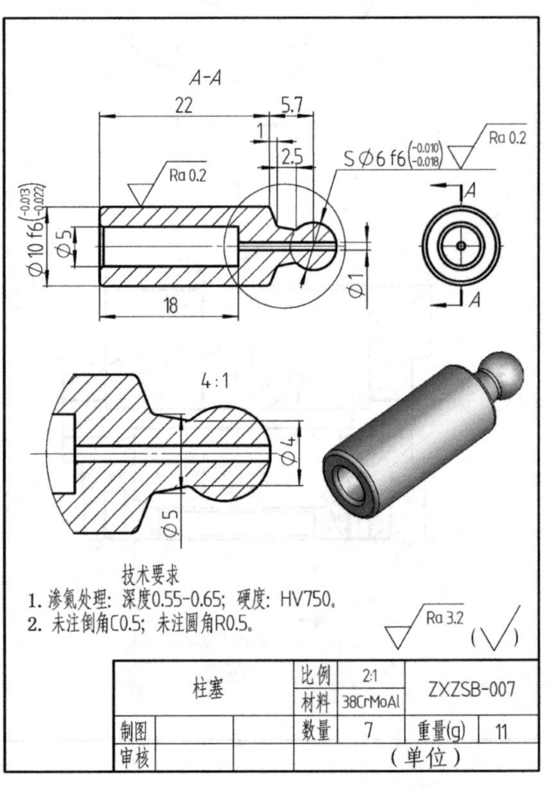

图 5-156　柱塞

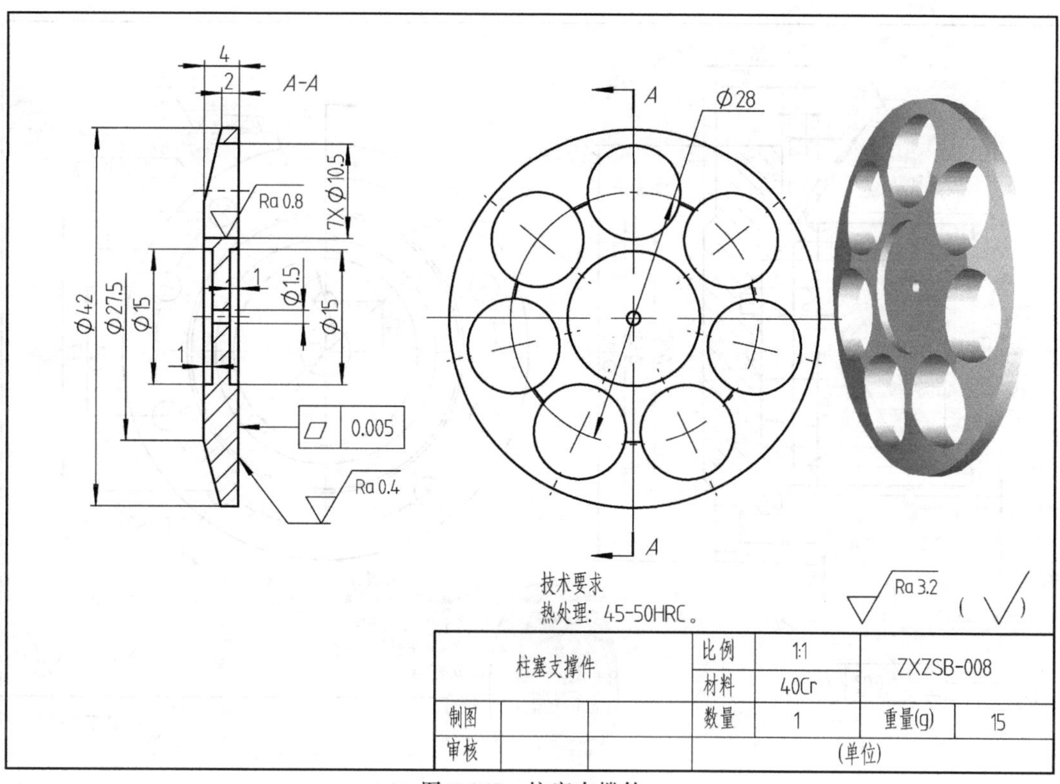

图 5-157　柱塞支撑件

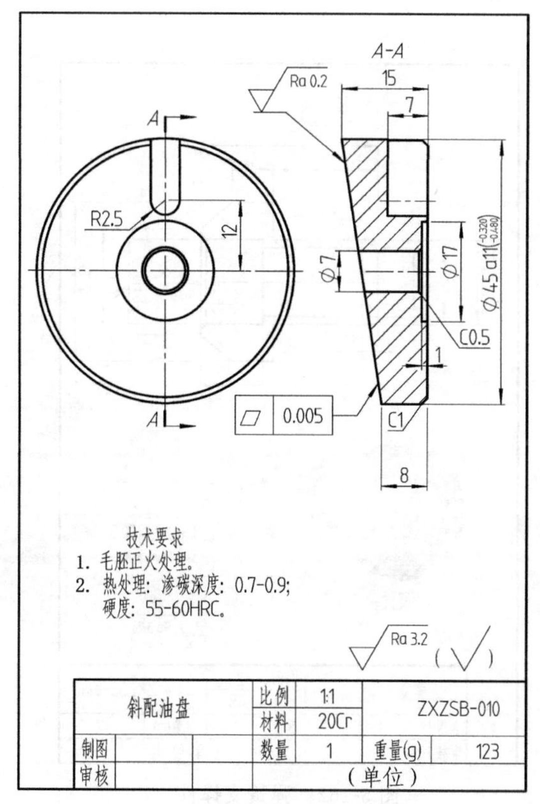

图 5-158　斜配油盘

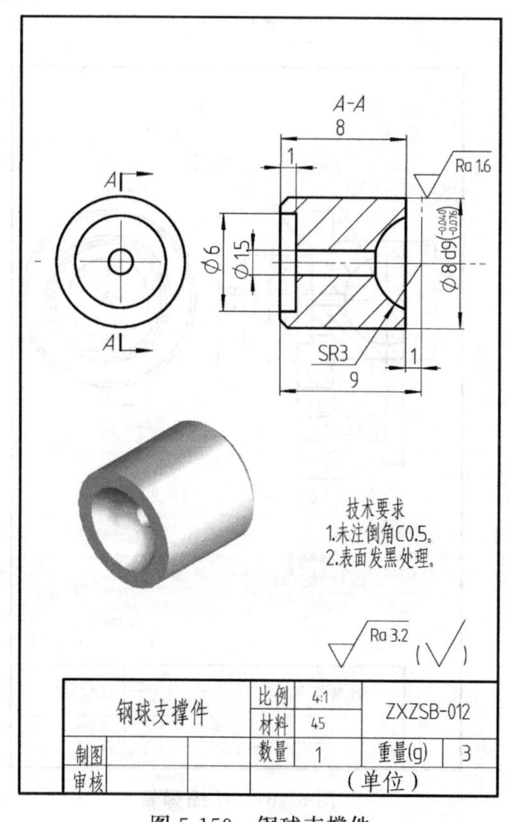

图 5-159　钢球支撑件

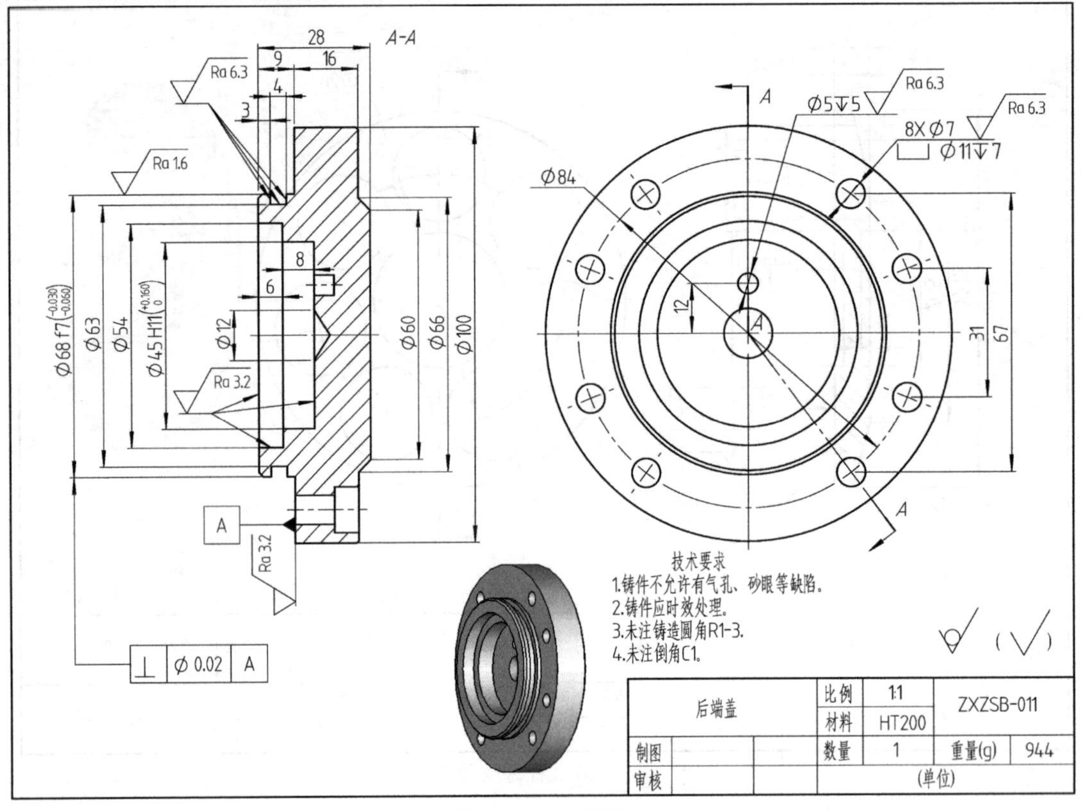

图 5-160　后端盖

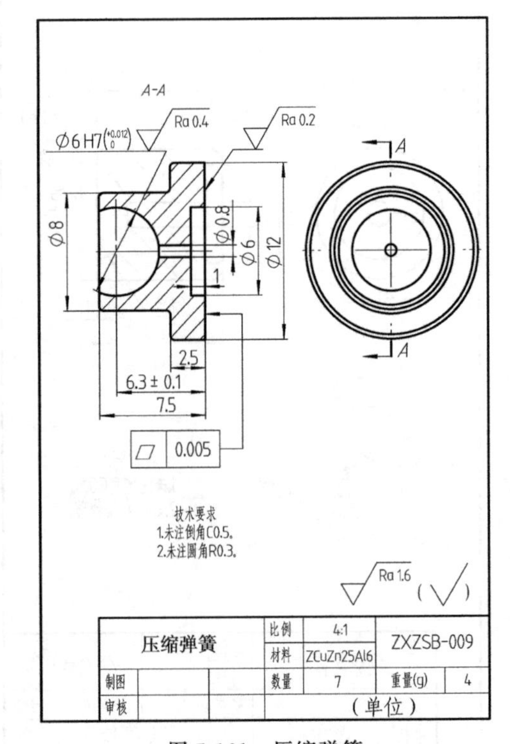

图 5-161　压缩弹簧

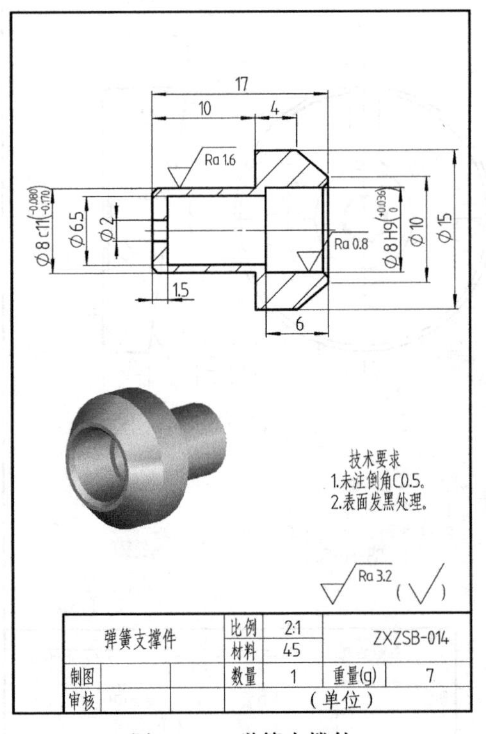

图 5-162　弹簧支撑件

5.6.3 叶片泵

叶片泵是转子槽内的叶片在离心力的作用下与泵壳（定子环）相接触，通过改变油腔内的容积，将吸入的液体由进油侧压向排油侧。工作原理如图 5-163所示，三维模型爆炸图如图 5-164 所示。叶片泵装配图和零件图如图 5-165～图 5-174所示。

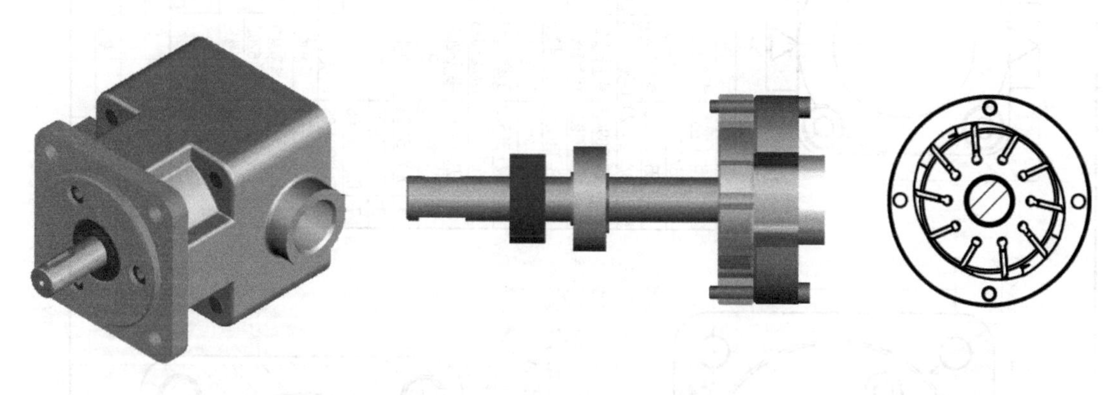

图 5-163　叶片泵工作原理

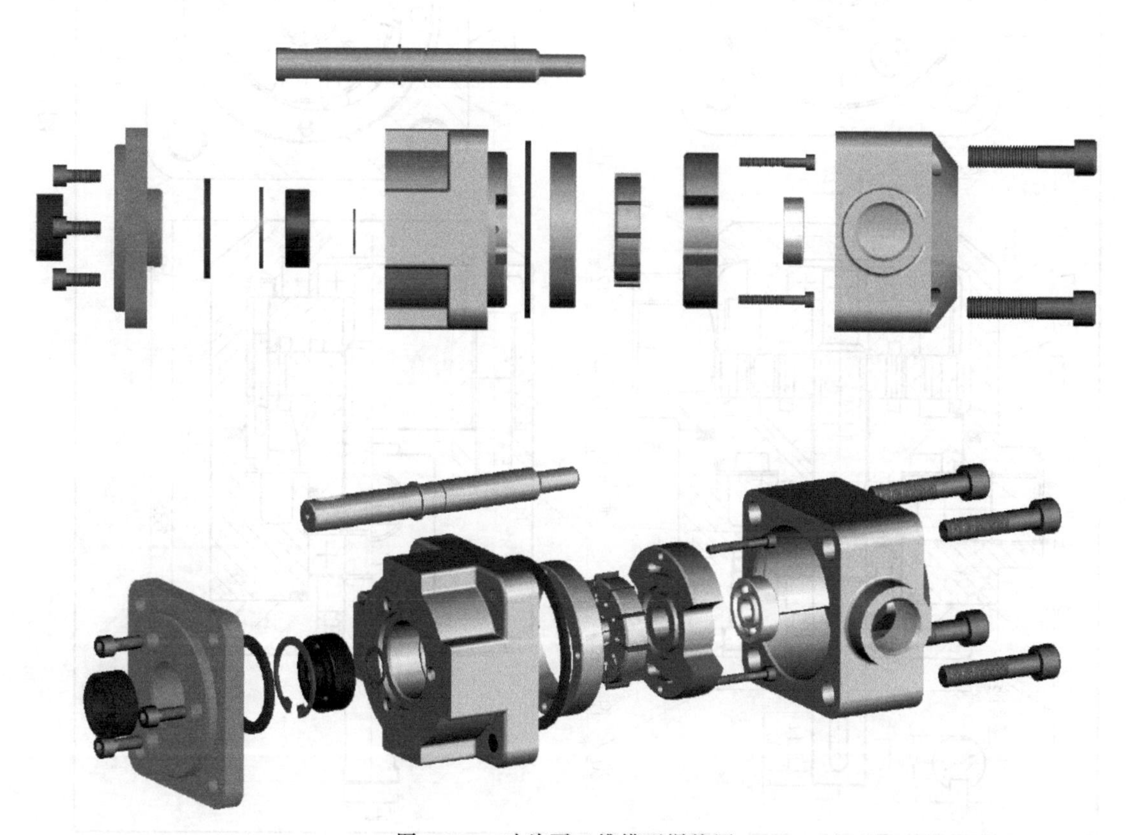

图 5-164　叶片泵三维模型爆炸图

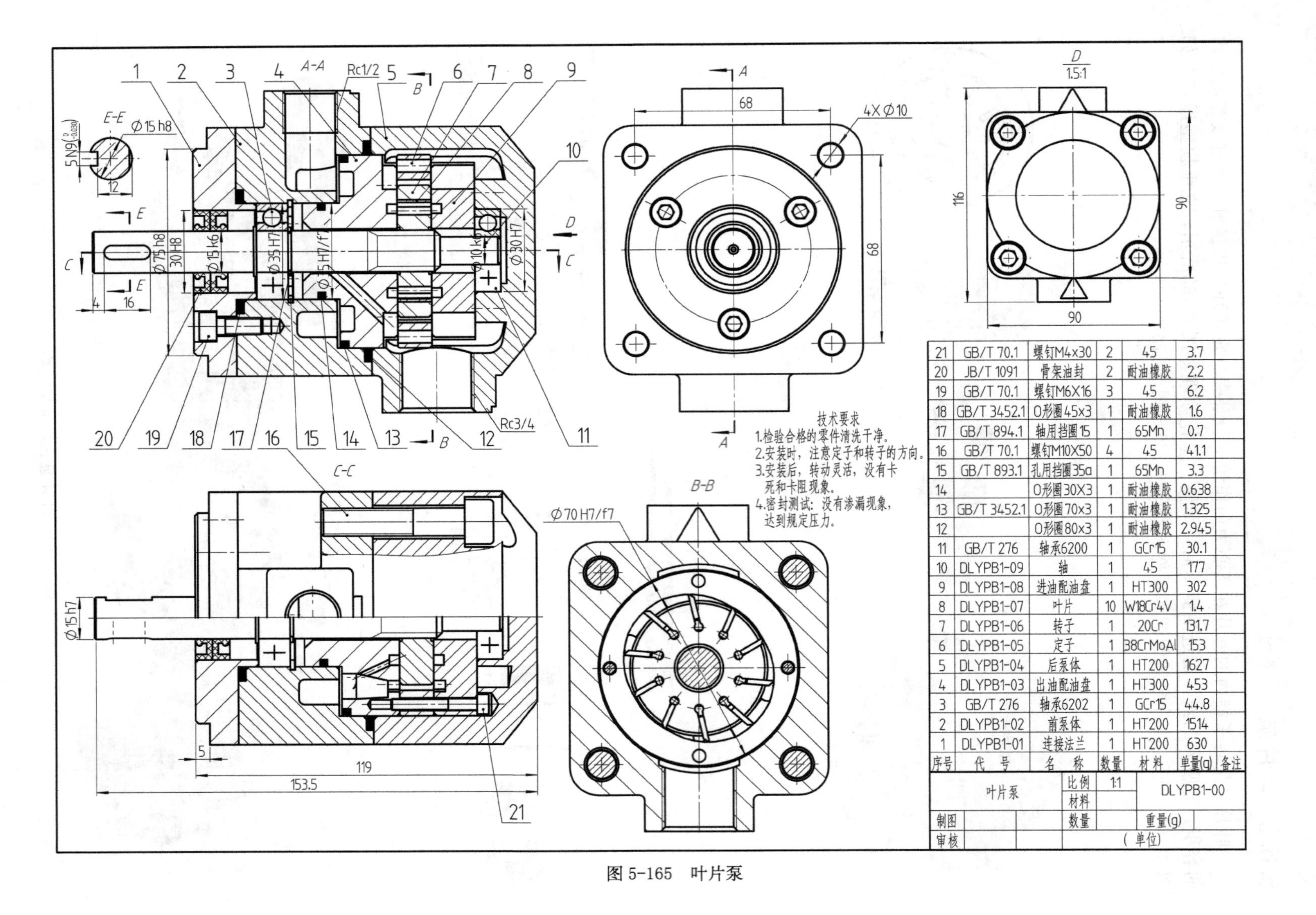

序号	代号	名称	数量	材料	单重(g)	备注
21	GB/T 70.1	螺钉M4x30	2	45	3.7	
20	JB/T 1091	骨架油封	2	耐油橡胶	2.2	
19	GB/T 70.1	螺钉M6X16	3	45	6.2	
18	GB/T 3452.1	O形圈45x3	1	耐油橡胶	1.6	
17	GB/T 894.1	轴用挡圈15	1	65Mn	0.7	
16	GB/T 70.1	螺钉M10X50	4	45	41.1	
15	GB/T 893.1	孔用挡圈35a	1	65Mn	3.3	
14		O形圈30X3	1	耐油橡胶	0.638	
13	GB/T 3452.1	O形圈70x3	1	耐油橡胶	1.325	
12		O形圈80x3	1	耐油橡胶	2.945	
11	GB/T 276	轴承6200	1	GCr15	30.1	
10	DLYPB1-09	轴	1	45	177	
9	DLYPB1-08	进油配油盘	1	HT300	302	
8	DLYPB1-07	叶片	10	W18Cr4V	1.4	
7	DLYPB1-06	转子	1	20Cr	131.7	
6	DLYPB1-05	定子	1	38CrMoAl	153	
5	DLYPB1-04	后泵体	1	HT200	1627	
4	DLYPB1-03	出油配油盘	1	HT300	453	
3	GB/T 276	轴承6202	1	GCr15	44.8	
2	DLYPB1-02	前泵体	1	HT200	1514	
1	DLYPB1-01	连接法兰	1	HT200	630	

叶片泵	比例	1:1	DLYPB1-00
	材料		
	数量		重量(g)
制图			(单位)
审核			

图5-165　叶片泵

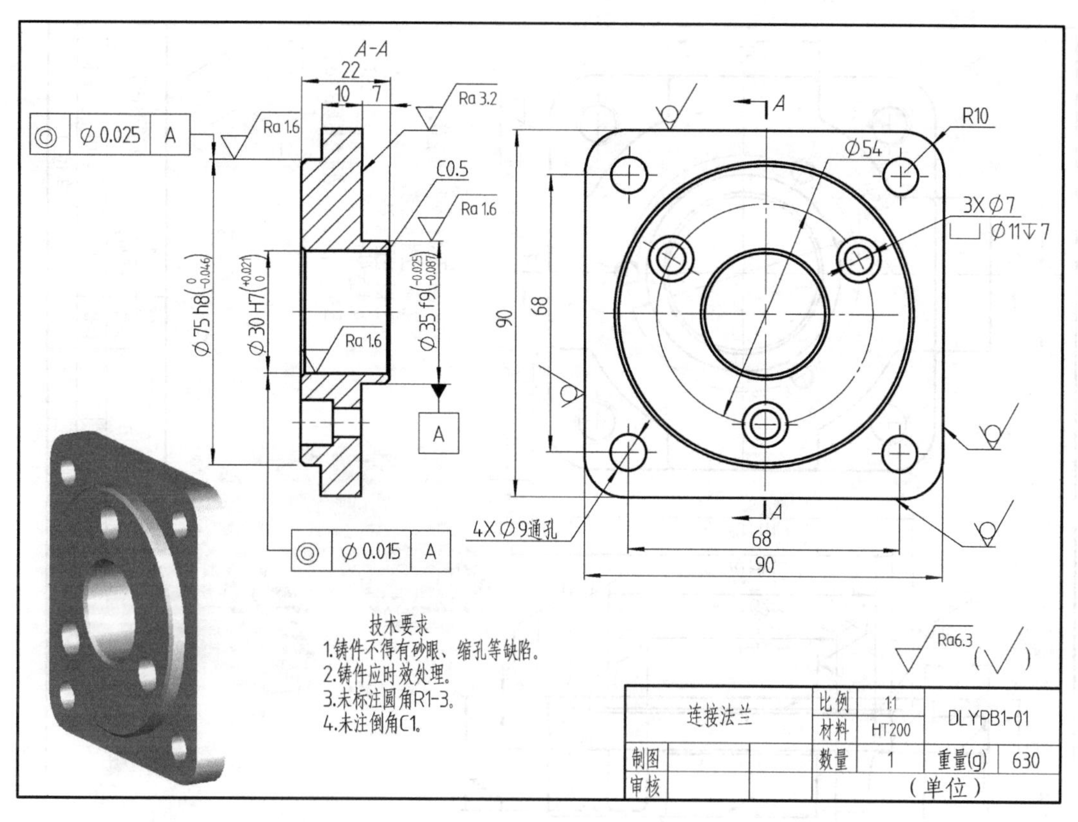

图 5-166　连接法兰

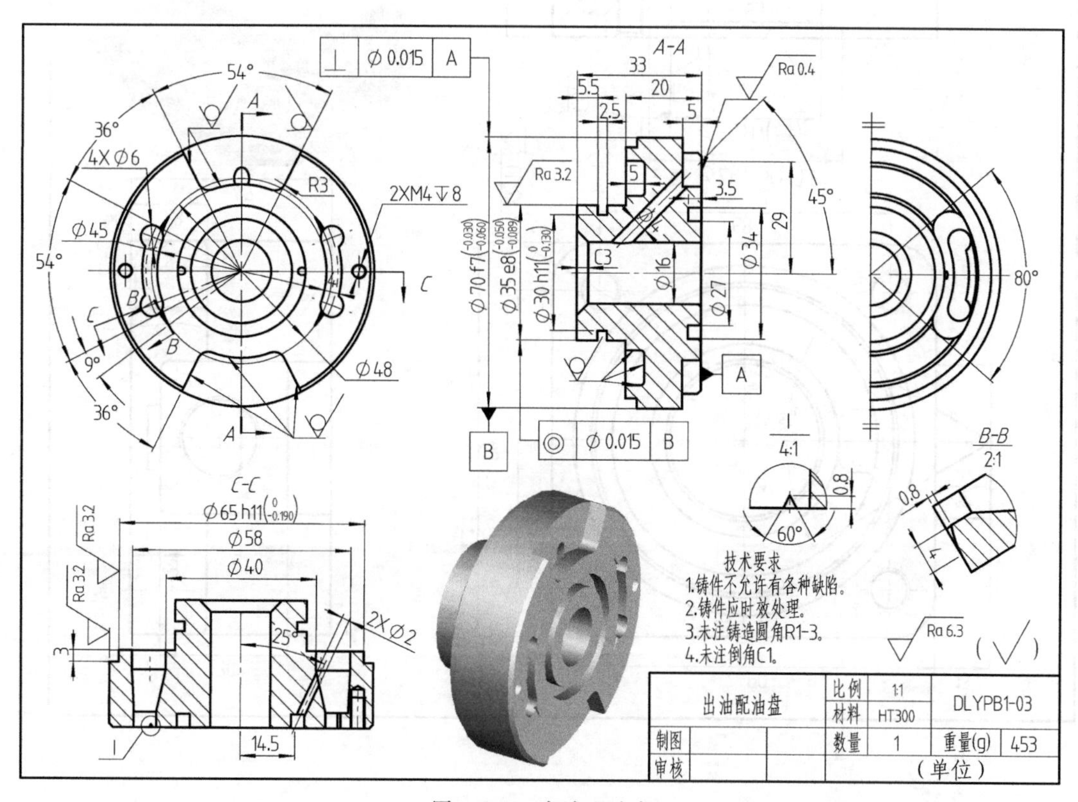

图 5-167　出油配油盘

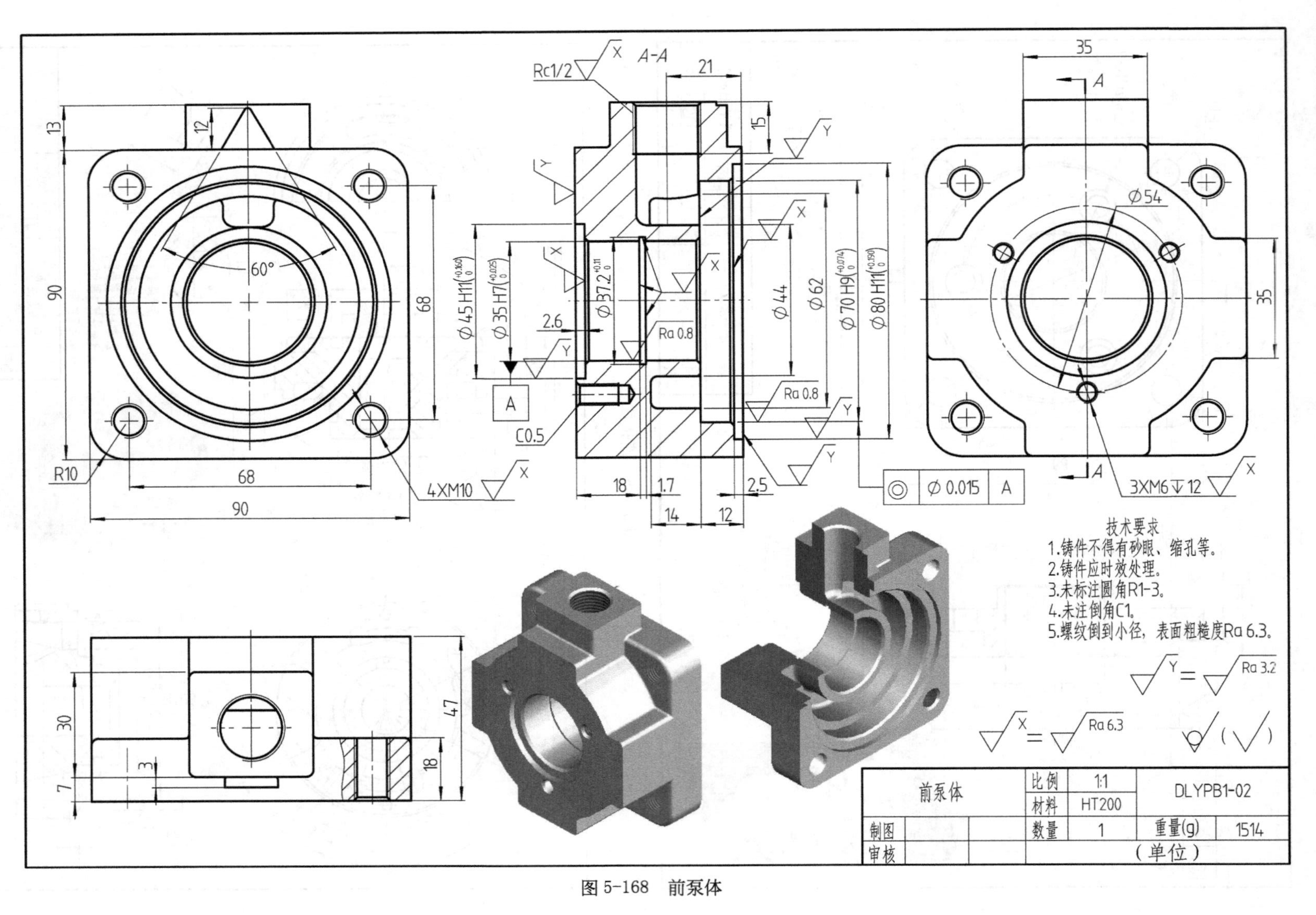

A-A
Rc1/2
4XM10
3XM6↧12
技术要求
1.铸件不得有砂眼、缩孔等。
2.铸件应时效处理。
3.未标注圆角R1-3。
4.未注倒角C1。
5.螺纹倒到小径，表面粗糙度Ra 6.3。
前泵体
比例
1:1
材料
HT200
DLYPB1-02
制图
数量
1
重量(g)
1514
审核
（单位）

图 5-168 前泵体

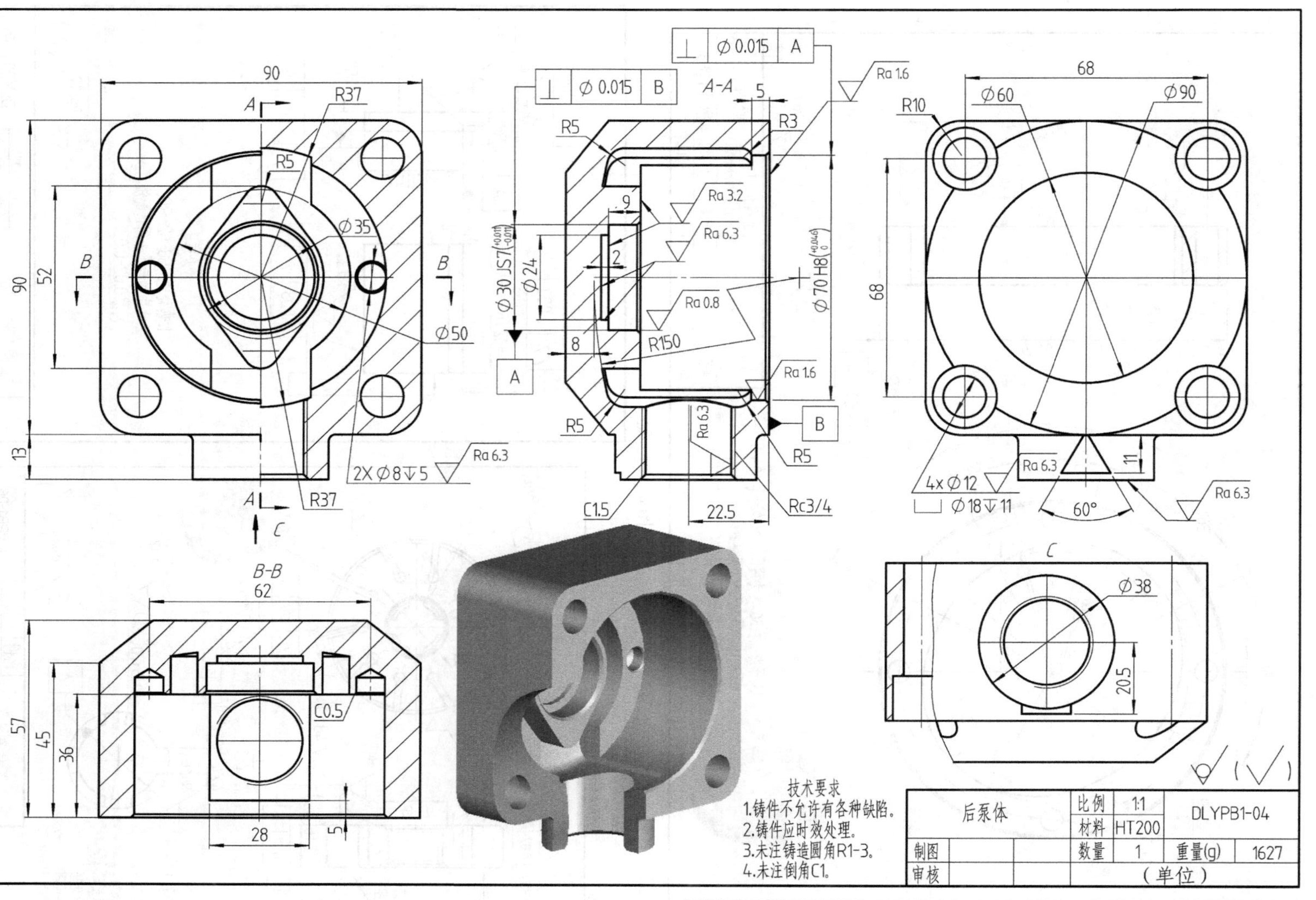
技术要求
1.铸件不允许有各种缺陷。
2.铸件应时效处理。
3.未注铸造圆角R1-3。
4.未注倒角C1。
后泵体
比例 1:1
材料 HT200
数量 1
重量(g) 1627
DLYPB1-04
制图
审核
（单位）
A-A
B-B
C

图 5-169 后泵体

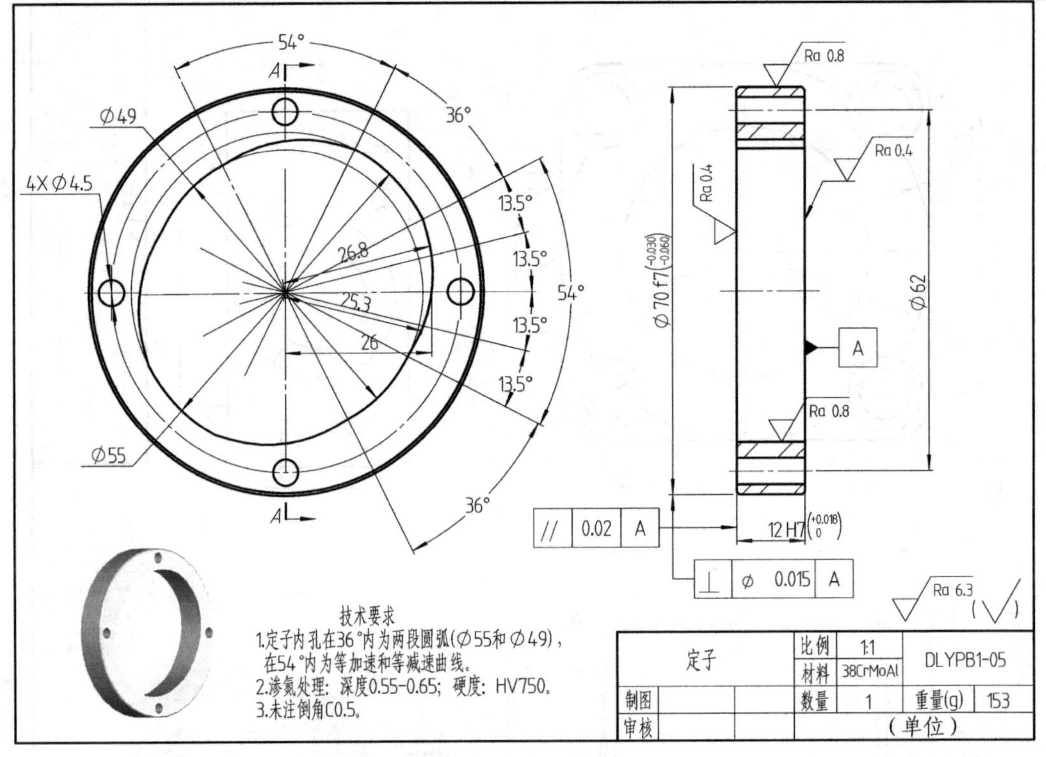

图 5-170　定子

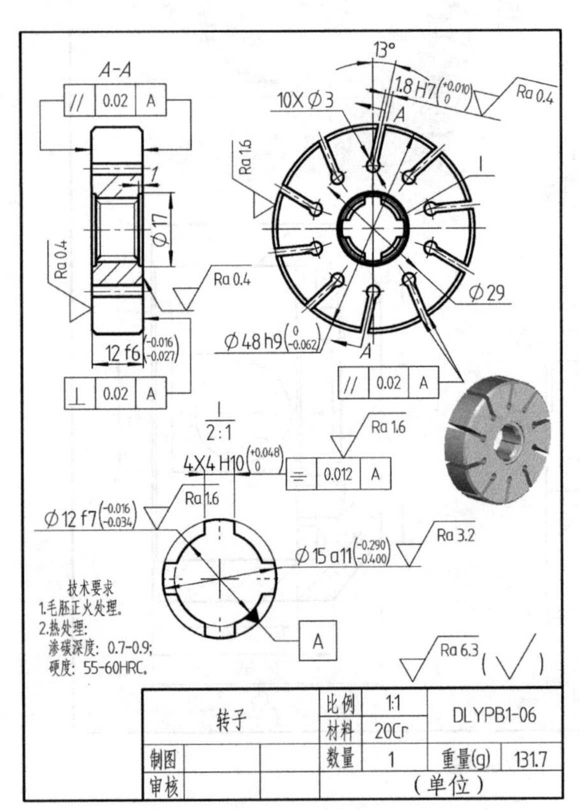

图 5-171　转子

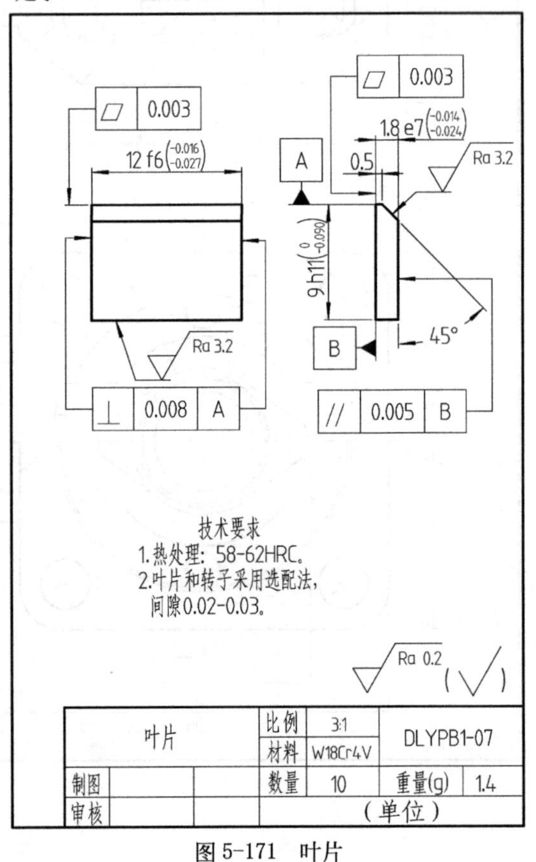

图 5-171　叶片

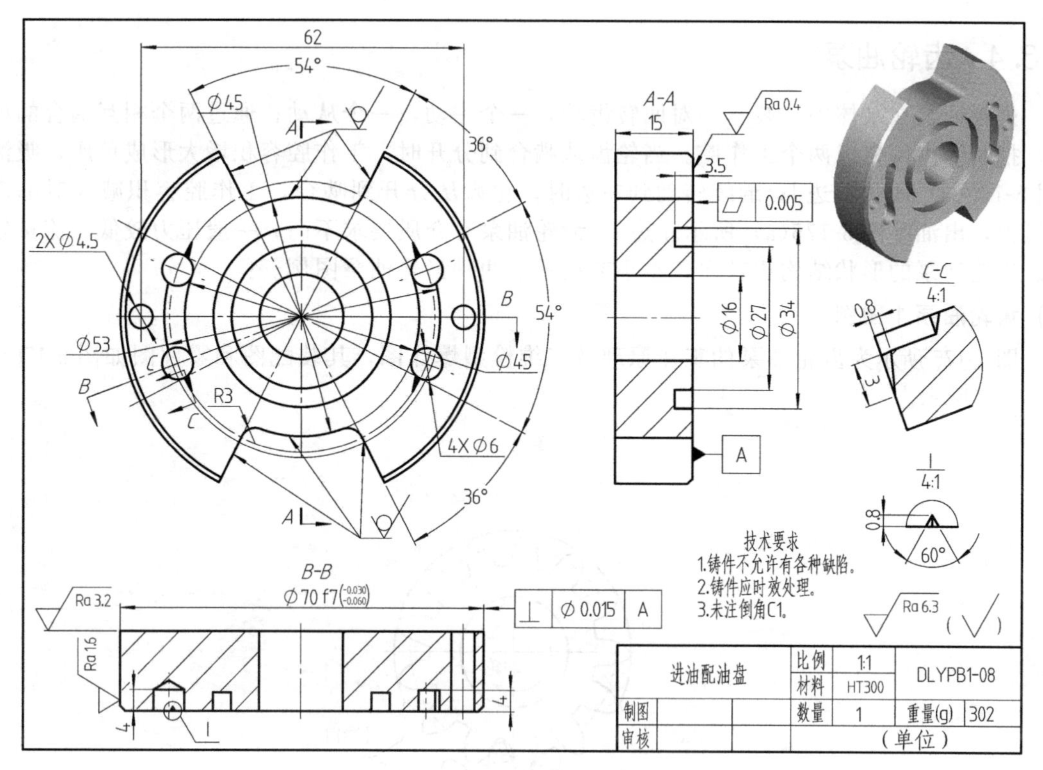

图 5-173　进油配油盘

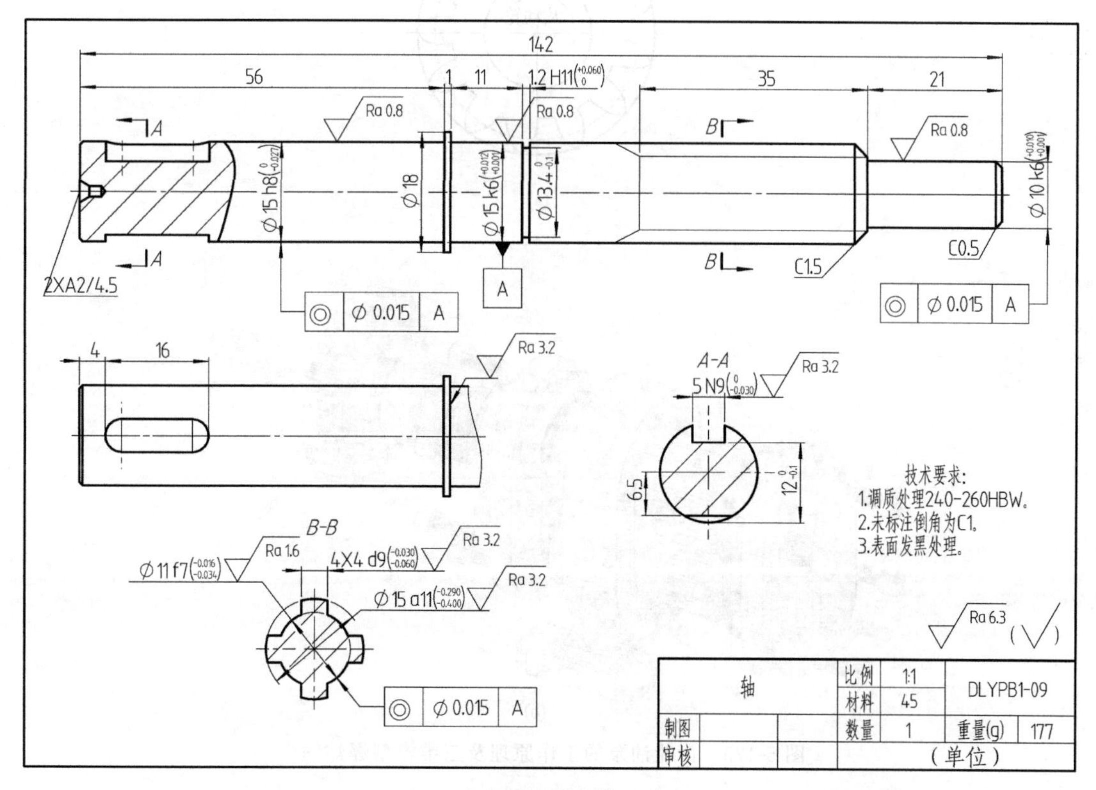

图 5-174　轴

5.6.4 齿轮油泵

齿轮油泵在泵体中，装有一对回转齿轮，一个主动，一个从动；通过两个相互啮合的齿轮，把泵体内部分成两个工作腔。当轮齿从啮合到分开时，工作腔容积增大形成负压，吸油[图 5-175(a) 所示右边]；继续转动到左边时，轮齿从分开到啮合，工作腔容积减少对油产生压力，出油 [图 5-175(a) 所示左边]。齿轮油泵对介质要求不高，一般压力较低，流量较大。齿轮油泵的形状结构比较多，本小节展示了两种齿轮油泵图例。

(1) 齿轮油泵 1 图例

图 5-175 所示为齿轮油泵的工作原理及三维模型爆炸图，其装配图和零件图如图 5-176～图 5-185 所示。

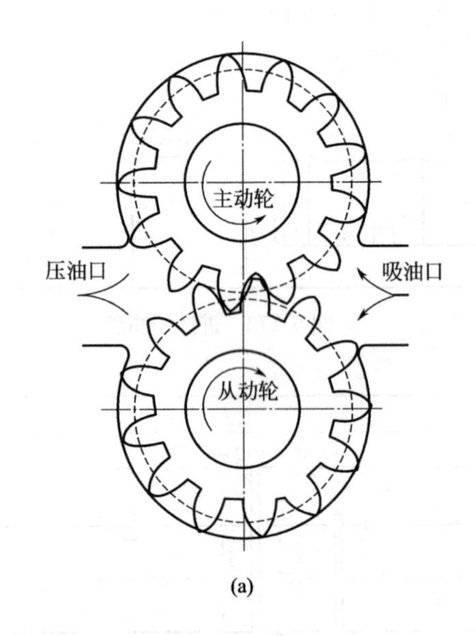

(a)

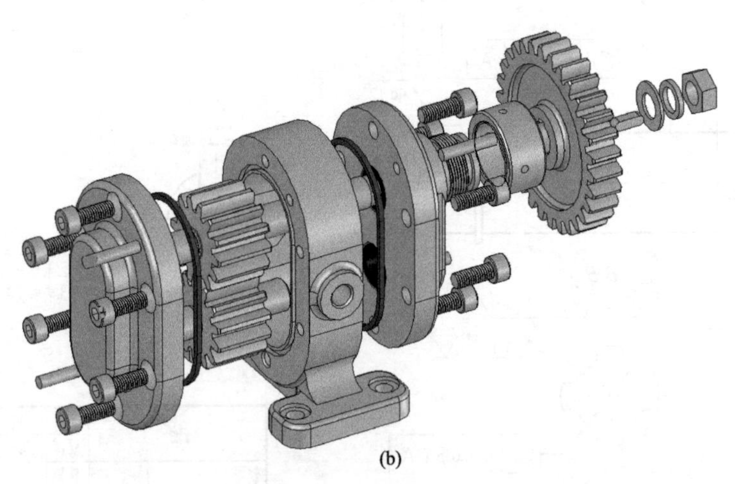

(b)

图 5-175　齿轮油泵的工作原理及三维模型爆炸图

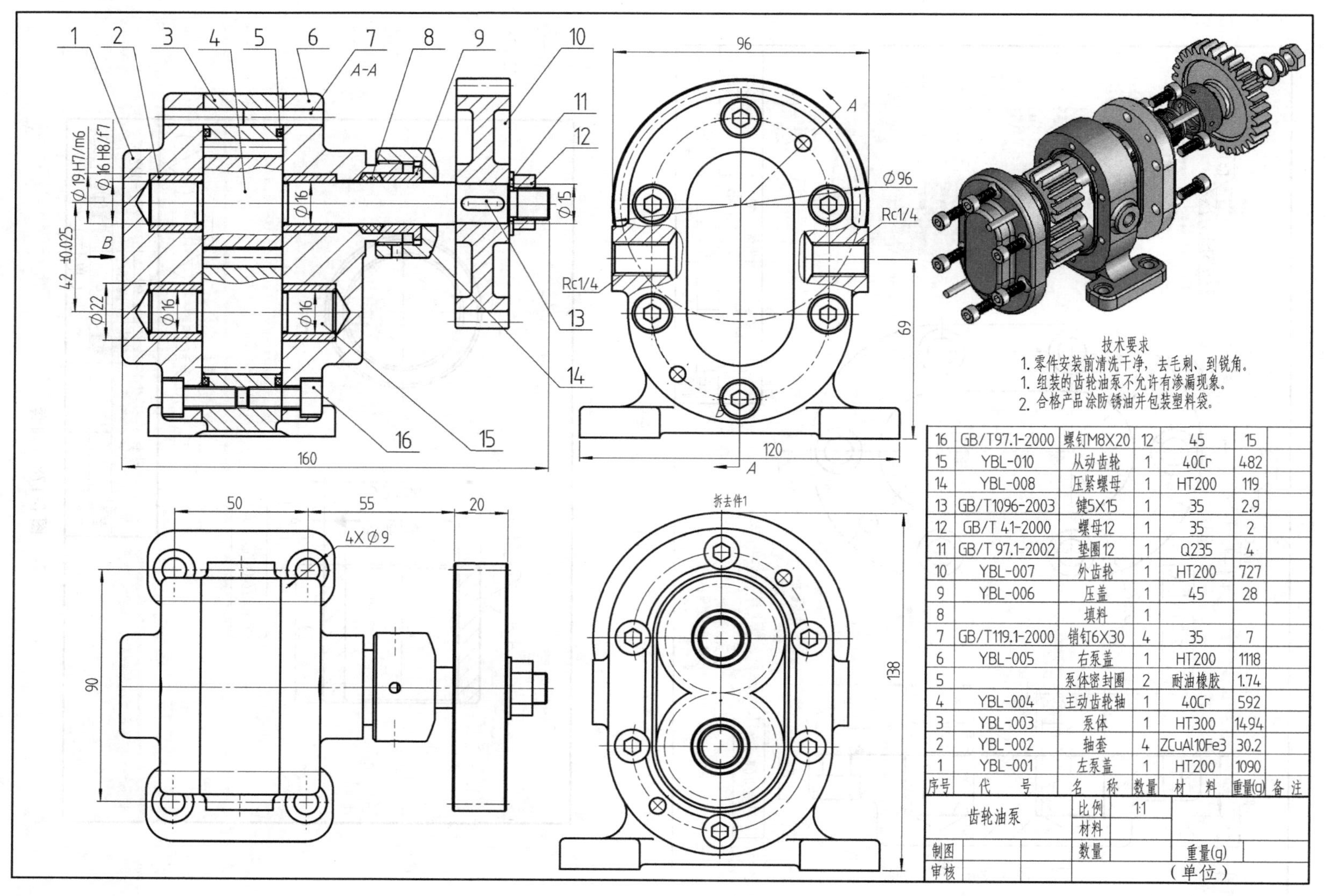

序号	代号	名称	数量	材料	重量(g)	备注
16	GB/T97.1-2000	螺钉M8X20	12	45	15	
15	YBL-010	从动齿轮	1	40Cr	482	
14	YBL-008	压紧螺母	1	HT200	119	
13	GB/T1096-2003	键5X15	1	35	2.9	
12	GB/T 41-2000	螺母12	1	35	2	
11	GB/T 97.1-2002	垫圈12	1	Q235	4	
10	YBL-007	外齿轮	1	HT200	727	
9	YBL-006	压盖	1	45	28	
8		填料	1			
7	GB/T119.1-2000	销钉6X30	4	35	7	
6	YBL-005	右泵盖	1	HT200	1118	
5		泵体密封圈	2	耐油橡胶	1.74	
4	YBL-004	主动齿轮轴	1	40Cr	592	
3	YBL-003	泵体	1	HT300	1494	
2	YBL-002	轴套	4	ZCuAl10Fe3	30.2	
1	YBL-001	左泵盖	1	HT200	1090	

齿轮油泵	比例	1:1	
	材料		
制图	数量		重量(g)
审核			（单位）

图 5-176　齿轮油泵

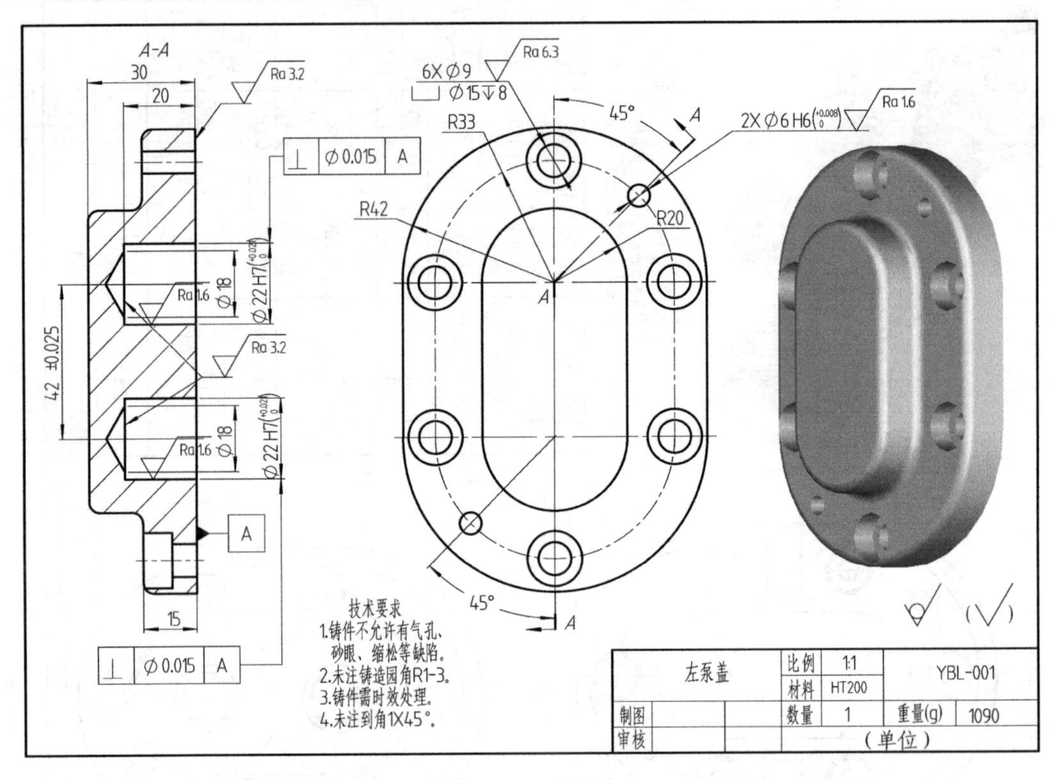

图 5-177 左泵盖

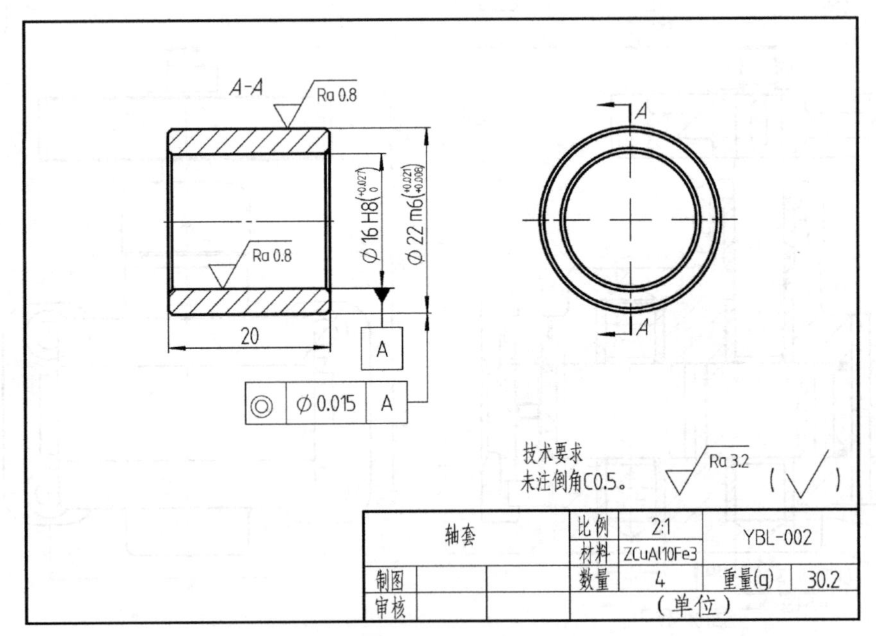

图 5-178 轴套

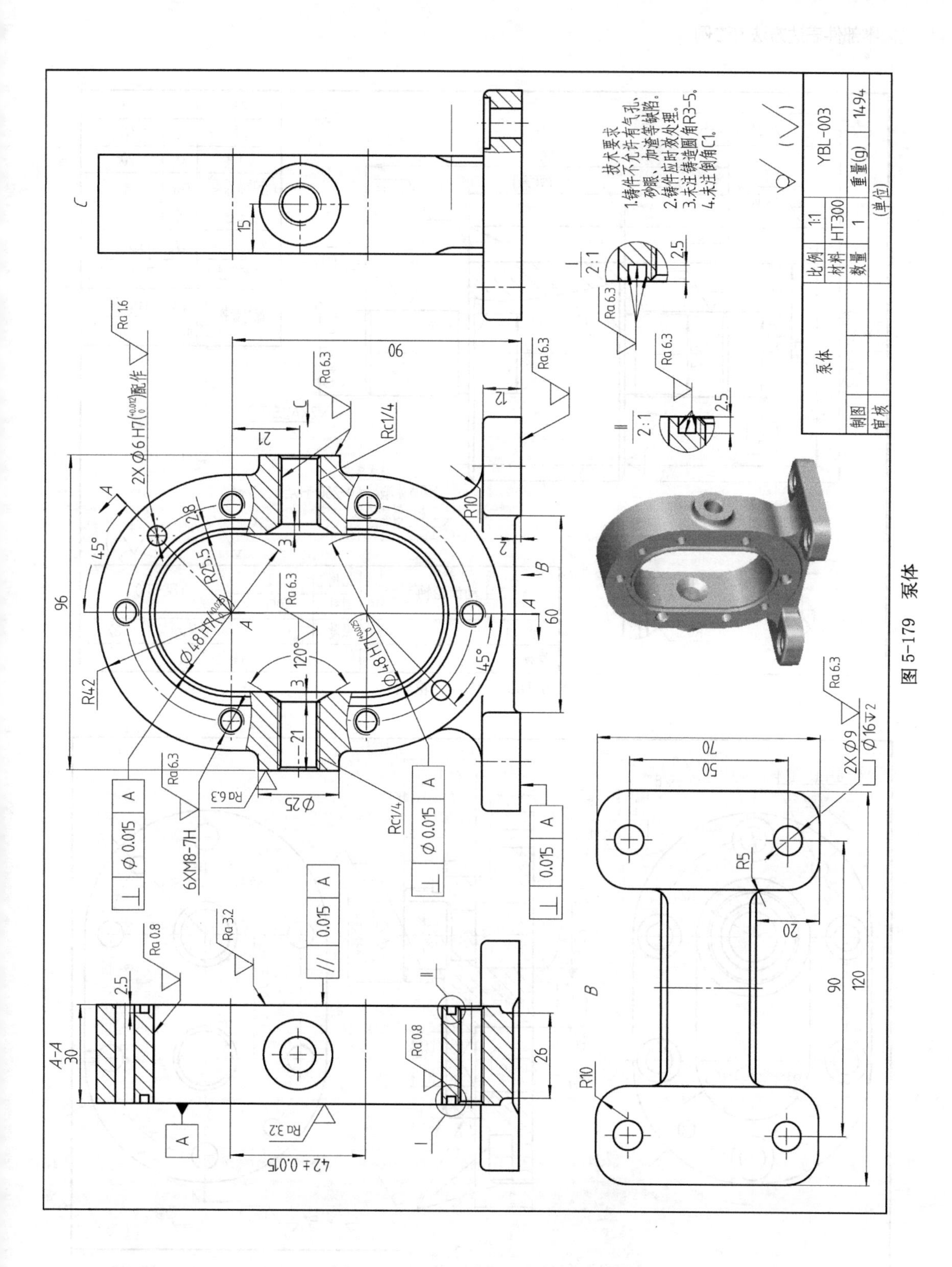
技术要求
1.铸件不允许有气孔、砂眼、加渣等缺陷。
2.铸件应时效处理。
3.未注铸造圆角R3-5。
4.未注倒角C1。
泵体
比例 1:1
材料 HT300
数量 1
重量(g) 1494
YBL-003
制图
审核
(单位)

图 5-179 泵体

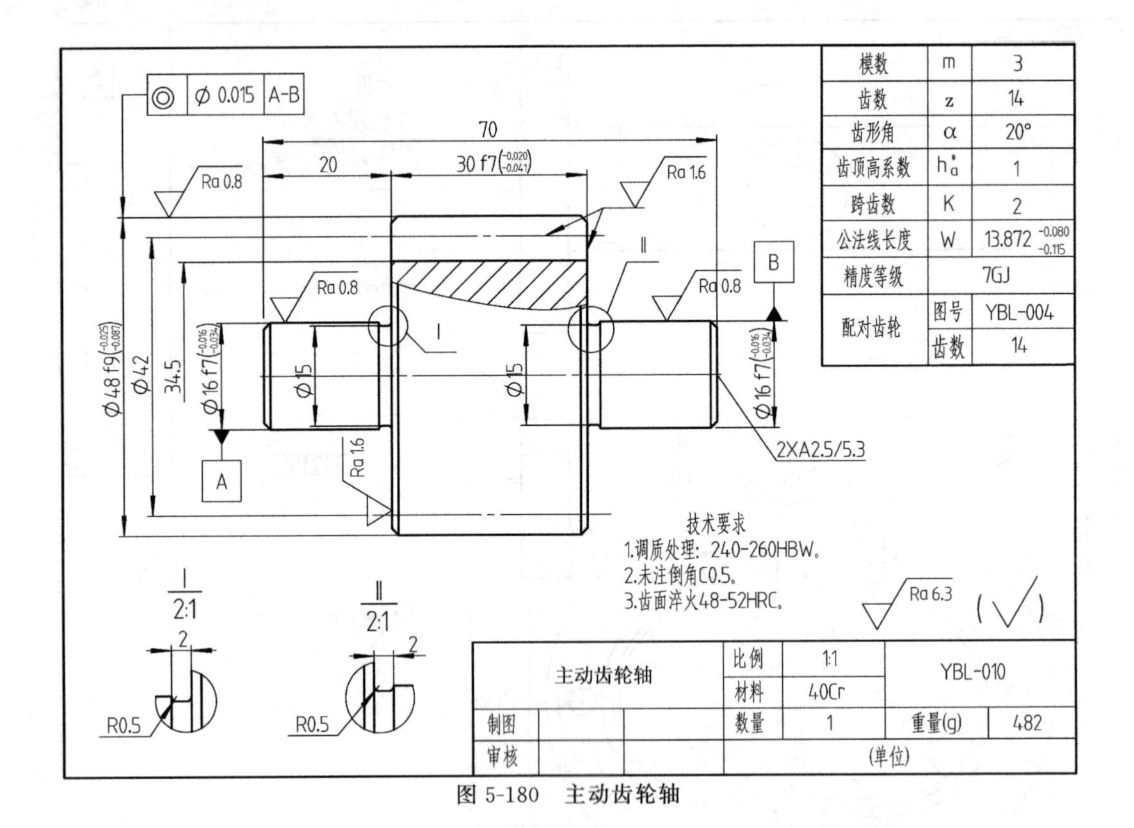

图 5-180　主动齿轮轴

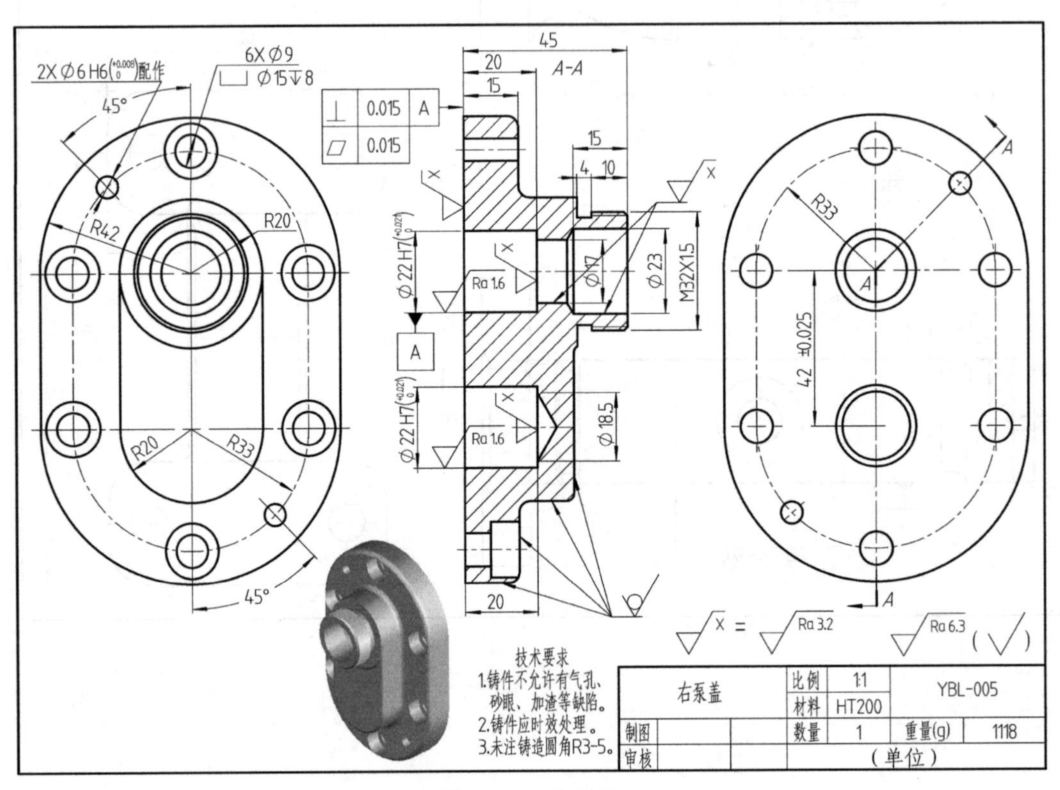

图 5-181　右泵盖

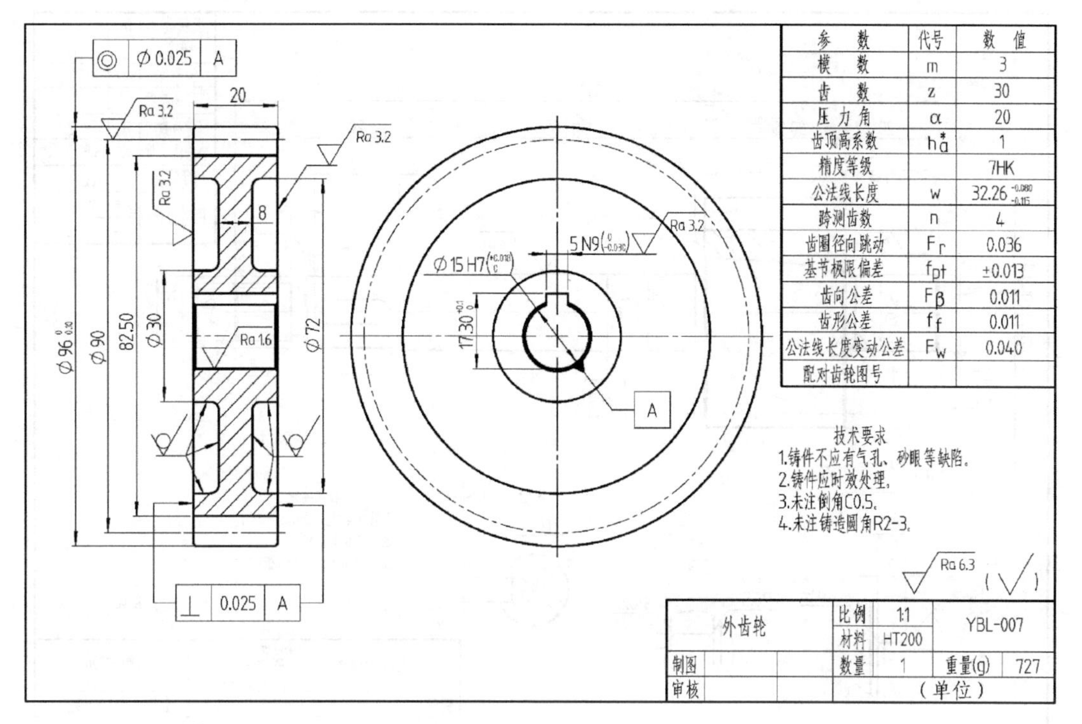

图 5-182 外齿轮

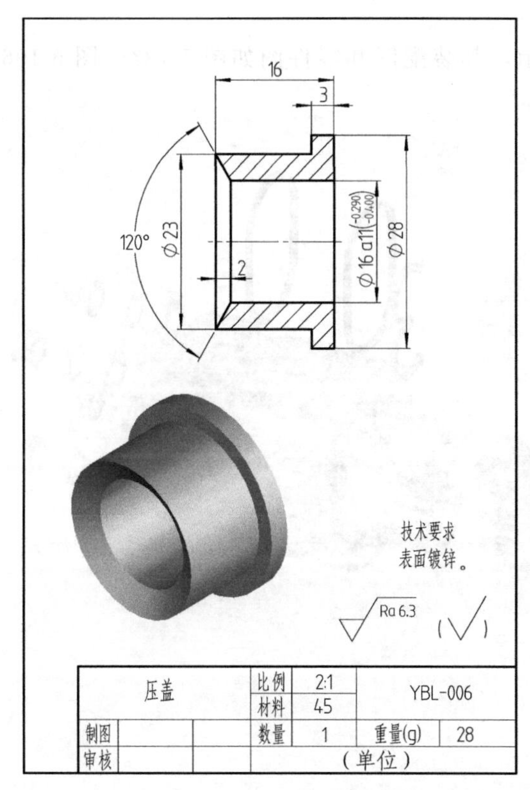

图 5-183 压盖

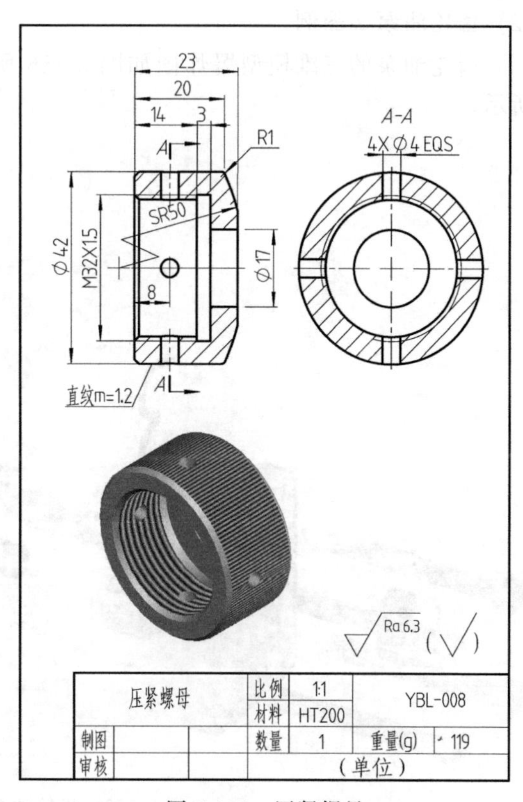

图 5-184 压紧螺母

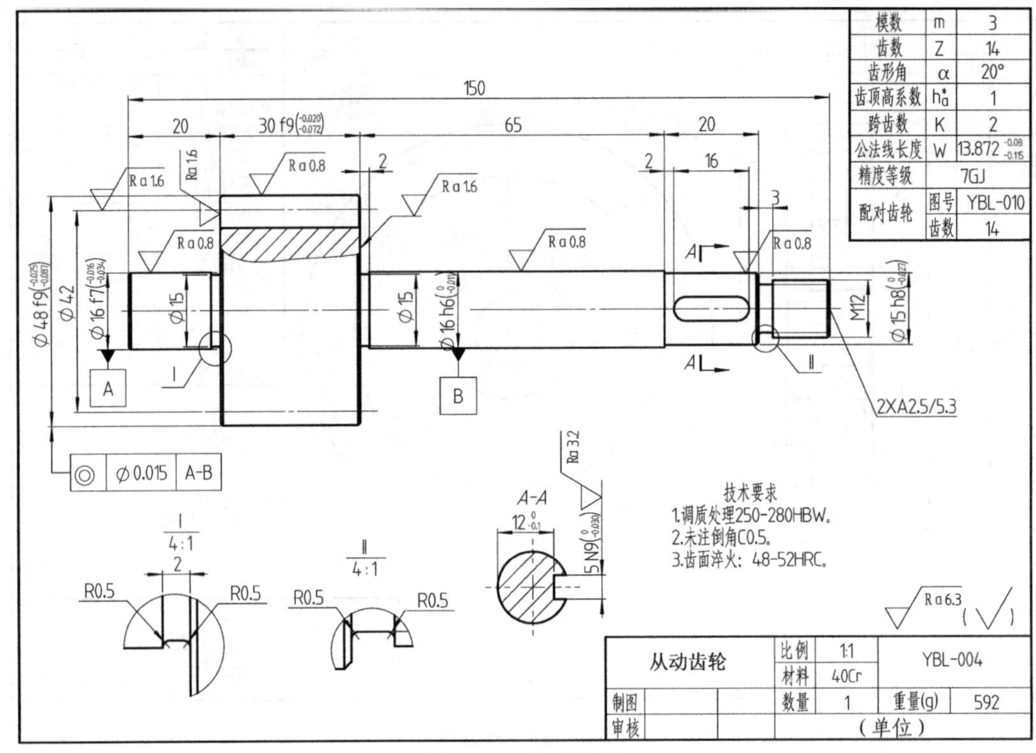

图 5-185　从动齿轮

(2) 齿轮油泵 2 图例

齿轮油泵的三维模型爆炸图如图 5-186 所示，其装配图和零件图如图 5-187～图 5-196 所示。

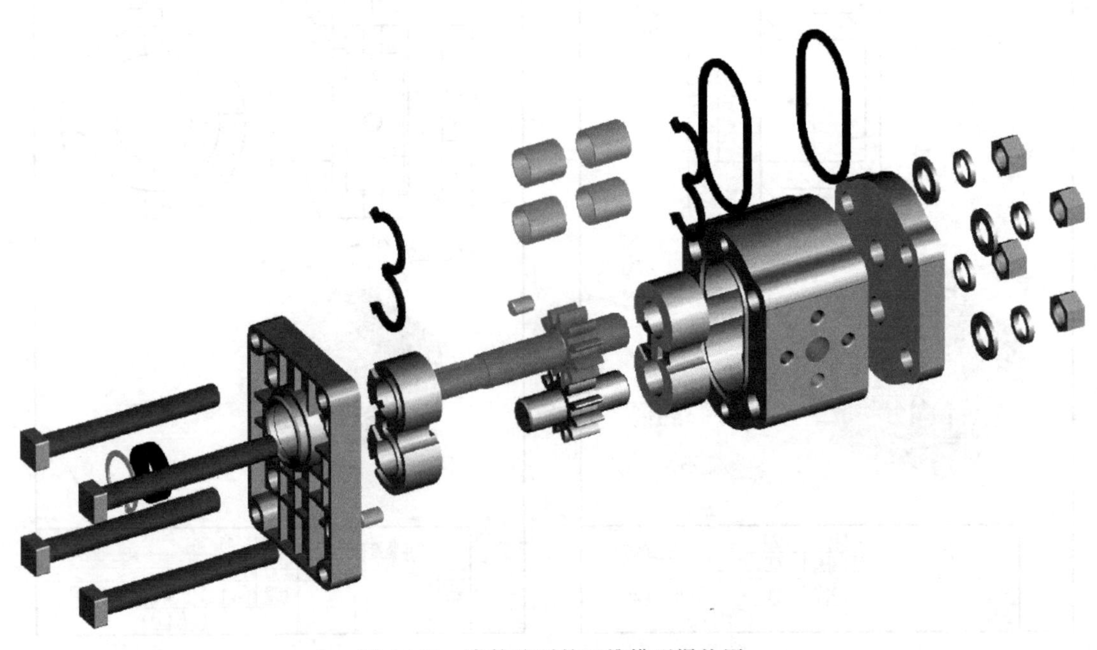

图 5-186　齿轮油泵的三维模型爆炸图

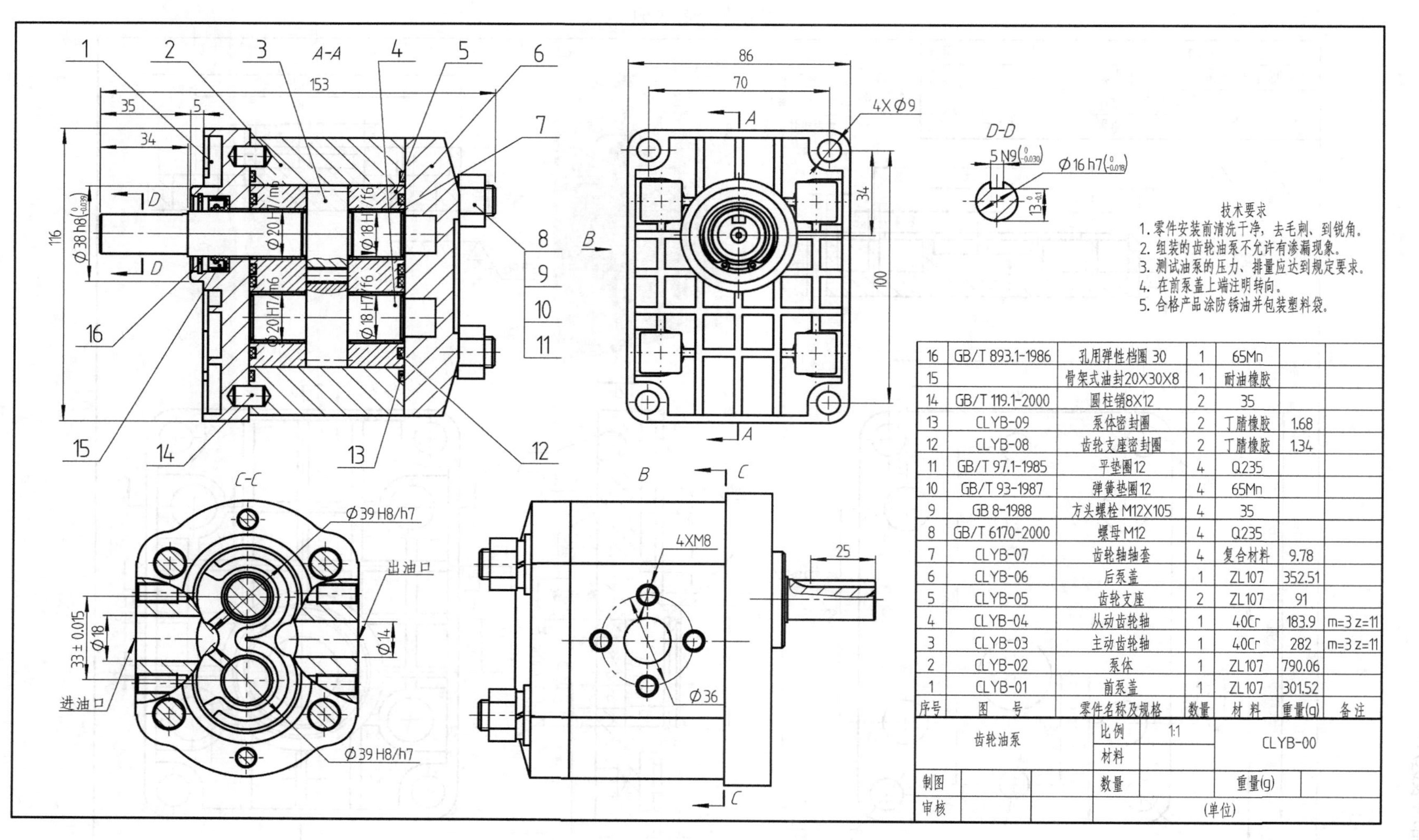

16	GB/T 893.1-1986	孔用弹性档圈 30	1	65Mn		
15		骨架式油封20X30X8	1	耐油橡胶		
14	GB/T 119.1-2000	圆柱销8X12	2	35		
13	CLYB-09	泵体密封圈	2	丁腈橡胶	1.68	
12	CLYB-08	齿轮支座密封圈	2	丁腈橡胶	1.34	
11	GB/T 97.1-1985	平垫圈12	4	Q235		
10	GB/T 93-1987	弹簧垫圈12	4	65Mn		
9	GB 8-1988	方头螺栓 M12X105	4	35		
8	GB/T 6170-2000	螺母 M12	4	Q235		
7	CLYB-07	齿轮轴轴套	4	复合材料	9.78	
6	CLYB-06	后泵盖	1	ZL107	352.51	
5	CLYB-05	齿轮支座	2	ZL107	91	
4	CLYB-04	从动齿轮轴	1	40Cr	183.9	m=3 z=11
3	CLYB-03	主动齿轮轴	1	40Cr	282	m=3 z=11
2	CLYB-02	泵体	1	ZL107	790.06	
1	CLYB-01	前泵盖	1	ZL107	301.52	
序号	图　号	零件名称及规格	数量	材　料	重量(g)	备注

齿轮油泵		比例	1:1	CLYB-00
		材料		
制图		数量		重量(g)
审核				(单位)

图 5-187　齿轮油泵

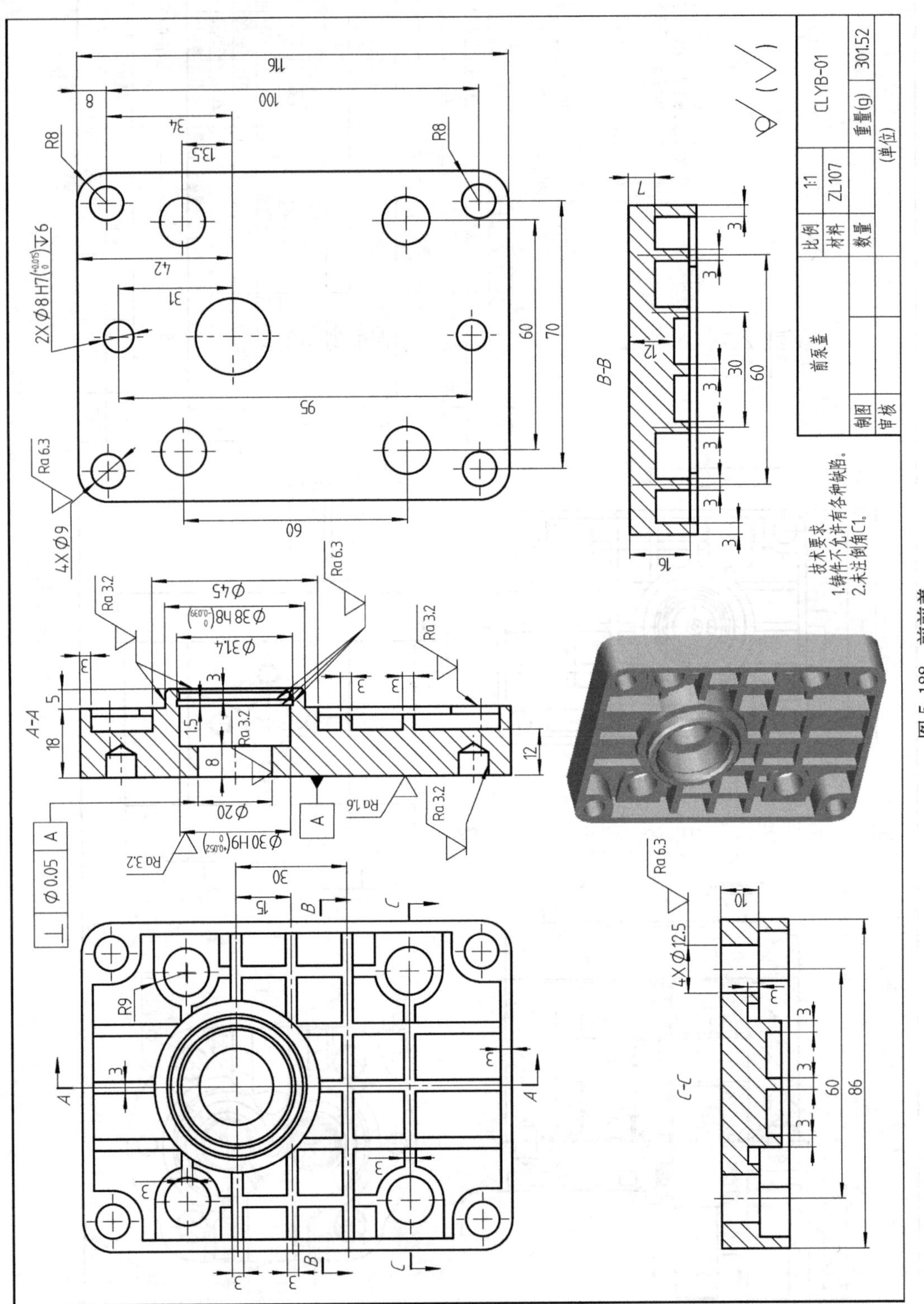
A-A
B-B
C-C
技术要求
1.铸件不允许有各种缺陷。
2.未注倒角C1。
前泵盖
比例 1:1
材料 ZL107
数量
CLYB-01
重量(g) 301.52
(单位)
制图
审核
2XΦ8H7(+0.015 0)↧6
4XΦ9
4XΦ12.5
Φ45
Φ38h8(0 -0.039)
Φ31.4
Φ20
Φ30H9(+0.052 0)
Φ0.05 A

图 5-188 前前盖

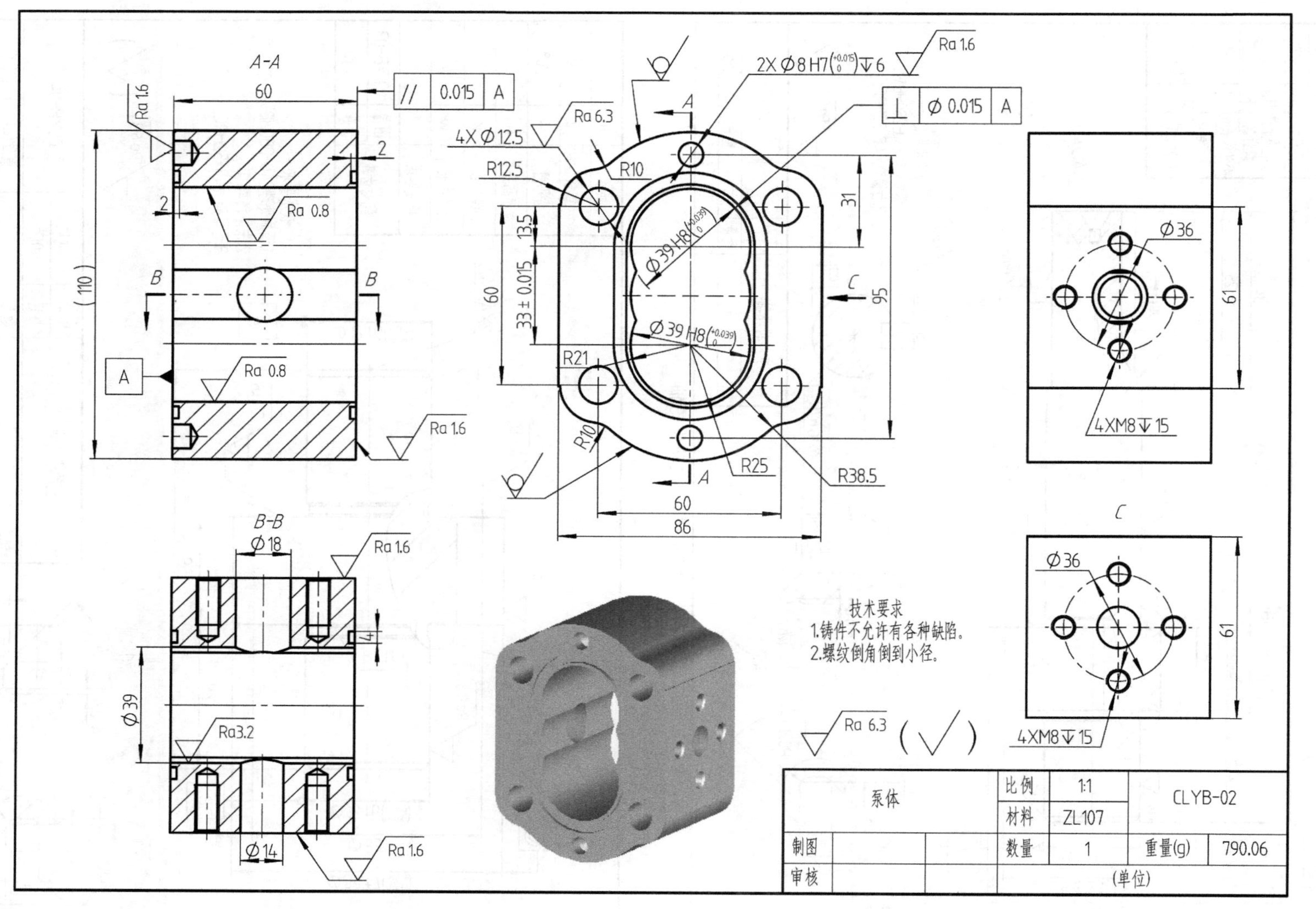
A-A
B-B
C
技术要求
1.铸件不允许有各种缺陷。
2.螺纹倒角倒到小径。
泵体
比例 1:1
材料 ZL107
数量 1
制图
审核
CLYB-02
重量(g) 790.06
(单位)
4XM8▽15
Ø36
Ø39
Ø18
Ø14
4XØ12.5
R38.5
R25
R21
R12.5
R10
95
86
61
60
31
(110)
33±0.015
13.5
Ra 0.8
Ra 1.6
Ra3.2
Ra 6.3

图 5-189 泵体

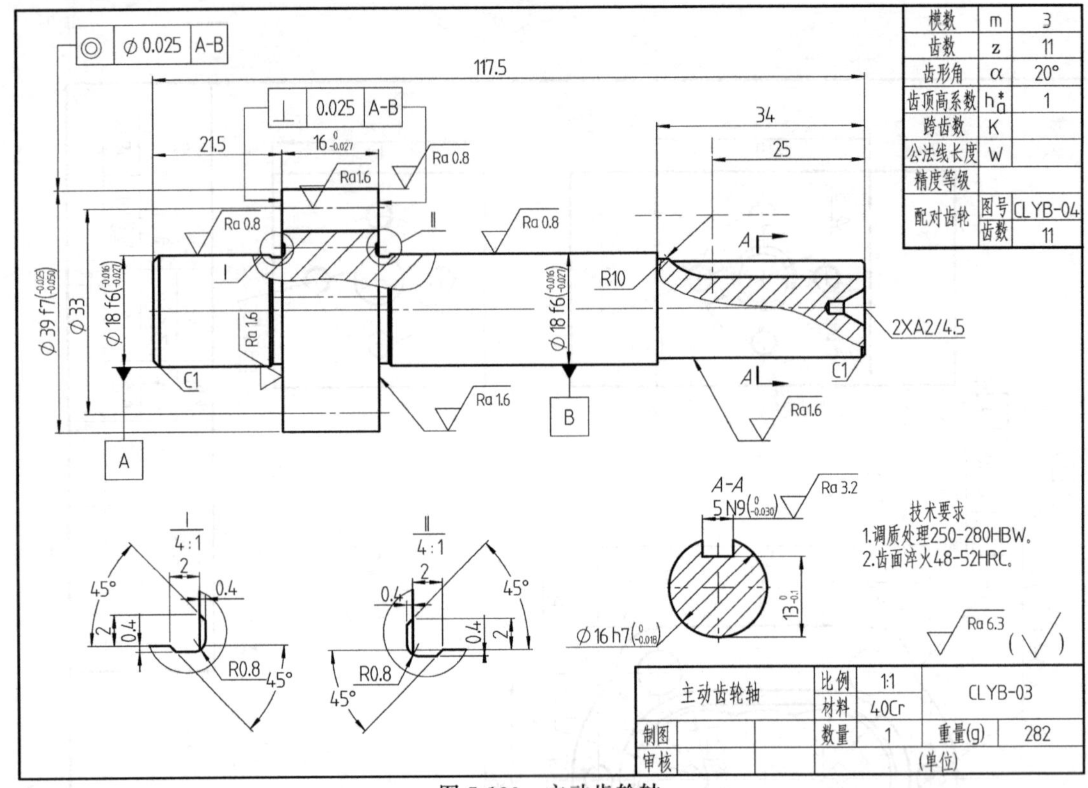

图 5-190　主动齿轮轴

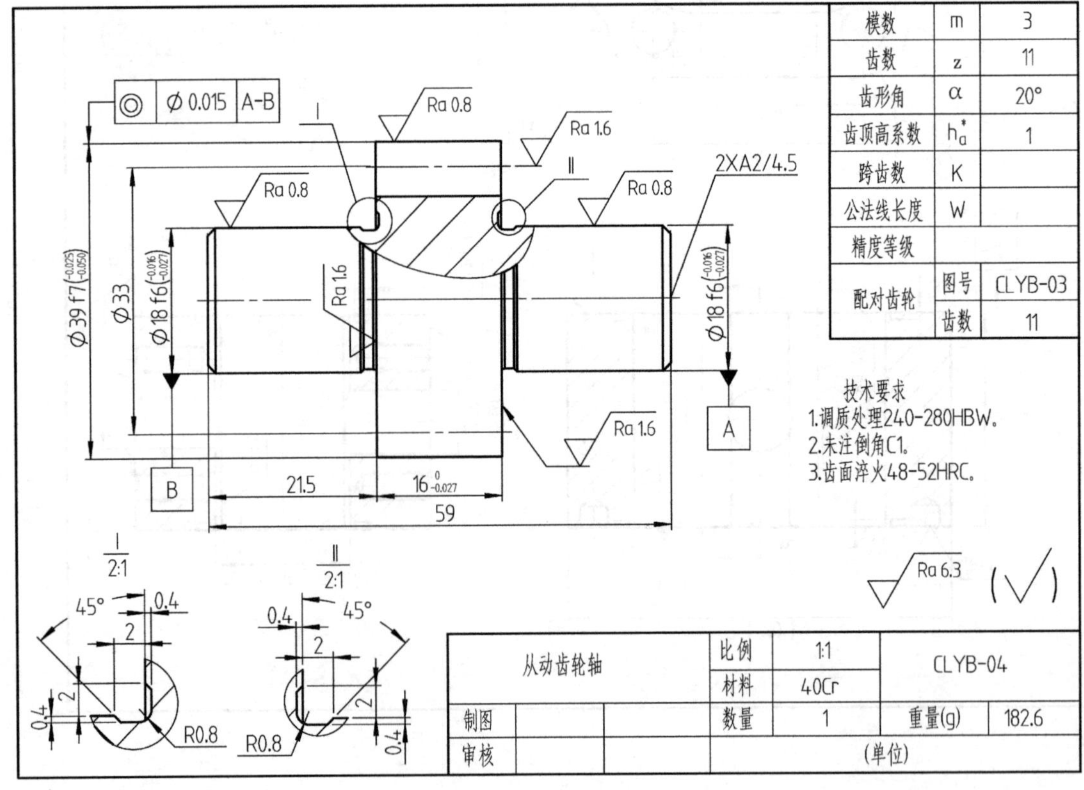

图 5-191　从动齿轮轴

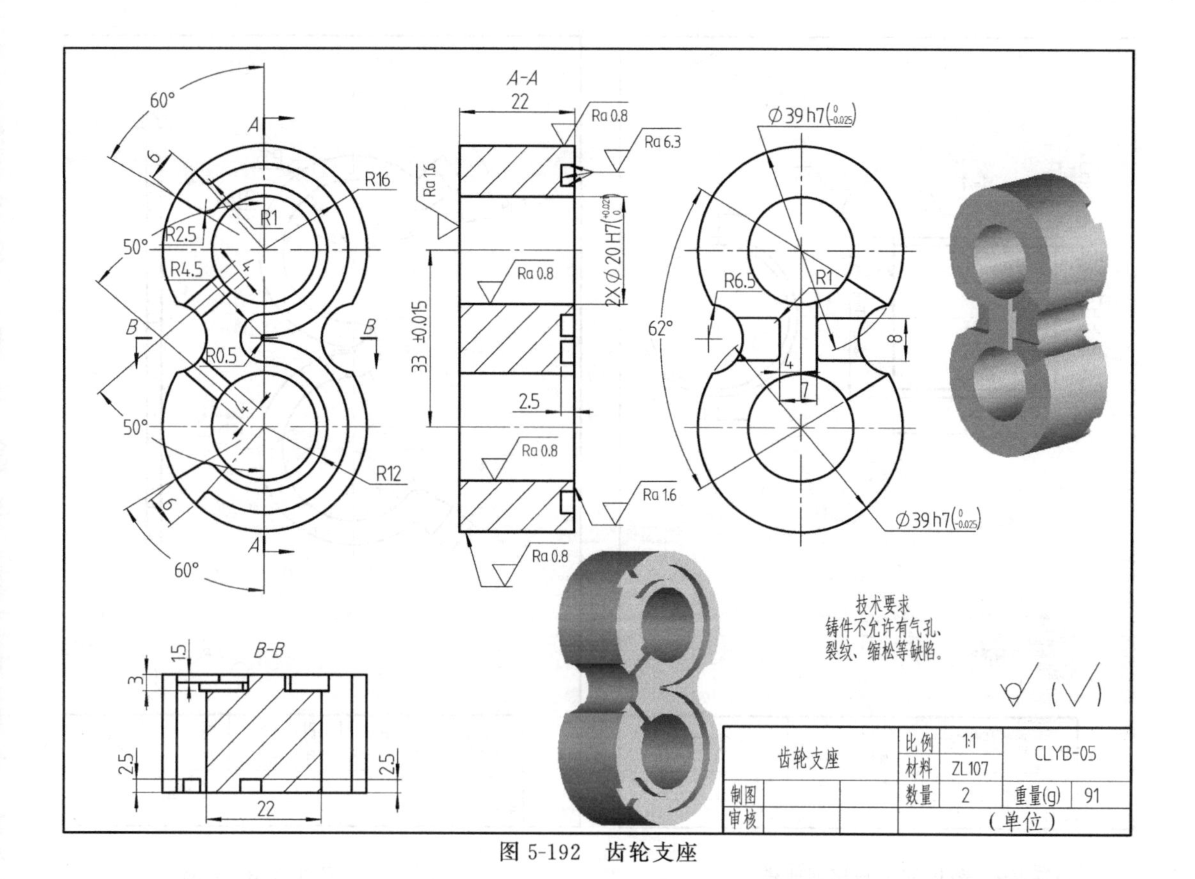

图 5-192 齿轮支座

A-A

C-C

B-B

技术要求
铸件不允许有各种缺陷。

后泵盖		比例	1:1	CLYB-06	
		材料	ZL107		
制图		数量	1	重量(g)	352.51
审核		(单位)			

图 5-193 后泵盖

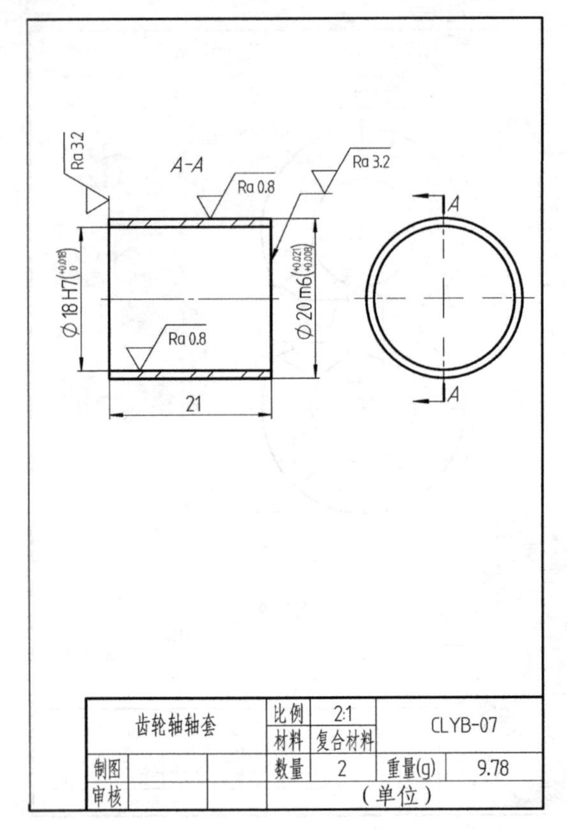

图 5-194 齿轮轴轴套

60°
6
R16
R12
R19.5
R0.5
33
R4.5
R2.5
R1
6
2.5
Ra 1.6
(√)

齿轮支座密封圈	比例	2:1	CLYB-08	
	材料	丁腈橡胶		
制图	数量	2	重量(g)	1.34
审核	(单位)			

图 5-195 齿轮支座密封圈

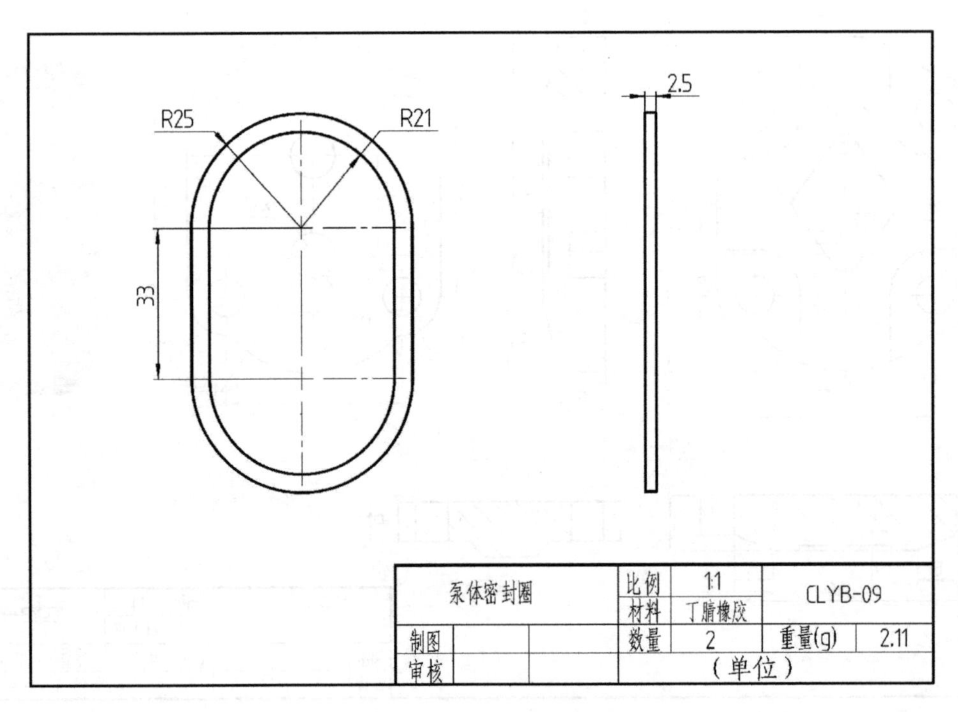

图 5-196 泵体密封圈

5.7 减速器

减速器是一种相对精密的机械，使用它的目的是降低转速，增加转矩。它的种类繁多，型号各异，不同种类有不同的用途。按照传动类型可分为齿轮减速器、蜗杆减速器和摆线针轮减速器等。本节介绍两种减速器。

5.7.1 直齿单级减速器

直齿单级减速器速比较小，两轴相互平行。图 5-197 所示为三维模型爆炸图，装配图和零件图如图 5-198～图 5-215 所示。图 5-198 放大图详见附图 2。

图 5-197　直齿圆柱齿轮减速器三维模型爆炸图

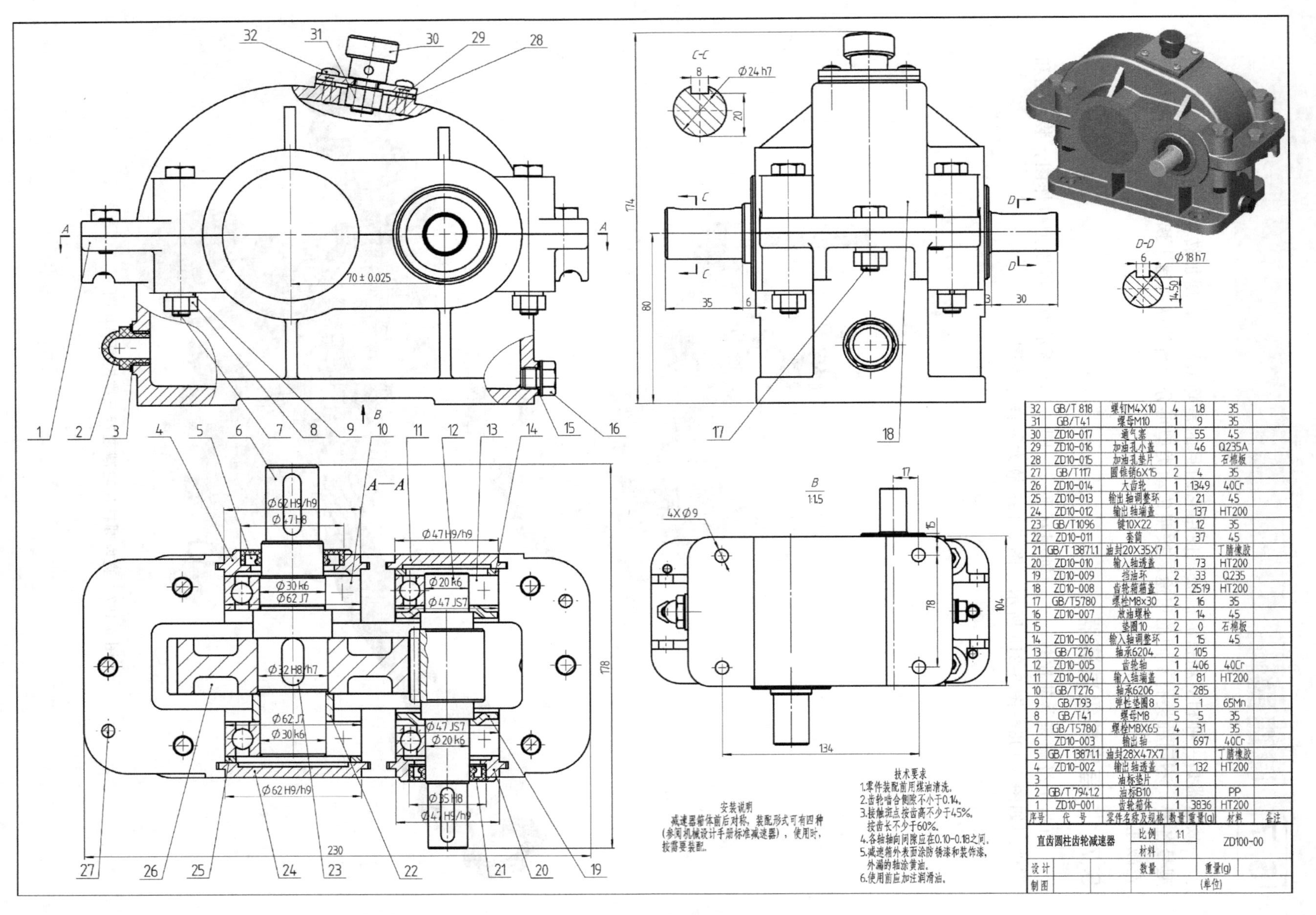

32	GB/T 818	螺钉M4X10	4	1.8	35	
31	GB/T41	螺母M10	1	9	35	
30	ZD10-017	通气塞	1	55	45	
29	ZD10-016	加油孔小盖	1	46	Q235A	
28	ZD10-015	加油孔垫片	1		石棉板	
27	GB/T117	圆锥销6X15	2	4	35	
26	ZD10-014	大齿轮	1	1349	40Cr	
25	ZD10-013	输出轴调整环	1	21	45	
24	ZD10-012	输出轴端盖	1	137	HT200	
23	GB/T1096	键10X22	1	12	35	
22	ZD10-011	套筒	1	37	45	
21	GB/T 13871.1	油封20X35X7	1		丁腈橡胶	
20	ZD10-010	输入轴透盖	1	73	HT200	
19	ZD10-009	挡油环	2	33	Q235	
18	ZD10-008	齿轮箱箱盖	1	2519	HT200	
17	GB/T5780	螺栓M8x30	2	16	35	
16	ZD10-007	放油螺栓	1	14	45	
15		垫圈10	2	0	石棉板	
14	ZD10-006	输入轴调整环	1	15	45	
13	GB/T276	轴承6204	2	105		
12	ZD10-005	齿轮轴	1	406	40Cr	
11	ZD10-004	输入轴端盖	1	81	HT200	
10	GB/T276	轴承6206	2	285		
9	GB/T93	弹性垫圈8	5	1	65Mn	
8	GB/T41	螺母M8	5	5	35	
7	GB/T5780	螺栓M8X65	4	31	35	
6	ZD10-003	输出轴	1	697	40Cr	
5	GB/T 13871.1	油封28X47X7	1		丁腈橡胶	
4	ZD10-002	输出轴透盖	1	132	HT200	
3		油标垫片	1			
2	GB/T 7941.2	油标B10	1		PP	
1	ZD10-001	齿轮箱体	1	3836	HT200	
序号	代号	零件名称及规格	数量	重量(g)	材料	备注

直齿圆柱齿轮减速器			比例	1:1	ZD100-00	
			材料			
设计			数量		重量(g)	
制图			(单位)			

图5-108 直齿圆柱齿轮减速器

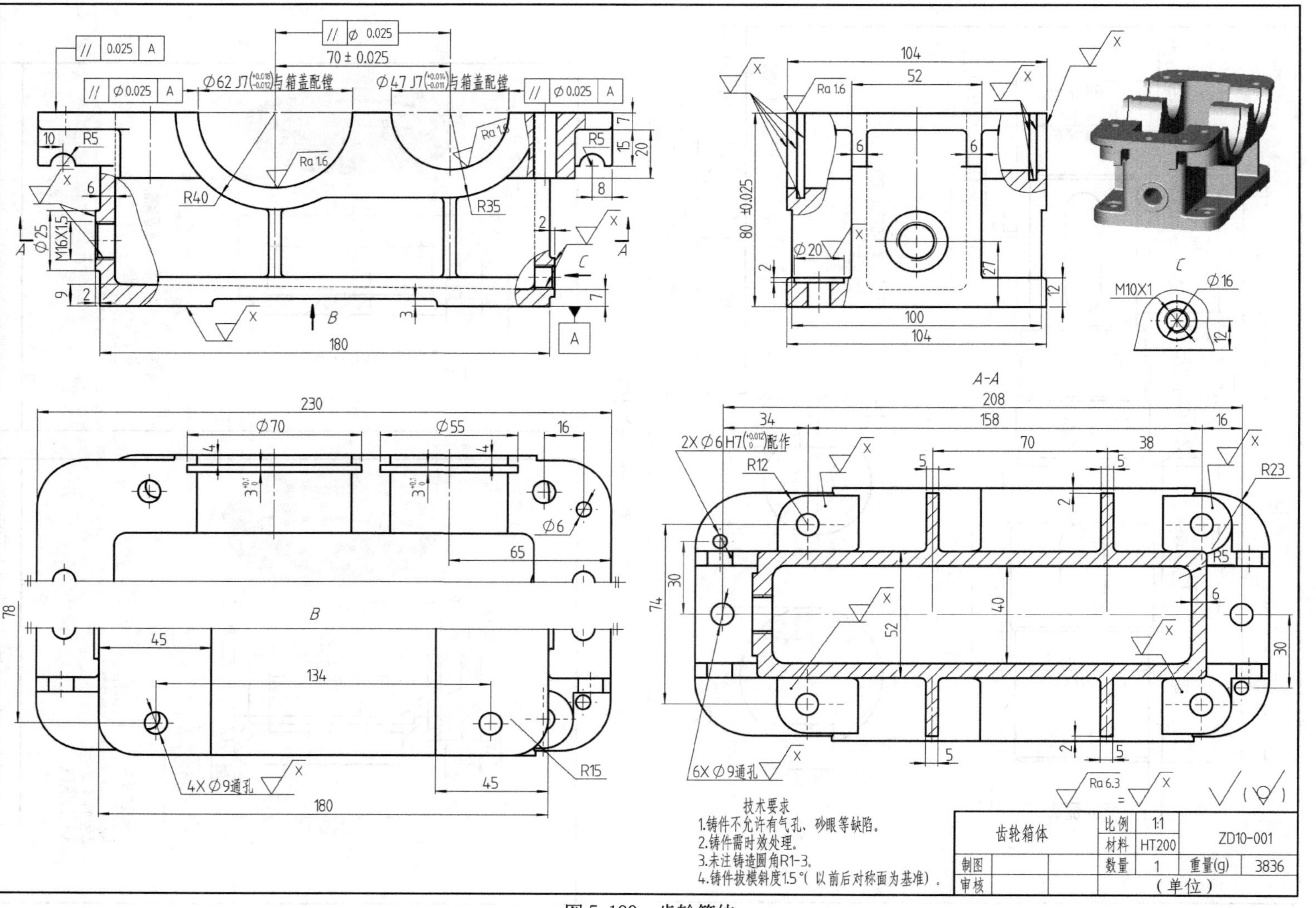
Φ62 J7 与箱盖配镗
Φ47 J7 与箱盖配镗
70 ± 0.025
A-A
C
B
M10X1
M16X1.5
2XΦ6H7配作
4XΦ9通孔
6XΦ9通孔
技术要求
1.铸件不允许有气孔、砂眼等缺陷。
2.铸件需时效处理。
3.未注铸造圆角R1-3.
4.铸件拔模斜度1.5°(以前后对称面为基准).
齿轮箱体
比例 1:1
材料 HT200
数量 1
重量(g) 3836
ZD10-001
制图
审核
(单位)

图 5-199 齿轮箱体

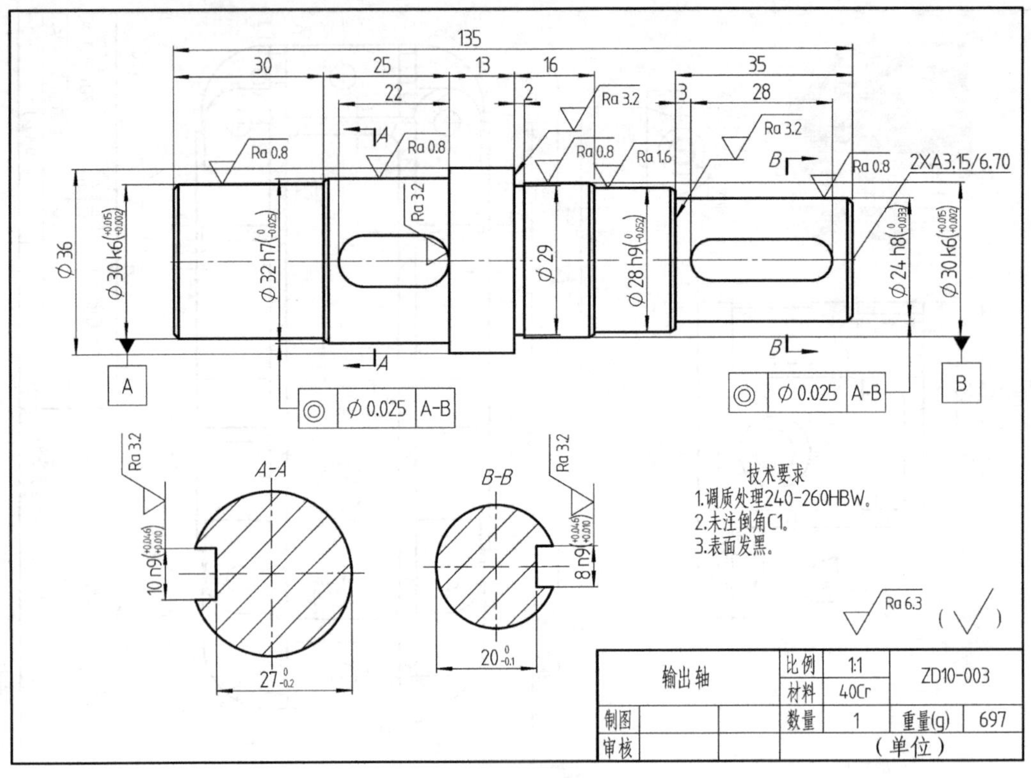

图 5-200　输出轴

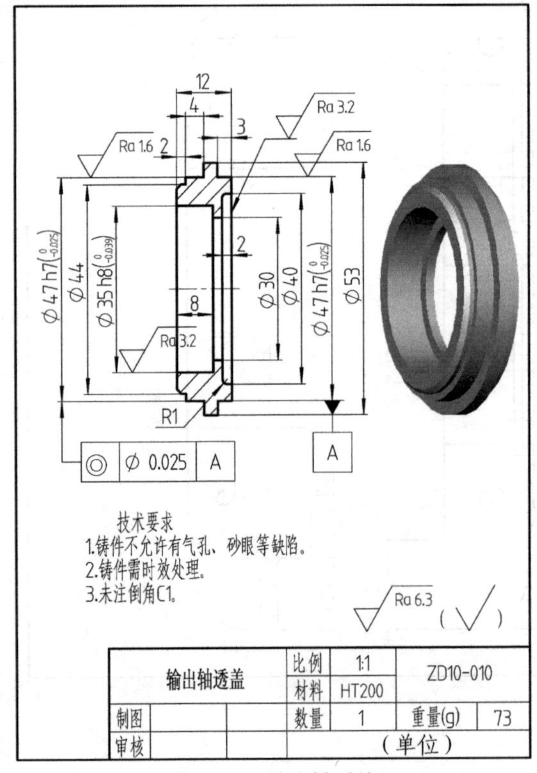

图 5-201　输出轴透盖

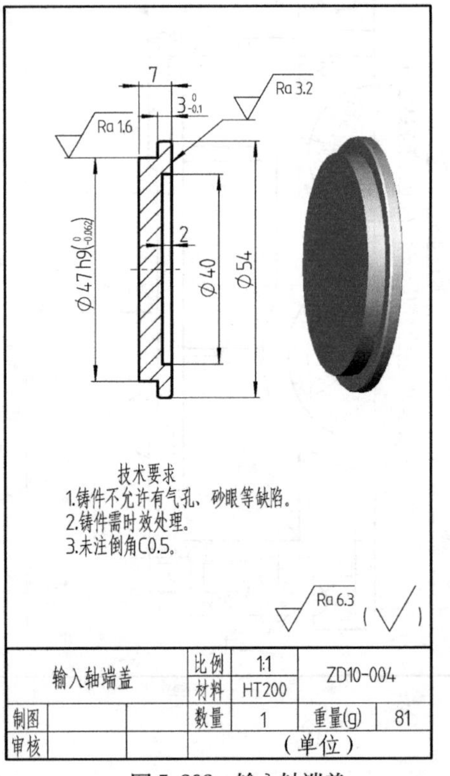

图 5-202　输入轴端盖

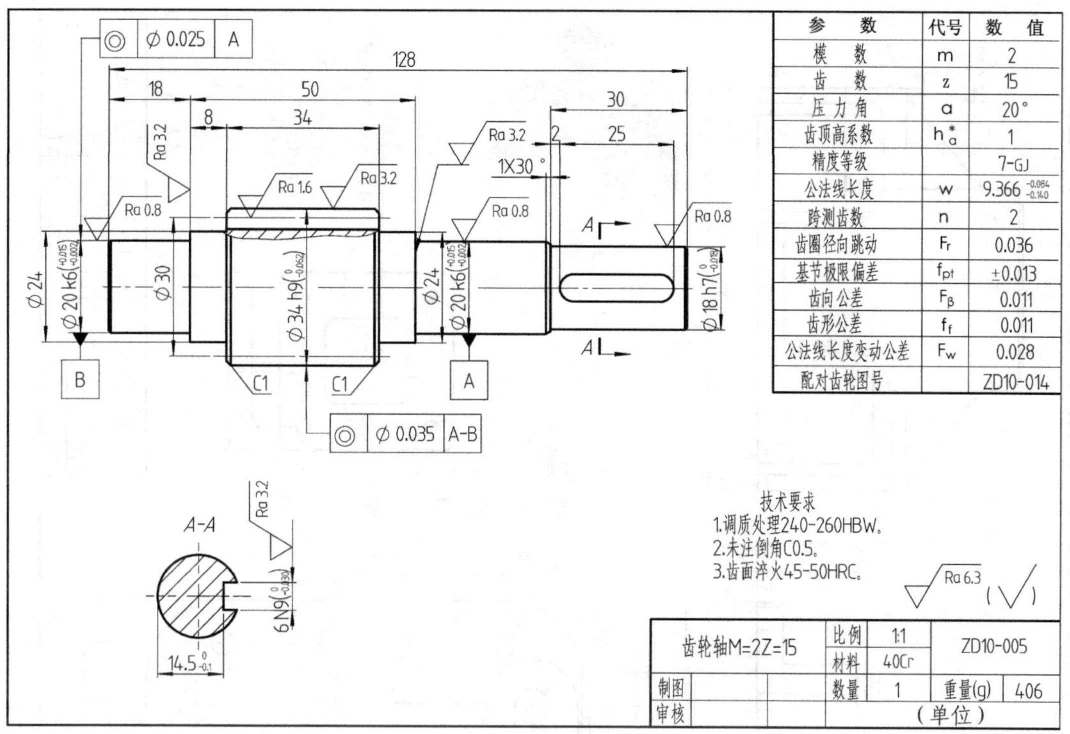

参数	代号	数值
模数	m	2
齿数	z	15
压力角	α	20°
齿顶高系数	h_a^*	1
精度等级		7-GJ
公法线长度	w	$9.366_{-0.140}^{-0.084}$
跨测齿数	n	2
齿圈径向跳动	F_r	0.036
基节极限偏差	f_{pt}	±0.013
齿向公差	$F_β$	0.011
齿形公差	f_f	0.011
公法线长度变动公差	F_w	0.028
配对齿轮图号		ZD10-014

图 5-203 齿轮轴

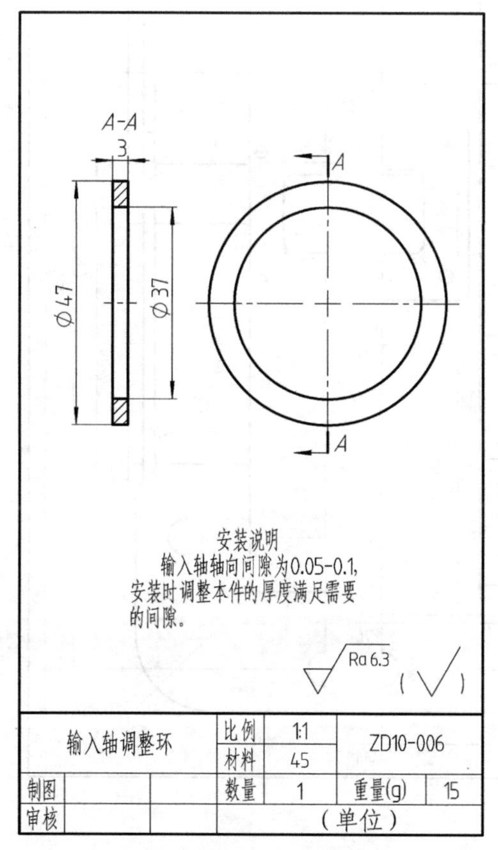

图 5-204 输入轴调整环

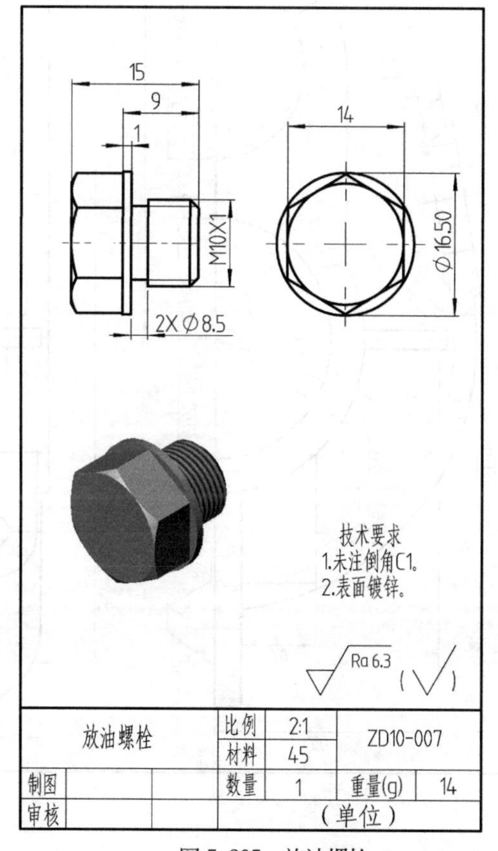

图 5-205 放油螺栓

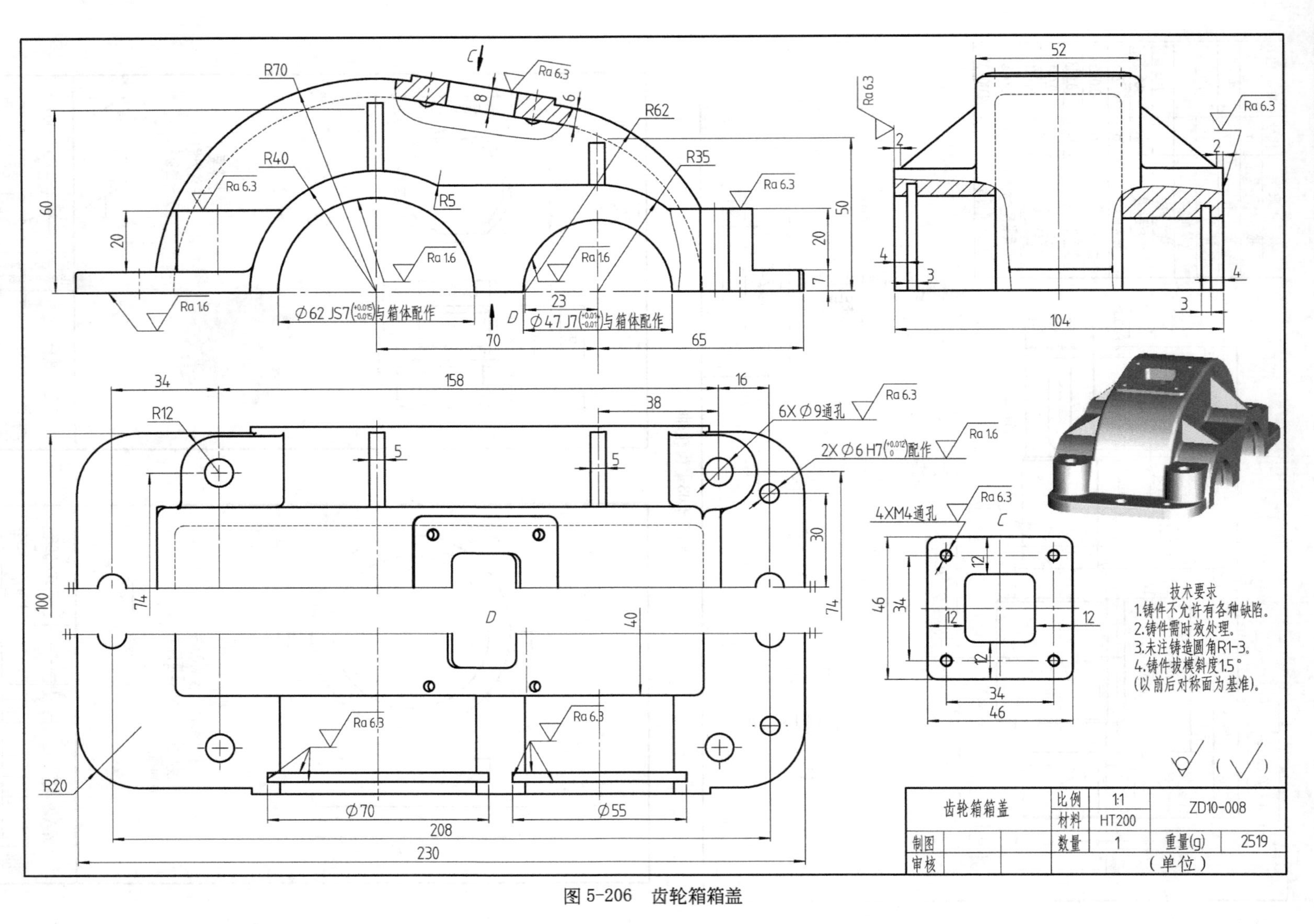
技术要求
1.铸件不允许有各种缺陷。
2.铸件需时效处理。
3.未注铸造圆角R1-3。
4.铸件拔模斜度1.5°
(以前后对称面为基准)。
齿轮箱箱盖
比例 1:1
材料 HT200
数量 1
重量(g) 2519
ZD10-008
制图
审核
(单位)

图 5-206 齿轮箱箱盖

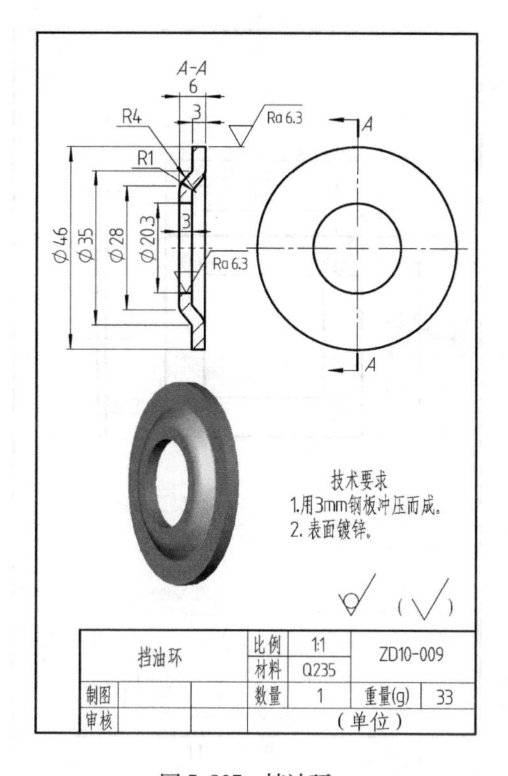

图 5-207　挡油环

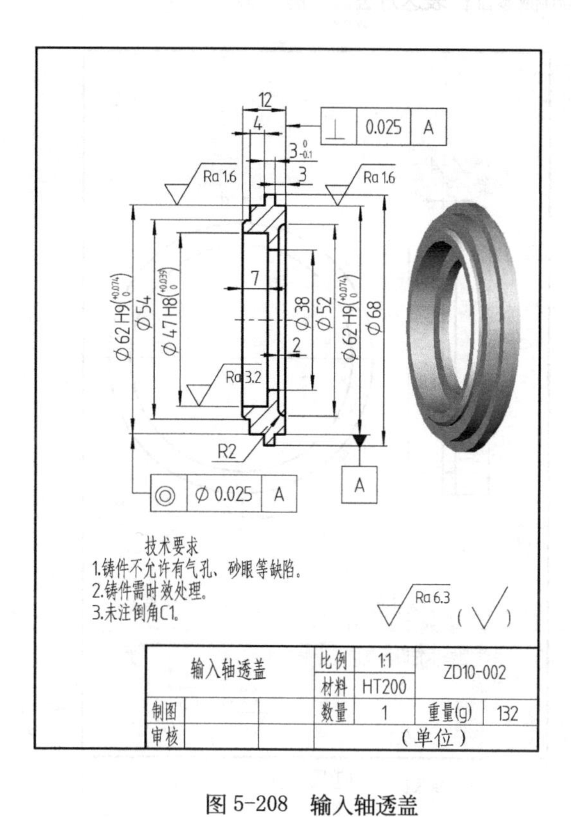

图 5-208　输入轴透盖

A-A

13

Φ30 C11

Φ37

A

A

技术要求

1.未注倒角C0.5。

2.表面发黑。

Ra 6.3 (√)

套筒		比例	1:1	ZD10-011
		材料	45	
制图		数量	1	重量(g) 37
审核		(单位)		

图 5-209　套筒

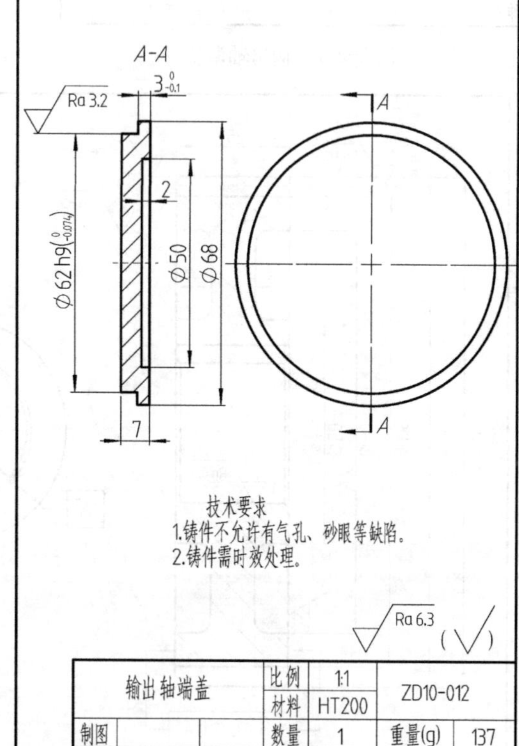

图 5-210　输出轴端盖

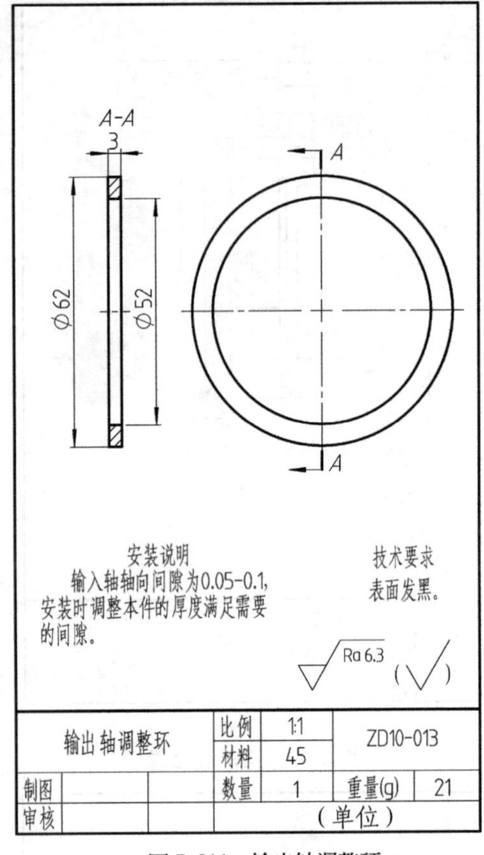

图 5-211　输出轴调整环

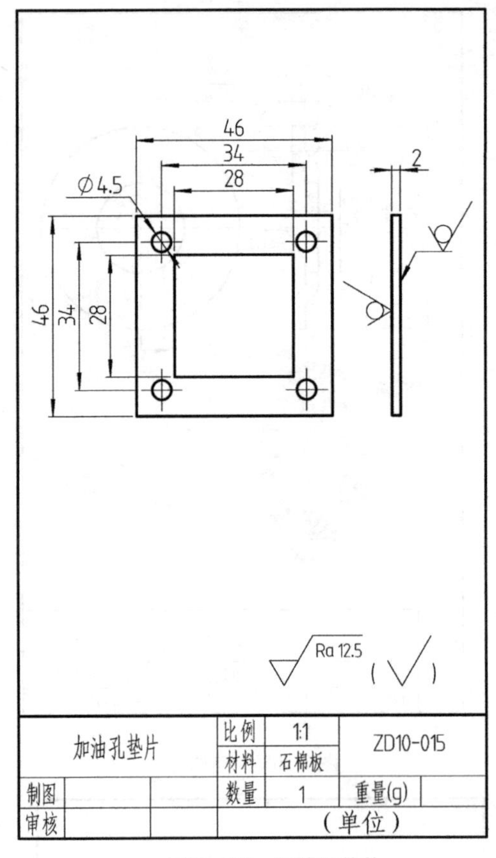

图 5-212　加油孔垫片

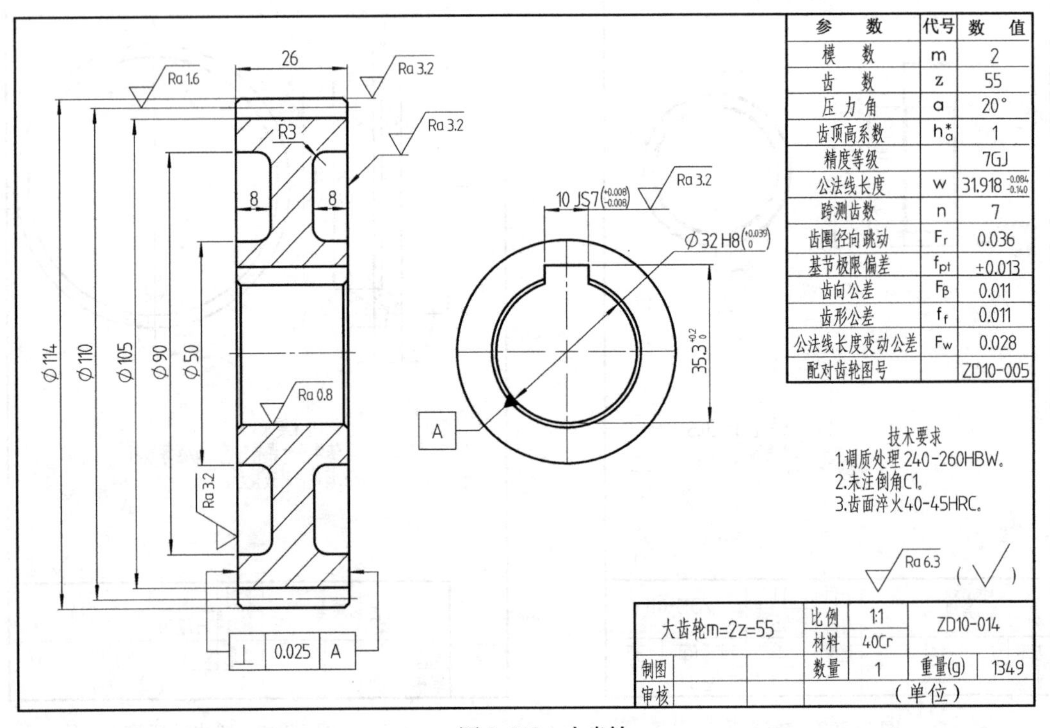

图 5-213　大齿轮

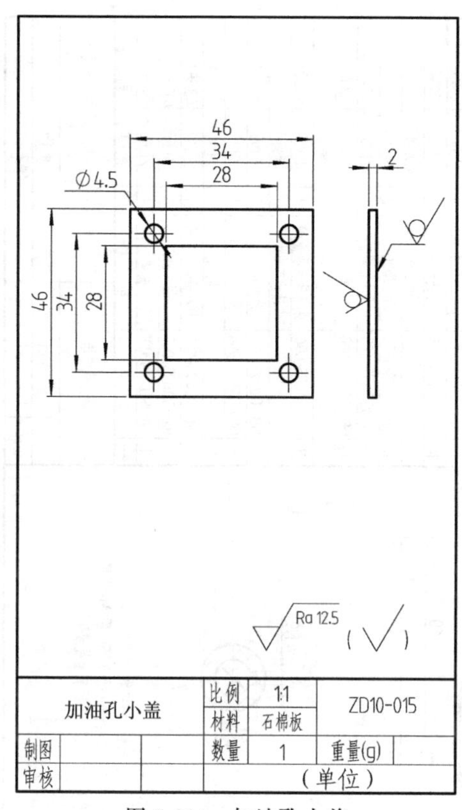

图 5-214　加油孔小盖

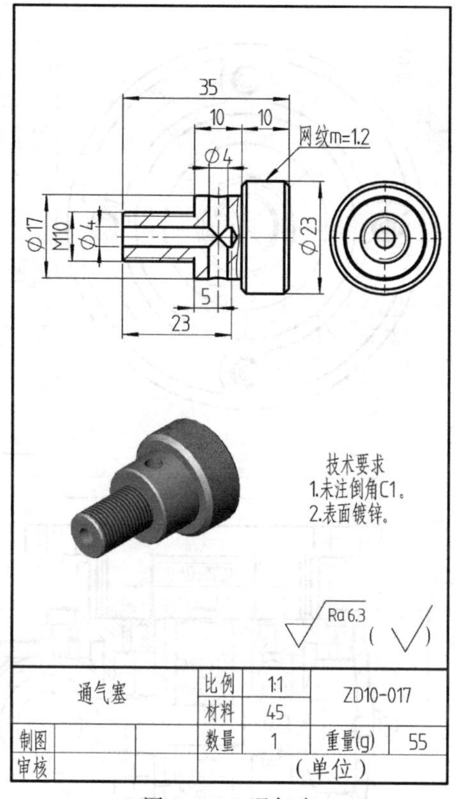

图 5-215　通气塞

5.7.2　蜗轮减速器

蜗轮减速器是用蜗轮、蜗杆传动的，两轴在空间垂直交叉，速比较大，但传动效率比直齿圆柱齿轮减速器要低。实例中的蜗轮减速器三维模型爆炸图如图 5-216 所示，其装配图和零件图如图 5-217～图 5-225 所示。

图 5-216　蜗轮减速器三维模型爆炸图

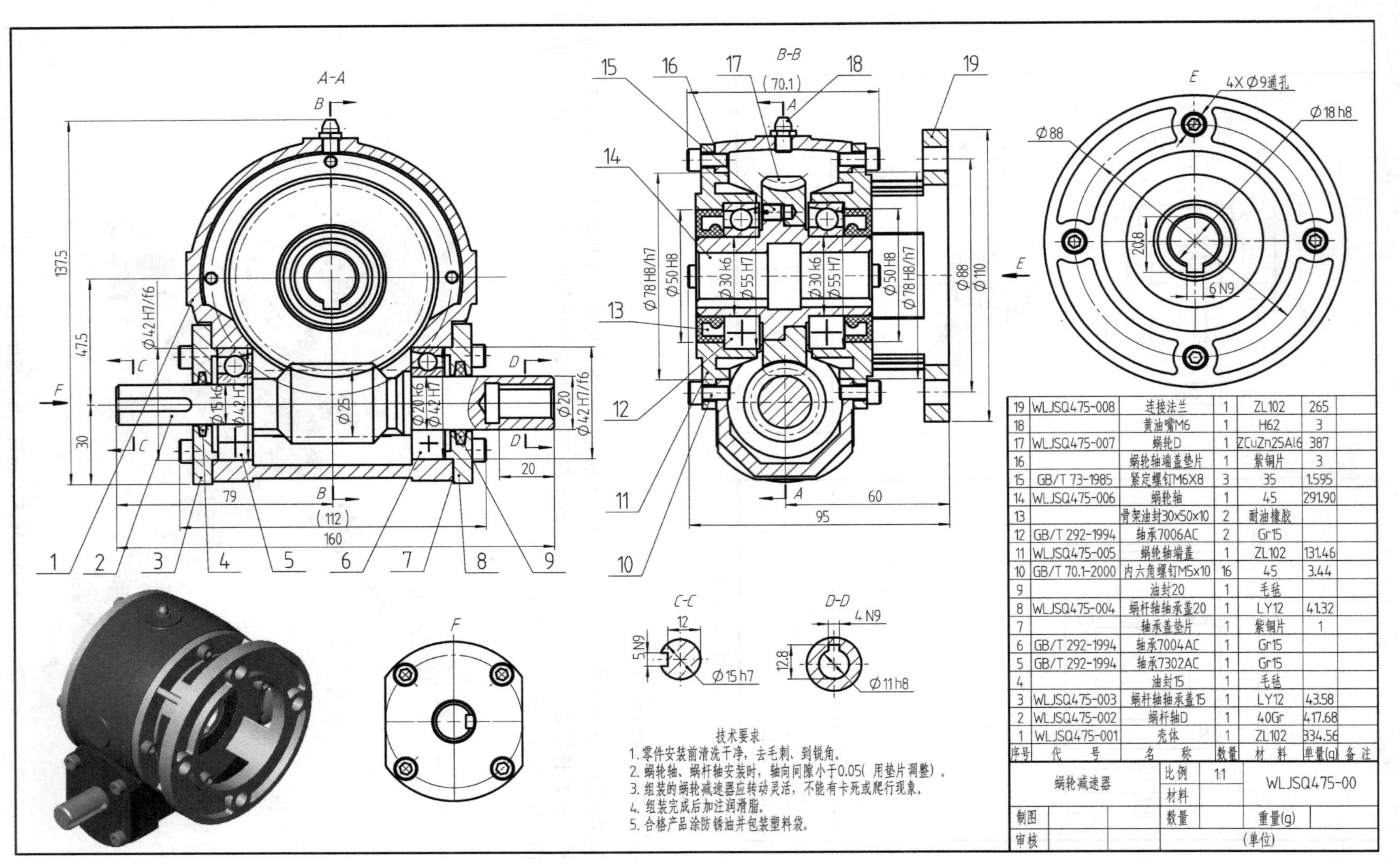
A-A
B-B
C-C
D-D
E
F
4XΦ9通孔
Φ18 h8
Φ88
Φ110
20.8
6 N9
137.5
47.5
30
79
(112)
160
20
Φ42 H7/f6
Φ15 k6
Φ42 H7
Φ25
Φ20 k6
Φ20
(70.1)
60
95
Φ78 H8/h7
Φ50 H8
Φ30 k6
Φ55 H7
12
5 N9
Φ15 h7
4 N9
12.8
Φ11 h8
19 WLJSQ475-008 连接法兰 1 ZL102 265
18 黄油嘴M6 1 H62 3
17 WLJSQ475-007 蜗轮D 1 ZCuZn25Al6 387
16 蜗轮轴端盖垫片 1 紫铜片 3
15 GB/T 73-1985 紧定螺钉M6X8 3 35 1.595
14 WLJSQ475-006 蜗轮轴 1 45 291.90
13 骨架油封30x50x10 2 耐油橡胶
12 GB/T 292-1994 轴承7006AC 2 Gr15
11 WLJSQ475-005 蜗轮轴端盖 1 ZL102 131.46
10 GB/T 70.1-2000 内六角螺钉M5x10 16 45 3.44
9 油封20 1 毛毡
8 WLJSQ475-004 蜗杆轴轴承盖20 1 LY12 41.32
7 轴承盖垫片 1 紫铜片 1
6 GB/T 292-1994 轴承7004AC 1 Gr15
5 GB/T 292-1994 轴承7302AC 1 Gr15
4 油封15 1 毛毡
3 WLJSQ475-003 蜗杆轴轴承盖15 1 LY12 43.58
2 WLJSQ475-002 蜗杆轴D 1 40Gr 417.68
1 WLJSQ475-001 壳体 1 ZL102 334.56
序号 代号 名称 数量 材料 单量(g) 备注
蜗轮减速器
比例 1:1
材料
数量
重量(g)
WLJSQ475-00
制图
审核
(单位)
技术要求
1.零件安装前清洗干净，去毛刺、倒锐角。
2.蜗轮轴、蜗杆轴安装时，轴向间隙小于0.05(用垫片调整)。
3.组装的蜗轮减速器应转动灵活，不能有卡死或爬行现象。
4.组装完成后加注润滑脂。
5.合格产品涂防锈油并包装塑料袋。

图 5-217　涡轮减速器

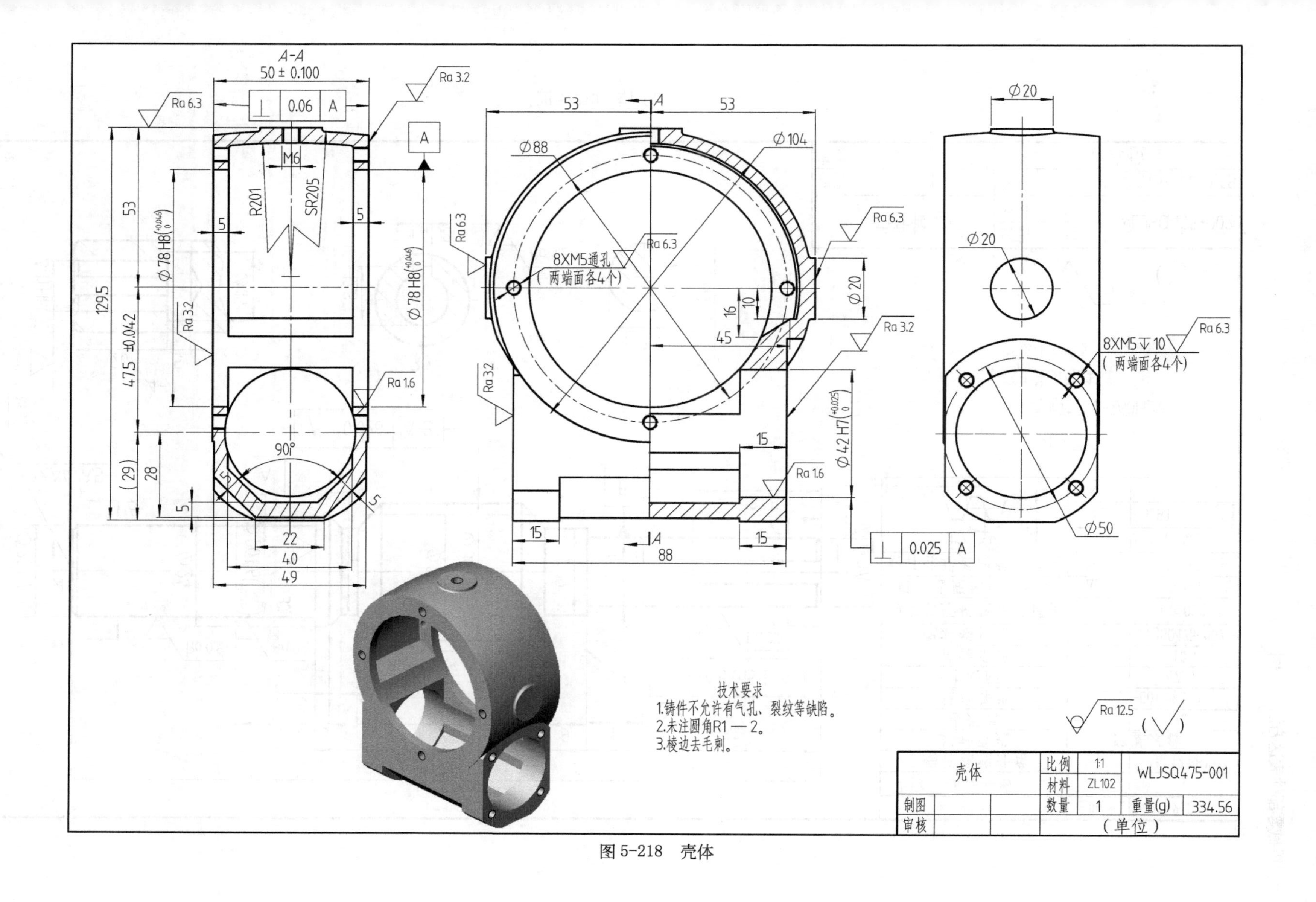
A-A
50 ± 0.100
技术要求
1.铸件不允许有气孔、裂纹等缺陷。
2.未注圆角R1—2。
3.棱边去毛刺。
壳体
比例 1:1
材料 ZL102
数量 1
重量(g) 334.56
WLJSQ475-001
制图
审核
（单位）

图 5-218 壳体

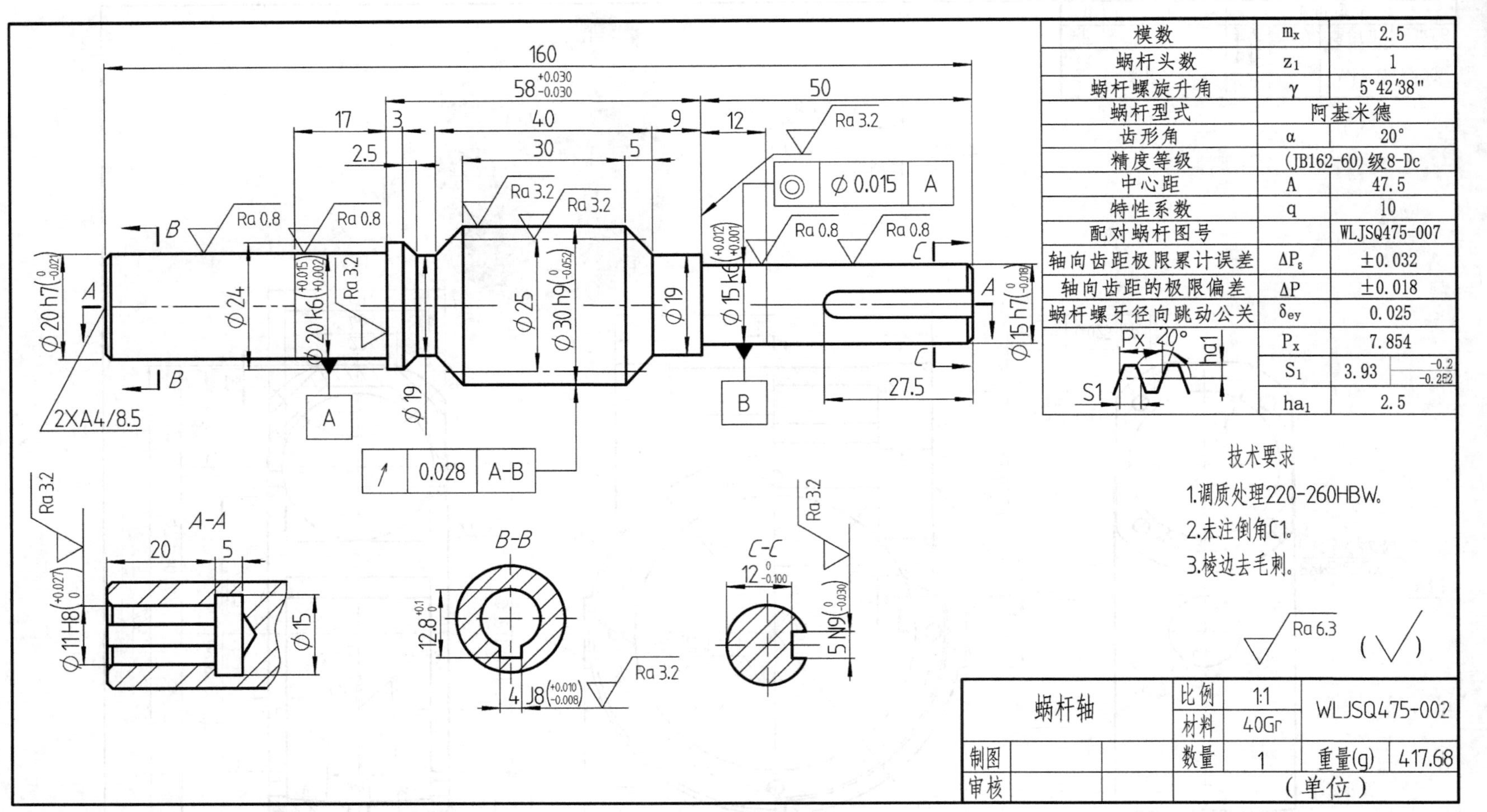

模数 | m_x | 2.5
蜗杆头数 | z_1 | 1
蜗杆螺旋升角 | γ | 5°42′38″
蜗杆型式 | 阿基米德
齿形角 | α | 20°
精度等级 | (JB162-60)级8-Dc
中心距 | A | 47.5
特性系数 | q | 10
配对蜗杆图号 | WLJSQ475-007
轴向齿距极限累计误差 | ΔP_{ε} | ±0.032
轴向齿距的极限偏差 | ΔP | ±0.018
蜗杆螺牙径向跳动公差 | δ_{ey} | 0.025
P_x | 7.854
S_1 | 3.93 | -0.2 -0.252
ha_1 | 2.5
Px 20° ha1 S1
160
58 +0.030 -0.030
50
17 3 40 9 12
2.5 30 5
27.5
Ra 3.2
Ra 0.8
Ra 6.3
Ø0.015 A
0.028 A-B
Ø20h7
Ø24
Ø20k6
Ø19
Ø25
Ø30h9
Ø15k6
Ø15h7
2XA4/8.5
A
B
C
A-A
B-B
C-C
20
5
Ø11H8
Ø15
12.8
4 J8
12
5 N9
技术要求
1.调质处理220-260HBW。
2.未注倒角C1。
3.棱边去毛刺。
蜗杆轴
比例 1:1
材料 40Gr
WLJSQ475-002
制图
审核
数量 1
重量(g) 417.68
(单位)

图 5-219　蜗杆轴

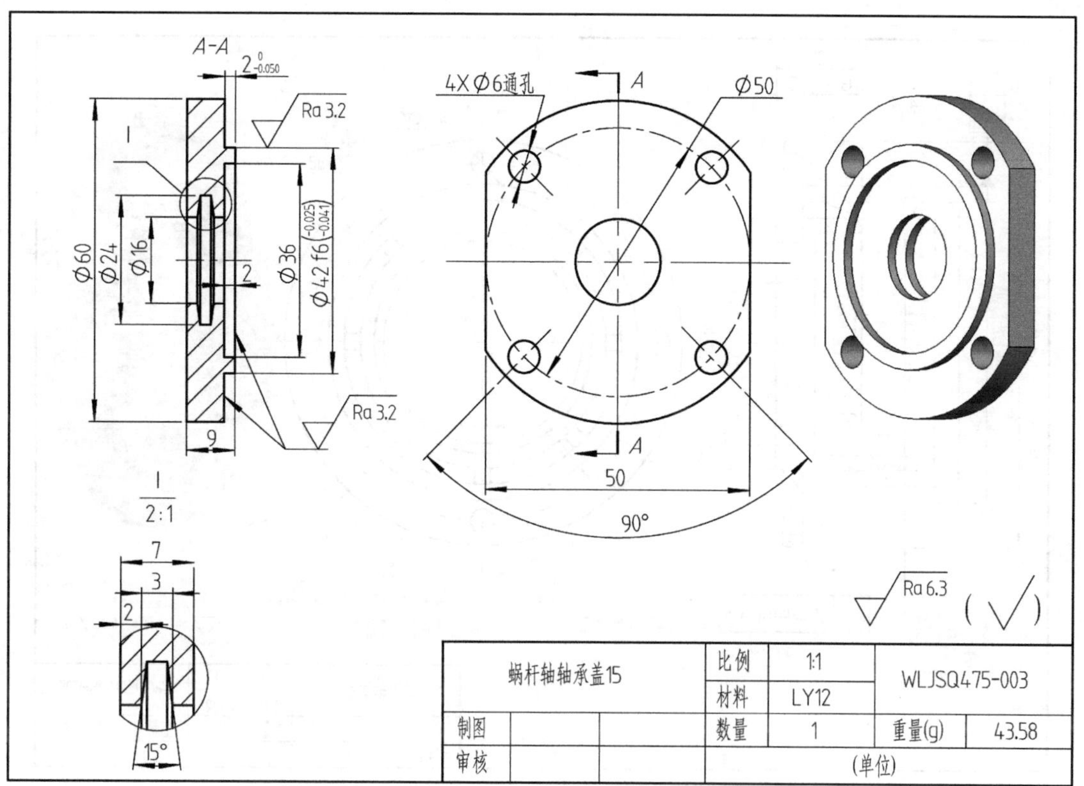

图 5-220　**蜗杆轴轴承盖**

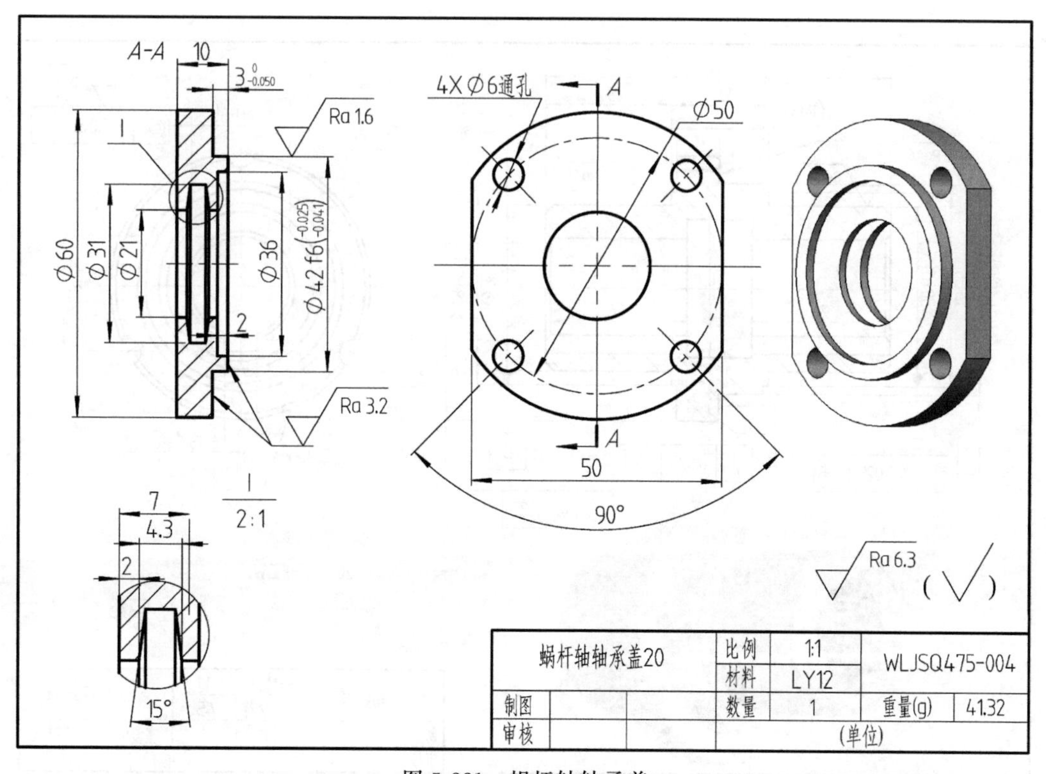

图 5-221　**蜗杆轴轴承盖**

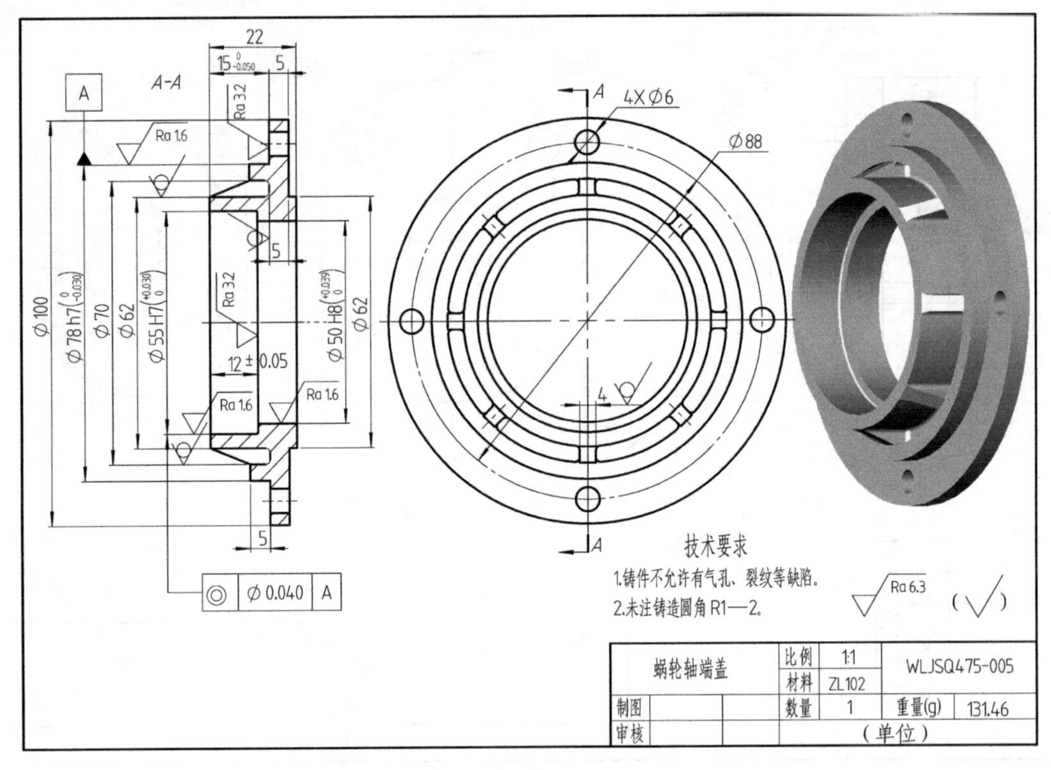

图 5-222 蜗轮轴端盖

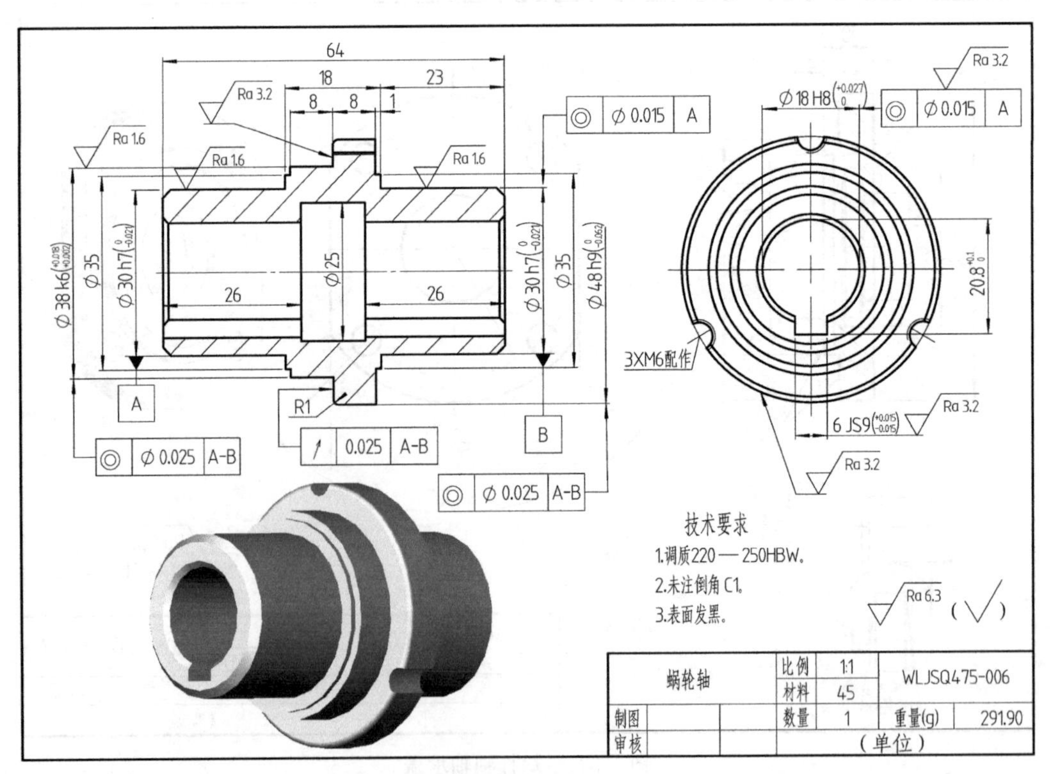

图 5-223 蜗轮轴

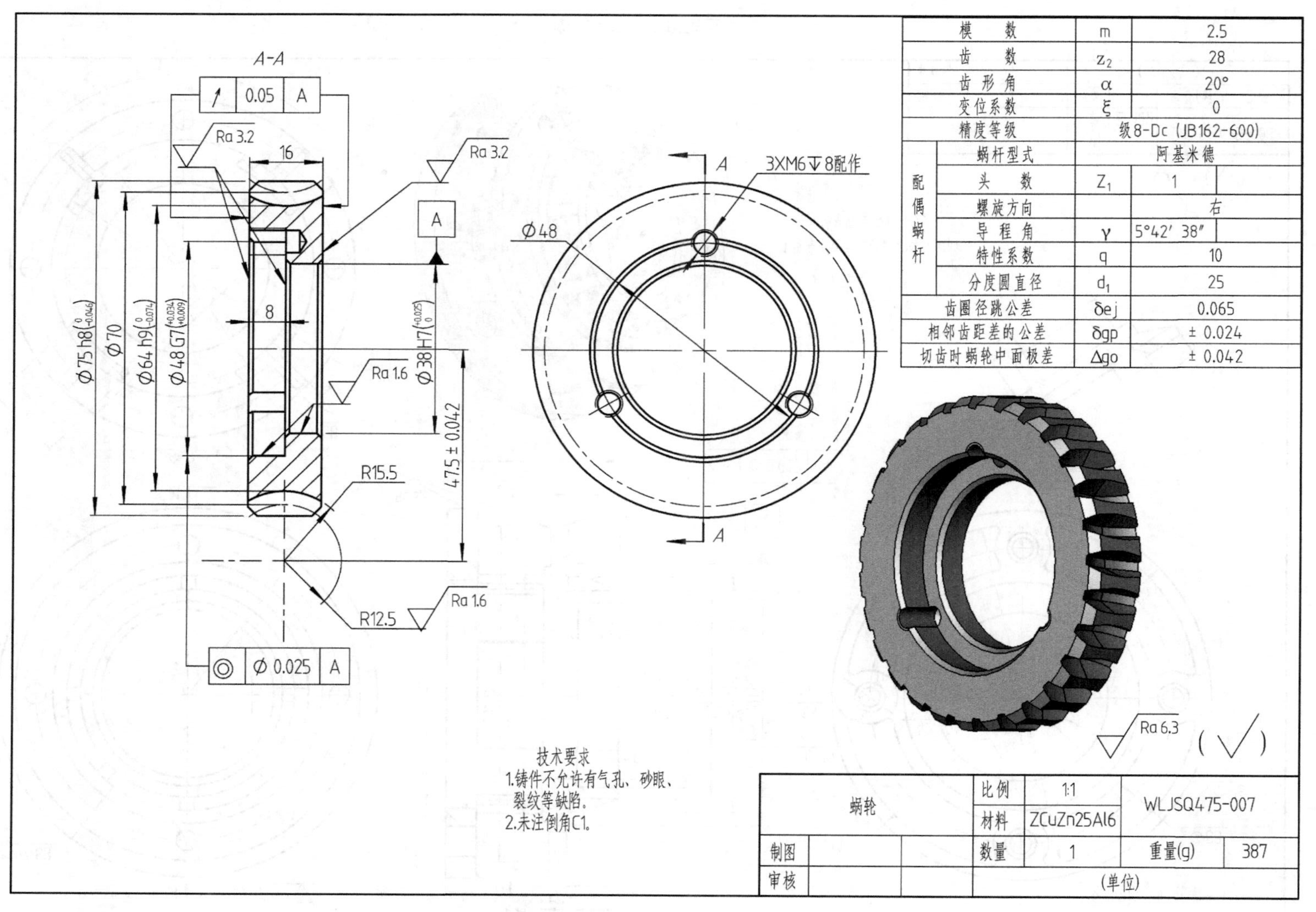

模数 m 2.5
齿数 z2 28
齿形角 α 20°
变位系数 ξ 0
精度等级 级8-Dc (JB162-600)
配偶蜗杆
蜗杆型式 阿基米德
头数 Z1 1
螺旋方向 右
导程角 γ 5°42′ 38″
特性系数 q 10
分度圆直径 d1 25
齿圈径跳公差 δej 0.065
相邻齿距差的公差 δgp ±0.024
切齿时蜗轮中面极差 Δgo ±0.042
A-A
0.05 A
Ra 3.2
16
8
Ø 0.025 A
Ra 1.6
R15.5
R12.5
47.5±0.042
Ø38H7(+0.025 0)
Ø48G7(+0.034 +0.009)
Ø64h9(0 -0.074)
Ø70
Ø75h8(0 -0.046)
A
3XM6↧8配作
Ø48
Ra 6.3
技术要求
1.铸件不允许有气孔、砂眼、裂纹等缺陷。
2.未注倒角C1。
蜗轮
比例 1:1
材料 ZCuZn25Al6
数量 1
WLJSQ475-007
重量(g) 387
(单位)
制图
审核

图 5-224 蜗轮

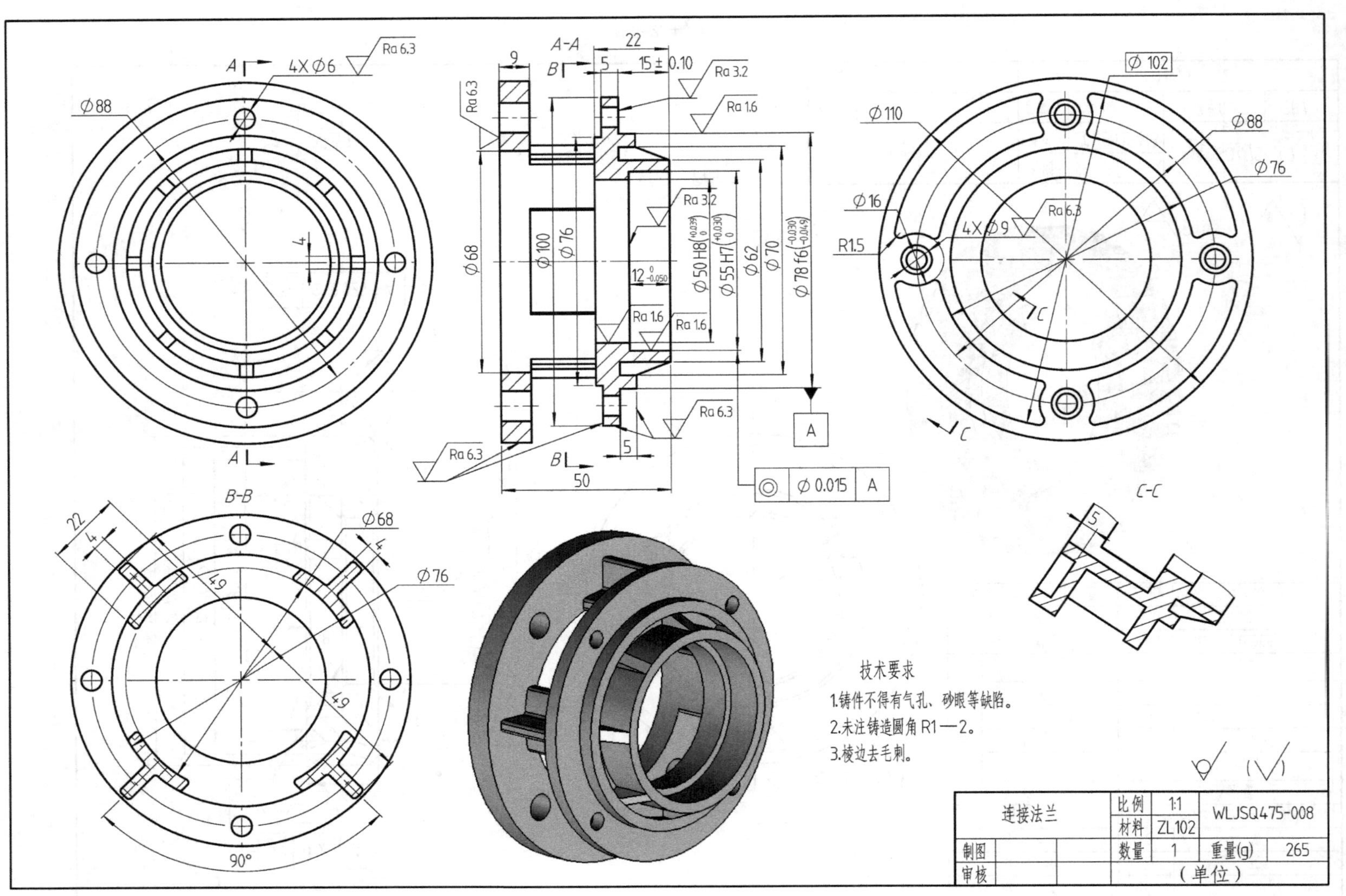
A-A
B-B
C-C
技术要求
1.铸件不得有气孔、砂眼等缺陷。
2.未注铸造圆角R1—2。
3.棱边去毛刺。
连接法兰
比例 1:1
材料 ZL102
数量 1
WLJSQ475-008
重量(g) 265
制图
审核
（单位）

图 5-225 连接法兰

5.8 可调顶尖座

可调顶尖座是用来顶紧零件，起到支撑作用的一个附件。使用时，可以调节顶尖的高度和垂直方向的角度。顶尖座主要由底座、顶尖、顶尖套、升降螺杆等零件组成。三维模型爆炸图如 5-226 所示。可调顶尖座的装配图和零件图如图 5-227～图 5-247 所示。图 5-227 放大图详见附图 3。

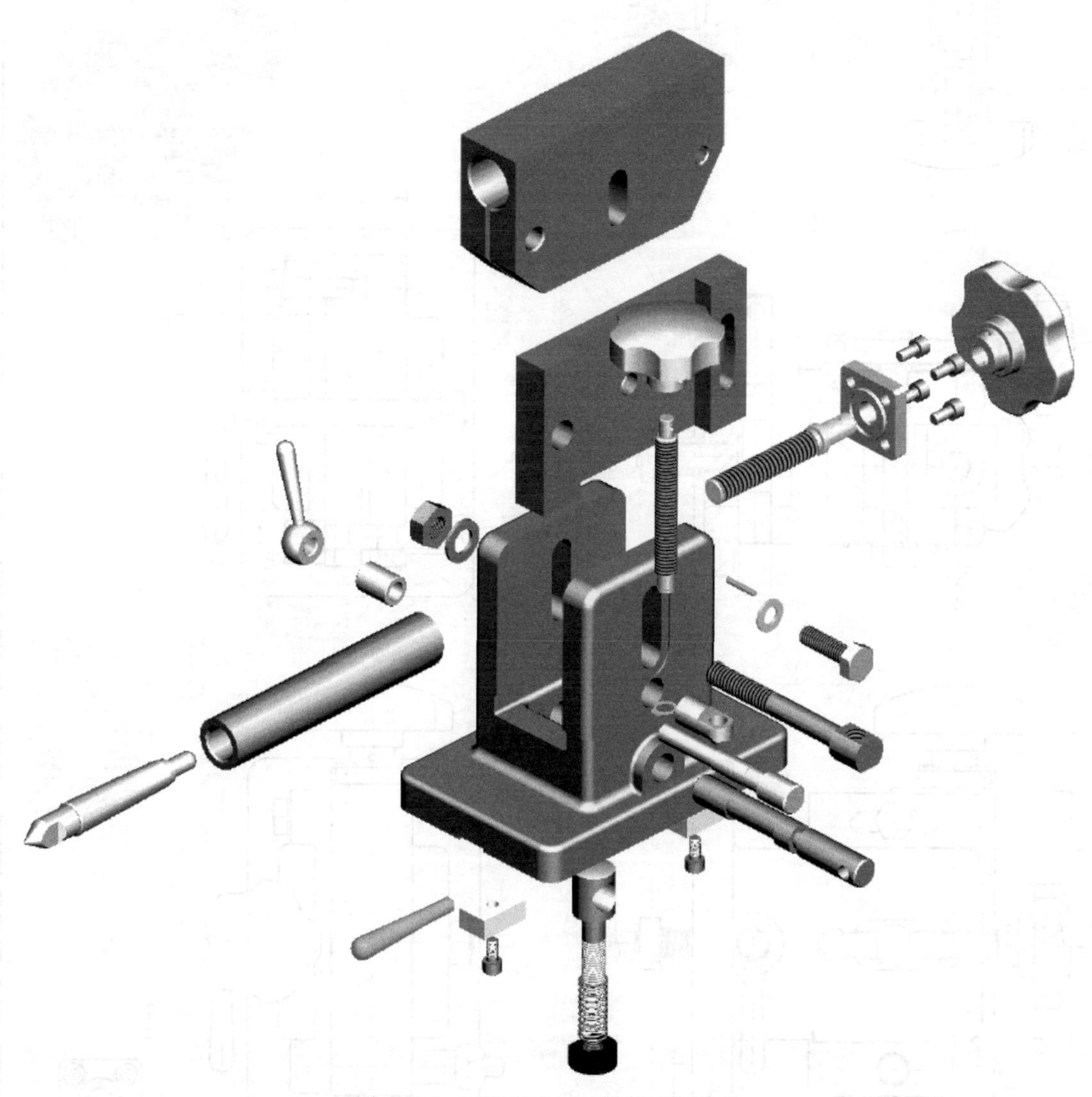

图 5-226　可调顶尖座三维模型爆炸图

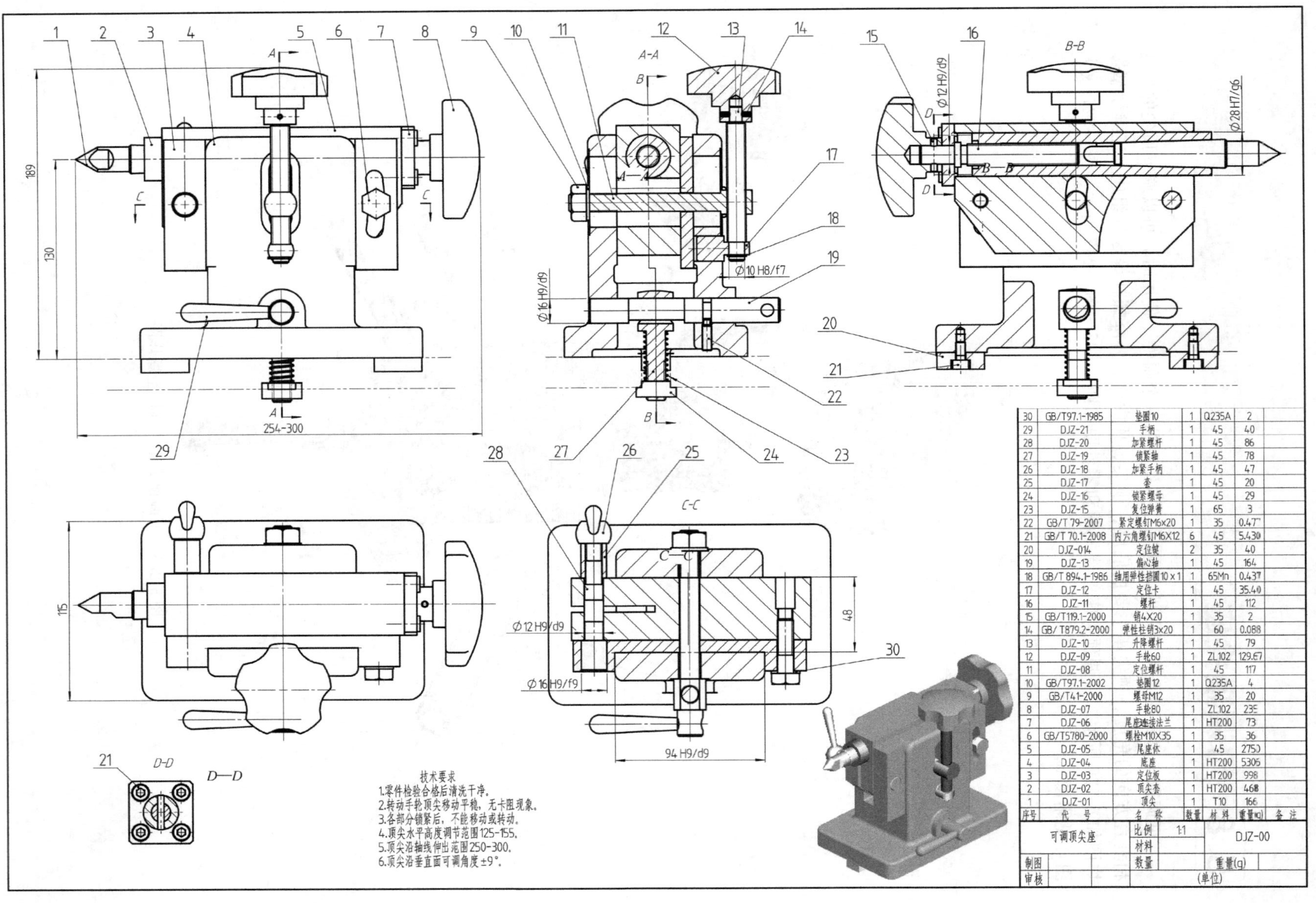

30	GB/T97.1-1985	垫圈10	1	Q235A	2	
29	DJZ-21	手柄	1	45	40	
28	DJZ-20	加紧螺杆	1	45	86	
27	DJZ-19	锁紧轴	1	45	78	
26	DJZ-18	加紧手柄	1	45	47	
25	DJZ-17	套	1	45	20	
24	DJZ-16	锁紧螺母	1	45	29	
23	DJZ-15	复位弹簧	1	65	3	
22	GB/T 79-2007	紧定螺钉M6×20	1	35	0.47	
21	GB/T 70.1-2008	内六角螺钉M6X12	6	45	5.430	
20	DJZ-014	定位键	2	35	40	
19	DJZ-13	偏心轴	1	45	164	
18	GB/T 894.1-1986	轴用弹性挡圈10×1	1	65Mn	0.437	
17	DJZ-12	定位卡	1	45	35.40	
16	DJZ-11	螺杆	1	45	112	
15	GB/T119.1-2000	销4X20	1	35	2	
14	GB/ T879.2-2000	弹性柱销3×20	1	60	0.088	
13	DJZ-10	升降螺杆	1	45	79	
12	DJZ-09	手轮60	1	ZL102	129.67	
11	DJZ-08	定位螺杆	1	45	117	
10	GB/T97.1-2002	垫圈12	1	Q235A	4	
9	GB/T41-2000	螺母M12	1	35	20	
8	DJZ-07	手轮80	1	ZL102	235	
7	DJZ-06	尾座连接法兰	1	HT200	73	
6	GB/T5780-2000	螺栓M10X35	1	35	36	
5	DJZ-05	尾座体	1	45	2750	
4	DJZ-04	底座	1	HT200	5305	
3	DJZ-03	定位板	1	HT200	998	
2	DJZ-02	顶尖套	1	HT200	468	
1	DJZ-01	顶尖	1	T10	166	
序号	代　号	名　称	数量	材 料	重量(g)	备 注

可调顶尖座		比例	1:1	DJZ-00	
		材料			
制图		数量		重量(g)	
审核		(单位)			

图 5-227　可调顶尖座

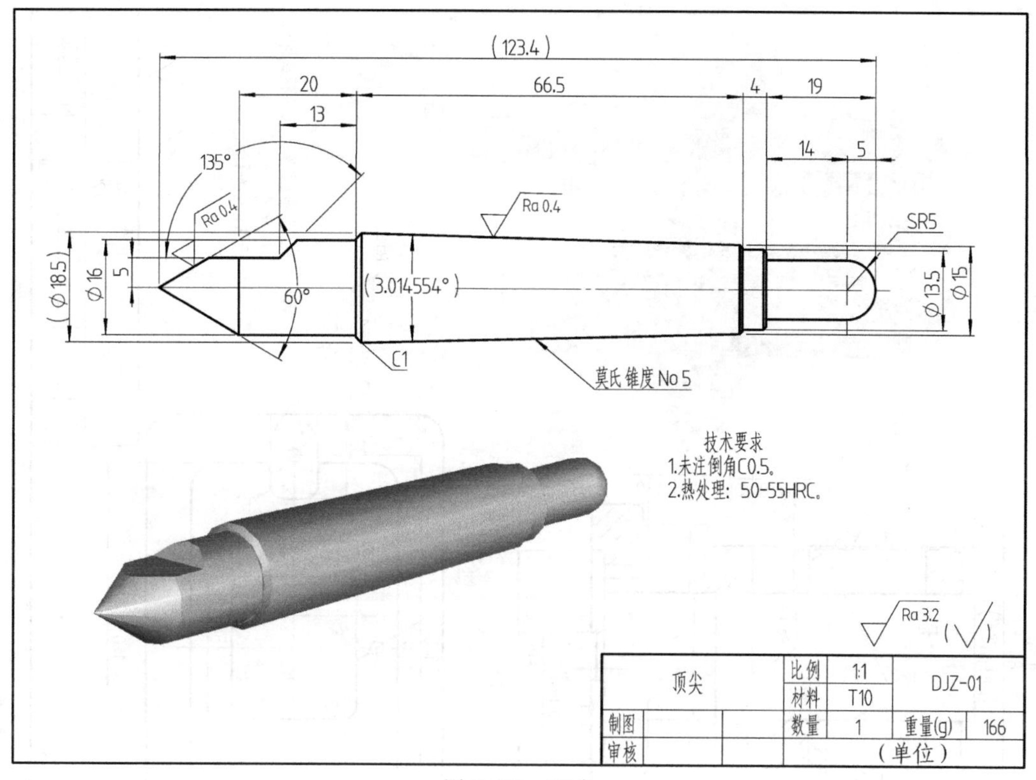

图 5-228　顶尖

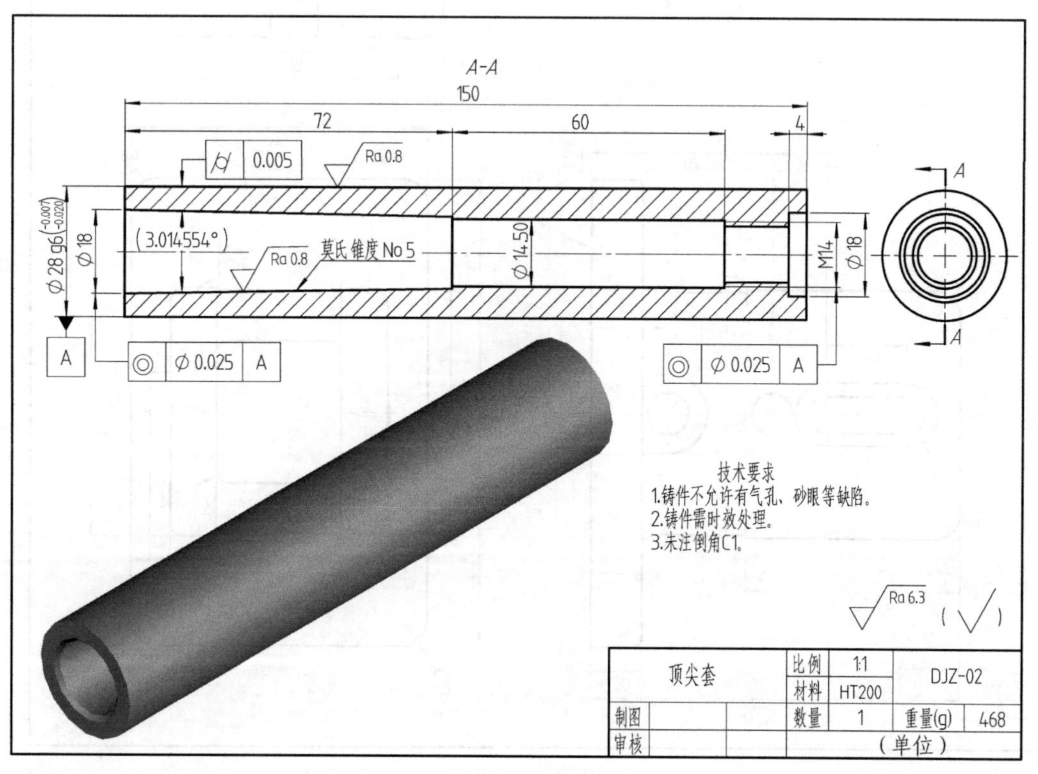

图 5-229　顶尖套

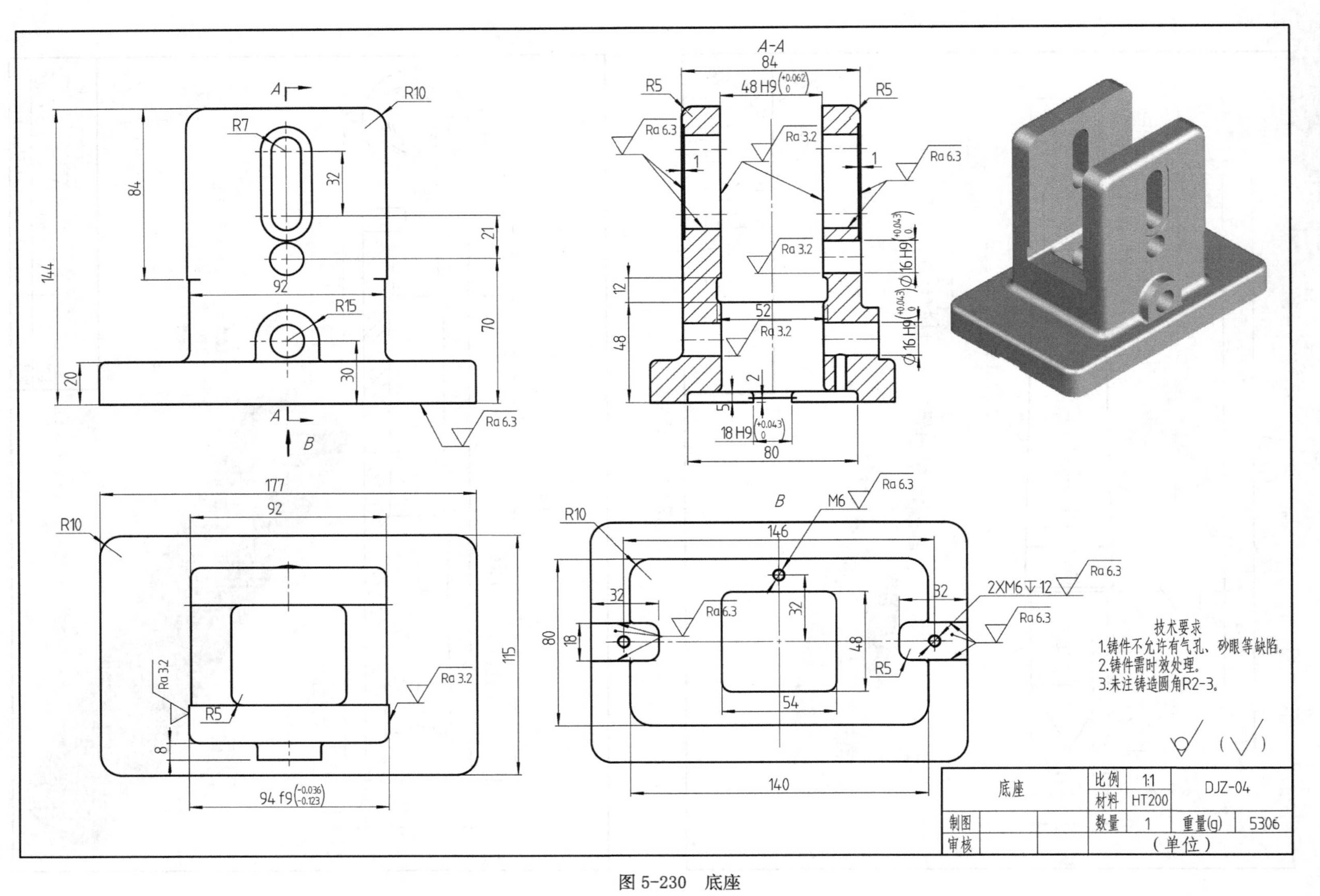

A-A
84
48 H9(+0.062 0)
R5
R7
R10
R15
Ra 6.3
Ra 3.2
16 H9(+0.043 0)
18 H9(+0.043 0)
94 f9(-0.036 -0.123)
2XM6▽12
M6
B
144
177
146
140
115
92
80
70
54
52
48
32
30
21
20
18
12
8
技术要求
1.铸件不允许有气孔、砂眼等缺陷。
2.铸件需时效处理。
3.未注铸造圆角R2-3。
底座
比例 1:1
材料 HT200
DJZ-04
制图
数量 1
重量(g) 5306
审核
(单位)

图 5-230 底座

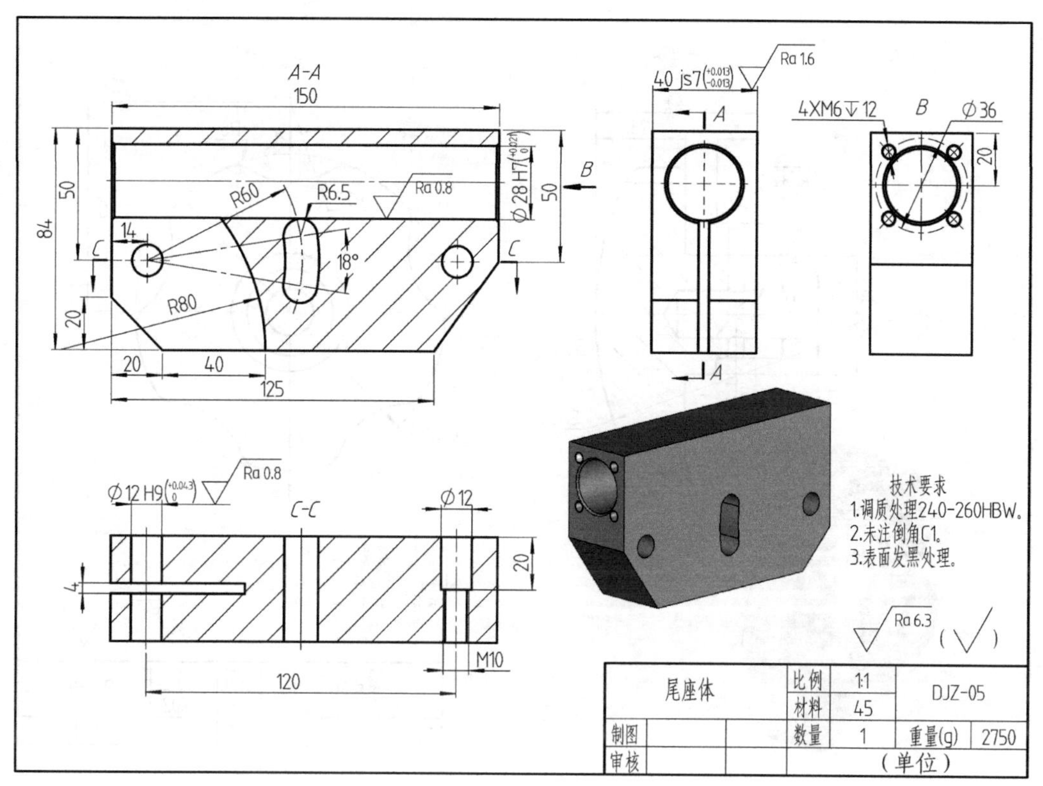

图 5-231　尾座体

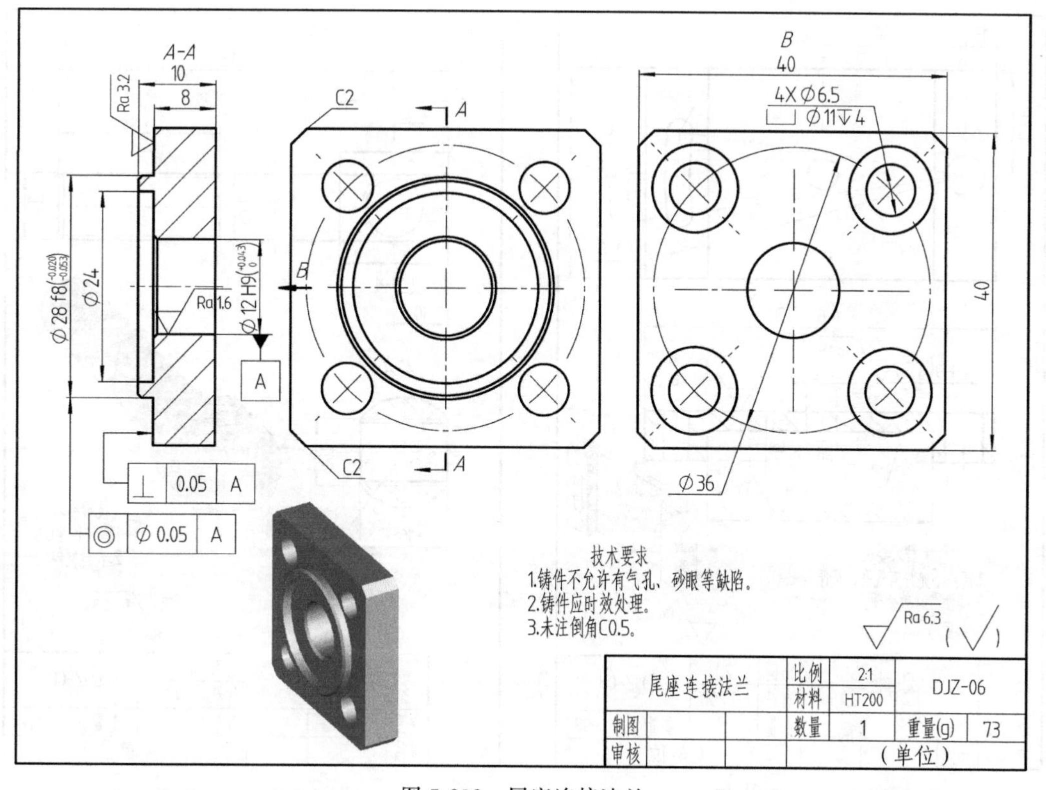

图 5-232　尾座连接法兰

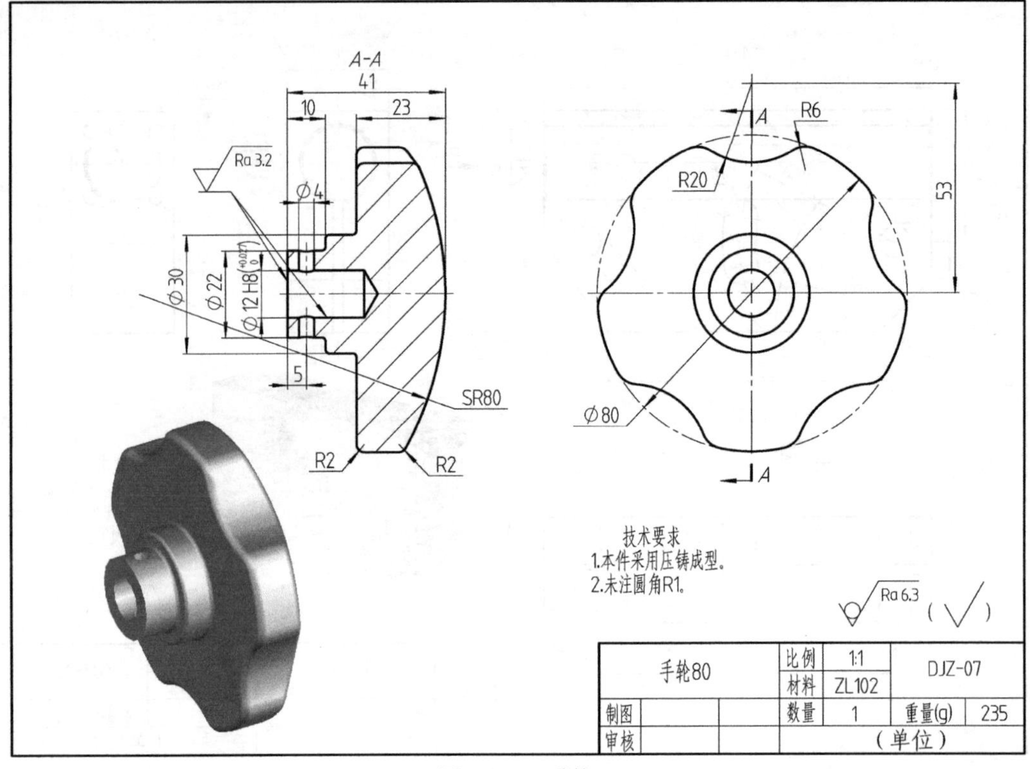

图 5-233　手轮

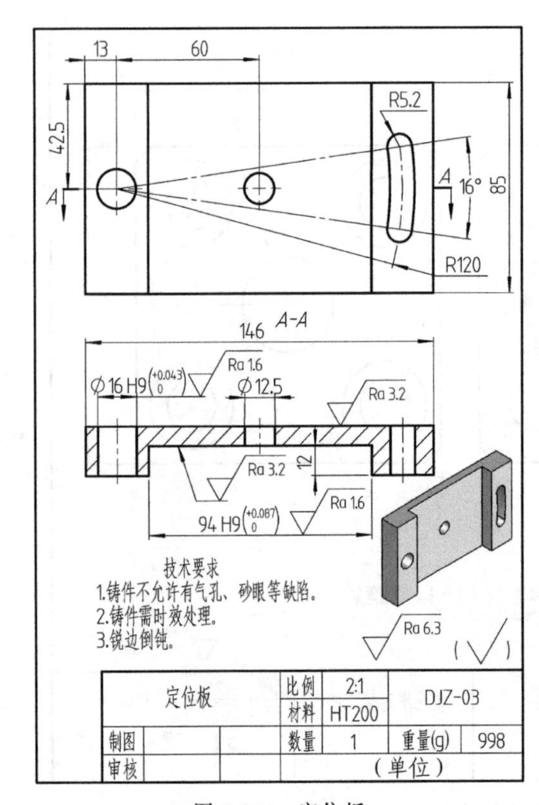

图 5-234　定位板

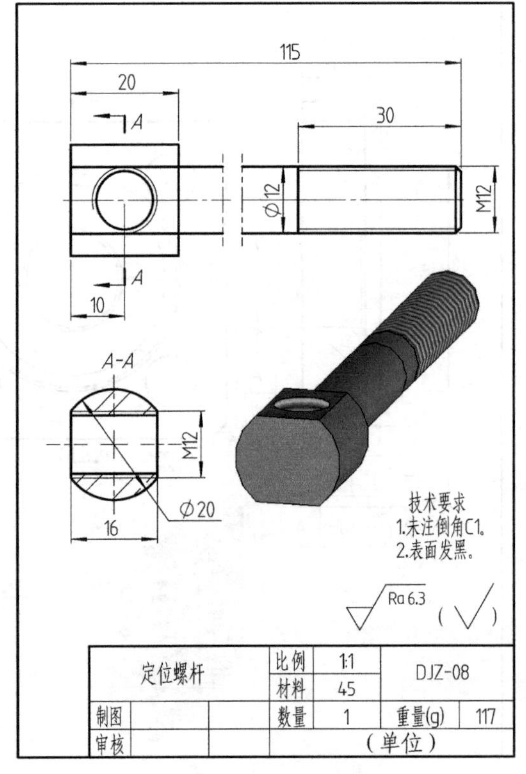

图 5-235　定位螺杆

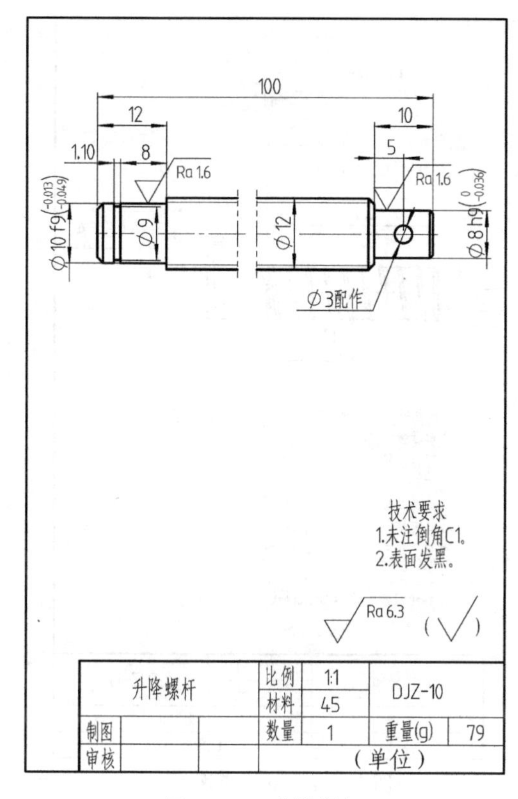

图 5-236　**升降螺杆**

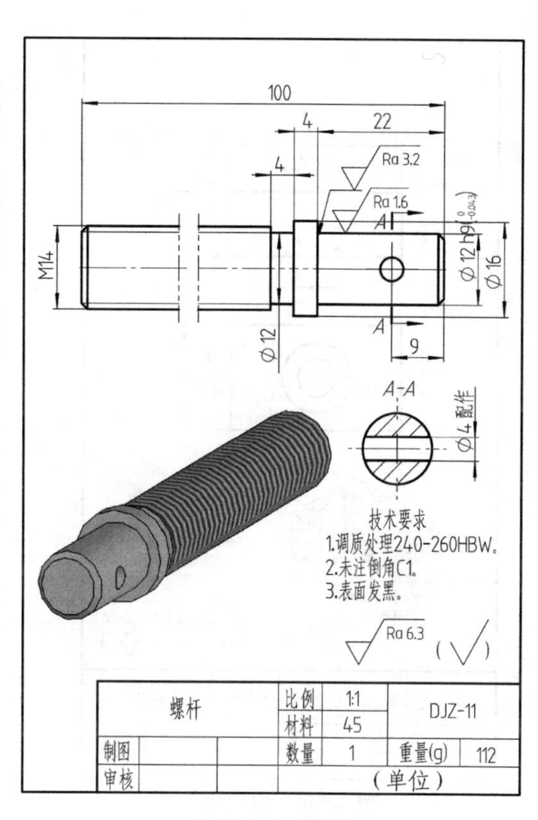

图 5-237　**螺杆**

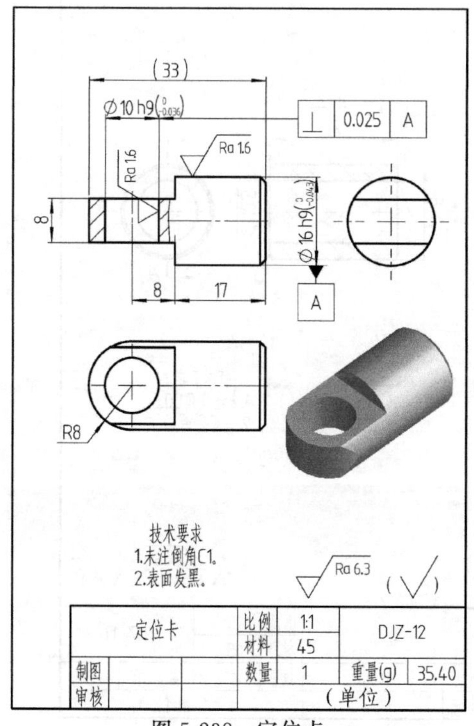

图 5-238　**定位卡**

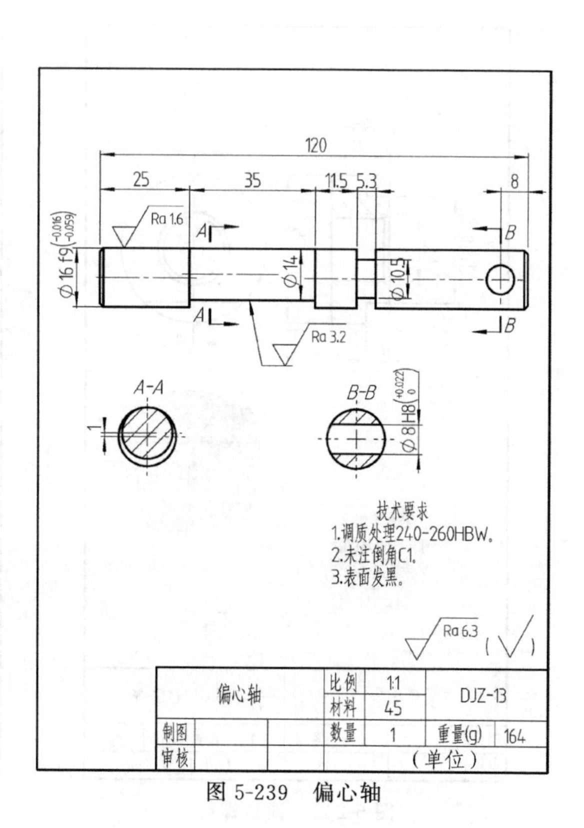

图 5-239　**偏心轴**

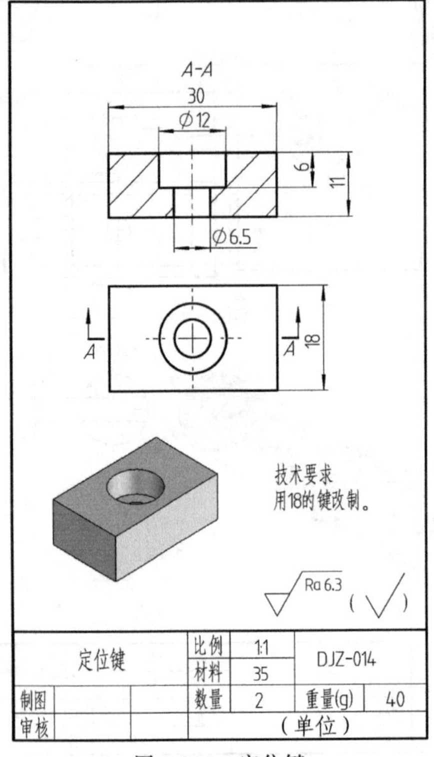

图 5-240 定位键

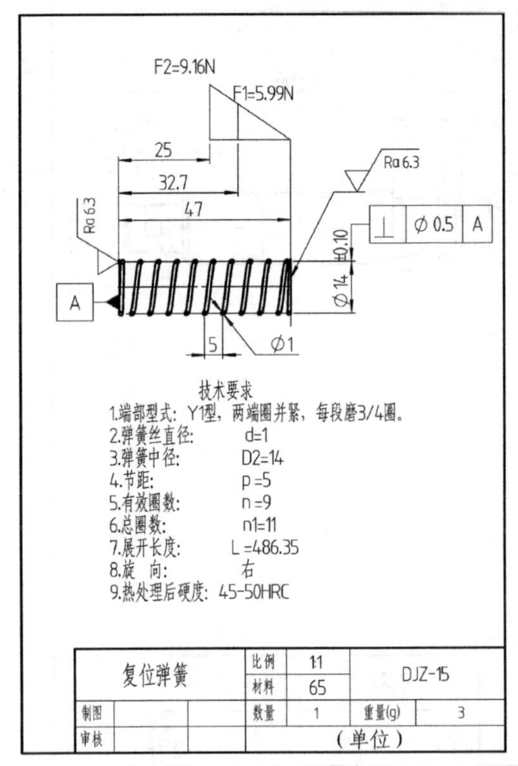

图 5-241 复位弹簧

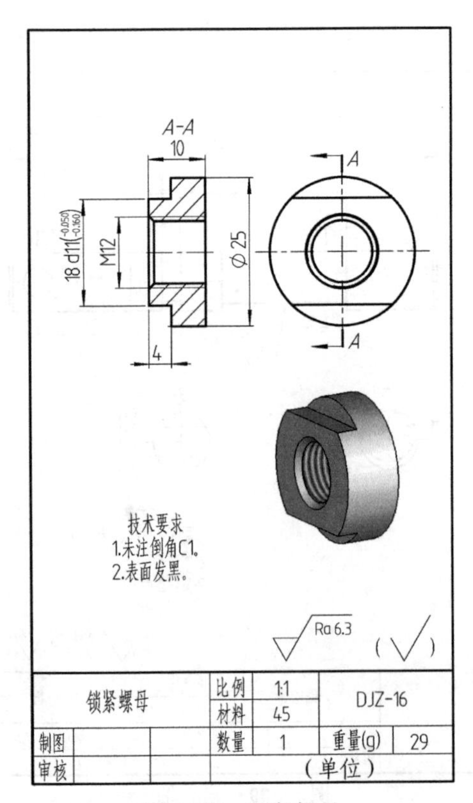

图 5-242 锁紧螺母

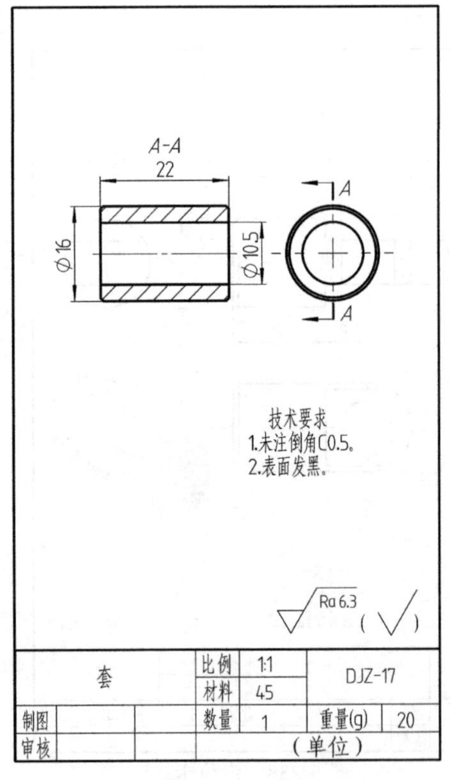

图 5-243 套

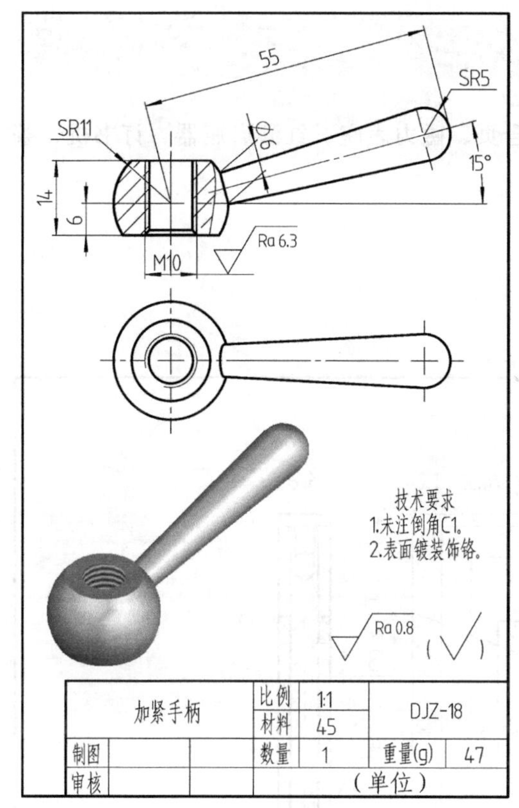

图 5-244 加紧手柄

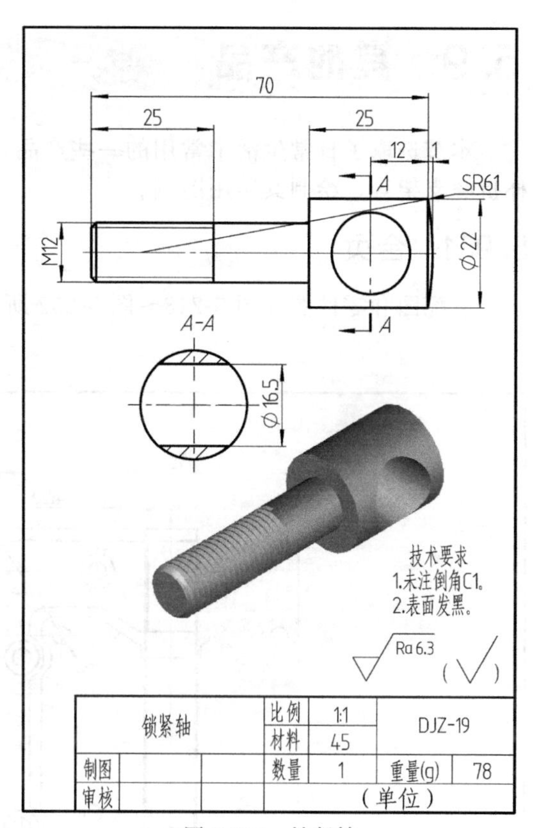

图 5-245 锁紧轴

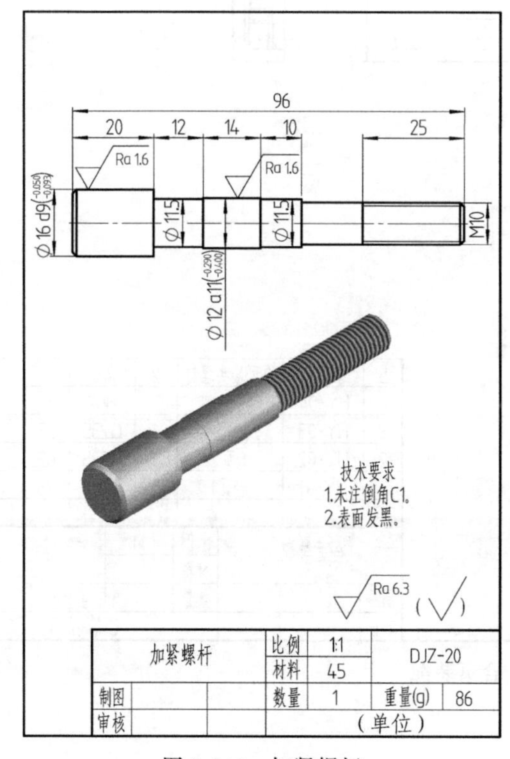

图 5-246 加紧螺杆

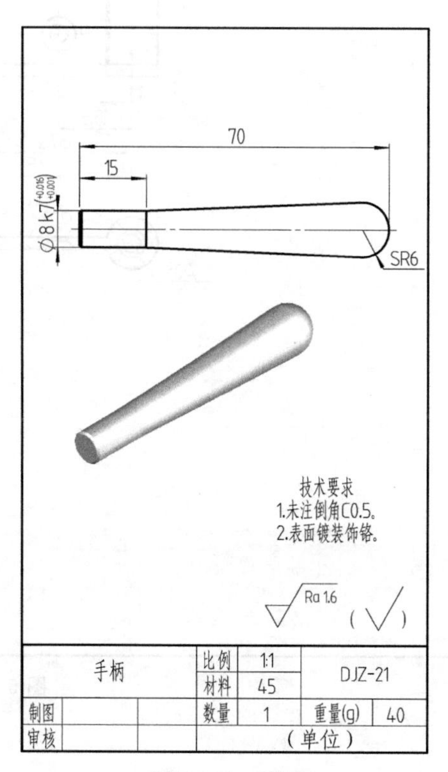

图 5-247 手柄

5.9 其他产品

本节选取了日常生活中常用的一些产品，如合页、磁力表座、红酒启瓶器、订书机、茶杯折叠支架等，绘制其实用图例。

5.9.1 合页

装配图和零件图如图 5-248～图 5-252 所示。

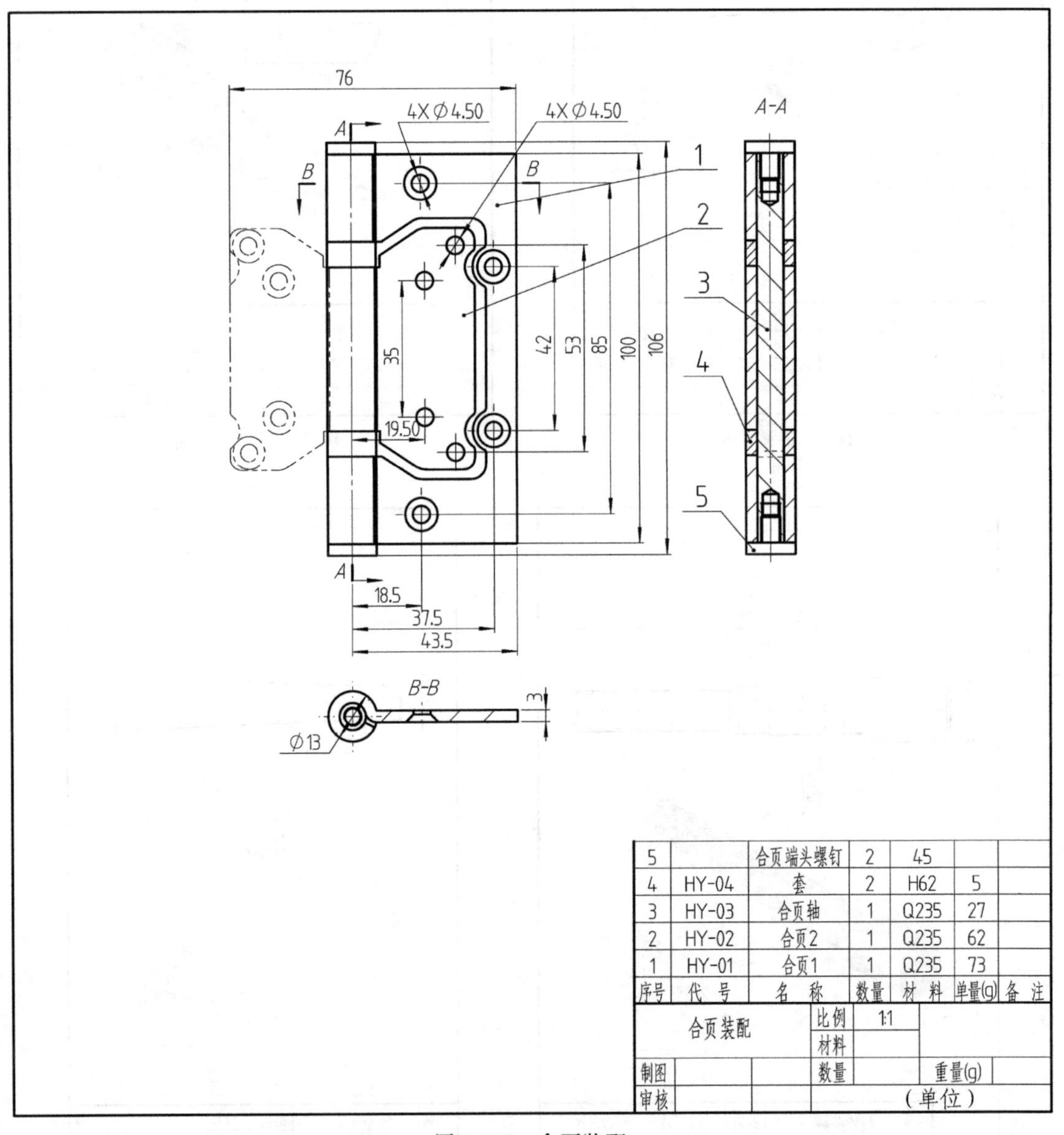

序号	代 号	名 称	数量	材 料	单量(g)	备 注
5		合页端头螺钉	2	45		
4	HY-04	套	2	H62	5	
3	HY-03	合页轴	1	Q235	27	
2	HY-02	合页2	1	Q235	62	
1	HY-01	合页1	1	Q235	73	

图 5-248　合页装配

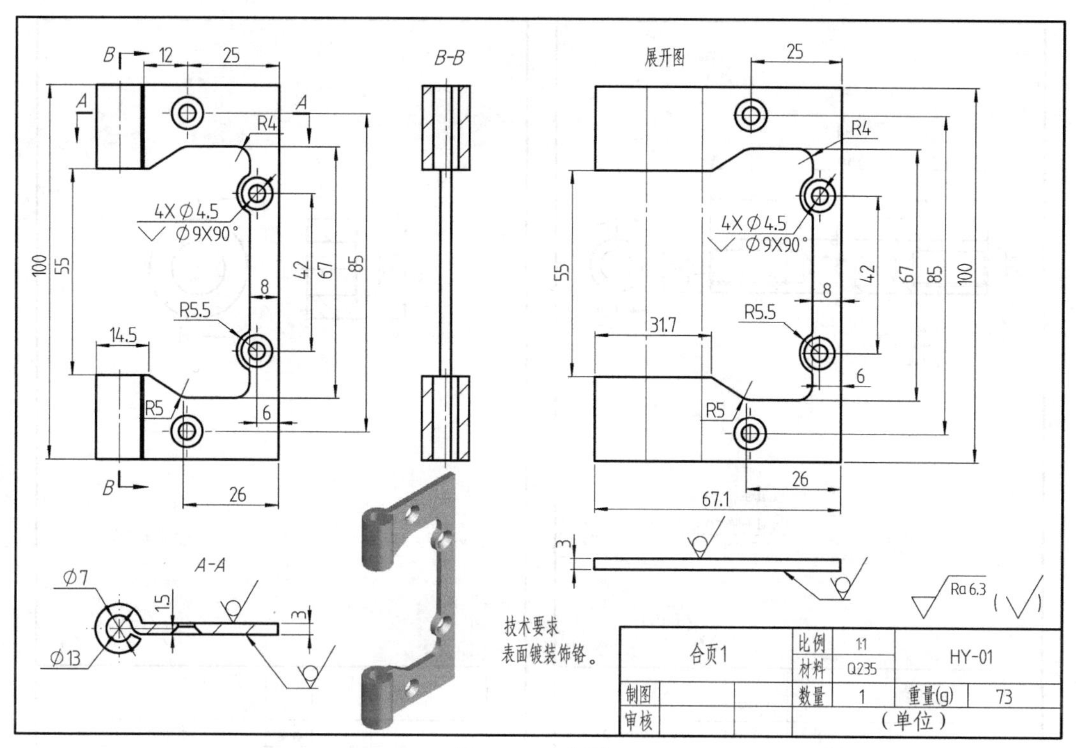

图 5-249　合页 1

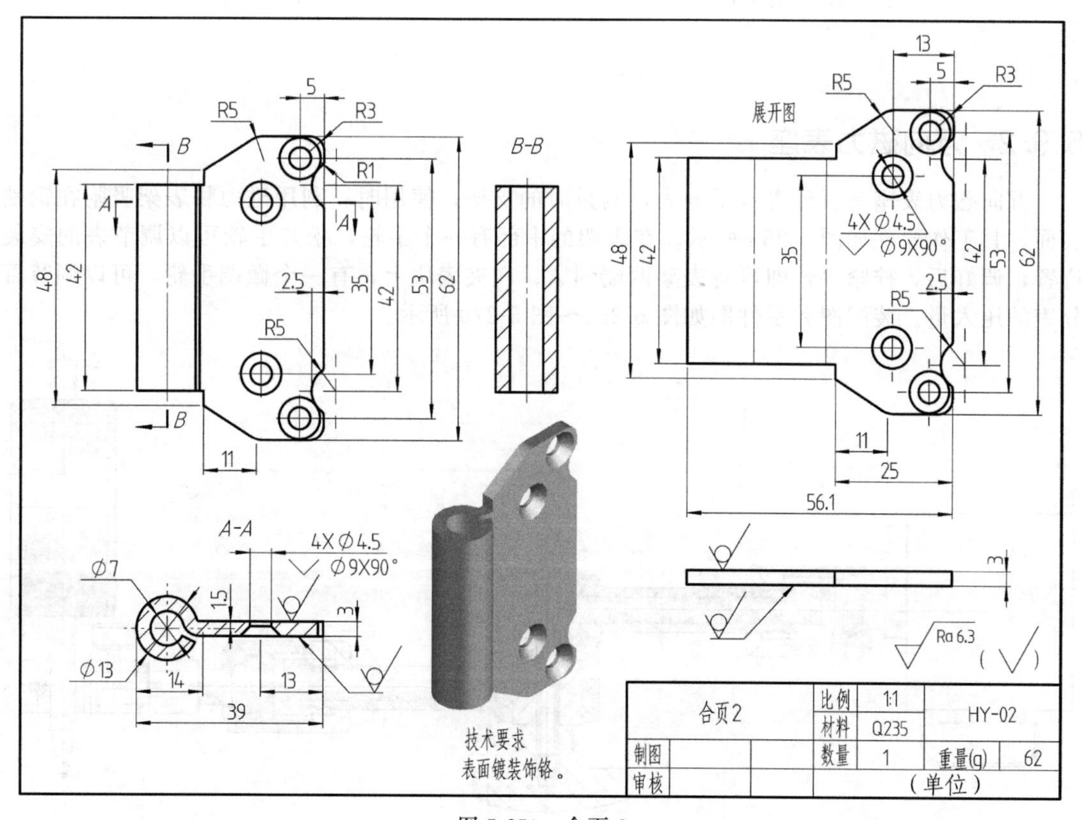

图 5-250　合页 2

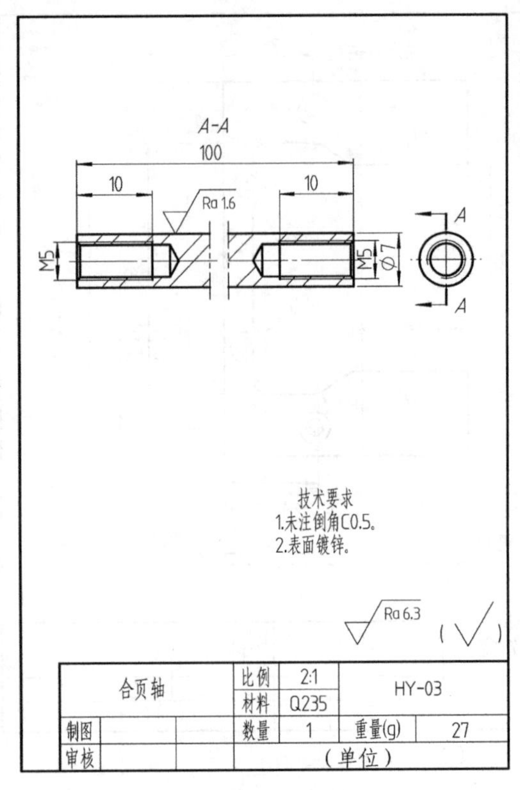

图 5-251 合页轴

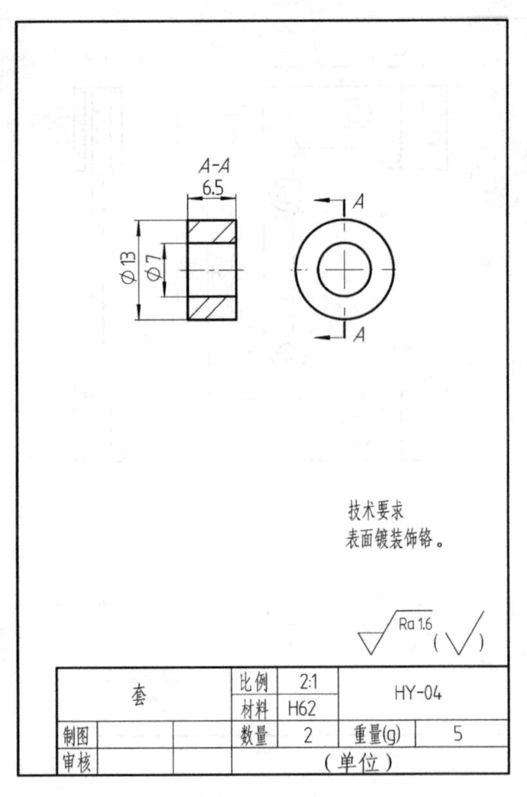

图 5-252 套

5.9.2 万向磁力表座

万向磁力表座是百分表（千分表）测量时的支架，使用时，利用磁力将表架吸附在钢铁表面，其工作原理如图 5-253 所示。在表架的中部有一个手轮，松开手轮可以调节表的安装位置，调好后，拧紧手轮即可将表架两端锁紧；在夹表块上，有一个微调手轮，可以调节百分表的压入量。装配图和零件图如图 5-254～图 5-270 所示。

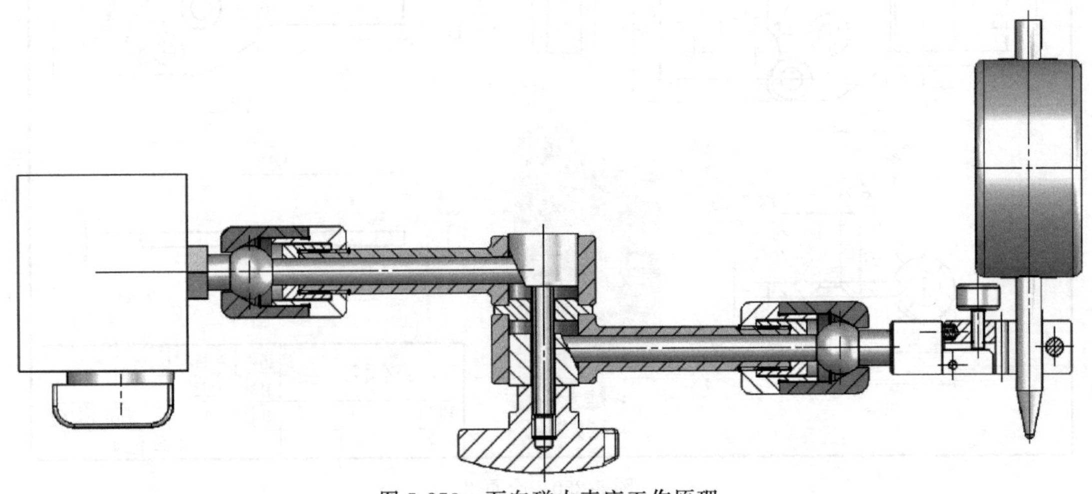

图 5-253 万向磁力表座工作原理

技术要求
1.装配时，将件6套入件8后，将摆杆和摆杆内套旋在一起，中间加螺纹防松胶。
2.装配后，拧紧件11手轮时，表架锁死。

序号	代　号	名　称	数量	材 料	重量	备 注
18		百分表	1			
17	WXCLBZ-16	角度调节手轮	1	45	4	
16	WXCLBZ-15	弹簧	1	65	0	
15	GB/T 119.1-2000	圆柱销2X14	1	35	0	
14	WXCLBZ-14	球头连接螺钉	1	45	2.27	
13	WXCLBZ-13	磁力座	1	45	544	
12	WXCLBZ-12	中间垫片	1	45	1	
11	WXCLBZ-11	手轮	1	ZL102	24	
10	WXCLBZ-10	锁紧轴	1	45	3	
9	WXCLBZ-09	锁紧套	1	45	15	
8	WXCLBZ-08	摆杆	2	ZL105	16.76	
7	WXCLBZ-07	顶紧轴	2	45	12.85	
6	WXCLBZ-06	摆杆球头连接座	2	45	20	
5	WXCLBZ-05	摆杆内套	2	45	6	
4	WXCLBZ-04	球头外套	2	45	26	
3	WXCLBZ-03	球头连接座	1	45	24.90	
2	WXCLBZ-02	夹表块	1	45	23.11	
1	WXCLBZ-01	表锁紧手轮	1	45	16	

万向磁力表座		比例	1:1		
		材料			
制图		数量		重量(g)	
审核		（单位）			

图 5-254　万向磁力表座

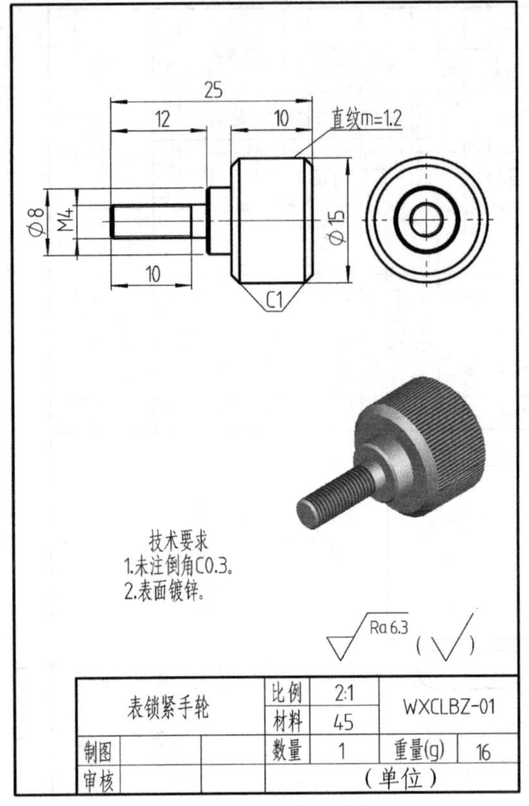

图 5-255 表锁紧手轮

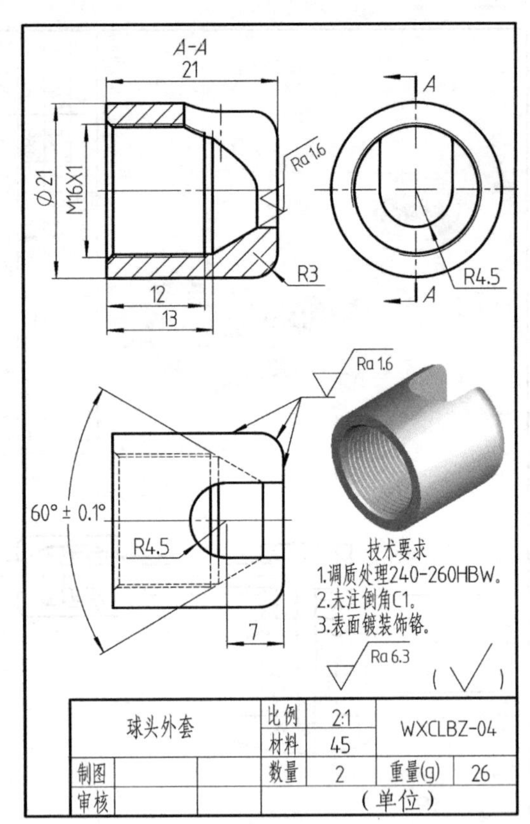

图 5-256 球头外套

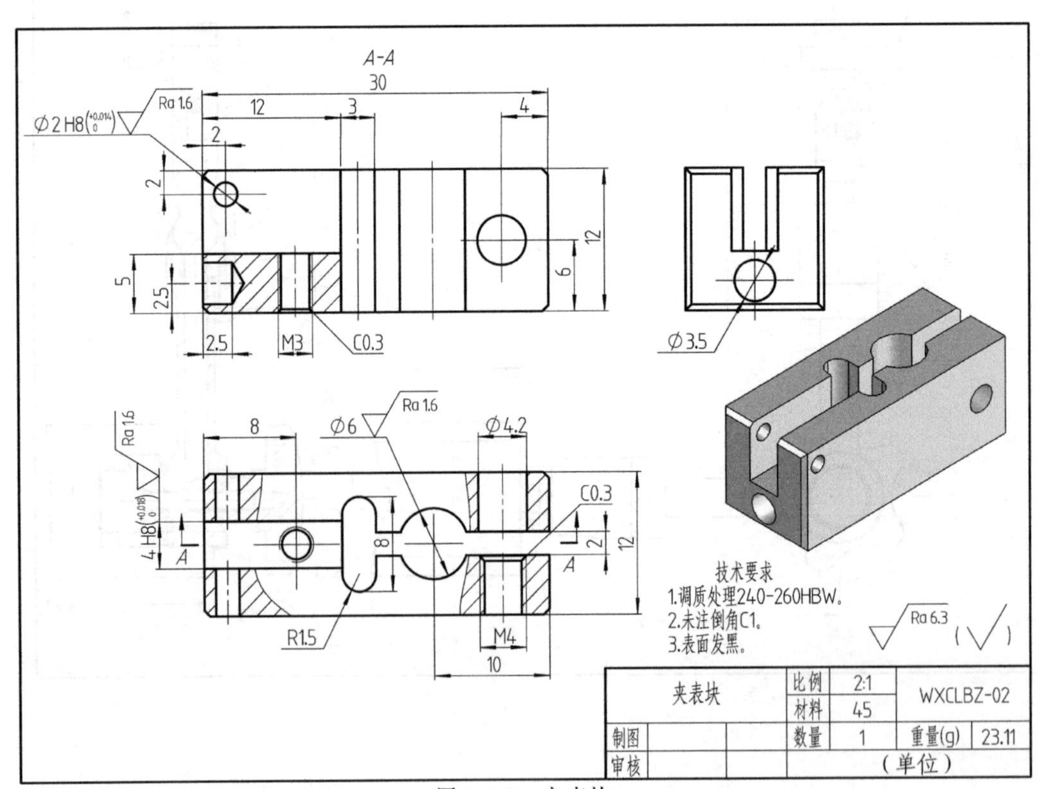

图 5-257 夹表块

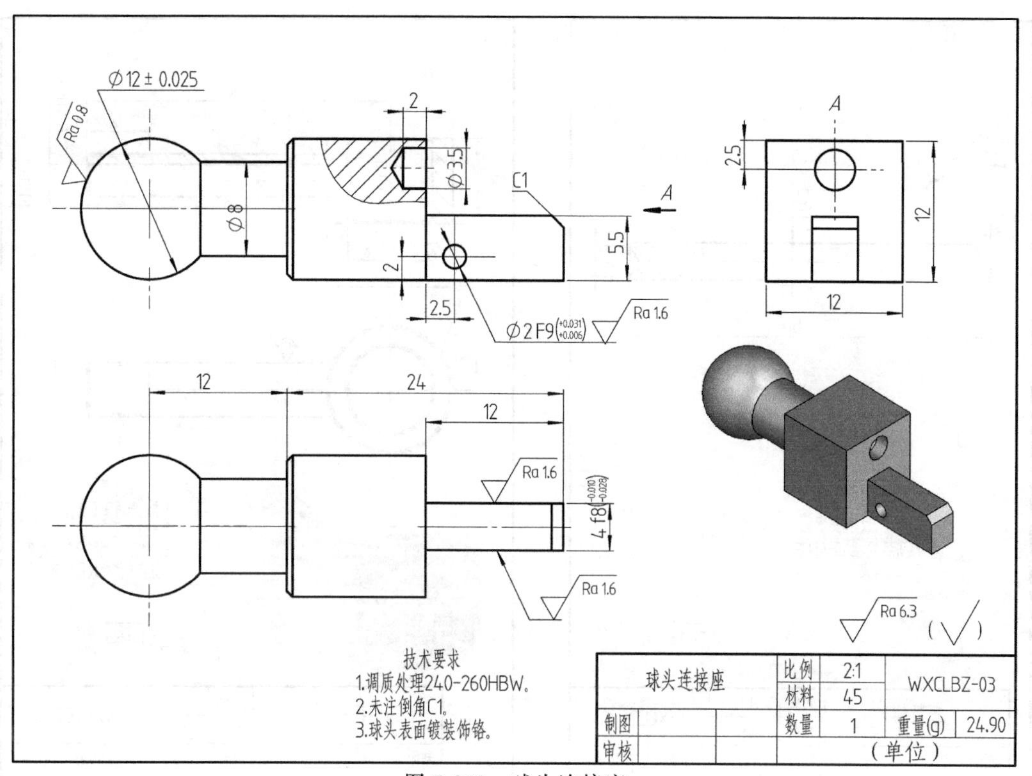

图 5-258 球头连接座

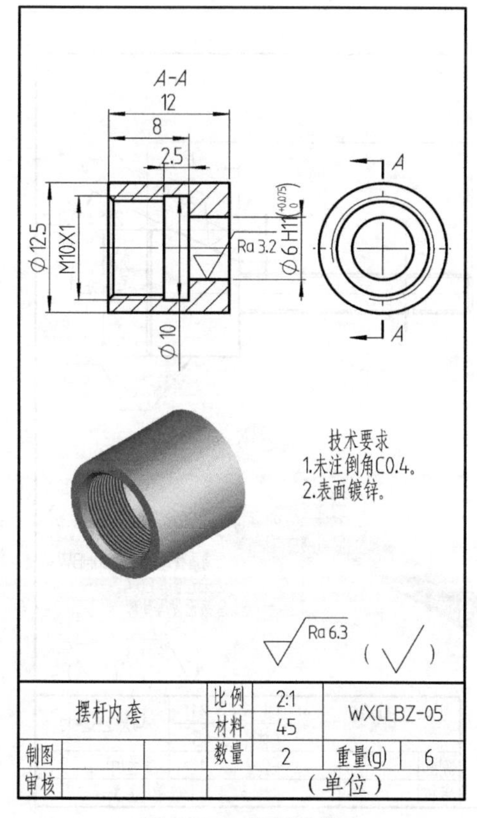

图 5-259 摆杆内套

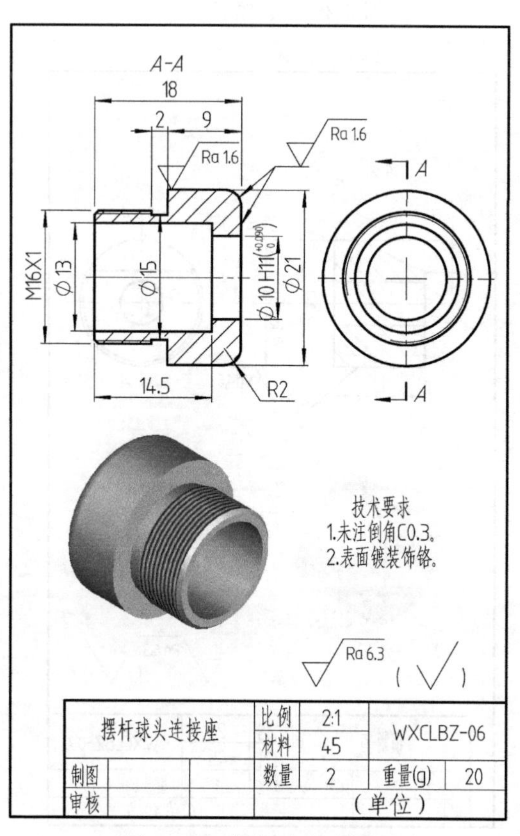

图 5-260 摆杆球头连接座

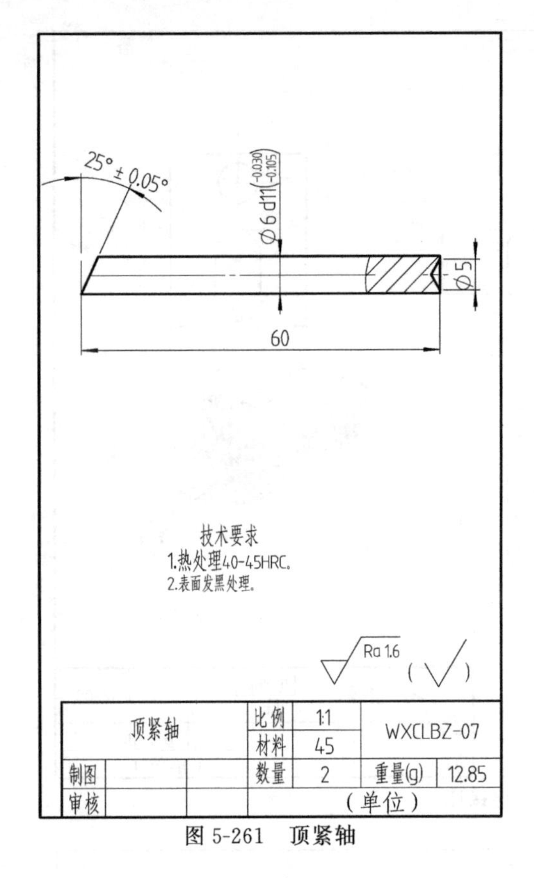

图 5-261　顶紧轴

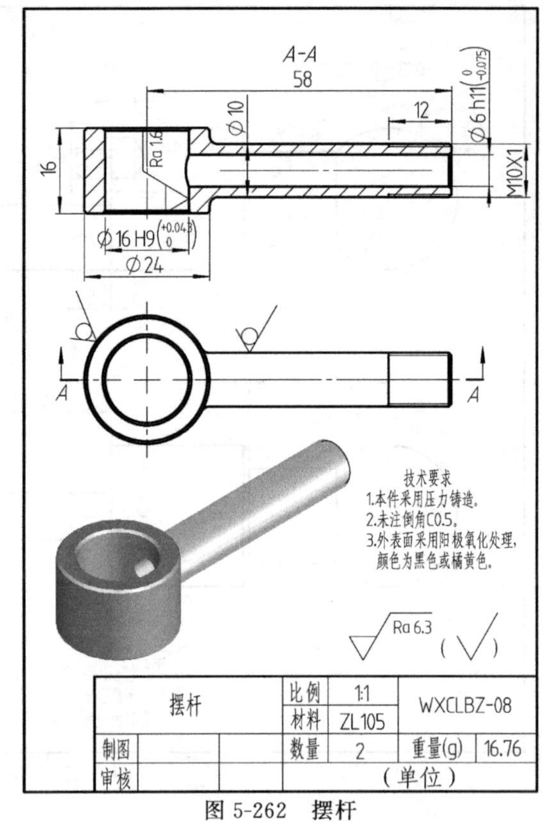

图 5-262　摆杆

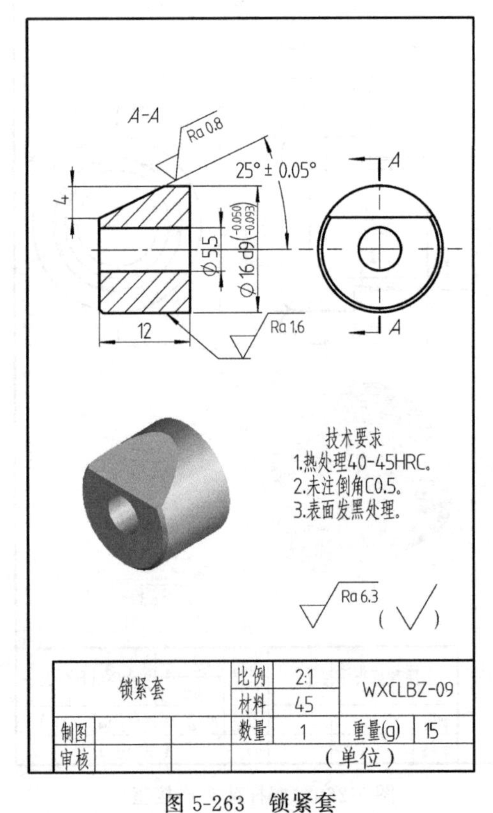

图 5-263　锁紧套

42
12
Ra 0.8
25° ± 0.05°
M5
4
Φ16 d9(-0.050 -0.093)
Ra 1.6

技术要求
1.调质处理240-260HBW。
2.未注倒角C0.4。
3.表面发黑处理。

Ra 6.3

锁紧轴			比例	2:1	WXCLBZ-10	
			材料	45		
制图			数量	1	重量(g)	3
审核			(单位)			

图 5-264　锁紧轴

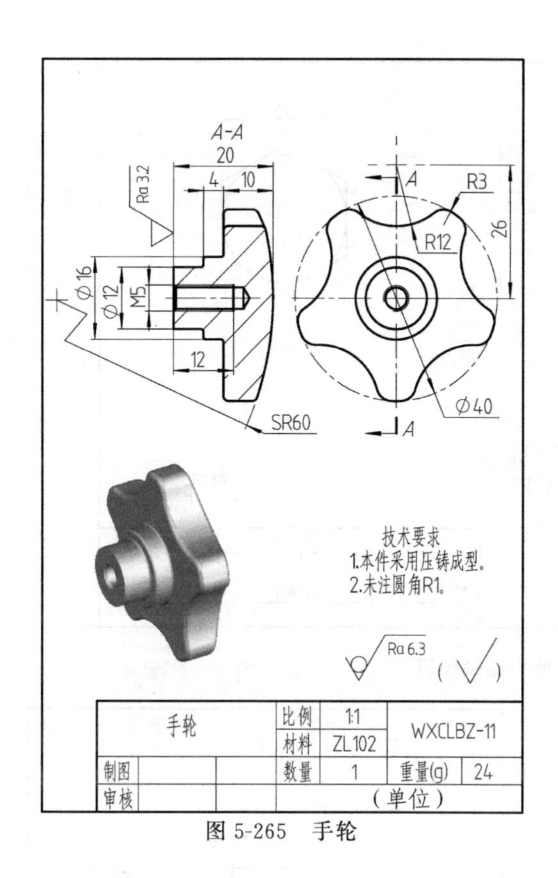

图 5-265　手轮

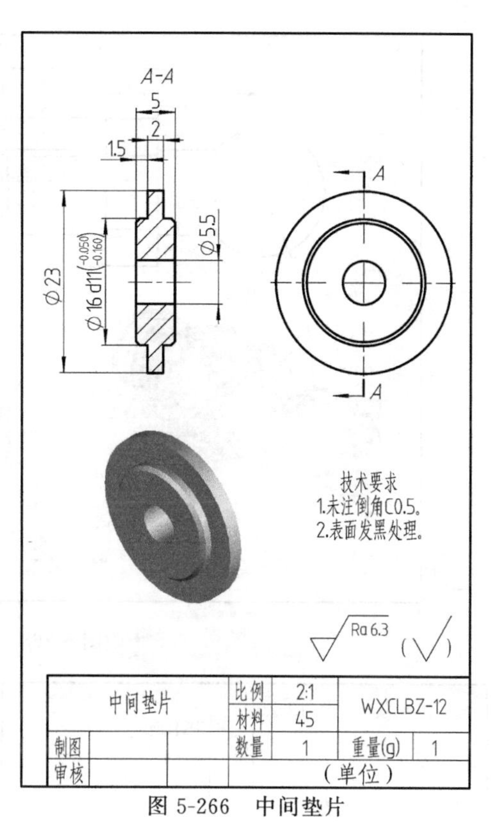

图 5-266　中间垫片

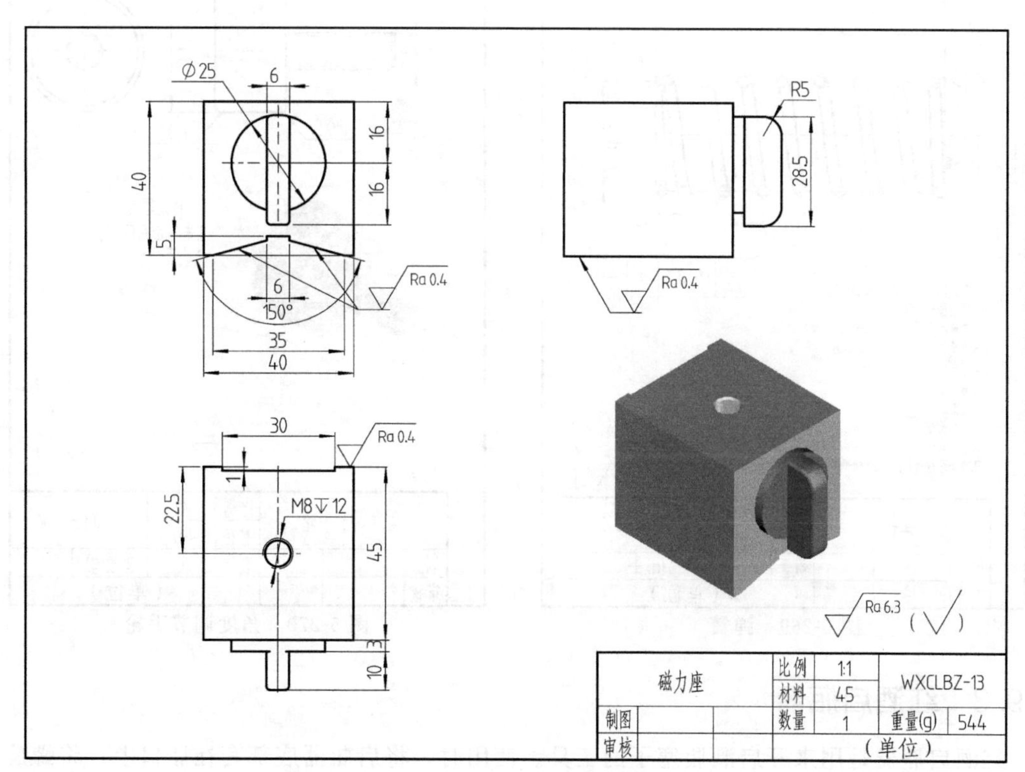

图 5-267　磁力座

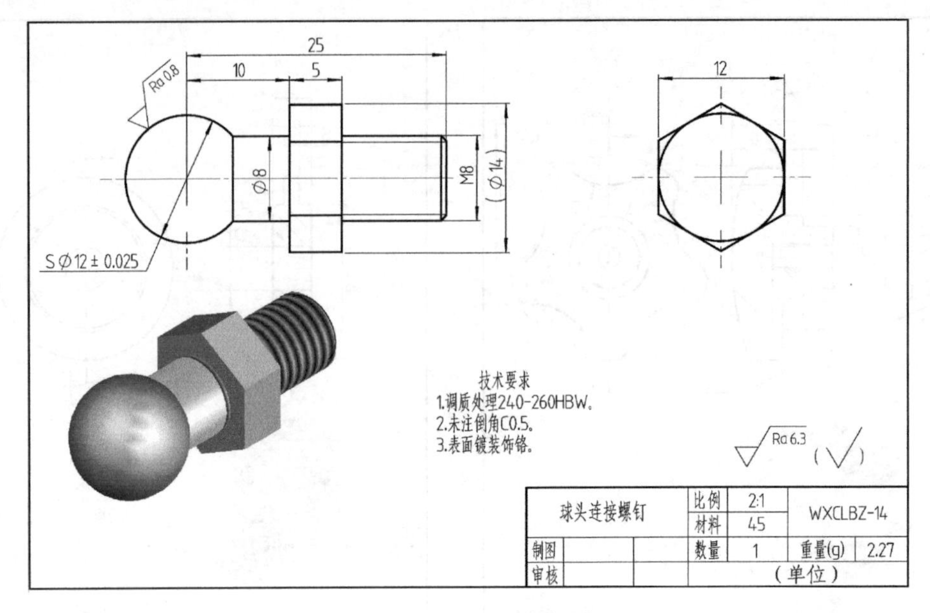

图 5-268 球头连接螺钉

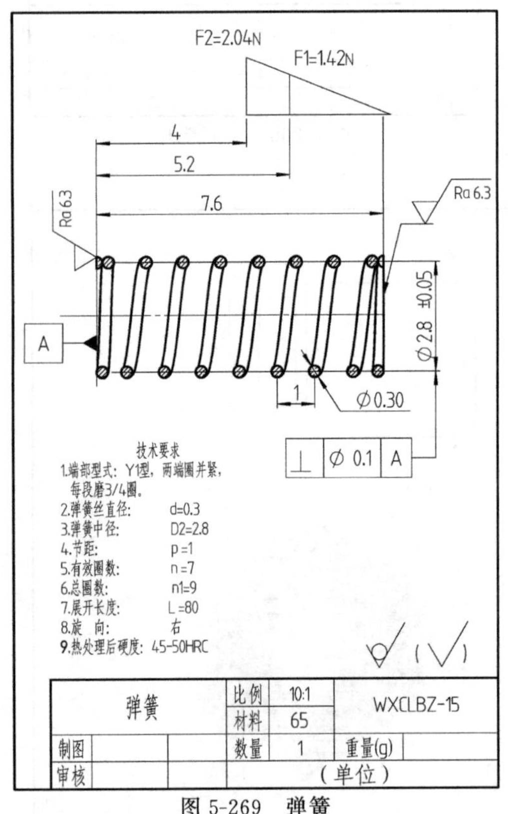

图 5-269 弹簧

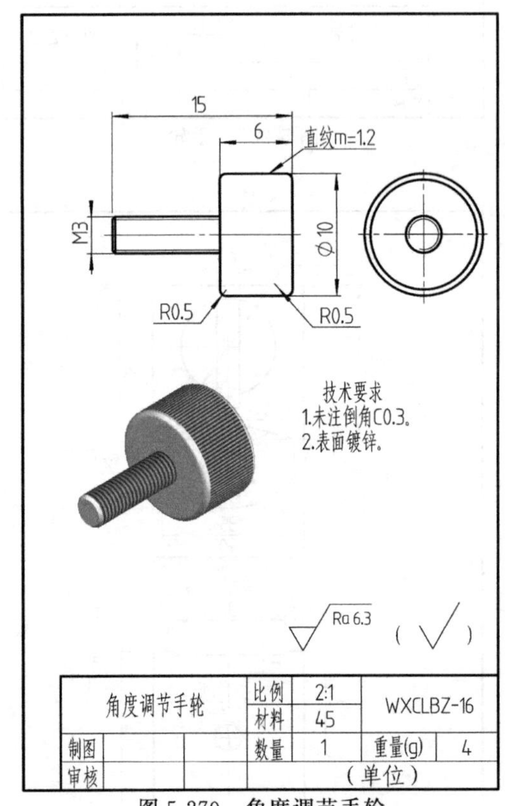

图 5-270 角度调节手轮

5.9.3 红酒启瓶器

红酒启瓶器是用来开启酒瓶塞子的工具。使用时，将启瓶器底部套在瓶口上，将螺旋锥子旋入木塞中，这时，两边的拨齿杆抬起，双手握着拨齿杆向下转动，将木塞拔起。装配图和零件图如图 5-271～图 5-274 所示。

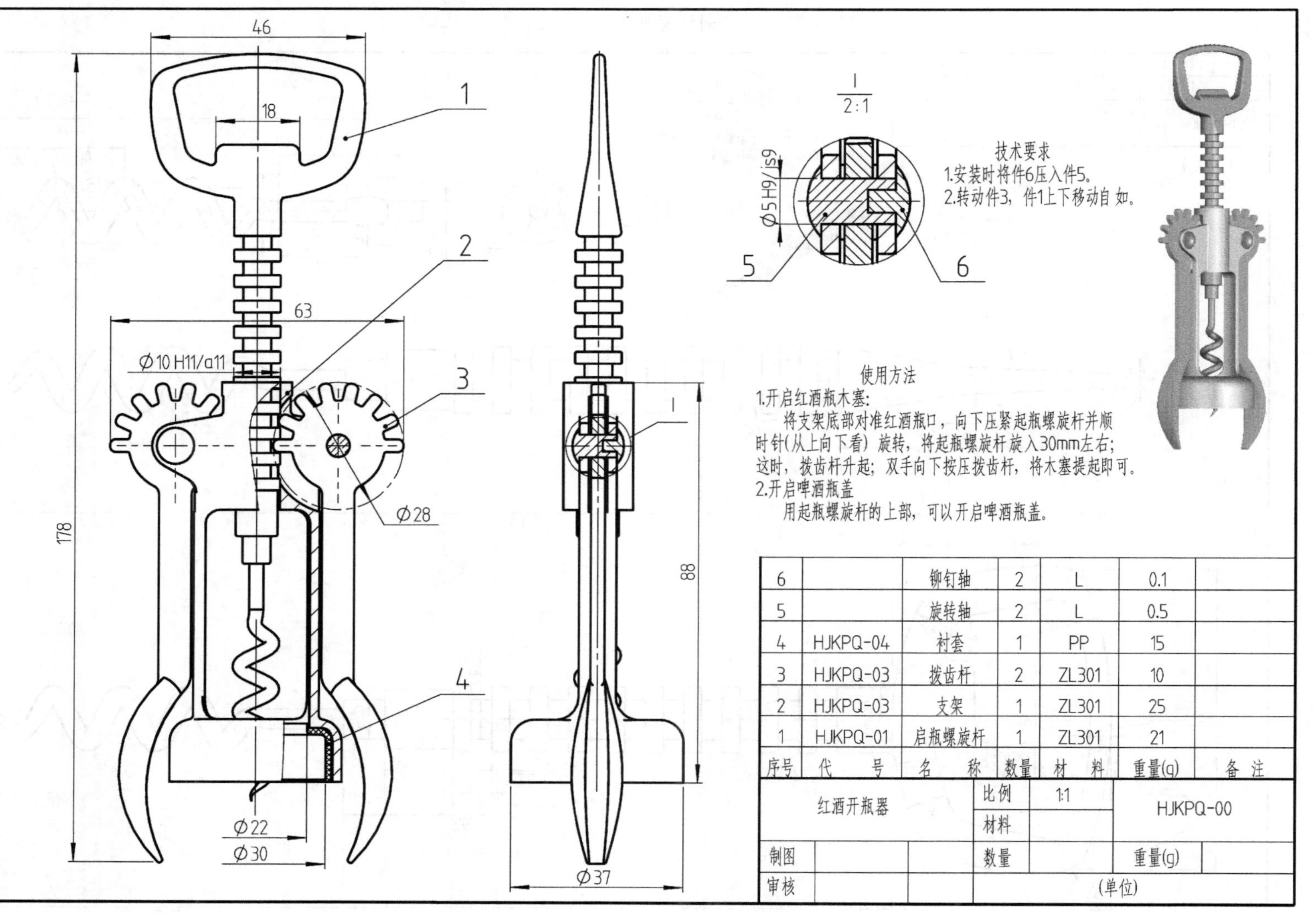
46
18
178
63
Φ10 H11/a11
Φ28
Φ22
Φ30
Φ37
88
1
2
3
4
5
6
I
I
2:1
Φ5 H9/js9
技术要求
1.安装时将件6压入件5。
2.转动件3，件1上下移动自 如。
使用方法
1.开启红酒瓶木塞:
将支架底部对准红酒瓶口，向下压紧起瓶螺旋杆并顺时针(从上向下看) 旋转，将起瓶螺旋杆旋入30mm左右;这时，拔齿杆升起; 双手向下按压拔齿杆，将木塞提起即可。
2.开启啤酒瓶盖
用起瓶螺旋杆的上部，可以开启啤酒瓶盖。
6 铆钉轴 2 L 0.1
5 旋转轴 2 L 0.5
4 HJKPQ-04 衬套 1 PP 15
3 HJKPQ-03 拨齿杆 2 ZL301 10
2 HJKPQ-03 支架 1 ZL301 25
1 HJKPQ-01 启瓶螺旋杆 1 ZL301 21
序号 代 号 名 称 数量 材 料 重量(g) 备 注
红酒开瓶器
比例 1:1
材料
HJKPQ-00
制图
数量
重量(g)
审核
(单位)

图 5-271 红酒启瓶器

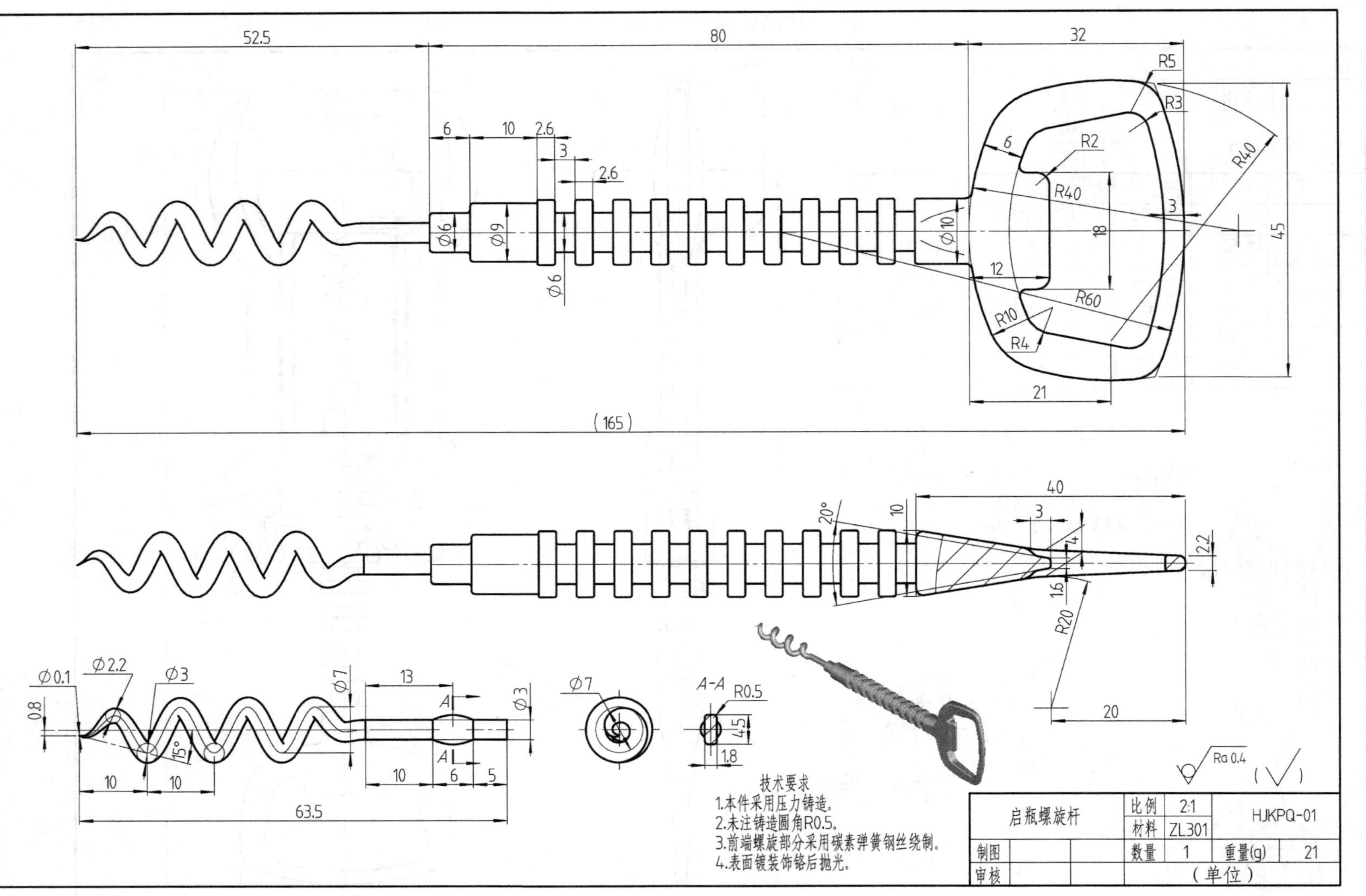
技术要求
1.本件采用压力铸造。
2.未注铸造圆角R0.5。
3.前端螺旋部分采用碳素弹簧钢丝绕制。
4.表面镀装饰铬后抛光。
启瓶螺旋杆
比例 2:1
材料 ZL301
数量 1
重量(g) 21
HJKPQ-01
制图
审核
（单位）
A-A

图 5-272　启瓶螺旋杆

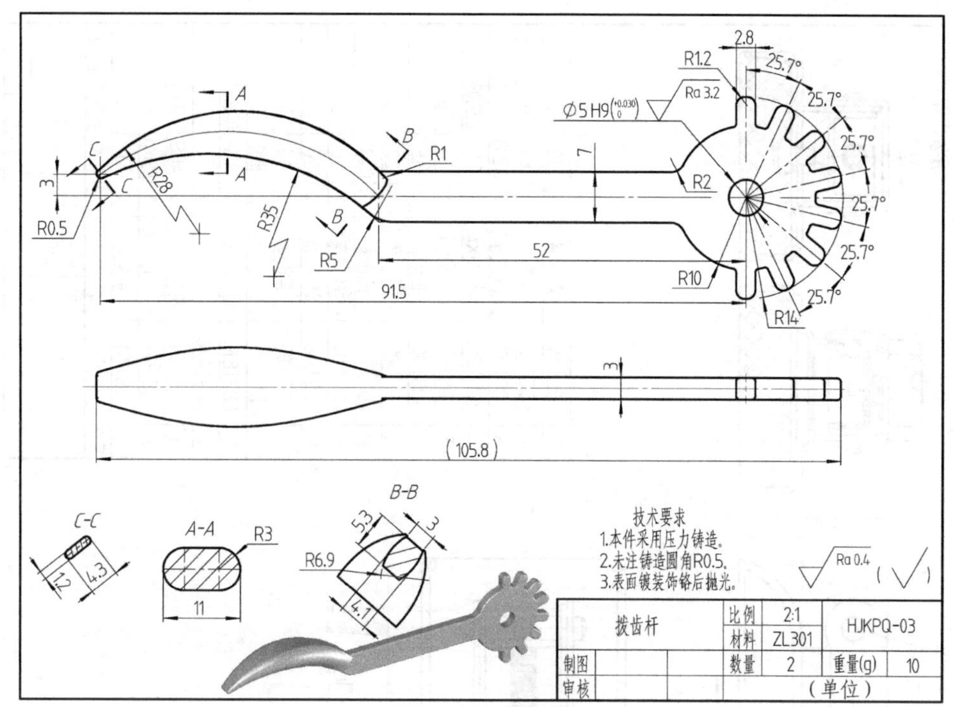

图 5-273 拨齿杆

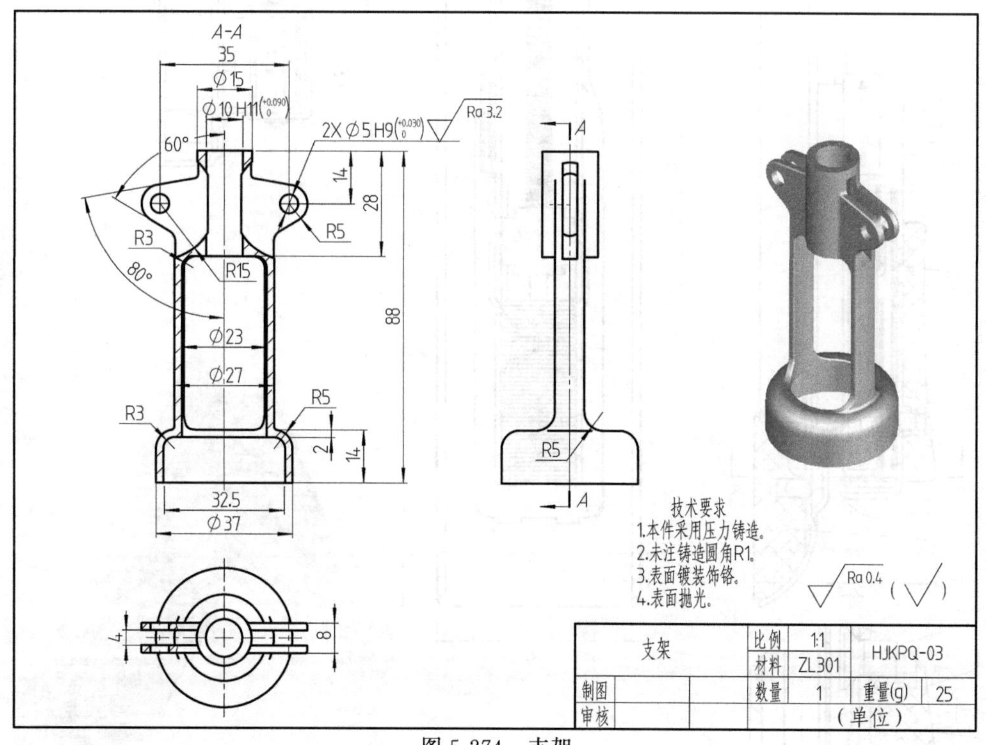

图 5-274 支架

5.9.4 订书机

订书机是用于装订书本的常用工具，是用钢板冲压或折边成形的。零件图需要给出成品的形状和尺寸，也要给出制作之前的展开图。装配图和零件图如图 5-275～图 5-289 所示。

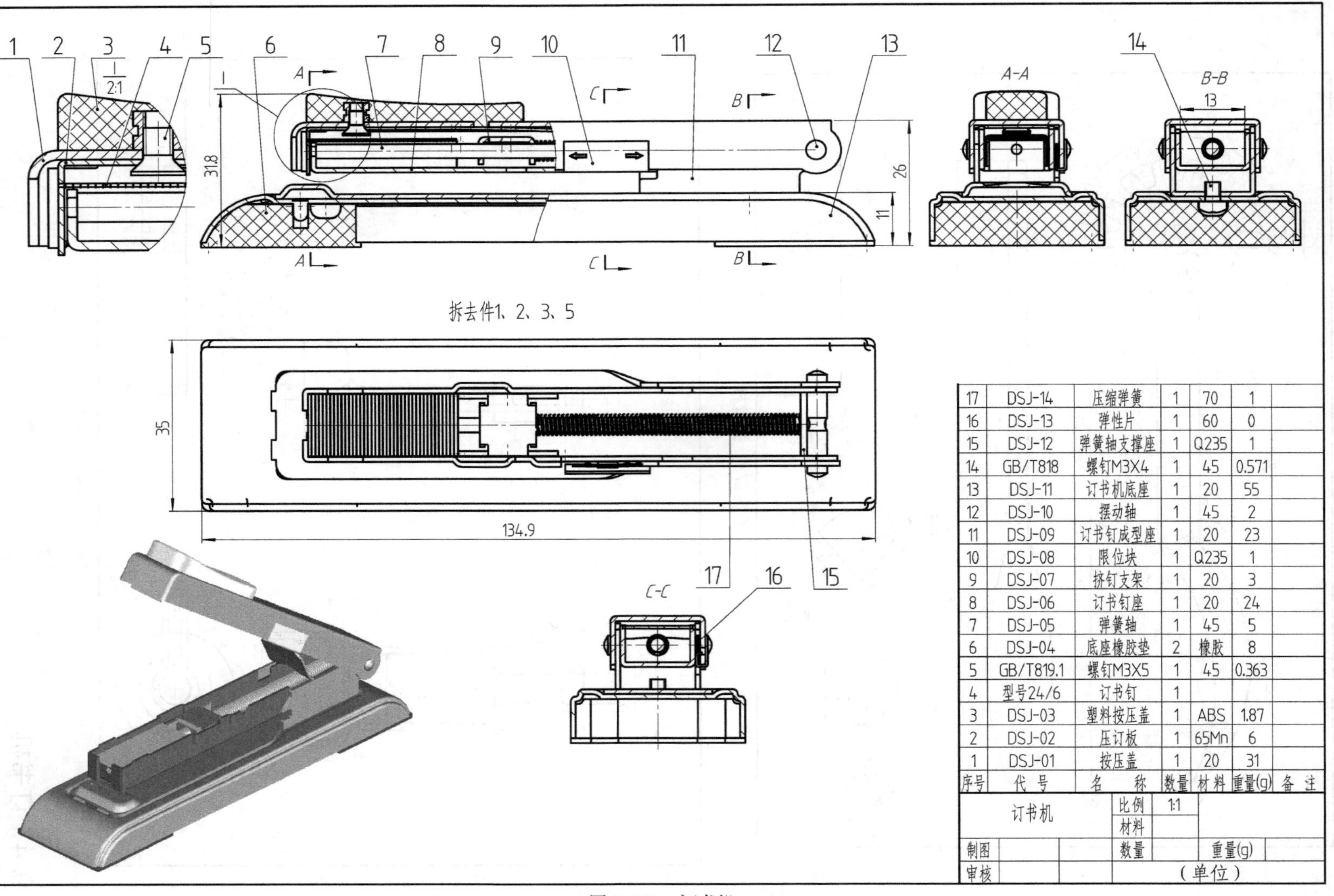

序号	代号	名称	数量	材料	重量(g)	备注
17	DSJ-14	压缩弹簧	1	70	1	
16	DSJ-13	弹性片	1	60	0	
15	DSJ-12	弹簧轴支撑座	1	Q235	1	
14	GB/T818	螺钉M3X4	1	45	0.571	
13	DSJ-11	订书机底座	1	20	55	
12	DSJ-10	摆动轴	1	45	2	
11	DSJ-09	订书钉成型座	1	20	23	
10	DSJ-08	限位块	1	Q235	1	
9	DSJ-07	挤钉支架	1	20	3	
8	DSJ-06	订书钉座	1	20	24	
7	DSJ-05	弹簧轴	1	45	5	
6	DSJ-04	底座橡胶垫	2	橡胶	8	
5	GB/T819.1	螺钉M3X5	1	45	0.363	
4	型号24/6	订书钉	1			
3	DSJ-03	塑料按压盖	1	ABS	1.87	
2	DSJ-02	压订板	1	65Mn	6	
1	DSJ-01	按压盖	1	20	31	

订书机	比例	1:1		
	材料			
制图		数量		重量(g)
审核			（单位）	

图 5-275 订书机

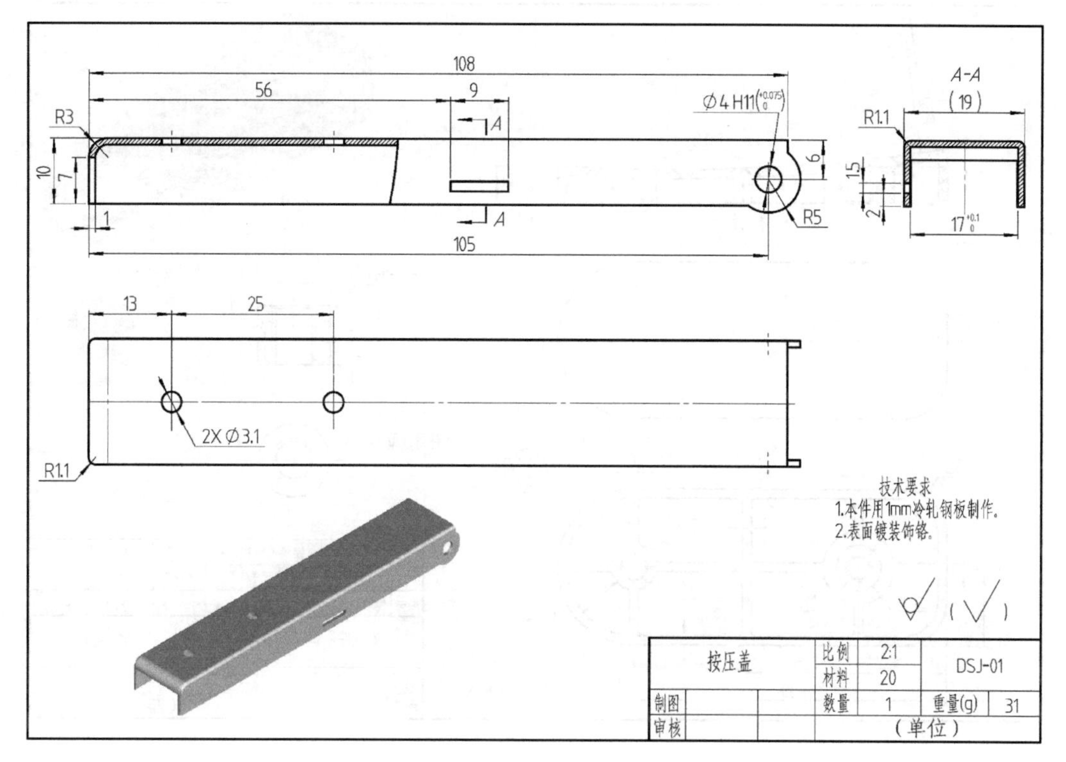

图 5-276　按压盖

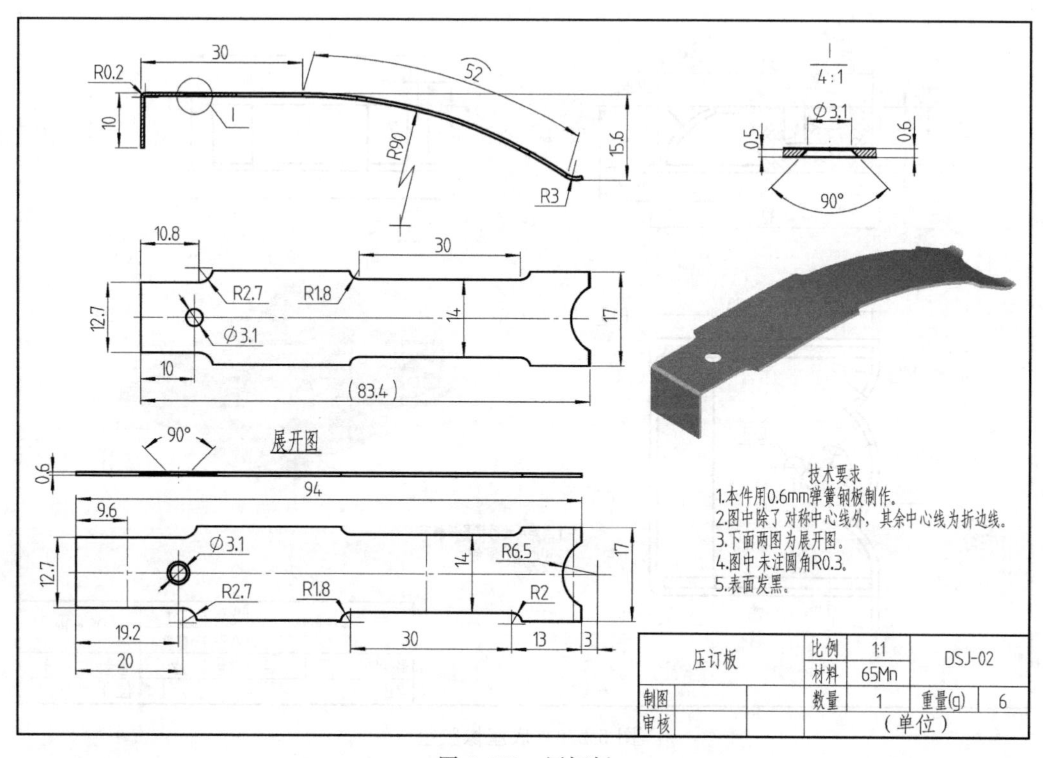

图 5-277　压订板

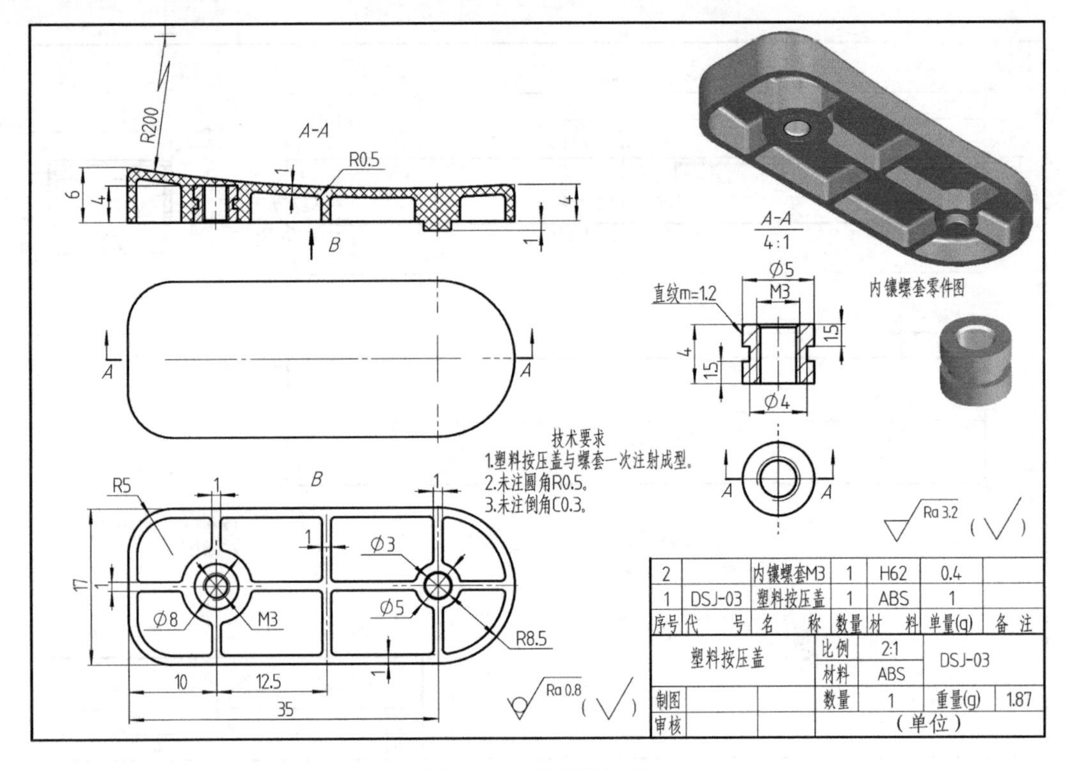

图 5-278 塑料按压盖

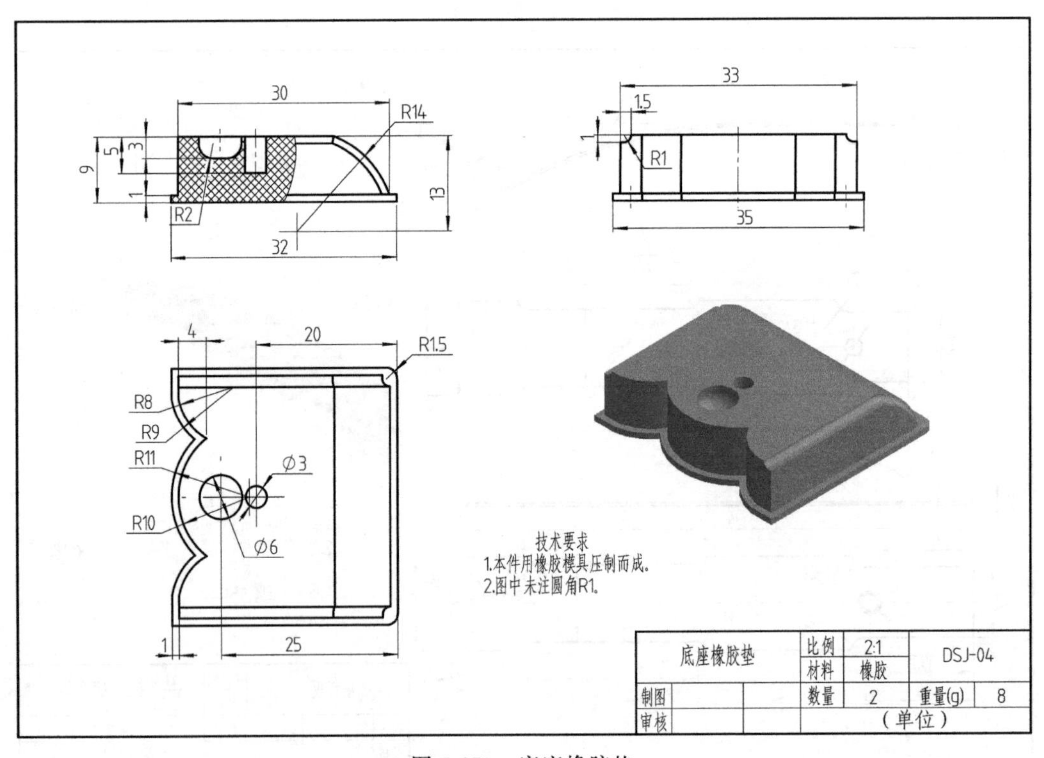

图 5-279 底座橡胶垫

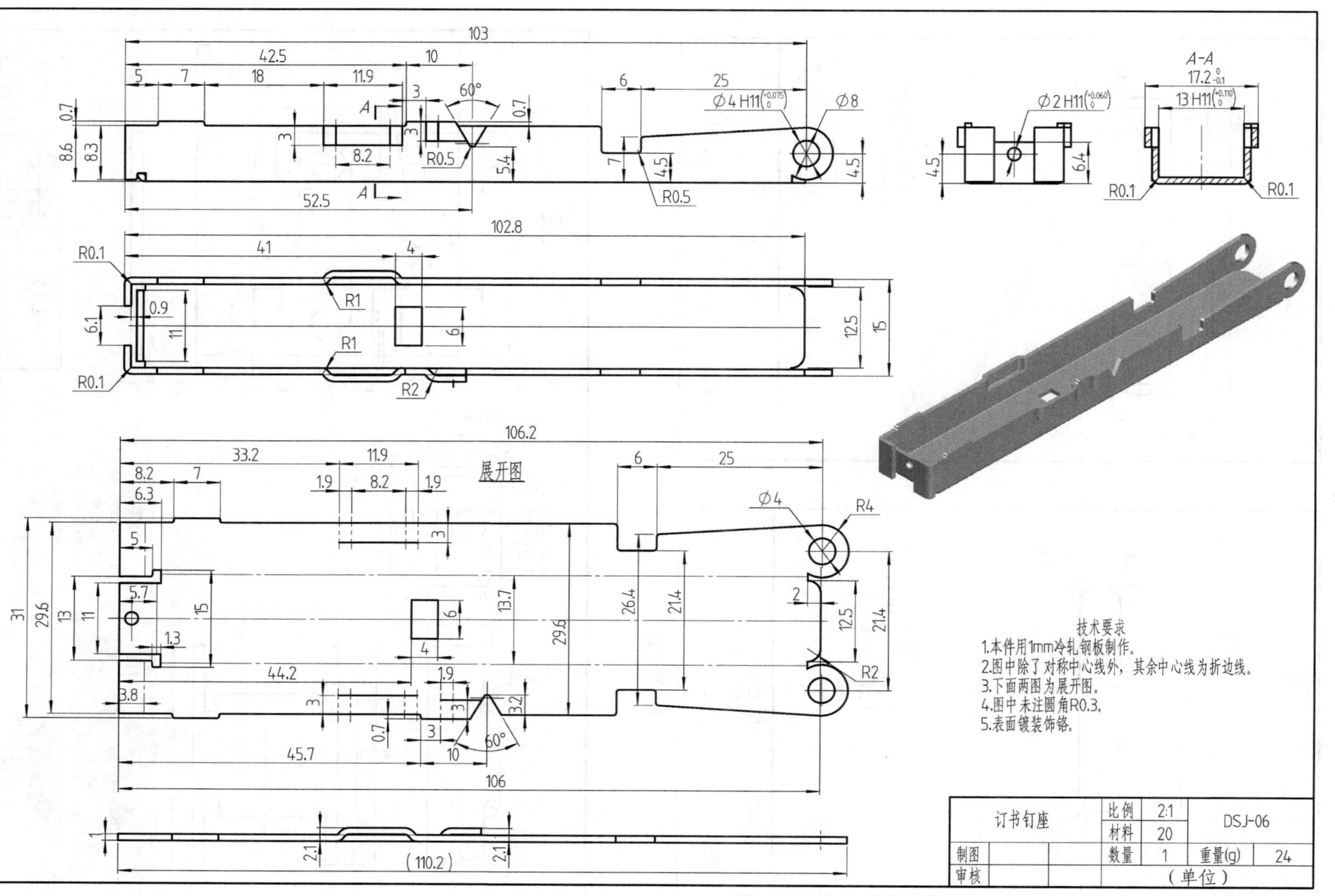
A-A
展开图
技术要求
1.本件用1mm冷轧钢板制作。
2.图中除了对称中心线外，其余中心线为折边线。
3.下面两图为展开图。
4.图中未注圆角R0.3。
5.表面镀装饰铬。
订书钉座
比例 2:1
材料 20
数量 1
重量(g) 24
DSJ-06
制图
审核
（单位）

图 5-280　订书钉座

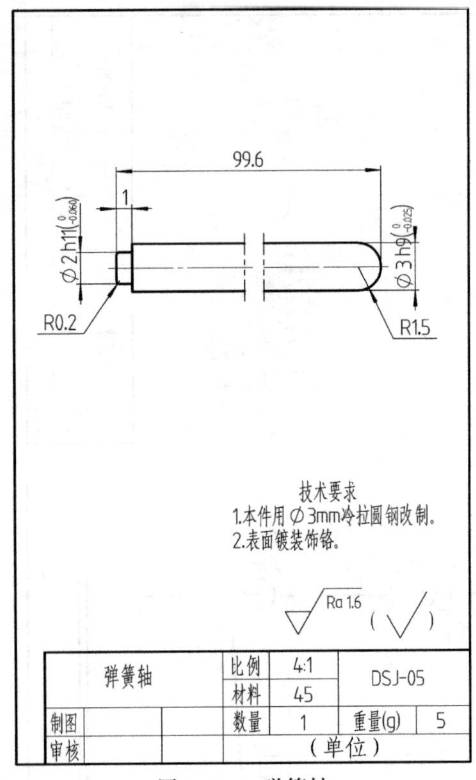

图 5-281　弹簧轴

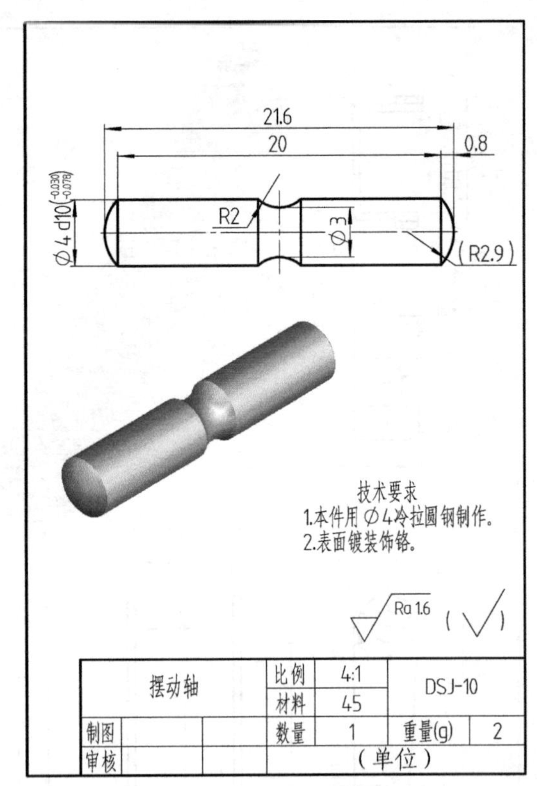

图 5-282　摆动轴

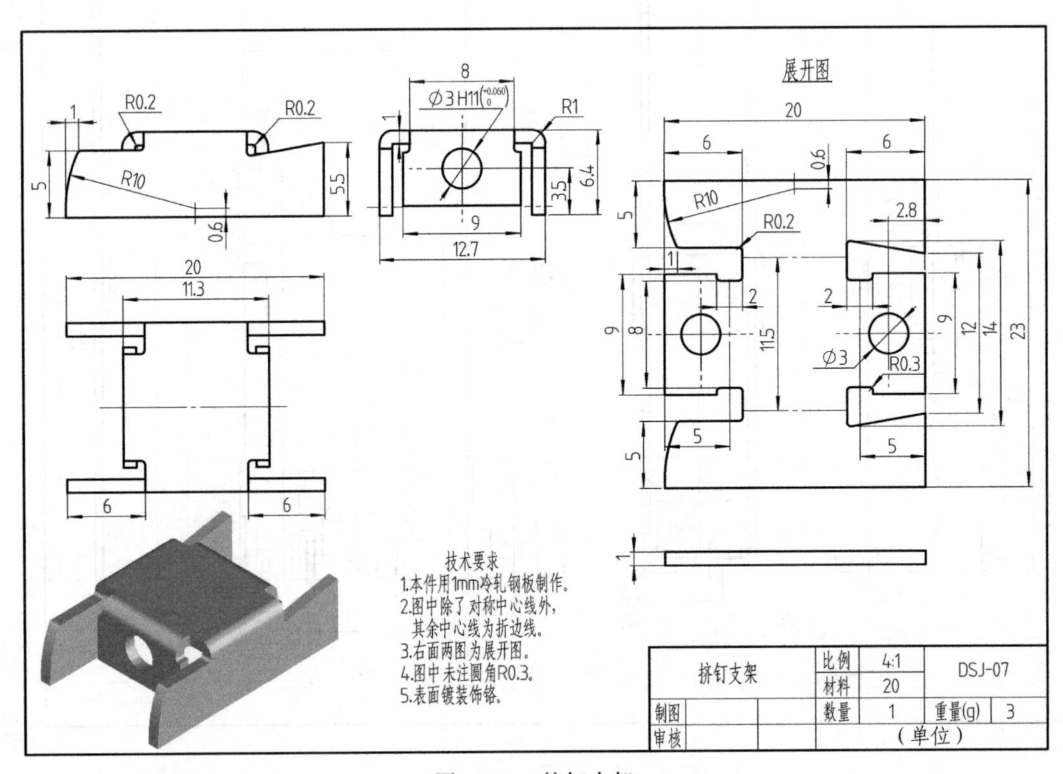

图 5-283　挤钉支架

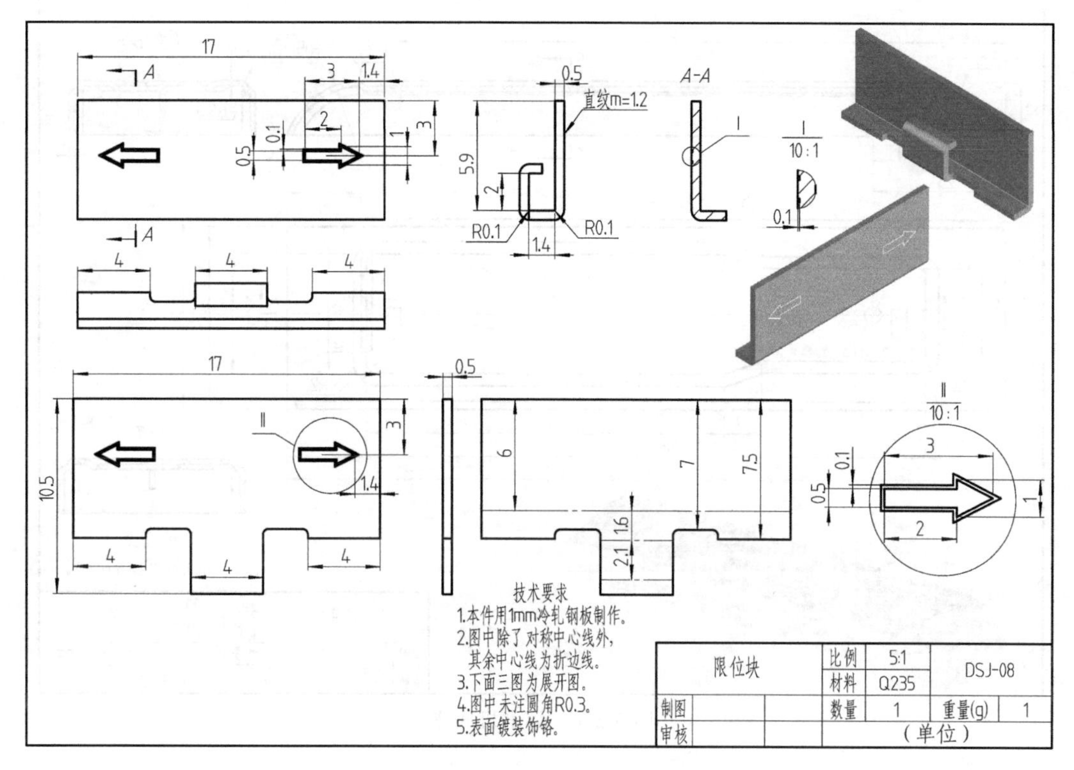

图 5-284　限位块

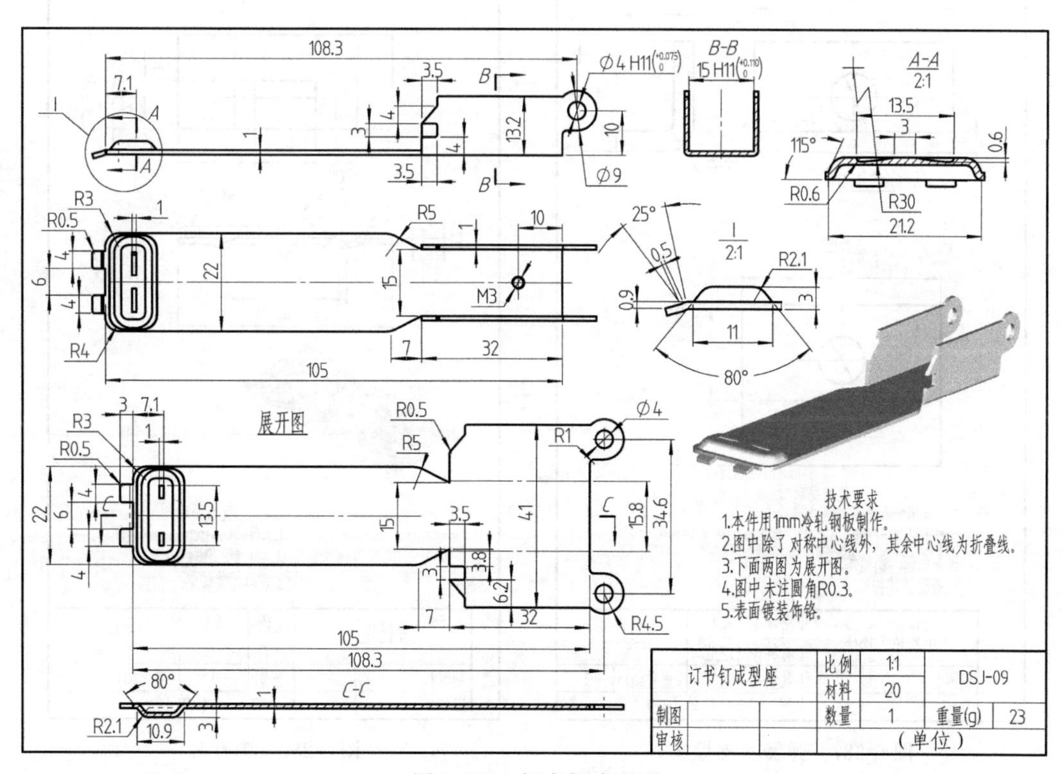

图 5-285　订书钉成型座

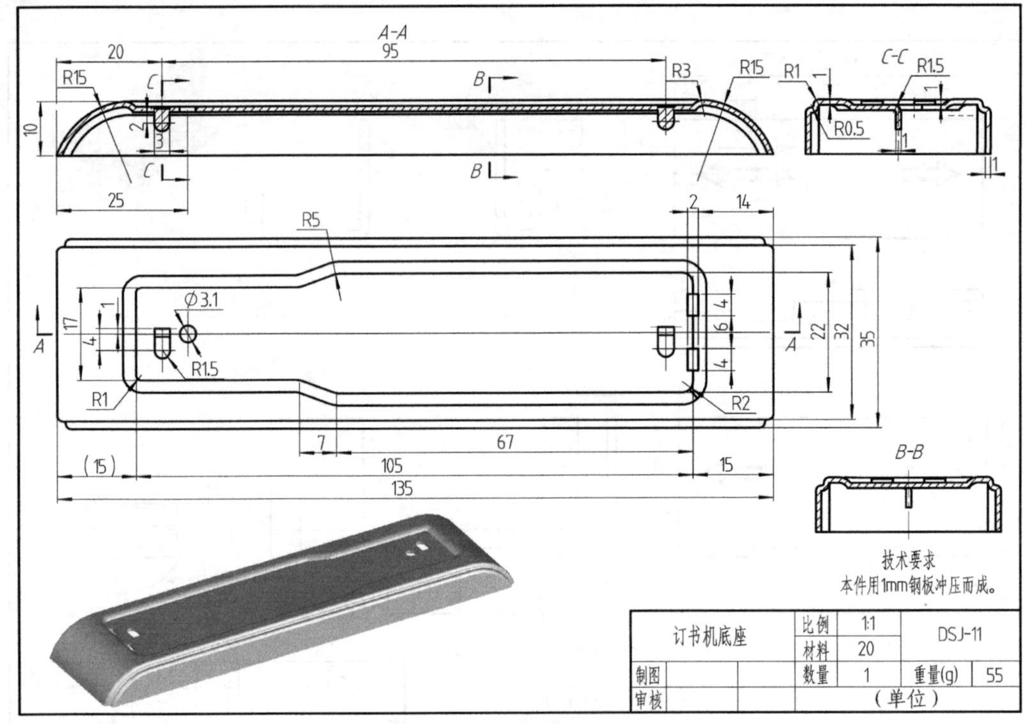

图 5-286　订书机底座

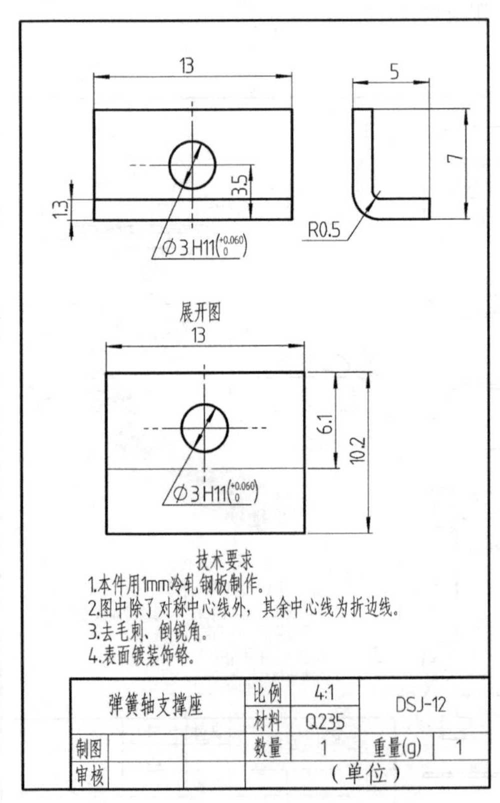

图 5-287　弹簧轴支撑座

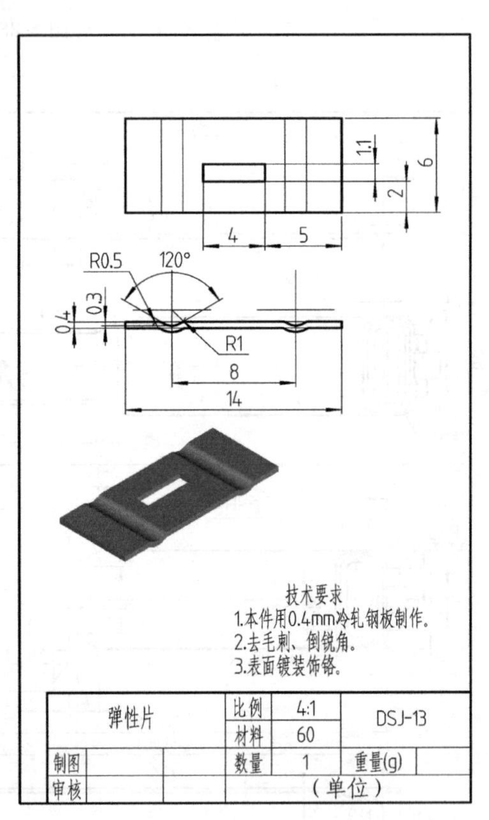

图 5-288　弹性片

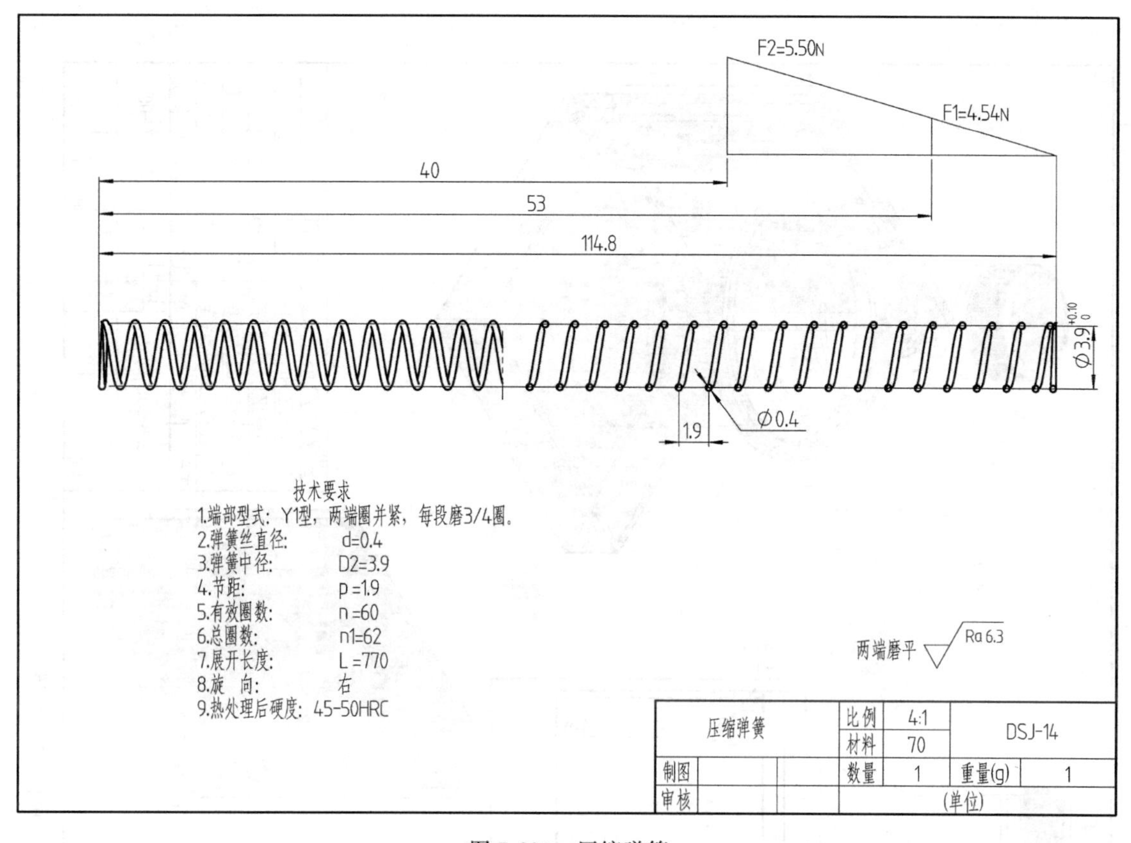

图 5-289 压缩弹簧

5.9.5 茶杯饮料瓶折叠支架

茶杯饮料瓶折叠支架可安装在讲堂或讲演厅中座椅的侧边，不用时，折叠起来，不占空间，使用时打开，非常方便，如图 5-290 所示。装配图和零件图如图 5-291～图 5-296 所示。

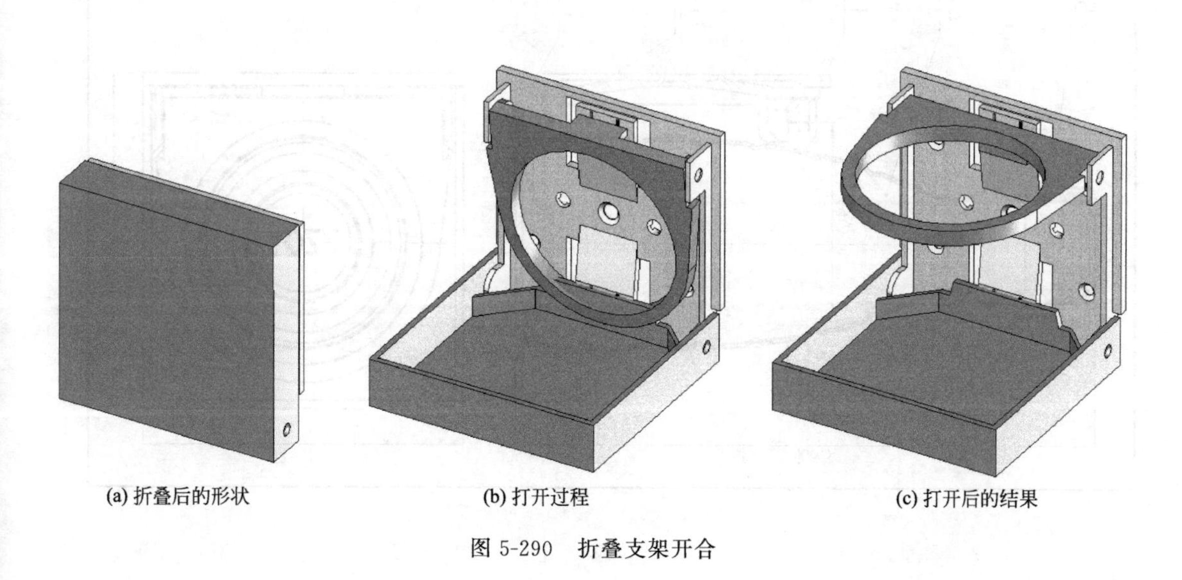

(a) 折叠后的形状　(b) 打开过程　(c) 打开后的结果

图 5-290 折叠支架开合

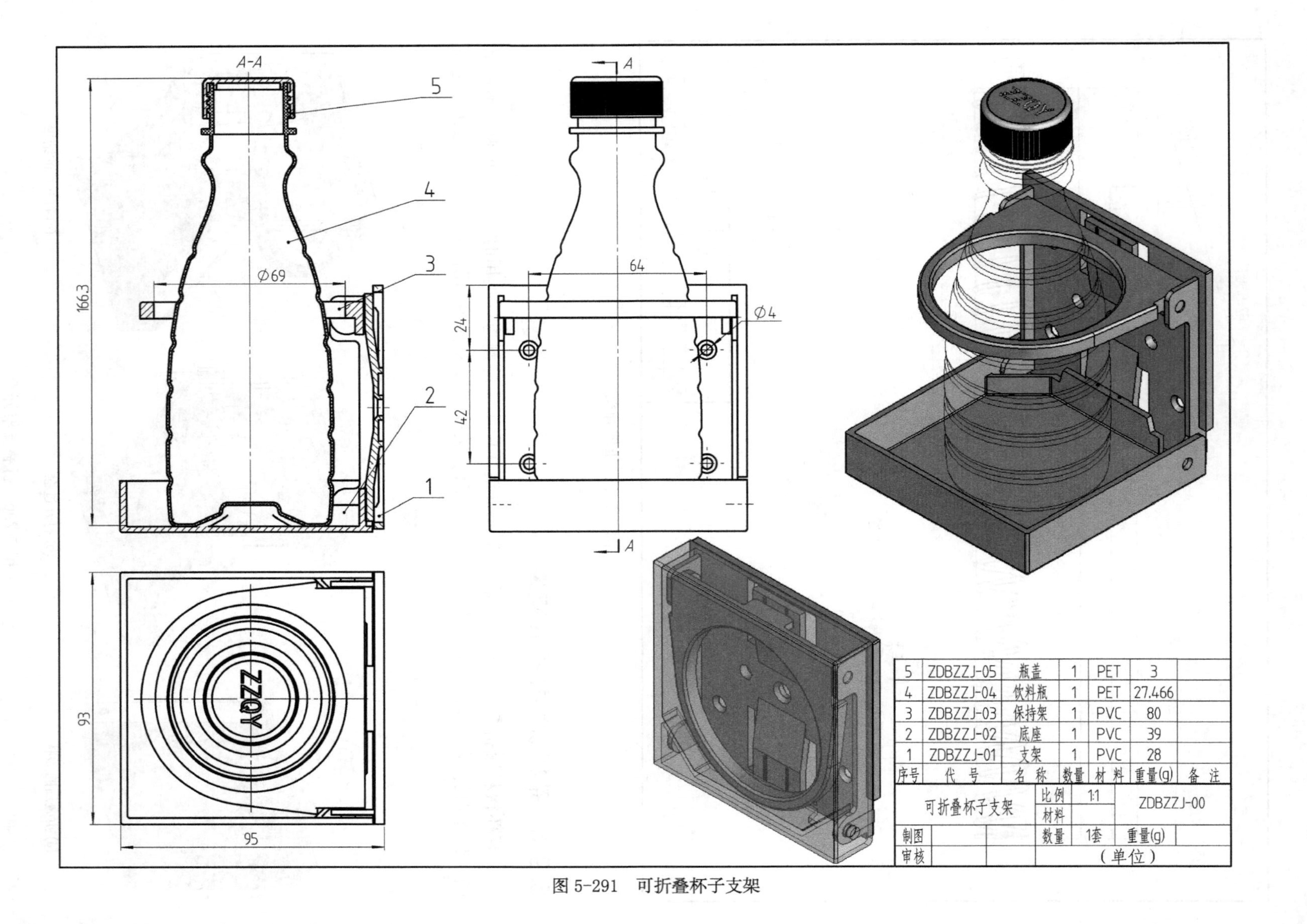

图 5-291 可折叠杯子支架

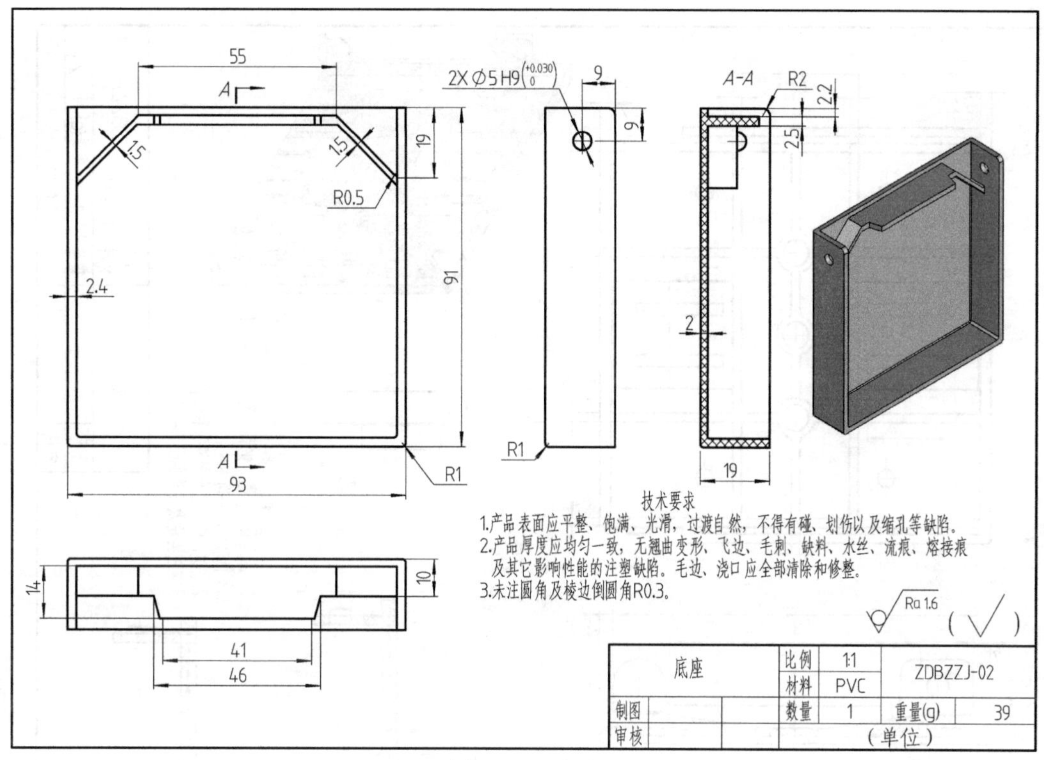

图 5-292　底座

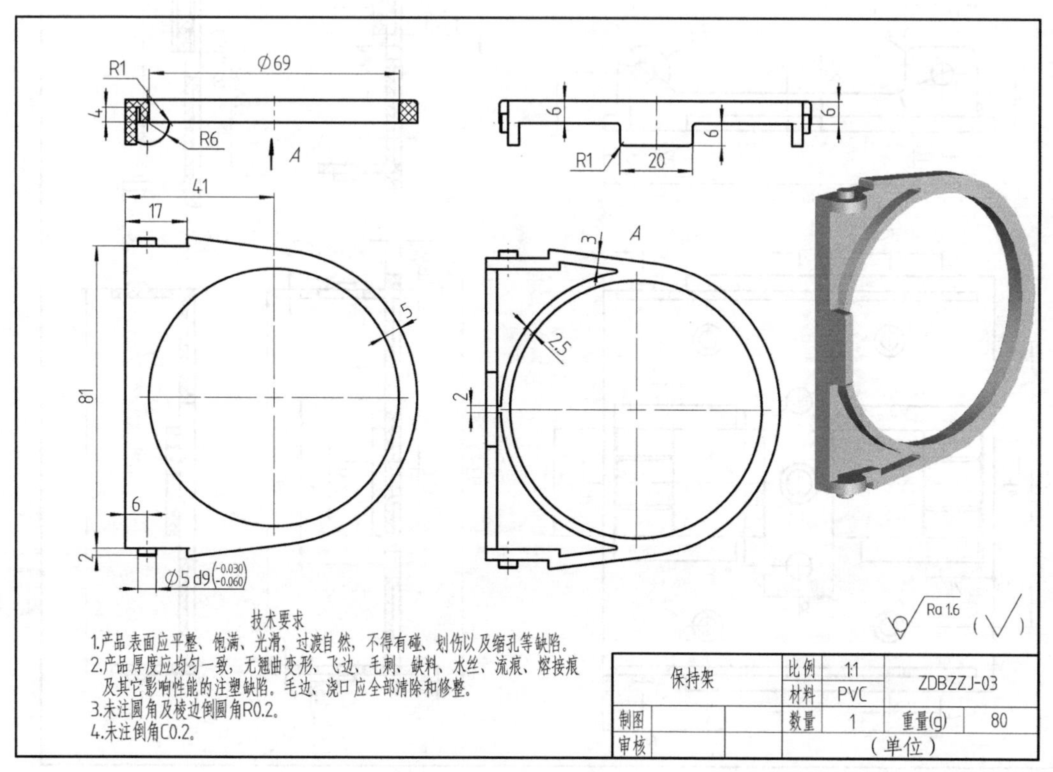

图 5-293　保持架

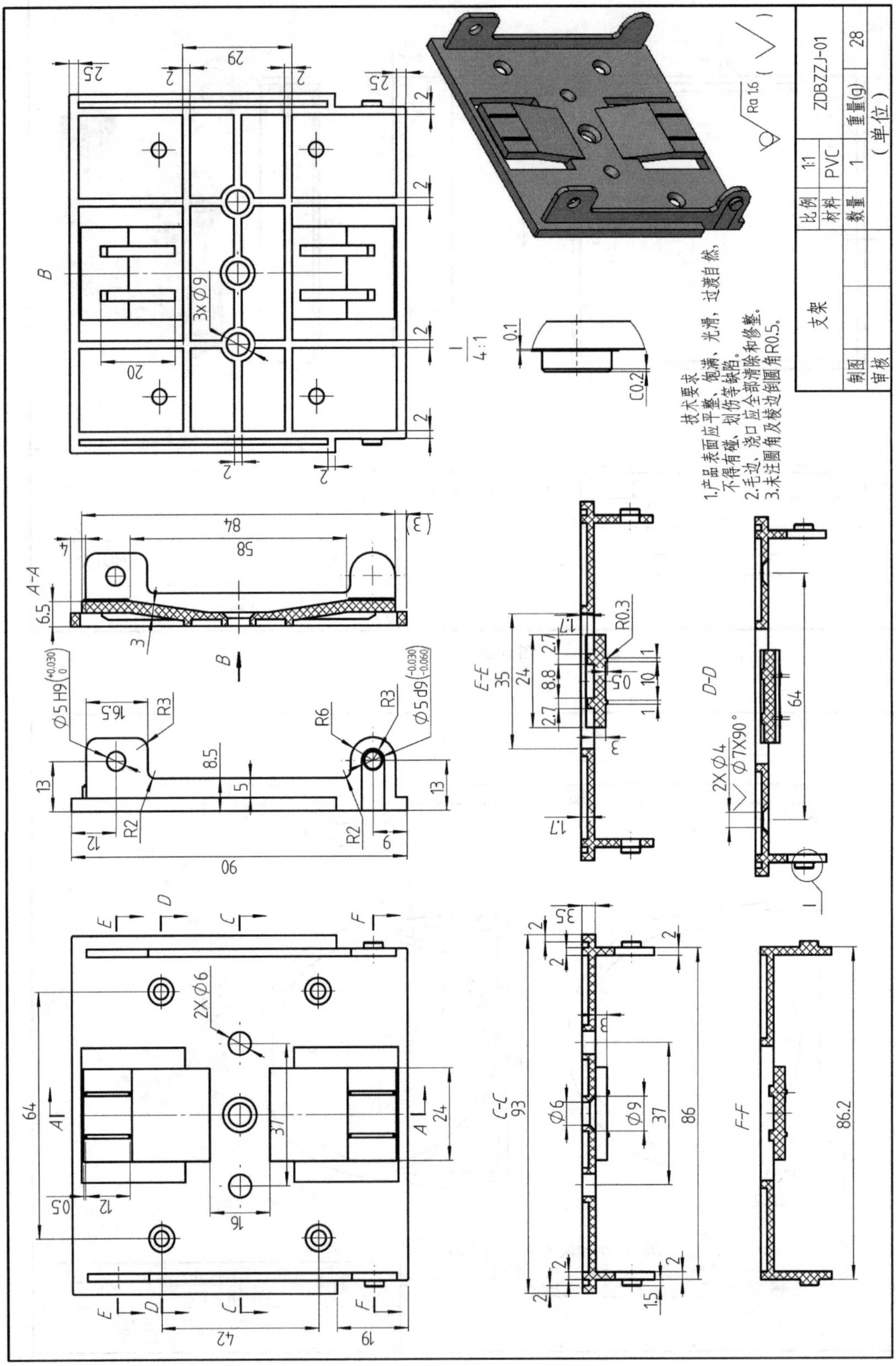

技术要求

1.产品表面应平整、饱满、光滑，过渡自然，不得有碰、划伤等缺陷。
2.毛边、浇口应全部清除和修整。
3.未注圆角及棱边倒圆角R0.5。

支架		比例	1:1	ZDBZZJ-01	
		材料	PVC		
制图		数量	1	重量(g)	28
审核		（单位）			

图 5-294　支架

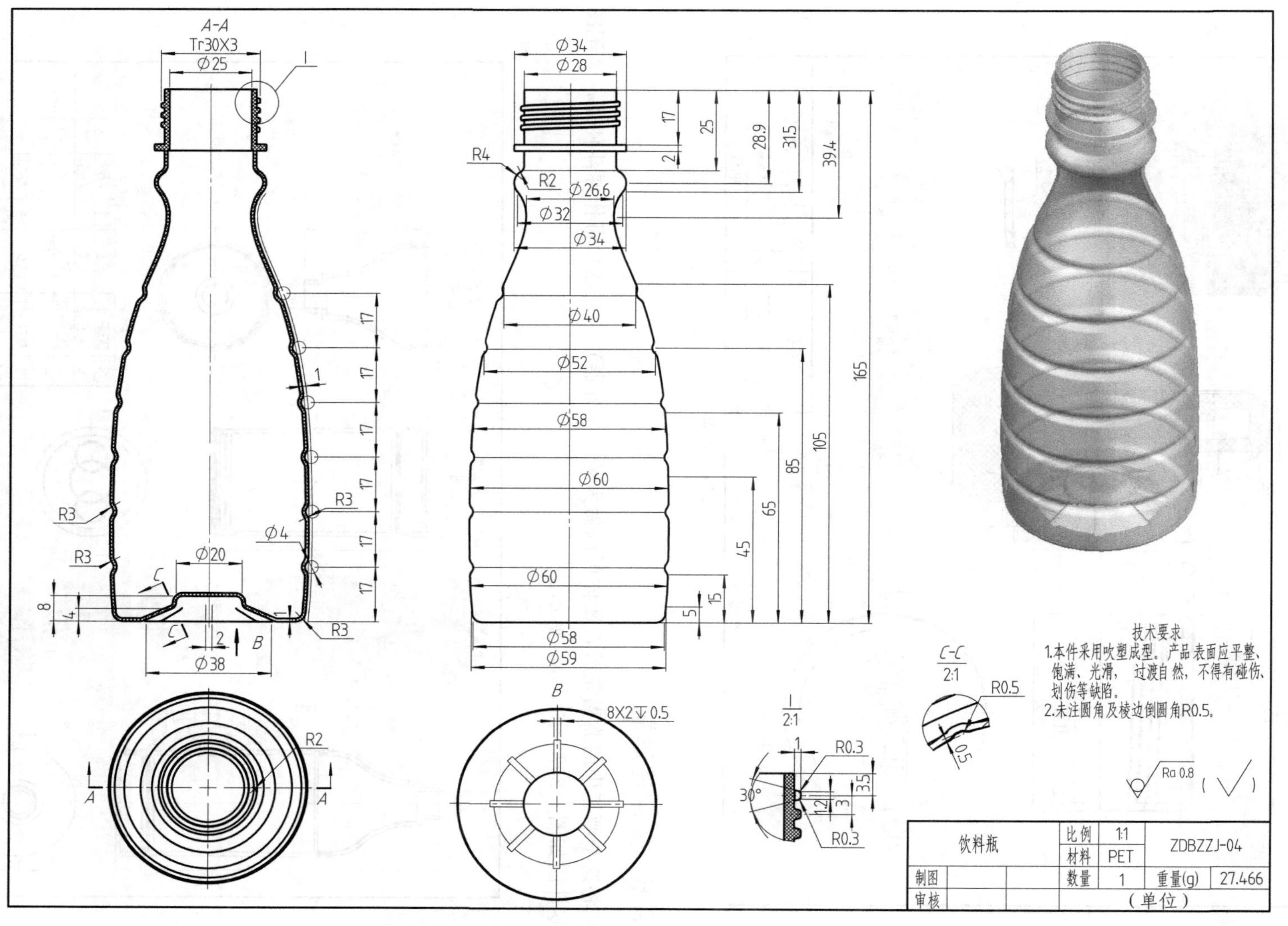
A-A
Tr30X3
⌀25
I
⌀34
⌀28
R4
R2
⌀26.6
⌀32
⌀34
⌀40
⌀52
⌀58
⌀60
⌀60
⌀58
⌀59
17
25
28.9
31.5
39.4
165
105
85
65
45
15
5
R3
⌀4
⌀20
⌀38
B
C
8
4
技术要求
1.本件采用吹塑成型，产品表面应平整、饱满、光滑，过渡自然，不得有碰伤、划伤等缺陷。
2.未注圆角及棱边倒圆角R0.5。
C-C
2:1
R0.5
8X2↧0.5
R0.3
30°
Ra 0.8
饮料瓶
比例 1:1
材料 PET
数量 1
ZDBZZJ-04
重量(g) 27.466
（单位）
制图
审核

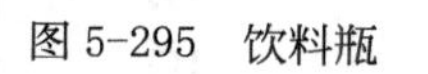
图 5-295 饮料瓶

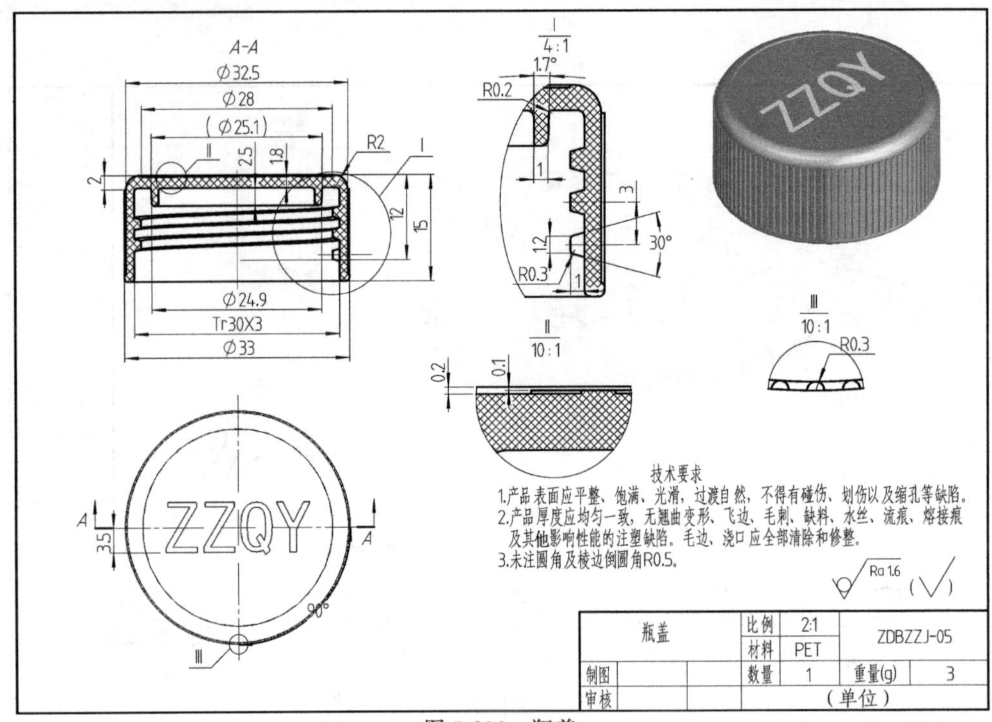

图 5-296　瓶盖

5.9.6　多用途酒瓶

将这个酒瓶中的酒喝完后，瓶体可以做大茶杯（容器）用，瓶口可作漏斗使用。装配图和零件图如图 5-297～图 5-301 所示。

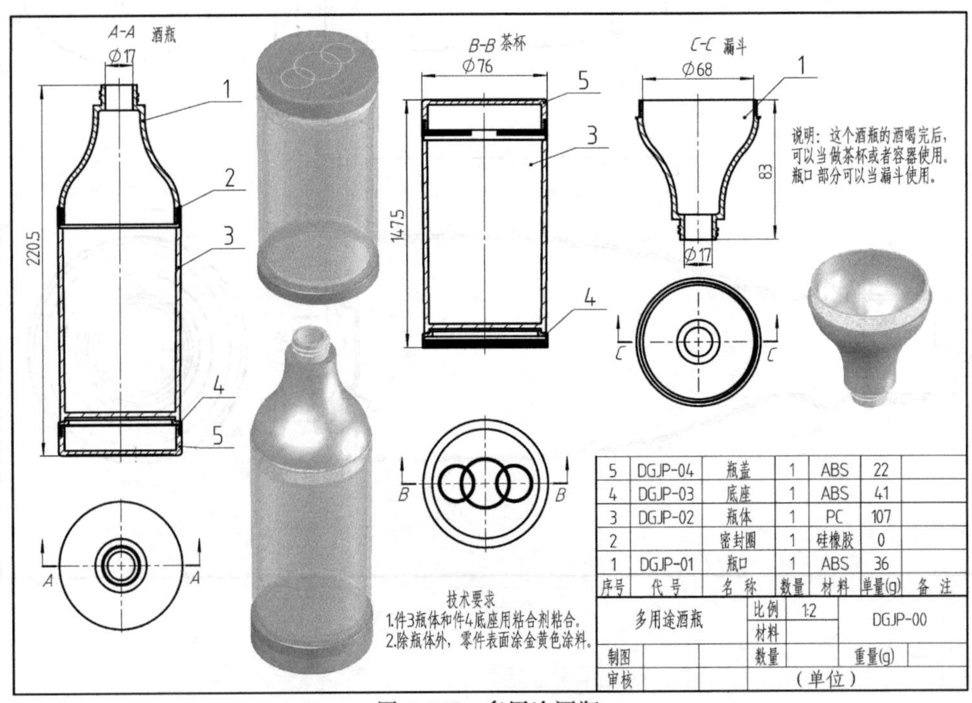

图 5-297　多用途酒瓶

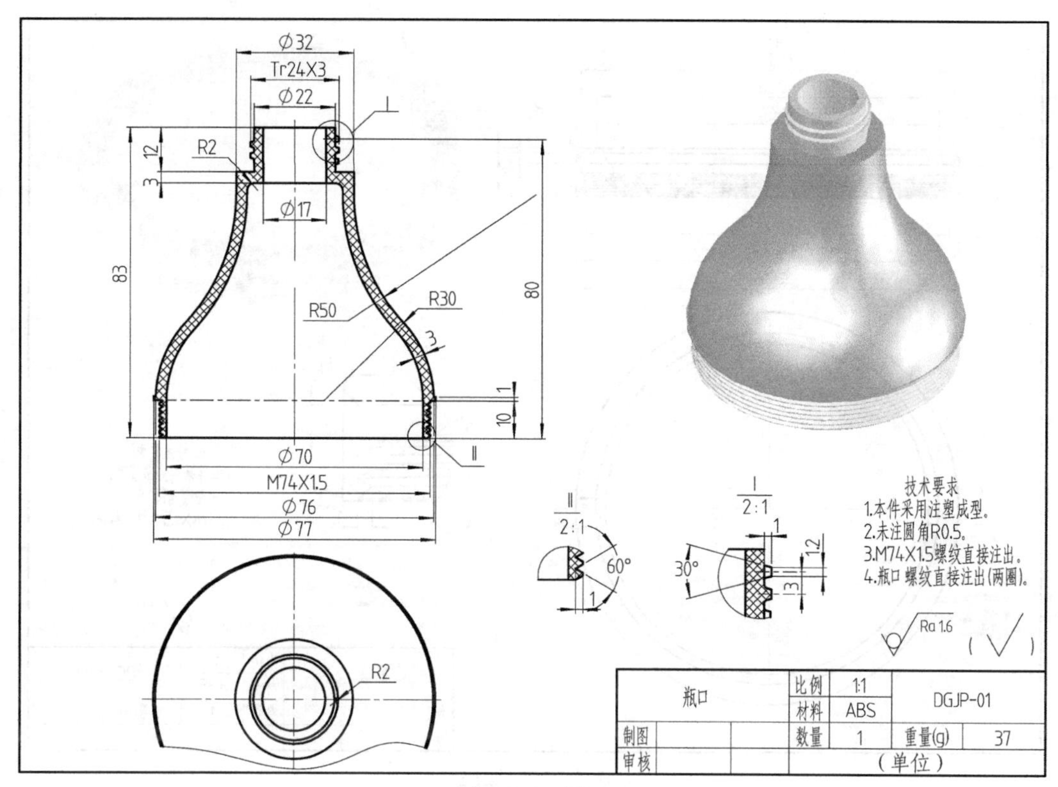

图 5-298 瓶口

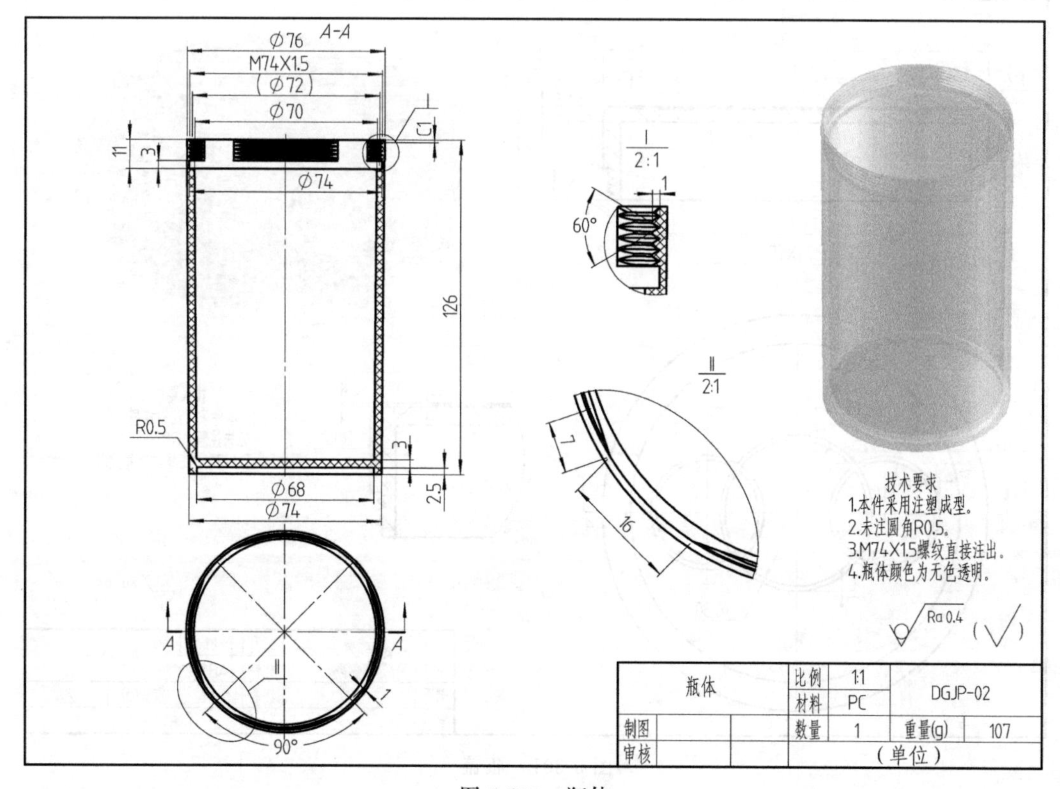

图 5-299 瓶体

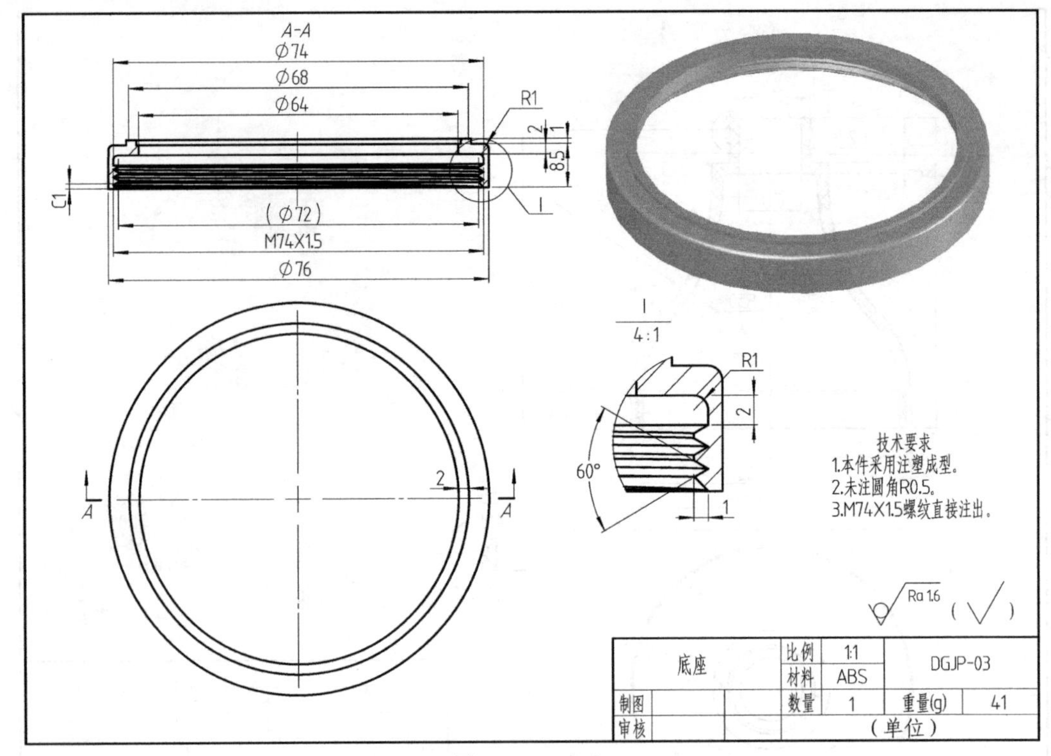

图 5-300　底座

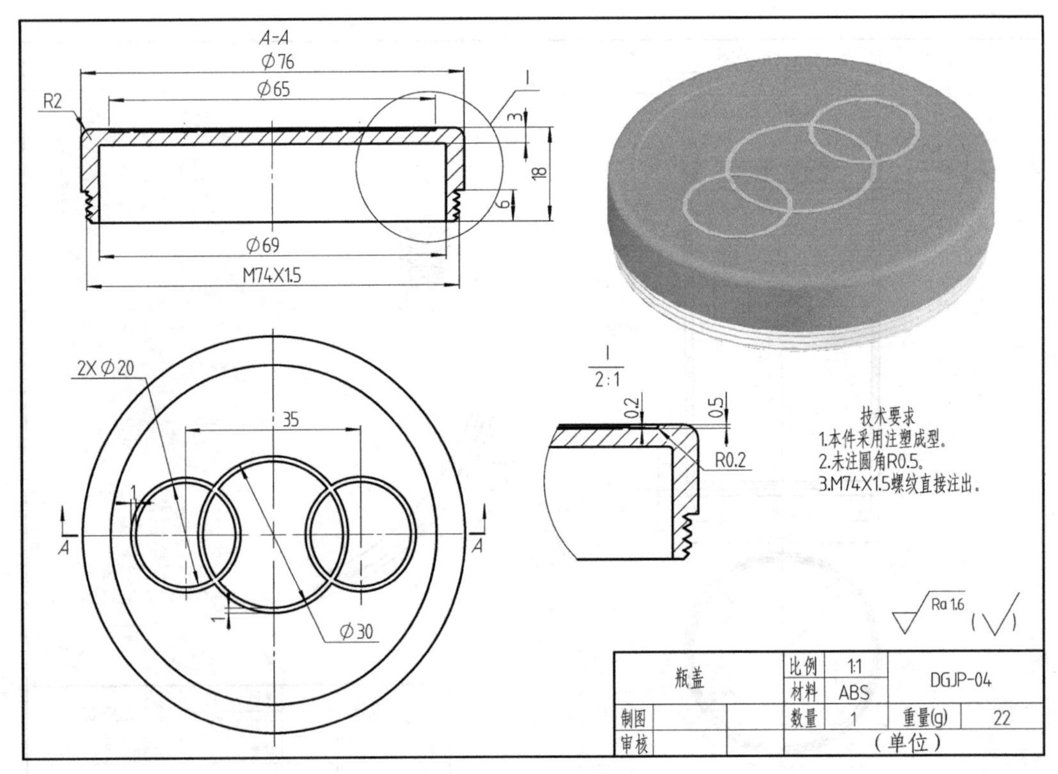

图 5-301　瓶盖

参考文献

［1］ 全国技术产品文件标准化技术委员会，中国标准出版社第三编辑室编．技术产品文件标准汇编机械制图卷［M］. 第2版．北京：中国标准出版社，2009.

［2］ 何培英，樊宁编著．机械制图速成教程［M］. 北京：化学工业出版社，2011.

［3］ 樊宁，何培英编著．机械识图速成教程［M］. 北京：化学工业出版社，2011.

［4］ 何培英，贾雨，白代萍主编．机械工程图学［M］. 武汉：华中科技大学出版社，2013.

［5］ 机械设计手册联合编写组．机械设计手册［M］. 第2版．北京：化学工业出版社，1987.

［6］ 闻邦椿主编．机械设计手册［M］. 第5版．北京：机械工业出版社，2010.

［7］ 石光源，周积义，彭福荫主编．机械制图［M］. 第3版．北京：高等教育出版社，1990.

［8］ 彭福荫、周积义主编．机械制图习题集［M］. 第2版．北京：高等教育出版社，1990.

［9］ 大连理工大学工程画教研室编．机械制图［M］. 第4版．北京：高等教育出版社，1993.

［10］ 大连理工大学工程画教研室编．机械制图习题集［M］. 第3版．北京：高等教育出版社，1993.

［11］ 唐克中，朱同钧主编．画法几何及工程制图［M］. 第4版．北京：高等教育出版社，2009.

［12］ 周开勤主编．机械零件设计手册［M］. 第5版．北京：高等教育出版社，2005.